HIGIENE E SEGURANÇA
DO TRABALHO

Ubirajara Aluizio de Oliveira Mattos
Francisco Soares Másculo
(ORGANIZADORES)

HIGIENE E SEGURANÇA DO TRABALHO

2ª EDIÇÃO
REVISTA E AMPLIADA

© 2019, Elsevier Editora Ltda.

Todos os direitos reservados e protegidos pela Lei 9.610 de 19/02/1998.

Nenhuma parte deste livro, sem autorização prévia por escrito da editora, poderá ser reproduzida ou transmitida sejam quais forem os meios empregados: eletrônicos, mecânicos, fotográficos, gravação ou quaisquer outros.

ISBN: 978-85-352-9176-6
ISBN (versão digital): 978-85-352-9177-3

Copidesque: Edna da Silva Cavalcanti
Revisão tipográfica: [produção preenche]
Editoração Eletrônica: Thomson

Elsevier Editora Ltda.
Conhecimento sem Fronteiras

Rua da Assembleia, n° 100 – 6° andar
20011-904 – Centro – Rio de Janeiro – RJ

Av. Nações Unidas, n° 12995 – 10° andar
04571-170 – Brooklin – São Paulo – SP

Serviço de Atendimento ao Cliente
0800 026 53 40
atendimento1@elsevier.com

Consulte nosso catálogo completo, os últimos lançamentos e os serviços exclusivos no site www.elsevier.com.br

---

NOTA

Muito zelo e técnica foram empregados na edição desta obra. No entanto, podem ocorrer erros de digitação, impressão ou dúvida conceitual. Em qualquer das hipóteses, solicitamos a comunicação ao nosso serviço de Atendimento ao Cliente para que possamos esclarecer ou encaminhar a questão.

Para todos os efeitos legais, a Editora, os autores, os editores ou colaboradores relacionados a esta obra não assumem responsabilidade por qualquer dano/ou prejuízo causado a pessoas ou propriedades envolvendo responsabilidade pelo produto, negligência ou outros, ou advindos de qualquer uso ou aplicação de quaisquer métodos, produtos, instruções ou ideias contidos no conteúdo aqui publicado.

A Editora

CIP-BRASIL. CATALOGAÇÃO NA PUBLICAÇÃO
SINDICATO NACIONAL DOS EDITORES DE LIVROS, RJ

H541
2. ed.

Higiene e segurança do trabalho / organização Ubirajara Aluizio de Oliveira Mattos ; Francisco Soares Másculo. - 2. ed., rev. e ampl. - Rio de Janeiro : Elsevier, 2019.
: il. ; 24 cm.

Inclui índice
ISBN 978-85-352-9176-6

1. Segurança do trabalho. 2. Segurança do trabalho - Normas - Brasil. 3. Higiene do trabalho. 4. Acidentes de trabalho. I. Mattos, Ubirajara Aluizio de Oliveira. II. Másculo, Francisco Soares.

| 19-55142 | CDD: 363.110981 |
| | CDU: 331.45(81) |

Meri Gleice Rodrigues de Souza - Bibliotecária CRB-7/6439

Dedicatória

Aos protagonistas que perderam suas vidas trabalhando para construir uma vida para si e um futuro melhor para todos nós.

Agradecimentos

É com imensa satisfação que entregamos à comunidade que lida com as questões relacionadas com a higiene e segurança do trabalho a 2ª edição de *Higiene e Segurança do Trabalho*, cuja 1ª edição foi publicada em 2011.

Não podemos deixar de ressaltar os agradecimentos que externamos na 1ª edição e que tornaram a obra possível de se concretizar:

a) À criação do Núcleo Editorial (NEA) da Associação Brasileira de Engenharia de Produção (ABEPRO), na gestão 2006/2009, que tinha como presidente o Professor Osvaldo Luiz Gonçalves Quelhas (UFF), como diretor científico o Professor Francisco Soares Másculo (UFPB), na diretoria administrativa o Professor Vagner Cavenagui (UNESP) e na diretoria do NEA o Professor Mario Otávio Batalha (UFSCAR). Nessa gestão foi criada a Coleção ABEPRO de Livros de Graduação de Engenharia de Produção em parceria com a Editora Campus/Elsevier, que apresentou como resultado a publicação de diversos livros cobrindo as várias áreas dessa modalidade de engenharia.

b) Ao trabalho coletivo de 21 autores, além dos organizadores, especialistas da mais elevada qualificação em suas respectivas áreas de atuação, que deram o melhor de si para o sucesso do conjunto da obra.

c) Aos profissionais, na época da 1ª edição, da Editora Campus/Elsevier, em especial à Editora de Desenvolvimento Universitário, Sra. Vanessa Vilas Bôas Huguenin, que nos acompanhou na empreitada. Nesta edição, já Editora Elsevier, à Sra. Alice Barducci, que pacientemente nos estimulou.

d) Como mencionado na 1ª edição, *in memoriam*, ao nosso querido mestre, Arsênio Osvaldo Sevá Filho, que, além do incomensurável conhecimento para nossa formação, nos honrou com o prestimoso prefácio, que mantemos nesta edição. Deixou-nos saudosos.

e) Também não podemos deixar de corrigir uma injustiça cometida nos agradecimentos da 1ª edição: o Professor Celso Luis Pereira Rodrigues (UFPB) teve participação fundamental no projeto do livro.

A todos somos gratos!

Mas, em particular, externamos nossos sinceros agradecimentos à pessoa que, com sua energia, atitude sempre positiva e acima de tudo com o seu eficiente trabalho e organização, nos deu o suporte fundamental para que chegássemos ao final, a nossa querida amiga *Rosângela da Silva Cardoso*. Bem como nesta 2ª edição à Lívia Salgado Cardoso dos Santos, pela sua valiosa cooperação na revisão dos capítulos.

Os organizadores

Os organizadores

Ubirajara Aluizio de Oliveira Mattos

Graduado em Engenharia de Produção pela Universidade Federal do Rio de Janeiro (1976). Mestrado em Engenharia de Produção pela Universidade Federal do Rio de Janeiro (1981). Doutorado em Arquitetura e Urbanismo pela Universidade de São Paulo (1988). Professor titular do Departamento de Engenharia Sanitária e Meio Ambiente da Faculdade de Engenharia, na Universidade do Estado do Rio de Janeiro. Docente dos Programas de Pós-graduação em Meio Ambiente e em Engenharia Ambiental. Tem experiência na área de Engenharia de Produção com ênfase em Higiene e Segurança do Trabalho. Atua principalmente nos seguintes temas: saúde do trabalhador, ergonomia, avaliação de riscos, gestão ambiental e trabalho informal.

Francisco Soares Másculo

Engenheiro de Produção pela Escola de Engenharia da Universidade Federal do Rio de Janeiro. Mestre em Engenharia de Produção pela Coordenadoria de Programas de Pós-graduação em Engenharia (COPPE-UFRJ), na área de Gerência de Operações e Projeto do Produto. PhD em Saúde Ocupacional, Segurança e Ergonomia pela Universidade de Nova York. Professor e pesquisador do Departamento de Engenharia de Produção e do Programa de Pós-graduação em Engenharia de Produção da Universidade Federal da Paraíba. Membro da Diretoria na Gestão (2010-2013) e do Comitê Científico da Associação Brasileira de Ergonomia (ABERGO). Foi diretor científico da ABEPRO no período 2006-2009.

Os autores

Abelardo da Silva Melo Junior

Graduado em Medicina pela Universidade Federal de Pernambuco (1980), especialização em Medicina do Trabalho pela Universidade São Francisco (1992). Mestrado em Engenharia de Produção pela Universidade Federal da Paraíba (2007). Auditor Fiscal do Trabalho do Ministério do Trabalho e Emprego desde 1983. Tem experiência na área de Medicina, com ênfase em Medicina do Trabalho. Atua principalmente nos seguintes temas: saúde do trabalhador, ergonomia e higiene e segurança do trabalho. Professor convidado dos cursos de Pós-graduação em Engenharia de Segurança do Trabalho do Centro Universitário de João Pessoa (UNIPE) e do Instituto de Educação Superior da Paraíba (IESP), e do curso de Pós-graduação em Enfermagem do Trabalho da FIP (Faculdades Integradas de Patos) e do curso de Técnico em Segurança do Trabalho da Fundação de Apoio ao Instituto Federal da Paraíba (FUNETEC).

Antônio de Mello Villar

Graduado em Engenharia Mecânica pela Universidade Federal da Paraíba (1971). Mestrado em Engenharia de Produção pela Universidade Federal da Paraíba (1979). Doutorado em Engenharia de Produção pela Universidade Federal de Santa Catarina (2001). Professor associado da Universidade Federal da Paraíba. Tem experiência na área de Engenharia de Produção, com ênfase em Planejamento, Projeto e Controle de Sistemas de Produção. Atua principalmente nos seguintes temas: técnicas de prevenção a incêndio, arranjo físico, planejamento e controle da produção e gestão de estoques.

Antonio Souto Coutinho

Engenheiro mecânico pela Universidade Federal da Paraíba. Mestre em Hidráulica e Saneamento na área de Fenômenos de Transporte pela Escola de Engenharia de São Carlos da Universidade de São Paulo. Doutor em Engenharia Mecânica pela Escola de Engenharia de São Carlos da Universidade de São Paulo. Professor e pesquisador aposentado e voluntário do Departamento de Engenharia de Produção e do Programa de Pós-graduação em Engenharia de Produção da Universidade Federal da Paraíba, na área de Conforto Térmico. Tem experiência em Engenharia Mecânica, com ênfase em transferência de calor. Atua principalmente nos temas: conforto térmico, insalubridade térmica e avaliação termoambiental.

Bruno Milanez

Graduado em Engenharia de Produção pela Universidade Federal do Rio de Janeiro (1999). Mestrado em Engenharia Urbana pela Universidade Federal de São Carlos (2002). Doutorado em Política Ambiental pela Lincoln University (2006). Professor adjunto da Universidade Federal de Juiz de Fora. Revisor dos periódicos como *Ciência & Saúde Coletiva*, *Journal of Cleaner Production*, *Revista Eletrônica de Comunicação e Informação & Inovação em Saúde*. Tem experiência na área de Políticas Públicas. Atua principalmente nos seguintes temas: políticas ambientais, planejamento ambiental e conflitos ambientais.

Celso Luiz Pereira Rodrigues

Graduado em Engenharia de Produção pela Universidade Federal do Rio de Janeiro (1976). Mestrado em Engenharia de Produção pela Universidade Federal do Rio de Janeiro (1982). Doutorado em Arquitetura pela Faculdade de Arquitetura e Urbanismo (1993). Professor associado II da Universidade Federal da Paraíba. Tem experiência na área de Engenharia de Produção, com ênfase em Gerência de Produção. Atua principalmente nos seguintes temas: dimensionamento de espaços de Trabalho e arranjo físico.

Clivaldo Silva de Araújo

Graduado em Engenharia Elétrica pela Universidade Federal da Paraíba (1980). Mestrado em Engenharia Elétrica pela Universidade Federal da Paraíba (1988). Doutorado em Engenharia Elétrica pela Universidade Federal da Paraíba (1992). Professor associado III da Universidade Federal da Paraíba. Tem experiência na área de Engenharia Elétrica, com ênfase em medição, controle, correção e proteção de sistemas elétricos de potência. Atua principalmente nos seguintes temas: dinâmica e controle de sistemas de potência e mecânicos.

Gilson Brito Alves Lima

Graduado em Engenharia Civil pela FINAM (1988). Mestrado em Engenharia Civil pela Universidade Federal Fluminense (1992) com especialização em Engenharia de Segurança do Trabalho pela Universidade Federal Fluminense (1995), com extensão em Gestão Ambiental Empresarial pela Universidade Federal Fluminense (1995) e em Estudos de Políticas e Estratégia pela Associação dos Diplomados da Escola Superior de Guerra (1996). Doutorado em Engenharia de Produção pela Universidade Federal do Rio de Janeiro (2000). Professor associado da Universidade Federal Fluminense. Tem experiência na área de Engenharia de Produção. Atua principalmente nos seguintes temas de gestão industrial: manutenção, riscos, segurança e meio ambiente.

João Alberto Camarotto

Professor Titular da Universidade Federal de São Carlos (UFSCar), Departamento de Engenharia da Produção. Área de pesquisa em Ergonomia, Projeto do Trabalho e Projeto de Unidades Produtivas. Pesquisador do Programa de Pós-graduação em Gestão da Produção da UFSCar e do Laboratório de Ergonomia, Simulação e Projeto de Situações Produtivas. Pós-doutorado em Engenharia Industrial pela Universidade Politécnica de Madri (2006). Doutorado em Arquitetura e Urbanismo pela Universidade de São Paulo (1998). Mestrado em Engenharia de Produção pela Universidade Federal do Rio de Janeiro (1983). Graduação em Engenharia Mecânica pela Universidade de Brasília (1976).

Jules Ghislain Slama

Doutorado em Acústica e Dinâmica das Vibrações pela Universidade de Marselha, França 1988. Professor Titular da Universidade Federal do Rio de Janeiro.

Karoline Pinheiro Frankenfeld

Graduada em Engenharia Civil pela Universidade do Estado do Rio de Janeiro (2001), possui especialização em Engenharia de Segurança do Trabalho pela Universidade Federal do Rio de Janeiro (2008) e em Engenharia de Petróleo pela Universidade Estácio de Sá (2003). Possui mestrado em Engenharia de Meio Ambiente pela Universidade do Estado do Rio de Janeiro (2003) e Doutorado em Meio Ambiente pela Universidade do Estado do Rio de Janeiro (2014). Atua como gerente de Segurança e Meio Ambiente na empresa General Electric do Brasil. Tem experiência nas áreas de Engenharia de Segurança e Meio Ambiente e Gestão de Projetos. Possui experiência nos seguintes temas: engenharia de resiliência, segurança e saúde do trabalhador, avaliação de riscos e gestão ambiental.

Luiz Antonio Tonin

Doutor em Engenharia de Produção pela Universidade Federal de São Carlos (UFSCar). Mestre em Engenharia de Produção e Engenheiro de Produção pela UFSCar. Experiência na área da Mecânica, tendo trabalhado em diversas empresas. Atua principalmente nos seguintes temas: simulação e projeto de instalações industriais, projeto de postos de trabalho, ergonomia e projeto do produto. Desenvolve projetos em parceria com diversas empresas públicas e privadas. É professor no Departamento de Mecânica do COTIL da Universidade Estadual de Campinas (UNICAMP) e no Departamento de Engenharia de Produção do Centro Universitário Adventista de São Paulo (UNASP). Pesquisador no PSPLab do Departamento de Engenharia de Produção da UFSCar.

Marcelo Firpo de Souza Porto

Graduado em Engenharia de Produção pela Universidade Federal do Rio de Janeiro (1984) e em Psicologia pela Universidade do Estado do Rio de Janeiro (1991). Mestrado e doutorado em Engenharia de Produção pela COPPE/UFRJ (1994). Doutorado sanduíche

(1992-1993) e pós-doutorado (2001-2003) em Medicina Social na Universidade de Frankfurt. Pesquisador titular do Centro de Estudos em Saúde do Trabalhador e Ecologia Humana da Fundação Oswaldo Cruz (FIOCRUZ). Tem experiência na área de Saúde Coletiva, com ênfase em Saúde Ambiental e Saúde do Trabalhador, e vem trabalhando com os seguintes temas: abordagens integradas de riscos, justiça ambiental, ecologia política e economia ecológica, vulnerabilidade socioambiental, complexidade, riscos e incertezas, princípio da precaução, ciência pós-normal, produção compartilhada de conhecimentos, promoção da saúde em áreas urbanas vulneráveis; agrotóxicos e transição agroecológica. Atua em dois Programas de Pós-graduação na Escola Nacional de Saúde Pública Sergio Arouca (ENSP/FIOCRUZ): Saúde Pública, área de concentração "Processo Saúde-Doença, Território e Justiça Social" e Saúde Pública e Meio Ambiente, área "Gestão de Problemas Ambientais e Promoção da Saúde".

Marcelo Márcio Soares

Pós-doutorado em Ergonomia pela Universidade Central Flórida. PhD em Ergonomia pela Universidade Central Florida, Estados Unidos. Ergonomista Sênior pelo Sistema de Certificação do Ergonomista Brasileiro da Associação Brasileira de Ergonomia (SisCEB/ABERGO). Professor do Departamento de Design da Universidade Federal de Pernambuco (UFPE). Programa de Pós-graduação em Design da UFPE. Programa de Pós-graduação em Ergonomia da UFPE. Programa de Pós-graduação em Engenharia de Produção da UFPE. Coordenador da Especialização em Ergonomia da UFPE.

Márcio Rodrigues Montenegro

Tenente-Coronel do Corpo de Bombeiros Militar do Estado do Rio de Janeiro (CBMERJ). Licenciado em Química pela Fundação Técnico-Educacional Souza Marques (FTESM). Bacharel em Química com Orientação Tecnológica pela Fundação Técnico-Educacional Souza Marques (FTESM). Especialista em Operações com Produtos Perigosos do Corpo de Bombeiros Militar do Estado do Rio de Janeiro (CBMERJ). Mestre em Engenharia Ambiental pela Universidade do Estado do Rio de Janeiro (UERJ).

Maria Bernadete Fernandes Vieira de Melo

Graduada em Engenharia Civil pela Universidade Federal da Paraíba (1977) com especialização em Engenharia de Segurança do Trabalho pela Universidade Federal da Paraíba (1988), e em Gerenciamento na Construção Civil pela Universidade Federal da Paraíba (1993). Mestrado em Engenharia de Produção pela Universidade Federal da Paraíba (1984). Doutorado em Engenharia de Produção pela Universidade Federal de Santa Catarina (2001). Professora associada da Universidade Federal da Paraíba. Tem experiência na área de Engenharia Civil, com ênfase em Construção Civil. Atua principalmente nos seguintes temas: segurança e saúde no trabalho, cultura organizacional, sistema de gestão e construção civil.

Marina Ferreira Rodrigues

Graduada em Engenharia de Produção pela Universidade Federal de São Carlos. Participou da organização da V Semana de Engenharia de Produção de São Carlos (2008). Tem experiência em atividades e projetos que envolvem segurança do trabalho e ergonomia. Atualmente é estagiaria na área de produção de uma empresa têxtil do Estado de São Paulo.

Mario César Rodríguez Vidal

Graduado em Engenharia de Produção pela Universidade Federal do Rio de Janeiro (1976). Mestrado em Engenharia de Produção pela Universidade Federal do Rio de Janeiro (1978). Doutorado em Ergonomie Dans Lingenierie pelo Conservatoire National des Arts et Metiers (1985). Pós-doutorado junto ao laboratório Aramiihs na Matra-Marconi Space. Presidente da Union Latinoamericana de Ergonomia (ULAERGO) (2008-2010). Professor associado ao Programa de Engenharia de Produção da COPPE/UFRJ, onde coordena a linha de pesquisa Ergonomia de Sistemas Complexos e o Curso de Especialização Superior em Ergonomia (CESERG). Criador e primeiro editor da *Revista Ação Ergonômica* e integra o corpo editorial de várias outras revistas internacionais e eventos importantes de sua área. Membro permanente do Conselho Científico da Associação Brasileira de Ergonomia, e sócio fundador da Associação Brasileira de Engenharia de Produção, tendo presidido a sessão de fundação da instituição. Tem vasta experiência na área de Engenharia de Produção com ênfase em Ergonomia. Atua principalmente nos seguintes temas: ergonomia, antropotecnologia, organização do trabalho, segurança do trabalho, complexidade e desenvolvimento sustentável.

Nathalia Noronha Henrique

Graduada em Enfermagem pela Faculdade de Enfermagem da Universidade do Estado do Rio de Janeiro (FENF/UERJ) (2008). Especialista em Enfermagem do Trabalho (FENF/UERJ) (2009). Mestranda do Programa de Pós-graduação em Engenharia Ambiental da Faculdade de Engenharia da UERJ. Socorrista do Primeiro Grupamento de Socorro de Emergência (GSE). Tenente-Bombeiro Militar do Estado do Rio de Janeiro.

Nelma Mirian Chagas de Araújo

Graduada em Engenharia Civil pela Universidade Federal da Paraíba (1989). Mestrado em Engenharia de Produção pela Universidade Federal da Paraíba (1998). Doutorado em Engenharia de Produção pela Universidade Federal da Paraíba (2002). Professora titular do Instituto Federal de Educação, Ciência e Tecnologia da Paraíba (IFPB [ainda ETF-PB, depois CEFET-PB] desde 1995, onde também ocupa o cargo de Pró-reitora de Pesquisa, Inovação e Pós-graduação. Professora colaboradora da Universidade Federal da Paraíba (UFPB), junto ao Programa de Pós-graduação em Engenharia de Produção desde 2004. De maio de 2008 a abril de 2009 ocupou a Coordenação Nacional do Fórum

Nacional dos Dirigentes de Pesquisa e Pós-graduação da Rede Federal de Educação Profissional e Tecnológica (FORPOG). Tem experiência na área de Engenharia Civil. Atua em pesquisas relacionadas com temas nas áreas de Engenharia Civil, Engenharia de Produção e Engenharia de Segurança do Trabalho.

Nilton Luiz Menegon

Graduado em Engenharia Mecânica pela Universidade Federal de Santa Catarina (1987). Mestrado em Engenharia de Produção pela Universidade Federal de Santa Catarina (1993). Doutorado em Engenharia de Produção pela Universidade Federal do Rio de Janeiro (2003). Professor adjunto da Universidade Federal de São Carlos. Tem experiência na área de Engenharia de Produção com ênfase em Ergonomia. Atua principalmente nos seguintes temas: ergonomia, análise ergonômica do trabalho, engenharia de produção, saúde e projeto de situações produtivas.

Paula Raquel dos Santos

Graduada em Enfermagem e Obstetrícia pela Universidade Federal do Estado do Rio de Janeiro (1995). Doutorado (2009) e mestrado (2001) em Ciências da Saúde Pública pela Fundação Oswaldo Cruz (FIOCRUZ). Especialista em Saúde do Trabalhador pela Escola Nacional de Saúde Pública Sergio Arouca (ENSP/CESTEH/FIOCRUZ) (1998) e em Administração Hospitalar pelo Instituto de Medicina Social (IMS/UERJ) (1996). Professora adjunta da Universidade do Estado do Rio de Janeiro, docente em Saúde Pública na Faculdade de Enfermagem, com ênfase em políticas de saúde, área assistencial, vigilância da saúde, meio ambiente e o mundo do trabalho. Atua principalmente nos seguintes temas: saúde do trabalhador, enfermagem do trabalho, trabalho hospitalar, metodologias de investigação, avaliação e intervenção em condições de trabalho, planejamento e organização de serviços e atenção à saúde do trabalhador, trabalho informal com ênfase em controle social e territorialidade. Professora de Enfermagem no curso de especialização em Enfermagem do Trabalho pela Faculdade de Enfermagem da Universidade Estadual do Rio de Janeiro (FENF/UERJ), na disciplina Enfermagem do Trabalho II, onde leciona planejamento e sistematização dos cuidados em PCMSO, acidentes de trabalho, ambulatórios/SESMT, pronto atendimento e cuidados iniciais em situações de urgência/emergência e programas de promoção da saúde e qualidade de vida.

Pedro César Teixeira Silva

Pesquisador do Departamento de Ciências Biológicas na Escola Nacional de Saúde Pública Sergio Arouca (ENSP/FIOCRUZ). Graduado em Biologia, com especialização em Biosseguranca pelo Institut National de la Sante et de la Recherche Medicale, e em Saúde do Trabalhador, pelo Centro de Estudos da Saúde do Trabalhador e Ecologia Humana (CESTEH). Mestrado profissionalizante em Gestão de Ciência e Tecnologia em Saúde pela Escola Nacional de Saúde Pública Sergio Arouca (ENSP/FIOCRUZ). Coordenador do curso de especialização a distância em Biossegurança SVS/MS. Presidente da Comissão Interna de Biossegurança (ENSP/FIOCRUZ).

Rafael Coutinho de Mello Machado

Graduado em Odontologia pela Faculdade São Jose (2004). Prestador de serviços do Departamento de Ciências Biológicas da Escola Nacional de Saúde Pública, assessorando na organização de livros, manuais e artigos voltados para a área de biossegurança. Consultora técnica da Comissão Interna de Biosseguranca (CIBIO/ENSP). Atua no desenvolvimento de cursos presenciais e a distância tanto internamente como para o Ministério da Saúde (CIEVS/CGLAB/Secretaria de Vigilância em Saúde – SVS).

Raimundo Lopes Diniz

Doutor em Engenharia de Produção pela Universidade Federal do Rio Grande do Sul. Ergonomista Sênior pelo Sistema de Certificação do Ergonomista Brasileiro da Associação Brasileira de Ergonomia (SisCEB/ABERGO). Departamento de Desenho e Tecnologia da Universidade Federal do Maranhão (UFMA). Núcleo de Ergonomia em Processos e Produtos da UFMA. Programa de Pós-graduação em Design da UFMA. Coordenador da Especialização em Ergonomia da UFMA.

Wilson Duarte de Araújo

Coronel da Reserva do Corpo de Bombeiros Militar do Estado do Rio de Janeiro (CBMERJ). Tecnólogo em Meio Ambiente – Centro Federal de Educação Tecnológica Celso Suckow da Fonseca (CEFET/RJ). Pós-graduado em Gerenciamento de Bacias Hidrográficas pelo Instituto Alberto Luiz Coimbra de Pós-graduação e Pesquisa de Engenharia da Universidade Federal do Rio de Janeiro (COPPE/UFRJ). Mestre em Engenharia Ambiental pela Universidade do Estado do Rio de Janeiro (UERJ).

Apresentação

*Quanto mais avançamos no caminho, mais modestos ficamos e mais per-
cebemos que não fizemos nada em comparação com o que nos resta fazer.*

Mirra Alfassa, A Mae (s/d.)

A elaboração desta obra partiu da iniciativa de três docentes com experiência em
atividades de ensino, pesquisa e extensão relacionadas com o tema Higiene e Segurança
do Trabalho (HST).

No ano de 2008, o grupo submeteu à Associação Brasileira de Engenharia de
Produção (ABEPRO) o projeto para a confecção deste livro, cujo objetivo era suprir a
ausência de um livro-texto que pudesse ser utilizado na disciplina Higiene e Segurança
do Trabalho e similares, nos cursos de graduação de Engenharia de Produção e outros que
contemplem essa disciplina, das Instituições de Ensino Superior (IES) no Brasil.

A ABEPRO, por meio do seu Núcleo Editorial (NEA), acolheu o projeto a ser
publicado pela Coleção Campus-ABEPRO de Livros de Graduação de Engenharia de
Produção, em parceria com a editora Campus/Elsevier — responsável pela publicação da
obra —, fruto da contribuição de 26 autores e coautores de diversas instituições de ensino
e pesquisa do país e com diferentes formações e experiências profissionais e acadêmicas.

Nesta segunda edição revisada e ampliada o livro *Higiene e Segurança do Trabalho*
apresenta uma estrutura que contempla, através dos seus 19 capítulos, os campos de
conhecimentos vivenciados pelo profissional de engenharia em sua atuação em estudos de
HST, que podem ser expressos em quatro momentos: conceitual, metodológico, analítico
e propositivo.

Esses conhecimentos se iniciam no entendimento dos seguintes fenômenos: acidente de trabalho, doença ocupacional e da disciplina Higiene e Segurança do Trabalho, que compõem o *momento conceitual*, discutido com propriedade por Ubirajara Aluizio de Oliveira Mattos e Celso Luiz Pereira Rodrigues, em seus respectivos capítulos "O acidente de trabalho e o seu impacto socioeconômico e ambiental" (Capítulo 1) e "Conceitos básicos sobre segurança do trabalho" (Capítulo 2).

A seguir, são focadas as ferramentas utilizadas na análise do processo de produção para levantamento e avaliação dos fatores de riscos, gestão da segurança e saúde do trabalhador nas situações a serem estudadas e a necessidade de organização dos serviços de atenção à saúde e segurança do trabalhador, constituindo-se no *momento metodológico* tão bem abordado pelos capítulos de João Alberto Camarotto e Luiz Antonio Tonin em "A análise do processo de produção como um dos elementos básicos para o entendimento dos riscos no trabalho" (Capítulo 3); de Gilson Brito Alves Lima, em "Sistemas de gestão de segurança e saúde no trabalho" (Capítulo 4); Nelma Mirian Chagas de Araújo, em "Técnicas de gestão de risco" (Capítulo 5); e Abelardo da Silva Melo Junior, em "Organização de serviços de segurança e saúde do trabalho" (Capítulo 6).

O *momento analítico,* no qual se estuda os parâmetros utilizados para quantificação e qualificação das situações avaliadas, segundo os fatores de riscos, bem como o *momento propositivo,* que se caracteriza pelas diferentes formas de intervenção, por intermédio do contato com os elementos técnicos necessários para agir sobre a situação avaliada, buscando a sua transformação para a melhoria das condições de trabalho e preservação da saúde e segurança do trabalhador, são abordados ao longo dos 12 capítulos seguintes, de forma instigante para o leitor interessado nos temas mais técnicos da disciplina (avaliação dos fatores de riscos e medidas preventivas). Vale ressaltar que alguns tópicos poderiam ser mais aprofundados, mas nesta obra foi necessário o estabelecimento de um limite. As referências bibliográficas permitem o estudo mais profundo.

Os Capítulos 7 a 15 tratam dos fatores de riscos ocupacionais de diferentes naturezas e mais frequentes nos ambientes de trabalho. A legislação trabalhista brasileira os classifica em cinco grupos distintos: físicos, químicos, biológicos, ergonômicos e acidentários.

Os Capítulos 7, 8 e 9 enfocam fatores de risco de acidentes. Nilton Luiz Menegon e Marina Ferreira Rodrigues escrevem sobre "Proteção contra riscos gerados por máquinas" (Capítulo 7), Clivaldo Silva de Araújo sobre "Proteção contra choques elétricos" (Capítulo 8) e Antônio de Mello Villar sobre "Proteção contra incêndio e explosões" (Capítulo 9).

Falando sobre os fatores de riscos ambientais (físicos, químicos, biológicos), Marcelo Firpo de Souza Porto e Bruno Milanez assinam o Capítulo 10, "Proteção contra riscos químicos: conhecendo os riscos para combatê-los", Antonio Souto Coutinho aborda "Proteção contra o calor" (Capítulo 11), Jules Ghislain Slama e Mario Cesar Rodriguez Vidal escrevem "Proteção contra ruídos" (Capítulo 12), Francisco Soares Másculo apresenta "Proteção contra radiações" (Capítulo 13) e Pedro Cesar Teixeira da Silva e Rafael Coutinho de Mello Machado tratam de "Riscos biológicos em laboratórios biomédicos" (Capítulo 14).

Complementando o tema com os riscos ergonômicos, Marcelo Márcio Soares e Raimundo Lopes Diniz desenvolveram o Capítulo 15, "Proteção contra riscos ergonômicos". As formas de intervenção *para eliminação* ou *controle* dos fatores de riscos podem ser divididas em dois tipos de solução e ocorrer em diferentes níveis de abrangência.

Essas formas podem se constituir de *soluções/produtos* ou *soluções de regulação ou gestão*. As primeiras são os EPI, EPC etc. As outras podem ser: treinamento, mudança de método e normas de segurança, entre outras.

Quanto aos níveis de abrangência, as intervenções podem se dar no indivíduo-trabalhador, no posto de trabalho/setor de trabalho, na empresa e na sociedade em geral[1]. Quanto mais amplo for o nível, mais complexo ele será, pois envolverá um maior conjunto de conhecimentos e a atuação de mais atores dos diversos segmentos sociais.

Os três capítulos finais apresentam diferentes tipos de intervenção em diferentes níveis de abrangência. O Capítulo 16, assinado por Maria Bernadete Fernandes Vieira de Melo, aborda os "Equipamentos de proteção individual", o Capítulo 17, de Paula Raquel dos Santos e Nathalia Noronha Henrique, apresenta "Cuidados iniciais em situações de urgência — aplicação ao local de trabalho", e o Capítulo 18, "Proteção contra impactos ambientais", de Wilson Duarte de Araujo e Marcio Rodrigues Montenegro, ambos com vasta experiência em atuação em situações de catástrofes, encerra esta obra abordando os diversos planos (de emergência, de auxílio mútuo e do Processo APELL) aplicados em circunstâncias que envolvem a ocorrência de acidentes ampliados.

O último capítulo introduz temas recentes de discussão em prevenção de acidentes e na gestão de segurança de sistemas produtivos complexos. O Capítulo 19, elaborado por Karoline Pinheiro Frankenfeld e Ubirajara Aluizio de Oliveira Mattos, aborda a "Engenharia de resiliência e novos paradigmas de gestão de segurança do trabalho". Discute o conceito de erro humano e suas influências nos sistemas, mostrando que o erro é inevitável, e a importância das defesas dos sistemas e como elas atuam em um sistema resiliente.

Esperamos que esta obra, de leitura fácil e agradável, atenda ao objetivo inicialmente proposto, suprindo as necessidades dos estudantes dos demais cursos de graduação de Engenharia das IES brasileiras — onde a disciplina HST faça parte dos currículos de seus cursos —, bem como contribuir com conhecimentos que possam orientar os diversos profissionais que atuam na área de HST e procuram alternativas para a melhoria das condições de trabalho em suas empresas, e, assim, colaborem para a redução das ocorrências de acidentes de trabalho e doenças ocupacionais no país.

---

1 PORTO, M.F.S.; MATTOS, U.A.O. (1994) TEMA: a tecnologia ecologicamente mais adequada como uma estratégia preventiva a ser perseguida. Prod., v. 4, n. spe, p. 25-31 Disponível em: http://www.scielo.br/scielo.php?script=sci_arttext&pid=S0103-65131994000300003&lng=en&nrm=iso. Acesso: 9 julho 2018. http://dx.doi.org/10.1590/S0103-65131994000300003.

Para finalizar, é sempre bom lembrar que a administração moderna de segurança e saúde do trabalhador integra um sistema de gestão mais amplo, que deve ter sempre como um de seus princípios a melhoria contínua de uma organização.

Os organizadores

Prefácio à 2ª edição

A Higiene e Segurança do Trabalho (HST) tem evoluído constantemente nos últimos anos em decorrência de dois fatores principais: a crescente preocupação social com os trabalhadores e com o mundo do trabalho; e o desenvolvimento das ciências nas quais a HST fundamenta suas técnicas e ferramentas de intervenção na melhoria da vida e na saúde dos trabalhadores, bem como na transformação do mundo do trabalho de forma a permitir esta melhora e o seu desenvolvimento.

HST é assunto de aplicação transversal na engenharia e nas outras profissões que interagem com o mundo do trabalho, e para tanto deveria ser objeto de estudo na formação e no exercício profissional dessas modalidades profissionais.

Este livro apresenta os conceitos e as ferramentas básicas que permitem ao seu leitor se apropriar deste conhecimento com vistas ao entendimento dos assuntos relevantes e aprimoramento futuro desses conceitos e ferramentas de aplicação na compreensão e melhoria de desempenho do trabalho em questões específicas de Higiene do Trabalho, Ergonomia, Segurança e Saúde Ocupacional, de forma a intervir neste campo muito importante do conhecimento. Essas ferramentas básicas e conceitos se delineiam nos capítulos deste livro de forma coordenada e em uma sequência que permite ao leitor se apropriar de forma gradual deste conhecimento. Sempre foi uma lacuna na literatura nacional um livro com esta abordagem e sua atualização nesta 2ª edição é muito bem-vinda e mantém este material vivo e atual.

No mundo do trabalho convivem de forma ora pacífica, ora conflituosa, pessoas, máquinas e ambiente. Esse equilíbrio, em geral instável, se dá pela dinâmica desta relação tripartite e por todas as complexas relações entre essas partes. A HST nos permite compreender uma parte relevante destas interações capacitando os seus operadores na intervenção das relações homem-máquina; máquina-ambiente; e homem-ambiente, de forma a melhorar este equilíbrio. Riscos e proteção são antagonistas e parceiros que devem ser bem conhecidos, analisados e planejados. A vida e a saúde humanas, assim como a preservação ambiental, têm importância enorme, tendo sido por muito tempo relegadas a segundo ou terceiro planos, de forma inadmissível e incompreensível.

Este livro teve na sua 1ª edição um prefácio que, em verdade, se estruturou como uma introdução e motivação ao estudo da HST. O Professor Arsênio Sevá o desenvolveu de forma clara e segura. Que ele se mantenha vivo com este prefácio da mesma forma como vivas estão suas palavras, que se mantêm atuais e adequadas. Neste prefácio indicamos apenas as mudanças e atualizações realizadas. À 2ª edição foram acrescidos os seguintes itens, sobre os quais teceremos algumas considerações: eSocial; ISO 45001 Sistemas de Gestão em Segurança e Saúde Ocupacional; e um novo capítulo de Gestão de Métricas, realçando e determinando a importância das métricas em HST. Na sequência de evoluções que a HST tem apresentado, a automatização de processos, a informatização de informes e a visão sistêmica vêm sendo cada vez mais necessárias. As adequações a esta edição se orientam em virtude disto.

Para dominar os conceitos e ferramentas em HST os seus operadores têm de evoluir constantemente e, em virtude desta evolução, seria natural que a informatização e a automatização dos processos fossem incorporados ao universo da HST. No Brasil, pelo lado governamental, isto surgiu com a criação do eSocial, um projeto do governo federal que tem por objetivo desenvolver um sistema de coleta de informações trabalhistas, previdenciárias e tributárias, armazenando-as em um Ambiente Nacional Virtual. O eSocial importa em adequações no campo da HST que vai ter agora um ambiente próprio para armazenagem de muitos informes anteriormente dispersos e com utilização restrita, permitindo agora coleta, tratamento e análise de dados de forma muito mais orgânica e sistêmica. Devemos realçar que a implantação de todo novo sistema não se dá de forma fácil e sem dores, como qualquer forma de mudanças de grande porte.

A gestão da SSO necessitava já há muitos anos de uma norma internacional de validade ampla e estruturada por um organismo internacional como a ISO. A ISO 45001 Sistemas de Gestão em Segurança e Saúde Ocupacional vem ocupar esta lacuna. No entanto, não apresenta uma radical mudança de conceitos, mas sim uma evolução natural esperada e que permite conformações adequadas e pensamento sistêmico na gestão de SSO. Assim sendo, o capítulo sobre gestão de SSO foi atualizado e contextualizado à nova norma, bem como as anteriores e suas aplicações nesta evolução temporal.

Métricas, métricas e métricas... A importância de métricas em HST sempre foi muito grande, e um novo capítulo específico sobre gestão de métricas foi incorporado ao texto permitindo ao leitor sua apropriação dentro do contexto de HST, versando sobre conceitos e técnicas de engenharia de métodos utilizados para a análise dos processos de produção. Esse capítulo bem como os demais acréscimos e atualizações permitem uma adequação dos sistemas de gestão em HST na busca de melhorias na gestão de riscos e na eficiência dos sistemas de proteção ao trabalhador.

Com todos esses elementos e pela importância dos temas apresentados aqui, este livro se configura um texto atual, importante e de fácil acesso a alunos de graduação e pós-graduação, profissionais e outros interessados em HST e envolvidos no mundo do trabalho que necessitem adquirir, manter ou atualizar os seus conhecimentos nesta área.

Assed Naked Haddad Professor Titular da UFRJ

Introdução

Os futuros engenheiros de produção, que agora iniciam a leitura desse conjunto de textos didáticos, terão aqui uma oportunidade rara, que muitos outros futuros engenheiros infelizmente não usufruem em seus cursos de graduação: preparar-se para a maior responsabilidade de todas, que deve ser assumida perante a vida, a integridade e o bem-estar das trabalhadoras e dos trabalhadores, que, afinal, são os que "tocam" a produção em todos os setores.

Os capítulos deste livro foram escritos por professores experientes nos vários campos da Engenharia de Produção, com uma formação que valoriza o homem no seu trabalho, as suas condições de trabalho e a sua vida.

Pelos textos que eles elaboraram os leitores saberão que os trabalhadores em geral, incluindo os próprios engenheiros – na indústria, na construção, nos serviços, na agricultura, na mineração, e em todos os setores produtivos – podem se acidentar, podem adoecer e mesmo morrer durante o trabalho, nos trajetos de ida e volta do trabalho, e por causa do seu trabalho.

Todas e todos os que trabalham ficam expostos a esta probabilidade ao longo dos anos de sua atividade, enquanto trabalharem; e mesmo depois que se aposentarem ou mudarem de empresa ou de ocupação, já que algumas doenças profissionais adquiridas somente se manifestam no longo prazo. Essa probabilidade evidentemente é maior quando as pessoas já chegam ao trabalho fragilizadas ou vulneráveis por outros motivos externos como também quando as condições de trabalho são piores, quando é maior a duração da jornada diária de trabalho, e quanto maior a duração acumulada dos períodos sucessivos de trabalho ao longo dos meses e dos anos.

Um dos problemas mais delicados decorre da decisão empresarial sobre a continuidade da produção 24 horas por dia, comumente adotada nas empresas de vários setores, como as de processamento físico-químico em regime contínuo (por exemplo, refinarias de petróleo, siderúrgicas, usinas hidrelétricas, indústrias químicas e cimenteiras), mas também verificada em outros setores de atividades.

Esse regime de funcionamento da produção exige a formação de equipes de trabalhadores para trabalho em turnos de revezamento, ou seja, gente que trabalha durante a noite, durante a madrugada, nos fins de semana, e cujas escalas de entrada e saída no local de trabalho devem ser programadas permanentemente com muitos meses de antecedência.

Nesses casos, além do clássico problema da transmissão da informação produtiva entre as equipes, há uma alteração evidente do ritmo metabólico de cada pessoa, chamado de ritmo circadiano, o que induz perturbações do sono, da vigília, da alimentação e da imunidade biológica, além de óbvios transtornos à vida familiar e social das pessoas.

É compreensível, desse modo, que o campo das condições de trabalho e do regime de trabalho seja um campo conflitivo, de difícil conciliação entre as partes, pois em princípio ninguém gosta nem concorda com a sobre-exploração de suas capacidades, nem com o estresse, muito menos com a injúria, o ferimento, a doença em seu próprio corpo. Ninguém se dispõe, em princípio, a correr risco de vida, pelo fato de estar trabalhando, embora tanta gente, pelo mundo afora, acabe se submetendo a isso, e em certa medida "normalizando", quase banalizando essa condição extrema.

Por isso mesmo, os futuros engenheiros estarão diante de um dos maiores dramas da história da humanidade. Precisamos lembrar que o trabalho assalariado, como o conhecemos hoje, objeto de contratos com direitos e deveres entre as partes, é uma relação social e econômica relativamente recente.

A adoção do regime assalariado começou há menos dos três últimos séculos, em poucos setores industriais, de poucos países; e, no século XXI, o trabalho assalariado não é obviamente uma situação universal, que abrange todos os trabalhadores.

Atualmente, além dos profissionais liberais e de todas as formas de trabalho autônomo, por conta própria, informal – que também são fontes de doenças e acidentes –, ainda coexistem, em muitos países, os assalariados com os sistemas jurídicos anteriores: a servidão, o trabalho forçado e até mesmo a escravidão, da qual nosso país proclamou formalmente a abolição há pouco mais de 120 anos.

Os diversos temas abordados neste livro

Os leitores terão uma primeira ideia dos **riscos típicos das máquinas** operatrizes e outras similares, e das medidas adequadas para diminuir ou evitar a possibilidade de os operadores sofrerem algum traumatismo durante a operação e a manutenção.

Outra situação bastante comum e sobre a qual devemos estar cientes é a possibilidade de **choques e descargas elétricas** que venham a atingir as pessoas, que muitas vezes não estão devidamente protegidas nem preparadas para tais eventos. Uma ameaça que se torna ainda mais grave quando as voltagens e correntes elétricas são mais altas, o que é frequente nas instalações industriais e em todas as centrais de utilidades de prédios e de coletividades em geral.

As instalações, os materiais estocados, os veículos e quase tudo na indústria podem sofrer algum **incêndio**, com origem em faísca elétrica, raio ou, mais comumente, por causa da presença de emanações ou líquidos voláteis que podem "flashear" ou até explodir.

Também os equipamentos, recipientes e redes de tubulações que trabalham sob pressão podem sofrer **rupturas** seguidas de quedas e desmoronamentos, e comumente seguem-se **vazamentos** de produtos ou de resíduos que, por sua vez, levam a **inundações** ou, se forem materiais inflamáveis, levam a **explosões** e **incêndios**.

Obviamente isso poderá machucar, intoxicar e até matar as pessoas próximas e num certo raio de ação, conforme a potência e a rapidez dos eventos e demais condições ambientais. Em qualquer circunstância, tais eventos, uma vez desencadeados, devem ser combatidos, visando dominar a situação, "matar o fogo", ou pelo menos circunscrever os prejuízos e o número de vítimas.

Algo que não pode simplesmente ser delegado ao **Corpo de Bombeiros** público, exigindo que, dentro da empresa, haja **dispositivos, materiais** e **pessoal organizado em brigadas**, de forma a viabilizar esse primeiro combate e também para auxiliar os bombeiros quando estes chegarem ao local. Em alguns casos onde várias indústrias são vizinhas e sofrem o mesmo tipo de ameaça, são criados Planos de Auxílio Mútuo e as brigadas podem ser alocadas fora de sua empresa-base. Nos casos em que as repercussões dos acidentes atingem também a população próxima e podem gerar situações de calamidade, o assunto passa a ser da esfera da **Defesa Civil**, cujos integrantes devem manter em alerta verdadeiros "Estados-maiores" capazes de mobilizar, em cada caso, serviços e estruturas em situação de emergência.

O uso de compostos químicos variados é generalizado em todas as atividades industriais, inclusive naquelas tecnologias consideradas "limpas" ou não agressivas. Muitos deles são potencialmente tóxicos para os seres humanos, mesmo em concentrações numericamente baixas e sobretudo quando aplicados com teores inadequados, e produzirão injúrias e doenças pela via de inalação, ingestão ou contato com a pele ou os olhos.

O **risco de contaminação química** é um dos mais difíceis de serem devidamente detectados e combatidos em todo o mundo, mesmo já tendo sido objeto de numerosas resoluções governamentais, convenções internacionais, acordos inter-empresas e acordos coletivos de trabalho.

A atmosfera interna dos locais de trabalho raramente está isenta de contaminantes que podem prejudicar todos que ali respiram. No mínimo, haverá poeiras e germes habituais, e no outro extremo, há locais extremamente saturados de vapores, aerossóis e partículas venenosas e patológicas geradoras de doenças de vários tipos.

Muitos dos ambientes de trabalho têm controle da **atmosfera interna** por meio de sistema de ar condicionado, que, dependendo da regulagem de parâmetros como temperatura e umidade, e da eficácia e frequência da sua limpeza e descontaminação, também podem ocasionar incômodos e baixar a resistência das pessoas que ali respiram.

Um dos grandes problemas em várias indústrias é a existência de trabalhadores em **compartimentos frios** durante muitas horas seguidas e às vezes durante toda a jornada de trabalho. E também a alternância entre a atmosfera "normal" e os compartimentos frios, o que também compromete o metabolismo e a imunidade biológica dos indivíduos.

Já outros tipos de locais e ambientes de trabalho apresentam o **risco do calor excessivo**, que em geral vem combinado com vapores e com teor de umidade anormal, estressando os trabalhadores e comprometendo sua saúde, mesmo se estiverem protegidos por vestimenta e acessórios próprios.

O **risco biológico** é também de difícil combate em setores industriais, como farmacêuticos, de alimentos, bebidas, e em todos os laboratórios de análises e testes com produtos ou compostos orgânicos ou em corpos de prova animal e vegetal.

Os **campos de radiações elétricas**, **magnéticas** e **eletromagnéticas** que estudamos na Física não são coisas abstratas e, sim, estão presentes de forma generalizada, em quase todas as instalações industriais; e devem ser objeto de um rastreamento rigoroso e de um estudo incessante por meio de medições no ambiente, por causa dos seus riscos à saúde.

Dentre elas, as **radiações ionizantes** são, dos tipos de riscos abordados neste livro, um dos que exige maior especialização dos interessados, e maior investimento por parte das empresas e autoridades. Isto porque a sua incidência cresce atualmente dado o emprego de sensores, instrumentos e medidores com cápsulas ou cabeças radiativas, e também devido ao aumento da utilização de imagens obtidas por contrastes ionizantes para diagnósticos de materiais, de pessoas e de tecidos e células de todo tipo.

Enfim, para abreviar essa síntese dos temas abordados, os futuros engenheiros ainda devem estar preparados para atuar no controle e na redução ou modulação da exposição a todas as **ondas mecânicas**. Pela sua intensidade e/ou sua frequência, essas ondas podem causar muitos incômodos, doenças e traumatismos, a começar pelos sons audíveis. Isto porque, as atividades de trabalho quase nunca são totalmente silenciosas, nem os ambientes de trabalho são isentos de sons; pelo contrário, em geral são muito barulhentos.

O **ruído** é, assim, um fator geral de risco, e não apenas os ruídos das faixas audíveis pelas pessoas, mas também existem efeitos maléficos provocados pelos infrassons, trepidações e vibrações e, no outro extremo da faixa, os efeitos dos ultrassons.

Estes são alguns dos principais temas abordados em cada um dos capítulos, mas o problema não se esgota aí, pelo contrário, é tomando-se esses fatos como básicos que podemos avançar nesse estudo.

O risco do trabalho exige a atenção de muitos profissionais, além dos engenheiros, e dos próprios trabalhadores e suas formas de representação

Após estudar cada um destes capítulos, os leitores poderão compreender algo desafiador para os engenheiros, para os gerentes, para as empresas, para o poder público e para toda a sociedade:

- acidentes e doenças são também decorrentes da atividade de trabalho.

Ou seja:

- muitos riscos desse tipo e que afetam os humanos são intrínsecos ao ambiente de trabalho e ao processo produtivo.

Por isso mesmo, os fatores de riscos e as circunstâncias nas quais se acidentam, adoecem e morrem trabalhadores devem ser permanente e insistentemente estudados, rastreados e analisados para que os riscos possam ser neutralizados ou, pelo menos, minimizados, já que os riscos das várias tecnologias e formas de produção nunca serão anulados. Para tanto, é fundamental o conhecimento objetivo e atualizado dos riscos técnicos propriamente ditos, e de suas consequências para a integridade e a saúde das pessoas. Uma vez consumado o agravo à saúde, aqueles que foram acidentados e os que adoeceram por causa do trabalho necessitam e devem ser devidamente atendidos, muitas vezes em situação crítica e de urgência, e depois diagnosticados e afastados das funções e dos locais de risco.

Essas vítimas do trabalho precisarão e terão direito a serem tratados. Dependendo da gravidade do acidente sofrido ou da doença adquirida, as vítimas devem ser reabilitadas, por meio de diversas terapias, até que possam voltar a exercer a mesma atividade. Ou, se ficarem com limitações ou incapacidades, devem poder exercer alguma outra atividade. Se os trabalhadores acidentados ou doentes ficarem mutilados ou inválidos para ganhar a vida trabalhando, devem ser, a partir daí, custeados pelas empresas e pelos sistemas previdenciários para os quais eles mesmos e as empresas contribuíram durante a vida laboral.

Isso mostra que os engenheiros de produção e os demais engenheiros que forem atuar nessa área devem fazê-lo em conjunto e em interação com **médicos** e **pessoal paramédico** (enfermeiros, atendentes, fisioterapeutas). As correlações entre os fatores de risco ambiental e as patologias que podem ser adquiridas por via direta (exposição aos produtos tóxicos, por exemplo) e indiretamente (consumo de água ou alimentos contaminados) são um dos temas de fronteira da pesquisa médica e epidemiológica.

Os interessados podem se aprofundar lendo os relatórios produzidos por órgãos oficiais como a Fundacentro, do Ministério do Trabalho, ou produzidos por instâncias sindicais, como o Diesat (Departamento Intersindical de Estudos de Segurança e Acidentes de Trabalho), bem como os artigos científicos de médicos; por exemplo, o livro organizado por Chivian et al., integrantes de uma entidade chamada Physicians for Social Responsibility, que podemos traduzir por Médicos pela Responsabilidade Social (CHIVIAN et al., 1994).

Quando os trabalhadores começaram a ser contratados massivamente pela via salarial, em geral eram pagos por produção e as jornadas de trabalho eram muito mais longas do que as atuais, podendo atingir 16 até 18 horas seguidas, e eram comumente empregadas crianças e adolescentes; também era comum o trabalho feminino em tarefas árduas e arriscadas, como nas minas de carvão e nas primeiras manufaturas têxteis. Essas condições foram duramente criticadas e questionadas pelas primeiras **associações formadas entre trabalhadores**, antecessores dos atuais **sindicatos de trabalhadores** e **centrais sindicais**, conseguindo-se assim progressivas melhorias e direitos transformados em leis, ainda no século XVIII e especialmente no século XIX na Inglaterra, na França, na Bélgica e em outros países da Europa e também nos Estados Unidos, que iniciava a sua industrialização.

Modernamente, a partir da segunda metade do século XX, as **organizações multigovernamentais** como a ONU (Organização das Nações Unidas) e suas afiliadas OIT (Organização Internacional do Trabalho) e OMS (Organização Mundial da Saúde), e também a OPAS (Organização Panamericana de Saúde), criaram resoluções e convenções na tentativa de melhorar as condições de trabalho e de atendimento à saúde em todos os países-membros.

Isto nos indica que o mesmo assunto tratado neste livro é também objeto de preocupação e de atuação por parte de outros profissionais como **juristas, legisladores, advogados** e responsáveis dentro dos governos pela **fiscalização** das condições de trabalho e do respeito aos direitos dos trabalhadores.

No caso brasileiro foi criada uma instituição jurídica específica para isso, a **Justiça do Trabalho**, que tem as suas próprias Juntas de Conciliação e Julgamento, os seus juízes e tribunais; depois da Constituição Federal de 1988 foi consolidada também a atuação dos **Procuradores do Ministério Público do Trabalho**, aos quais cabe representar os direitos difusos de toda a população trabalhadora e abrir inquéritos e ações destinadas a fazer valer os direitos e melhorar as condições encontradas nos diversos tipos de locais de trabalho.

Esse ponto é tão importante para a atuação dos futuros engenheiros e, paradoxalmente, vem sendo tão esquecido nos currículos universitários, que merece aqui a leitura de um pequeno retrospecto recente.

Dentre os milhares de sindicatos de trabalhadores funcionando no país, poucos se dedicam de forma sistemática e prioritária a atuar nestes problemas. Muitos sindicalistas participam das **CIPAs (Comissões Internas de Prevenção de Acidentes)**, cujo funcionamento é obrigatório num grande número de empresas e organizações, incluindo universidades e órgãos da administração pública.

Várias entidades sindicais têm alguma assessoria ou departamento jurídico que acaba cuidando dos famosos "adicionais de insalubridade e de periculosidade". Fora disto, quase todos os sindicatos se ocupam do assunto apenas quando ocorrem mortes, lesões e doenças de trabalhadores, eventos que exigem toda a conhecida e penosa tramitação dos afastamentos, benefícios, aposentadorias, indenizações e pensões.

Principalmente depois da retomada do movimento sindical no Brasil, a partir de 1979, várias entidades adquiriram a prática de coletar informações, documentos técnicos das próprias empresas, documentos pessoais dos trabalhadores (prontuários, laudos de perícias de saúde, exames médicos) e começaram a montar "dossiês" para fins de divulgação, passando cópias para a imprensa e as estações de rádio e de televisão, na esperança de serem pautados de alguma forma – o que, aliás, raramente acontece.

Por meio desses "dossiês" formalizavam denúncias, demandando fiscalização ou intervenção por parte das autoridades, protocolando-os junto aos parlamentares (vereadores e deputados estaduais e federais), aos delegados e aos juízes do Trabalho e da Justiça comum, junto aos promotores públicos e aos procuradores do Ministério Público do Trabalho.

No início da década de 1980, para poder atingir melhor base técnica na defesa dos direitos dos trabalhadores nos assuntos de Condições de Trabalho, de Doenças e de Acidentes e Prevenção, foi criado, por alguns sindicatos mais fortes, em São Paulo, Minas Gerais e Rio de Janeiro, o **DIESAT (Departamento Intersindical de Estudos de Saúde do Trabalhador)**. Uma das publicações marcantes dessa fase foi iniciativa desse departamento, com o livro *De que adoecem e morrem os trabalhadores*, organizado pelos médicos Herval Ribeiro e Francisco Lacaz – livro considerado pioneiro na integração das atividades sindicais com pesquisadores da área médica e jurídica.

Depois, no âmbito das duas maiores centrais, a CUT (Central Única dos Trabalhadores) e a Força Sindical, adotou-se a orientação de participação de sindicalistas nas CIPAs e nos **CRST (Conselhos ou Centros de Referência de Saúde do Trabalhador)**, que estavam sendo implantados por várias prefeituras (por exemplo, Santos e Campinas, SP, e Ipatinga, MG) e por alguns governos estaduais (Bahia, depois Rio Grande do Sul e Rio de Janeiro). Dirigentes sindicais conseguiram assento com direito a voto nos processos de criação e reformulação de Normas Regulamentadoras, as NRs, baixadas pelo Ministério do Trabalho.

Nos anos 1980, a sociedade brasileira foi impulsionada por um movimento de democratização e de abertura cultural e política, incluindo a intensificação do intercâmbio internacional de entidades ambientalistas, sindicais e de professores, jornalistas, artistas e escritores. Um resultado disso foi a inserção na Constituição Federal em 1988, e em várias Constituições Estaduais, de dispositivos importantes para a proteção do meio ambiente e da saúde coletiva; outro resultado foi a ampliação dos temas da ação dos sindicatos de trabalhadores e também das entidades patronais.

Tais avanços só foram obtidos por meio de pressão política direta dos interessados sobre os parlamentares e sobre a Administração Pública, e foram mais sensíveis quando partiram de categorias de trabalhadores mais diretamente ligados aos recursos naturais, às águas, aos compostos químicos, aos combustíveis, à eletricidade, mas também por pressão dos trabalhadores rurais, dos sem-terra e dos extrativistas, como os seringueiros da Amazônia. As direções dos vários Sindae (dos empregados das autarquias e empresas municipais e estaduais de águas e esgotos) se interessaram pelos debates sobre a poluição dos rios, a escassez de água, o tratamento dos esgotos; os eletricitários descobriram que, além do grande número de vítimas dos choques e descargas elétricas, as represas de hidrelétricas produziam também populações atingidas e que, em muitos casos, se organizavam em entidades para negociar com as empresas onde os eletricitários trabalhavam.

Pela lógica da indústria química, muitas pessoas se expõem à toxicidade variada de seus insumos, produtos, subprodutos, emissões e efluentes, e ficam sob ameaça dos acidentes, incêndios e explosões, e eventualmente são vítimas dos episódios de poluição aguda. Não somente os trabalhadores, mas também vizinhos das fábricas e os vizinhos de algum trajeto de uma carga perigosa.

Por isso, a preocupação com a vizinhança veio se somar ao foco ocupacional e de perigo, já adotado pelas entidades de trabalhadores principalmente os das regiões onde funcionam as refinarias e polos petroquímicos: o ABC paulista, o Recôncavo Baiano, o polo de Triunfo, RS – que formaram um departamento de químicos na CUT e depois uma Confederação de âmbito nacional, a CNQ.

Esses sindicalistas químicos adquiriram uma noção mais prática do que realmente significam os riscos químicos para a saúde humana e para o ambiente. Aprenderam a conhecer os sintomas das doenças, sabem onde ficam os locais onde as fábricas despejam seus efluentes contaminados, e sabem quem vem recolher aquilo que mandam queimar, como os resíduos pastosos e as sucatas.

Nas plantas industriais químicas e nas refinarias de petróleo foi onde começou de fato a implantação de uma dessas normas, a "Norma regulamentadora NR 5", que obriga a elaboração e a publicidade dos **mapas de risco ocupacional**, que abrange todos os setores no perímetro da fábrica.

Nos maiores polos petroquímicos multiplicaram-se na década de 1990 os casos de contaminação por exposição a compostos químicos, os organometálicos e, em particular, os hidrocarbonetos aromáticos (benzeno, tolueno, xileno), cujos efeitos provocaram epidemias de leucemia e de outros cânceres no meio desta categoria.

Tais tipos de patologia atingiam também trabalhadores de unidades de coqueificação de carvão mineral (coquerias) existentes nas cinco grandes siderúrgicas integradas no país; e também em algumas coquerias rudimentares que processam o minério de carvão local no sul de Santa Catarina e no Rio Grande do Sul.

Nessa época, alguns sindicatos de trabalhadores mineiros em Minas Gerais, por exemplo, em Itabira e em Nova Lima (minério de ferro), e em Santa Catarina, os de Criciúma (minério de carvão) também lançaram campanhas contra os vários tipos de silicose e pneumoconiose decorrentes das poeiras suspensas no subsolo e nas instalações de superfície das minas. E, indiretamente, ajudaram a tornar público um dos maiores problemas ambientais da mineração: as bacias de deposição de rejeitos, verdadeiros caldos químicos, com muitos sais de metais pesados e com índices absurdos de acidez da água.

Entre 1990 e 1991 duas instâncias inéditas foram criadas na cúpula nacional da CUT em São Paulo, um Instituto de Saúde no Trabalho (INST), dentro do convênio chamado Progetto Sviluppo, com a central sindical italiana CGIL e o Ministério de Cooperação estrangeira daquele país, e uma Comissão Nacional de Meio Ambiente (a CNMA).

Em São Paulo e outras capitais, o INST realizava pesquisas e intervenções tipo campanhas e formação de pessoal em temas como "Riscos do ambiente de trabalho", "Silicose", "Benzeno", "Lesões por esforços repetitivos".

Uma das suas atividades pioneiras foi o **mapeamento de riscos ambientais de âmbito regional**, cujo método se baseava em informações coletadas e sistematizadas sobre os riscos, as condições de trabalho e as condições de vida, durante as sessões de mapeamento realizadas em alguns municípios, nas quais participaram representantes e observadores de entidades sindicais, ambientalistas e técnicos de administrações municipais e estaduais em Salvador, Belo Horizonte, Contagem e cidades do Vale do Aço, Minas Gerais, e no ABC paulista.

O relatório final foi preparado por uma equipe de 11 técnicos de nível superior, a maioria de médicos do trabalho e/ou assessores sindicais (BARBOSA e SEVÁ, 1992). Em cada uma das quatro regiões industriais, são analisados o seu parque produtivo, industrial e energético, e a dinâmica das cidades e metrópoles, fazendo-se o nexo com os usos e a destruição dos recursos naturais e analisando-se a alteração do funcionamento da dinâmica natural, na geografia local e regional. Em alguns locais específicos de maior risco – como os polos petroquímicos de Camaçari (Bahia) e de Capuava (São Paulo), as siderúrgicas Usiminas, Acesita e Belgo Mineira, em Minas Gerais (denominações da época), mais as metalúrgicas de Ouro Preto e de Contagem, (MG) foi feito um esforço de reconstituição da memória social dos episódios de poluição, dos acidentes mais frequentes e dos mais graves, e das doenças mais comuns dos trabalhadores.

Nos anos seguintes, uma iniciativa conjunta entre sindicatos e governo federal se destacou: inicialmente foram os sindicatos de químicos, petroleiros, metalúrgicos e alguns outros do Sudeste e do Sul, e depois os da Bahia, de Pernambuco e do Ceará que fizeram cursos de formação em parceria com a **Fundacentro**, uma importante agência de estudos e de ações preventivas subordinada ao Ministério do Trabalho, com atribuições no campo da Medicina e da Segurança do Trabalho.

Dentre essas relevantes iniciativas tomadas a partir das décadas de 1980 e 1990 no âmbito do Ministério do Trabalho, de suas Delegacias Regionais do Trabalho e da mesma Fundacentro, destacamos também a pesquisa ergonômica sobre os riscos do trabalho dos petroleiros em refinaria e em terminal marítimo, feita pelas pesquisadoras Leda Ferreira e Aparecida Iguti, publicada em 1996 e reeditada em 2003 (FERREIRA e IGUTI, 1996).

Nessa mesma época, dois importantes avanços foram obtidos na luta pela melhoria das condições de trabalho e do meio ambiente na vizinhança das fábricas no Rio de Janeiro. Um deles foi o "Acordo para Mudança de Tecnologia e Defesa do Meio Ambiente" numa empresa química, fabricante de cloro e soda, a Panamericana, que utilizava células eletrolíticas com catalisador mercurial, e com a substituição por células de membrana. O histórico acordo foi assinado de forma tripartite entre a empresa, o sindicato de trabalhadores e o governo do Estado do Rio de Janeiro, por meio das Secretarias Estaduais de Saúde e de Meio Ambiente e de uma Comissão de Meio Ambiente da Assembleia Legislativa (MATTOS, 2000).

Outro avanço foi obtido por meio de sucessivas campanhas dos sindicatos de trabalhadores contra a pneumoconiose, doença pulmonar irreversível decorrente do jateamento de cascos de embarcações e de outras peças metálicas da indústria naval, que era feito com areia finamente granulada. Pela lei estadual então votada, os estaleiros foram obrigados a abandonar esse método, substituindo pelo uso de granalha metálica de cobre (MACHADO et al., 1994).

Devem ser lembradas também as contribuições de alguns grupos de médicos e pesquisadores ligados às faculdades de Medicina das universidades mais importantes do país, por exemplo a UFMG (Belo Horizonte), a Unicamp (Campinas) e a Faculdade de Saúde Pública da USP, que criaram intercâmbios com entidades sindicais e organismos de governo neste campo. Resultou dessas mesmas articulações, em meados da década de 1990, a formulação de uma "Carta de Atibaia, sobre os acidentes ampliados, na visão dos trabalhadores", aprovada em um evento organizado em dezembro de 1995 pelas confederações "cutistas" dos químicos e dos petroleiros, a CNQ e a FUP, em conjunto com a Fundacentro.

Numa outra faixa de intersecção entre as condições de trabalho, a vizinhança e a saúde, que é a **Prevenção e o combate aos acidentes de grandes proporções**, destacam-se os trabalhos desenvolvidos no CESTEH (Centro de Estudos da Saúde do Trabalhador e Ecologia Humana), e na Escola Nacional de Saúde Pública, que ficam no campus de Manguinhos, na cidade do Rio de Janeiro, e fazem parte da Fundação Oswaldo Cruz, subordinadas ao Ministério da Saúde (FREITAS, PORTO & MACHADO, 2000).

A lista desses chamados "acidentes industriais ampliados" vem aumentando assustadoramente desde os anos 1950 e 1960, conforme as instalações perigosas e os grandes navios-tanque foram se multiplicando. Alguns dos casos mais conhecidos foram, na década de 1970, a explosão da fábrica de polímeros Nypro, da Imperial Chemical (em Flixbourough, Inglaterra), e a nuvem tóxica de dioxina na fábrica da La Roche numa cidade próxima a Milão (Itália); nos anos 1980, a fusão do reator da usina nuclear em Chernobyl, o grande derramamento de petróleo no mar do Alaska pelo navio Exxon Valdez, o incêndio da favela sobre palafitas em Vila Socó (Cubatão), após rompimento e vazamento de gasolina num duto da Petrobras, e a nuvem tóxica da indústria química da Union Carbide que matou milhares de pessoas e deixou cegos outros milhares na populosa cidade de Bhopal (Índia); desde então, os acidentes ampliados vieram acontecendo com alguma regularidade em vários países, o que também está mencionado em um dos capítulos deste livro.

O caso mais recente dessa "família" nefasta foi a explosão da plataforma Deepwater Horizon, da empresa Transocean, operada pela British Petroleum, no litoral norte-americano do Golfo do México, com 11 operários mortos e cujo vazamento de petróleo perdurou durante mais de três meses e foi estimado em mais de 800.000 m^3.

Longe de serem "fatalidades" como costumam ser qualificados pela grande mídia e, infelizmente, por alguns dos responsáveis, fato é que tais tipos de eventos são erros socialmente produzidos dentro das organizações produtivas, como demonstra o sociólogo neozelandês radicado no Brasil, Tom Dwyer (DWYER, 2006).

Desde os anos 1980, tais situações criadas após cada evento violento, com as diversas trajetórias de evolução dos desdobramentos e dos prejuízos, a maior ou menor eficácia no combate aos efeitos do acidente, o maior ou menor rigor na apuração dos mecanismos e das responsabilidades, vêm sendo analisadas com profundidade e com uma metodologia interdisciplinar, dentre outros, pelo cientista político norte-americano Charles Perrow – que considera certas tecnologias intrinsecamente de alto risco, e pelo engenheiro francês Patrick Lagadec, que considera tais eventos representativos de rupturas, de desestabilizações sociais (PERROW, 1984, 1986; LAGADEC, 1981, 1988; e uma compilação destes e outros autores em SEVÁ, 1989).

Ainda neste campo, destacamos duas convenções internacionais elaboradas pela OIT (Organização Internacional do Trabalho):
- uma de 1990 sobre Produtos químicos prejudiciais ou portadores de risco para os trabalhadores; e
- outra, de 1993 – a Convenção 174 OIT sobre a Prevenção de Acidentes Industriais Ampliados. Nesse caso específico, novamente foram as categorias dos químicos e petroleiros os primeiros cujos assessores e entidades sindicais se interessaram pela aplicação efetiva dessa convenção.

Mas para tanto era necessário obter a adesão formal do governo brasileiro e, depois, ser feita a internalização dessa convenção internacional, o que por sua vez ainda demorou mais de cinco anos para ocorrer, e na verdade somente na década de 2000 começou a tomar forma uma Política Nacional de Segurança Química.

Mais detalhes dos temas lembrados nessa recapitulação podem ser consultados pelos interessados no artigo de Sevá (2004), e em alguns capítulos do livro organizado por Porto e Bartholo (2006), bem como nos sites das entidades aqui mencionadas.

Nosso recado final: não bastam palavras, é necessária postura ética adequada

Para os que agora iniciam a leitura de tais temas, deve ficar claro que: dentro dos ambientes de trabalho e das organizações, são essenciais o cumprimento das leis, normas e portarias de âmbito federal, estadual e municipal, bem como o cumprimento das cláusulas dos acordos coletivos de trabalho das várias categorias de trabalhadores, e das convenções internacionais que regulam o assunto. Tanto quanto são necessários e obrigatórios a adoção de dispositivos e regras rigorosas e o uso dos equipamentos de proteção, conforme mencionado neste livro.

Esperamos que os futuros engenheiros de produção se interessem pelo aprofundamento dos temas aqui tratados e que tenham como meta pessoal e profissional o incessante aperfeiçoamento da organização da produção e dos projetos dos equipamentos, instrumentos e locais de trabalho, visando a integridade e o respeito às trabalhadoras e aos trabalhadores.

Tais diretrizes, por sua vez, não podem ser meramente palavras bonitas, nem procedimentos apenas formais. Se forem realmente assumidas, tais diretrizes exigem de cada um a adoção de uma postura ética essencial, a do respeito humano, e do respeito à integridade de cada um e de todos.

Ainda, é de se esperar dos futuros profissionais uma postura de reconhecimento e de respeito aos direitos e responsabilidades de cada um nesse ambiente produtivo, buscando o diálogo e a negociação, e sabendo, sem ilusões, que raramente o chão de fábrica e o escritório são ambientes harmônicos, e que nunca são ambientes totalmente salubres, inócuos e isentos de riscos.

Arsênio Oswaldo Sevá Filho
Engenheiro Mecânico de Produção
Professor da Universidade Estadual de Campinas
Agosto de 2010

Bibliografia indicada para aprofundamento dos temas

BARBOSA, R.M.; SEVÁ FILHO, A.O. (orgs.). (1992) Risco Ambiental – Roteiros para avaliação das condições de vida e de trabalho em três regiões: ABC/ São Paulo, Belo Horizonte e Vale do Aço/ MG, Recôncavo Baiano. Instituto Nacional de Saúde no Trabalho, CUT, São Paulo.

CHIVIAN, E.; McCALLY, M.; HU, H.; HAINES, A. (eds.) (1994) "Critical Condition. Human Health and the Environment". A Report by PSR-Physicians for Social Responsibility. 2nd ed. Cambridge, MA; London, England: The MIT Press.

DWYER, T. (2006) Vida e morte no trabalho. Acidentes do Trabalho e a Produção Social do Erro. Campinas: Editora Unicamp e Multiação editorial.

FREITAS, C.M.; PORTO, M.F.S.; MACHADO, J.H. (orgs.). (2000) Acidentes industriais ampliados – Desafios e perspectivas para o controle e a prevenção. Rio de Janeiro: Editora Fiocruz.

FERREIRA, L.L.; IGUTI, A.M. (1996; 2003) O Trabalho dos Petroleiros: perigoso, complexo, contínuo, coletivo. São Paulo: Editora Scritta. 2ª ed.: Fundacentro.

LAGADEC, P. (1981) La civilization du risque – Catastrophes technologiques et responsabilité sociale. Paris: Editions du Seuil.

LAGADEC, P. (1988) États d'urgence, Défaillances technologiques et déstabilisation sociale. Paris : Editions du Seuil.

MACHADO, J.M.H.; PORTO, M.F.S.; LIMA, L.Q. (1994) As alternativas tecnológicas e a saúde do trabalhador na Indústria Naval. IV Congresso Brasileiro de Saúde Coletiva, Recife, PE.

MATTOS, U.A.O. (2000) Aplicação da técnica de análise metagame no estudo dos conflitos da relação saúde-trabalho. Rio de Janeiro: Faculdade de Engenharia/UERJ. (Tese apresentada em concurso para Professor Titular). 125p.

PORTO, M.F.S.; BARTHOLO, R. (orgs.). (2006) Sentidos do Trabalho Humano. Miguel de Simoni, presença e inspiração. Rio de Janeiro: E-Papers Serviços Editoriais.

PERROW, C. (1984) Normal accidents – living with high-risk Technologies. Nova York: Basic Books.

PERROW, C. (1986) Complexidade, interligação, cognição e catástrofe. Revista Análise e Conjuntura, v. 1, n. 3, p. 88-106, setembro-dezembro.

SEVÁ A.O.F. (1989) Urgente. Combate ao risco tecnológico. Cadernos Fundap, ano 9, n. 16, p. 74-83, junho.

SEVÁ, A.O.F. (2004) Meio Ambiente, Energia e Condições de Trabalho no Brasil. Estudo retrospectivo 1991-2001 sobre algumas iniciativas sindicais. In , ORTEGA, E., ULGIATI, S., (eds.) IV International Biennial Workshop Advances in Energy Studies, Energy-Ecology Issues in Latin America (Anais) FEA/Unicamp, 16-19, junho. Disponível em: www.fem.unicamp.br/~seva.

Sumário

Capítulo 1   O acidente de trabalho e o seu impacto socioeconômico e ambiental 1

1.1.   Introdução 1

1.2.   O processo de trabalho e suas perdas 2

1.3.   O acidente de trabalho e a gestão da produção 3

    1.3.1.   Definição legal 3

    1.3.2.   Definição científica 4

1.4.   Uma abordagem histórica da higiene e segurança do trabalho 5

    1.4.1.   O estágio inicial da HST – da Antiguidade até o século XIV 6

    1.4.2.   A formação do campo de conhecimento na medicina
    do trabalho – séculos XV a XVIII 7

    1.4.3.   A regulamentação das condições de trabalho
    na Europa – século XIX 9

    1.4.4.   A evolução da HST nos continentes europeu
    e americano – século XX 11

1.5.   O conceito de saúde (Medicina do trabalho, saúde ocupacional e saúde
do trabalhador) 15

    1.5.1.   Medicina do trabalho 15

    1.5.2.   Saúde ocupacional 16

    1.5.3.   Saúde do trabalhador 17

1.6.   O entendimento dos riscos à luz das teorias jurídicas
e responsabilidades civil e social 18

    1.6.1.   Teoria da culpa 18

    1.6.2.   Teoria do risco profissional 19

    1.6.3.   Teoria do risco social 21

	1.6.4.	Responsabilidade civil 21
	1.6.5.	Responsabilidade social 23
1.7.	A importância do acidente de trabalho 24
1.8.	A comunicação e as estatísticas sobre acidentes de trabalho 25
	1.8.1.	Comunicação do acidente de trabalho 25
	1.8.2.	As mudanças com a implantação do eSocial 26
	1.8.3.	Estatísticas de acidentes de trabalho 26
	1.8.4.	Indicadores recomendados pela saúde pública 28
1.9.	As entidades envolvidas com a segurança e saúde do trabalhador 29
1.10.	Revisão dos conceitos apresentados 31
1.11.	Questões 32
		Discursivas 32
		Exercícios 32
		Sugestão de pesquisa 33
1.12.	Referências 33

Capítulo 2   Conceitos básicos sobre segurança do trabalho 37

2.1.	Introdução 37
2.2.	O conceito de acidente de trabalho 38
	2.2.1. Definição legal 38
	2.2.2. Definição de prevencionista 39
2.3.	A dinâmica do acidente de trabalho 39
	2.3.1. A evolução do conceito de AT 39
	2.3.2. Causas de AT 40
2.4.	Tipos de riscos de AT 42
	2.4.1. Riscos mecânicos 43
	2.4.2. Riscos físicos 44
	2.4.3. Riscos químicos 45
	2.4.4. Riscos biológicos 45
	2.4.5. Riscos ergonômicos 45
	2.4.6. Riscos sociais 46
	2.4.7. Riscos ambientais 46
	2.4.8. Considerações finais sobre riscos 47
2.5.	A Metodologia da ação prevencionista 47
	2.5.1. Métodos de levantamento de informações 49
	2.5.2. Critérios de análise 50
	2.5.3. Tipologia das soluções 52
	2.5.4. As fases finais 54
2.6.	Revisão dos conceitos apresentados 55
2.7.	Questões 55
2.8.	Referências 56

Capítulo 3 A análise do processo de produção como um dos elementos básicos para o entendimento dos riscos no trabalho 57
3.1. Introdução 57
3.2. Noção de sistema e do recorte de análise...59
3.3. Modelos fundamentais para a compreensão
e o registro descritivo do processo de produção 62
    3.3.1. Mapofluxograma 62
    3.3.2. Instrução do Trabalho ou Folha de Instrução do Trabalho (FIT) 63
    3.3.3. Fluxograma do processo de trabalho 65
    3.3.4. Fluxograma singular...66
        Exemplo 67
    3.3.5. Diagrama de equipe...67
        Exemplo 68
    3.3.6. Diagrama homem-máquina 69
        Exemplo 70
    3.3.7. Ficha de caracterização da tarefa..70
        3.3.7.1. Construção da ficha 70
        Exemplo (Figura 3.15) 72
3.4. Revisão dos conceitos apresentados..73
3.5. Questões 73
3.6. Referências 74

Capítulo 4 Sistemas de gestão de segurança e saúde no trabalho 75
4.1. Introdução 75
    4.1.1. As Normas BS 8800, OHSAS 18001 e ISO 45001 76
        4.1.1.1. Norma BS 8800:1996 – Guia para Sistemas
                de Gestão da Segurança e Saúde Ocupacional..................76
        4.1.1.2. Norma OSHAS 18001:1999 – Sistemas de Gestão
                de Segurança e Saúde Ocupacional – Especificação 77
        4.1.1.3. Norma ISO 45001:2018 – Sistemas de Gestão
                de Segurança e Saúde Ocupacional................................78
4.2. Sistemas de gestão de segurança...80
    4.2.1. Requisitos do sistema de gestão da SST 82
4.3. Sistemas integrados de gestão..82
    4.3.1. O que é Sistema Integrado de Gestão (SIG)?..........................83
4.4. Gestão, técnicas de identificação e análise de riscos.............................87
    4.4.1. Gestão de riscos..87
    4.4.2. Técnicas de identificação e análise de riscos 89
4.5. Noções de confiabilidade e álgebra booleana..93
    4.5.1. Álgebra booleana 93
    4.5.2. Análise da confiabilidade..94

4.6.	Certificações de sistemas de gestão de SST	94
4.7.	Programas de segurança	95
	4.7.1. Antecipação dos riscos	96
	4.7.2. Reconhecimento dos riscos	97
	4.7.3. Avaliação dos riscos	97
	4.7.4. Controle dos riscos	97
	4.7.5. Estrutura e desenvolvimento do PPRA	97
4.8.	Revisão dos conceitos apresentados	99
4.9.	Questões	100
4.10.	Referências	100

Capítulo 5 Técnicas de gestão de riscos 103

5.1.	Introdução	103
5.2.	Identificação de riscos	104
5.3.	Noções de confiabilidade	105
5.4.	Álgebra booleana	108
5.5.	Técnicas de análise de riscos	111
	5.5.1. Análise Preliminar de Riscos (APR)	111
	5.5.2. Análise de Modos de Falha e Efeitos (AMFE)	113
	5.5.3. Técnica de incidentes críticos	114
	5.5.4. Análise de Árvores de Falhas (AAF)	116
5.6.	Programas de segurança	118
	5.6.1. PCMSO	118
	5.6.2. PPRA	119
	5.6.3. PCMAT	120
5.7.	Revisão dos conceitos apresentados	120
5.8.	Questões	121
5.9.	Referências	121

Capítulo 6 Organização de serviços de segurança e saúde do trabalho 123

6.1.	Introdução	123
6.2.	A legislação brasileira	125
	6.2.1. Dos preceitos constitucionais	126
	6.2.2. Da legislação ordinária	127
	6.2.3. Das normas regulamentadoras	128
6.3.	Comissão Interna de Prevenção de Acidentes	130
	6.3.1. Um pouco da história da CIPA	130
	6.3.2. Como organizar uma CIPA	131

	6.3.3.	Como realizar uma eleição da CIPA 132
	6.3.4.	Atribuições da CIPA 134
	6.3.5.	Mandato da CIPA 134
	6.3.6.	Outras formas de composição da CIPA 135
6.4.	Serviço especializado em segurança e medicina do trabalho 135
	6.4.1.	Um pouco da história do SESMT 135
	6.4.2.	Competências do SESMT 136
	6.4.3.	Composição e dimensionamento do SESMT 137
6.5.	NR-07: Programa de controle médico de saúde ocupacional 139
	6.5.1.	Definição do PCMSO 139
	6.5.2.	Objetivos do PCMSO 140
	6.5.3.	Exames obrigatórios do PCMSO 141
6.6.	NR-09: Programa de prevenção de riscos ambientais 142
	6.6.1.	A estrutura do PPRA 142
	6.6.2.	O desenvolvimento do PPRA 143
	6.6.3.	A responsabilidade do PPRA 143
	6.6.4.	O direito à informação 144
6.7.	Ambulatório de saúde ocupacional 144
	6.7.1.	Atribuições 144
6.8.	Revisão dos conceitos apresentados 145
6.9.	Questões 146
6.10.	Leituras sugeridas 147
6.11.	Referências 147

Capítulo 7   Proteção contra riscos gerados por máquinas 149

7.1.	Introdução 149
7.2.	Organização internacional do trabalho 150
	7.2.1. Constituição da OIT 150
	7.2.2. Convenção 119 da Organização Internacional do Trabalho 150
7.3.	Perigos causados por máquinas 151
7.4.	Avaliação de riscos 152
7.5.	Métodos de proteção contra riscos 153
	7.5.1. Barreiras ou anteparos de proteção 154
	Proteção fixa 154
	Proteção móvel 155
	Proteção ajustável 156
	Proteção com intertravamento 156
	Proteção com intertravamento e dispositivos de bloqueio 157

	7.5.2.	Dispositivos de segurança	158
		Dispositivos sensores de posição	158
		Dispositivos de controle de segurança	159
	7.5.3.	Isolamento ou separação pela distância de segurança	161
		Métodos de alimentação e extração de segurança	161
		Alimentação automática	161
		Alimentação semiautomática	161
		Extração automática	161
		Extração semiautomática	161
		Robôs	161
	7.5.4.	Outros mecanismos auxiliares de proteção	162
		Barreiras de advertência	162
		Ferramentas manuais	163
		Escudos	163
		Alavancas de empurrão ou bloqueio	163
	7.5.5.	Combinação de diferentes proteções	164
7.6.	Manutenção		164
	7.6.1.	Manutenção corretiva	165
	7.6.2.	Manutenção preventiva	166
	7.6.3.	Manutenção preditiva	167
7.7.	Caso Johnson & Johnson		167
	7.7.1.	Proteção com zero acesso à máquina	167
7.8.	Revisão dos conceitos apresentados		169
7.9.	Questões		170
7.10.	Referências		170

Apêndice 1   Máquinas consideradas obsoletas ou inseguras 173

1.	Prensas mecânicas	173
	a. Prensa excêntrica com embreagem a chaveta	173
	b. Prensa excêntrica com embreagem tipo freio/fricção	173
2.	Prensas hidráulicas	174
3.	Máquinas cilindros de massa	174
4.	Máquina de trabalhar madeira: serras circulares	174
5.	Máquina para trabalhar madeira: desempenadeiras	175
6.	Máquinas guilhotinas para chapas metálicas	175
7.	Máquinas guilhotinas para papel	175
8.	Impressoras *off-set* a folha	175
9.	Injetoras de plástico	176
10.	Cilindros misturadores para borracha	177
11.	Calandras para borracha	178

Apêndice 2   Normas Técnicas (ABNT) 179

Apêndice 3   Aspectos ergonômicos da NR-12 182

Capítulo 8   Proteção contra choques elétricos......................... 185
8.1.   Introdução 185
8.2.   Circuitos elétricos: elementos componentes 186
8.3.   Riscos decorrentes do uso da eletricidade 187
8.4.   Estratégias de proteção 190
8.5.   Técnicas preventivas 193
8.6.   Revisão dos conceitos apresentados 195
8.7.   Questões 196
8.8.   Referências 196

Capítulo 9   Proteção contra incêndios e explosões 197
9.1.   Introdução 197
9.2.   A química do fogo 198
       9.2.1.   Atuação no comburente 198
       9.2.2.   Resfriamento 198
       9.2.3.   Atuação no combustível 199
       9.2.4.   Extinção química 199
9.3.   Características físico-químicas dos materiais 199
9.4.   Calor 199
9.5.   Transmissão do calor 200
9.6.   Fontes de incêndios industriais 201
       9.6.1.   Eletricidade 201
       9.6.2.   Atrito 202
       9.6.3.   Cigarros e fósforos 202
       9.6.4.   Superfícies aquecidas 202
       9.6.5.   Chamas abertas 203
       9.6.6.   Solda e corte 203
       9.6.7.   Eletricidade estática 203
       9.6.8.   Ordem e limpeza 204
9.7.   Explosão 204
       9.7.1.   Explosão causada por pós 205
       9.7.2.   Prevenção contra explosão ocasionada por pós 205
9.8.   Explosímetro 206
9.9.   Sistema de extintores 206
       9.9.1.   Dimensionamento 206
                9.9.1.1.   Natureza do fogo 206
                9.9.1.2.   Extintores 207
                9.9.1.3.   Substâncias utilizadas 207

		9.9.1.4.	Quantidade da substância e unidade extintora, classe ocupacional do risco e sua respectiva área............. 208
	9.9.2.	Dimensionamento de extintores sobre carretas 209	
	9.9.3.	Considerações gerais 209	
9.10.	Sistema de hidrantes 210		
9.11.	Dimensionamento de um sistema de proteção em uma serralheria de fabricação de esquadrias 211		
	9.11.1.	Exemplo de cálculo 211	
	9.11.2.	Dimensionamento de extintores de incêndio 214	
9.12.	Revisão dos conceitos apresentados 219		
9.13.	Questões 220		
9.14.	Referências 221		

Capítulo 10 Proteção contra riscos químicos: conhecendo os riscos para combatê-los 223

10.1.	Introdução 223	
10.2.	Formas de apresentação e exposição aos contaminantes químicos 226	
	10.2.1.	Contaminantes e vias de penetração 226
	10.2.2.	Exposição múltipla, complexidade e incertezas 229
10.3.	Princípios norteadores de gerenciamento dos riscos químicos 231	
	10.3.1.	Prevenção 231
	10.3.2.	Precaução 233
	10.3.3.	Participação 234
	10.3.4.	Integração 235
10.4.	Gerenciando os riscos químicos 235	
	10.4.1.	Identificando os riscos químicos no local de trabalho 235
	10.4.2.	Planejando para prevenir 238
	10.4.3.	Agindo para proteger e controlar: os programas de controle de emergências 239
	10.4.4.	Aprendendo com o próprio erro: a análise dos acidentes 240
10.5.	Revisão dos conceitos apresentados 241	
10.6.	Questões 243	
10.7.	Referências 243	

Capítulo 11 Proteção contra o calor 247

11.1.	Introdução 247	
11.2.	Noções sobre calor 248	
	11.2.1.	O homem como máquina térmica 249
	11.2.2.	Interação térmica entre o homem e o ambiente 250
		a. Condução 250
		b. Convecção 251

		c. Radiação	252
		d. Evaporação	253
	11.2.3.	Variáveis climáticas	254
		Temperatura de globo ($t_g \rightarrow °C$)	254
		Temperatura de bulbo seco ($t \rightarrow °C$)	254
		Temperatura de bulbo úmido ($t_u \rightarrow °C$)	254
		Anemômetro	255
	11.2.4.	Consequências do calor na saúde da pessoa	256
		Doenças do calor	257
		Doenças do frio	257
11.3.	Índices de avaliação termoambiental		257
	11.3.1.	Ambientes moderados	258
	11.3.2.	Ambientes frios	258
	11.3.3.	Ambientes quentes	258
	11.3.4.	Temperatura efetiva	258
	11.3.5.	Avaliação térmica de ambientes quentes – Índice IBUTG	261
		Carga mecânica	261
		Carga térmica	261
		11.3.5.1. Relação entre as cargas mecânica e térmica	263
		11.3.5.2. Metodologia de avaliação	263
	11.3.6.	Avaliação de ambientes frios	266
11.4.	Técnicas preventivas		267
11.5.	Revisão dos conceitos apresentados		268
11.6.	Questões		269
11.7.	Referências		269

Capítulo 12   Proteção contra ruídos 271

12.1.	Introdução	271
12.2.	O fenômeno acústico	273
12.3.	A fisiologia da audição	277
	12.3.1. Como escutamos	277
	12.3.2. Os limites da audição	279
12.4.	A mensuração acústica	282
	12.4.1. As grandezas acústicas	282
	12.4.2. A mensuração do ambiente	284
12.5.	A luta contra os ruídos	286
	12.5.1. Os meios de prevenção	287
	Ação 1: Eliminar a produção de ruídos	287
	Ação 2: Isolar os ruídos na fonte	290
	Os meios de controle	290

Ação 3: O isolamento arquitetônico de ambientes 291
          Ação 4: O controle da trajetória de transmissão dos ruídos 292
          Ação 5: A correção arquitetônica de ambientes 293
          Ações 6 e 7 296
12.6. Revisão dos conceitos apresentados 296
12.7. Questões 297
          Discursivas 297
          Tópicos para discussão 297
          Sugestões de pesquisa 297
12.8. Referências 297

Capítulo 13   Proteção contra radiações 301

13.1. Radiações não ionizantes 301
      13.1.1. Introdução 301
      13.1.2. Teoria eletromagnética 302
              13.1.2.1.   Conceitos básicos 302
              13.1.2.2.   Espectro eletromagnético 304
      13.1.3. Efeitos biológicos 308
      13.1.4. Radiação gama 308
      13.1.5. Radiação Ultravioleta (UV) 309
      13.1.6. Radiação Infravermelha (IV) 311
              13.1.6.1.   Efeitos biológicos 311
      13.1.7. Interação da radiação eletromagnética com a matéria 313
              13.1.7.1.   Materiais dielétricos 313
              13.1.7.2.   Constante dielétrica nos tecidos 314
              13.1.7.3.   Condutividade específica de tecidos 315
              13.1.7.4.   Profundidade de penetração (efeito Skin) 315
              13.1.7.5.   Taxa de Absorção Específica (SAR) 316
      13.1.8. Diretrizes para limitação da exposição a campos elétricos,
           magnéticos e eletromagnéticos variáveis no tempo (até 300 GHz) 317
              13.1.8.1.   Resumo dos efeitos biológicos e estudos
                             epidemiológicos (até 100 kHz) 318
              13.1.8.2.   Resumo dos efeitos biológicos e estudos
                             epidemiológicos (100 kHz – 300 GHz) 319
              13.1.8.3.   Medidas de proteção 322
13.2. A luz 322
      13.2.1. Comprimentos de onda da luz visível 323
      13.2.2. Cor 324
      13.2.3. Teoria da cor 325
      13.2.4. Psicologia das cores 326

13.3. Radiação ionizante 327
    13.3.1. Estabilidade do núcleo atômico 327
    13.3.2. Radiação ionizante 328
        13.3.2.1. Radiação alfa (α) 328
        13.3.2.2. Radiação beta (β) 328
        13.3.2.3. Radiação gama 329
        13.3.2.4. Raios X 329
    13.3.3. Aplicações 330
        13.3.3.1. Saúde 330
        Radioterapia 330
        Braquiterapia 330
        Aplicadores 330
        Radioisótopos 331
        13.3.3.2. Diagnóstico 331
        Radiografia 331
        Tomografia 331
        Mamografia 331
        Mapeamento com radiofármacos 332
    13.3.4. Radioproteção (proteção radiológica) 332
        13.3.4.1. Grandezas e unidades radiológicas 332
        Limites radiológicos 333
        Exposição e contaminação 334
        Efeitos das radiações no ser humano 334
        13.3.4.2. Como se proteger das radiações – dosimetria 335
        Monitoração / monitoramento 336
        Detectores de radiações 336
        13.3.4.3. Controle à exposição e procedimentos de segurança 337
        Monitorização 337
        Tipos de Monitorização 337
13.4. Revisão dos conceitos apresentados 339
13.5. Questões 340
13.6. Referências 340

Anexo 1   Unidades relacionadas com as radiações 343
A.1.1. Metro e múltiplos 343
A.1.2. Grandezas elétricas, eletromagnéticas, dosimétricas
      e unidades correspondentes no Sistema Internacional de Medidas (SI) 344

Anexo 2   Norma Brasileira – NR-15 – Anexos 5 e 7 345
Norma Brasileira – NR-15 345
Anexo 5. Radiações ionizantes 345
Anexo 7. Radiações não ionizantes 345

Capítulo 14   Riscos biológicos em laboratórios biomédicos 347
14.1. Introdução 347
14.2. Breve histórico sobre contaminações em laboratório 348
14.3. Legislação sobre os aspectos envolvendo riscos 350
        14.3.1. Programa de Prevenção de Riscos Ambientais.................................... 351
        14.3.2. Programa de Controle Médico de Saúde Ocupacional........................ 352
        14.3.3. Serviços Especializados em Engenharia de Segurança
                e em Medicina do Trabalho 353
14.4. Acidentes de trabalho... 353
14.5. Classificação do risco 354
        14.5.1. Classificação dos Agentes Patogênicos em Grupo de Risco
                (GR) e os Níveis de Biossegurança (NB).. 354
        14.5.2. Classificação dos agentes microbianos 355
        14.5.3. Capacitação dos profissionais de laboratório...................................... 356
                14.5.3.1. Informação em saúde e segurança................................. 356
                14.5.3.2. Capacitação em saúde e segurança................................. 357
                Práticas seguras 357
                Revisão da capacitação.. 359
                Registros de capacitação 359
14.6. Controle e gestão do risco 359
        14.6.1. Avaliações do risco 359
        14.6.2. Tabela de classificação 360
        14.6.3. Os acidentes com material biológico e a percepção do risco 360
        14.6.4. Análise de acidentes e incidentes 361
        14.6.5. Como proceder em caso de acidentes 361
14.7. Conclusão 362
14.8. Revisão dos conceitos apresentados.. 362
                Conceito de acidente 362
                Conceito de prevenção 363
14.9. Questões... 363
                1. Risco potencial de acidente com agulha..................................... 363
                2. O contato acidental com sangue ocorre especialmente
                nas seguintes situações: 365
                3. O que deve ser feito... 365
                4. Prevenção.. 366
                5. Vacinação 366
                6. Procedimentos após o acidente 366
                7. O registro do acidente 366
                8. Implementação e registro... 366

9. Referências de Literatura para o controle de acidente
no ambiente profissional. 367
14.10. Referências.. 367

Capítulo 15   Proteção contra riscos ergonômicos................................. 371
15.1. Introdução 371
       15.1.1.   Ergonomia: conceituação, importância e aplicações........................ 371
15.2. Aspectos físicos do trabalho 374
       15.2.1.   Antropometria: dimensionamento dos postos de trabalho 374
               15.2.1.1.   Sexo, idade e deficiências físicas 375
               15.2.1.2.   Assento e bancada para trabalho..................................... 376
               Assento.. 376
               Bancada de trabalho 376
       15.2.2.   Biomecânica ocupacional.. 377
               15.2.2.1.   Adoção e manutenção de posturas................................. 378
               15.2.2.2.   Alguns princípios da biomecânica ocupacional
                             (GUIMARÃES, 2006b)... 380
               15.2.2.3.   O trabalho repetitivo 382
               15.2.2.4.   Técnicas para a avaliação biomecânica........................... 382
               15.2.2.5.   Ginástica laboral 383
       15.2.3.   Considerações sobre o uso de equipamentos
               nos postos de trabalho.. 384
               15.2.3.1.   O manejo.. 384
               15.2.3.2.   Controles e mostradores (*displays*) 385
15.3. Aspectos cognitivos do trabalho.. 388
       15.3.1.   Percepção, interpretação e processamento mental........................... 390
       15.3.2.   Atenção, memória e tomada de decisão 390
       15.3.3.   Erro humano 391
15.4. Aspectos da organização do trabalho.. 391
       15.4.1.   Trabalho em turnos (GUIMARÃES, 2006a) 392
       15.4.2.   Monotonia, fadiga e estresse 393
               Monotonia... 393
               Fadiga 394
               Estresse no trabalho... 394
15.5. Estratégia para a redução dos riscos ergonômicos
       no trabalho 394
15.6. A norma regulamentadora (NR-17) e a atividade
       profissional do ergonomista 397
15.7. Revisão dos conceitos apresentados.. 398

15.8. Questões 400
15.9. Referências 401

Capítulo 16   Equipamentos de proteção individual **405**
16.1. Introdução 405
16.2. Considerações sobre o uso do EPI 406
16.3. Aspectos técnicos 407
16.4. Aspectos educacionais 407
16.5. Aspectos psicológicos 407
16.6. Classificação dos equipamentos de proteção individual 408
    A. EPI para proteção da cabeça 408
        A.1. Capacete (Figura 16.1) 408
        A.2. Capuz (Figura 16.2) 408
    B. EPI para proteção dos olhos e face 409
        B.1. Óculos (Figura 16.3) 409
        B.2. Protetor facial (Figura 16.4) 409
        B.3. Máscara de Solda (Figura 16.5) 410
    C. EPI para proteção auditiva 410
        C.1. Protetor auditivo (Figura 16.6) 410
    D. EPI para proteção respiratória 411
        D.1. Respirador purificador de ar (Figura 16.7) 411
        D.2. Respirador de adução de ar (Figura 16.8) 412
        D.3. Respirador de fuga (Figura 16.9) 413
    E. EPI para proteção do tronco 413
    F. EPI para proteção dos membros superiores 414
        F.1. Luva (Figura 16.12) 414
        F.2. Creme protetor (Figura 16.13) 415
        F.3. Manga (Figura 16.14) 416
        F.4. Braçadeira (Figura 16.15) 416
        F.5. Dedeira (Figura 16.16) 417
    G. EPI para proteção dos membros inferiores 418
        G.1. Calçado (Figura 16.17) 418
        G.2. Meia (Figura 16.18) 418
        G.3. Perneira (Figura 16.19) 419
        G.4. Calça (Figura 16.20) 420
    H. EPI para proteção do corpo inteiro 421
        H.1. Macacão (Figura 16.21) 421
        H.2. Conjunto (Figura 16.22) 422

H.3. Vestimenta de corpo inteiro (Figura 16.23)..............................422
    I. EPI para proteção contra quedas com diferença de nível..........423
        I.1. Dispositivo trava-queda (Figura 16.24). 423
        I.2. Cinturão (Figura 16.25) 423
16.7. Obrigações dos empregadores, empregados,
      governo e fabricantes 424
16.8. Revisão dos conceitos apresentados..425
16.9. Questões 426
16.10. Referências..427

Capítulo 17 Cuidados iniciais em situações de urgência — aplicação no local de trabalho 429

17.1. Introdução 429
17.2. Fundamentos anatomofisiológicos do corpo humano 430
17.3. Abordagem inicial à vítima..432
17.4. Bioproteção..435
17.5. O ABC da vida 436
      Parada Cardiorrespiratória (PCR) 439
      Reanimação Cardiorrespiratória (RCP) 440
      Técnica de compressões torácicas em adultos (Figura 17.6) 441
      Desfibrilação 442
17.6. Obstrução de vias aéreas 443
      17.6.1. Técnica de lateralização 444
17.7. Traumas...444
      17.7.1. Entorses 445
            Condutas..445
      17.7.2. Luxação...445
            Condutas..446
      17.7.3. Contusão...446
            Condutas..446
      17.7.4. Fratura 447
            Condutas..447
17.8. Hemorragia..447
            Atenção 448
17.9. Queimaduras 448
      Classificação das queimaduras 449
            1. Físicos..449
            2. Químicos..449
            3. Biológicos...449

17.10. Choque Elétrico 451
17.11. Convulsões 452
        Atenção 452
17.12. Revisão dos conceitos apresentados (Silva, 2004) 452
17.13. Questões 454
17.14. Referências 454

Capítulo 18   Proteção contra impactos ambientais 457
18.1. Introdução 457
      18.1.1. Acidentes ampliados 459
      18.1.2. Acidentes ampliados segundo a doutrina de defesa civil 462
18.2. Normalização aplicável à proteção ambiental 463
        a. Normas brasileiras 463
        b. Normas internacionais (National Fire Protection Association): 464
18.3. Preparação para o controle de emergências ambientais 464
      18.3.1. Plano de Ação de Emergência (PAE) 464
           18.3.1.1. Elaboração do plano de emergência 465
18.4. Plano de Auxílio Mútuo (PAM) 467
18.5. Processo APELL 468
18.6. Operações de salvamento no controle da emergência ambiental 471
      18.6.1. Fases de resposta e equipamentos 471
           Estudo de Caso: Incêndio Químico do Curtume Carioca 471
           Informação 471
           Alerta e preparação 471
           Identificação e reconhecimento do cenário 472
           Monitoramento 472
           Intervenção/Salvamento 473
           Contenção 474
           Descontaminação 474
      18.6.2. Equipamentos básicos para atuação na emergência 475
      18.6.3. Medicina de desastres 478
18.7. Revisão dos conceitos apresentados 479
18.8. Questões 480
18.9. Referências 480

Capítulo 19   Engenharia de resiliência e novos paradigmas de gestão de segurança do trabalho 483
19.1. Introdução 484
19.2. Resiliência e segurança do trabalhador 484
19.3. O trabalhador e sua interferência nos sistemas 485

19.4. Erro humano e confiabilidade humana 487
19.5. Relação entre erros e acidentes 488
19.6. Armadilhas geradoras de erros 490
19.7. Trabalho pensado x trabalho executado 493
19.8. Sistemas resilientes e suas defesas 496
19.9. Exemplos práticos de defesas 500
19.10. Gestão de sistemas resilientes 502
19.11. Revisão dos conceitos apresentados 503
19.12. Questões 504
                Discursivas 504
                Exercícios 504
                Sugestão de pesquisa 505
19.13. Referências 505

| Capítulo | O acidente de trabalho e o seu impacto socioeconômico e ambiental |

Capítulo 1

O acidente de trabalho e o seu impacto socioeconômico e ambiental

Ubirajara Aluizio de Oliveira Mattos

Conceitos apresentados neste capítulo

O acidente de trabalho (AT) pode ser considerado uma das possíveis perdas dos ativos intangíveis de um processo de trabalho, cuja gestão da produção apresenta falhas de concepção e de funcionamento. Os acidentes de trabalho são eventos antigos, porém o seu estudo pela Higiene e Segurança do Trabalho (HST) somente ganhou importância na sociedade após a Revolução Industrial, devido à necessidade de regulamentar as condições de trabalho e com isso prevenir a ocorrência de acidentes e doenças ocupacionais. Diversas áreas de conhecimentos técnico-científicos vêm contribuindo, ao longo dos últimos séculos, para o entendimento destes fenômenos, com teorias baseadas nas ciências da saúde, humanas e sociais, entre outras. Além da morte e do sofrimento para o trabalhador e sua família, problemas ainda pouco estudados, como os acidentes de trabalho, têm reflexos socioambientais, econômicos e políticos para toda a sociedade e para os países. Por isso torna-se necessário a sua prevenção e/ou controle, através da gestão da segurança e saúde do trabalhador. Para isso existem ferramentas gerenciais com indicadores ativos e passivos, como a estatística, para auxiliar no planejamento e controle das condições de trabalho. O AT, por ser um fenômeno complexo, requer muita atenção e atuação de diversas entidades públicas e privadas, nacionais e internacionais, no que se refere a projeto (pesquisa e desenvolvimento tecnológico), ensino (formação e capacitação), assistência e previdência social, regulamentação (legislação e normas), fiscalização, justiça e economia.

1.1. Introdução

A produção de bens e serviços para satisfazer as necessidades humanas ocorre através de atividades que quando realizadas sem um planejamento adequado podem acarretar riscos à saúde ou à vida do trabalhador, da população de comunidade próxima ao empreendimento e degradar o meio ambiente. A história contemporânea tem nos mostrado grandes tragédias em diversas regiões do planeta, cuja origem tinha uma estreita relação com falhas no processo de trabalho e na forma de organização adotada. Uma dessas tragédias ocorreu em Bophal, na Índia, em 1984, levando à morte cerca de 2 mil pessoas em uma madrugada, após o vazamento de um gás letal conhecido como metilisocianato (MOKHIBER, 1995). Esse fenômeno se constitui em um acidente químico ampliado, caracterizando-se como um acidente de trabalho (AT), cujas consequências se ampliam no tempo e no espaço (MACHADO et al., 2000).

A realização de atividades segundo um planejamento adequado requer a utilização da Higiene e Segurança do Trabalho (HST) como um dos critérios adotados. E, com isso, prevenir e/ou controlar os fatores de riscos que possam gerar eventos não desejáveis (acidentes e doenças ocupacionais) e aumentar a produtividade do trabalhador.

Este capítulo pretende introduzir o leitor no tema HST, abordando o fenômeno acidente de trabalho (AT) e a sua importância socioeconômica e ambiental. Pretende-se fornecer ao leitor informações quanto a sua conceituação, causas, consequências, a evolução das teorias explicativas para sua ocorrência, como pode-se evitá-lo, através das atuações de diversas instituições envolvidas com a segurança e a saúde do trabalhador.

1.2. O processo de trabalho e suas perdas

Ao longo de sua existência o ser humano vem procurando satisfazer as suas necessidades, consumindo produtos e utilizando serviços oferecidos por pessoas e/ou organizações. A fabricação desses produtos e a prestação desses serviços requerem a realização de processos de trabalho. Um processo de trabalho pode ser definido como a dimensão material e concreta do sistema de produção. Ele se compõe de um segmento ou variável física (tecnologia do processo produtivo) e de uma variável humana (atividade dos trabalhadores). O mecanismo elementar do processo de trabalho é a combinação destas duas variáveis, cujo resultado é a obtenção de produtos ou serviços (VIDAL, 1989).

Por se tratarem de atos conscientes, resultantes de decisões previamente tomadas por quem os concebem, os processos de trabalho precisam ser planejados, de forma a fazer o melhor uso dos seus componentes (materiais, espaços físicos, força de trabalho, equipamentos etc.), procurando obter melhores resultados em termos da qualidade do produto ou serviço, do cumprimento de seus prazos, menor custo de produção, promoção da saúde e segurança do trabalhador, preservação do meio ambiente entre outros.

Quando o processo de trabalho não é devidamente planejado gera perdas em seus ativos tangíveis e intangíveis. As perdas em ativos intangíveis como saúde e segurança ocupacional (PITTA, 2008) se expressam na forma de acidentes de trabalho, doenças ocupacionais e outros agravos à saúde do trabalhador. Portanto, um indicador de um planejamento insuficiente do processo de trabalho consiste no índice de ocorrência de acidentes de trabalho na organização.

No estudo de um processo de trabalho deve-se observar, em suas fases de execução, entre outras coisas, a existência de "gargalos" nos seus postos de trabalho e as atividades que não agregam valor aos produtos, como transporte de materiais, estoques intermediários e esperas.

Os "gargalos" são pontos de tensão e conflito na produção. São locais onde ocorrem perdas. Dentre estas se têm os acidentes de trabalho. Os transportes, por movimentar pessoas, materiais e equipamentos, podem apresentar riscos de acidentes, causados por quedas de materiais e pessoas, colisões entre pessoas, materiais, equipamentos e estruturas construtivas. Já os estoques intermediários e as esperas, além de ocuparem espaços físicos em áreas produtivas, restringindo o aproveitamento de áreas nobres, podem também apresentar outros fatores de riscos para os postos de trabalho e com isso expor os trabalhadores a situações que levem a ocorrências de acidente e/ou doença, como são os casos de materiais aquecidos, aguardando o seu resfriamento, ou pintados aguardando secagem.

1.3. O acidente de trabalho e a gestão da produção

Existem muitas definições para o evento acidente de trabalho. Serão apresentadas as definições legal e científica para o evento.

1.3.1. Definição legal

A Lei 8.213 de 21de julho de 1991, sobre o Seguro de Acidente de Trabalho (SAT), em seu art. 19, considera acidente do trabalho "aquele que ocorre pelo exercício do trabalho a serviço da empresa..., provocando lesão corporal ou perturbação funcional que cause a morte, ou perda, ou redução, permanente ou temporária da capacidade para o trabalho".

A lei, para efeito de concessão de benefícios ao trabalhador, equipara os acidentes de trabalho típicos aos eventos doenças profissionais (produzidas ou desencadeadas pelo exercício do trabalho peculiar a determinada atividade), doenças do trabalho (adquiridas ou desencadeadas em função de condições especiais em que o trabalho é realizado e com ele se relacionem diretamente) e acidentes de trajeto (acidentes sofridos pelo empregado, ainda que fora do local e do horário de trabalho, a serviço da empresa ou no percurso, ida e volta, da casa para o trabalho).

Quando se pretende estudar esse fenômeno, com o objetivo de evitar a sua ocorrência, constata-se que essa definição apresenta limitações, dificultando o seu entendimento. Em primeiro lugar, por não apontar as causas, definir o fenômeno pela sua consequência, tornando assim impossível fazer a sua prevenção. Além disso, a lei somente considera evento acidente se a vítima for um trabalhador formalmente empregado. Com isso ficam de fora as situações onde o trabalhador é informal, sem qualquer vínculo empregatício.

Outra limitação consiste em somente considerar os eventos que geram lesões que incapacitam ou matam o trabalhador. Sabe-se que a lesão não é a única consequência de um acidente. A perda de tempo no processo de produção e os danos materiais são também resultados dos acidentes (CHAPANIS et al., 1949; SEGADAS VIANA, 1975).

1.3.2. Definição científica

O acidente pode ser visto como "o resultado de todo um processo de desestruturação na lógica do sistema de trabalho que, nessa ocasião, mostra suas insuficiências a nível de projeto, de organização e de modus operandi". (VIDAL, 1989, p. 4-5)

Esta última definição introduz o conceito de antecipação, à medida que sugere a prevenção na fase de concepção dos sistemas de trabalho. Essa ideia de prevenção relaciona-se com a famosa pirâmide de acidentes da Insurance Company of North America (ICNA), construída em 1969, a partir do levantamento de dados em 297 empresas americanas, com cerca de 1.750.000 pessoas, obtendo 1.753.498 relatos de ocorrências. A ICNA estabeleceu a seguinte relação: para 1 acidente com lesão incapacitante x 10 acidentes com lesões não incapacitantes x 30 acidentes com danos à propriedade x 600 acidentes sem lesão ou danos visíveis (quase-acidente).

Esses dados indicaram que para se fazer a prevenção deve-se elaborar ações sistêmicas capazes de eliminar ou mesmo controlar eventos ou falhas causadas por não conformidades ou desvios. Assim, deve-se atuar na base da pirâmide e não no seu topo. Para que isso ocorra a gestão da segurança e saúde do trabalhador deve fazer parte da gestão da empresa e não ser tratada como um acessório que precisa ser mantido apenas para cumprir a legislação.

Existem várias razões que contribuem para a criação e manutenção de um problema que pode se transformar em risco de acidente. De acordo com a visão gerencial, as 18 possíveis razões (DUARTE FILHO et al., 2003) para ocorrência do problema são:

1. Desconhecimento ou conhecimento parcial sobre as diversas situações de risco.
2. Embora saiba da existência, o gerente não se sente responsável pela sua correção.
3. A situação de risco é do conhecimento de quem está envolvido no processo de trabalho, mas não é corrigida porque quem pode fazê-lo não tem a real percepção da necessidade.
4. ... é mantida porque não existe vontade política na empresa para corrigi-la.
5. ... é mantida porque o convívio frequente incorporou-a à normalidade da tarefa.
6. ...é mantida porque quem a criou não se sente responsável por sua correção.
7. ... porque nunca houve acidente que a envolvesse e justificasse a necessidade da correção pela percepção de quem tinha o poder de fazê-lo.
8. ... porque a representação dos trabalhadores (sindicatos) nada faz para negociar a sua correção.
9. ... porque nunca houve qualquer interpelação judicial ou fiscalização que exigisse sua correção.
10. ... porque a preocupação é maior com a produção em detrimento das condições de trabalho.

11. ... porque os custos serão incorporados aos custos finais e transferidos para os clientes.
12. ... porque não existe levantamento sobre as perdas decorrentes do prejuízo que a empresa deixa de ganhar em sua consequência.
13. ... porque o sistema de seguro adotado – SAT – não reconhece nem privilegia as medidas de controle (as alíquotas são fixas).
14. ... porque as pessoas nela envolvidas não dispõem de tempo para corrigi-la.
15. ... porque não se dispõe de recursos orçamentários e mão de obra para sua solução.
16. ...devido à descrença na sua solução, pois foram inúmeras as solicitações para sua solução.
17. ... porque a segurança do trabalho não é valor na lógica da empresa.
18. ... porque sua existência não impede a execução da tarefa, apenas atrapalha, e às vezes nem atrapalha.

As empresas estão deixando de considerar a segurança do trabalho algo a ser cumprido por força da lei para vê-la como parte importante do seu negócio, como um bem intangível que agrega valor ao seu produto ou serviço, tornando-a uma empresa destacada no seu ramo de negócio (PITTA, 2008).

Petersen (1994) propõe o que ele denomina "as dez obrigações de gestão" como forma de prevenir a ocorrência de acidentes e aperfeiçoar um sistema de gestão de uma organização. São elas:
1. o progresso é medido pelas taxas de incidentes;
2. segurança advém de um sistema, mais do que de um programa;
3. técnicas estatísticas guiam os esforços de melhoria contínua;
4. a investigação de acidentes e incidentes é renovada ou é eliminada;
5. são utilizados princípios técnicos e ferramentas estatísticas para controle estatísticos de processos;
6. a melhoria do sistema é enfatizada;
7. são concedidos benefícios às pessoas que descobrem e apontam situações ilegais (desvios);
8. formalização da participação dos trabalhadores na resolução dos problemas e tomada de decisão;
9. melhorias ergonômicas são consideradas nos projetos dos postos de trabalho;
10. as armadilhas do sistema que causam erros são eliminadas.

1.4. Uma abordagem histórica da higiene e segurança do trabalho

A História sempre foi uma ferramenta científica que auxilia o entendimento de uma situação no presente. Para a Higiene e Segurança do Trabalho não é diferente.

A Higiene e Segurança do Trabalho pode ser entendida como uma disciplina, da área tecnológica, voltada para o estudo e a aplicação de métodos para a prevenção de acidentes de trabalho, doenças ocupacionais e outras formas de agravos à saúde do trabalhador. A prevenção se faz através da identificação e avaliação dos fatores de riscos e cargas de trabalho com origem no processo de trabalho e na forma de organização adotados, e da implantação de medidas para eliminação ou minimização desses fatores de riscos e cargas.

Cabe à Higiene e Segurança do Trabalho juntamente com outros conhecimentos afins (Ergonomia, Saúde Ocupacional e Saúde do Trabalhador) identificar os fatores de riscos que levam à ocorrência de acidentes e doenças ocupacionais, avaliar os seus efeitos na saúde do trabalhador e propor medidas de intervenção técnica a serem implementadas nos ambientes de trabalho.

Os fenômenos acidentes de trabalho e doenças ocupacionais são antigos. Têm a sua origem relacionada com o surgimento do trabalho. Ao longo da história da humanidade as condições de trabalho têm causado morte, doença e incapacidade para um número incalculável de trabalhadores.

A Higiene e Segurança do Trabalho, porém, é muito recente. Na Antiguidade poucas sociedades davam importância ao seu estudo. Até a Idade Média os estudos gerados foram poucos, não chegando a constituir um corpo de conhecimentos que caracterizasse a HST como uma disciplina. Assim, tudo leva a crer que a HST somente veio a ganhar importância na era moderna, a partir da Revolução Industrial (final do século XVIII). A partir do século XIX surgem as primeiras teorias explicativas para o fenômeno acidente de trabalho e começa a se formar o campo de conhecimento que hoje compõe a relação saúde-trabalho, e mais especificamente HST.

1.4.1. O estágio inicial da HST – da Antiguidade até o século XIV

Na Antiguidade a associação entre o trabalho e processo saúde-doença é encontrada em papiros egípcios, no império babilônico e em textos na civilização greco-romana. Neste estágio predominava inicialmente o paradigma mágico-religioso e posteriormente o naturalista.

No Egito há registros que datam de 2360 a.C., o Papiro Seler II, relacionando o ambiente de trabalho e os riscos inerentes a eles, e o Papiro Anastasi V, mais conhecido como "Sátira dos Ofícios", de 1800 a.C., descrevendo os problemas de insalubridade, periculosidade e penosidade das profissões.

O império babilônico, no seu auge, criou o Código de Hamurabi por volta de 1750 a.C. Dele foram traduzidos 281 artigos a respeito de relações de trabalho, família, propriedade e escravidão. No artigo que fala sobre a responsabilidade profissional, o imperador Hamurabi sentencia com pena de morte um arquiteto que construir uma casa que se desmorone, causando a morte de seus ocupantes.

As sociedades gregas e romanas não valorizavam o seu estudo, pois essas sociedades dependiam de escravos para realizar as atividades que geravam riscos de acidentes e doenças ocupacionais (RODRIGUES, 1982). Os poucos estudos que se têm notícias foram:

Século IV a.C. – Hipócrates (Grécia, 460-375 a.C.) – ocorrem mudanças no paradigma espiritualista para o paradigma naturalista. O mecanismo do processo saúde-doença pela teoria dos miasmas vigora até o século XIX. Hipócrates descreveu a "intoxicação saturnina" em um mineiro, porém omitiu o ambiente de trabalho e ocupação. O Tratado de Hipócrates: Ares, Águas e Lugares, informava ao médico sobre a relação entre ambiente e saúde (clima, topografia, qualidade da água, organização política).

Século I a.C. – Lucrécio também indagava acerca dos trabalhadores das minas. Plínio, o Velho (23-79 a.C.) – escreve o Tratado de História Naturalis, relatando o aspecto de trabalhadores expostos ao chumbo, mercúrio e poeiras. Faz também a descrição dos primeiros equipamentos de proteção individual, utilizando como máscaras panos e bexigas de carneiros para evitar a inalação de poeiras e fumos.

Embora as civilizações greco-romanas não valorizassem a HST elas criaram diferentes tipos de comunidades solidárias que tinham como objetivo proteger os seus membros de determinados riscos, através de cooperativas constituídas por cidadãos. Assim, constituíam as primeiras caixas de auxílio às doenças e acidentes. Na Grécia eram denominadas *erans* e em Roma os *collegia*. "Os erans admitiam como membros todos os cidadãos gregos, os filhos e os escravos, sendo que estes últimos não eram, na realidade, membros com direito pleno e sim um 'capital de trabalho'"... e quanto aos *collegia*, "qualquer pessoa podia ser membro desta associação, inclusive os escravos e os libertos..." (FRIEDE, 1973, p. 3-4).

Do período compreendido entre o apogeu do Império Romano até o final da Idade Média não foram encontrados estudos ou discussões documentadas sobre as doenças. Para alguns autores tal fato se deve a imposições de ordem econômica (RODRIGUES, 1982; MENDES, 1980). Ocorre, porém, nesta época o desenvolvimento das comunidades de riscos com o surgimento das corporações profissionais e das irmandades cristãs que criaram as ordens hospitalares para prestar atendimento aos enfermos (FRIEDE, 1973; MATTOS, 2001).

1.4.2. A formação do campo de conhecimento na medicina do trabalho – séculos XV a XVIII

Os primeiros registros sobre novos estudos surgem, em 1473, com Ulrich Ellenborg, reconhecendo como tóxicos os vapores de alguns metais e descrevendo os sintomas de envenenamento ocupacional por monóxido de carbono, chumbo, mercúrio e ácido nítrico, e sugerindo medidas preventivas.

Até o final do século XV os estudos realizados diziam respeito a algumas doenças específicas geradas por alguns agentes químicos, sem especificar forma de tratamento. O primeiro estudo completo foi realizado por George Bauer (1494/1555, Inglaterra), conhecido por seu nome latino Georgius Agrícola. Em 1556 é publicada a obra de Agrícola

"De Re Metallica". Nela foram estudados os problemas relacionados com as atividades de extração e fundição de prata e ouro. Discutia também os acidentes do trabalho e as doenças mais comuns entre os mineiros e os meios de prevenção, incluindo a necessidade de ventilação. Agrícola dava destaque para a "asma dos mineiros". Para ele a doença era provocada por poeiras corrosivas. A descrição dos sintomas e a rápida evolução da doença indicavam tratar-se de silicose, mas cuja origem não ficou claramente descrita por Agrícola (NOGUEIRA, 1981).

Aureolus Theophrastus Bembastus von Hohenheim (Paracelso, 1493/1541) escreve a obra *Dos ofícios e doenças da montanha*, publicada em 1567. Trata-se da primeira monografia sobre as relações entre trabalho e doença. Foram realizadas numerosas observações, relacionando métodos de trabalho e substâncias manuseadas com doenças. Fala, na sua obra, da silicose e das intoxicações pelo chumbo e pelo mercúrio sofridas pelos mineiros e fundidores de metais. Ysbrand Diamerbrook (1608-1704) descreve as afecções dos trabalhadores expostos ao mármore (RODRIGUES, 1982; NOGUEIRA, 1979; PIN, 1999).

Dentre as doenças mais estudadas na época está a intoxicação por mercúrio. Devido a sua importância, a jornada dos mineiros de mercúrio é reduzida em Ídria (Idrija, Eslovênia) no ano de 1665 para, com isso, evitar a incidência da doença provocada por este metal, o idragirismo.

O século XVIII foi o início de grandes transformações no mundo do trabalho e com elas novos estudos surgiram na Europa, trazendo grandes contribuições para o campo de conhecimento que começava a se formar. Bernardino Ramazzini, médico italiano, publica em 1700 a obra *De Morbis Artificum Diatriba* (Doença dos Artífices). Ramazzini, considerado o Pai da Medicina do Trabalho, descreve as doenças relacionadas com 50 profissões da época. Neste trabalho ele investiga os riscos relacionados com cada profissão. Estabelece uma tese que até hoje é muito usada: "Prevenir é melhor do que remediar." Na obra, Ramazzini descreve as doenças e precauções das profissões e introduz na anamnese médica a pergunta "Qual a sua ocupação?".

Na Dinamarca, em 1740 são realizados os primeiros exames, através da criação pelo governo de um sistema nacional de saúde, procedimento também adotado, posteriormente, em outros países europeus.

Na Inglaterra, em 1775, o médico Percival Pott (1713-1788) descreve o câncer ocupacional entre os limpadores de chaminés, investigando a fuligem e a falta de higiene como causa do câncer escrotal. Treze anos mais tarde é promulgada, naquele país, a Lei de proteção aos limpadores de chaminé.

Esses estudos, apesar da sua importância para a evolução da HST, só começaram a ser valorizados nas décadas posteriores, devido à forma de organização predominante na época – as corporações de ofícios, locais com número reduzido de trabalhadores e com pouca incidência de doenças profissionais.

Nesta época, mais uma vez a comunidade solidária se faz presente, na Inglaterra e na Alemanha, com o mesmo espírito das associações anteriores, ou seja, atendimento médico gratuito às pessoas necessitadas e não intervindo diretamente na relação saúde x trabalho (FRIEDE, 1973; MATTOS, 2001).

No final do século XVIII ocorreu a Revolução Industrial. Iniciada no continente europeu (Inglaterra, França e Alemanha), ficou caracterizada pela invenção da máquina a vapor (1784) por James Watts na Inglaterra e pela publicação de Adam Smith, *The Wealth of the Nations* (*A Riqueza das Nações*), em 1776. Essa invenção viabilizava a instalação de indústrias em qualquer lugar, antes restrita às margens dos rios (devido ao uso da força hidráulica), e a publicação apontava as vantagens econômicas da divisão do trabalho. São inegáveis os benefícios advindos da Revolução Industrial, que trouxe, entre outros, o grande aumento da produtividade, proporcionando uma ampliação no consumo de bens para a sociedade de um modo geral, porém também é inegável o preço pago por tais benefícios pelos trabalhadores (RODRIGUES, 1982; WAISSMANN & CASTRO, 1996).

As condições de trabalho eram bastante degradadas, com numerosos acidentes de trabalho graves, mutilantes e fatais, tendo como causas: falta de proteção das máquinas, falta de treinamento para sua operação, jornada de trabalho prolongada, nível elevado de ruído das máquinas monstruosas ou pelas más condições do ambiente de trabalho. Não eram poupadas as mulheres e crianças a partir de 6 anos, contratadas com salários mais baixos.

O filme *Germinal* de Émile Zola legou-nos uma dimensão do que acontecia naquela época. A situação só se modificou com intensos movimentos sociais, que determinaram que políticos e legisladores introduzissem medidas legais de controle das condições e dos ambientes de trabalho.

A primeira referência conhecida ao emprego de um médico numa manufatura é de 1789, em Quarry Bank (MURRAY, 1987 *apud* GRAÇA, 2000). Em 1795, Peter Holland (1766-1855) era não só médico assistente da família do proprietário dessa manufatura como dos seus operários e aprendizes (GRAÇA, 2000).

1.4.3. A regulamentação das condições de trabalho na Europa – século XIX

Os estudos se intensificaram, devido aos abusos cometidos pelas novas organizações que surgiam, quanto às relações de trabalho. À medida que novas fábricas se abriam e novas atividades industriais eram iniciadas, cresciam também os números de doenças e acidentes, tanto de ordem ocupacional como não ocupacional.

Uma comissão de inquérito é criada no Parlamento britânico, sob a direção de Sir Robert Peel, para investigar os abusos cometidos pelas organizações. Em 1802 é aprovada a primeira lei de proteção aos trabalhadores, a "Lei da Preservação da Saúde e da Moral dos Aprendizes e de Outros Empregados". Ela estabelecia a jornada diária de doze horas de trabalho, proibia trabalho noturno, obrigava os empregadores a lavar as paredes das fábricas duas vezes por ano e ventilar os ambientes de trabalho. Além desta lei, outras foram promulgadas, porém elas não eram respeitadas pelos empregadores, por exigir investimentos que os mesmos não tinham interesse em realizar.

No ano de 1830, Robert Derham, industrial inglês, pede a ajuda do médico Robert Baker (1803-1880) para estudar a melhor forma de preservar a saúde dos trabalhadores de sua fábrica, que só podiam contar com o auxílio das sociedades solidárias. Baker sugere que ele contrate um médico para visitar diariamente o local e estude a influência do trabalho sobre a saúde dos trabalhadores. Para Baker os operários deveriam ser afastados de suas atividades quando tivessem a saúde prejudicada em razão de tais atividades. Baker posteriormente (1834) foi nomeado pelo parlamento britânico como Inspetor Médico de Fábrica, o que representou a criação do embrião do primeiro serviço médico industrial do mundo (MENDES & DIAS, 1991).

Naquele mesmo ano (1830), Charles Turner Thackrah (1795-1833) publica um livro sobre doenças ocupacionais na Inglaterra, contribuindo para a criação de legislação ocupacional e o primeiro serviço de medicina do trabalho na indústria têxtil.

Em 1832, o maior industrial de Leeds (Inglaterra), John Marshall, contratou um médico, W. Price, para prestar serviço nas suas fábricas duas vezes por semana.

As ações da comissão parlamentar de inquérito inglesa resultaram na Lei das Fábricas (Factory Act), em 1833, considerada a primeira legislação realmente eficiente no campo da proteção ao trabalhador, o que, junto com a pressão da opinião pública, levou os industriais britânicos a adotarem o conselho de Baker. A Lei proibia o trabalho noturno para menores de 18 anos; os menores só podiam trabalhar 12 horas/dia em 69 horas/semanais; obrigava as fábricas a montar escolas para os menores de 13 anos; a idade mínima para o trabalho era 9 anos; um médico deveria atestar que o desenvolvimento físico da criança correspondia a sua idade cronológica. É aprovada na Alemanha, neste mesmo ano, a Lei Operária.

Outro fato não menos importante naquela década foi o surgimento da Medicina Científica por William Farr (1807-1883), que estudou o impacto das condições e dos ambientes de trabalho na morbidade e na mortalidade em mineiros na Inglaterra (1837), quantificando o excesso de morte. Ele trabalhou com Louis Pasteur (1822-1895), realizador de grandes descobertas em bacteriologia.

As organizações industriais reconhecem a necessidade de proteção dos operários, fruto das pressões sociais e reivindicações dos operários. Porém, com a eclosão da II Revolução do Capitalismo Industrial (eletricidade e motor à explosão), potencializam-se os problemas de saúde ocupacional.

L.R. Villermé (1782-1863), médico francês, apresenta na Academia das Ciências Morais e Políticas, em 1840, o seu estudo "Tableau de l'état physique et moral des ouvriers employés dans les manufactures de coton, de laine et de soie". A apresentação possibilitou a criação de um movimento de opinião pública que levaria à promulgação da primeira lei francesa relativa às condições de trabalho em 1841.

O inglês Edwin Chadwick (1800-1890) publica em 1842 o relatório "... an Enquiry into the Sanitary Condition of the Labouring Population of Great Britain". Ele e John

Simon (1816-1904) são autores de importantes relatórios sobre as condições sanitárias da classe trabalhadora na Inglaterra. James Smith (gerente de uma indústria têxtil) contrata o primeiro médico de fábrica na Escócia, em 1842, tendo como tarefas realizar exames admissional e periódico, orientar os trabalhadores menores e prevenir as doenças ocupacionais e não ocupacionais. É criado ainda "Factory Inspectoraty", um órgão de atendimento às pequenas fábricas na Inglaterra.

O alemão F. Engels (1820-1895) escreve em 1844 sobre as condições de trabalho da classe operária inglesa (*The Conditions of the Working Class in England*), depois de ter vivido em Manchester entre 1842 e 1844.

K. Marx (1818-1883), filósofo alemão, que viveu muitos anos na Inglaterra, dedicou vários capítulos de *Das Kapital* (*O Capital*) (1º vol., 1867; 2º e 3º vols. editados por F. Engels e publicados postumamente, em 1885 e 1894, respectivamente) à exploração do trabalho das mulheres e das crianças, à jornada de trabalho, à legislação fabril inglesa etc.

Florence Nightingale (1820-1910), enfermeira italiana, publica, em 1861, na Inglaterra, o livro *Notes on Nursing for the Labouring Classes* (Notas sobre Enfermagem para as Classes Trabalhadoras).

A expansão da Revolução Industrial em diversos países do resto da Europa levou ao surgimento de novas legislações e de serviços médicos em indústrias, e em alguns países sua existência passou de voluntária, como na Inglaterra, a obrigatória. Outros países europeus aprovaram leis trabalhistas, como a Suíça com a primeira Lei de Proteção ao Trabalhador em 1877 e da obrigatoriedade de inspeções do trabalho em 1878. Vários países também aprovaram leis sobre inspeções como Dinamarca (1873), França (1874), Alemanha (1878), Áustria (1887), Bélgica e Holanda (1888), Suécia (1889), Portugal (1895 e 1897), Rússia (1918). A Alemanha aprovou em 1897 as primeiras leis de acidentes e doenças ocupacionais.

Thomas M. Legge (1863-1932), em 1898, é nomeado o primeiro Inspetor Médico de Fábricas do Reino Unido. Ele também se tornou, em 1929, o primeiro consultor médico de uma central sindical, o Trade Unions Congress (TUC).

Os primeiros países a aprovar leis sobre a reparação dos acidentes de trabalho e, mais tarde, das doenças profissionais foram: Alemanha (1884); Inglaterra (1897); França (1898); Suécia (1901); Estados Unidos (1911); Portugal (1913).

Foi somente em 1891 que a Igreja Católica tomou posição sobre as questões de HST, com a encíclica *Rerum Novarum*, do papa Leão XIII (GRAÇA, 1999).

1.4.4. A evolução da HST nos continentes europeu e americano – século XX

Diferentemente dos países europeus, os Estados Unidos e os demais países do continente americano, inclusive o Brasil, tiveram as primeiras ações voltadas para a HST somente neste século. Apesar do significativo processo de industrialização, ocorrido a partir da metade do século XIX nos Estados Unidos, os serviços médicos e os problemas de saúde de seus trabalhadores não tiveram atenção especial. Os primeiros serviços médicos de empresa industrial surgiram no início do século XX, com a aprovação de leis sobre indenizações em casos de acidentes de trabalho (1902-1911). Alice Hamilton, médica e higienista americana, em 1900 investiga várias ocupações e influencia as primeiras leis ocupacionais americanas. Em 1919 se torna a primeira mulher a estudar em Harvard e publica a obra *Explorando as ocupações perigosas*.

Luigi Devoto cria em 1901 a primeira revista no domínio da segurança e saúde no trabalho: Il Lavoro - Revista di fisiologia, clínica ed igiene del lavoro (Hoje, La Medicina del Lavoro). Em 1902 ocupa a primeira cátedra de Medicina do Trabalho – Itália. Neste mesmo ano a *Dangerous Trades Magazine* publica a reportagem sobre a indústria de vulcanização, onde descrevia os efeitos da exposição dos trabalhadores ao sulfeto de carbono e relatava a colocação de grades nas janelas do prédio da indústria para evitar que trabalhadores se jogassem pelas janelas durante os surtos. Efeitos até então mal definidos como fadiga, envelhecimento precoce, desgaste e alterações comportamentais, passavam a ser mais conhecidos.

Realizam-se em Berna (1905), na Suíça, conferências diplomáticas originando as duas primeiras convenções internacionais de trabalho (sobre o trabalho noturno das mulheres e outra sobre a eliminação do fósforo branco na indústria de máquinas). Cinco anos antes foi criada a International Association for Labour Legislation, embrião da Organização Internacional do Trabalho.

Em 1906, realiza-se em Milão o primeiro Congresso Internacional das Doenças do Trabalho. É então Fundada a Commissione Internazionale per le Malattie Professionali, que irá dar origem à atual International Commission on Occupational Health (ICOH), a maior associação a nível mundial congregando os diferentes profissionais da área da HST. Em 1910 é inaugurada, por Devoto, em Milão, a Clinica del Lavoro, a primeira do gênero no mundo.

Os Estados Unidos realizam a 1ª Conferência Nacional sobre Doenças Industriais, em 1911. Com isso, começa a se romper a resistência da classe patronal americana, cujo objetivo básico era o de reduzir o custo das indenizações. Mais tarde, no início da segunda metade do século XX, os serviços médicos americanos passaram a existir nas indústrias, independente do seu risco. Em 1954 deu-se origem às diretrizes para o funcionamento desses serviços, estabelecidas pelo Council of Industrial Health da American Medical Association e revistas em 1960 pelo Council on Occupational Health da mesma associação.

Além da regulamentação sobre os serviços, há também que registrar outros fatos marcantes ocorridos nos Estados Unidos, como: a criação, em 1916, da Industrial Medical Association (orientada para a reparação dos acidentes); o início do curso de graduação em Higiene Industrial na Universidade de Harvard (1922); a criação da ACGIH – inicialmente National Conference of Governmental Industrial Hygienists (1938); a criação da AIHA

(American Industrial Hygiene Association) e da ASA (American Standards Association, hoje ANSI). A ACGIH publica "Concentrações Máximas Permissíveis" (MACs) para substâncias químicas na indústria (1939); a criação da American Academy of Occupational Association (1946), voltada para a prevenção da doença e do acidente de trabalho; a medicina do trabalho (*occupational medicine*) em 1954 passa a ser reconhecida como especialidade médica; a organização do American Board of Industrial Hygiene (ABIH), em 1960, pelas entidades IAHA e ACGIH, e a promulgação da OSHA (Occupational Safety and Health Act), em 1970.

Na Europa é criada a Organização Internacional do Trabalho (OIT em 1919) e a redação da convenção nº 3 – Recomendação – Prevenção contra Antraz e Proteção à maternidade.

A OIT, única agência da ONU com comissões tripartites, reúne governos, empregadores e trabalhadores de 187 países-membros. A OIT adota 188 Convenções Internacionais de Trabalho e 200 Recomendações sobre diversos temas, nem todas aprovadas pelo Governo Brasileiro (nacoesunidas.org).

Em 1920, é fundada a Società Tragli Amici della Clinica del Lavoro, que tinha o objetivo de promover o estudo e a prática da medicina do trabalho. Na Inglaterra é fundada, em 1935, a Association of Industrial Medical Officers (AIMO). Foi a primeira associação profissional de médicos do trabalho. A partir de 1965 passou a designar-se Society of Occupational Medicine. As primeiras leis sobre serviço médico obrigatório nas empresas francesas são aprovadas em 1946.

A conscientização e os movimentos mundiais com relação à saúde do trabalhador não poderiam deixar de interessar à OIT e à Organização Mundial da Saúde (OMS). Em 1950 é formada uma Comissão conjunta OIT-OMS sobre Saúde Ocupacional, na Suíça, estabelecendo os objetivos da Saúde Ocupacional. O tema foi assunto de inúmeros encontros da Conferência Internacional do Trabalho, a qual, em junho de 1953, adotou princípios, elaborando a Recomendação 97 sobre a Proteção à Saúde dos Trabalhadores em Locais de Trabalho e estabeleceu, em junho de 1959, a Recomendação 112 com o nome "Recomendação para os Serviços de Saúde Ocupacional, 1959".

O Brasil, como o restante da América Latina, teve sua Revolução Industrial ocorrendo por volta de 1930. Os fatos marcantes neste século foram: a promulgação da Consolidação das Leis do Trabalho (CLT em 1943); a criação da área de saúde ocupacional – Faculdade de Saúde Pública da USP; criação da ABPA e da área de Higiene Ocupacional no SESI (1945); criação da Fundação Jorge Duprat Figueiredo de Segurança, Higiene e Medicina do Trabalho (Fundacentro em 1966); lançamento nacional do Plano de Valorização do Trabalhador (1972) e a obrigatoriedade dos Serviços Médico e de Higiene e Segurança do Trabalho nas empresas com 100 ou mais empregados (1972), através da Portaria 3.237/72. O Brasil ganha o título de campeão mundial de acidentes de trabalho no ano de 1974. A Lei 6.514, de 22 de dezembro de 1977, alterou o Cap. V do Título II da CLT – Segurança e Medicina do Trabalho. É aprovada a Portaria 3.214, de 8 de junho de 1978 – Normas Regulamentadoras de Segurança e Medicina do Trabalho (NRs). Em 1980 é criado o Departamento Intersindical de Estudos de Segurança e Ambientes de Trabalho (DIESAT) em São Paulo/SP. O Instituto Nacional de Saúde no Trabalho da Central Única dos Trabalhadores (INST/CUT) é criado em 1983 em São Paulo/SP. É criado em 1985 o Centro de Estudos da Saúde do Trabalhador e Ecologia Humana da Fundação Oswaldo Cruz (CESTEH/FIOCRUZ) no Rio de Janeiro/RJ. A 1ª Conferência Nacional de Saúde dos Trabalhadores é realizada em Brasília/DF (1986), fornecendo subsídios para a Constituição Federal promulgada em 1988.

Nos anos 1990 o Brasil adota as normas ISO 9000 e ISO 14000. Com a abertura da economia ao mercado mundial e a necessidade de aumentar sua produtividade e qualidade, empresas brasileiras adotam as normas ISO 9000 – Sistemas de Gestão de Qualidade. A ISO 9000 resultou da evolução de normas de segurança das instalações nucleares americanas e de confiabilidade de artefatos militares e aeroespaciais (npc.ufsc.br).

As primeiras normas da série ISO 14000 - Sistemas de Gestão Ambiental datam de 1996. No Brasil o órgão responsável pela normalização ambiental é a Associação Brasileira de Normas Técnicas (ABNT), que criou em 1999 o comitê brasileiro de gestão ambiental (ABNT/CB-38) (inovarse.org).

A compatibilidade criada entre os sistemas de gestão de qualidade e ambiental mostrava uma tendência de integração de sistemas de gestão nas empresas. Visando obter uma gestão de segurança do trabalho mais eficiente, 20 organizações se reuniram e elaboraram uma norma sobre saúde e segurança no trabalho, em 1999, compatível com as normas ISO 9000 e 14000. Surge a série de normas OHSAS 18000 – Gestão Saúde e Segurança Ocupacional, publicada pela OIT, que teve como referência a norma inglesa BS 8800 1997.

Desde a sua promulgação, a Portaria nº 3.214, de 8 de junho de 1978 – Normas Regulamentadoras de Segurança e Medicina do Trabalho (NRs) vem passando por mudanças significativas em seu conteúdo, modificando o caráter autoritário em que foi concebida, onde o trabalhador não tinha direitos, somente deveres. Quatro registros importantes merecem destaque: a inserção da metodologia Mapa de Risco, em 1994, na NR-05 como atribuição da CIPA – Comissão Interna de Prevenção de Acidente; o exercício do direito de recusa ao trabalho, pelo empregado, em situações de risco grave e iminente, previsto na NR-09 PPRA – Programa de Prevenção de Riscos Ambientais, a partir de 1994; a regulamentação da Comissão Tripartite de Saúde e Segurança no Trabalho, instituída em 2008 por portaria interministerial; o termo Ato Inseguro é retirado, em 2009, da NR-01 Disposições Gerais, o que permite realizar uma análise mais profunda de um acidente de trabalho e encontrar as suas causas. Mais detalhamentos sobre a Portaria 3.214/78 serão apresentados no Capítulo 6.

Publicada minuta da Política Nacional de Segurança e Saúde do Trabalhador (PNSST, 11/2004). ISO 45000:201.

1.5. O conceito de saúde (Medicina do trabalho, saúde ocupacional e saúde do trabalhador)

A evolução das ações no campo da relação saúde x trabalho é resultado de diferentes conceitos e práxis entre diversas correntes que tentaram, ao longo dos últimos séculos, trazer a si a hegemonia do conhecimento. É comum apontarem essas diferenças como de cunho ideológico, materializadas em metodologias e legislações diferenciadas (WAISSMANN, s.d.).

Este modo de análise permitiu que se tipificassem três modos predominantes de ação e interpretação do campo da saúde e suas relações com o trabalho designados pelas ciências ligadas ao estudo do trabalho como medicina do trabalho, saúde ocupacional e saúde do trabalhador, e pelas análises das Ciências Jurídicas e Sociais como teoria da culpa, teoria do risco profissional e teoria do risco social. Nesta seção será apresentada uma síntese dos três enfoques das Ciências Médicas e na próxima seção os três enfoques das Ciências Jurídicas.

1.5.1. Medicina do trabalho

Na seção 1.4, sobre a história da HST, vimos que a Medicina do Trabalho surge, no século XIX, enquanto prática da relação saúde x trabalho e não como uma especialidade médica. Ela tinha como intenção melhorar a produtividade por atos médicos dirigidos às patologias dos trabalhadores (WAISSMANN, 2000).

A medicina do trabalho pode ser conceituada como: "...especialidade médica voltada primordialmente para o tratamento (da doença), a recuperação da saúde ... tratamento dos efeitos ou diminuição de sequelas causadas pelos acidentes e doenças". (MENDES & DIAS, 1991)

Ela pode ser caracterizada como: espaço de atuação empírica restrita ao médico; atendimento clínico individual como função primordial; dissociação dos agravos gerados à saúde em relação ao trabalho (WAISSMANN, s.d.).

Esse modelo se adequou muito bem ao paradigma taylorista, surgido no final do século XIX, e aperfeiçoado por Henry Ford nas décadas seguintes nos Estados Unidos, pois favorece a seleção dos mais aptos, favorece o controle do absenteísmo e gerencia o retorno do trabalho dos doentes e acidentados (SILVA, 2000).

Enquanto modelo, a sua sustentação começava a ficar difícil para a relação saúde x trabalho. Pois, apesar de ter incorporado novos conhecimentos técnicos, através das inovações tecnológicas (motores elétricos e a explosão nas indústrias), consideradas a II Revolução Tecnológica da era capitalista por Castro (1995) e Rattner (1990) e organizacionais (racionalização da produção, através do taylorismo e do fordismo) ocorridas até a Segunda Guerra Mundial (CORIAT, 1988; ALVES FILHO et al., 1992; FLEURY & VARGAS, 1983), não se conseguia mais dar uma resposta, perante os agravos surgidos e não evitados no trabalho, que inviabilizavam economicamente a produção, principalmente no período pós-guerra, onde a economia estava sendo reativada e a mão de obra reassumindo os postos de trabalho. Assim, surge uma nova abordagem para a relação saúde x trabalho, denominada saúde ocupacional, cujo objetivo era de se adequar à nova necessidade produtiva.

1.5.2. Saúde ocupacional

A teoria do risco profissional possui estreitas relações com saúde ocupacional, que: "... surge, como uma resposta a este ambiente insalubre, ..., com um clamor multidisciplinar, aliando médicos e engenheiros a um pensamento que enfatiza a higiene industrial". (SILVA, 1999, p. 32)

O Comitê misto da OIT e da OMS definiu, em reunião realizada em Genebra em 1949, a saúde ocupacional como aquela que:

> "...visa a promoção e manutenção, no mais alto grau, do bem-estar físico, mental e social dos trabalhadores em todas as ocupações; a prevenção, entre os trabalhadores, de doenças ocupacionais causadas por suas condições de trabalho: a proteção dos trabalhadores, em seus labores, dos riscos resultantes de fatores adversos à saúde: a colocação e conservação dos trabalhadores nos ambientes ocupacionais adaptados as suas aptidões fisiológicas e psicológicas; em resumo: a adaptação do trabalho ao homem e de cada homem ao seu próprio trabalho". (ILO/WHO, 1950)

Essa abordagem pode ser caracterizada como: multiprofissional com perfil tecnicista das análises; valorização dos ambientes de trabalho e agentes ambientais mantendo a atenção nas doenças ocupacionais do trabalhador produtivo; variação do conceito de causalidade, aceitando a multicausalidade; quantificação dos riscos ambientais e mantendo o desprezo à análise dos processos de trabalho e dos modos de organização da produção como geradores de riscos com o trabalho excluído do contexto social (WAISSMANN, s.d.).

Esse modelo ainda hoje é largamente utilizado no mundo, apesar de mostrar-se inadequado na prevenção dos riscos à saúde decorrentes do trabalho. Vários autores admitem que o seu forte atrelamento ao conhecimento técnico-científico, ocorrido posteriormente, com a incorporação de novos conhecimentos psicofisiológicos e médicos, bem como o reconhecimento do trabalhador como agente do processo produtivo, possibilitou uma grande evolução conceitual e a efetiva melhoria nos ambientes de trabalho em países centrais, onde as condições sociais já eram diferenciadas (WAISSMANN, s.d.; FRANKENHAEUSER & GARDELL, 1976; GUÉLAUD et al., 1975).

Este modelo, porém, apresenta fragilidades tanto do ponto de vista teórico quanto das práticas de saúde (MENDES & DIAS, 1991). Além disso, o trabalhador somente interessa ao capitalista enquanto força de trabalho que produz e gera riquezas (COSTA, 1981) e somente interessam alterações nas condições de trabalho justificadas pela produtividade (FALEIROS, 1992).

O questionamento ao conceito e prática da saúde ocupacional ocorre em diversos países, principalmente após a década de 1960, devido a importantes modificações sociopolíticas. Cabe destaque ao movimento iniciado na Itália pelos trabalhadores, conhecido como Modelo Operário Italiano, através da organização dos sindicatos, criando as condições a que um novo modo de abordar saúde e trabalho começasse a tomar forma (ODONNE et al., 1986). Essa nova abordagem não representou uma simples variação tecnológica "... mas uma reconstrução valorativa, discernível nos novos sujeitos, objetos e metodologia utilizada" (WAISSMANN, s.d., p. 9). Esta nova abordagem, que surge em paralelo com a saúde ocupacional, é conhecida nos países latino-americanos como saúde do trabalhador.

1.5.3. Saúde do trabalhador

Este modelo surge como necessidade de incursão de novos valores identificados com os movimentos sociais organizados e preocupados com as deficiências do modelo anteriormente discutido, quanto ao atendimento as suas demandas. Tais movimentos, com origem em países desenvolvidos, buscam com esse novo modelo "... acima de tudo, participação nas questões de saúde e de segurança no trabalho" e questionam "...valores da vida e da liberdade, o significado do trabalho na vida do indivíduo e o papel do Estado na regulamentação do valor do trabalho" (SILVA, 1999, p. 35). A saúde do trabalhador prioriza as ações de promoção da saúde e hierarquiza a importância entre as causas (MENDES & DIAS, 1991).

O Modelo Operário Italiano contribui de forma bastante significativa para essas mudanças na relação saúde x trabalho, inicialmente na Itália, através do Estatuto dos Direitos dos Trabalhadores, Lei 300, de 20 de maio de 1970, onde são incorporadas as principais reivindicações dos trabalhadores, dentre elas a não monetarização do risco, a não delegação da vigilância da saúde ao Estado e a técnicos estranhos ao trabalhador, validação do saber operário através de estudos independentes a partir de grupos homogêneos de riscos (SILVA, 1999; FACCHINI, 1991; MENDES & DIAS, 1991; ODDONE et al., 1986; SIVIERI, 1995; MATTOS & FREITAS, 1994).

A saúde do trabalhador pode ser caracterizada como o modelo participativo, em detrimento do tecnicista, comum nas abordagens anteriores; o trabalhador sujeito das ações, participando das avaliações e das mudanças nos processos e organização de trabalho; os espaços produtivos são sistemas dinâmicos formados por redes de processos e os riscos variam com os homens, tempos, espaços; processos são cargas de trabalho; inserção da epidemiologia com olhar voltado para questões sanitárias que afetam a massa de trabalhadores (grupo homogêneo) reduzindo a prática das análises individuais; introduz-se o conceito de desgastes, representando transformações indesejáveis relacionadas com o trabalho, investigadas no estado biopsicossocial dos trabalhadores. Os agravos são determinados, principalmente, por macrocondicionantes sociais externos ao trabalho (economia global, nacional, local e setorial, condições sanitárias e socioeconômicas populacionais etc.) que conformam as características de funcionamento produtivo, a organização do trabalho, os espaços e os processos laborais. E, estes, determinam os perigos (riscos/cargas) e agravos (doenças/desgastes) sobre os grupos homogêneos dos trabalhadores (WAISSMANN, s.d.).

O enfoque saúde do trabalhador surge no Brasil com a 1ª Conferência Nacional de Saúde dos Trabalhadores, realizada em Brasília em 1986. Podemos dizer que o conceito já vinha amadurecendo em anos anteriores nos ambientes acadêmicos e sindicais de diversas instituições brasileiras, em um contexto histórico de transição do regime político, saindo de uma situação de repressão social (ditadura militar) para a construção da sociedade civil, em busca da participação e reivindicação social caracterizadas pela lógica da cidadania, e pela formação de novas leis trabalhistas e mudanças nos sistemas institucionais (SIMONI, 1989). Portanto, trata-se, conforme comentado anteriormente, de uma nova visão da relação saúde-mundo do trabalho.

1.6. O entendimento dos riscos à luz das teorias jurídicas e responsabilidades civil e social

O entendimento da Higiene e Segurança do Trabalho tem ocorrido através da discussão da relação saúde-trabalho. A relação saúde-trabalho se constitui em uma relação de conflito de interesses entre o trabalhador, a empresa e a sociedade (MATTOS, 2001). A materialização desse conflito se dá quando um acidente de trabalho ocorre. Serão apresentadas as teorias jurídicas que têm contribuído para explicar as causas desses acidentes e as parcelas de responsabilidade atribuídas a cada um dos envolvidos.

Conforme observado anteriormente, a evolução das ações no campo da relação saúde x trabalho é resultado de diferentes conceitos e práxis entre diversas correntes de cunho ideológico (WAISSMANN, s.d.), o que permitiu que se tipificassem três modos predominantes de ação e interpretação do campo da saúde e suas relações com o trabalho, designados pelas ciências ligadas ao estudo do trabalho como medicina do trabalho, saúde ocupacional e saúde do trabalhador e pelas análises das Ciências Jurídicas e Sociais como teoria da culpa, teoria do risco profissional e teoria do risco social (MATTOS, 2001).

1.6.1. Teoria da culpa

No mesmo cenário que surgiu a Medicina do Trabalho, abordada anteriormente na história da HST, surge a primeira legislação sobre acidentes, fundamentada na teoria jurídica da culpa, que além de formular o primeiro conceito sobre o evento acidente de trabalho procura apurar as responsabilidades pela sua ocorrência.

A teoria da culpa "... colocava o evento em paridade com os crimes comuns, posto que a culpa era um comportamento ilícito que produz efeitos danosos, à semelhança dos princípios cíveis sobre o assunto" (RODRIGUES, 1982, p. 5).

Para ter direito à indenização, o acidentado tinha que provar que não era sua a falha, mas do patrão ao oferecer-lhe condições de trabalho inseguras. A tarefa de provar a sua inocência era extremamente difícil para o trabalhador, pois "... na Espanha, em 62 anos de vigência de tal teoria (1838/1900), uma única sentença concedendo indenização foi promulgada" (RODRIGUES, 1982, p. 5).

Nas análises dos acidentes de trabalho, por essa teoria, eram consideradas uma entre duas causas possíveis. O evento se constituía em uma ação dolosa do trabalhador – atos inseguros, devido à imprudência, negligência ou falta de diligência, ou do empregador – condições inseguras, devido a falhas técnicas e/ou organizacionais relacionadas com as condições de trabalho. O acidente era considerado unicausal. Porém houve mudanças, ao longo do tempo, que permitiram explicar o evento como causado, também, pela ocorrência de ato e condições inseguros concomitantemente (RODRIGUES, 1982; VIDAL, 1986).

Esta concepção chega em um momento em que já não mais satisfaz as partes envolvidas.

> "Para os trabalhadores, ela não alterava em nada a sua situação, que permanecia idêntica à anterior, quando eles não tinham nenhuma garantia; para os empresários, em que pese ela não lhes onerar, a colocação deles como possíveis culpados era desagradável, por evidenciar um conflito de interesse que eles tentavam mascarar." (RODRIGUES, 1982, p. 6)

Assim, surge uma nova teoria, a do risco profissional, visando atender às necessidades das partes interessadas e envolvidas na relação saúde x trabalho. Esta teoria será discutida a seguir.

1.6.2. Teoria do risco profissional

A teoria do risco profissional surge na Alemanha em 1883. Para ela o acidente era visto como consequência do próprio trabalho. O lucro do empresário estava relacionado com o risco de ocorrência de acidentes. Assim, cabia-lhe indenizar o acidentado porque se tratava de um risco de seu negócio. Esta teoria abordava apenas as causas dos acidentes, não formulando nenhum conceito do evento que substituísse o ato culposo, definido na abordagem anterior.

> "Inicia-se, assim, um período de relativa paz, uma vez que estava assegurado aos trabalhadores o recebimento de indenizações por acidentes, independentemente de causas jurídicas. Além do mais, a classe empresarial conseguia eliminar o caráter conflitante da questão, ao que se deve acrescentar uma diminuição das pressões trabalhistas, sem trazer-lhes quase nenhum ônus." (RODRIGUES, 1982, p. 6)

Esta segunda teoria trazia uma novidade que a princípio resolvia o problema das indenizações. O empresário fazia um seguro junto às companhias seguradoras, as quais ficavam responsáveis pelas indenizações. O custo desse seguro era alocado nos custos da produção, no item mão de obra, podendo assim ser repassado no preço do produto para os consumidores. "Na prática, portanto, não eram os empresários que assumiam os riscos dos acidentes, mas sim os consumidores de seus produtos: os primeiros apenas adiantavam o pagamento do seguro, na realidade feito pelos segurados." (RODRIGUES, 1982, p. 6)

A teoria do risco profissional também se caracterizava por ser construída considerando a estrutura produtiva e, assim, permitia a implantação das sugestões de Ramazzini, isto é, a necessidade de inspeção médica nas fábricas, embriões dos Serviços Especializados em Medicina do Trabalho. A primeira lei tornando obrigatórias as inspeções médicas nas fábricas é promulgada na Inglaterra em 1897. Na França e no Brasil esses serviços somente se tornam obrigatórios no século XX, 1956 e 1972, respectivamente (RODRIGUES, 1982).

Coerente com a teoria jurídica do risco profissional, principia-se o desenvolvimento de uma nova linha prevencionista, a qual considera um novo conjunto de causas para os acidentes, formado pelos atos inseguros e pelas condições inseguras. Estas últimas decorrentes da existência de determinados riscos na execução da atividade produtiva, classificados como: físico, químico, biológico e, após a Segunda Guerra Mundial, ergonômicos (RODRIGUES, 1982; MATTOS, 1998).

As guerras sempre foram importantes no desenvolvimento científico e tecnológico. Para a HST, a Segunda Guerra Mundial (1939/1945) teve grande importância. O aparecimento da ergonomia e a ampliação das fronteiras de influência para os vencedores, favorecendo o fortalecimento das grandes corporações, trouxeram problemas novos, em face da complexidade dos novos sistemas produtivos emergentes, apresentando grau de incerteza elevado no aspecto segurança, fato que contribuiu para o desenvolvimento do conhecimento científico e tecnológico, voltado para a prevenção de acidentes de trabalho.

Assim, "se no começo da Segunda Guerra as manobras equivocadas dos pilotos de avião eram imprevisíveis, e no final isto já não ocorria, por que o mesmo não poderia suceder com os acidentes do trabalho? É aí que, sob certos ângulos, as empresas multinacionais favoreceram a evolução de ciência aqui estudada" (RODRIGUES, 1982, p. 7).

Esta teoria, com a incorporação dos novos conhecimentos na relação saúde x trabalho, já não mais satisfazia as partes interessadas, devido ao recrudescimento das insatisfações operária e patronal. No que se refere aos trabalhadores, influíram os questionamentos sobre as alternativas ao capitalismo, em particular o socialismo, como melhor forma de ordenação social, política e econômica, bem como o uso de tecnologias cada vez mais capital-intensivas, voltadas para uma maior extração de mais-valia (RODRIGUES, 1982).

Quanto aos empresários, a insatisfação se dava pela pressão exercida pelas seguradoras contratadas no sentido de garantir um maior retorno, através da elevação do prêmio do seguro ou da redução dos índices de acidentes, o que reduziria o pagamento de indenizações. Esta segunda alternativa implicava um maior investimento em melhorias nas condições de segurança (RODRIGUES, 1982).

As insatisfações de ambas as partes propiciaram uma situação favorável para mudanças. "Procede-se, então, a uma adaptação do sistema à nova realidade, que culmina com a substituição da teoria do risco profissional pela teoria do risco social." (RODRIGUES, 1982, p. 8)

1.6.3. Teoria do risco social

A teoria do risco social parte do princípio de que cabe à sociedade arcar com o ônus das indenizações aos trabalhadores, decorrentes dos acidentes e das doenças laborais. Justifica-se porque é a sociedade que consome os bens e os serviços produzidos nas empresas. Portanto, se ela se beneficia das atividades realizadas, deverá, também, assumir a responsabilidade pelos riscos destas atividades necessárias à sua produção, e o pagamento do seguro-acidente, como ocorre com o seguro-desemprego.

Apesar de esta teoria transferir para o âmbito público e centralizar o pagamento das indenizações em um órgão do governo federal (INSS), através da lei do seguro acidente, percebe-se que poucas mudanças ocorreram. Na verdade, ela somente passou a explicitar uma prática que as empresas já adotavam, anteriormente, de repassar à sociedade o ônus dos acidentes de trabalho (RODRIGUES, 1982).

Além disso, a teoria transfere para o consumidor o ônus da indenização do acidente. Portanto, ele acaba pagando duas vezes. A primeira, quando compra o bem produzido ou o serviço prestado. Ali o prêmio do seguro-acidente já é repassado no preço. A segunda, através da indenização paga pela Previdência.

Finalmente, há que se considerar que quem paga a conta tem o direito de decidir. O que, nesse caso, não acontece. As escolhas dos métodos utilizados nos processos e da organização do trabalho, por exemplo, são feitas pela gerência da empresa e não pelo consumidor, o que conflita com o conceito civil de responsabilidade (RODRIGUES, 1982).

Esta teoria é a que se encontra atualmente em vigor no Brasil, cabendo à Previdência Social o pagamento do benefício seguro-acidente ao trabalhador em decorrência dos acidentes de trabalho, nas modalidades de acidente típico, doenças profissionais e acidentes de trajeto. Diversos estudos estão sendo realizados na esfera governamental, visando modificar o sistema atual, devido ao déficit do sistema previdenciário brasileiro que se prolonga por várias décadas, consequência da má administração pública dos governos federais. No que tange aos acidentes de trabalho, a reforma previdenciária não trará mudanças.

1.6.4. Responsabilidade civil

O pagamento do seguro contra acidentes de trabalho é uma responsabilidade a cargo do empregador e um direito dos trabalhadores urbano e rural, amparado na Constituição Federal de 1988, no seu Art. 7°.

O prêmio, de caráter obrigatório, e recolhido pelo INSS, varia de 1 a 3% da folha de pagamento das empresas, conforme o grau de risco da empresa.

Tal obrigação independe da indenização a que está sujeito o empregador quando incorrer em dolo ou culpa. Este seguro, administrado pela Previdência Social, de acordo com a teoria do risco social, se constitui em uma responsabilidade objetiva ou sem culpa.

O acidente de trabalho, previsto na Lei Federal 8.213/1991, considera, ainda, as hipóteses de culpa exclusiva da vítima, caso fortuito ou força maior. O segurado, ou sua família, tem direito ao benefício pertinente (auxílio-doença, auxílio-acidente, aposentadoria por invalidez, pensão por morte) (NEGREIROS & MORAES, 2003).

> "A responsabilidade é objetiva quando não precisa demonstrar a culpa do empregador, seus prepostos ou do próprio trabalhador. Não se pergunta se há culpa ou não. Havendo nexo de causalidade, há obrigação de indenizar." (NEGREIROS & MORAES, 2003, p. 54).

São considerados prepostos do empregador gerentes de produção e recursos humanos e profissionais do SESMT.

Culpa é uma conduta positiva ou negativa segundo a qual alguém não quer que o dano aconteça, mas ele ocorre pela falta de previsão daquilo que é perfeitamente previsível. O ato culposo é aquele praticado por negligência, imprudência ou imperícia (NEGREIROS & MORAES, 2003, p. 54).

Negligência é a omissão voluntária de diligência ou cuidado; falta ou demora no prevenir ou obstar um dano (NEGREIROS & MORAES, 2003, p. 54).

Imprudência é a forma de culpa que consiste na falta involuntária de observância de medidas de precaução e segurança, de consequências previsíveis, que se faziam necessárias no momento para evitar um mal ou a infração da lei (NEGREIROS & MORAES, 2003, p. 54).

Imperícia é a falta de aptidão especial, habilidade, experiência ou de previsão no exercício de determinada função, profissão, arte ou ofício (NEGREIROS & MORAES, 2003, p. 54).

As ações por atos ilícitos prescrevem em 20 anos. Recomenda-se à organização a manutenção de um sistema de controle e guarda dos documentos relativos à gestão de SSO por, pelo menos, 20 anos para que possa servir de prova em juízo, mediante uma ação reparatória por parte do empregado, vítima de acidentes ou doenças ocupacionais.

Quanto à responsabilidade civil subjetiva, é dever do empregador indenizar a vítima do acidente quando incorrer em dolo ou culpa.

> "Havendo o dano e provado o nexo de causalidade, cabe ainda ao empregado demonstrar que o acidente ocorreu por culpa *lato sensu* do empregador. Exime-se o empregador, no dever de indenizar, se o infortúnio decorrer de culpa exclusiva da vítima, de força maior ou caso fortuito." (SOUZA, 2003, p. 49)

1.6.5. Responsabilidade social

As transformações socioeconômicas dos últimos 20 anos têm afetado profundamente o comportamento de empresas até então acostumadas à pura e exclusiva maximização do lucro. A partir da década de 1990, desenvolver a cultura da Responsabilidade Social tornou-se quase um imperativo de gestão para as empresas que pretendem se manter competitivas em seus respectivos mercados.

A ideia de responsabilidade social incorporada aos negócios é, portanto, relativamente recente. Com o surgimento de novas demandas e maior pressão por transparência nos negócios, empresas se veem forçadas a adotar uma postura mais responsável em suas ações (responsabilidadesocial.com).

A responsabilidade social é um conceito amplo, relativo a indivíduos e empresas. Além de manterem os seus negócios, se ocupam com

> "... o desenvolvimento social de todas as pessoas ou coisas envolvidas em sua cadeia de produção como comunidade, consumidores, meio ambiente, governo etc. Esse conceito, disseminado a partir da década de 1990, no decorrer dos tempos tem sido distorcido em benefício de pequenos grupos para ganharem vantagem competitiva" (terceiro-setor.info).

O conceito se expandiu com o livro *Social Responsabilities of the Businessman*, escrito em 1953, nos Estados Unidos, por Howard Bowen. Na década de 1970 o estudo sobre o tema é aprofundado por instituições americanas (terceiro-setor.info).

Alguns autores consideram a responsabilidade social como uma prática voluntária e não compulsória, imposta pelo governo ou por quaisquer incentivos externos, e que o seu conceito envolve o benefício da coletividade, abrangendo os níveis internos (como funcionários, acionistas etc.) ou atores externos (comunidade, parceiros, meio ambiente etc.) (responsabilidadesocial.com).

Longe de ser considerada filantropia, a RS também envolve melhor performance nos negócios e, consequentemente, maior lucratividade. Para isso ela precisa ser plural, distributiva, sustentável e transparente (responsabilidadesocial.com).

O consultor de empresas Stephen Charles Kanitz apresenta "os dez mandamentos da Responsabilidade Social" como sugestão para as empresas que pretendem implementar um programa (filantropia.org).

1. Antes de implantar um projeto social, pergunte para cerca de 20 entidades do Terceiro Setor para saber o que elas realmente precisam.
2. O que as entidades precisam normalmente não é o que sua empresa faz, nem o que a sua empresa quer fazer.
3. Toda empresa que assumir uma responsabilidade será, mais dia menos dia, responsabilizada.

4. Assumir uma responsabilidade social é coisa séria. Creches não mandam embora órfãos porque a diretoria mudou de ideia.
5. Todo dinheiro gasto em anúncios tipo "Minha Empresa é Mais Responsável do que o Concorrente" poderia ser gasto duplicando as doações de sua empresa.
6. Entidades que têm no social seu *core business* dedicam 100% do seu tempo e 100% do seu orçamento para o social. Sua empresa pretende ter o mesmo nível de dedicação?
7. O consumidor não é bobo. O consumidor sabe que o projeto social alardeado pela empresa está embutido no preço do produto. Ninguém dá nada de graça. Isto, todo consumidor sabe de cor. E quem disse que o consumidor comunga com a mesma causa que sua empresa apadrinhou?
8. Antes de querer criar um Instituto com o nome da sua empresa ou da sua marca favorita, lembre-se que a maioria dos problemas sociais é impalatável.
9. Evite usar critérios empresariais ao escolher seus projetos sociais, como "retorno sobre investimento" ou "ensinar a pescar". Esta área é regida por critérios humanitários, não científicos ou econômicos.
10. A responsabilidade social é, no final das contas, sempre do indivíduo, do voluntário, do funcionário, do dono, do acionista, do cliente, porque requer amor, afeto e compaixão.

1.7. A importância do acidente de trabalho

As condições de trabalho têm sido causa de morte, doença e incapacidade para um número incalculável de trabalhadores ao longo da história da humanidade (ODDONE et al., 1986).

Nas últimas três décadas do século XX houve um grande aumento na ocorrência de acidentes de trabalho e doenças ocupacionais em diversos países, inclusive no Brasil, onde ocorreu um acidente de trabalho fatal a cada 2 horas e meia nesse período. Em 2015, conforme constata a Profª Vilma Santana, da Universidade Federal da Bahia, essa taxa caiu para 3 horas e meia (epocanegocios.globo.com, 22/01/2017).

O Brasil tem sido um dos países que mais sofre com esse importante problema. As condições de trabalho nas últimas décadas têm se constituído em um dos grandes problemas brasileiros, com grande repercussão no exterior, devido ao elevado índice de ocorrência de acidentes de trabalho.

Além da morte e do sofrimento para o trabalhador e a sua família, problemas ainda pouco estudados, os acidentes de trabalho têm reflexos socioambientais, econômicos e políticos para toda a sociedade e para os países. Os problemas socioambientais decorrem dos chamados acidentes maiores ou ampliados que têm como consequência a contaminação de corpos hídricos (oceanos, mares, rios, lagos etc.), devastação de áreas de proteção ambiental (florestas, manguezais etc.), poluição do ar (biosfera, estratosfera etc.) e ameaças à sobrevivência e à qualidade de vida de populações humanas (trabalhadores, moradores das vizinhanças etc.) e de outras espécies de vida (fauna em geral e flora). Quanto aos econômicos, além do ônus para a sociedade, que recai na forma de pagamento de indenizações às vítimas e familiares, os acidentes reduzem a produtividade e consomem anualmente parcela considerável do Produto Interno Bruto.

Nos países desenvolvidos, que historicamente apresentam estágios avançados de prevenção, estima-se que 4% do Produto Interno Bruto (PIB) sejam perdidos por doenças e agravos ocupacionais. Nos países em desenvolvimento este percentual pode chegar a 10% (SANTANA et al., 2006). Os custos dos acidentes de trabalho são raramente contabilizados, mesmo em países com importantes avanços no campo da prevenção.

Por ser um problema de saúde pública que ocorre mundialmente, a OIT instituiu o dia 28 de abril como o Dia Mundial de Segurança e Saúde no Trabalho.

1.8. A comunicação e as estatísticas sobre acidentes de trabalho
1.8.1. Comunicação do acidente de trabalho

O Instituto Nacional de Seguridade Social (INSS) é órgão oficial encarregado de receber o documento de registro dos acidentes de trabalho ocorridos no país. O documento de registro denomina-se Comunicação de Acidente de Trabalho (CAT), regulamentado pela Lei 5.316/1967. Nele são notificados os acidentes de trabalho e as doenças ocupacionais. O seu preenchimento torna-se obrigatório, garantindo ao trabalhador o direito ao reconhecimento como vítima de acidente típico, acidente de trajeto ou doença ocupacional (profissional ou do trabalho). A obrigatoriedade da comunicação ao INSS independente da gravidade da lesão e do tempo de afastamento da vítima. No entanto, constata-se como prática comum nas empresas a subnotificação dos acidentes de trabalho, principalmente nos casos em que o evento não seja grave ou demande poucos dias para recuperação do acidentado.

Além da empresa, o CAT poderá ser preenchido pelo próprio trabalhador ou seus dependentes, o sindicato que o representa, o médico que o atendeu ou qualquer autoridade pública, conforme está previsto no Art. 22 da Lei 8.213/1991. O fato de a empresa não preencher o CAT não a isenta da responsabilidade do acidente. Neste caso ela estará sujeita a sanções previstas na Lei de Benefícios da Previdência.

O preenchimento e o envio do CAT podem também ocorrer por via eletrônica, através da Internet, evitando assim a necessidade de entrega deste documento em papel em posto ou agência do INSS. Para isso basta acessar a página eletrônica da Previdência Social.

A comunicação, através da entrega do documento preenchido em um posto de seguro social, deverá acontecer até o primeiro dia útil após ocorrer o acidente. No caso de acidente fatal a comunicação deverá ser imediata, havendo ainda necessidade de Boletim de Ocorrência (BO), emitido por uma Delegacia Policial.

A emissão do CAT, em seis vias, destina-se ao INSS, ao serviço de saúde o qual atenda a vítima, ao acidentado, à empresa, ao sindicato da categoria e à Delegacia Regional do Trabalho (DRT).

Além do CAT, outros documentos relativos aos acidentes e doenças ocupacionais estão previstos para serem enviados à DRT pelas empresas, quando estas possuírem Serviços Especializados em Engenharia de Segurança e em Medicina do Trabalho (SESMT). É de responsabilidade destes serviços encaminhar à Secretaria de Segurança e Medicina do Trabalho, do Ministério do Trabalho e Emprego, através de suas Delegacias Regionais, um mapa anual contendo uma avaliação dos acidentes de trabalho, doenças ocupacionais e agentes de insalubridade, para fins de controle estatístico do MTE. O mapa anual é composto de quatro quadros, constantes na NR-4 da Portaria 3.214/1978.

1.8.2. As mudanças com a implantação do eSocial

Encontram-se em curso mudanças provocadas pelo Decreto 8.373/2014 que instituiu o Sistema de Escrituração Digital das Obrigações Fiscais, Previdenciárias e Trabalhistas (eSocial). Empregadores deverão comunicar ao Governo, através da internet, de forma unificada, as informações relativas aos trabalhadores, como vínculos, contribuições previdenciárias, folha de pagamento, comunicações de acidente de trabalho, aviso prévio, escriturações fiscais e informações sobre o FGTS (BRASIL, 2014). Embora o Governo não fale, essa será a forma encontrada por ele para reduzir a sonegação fiscal e informações contraditórias enviadas pelas empresas. No Capítulo 17 são apresentadas com detalhes informações sobre a forma de preenchimento do CAT.

1.8.3. Estatísticas de acidentes de trabalho

As estatísticas oficiais de acidentes registrados no Brasil são elaboradas pela Dataprev, órgão do Ministério da Previdência e Assistência Social. As estatísticas são elaboradas a partir do CAT enviado ao INSS. Esses dados, consolidados pela Dataprev são enviados periodicamente à OIT, ratificando a Convenção sobre Estatísticas do Trabalho (160) e a Recomendação (170), às quais o Brasil aderiu. Essas informações permitem à OIT elaborar o ranking mundial de acidentes de trabalho dos países.

O Brasil, conforme mostra o Quadro 1.1, apresenta números elevados de acidentes de trabalho nas últimas cinco décadas, com destaque para o número de acidentes fatais. As precárias e perigosas condições de trabalho no país têm se constituído em um dos grandes problemas brasileiros, com grande repercussão no exterior, devido ao seu elevado índice de ocorrência (PROTEÇÃO, 1998; MATTOS, 1998).

As estatísticas, embora alarmantes, não são confiáveis, pois como foi anteriormente comentado vem ocorrendo a subnotificação. A grande parcela dos acidentes não é comunicada oficialmente pelas empresas ao INSS. Este fato tem dificultado a elaboração de políticas governamentais, voltadas para a prevenção de acidentes, e de ações de vigilância

Quadro 1.1 – Acidentes registrados, total de óbitos e taxas de letalidade no Brasil (1970 a 2015)

DÉCADA	ACID. REG. (x 1.000)	ÓBITOS	LETALIDADE (p/1.000 acidentes)
70	15.775,7	36.040	2,28
80	11.181,8	46.720	4,18
90	4.710,3	39.305	8,34
00	4.363,6	27.951	6,40
10*	4.194,7	16.621	3,96
Total*	40.226,1	166.637	4,14

* Até 2015.
Fonte: INPS.

em saúde do trabalhador que permitam um maior controle dos fatores de riscos nos ambientes de trabalho e uma efetiva proteção do trabalhador, preservando a sua saúde.

A estatística de acidentes é definida pela NBR 14280:2001, da ABNT, como "números relativos à ocorrência de acidentes,... devidamente classificados" (ABNT, 2001). Pode também ser definida como um método de estudo do acidente enquanto um fenômeno coletivo, considerando que o acidente possui determinantes sociais, não se constituindo em um fenômeno individual.

Indicadores estatísticos na gestão da segurança e saúde do trabalhador. Na gestão moderna da segurança e saúde do trabalhador os indicadores estatísticos assumem um papel de grande importância na prevenção de acidentes de trabalho e doenças ocupacionais.

Os métodos estatísticos são amplamente utilizados nos estudos de Higiene e Segurança do Trabalho como ferramentas para a Gestão da Segurança e Saúde do Trabalhador, no planejamento e controle das condições de segurança do trabalho. Para isso são usados indicadores para comparar situações em diferentes locais e atividades, bem como para avaliar a eficácia de intervenções necessárias para melhorias das condições de trabalho.

Dentre os indicadores mais usados têm-se aqueles recomendados pela OIT e pela saúde pública.

Indicadores recomendados pela OIT. É recomendado, pelo menos, o uso de dois indicadores pela OIT. São eles: as taxas de frequência e de gravidade.

a. Taxa de frequência (F) – Número de acidentes por milhão de horas-homem de exposição ao risco, em determinado período.

Para um período anual tem-se:

$$F = \text{número total de acidentes} \times 1.000.000 / \text{horas-homens de exposição ao risco.}$$

Embora a ABNT NBR 14280:2001 recomende como denominador o uso de "horas-homem de exposição ao risco", no Brasil utiliza-se "horas-homens trabalhadas". Desta forma o cálculo poderá apresentar um impacto bem menor nos resultados, pois o total de "horas-homens trabalhadas" é maior que o total de "horas-homem de exposição ao risco".

b. Taxa de gravidade (G) – Tempo computado por milhão de horas-homem de exposição ao risco, em determinado período. É um indicador de consequência da lesão gerada pelo acidente.

Para a ABN TNBR 14280:2001 o tempo computado consiste no tempo contado em "dias perdidos, pelos acidentados, com incapacidade temporária total" mais os "dias debitados pelos acidentados vítimas de morte ou incapacidade permanente, total ou parcial".

Os dias perdidos são os dias corridos de afastamento do trabalho em virtude de lesão pessoal, excetuados o dia do acidente e o dia da volta ao trabalho.

Os dias debitados estão definidos no Quadro 1 da NBR 14280:2001.

Para um período anual tem-se:

$$G = \text{tempo computado} \times 1.000.000 \ / \ \text{horas-homens de exposição ao risco.}$$

A mesma observação feita para a Taxa de Frequência quanto ao denominador "horas-homens de exposição ao risco" também ocorre para o cálculo de G.

1.8.4. Indicadores recomendados pela saúde pública

Quanto aos indicadores da saúde pública são utilizadas as taxas de mortalidade, letalidade e anos potenciais perdidos, adotados nos estudos epidemiológicos.

a. **Taxa de mortalidade (M)**. Número de óbitos por milhão de horas-homem de exposição ao risco ou por número de pessoas expostas, em determinado período. Assim, considerando um período anual tem-se:

$$M = \text{número de óbitos} \times 10^n \ / \ \text{horas-homens de exposição ao risco ou número de pessoas expostas ao risco.}$$

Define-se o valor de "n" de acordo com a ordem de grandeza, a qual pretende-se expressar no cálculo da taxa.

Os comentários apresentados anteriormente também valem para este indicador, quanto ao cálculo desta taxa, usando como fatores "horas-homens trabalhadas" ou "número de empregados".

b. **Taxa de letalidade (L)**. Número de óbitos por número de acidentes ocorridos, em determinado período.

$$L = (\text{número de óbitos} \times 10^n) \ / \ \text{número de acidentes.}$$

O valor de "n" também é definido conforme a ordem de grandeza expressa no cálculo de L.

c. **Anos potenciais perdidos (APP).** Soma das diferenças entre a idade limite para trabalhar e a idade do óbito do trabalhador.

Trata-se de um indicador de grande sofisticação, permitindo avaliar o impacto gerado em situações onde ocorrer a morte prematura da população trabalhadora. O APP será maior quanto mais jovem for o trabalhador.

No Brasil, por exemplo, com a idade para aposentadoria de 65 anos tem-se:

$$APP = \sum (65 - \text{idade do óbito})$$

Desde 2007 os órgãos Ministério da Fazenda, Secretaria de Previdência, Instituto Nacional do Seguro Social, Ministério do Trabalho e Emprego e a Empresa de Tecnologia e Informações da Previdência Social elaboram, de forma conjunta, indicadores estatísticos de acidentes de trabalho publicados nos Anuários Estatísticos de Acidentes de Trabalho (AEAT). Esses indicadores revelam, anualmente, as situações de insalubridade e periculosidade do país, das regiões geográficas, dos estados da federação e das atividades econômicas, através das taxas de: incidência para o total de acidentes do trabalho, incidência específica para doenças do trabalho, incidência específica de acidentes típicos, incidência específica de incapacidade temporária, mortalidade, letalidade e acidentalidade proporcional específica para a faixa etária de 16 a 34 anos.

1.9. As entidades envolvidas com a segurança e saúde do trabalhador

O acidente de trabalho é um problema que envolve diretamente o trabalhador e a empresa. Bem próximos a eles, dando todo apoio (jurídico, assistencial, educativo etc.), estão as entidades de classes (sindicatos e associações trabalhistas e patronais).

A prevenção do acidente depende também do apoio de outras entidades. Essas entidades têm caráter público ou privado, e origem nacional ou internacional. Cada uma delas ao exercer a sua função, conforme mostra o Quadro 1.2, procura contribuir para a melhoria das condições de segurança e saúde do trabalhador, no que se refere a projeto (pesquisa e desenvolvimento tecnológico), ensino (formação e capacitação), assistência médica e previdência social, regulamentação (legislação e normas), fiscalização, justiça, economia (financiamentos e incentivos).

Essas instituições, se atuassem de forma integrada, poderiam desempenhar com mais eficiência as suas funções, reduzindo custos, sem duplicação de esforços, possibilitando alcançar resultados mais satisfatórios para o trabalhador, a empresa, o governo e a sociedade em geral. Porém isso não ocorre, pois, em geral, essas entidades atuam de forma isolada, com recursos humanos e materiais insuficientes e com uma capacidade de oferta de seus serviços muito aquém da demanda existente. Muitas empresas não são

Quadro 1.2 – Funções e ações das entidades (públicas e privadas, nacionais e internacionais) envolvidas com a segurança e a saúde do trabalhador

Função	Entidade (exemplos)	Ações (exemplos)
Projetos de pesquisa científica e tecnológica	Fundacentro, Fiocruz e Universidades	Estabelecimento de padrões de concentração ambiental de agentes tóxicos no ar; desenvolvimento de dispositivos de proteção de máquinas.
Ensino	Fundacentro, Fiocruz, Universidades Sesi e Senai	Formação e capacitação de profissionais em segurança e saúde do trabalhador nos diferentes níveis (elementar, técnico, graduação e pós-graduação).
Assistência médica e previdência social	MPAS, MS	Tratamento médico/fisioterápico oferecido na rede SUS; Concessão de benefícios (aposentadoria e indenização) ao trabalhador acidentado; elaboração e divulgação das estatísticas oficiais de AT.
Regulamentação	Presidência da República, Congresso Nacional, MTE, ABNT, INMETRO, OIT, OMS, OPAS	Promulgação de leis, decretos, portarias e normas voltadas para segurança e saúde do trabalhador; elaboração de relatórios e normas técnicas, e convenções internacionais.
Fiscalização	DRT, ANVISA, RENAST	Inspeções nos ambientes de trabalho; avaliações das condições de trabalho e de segurança e saúde do trabalhador; autuações e multas pelo não cumprimento da legislação e normas pelas empresas.
Justiça	TST, TRT	Conciliação e julgamento dos casos de litígios, envolvendo o trabalhador e a empresa; determinação do pagamento de indenização ou adicionais ao trabalhador.
Economia	BNDES e órgãos de fomento à pesquisa e desenvolvimento científico e tecnológico (FINEP, CNPq, fundações estaduais).	Concessão de empréstimos e financiamentos de projetos empresariais voltados para a modernização dos processos de fabricação e melhorias das condições de trabalho.

devidamente inspecionadas pela fiscalização, os processos levam muitos anos para serem julgados, as modificações necessárias na legislação encontram entraves que dificultam a sua apreciação e votação nas diversas instâncias políticas (Câmara dos Deputados, Senado Federal, Congresso Nacional). Com isso, a segurança e a saúde do trabalhador fica comprometida, o que explica a persistência do problema crônico vivido, há décadas, pelo trabalhador brasileiro.

Como forma de superar esta questão, o Decreto 7.602, de 7 de novembro de 2011, dispõe sobre a Política Nacional de Segurança e Saúde no Trabalho – PNSST (BRASIL, 2011). Ela foi elaborada por um Grupo de Trabalho Interministerial composto pelos Ministérios do Trabalho e Emprego (MTE), da Previdência Social (MPS) e da Saúde (MS). A PNSST tem por objetivos a promoção da saúde e a melhoria da qualidade de vida do trabalhador e a prevenção de acidentes e de danos à saúde advindos, relacionados com o trabalho ou que ocorram no curso dele, por meio da eliminação ou redução dos riscos nos ambientes de trabalho.

Ela tem por princípios: a) universalidade; b) prevenção; c) precedência das ações de promoção, proteção e prevenção sobre as de assistência, reabilitação e reparação; d) diálogo social; e e) integralidade.

A PNSST pretende, entre outras finalidades, que o "Estado cumpra seu papel na garantia dos direitos básicos de cidadania", formulando e implementando políticas e ações "... norteadas por abordagens transversais e intersetoriais" (mte.gov.br).

Conforme o documento apresentado, as ações de segurança e saúde do trabalhador requerem uma atuação multiprofissional, interdisciplinar e intersetorial capaz de contemplar a complexidade das relações de trabalho, produção, consumo, ambiente e saúde, articuladas por ações governamentais com a participação voluntária das organizações representativas de trabalhadores e empregadores.

A PNSST visa superar "... a fragmentação e superposição das ações desenvolvidas por essas áreas de governo" (mte.gov.br).

Além de estar diretamente relacionada com as políticas dos setores Trabalho, Previdência Social, Meio Ambiente e Saúde, a PNSST mostra interfaces com as políticas econômicas, de Indústria e Comércio, Agricultura, Ciência e Tecnologia, Educação e Justiça (mte.gov.br).

1.10. Revisão dos conceitos apresentados

Os processos de trabalho em uma organização precisam ser planejados para que não ocorram perdas em seus ativos tangíveis e intangíveis. As perdas em ativos intangíveis se expressam, por exemplo, na forma de acidentes de trabalho, doenças ocupacionais e outros agravos à saúde do trabalhador. Para se fazer a prevenção dessas perdas deve-se elaborar ações sistêmicas capazes de eliminar ou mesmo controlar eventos ou falhas causadas por não conformidades ou desvios encontrados no processo e na organização do trabalho. Assim, a gestão da segurança e saúde do trabalhador deverá fazer parte da gestão da empresa e não ser tratada como um acessório que precisa ser mantido apenas para cumprir a legislação.

A Higiene e Segurança do Trabalho pode ser entendida como uma disciplina, da área tecnológica, voltada para o estudo e a aplicação de métodos para a prevenção de acidentes de trabalho, doenças ocupacionais e outras formas de agravos à saúde do trabalhador. A prevenção se faz através da identificação e avaliação dos fatores de riscos e cargas de trabalho com origem no processo de trabalho e na forma de organização adotados, e da implantação de medidas para eliminação ou minimização desses fatores de riscos e cargas.

Diversas áreas de conhecimentos técnico-científicos vêm contribuindo, ao longo dos últimos séculos, para o entendimento destes fenômenos, com teorias baseadas nas ciências da saúde, humanas e sociais, entre outras. Pelo campo das Ciências da Saúde desenvolveu-se os conceitos da medicina do trabalho, saúde ocupacional e saúde do trabalhador, e pelas análises das Ciências Jurídicas e Sociais, os conceitos teoria da culpa, teoria do risco profissional, teoria do risco social. Associam-se também a esses os conceitos de responsabilidades civil e social.

Os acidentes de trabalho são fenômenos de grande impacto em diversos países. Além da morte e do sofrimento para o trabalhador e para a sua família, apresentam reflexos socioambientais, econômicos e políticos. Os seus custos são raramente contabilizados, mesmo em países com importantes avanços no campo da prevenção.

O Brasil, nas últimas quatro décadas, tem apresentado números elevados de acidentes de trabalho, com destaque para o número de acidentes fatais. As estatísticas não são confiáveis, ocorrendo a subnotificação. Grande parcela dos acidentes não é comunicada oficialmente pelas empresas ao INSS. Daí a dificuldade de elaboração de políticas governamentais, voltadas para a prevenção de acidentes e para ações de vigilância em saúde do trabalhador.

O acidente de trabalho é um problema que envolve diretamente o trabalhador e a empresa. A sua prevenção depende também do apoio de diversas entidades públicas e privadas, nacionais e internacionais. Procuram contribuir para a melhoria das condições de segurança e saúde do trabalhador, através de projeto, ensino, assistência médica e previdência social, regulamentação, fiscalização, justiça, economia. Se elas atuassem de forma integrada, poderiam desempenhar as suas funções com eficiência, reduzindo custos, sem duplicação de esforços, possibiltando alcançar resultados mais satisfatórios para todos. Porém, em geral, atuam de forma isolada, com recursos humanos e materiais insuficientes e com uma capacidade de oferta de seus serviços muito aquém da demanda existente. Contudo, a Política Nacional de Segurança e Saúde do Trabalhador (PNSST) talvez consiga superar essas questões e contemplar de forma satisfatória, através das ações de segurança e saúde do trabalhador, a complexidade das relações produção-consumo-ambiente e saúde.

1.11. Questões

Discursivas

a. Na sua opinião quais foram as razões que levaram o Brasil a receber o título de "campeão mundial" de acidentes de trabalho na década de 1970?
b. Explique por que o uso do conceito legal dificulta a elaboração de ações de caráter preventivo.
c. Cite três diferenças entre os enfoques medicina do trabalho, saúde ocupacional e saúde do trabalhador.

Exercícios

a. Em uma indústria têxtil, com 1 mil empregados, ocorreram 30 acidentes em 2017, dos quais 1 foi fatal e outro provocou mutilação com a perda da mão

direita. Naquele ano foram perdidos 480 dias e foram trabalhadas 1,0 milhão de horas-homem. Calcule as taxas de frequência, gravidade, mortalidade e letalidade em 2017. Interprete os valores encontrados.
b. Refaça os cálculos das taxas pedidas no exercício anterior substituindo 1 milhão de horas-homem trabalhadas por 500 mil horas-homem de exposição ao risco.
c. Compare os valores nas duas situações e comente os resultados encontrados com a comparação.

Sugestão de pesquisa

Faça uma análise da sua situação de trabalho atual ou de uma situação próxima a você. Identifique os fatores presentes neste local que possam contribuir para a ocorrência de acidentes. Caso esses eventos possam ocorrer, quais são as consequências para o trabalhador e a organização?

1.12 Referências

ABNT. (2001) NBR14280:2001. Cadastro de acidentes de trabalho.
ALVES FILHO, A.G.; MARX, R.; ZILBOVICIUS, M. (1992) Fordismo e os novos paradigmas de produção: Questões sobre a transição no Brasil. Produção, 2: 113-124.
BRASIL. (1967) Integra o seguro de acidentes do trabalho à Previdência Social, e dá outras providências. Brasília/DF, Diário Oficial da União, 18/09/1967.
BRASIL. MTE (Ministério do Trabalho e Emprego). (1978) Portaria nº 3.214 de 08/06/1978. Normas Regulamentadoras de Segurança e Medicina do Trabalho.
BRASIL. (1988) Constituição da República Federativa do Brasil de 1988. Brasília/DF. Diário Oficial da União, 05/10/1988, p. 1 (anexo).
BRASIL. MPAS (1991) Lei nº 8.213 de 21/07/91. Dispõe sobre os Planos de Benefícios da Previdência Social e dá outras providências. Brasília/DF. Diário Oficial da União, 14/08/1991.
BRASIL. (2011) Decreto nº 7.602 de 7/11/2011. Dispõe sobre a Política Nacional de Segurança e Saúde no Trabalho – PNSST e dá outras providências. Brasília/DF. Diário Oficial da União, 8/11/2011.
BRASIL. (2014) Decreto nº 8.373 de 11/12/2014. Institui o Sistema de Escrituração Digital das Obrigações Fiscais, Previdenciárias e Trabalhistas e Social e dá outras providências. Brasília/DF. Diário Oficial da União, 12/12/2014.
BRASIL. MINISTÉRIO DA FAZENDA. (2015) Anuário Estatístico de Acidentes do Trabalho: AEAT 2015, vol. 1 (2009). Brasília/DF. 991p. Disponível em: http://www.previdencia.gov.br/dados-abertos/dados-abertos-sst/.
CASTRO, J.A.P. (1995) A flexibilidade tecnológica como instrumento de análise de códigos sanitários: o caso do código sanitário vigente e o texto da proposta de um novo código sanitário para o estado de São Paulo. Dissertação (Mestrado). Escola Nacional de Saúde Pública, Fundação Oswaldo Cruz, Rio de Janeiro.

CHAPANIS, A.; GARNER, W.; MORGAN, C. (1949) Applied experimental psychology – human factors in engineering design. New York: Willey & Sons.

CORIAT, B. (1988) Automação programável: Novas formas e conceitos da produção. In: SCHMITZ, H.; CARVALHO, R.Q. (orgs.). (1988) Automação, competitividade e trabalho: a experiência internacional. São Paulo: Hucitec, p.13-61.

COSTA, M.R. (1981) As vítimas do capital: os acidentados do trabalho. Rio de Janeiro: Achiamé.

DUARTE FILHO, E.; OLIVEIRA, J.C.; LIMA, D.A. (2003) A redução e eliminação da nocividade do trabalho pela gestão integrada de segurança, meio ambiente e qualidade. p. 1791-1815. In: MENDES, R. (org.) Patologia do trabalho. 2ª ed. São Paulo: Atheneu.

FACCHINI, L.A. (1991) Modelo operário e percepção de riscos ocupacionais. O uso exemplar de estudo descritivo. Revista Saúde Pública, 25(5): 394-400.

FALEIROS, P.V. (1992) O trabalho da política: saúde e segurança dos trabalhadores. São Paulo: Cortez.

FLEURY, A.C.C.; VARGAS, N. (1983) Organização do trabalho. São Paulo: Atlas.

FRANKENHAEUSER, M.; GARDELL, B. (1976) Underload and overload in working life. Journal of Human Stress, 2:35-46.

FRIEDE, K. (1973) La funcion de la mutualidad em el desarrollo economico y social em diversos paises. XVIIIa Asamblea General – Asociacion Internacional de la Seguridad Social. Abidjan: Secretaría General de la AISS. Octubre-Noviembre.

GRAÇA, L. (1999) Promoção da saúde no trabalho: A nova saúde ocupacional?. Lisboa: Sociedade Portuguesa de Medicina do Trabalho (C/A - Cadernos Avulsos, 1).

GRAÇA, L. (2000) O nascimento da medicina do trabalho. In: Europa: Uma Tradição Histórica de Protecção Social dos Trabalhadores. Disponível em: http://www.ensp.unl.pt/lgraca/textos31.html. Acesso: 25 abr 2009.

GUÉLAUD, F.; BEAUCHESNE, M-N.; GAUTRAT, J.; ROUSTANG, G. (1975) Pour une analyse des conditions des travail ouvrier dans l'enterprise. Paris: Armind Colin.

ILO; WHO. (1950) Joint ILO/WHO Committee on the Hygiene of Seafarers; World Health Organization; International Labour Office. Comité mixte OIT/OMS de l' hygiène des gens de mer: rapport sur la première session, Genève, 12-14 décembre 1949. WHO Library. Genève: Organisation Mondiale de la Santé.

MACHADO, J.M.H.; PORTO, M.F.S.; FREITAS, C.M. (2000) Perspectivas para uma análise interdisciplinar e participativa de acidentes (AIPA) no contexto da indústria de processo. In: MACHADO, C.F.; PORTO, M.F.S.P.; HUET, J.M.M. (org.) Acidentes industriais ampliados: desafios e perspectivas para o controle e a prevenção. Rio de Janeiro: Fiocruz.

MATTOS, U.A.O. (1998) Introdução à Segurança do Trabalho. In: Cadernos de Texto I – Tópicos em Meio Ambiente. Cursos de Capacitação para Profissionais de Prefeituras do Estado do Rio de Janeiro. Rio de Janeiro: FECAM-NUSEG/UERJ. p. 51-64.

MATTOS, U.A.O. (2001) Aplicação da Técnica de Metagame em Negociação no campo da relação Saúde. Tese defendida no concurso para vaga de professor titular da Faculdade de Engenharia da Universidade do Estado do Rio de Janeiro.

MATTOS, U.A.O.; FREITAS, N.B.B. (1994) Mapa de Risco no Brasil: As limitações da aplicabilidade de um Modelo Operário. Cadernos de Saúde Pública #2, vol. 10, ENSP/FIOCRUZ, abril/junho.

MENDES, R. (1980) Medicina do Trabalho e doenças profissionais. São Paulo: Sarvier.

MENDES, R.; DIAS, E.C. (1991) Da medicina do trabalho à saúde do trabalhador. Revista de Saúde Pública, 25:341-349.

MOKHIBER, R. (1995) Crimes corporativos – o poder das grandes empresas e o abuso da confiança pública. Scritta/Página Aberta.

NEGREIROS, S.; ARAÚJO, G.M. (2003) Acidente de trabalho envolvendo criança ou adolescente – responsabilidade civil objetiva do empregador e prepostos em decorrência de acidente do trabalho. In: ARAÚJO, G.M. (org.) Normas Regulamentadoras Comentadas. 4ª ed. Rio de Janeiro. 2003.

NOGUEIRA, D.P. (1979) Histórico. In: Fundacentro. Curso de Engenharia do Trabalho, v. 1.

ODONNE, I.; MARRI, G.; GLÓRIA, S.; BRIANTE, G.; CHIATELLA, M.; RE, A. (1986) Ambiente de Trabalho: A luta dos trabalhadores pela saúde. São Paulo: Hucitec.

PETERSEN, D. (1994) Integrating quality into total quality management. Professional Safety, 39:6, p. 28-30.

PIN, J.G. (1999) O profissional de enfermagem e a dependência química por psicofármacos: uma questão na saúde do trabalhador. Rio de Janeiro: EEAN/UFRJ. Tese (Mestrado em Enfermagem).

PITTA, D.F.R. (2008) Uma Compreensão Relevante do Ativo Intangível Saúde e Segurança Ocupacional: uma proposta de modelo – prêmio vitae-rio. Programa de Engenharia de Produção da COPPE/UFRJ. Dissertação (Mestrado). Defendida em 8/10/08.

PROTEÇÃO. (1998) Anuário Estatístico 1998. Nova Hamburgo. MPF.

RATTNER, H. (1990) O novo paradigma industrial e tecnológico e o desenvolvimento brasileiro. In: VELLOSO, J.P.R. (org.) A Nova Estratégia Industrial e Tecnológica: O Brasil e o Mundo da III Revolução Industrial. Rio de Janeiro: José Olympio, p. 175-190.

RODRIGUES, C.L.P. (1982) Um estudo do esquema brasileiro de atuação em segurança industrial. Tese (Mestrado em Engenharia de Produção). COPPE/UFRJ.

SANTANA, V.S.; ARAÚJO-FILHO, J.B.; ALBUQUERQUE-OLIVEIRA, P.R.; BARBOSA-BRANCO, A. (2006) Acidentes de trabalho: custos previdenciários e dias de trabalho perdidos. Rev Saúde Pública, 40(6):1004-12.

SEGADAS VIANA, J. (1975) Manual de Segurança do Trabalho. São Paulo: LTC.

SILVA, C.T. (2000) Saúde do trabalhador: um desafio para a Qualidade Total no Hemorio. Dissertação (Mestrado em Saúde Pública). CESTEH/ENSP/FIOCRUZ.

SIMONI, M. (1989) Sociedade e condições de trabalho no Brasil. Cadernos da Engenharia de Produção, n. 12. São Carlos: DEP/UFSCar. p. 1-20.

SIVIERI, L.H. (1995) Saúde no Trabalho e Mapeamento de Riscos. Saúde, Meio Ambiente e Condições de Trabalho: Conteúdos básicos para uma ação sindical. CUT/Fundacentro, p. 75-111.

SOUZA, A.W. (2003) Acidente de trabalho envolvendo criança ou adolescente – responsabilidade civil objetiva. In: ARAÚJO, G.M. (org.) Normas Regulamentadoras Comentadas. 4ª ed. Rio de Janeiro: Gvc.

VIDAL, M.C. (1989) A evolução conceitual da noção de acidentes do trabalho: consequências metodológicas sobre o diagnóstico de segurança. In: Cadernos da Engenharia de Produção, n. 13. São Carlos: DEP/UFSCar, p. 1-29.

WAISSMANN, W. (s.d.) Paradigmas tecnológicos e métodos de avaliação da relação saúde e trabalho – coerências, inconsistências e premências. Rio de Janeiro: CESTEH/ENSP/FIOCRUZ. 24p.

WAISSMANN, W.; CASTRO, J.A.P. (1996) A evolução das abordagens em saúde e trabalho no capitalismo industrial. In: TEIXEIRA, P. (org.) Biossegurança – uma abordagem multidisciplinar. Rio de Janeiro: Fiocruz, p. 15-25.

WAISSMANN, W. (2000) A Cultura de Limites e a desconstrução médica das relações entre saúde e trabalho. Tese (Doutorado em Saúde Pública). CESTEH/ENSP/FIOCRUZ.

Sites
https://login.esocial.gov.br/login.aspx.
http://www.responsabilidadesocial.com/institucional/institucional_view.php?id=1. Acesso: 22 abr 2009.
http://pt.wikipedia.org/wiki/Responsabilidade_social. Acesso: 22 abr 2009.
http://www.filantropia.org/artigos/kanitz_responsabilidade_social.htm. Acesso: 22 abr 2009.
http://www.mte.gov.br/seg_sau/proposta_consultapublica.pdf. Acesso: 22 abr 2009.
https://nacoesunidas.org/agencia/oit/. Acesso: 18 nov 2017.
http://www.npc.ufsc.br/gda/humberto/13.pdf. Acesso em 18 nov 2017.
http://www.inovarse.org/sites/default/files/T10_0240_1073.pdf. Acesso: 18 nov 2017.
http://terceiro-setor.info/responsabilidade-social.html. Acesso: 19 nov 2017.
http://www.responsabilidadesocial.com/wp-content/uploads/2015/04/O-Que-E-Responsabilidade-Social.pdf. Acesso: 19 nov 2017.
https://epocanegocios.globo.com/Brasil/noticia/2017/01/numero-de-acidentes-de-trabalho-cai-mas-especialistas-veem-subnotificacao.html. Acesso: 13 fev 2018.

Capítulo	Conceitos básicos sobre
2	**segurança do trabalho**

Celso Luiz Pereira Rodrigues

Conceitos apresentados neste capítulo

Neste capítulo, o leitor encontrará uma série de definições básicas de acidente de trabalho, passando pelo processo de ocorrência deste tipo de evento, pelos conceitos de risco, de agente, de fonte e de lesão. Além disso, apresenta alguns aspectos metodológicos, incluindo uma tipologia de riscos e de soluções.

2.1. Introdução

O capítulo anterior mostrou a importância e a gravidade da questão dos acidentes de trabalho (ATs). Isso deixa clara a necessidade de se buscar a prevenção dos AT, em especial no caso de profissionais responsáveis pelo planejamento e/ou projeto e/ou controle dos sistemas de produção onde aqueles eventos acontecem.

O capítulo citado também mostrou a longevidade do problema, que vem afetando os trabalhadores e a sociedade em geral há milênios. E esta persistência não é decorrente de uma inexistência de estudos sobre o assunto: pelo contrário, uma significativa quantidade de energia foi consumida na tentativa de evitar os ATs. Parte deste esforço levou à criação da Segurança e da Medicina do Trabalho, por exemplo. Em outras palavras, a leitura do Capítulo 1 evidencia que a redução dos ATs não depende apenas do desenvolvimento de técnicas de prevenção.

A conjugação destas duas observações leva à necessidade de os engenheiros de produção (nosso público preferencial) buscarem não só o domínio de um amplo conjunto de técnicas preventivas, mas também uma base conceitual e metodológica que viabilize a articulação/seleção destas técnicas.

2.2. O conceito de acidente de trabalho

A metodologia geral de resolução de problemas, como apresentada por Barnes (1977), coloca que o primeiro passo é o de entender o problema a ser resolvido, definindo-o. Assim, se o Acidente de Trabalho é um problema para a sociedade, a sua solução há de começar com a sua definição.

O Capítulo 1 fez a apresentação de duas definições de AT, que serão aqui tratadas como *definição legal* (a contida na legislação brasileira) e *definição prevencionista* (defendida na literatura técnica do assunto).

2.2.1. Definição legal

Como citado no Capítulo 1, a Lei 8.213/91 estabelece que o acidente de trabalho é o que decorre do exercício do trabalho a serviço da empresa, provocando lesão corporal ou perturbação funcional que cause a morte, ou a perda ou redução, permanente ou temporária, da capacidade para o trabalho. Esta mesma lei propõe uma tipificação dos ATs, classificando-os em acidentes típicos (os que provocam lesões imediatas, como cortes, fraturas, queimaduras etc.), doenças profissionais (como a silicose e o saturnismo, inerentes a determinado ramo de atividade, paulatinamente contraídas em função da exposição continuada a algum agente agressor presente no local de trabalho) ou acidentes de trajeto (os sofridos pelo empregado ainda que fora do local e horário de trabalho, como os ocorridos no percurso da residência para o trabalho ou deste para aquele).

A redação da Lei 8.213/91 tem por base o conhecimento técnico existente sobre o assunto normatizado. Como este conhecimento evolui ao longo do tempo, esta redação também já se alterou e provavelmente se alterará de novo. No entanto, aquela redação também tem por base o contexto sociopolítico-econômico vigente na região e no tempo em que ela é promulgada. Se a primeira observação leva a se imaginar que uma redação mais atual seja melhor do que uma mais antiga, a segunda observação não permite a mesma conclusão. Apenas para se ter um exemplo concreto disso, uma Portaria do Ministério do Trabalho, de outubro de 2017, mudou a definição de trabalho escravo em nosso País, sem que a nova definição representasse um avanço conceitual: ao contrário, era um retrocesso tão grande que em pouco tempo foi revogada.

Assim, o saber acumulado permite tecer algumas críticas àquela definição legal. Uma delas é a de que ela nada diz sobre o evento em si: a definição legal se limita a definir o AT a partir de um fato antecedente (o exercício de trabalho a serviço de empresa) e de uma consequência (a lesão corporal ou perturbação funcional).

Ambas as características mencionadas (antecedente e consequente) se reportam ao trabalhador: isto permite dizer que a Lei 8.213/91 é uma definição mais de *acidentado* do que de acidente. Quando se percebe que a lei citada (e as que a antecederam) foi construída para servir como base a um sistema previdenciário, ou seja, para permitir definir quem faz jus a receber auxílios reparatórios de perdas por AT, este desvio do foco do acidente para o acidentado se torna compreensível. No entanto, este desvio deixa a definição legal como algo pouco útil para a prevenção da ocorrência destes eventos.

Buscando criar uma base que possibilite a prevenção de acidentes, vários estudos levam à formulação de conceitos como os de quase acidente e/ou de incidente de trabalho. Assim, ao lado do conceito legal de AT é vantajoso se considerar também outro conceito de AT, o conceito prevencionista.

2.2.2. Definição de prevencionista

Como mostrado no Capítulo 1, para a Engenharia de Segurança é mais interessante encarar o AT como o resultado de todo um processo de desestruturação na lógica do sistema de trabalho que, nessa ocasião, mostra suas insuficiências, quer de projeto, de organização e/ou de forma de operação.

Desta definição, percebe-se que o AT não é apenas um evento isolado, mas sim o fruto de um processo que se origina em qualquer ocorrência não programada, inesperada, que interfere ou interrompe a rotina normal de trabalho, desestruturando-a de forma a gerar, isolada ou simultaneamente, perdas pessoais, materiais ou de tempo.

Ao se perceber que o AT é um evento que tem uma história, torna-se necessário entender como se dá este processo de desestruturação, ou seja, se conhecer a dinâmica do AT.

2.3. A dinâmica do acidente de trabalho

2.3.1. A evolução do conceito de AT

No Capítulo 1 foi comentado que a legislação trabalhista já se apoiou em diferentes teorias, como as da Culpa, do Risco Profissional e do Risco Social. Estas mudanças se deveram em parte a uma evolução do conhecimento sobre o processo de ocorrência do AT.

Num primeiro momento, o AT era visto como uma fatalidade (o que talvez justifique a escolha desta denominação *acidente*), ou seja, algo não passível de prevenção.

No entanto, logo nos primeiros estudos feitos sobre as doenças e as lesões causadas pelos ATs, foi constatado que estas eram precedidas por algo, por uma exposição a um agente agressor (CAMISASSA, 2018). Assim, em vez de ser considerado uma fatalidade, o AT passou a ser visto como a consequência da exposição a uma condição insegura no ambiente de trabalho ou do cometimento de um ato inseguro por parte do próprio acidentado. Conhecer e listar estes atos e condições inseguras já dava a base para as primeiras ações prevencionistas, ainda que estas tivessem um caráter fortemente policialesco. É esta origem que faz com que até hoje as pessoas ligadas à prevenção de acidentes sejam vistas, em alguns casos, com um certo antagonismo pela classe trabalhadora.

A evolução dos estudos levou à compreensão de que estes atos e condições inseguras também não apareciam por acaso: ao contrário, eles eram decorrentes da existência de fatores predisponentes. Isto levou a prevenção dos ATs para momentos mais afastados da ocorrência do AT. E como em particular os atos inseguros eram decorrentes de aspectos comportamentais, a prevenção de acidentes passou a incluir técnicas ligadas, por exemplo, à seleção e ao treinamento dos recursos humanos empregados nos processos produtivos.

Posteriormente, passou-se a perceber que o AT em geral não é um evento decorrente de uma única causa. Ao contrário, em geral o AT é um evento multicausal, que decorre de uma combinação de fatores, ou seja, rompe-se assim com a dicotomia fatores técnicos x fatores humanos como explicativos do acidente. A prevenção passa a demandar o enfrentamento de múltiplas causas, e, por isso mesmo, composta por um conjunto de medidas, e não por uma ação isolada.

Avanços posteriores mostraram que aquelas múltiplas causas (técnicas e/ou humanas) não são onipresentes, não acontecem sempre da mesma forma. Ao contrário, há uma diferença entre os trabalhos *prescrito* (o trabalho modelado, tal como projetado) e *real* (o trabalho efetivamente executado). Esta diferença decorre do contexto de trabalho, ou seja, das condições em que o trabalho é feito, condições estas fixadas complexamente a partir de múltiplos fatores (cansaço do trabalhador, temperatura do ambiente de trabalho, necessidade de recuperar atrasos na produção etc.), fatores que variam continuamente. Em outras palavras, um mesmo trabalho (genérico) pode ser feito de várias formas diferentes: por exemplo, nem todas as ultrapassagens feitas por um motorista durante uma viagem são feitas da mesma forma, mesmo que contendo os mesmos elementos (sinalizar, acelerar, mudar de faixa, ultrapassar, sinalizar, retornar à sua faixa de rolamento). Estas diferenças fazem com que o trabalho seja executado às vezes em condições especiais, nem sempre de uma forma segura: grande parte dos ATs ocorre em situações especiais, que não representam mais do que 5% da duração total do tempo de trabalho.

Mais recentemente, ancorado no desenvolvimento da Teoria de Sistemas, passou-se a encarar o acidente segundo o conceito de Confiabilidade de Sistemas, que considera cada um dos desvios há pouco citados (as diferenças entre o planejado e o executado) como disfunções do sistema produtivo, ou seja, falhas que comprometem a confiabilidade do todo.

2.3.2. Causas de AT

De acordo com o conceito da Confiabilidade de Sistemas, as causas do AT residem nas disfunções, que geram perturbações no sistema como um todo, que se somam – no sentido probabilístico – propagando-se e amplificando-se até atingirem uma situação em que a introdução de algum novo fator (o evento disparador) provoca a ocorrência do acidente.

Uma definição preliminar e simplista de disfunção é centrada nas falhas ou quebras: o não funcionamento de um sistema é evidentemente uma disfunção. Se a lâmpada da lanterna traseira de freio de um automóvel queimar, a sua função de alertar os demais veículos sobre a mudança de velocidade não será cumprida, e é claro que isso comprometerá a segurança não só daquele veículo, mas de todos os que circulam em sua volta. Assim, aquela queima de lâmpada seria uma disfunção.

Mas, além disso, as disfunções podem ocorrer mesmo sem que aconteçam quebras. Qualquer anomalia no funcionamento de um sistema (ou de algum de seus componentes) fará com que ele não funcione como planejado: isso é uma disfunção. Um alarme (planejado para disparar a uma temperatura de 100 °C) que dispare a 99 °C representa uma disfunção.

As disfunções podem ser introduzidas num sistema de diversas formas, não excludentes entre si. É possível, por exemplo, que ela derive de uma falha de planejamento: se as técnicas da Engenharia de Métodos e da Ergonomia (que permitem a estimativa do tempo padrão de uma operação) não forem empregadas corretamente, pode-se criar uma determinada meta de produção que seja inatingível. Nesses casos, como o trabalho prescrito seria irreal, os atrasos seriam uma constante, impondo ritmos mais acelerados que os recomendados ou deslocamentos de pessoal entre seções para recuperar atrasos etc.: de qualquer forma, o sistema já está desestruturado. À guisa de lembrete, isto pode acontecer por se subestimar os tempos normais de operação ou por não se observar as tolerâncias para necessidades fisiológicas, pausas etc. O mesmo efeito será observado se a prescrição do trabalho ignorar algum aspecto: afinal, o montante horário a ser produzido por cada pessoa é uma informação probabilística, que pode oscilar ao longo do tempo, em função de eventos como feriados, interrupções no fornecimento de energia, atrasos na entrega de materiais etc.

A variabilidade aqui lembrada afeta em particular as pessoas. Elas naturalmente se fadigam (reduzindo o seu rendimento dentro do dia ou da semana), variam sua produtividade por circunstâncias externas (doenças na família, Copa do Mundo etc.), se comportam de forma não planejada (o trabalhador pode se apresentar ao trabalho alcoolizado ou insone, por exemplo). Da mesma forma, as características ambientais interferem neste rendimento: nos ambientes quentes e/ou barulhentos, por exemplo, as produtividades decrescem: parâmetros ambientais aceitáveis do ponto de vista da salubridade podem não ser satisfatórios em termos de produtividade.

Como se vê, vários elementos podem levar ao surgimento de disfunções e, consequentemente, do AT. A princípio, todo e qualquer elemento que participe do processo de trabalho é, potencialmente, gerador de disfunções. Assim, a prevenção de disfunções leva a uma atenção com os fatores pessoais e com as condições ambientais, devido aos materiais, equipamentos, instalações, edificações, métodos e organização do trabalho, tecnologia e macroclima.

Por envolver uma vasta gama de possíveis agentes geradores de disfunções, esta concepção tende a fazer com que o processo de identificação destes agentes seja demorado. Em alguns casos – como frequentemente se verifica na construção civil – esta característica (longo tempo de investigação) pode ser desinteressante: se o local de trabalho apresentar riscos facilmente identificáveis, e principalmente se estes riscos forem graves (geradores de casos fatais ou incapacitantes) não se justifica adiar a implantação de soluções preventivas.

Assim, podem existir contextos em que seja interessante adotar, emergencialmente, concepções mais antigas e difundidas, que tendem a reunir as causas dos ATs em dois grandes grupos, conceituando que estas seriam (i) as condições inseguras e (ii) os atos inseguros.

Cabe aqui registrar que há uma diferença entre o agente do acidente (ou seja, o que provoca o acidente) e a fonte da lesão (ou seja, o que provoca o ferimento). Imagine que você esteja carregando uma panela com água fervente, leve um escorregão e derrame um pouco do líquido em sua perna, queimando-a: neste exemplo, a fonte da lesão seria uma – a água quente – mas outros elementos podem ser identificados como agentes do acidente (como o piso escorregadio), ampliando-se as chances de se obter soluções eficazes e viáveis.

Por fim, há que se lembrar que o processo produtivo é dinâmico, e isso também vale para os seus componentes. Todos possuem um ciclo de vida, com variações significativas em cada uma de suas fases. Assim, um material que seja inofensivo durante o uso poderá se revelar problemático durante o descarte, por exemplo.

2.4. Tipos de riscos de AT

Como se depreende da leitura da seção relativa à definição de acidente do trabalho, a legislação brasileira prevê a existência de três tipos básicos de acidentes: (a) os acidentes típicos; (b) as doenças do trabalho; e (c) os acidentes de trajeto, Lei nº 8.213/91.

É fácil se perceber que cada um destes tipos de acidentes irá gerar a necessidade de investigações diferentes não só para identificar as suas causas como para gerar soluções ao problema. Nos dois primeiros tipos, por exemplo, a atenção será muito mais concentrada no interior do estabelecimento, ao contrário do que ocorre com o terceiro tipo.

Assim, as considerações metodológicas que serão feitas a seguir devem ser adaptadas ao caso específico que se esteja analisando, já que cada agente ou causa de acidentes tem o seu meio próprio de manifestar a sua nocividade ou, em outras palavras, gera um tipo de risco.

Cabe aqui registrar que a expressão "risco de acidente" pode ter pelo menos duas interpretações distintas. É possível (e frequente na literatura) encarar risco de acidente como uma *probabilidade*, como a chance de que algo (o acidente) venha a acontecer. Neste sentido, cabe dizer (por exemplo) que nas cidades existem ruas em cujos cruzamentos o *risco* de acidente é *maior* do que em outros locais.

Uma segunda interpretação para a expressão "risco de acidente" procura enfocar a questão dos *perigos* existentes no processo de trabalho. Assim, é possível que a observação de um determinado ambiente de trabalho leve à conclusão de que ali existem os riscos de incêndios (por existirem materiais inflamáveis) e de corte (por serem encontrados no local materiais cortantes), numa análise apenas *qualitativa* (isto é, sem questionar a frequência com que este tipo de evento possa vir a ocorrer).

Neste aspecto, não existe uma só forma de se classificar estes riscos. Por exemplo, Ivar Odonne em sua obra *Ambiente de Trabalho: a luta dos trabalhadores pela saúde* divide os fatores nocivos em quatro grupos: (i) os fatores ambientais que também existem fora dos locais de trabalho (luz, calor etc.); (ii) os fatores ambientais que em geral só existem nos locais de trabalho; (iii) a atividade muscular; e (iv) as condições que determinam efeitos estressantes.

Outro exemplo de classificação de riscos pode ser encontrado na legislação trabalhista brasileira, como será visto na disciplina "Legislação e Normas Técnicas": ao sugerir a montagem do "Mapa de Riscos", as normas falam em riscos mecânicos, *físicos, químicos, biológicos e ergonômicos*.

Optou-se pela classificação aqui apresentada por ser a que, a nosso ver, melhor distingue fatores causais distintos, além de já considerar elementos que se fazem presentes nos ambientes de trabalho, mas ainda não são legalmente reconhecidos.

2.4.1. Riscos mecânicos

São os riscos gerados pelos agentes que demandam o contato físico direto com a vítima para manifestar a sua nocividade. Por exemplo, a existência de um estilete sobre uma mesa de escritório (para ser usada em atividades como cortar papéis) introduz no ambiente de trabalho um risco do tipo aqui estudado. Afinal, ao se utilizar tal instrumento há o risco de que o fio da lâmina entre em contato com alguma parte do corpo (dedo, por exemplo), podendo assim provocar cortes.

Os riscos mecânicos se caracterizam por:
a. Atuar em pontos específicos do ambiente de trabalho (onde estiver o agente agressor).
b. Atuar geralmente sobre os usuários diretos do agente gerador do risco.
c. Geralmente ocasionar lesões agudas e imediatas.

Podem ser usados como exemplos de agentes geradores de riscos mecânicos os materiais aquecidos (que provocam queimaduras[1]), materiais perfurantes (como agulhas ou pregos), materiais cortantes (como o estilete já citado), partes móveis de máquinas ou materiais em movimento (que provocam contusões), materiais ou instalações energizados (que provocam choques) etc.

São também rotulados como riscos mecânicos os provocados, por exemplo, por buracos no piso. A rigor, o contato com este agente não provoca nenhuma lesão. Como,

---

[1] Esses materiais também podem provocar aquecimento do ambiente, mas isso será tratado mais adiante.

no entanto, ele pode provocar uma queda (esta, sim, geradora de lesão), as irregularidades no piso e os obstáculos nas vias de circulação são considerados geradores de riscos mecânicos. O mesmo se dá com os elementos que introduzem riscos de incêndio no local de trabalho.

A legislação agrupa estes agentes na categoria dos riscos *de acidentes*. Preferimos a denominação aqui adotada em parte por entender que todas as categorias (citadas mais adiante e/ou previstas na legislação) também podem gerar acidentes[2], e para não perder a lógica da ação do agente (uma ação mecânica).

2.4.2. Riscos físicos

São os riscos gerados pelos agentes que têm a capacidade de modificar as características físicas do meio ambiente. Por exemplo, a existência de um tear em uma sala de tecelagem introduz no ambiente um risco do tipo aqui estudado, já que tal máquina gera ruídos, isto é, ondas sonoras que irão alterar a pressão acústica que incide sobre os ouvidos dos operários.

Os riscos físicos se caracterizam por:
a. Exigir um meio de transmissão (em geral o ar) para propagarem sua nocividade.
b. Agir mesmo sobre pessoas que não têm contato direto com a fonte do risco.
c. Em geral, ocasionar lesões crônicas, mediatas.

Alguns exemplos de riscos físicos: ruídos (que podem gerar danos ao aparelho auditivo, como a surdez, além de outras complicações sistêmicas, como será abordado no capítulo específico); temperaturas extremas (sejam elas muito elevadas ou muito baixas); vibrações; pressões anormais; radiações, sejam elas ionizantes (como os raios X) ou não (como a radiação ultravioleta).

Por fazer parte do espectro eletromagnético, a luz visível é aqui também entendida como uma forma de risco físico. Já a legislação prefere colocar a *iluminação inadequada* como um exemplo de risco de acidente, por entender que ela interfere na visibilidade e, assim, pode levar à ocorrência de acidentes típicos.

Vale aqui destacar que a gravidade (e até mesmo a existência) de riscos deste tipo depende de sua concentração no ambiente de trabalho. Uma fonte de ruídos, por exemplo, pode não se constituir num problema (e, por vezes, é até solução contra inconvenientes como a monotonia), mas pode vir a se constituir numa fonte geradora de uma surdez progressiva, e até mesmo de uma surdez instantânea (p. ex., um ruído de impacto que perfure o tímpano): tudo depende da intensidade e demais características físicas do ruído por ela gerado.

---

2 Talvez essa denominação derive de uma separação que existia entre acidentes e doenças: como a legislação equiparou esses dois tipos de eventos, a separação perdeu parte de seu sentido.

2.4.3. Riscos químicos

São os riscos gerados por agentes que modificam a composição química do meio ambiente. Por exemplo, a utilização de tintas à base de chumbo introduz no processo de trabalho um risco do tipo aqui enfocado, já que a simples inalação de tal substância pode vir a ocasionar doenças como o saturnismo.

Tal como os riscos físicos, os riscos químicos podem atingir também pessoas que não estejam em contato direto com a fonte do risco, e em geral provocam lesões mediatas (doenças). No entanto, eles não necessariamente demandam a existência de um meio para a propagação de sua nocividade, já que algumas substâncias são nocivas por contato direto.

Tais agentes podem se apresentar segundo distintos estados: gasoso, líquido, sólido, ou na forma de partículas suspensas no ar, sejam elas sólidas (poeira e fumos) ou líquidas (neblina e névoas). Os agentes suspensos no ar são denominados aerodispersoides.

As principais vias de penetração destas substâncias no organismo humano são o aparelho respiratório, a pele e o aparelho digestivo.

As características do progresso tecnológico têm elevado a importância deste tipo de risco, já que cada vez mais os processos industriais lançam mão da tecnologia química (e, por decorrência, de substâncias tóxicas). Stelman e Daum (1975) já estimavam em 3.000 o número de substâncias novas lançadas anualmente no mercado, várias das quais sem que se conheça adequadamente os riscos envolvidos pelo seu manuseio.

2.4.4. Riscos biológicos

São os riscos introduzidos nos processos de trabalho pela utilização de seres vivos (em geral, microrganismos) como parte integrante do processo produtivo, como vírus, bacilos, bactérias etc., potencialmente nocivos ao ser humano.

Tal tipo de risco pode ser decorrente, também, de deficiências na higienização do ambiente de trabalho. Este problema pode viabilizar, por exemplo, a presença de animais transmissores de doenças (ratos, mosquitos etc.) ou de animais peçonhentos (como cobras) nos locais de trabalho.

Atualmente, os riscos biológicos se fazem presentes com maior frequência em alguns setores como a indústria farmacêutica e de alimentos, unidades de prestação de serviços hospitalares e laboratórios de análises clínicas, centrais de tratamento de dejetos, e em algumas atividades agroindustriais.

No entanto, o desenvolvimento recente da biotecnologia tende a fazer com que tal tipo de risco se torne de maior frequência.

2.4.5. Riscos ergonômicos

São os riscos introduzidos no processo de trabalho por agentes (máquinas, métodos etc.) inadequados às limitações dos seus usuários.

Por exemplo, a realização da atividade de levantamento manual de cargas com o método das costas curvadas pode vir a provocar problemas lombares.

Os riscos ergonômicos se caracterizam por terem uma ação em pontos específicos do ambiente, e por atuarem apenas sobre as pessoas que se encontram utilizando o agente gerador do risco (isto é, exercendo sua atividade). Na maioria das vezes, os riscos ergonômicos provocam lesões crônicas, que podem ser de natureza psicofisiológica.

Alguns exemplos de riscos ergonômicos são: postura viciosa de trabalho, provocada pelo uso de equipamentos projetados sem levar em conta os dados antropométricos da população usuária; dimensionamento e arranjo inadequado das estações de trabalho, provocando uma movimentação corpórea excessiva; conteúdo mental do trabalho inadequado às características do trabalhador, seja por gerar uma sobrecarga (estresse), seja por ser desprovido de conteúdo (monotonia); etc.

2.4.6. Riscos sociais

São os riscos introduzidos pela forma de organização do trabalho adotada na empresa que podem provocar comportamentos sociais (dentro e/ou fora do ambiente de trabalho) incompatíveis com a preservação da saúde.

O emprego de turnos de trabalho alternados entre equipes (de forma que uma pessoa trabalhe na primeira semana no horário das 22 às 6 horas; na segunda, das 6 às 14 horas; e na terceira, das 14 às 22 horas, por exemplo) irá trazer problemas para estes trabalhadores, não só de natureza fisiológica (por incompatibilidade com os seus ciclos circadianos), mas também psicossocial, já que as suas relações sociais (com familiares, amigos etc.) serão significativamente afetadas.

Outros exemplos de riscos sociais são: divisão excessiva do trabalho, jornada de trabalho, intensificação do ritmo de trabalho. Seus principais efeitos sobre as pessoas são as doenças de fundo nervoso e mental.

2.4.7. Riscos ambientais

A evolução tecnológica tem feito com que os riscos gerados nos ambientes industriais estejam ampliando os seus raios de alcance, em parte pelo uso cada vez mais intenso de substâncias químicas e de formas energéticas mais concentradas.

Além disso, os sistemas produtivos se tornam cada vez mais integrados, o que eleva, por um lado, as chances de que se tenha interferências destrutivas de uma empresa sobre outra e, por outro lado, que a área se torne potencialmente atingível por problemas criados pelas empresas. Em função disto, pode-se fazer uma distinção entre acidentes normais e acidentes ampliados (catástrofes, como as que ocorreram em Bophal, Tchernobyll etc.).

Repare-se que aqui não se discute o tipo de agente. O descarte de efluentes em cursos de água pode ser, usando a linguagem adotada até agora, um problema físico (caso de descarte de materiais aquecidos), ou químico (caso de descarte de materiais tóxicos), ou de outra natureza. A diferença primordial aqui está na questão espacial: o risco ser oriundo de um espaço (empresa) e manifestar sua nocividade em outro local (meio ambiente). A responsabilidade pelo problema continuará sendo da empresa, mas a medida preventiva e/ou reparatória a ser implantada já transcenderá o ambiente da empresa. Por exemplo, a empresa poderá obrigar os seus empregados a usarem equipamento de proteção individual (EPI) para se protegerem contra eventuais vazamentos de substâncias tóxicas que ocorram no perímetro da empresa: esta medida não poderá ser implantada (sem prévia negociação) no caso de vazamentos extramuros.

2.4.8. Considerações finais sobre riscos

Todas as definições e classificações aqui apresentadas, seja em termos de conceituação e de mecanismos de causas de AT, ou de tipologia de riscos, devem ser vistas como informações científicas e, por isso mesmo, contingentes, aproximadamente exatas e falíveis (entre outras características).

Mais do que verdades incontestes, os conceitos colocados procuram mostrar que há um forte componente socioeconômico no trato de questões na área da Segurança do Trabalho. Além disso, há uma similaridade com a Gestão da Qualidade (objeto da série ISO 9000) e/ou a Gestão Ambiental (série ISO 14000): não por acaso, estas três áreas são tratadas cada vez mais de forma integrada.

Por fim, cumpre destacar que a tipologia apresentada anteriormente visa simplesmente mostrar as diversas formas segundo as quais o trabalho pode gerar prejuízos à saúde das pessoas, para com isto facilitar o processo de identificação de riscos nas situações reais de trabalho. Mais importante do que discutir se um risco é do tipo A ou B é perceber a sua existência e, principalmente, implantar medidas que o eliminem (ou pelo menos o controlem).

2.5. A Metodologia da ação prevencionista

Feitas estas considerações iniciais, deve-se agora abordar a questão da metodologia de atuação, ou seja, do método a ser seguido no trabalho de eliminação/redução de acidentes.

Em linhas gerais, a ação prevencionista segue a chamada metodologia de resolução de problemas (levantamento de informações, análise do problema, geração de soluções alternativas, avaliação das mesmas e implantação da solução escolhida), abordada pela Engenharia de Métodos.

Antes, porém, de começar a abordar estes passos é necessário que se comente que esta metodologia não conduz a uma receita de bolo, que possa ser utilizada em qualquer situação. Afinal, o método a ser seguido em cada caso específico depende tanto da concepção de AT (ver seção 2.1) que seja adotada, quanto do conjunto de riscos existentes no local estudado, entre outros fatores.

Feitas estas colocações, pode-se agora iniciar a discussão sobre as atividades a serem realizadas na tentativa de resolver o problema dos acidentes de trabalho.

Grosso modo, o trabalho se inicia com o planejamento de suas ações, passando posteriormente para a fase de execução de projetos propriamente dita.

O planejamento inicial se justifica por duas razões concorrentes: (i) as unidades produtivas têm vários problemas de segurança e (ii) os seres humanos só conseguem resolver um problema de cada vez. É crucial, assim, que se trace um plano de ação, dentro do qual se encontra estabelecida uma sequência cronológica, identificando qual problema deve ser atacado em primeiro lugar, qual o que fica em segundo, terceiro etc.

Isto equivale a dizer que, a princípio, deve-se considerar o problema como um todo (tratando a empresa inteira) de forma a transformá-lo em um conjunto coerente de subproblemas concretos e específicos, de menor abrangência, sobre o qual se irá depois operar com o intuito de estabelecer prioridades de ação, quando então seguirá a metodologia geral de resolução de problemas.

Este processo pode ser colocado da seguinte forma:

1. Levantamento geral de informações, reunindo dados sobre as condições de segurança da empresa e identificando os subproblemas.
2. Análise geral, ordenando os subproblemas e criando um plano de ação.
3. Levantamento específico de informações, relativos ao problema a ser enfocado naquele momento, de acordo com o plano de ação.
4. Análise específica, procurando obter a completa compreensão de como aquele problema enfocado é criado e se propaga.
5. Geração de soluções alternativas, criando um espaço-universo de soluções que apresente grandes probabilidades de conter a solução ótima para o problema.
6. Seleção da melhor alternativa.
7. Especificação e implantação da alternativa escolhida.

Depois de implantada a solução para o primeiro subproblema, ou seja, depois de teoricamente solucioná-lo, passa-se, em geral, para o segundo subproblema, e assim por diante. Porém, recomenda-se que de tempos em tempos o retorno se dê para a fase de planejamento, com o intuito de checá-lo e adaptá-lo às novas condições.

A necessidade de planejamento periódico é ditada pela própria dinâmica da empresa, que naturalmente se modifica, substituindo produtos, métodos, processos, equipamentos etc. Deve-se considerar ainda que as próprias soluções implantadas modificam a estrutura da empresa, num processo em que pode ser gerado um novo risco (mais grave até do que algum dos antes existentes) e/ou eliminado/reduzido algum outro tipo de risco.

A periodicidade do replanejamento não pode ser aprioristicamente determinada, pois ela depende de múltiplos fatores. Ela depende, por exemplo, da velocidade com que a empresa se renova, ou seja, da frequência com que são introduzidas modificações: as empresas que apresentam uma produção estável ao longo do tempo (em termos de volume e tipo de produtos gerados, processos, equipamentos etc.) admitem maior espaçamento entre análises gerais do que aquelas que vivem um processo de contínuas mudanças. Outro fator influente, também, é o impacto das medidas preventivas que se implantam: por exemplo, soluções que mexam principalmente com o fator humano (em especial aquelas envolvendo ações como conscientização/educação) tendem a possuir um tempo de respostas maior (demorando mais a surgirem os reflexos de sua implantação) do que soluções que agem sobre elementos físicos do processo.

Como, paralelamente, existe a necessidade de se ter um acompanhamento do rendimento do próprio Serviço de Segurança, ou ainda a de se substituir os seus membros (p. ex., segundo a NR-05, o mandato dos membros das CIPAs é de um ano), sugere-se que se aproveite estes momentos para se proceder a uma checagem do plano de ação.

Os próximos capítulos irão, com maior ou menor intensidade, apresentar técnicas de reconhecimento, métodos de avaliação, critérios de análise e alternativas para a geração de técnicas preventivas etc. Assim, trataremos aqui apenas dos elementos que não são abordados nas outras disciplinas, o que envolve basicamente os passos I, II e V citados.

2.5.1. Métodos de levantamento de informações

O primeiro passo, como já foi mencionado, é o levantamento de informações sobre a empresa como um todo, gerando-se um material que seja posteriormente analisado com o intento de se identificar o ponto crítico da empresa, merecedor de uma intervenção imediata.

Várias são as maneiras de se proceder a este levantamento, mas elas podem ser agrupadas em dois grandes blocos: os métodos **retrospectivos** e os métodos **prospectivos**.

O primeiro grupo é composto pelos métodos em que o ponto de partida são os fatos já ocorridos, os quais têm os seus processos analisados, de forma a identificar as suas causas. A ideia básica é a de que, se um determinado elemento do processo de trabalho já provocou algum acidente e se este elemento continua presente na empresa, existe a possibilidade de que novos acidentes venham a ocorrer provocados por este elemento.

Desta forma, a ferramenta básica aqui é a análise de acidentes, feita em coerência com a concepção de acidente adotada. Assim, este levantamento de informações poderá ser feito: (i) através da busca de atos e condições inseguras presentes na gênese dos acidentes já ocorridos (caso em que se adote uma concepção mais rústica de AT); ou (ii) através da montagem das Árvores de Falhas (ver o Capítulo 5) presentes em cada acidente analisado, entre outros.

Dos dois métodos citados no parágrafo anterior, o primeiro (identificação de atos e condições inseguras) é mais rápido e demanda menos treinamento que o segundo, que, em contrapartida, é mais potente que o primeiro. Tais características são decorrentes do fato de que o primeiro método possui um conjunto universo de respostas possíveis fechado, com um número finito de opções, enquanto o segundo (ao procurar as causas singulares de cada evento para depois investigar as causas, e assim por diante) opera sobre um conjunto aberto, potencialmente infinito, de respostas, embora com a vantagem de já explicitar a existência de fatores coadjuvantes na ocorrência do acidente.

Já o conjunto dos métodos prospectivos tem como ferramenta básica a inspeção de segurança. O seu ponto de partida é a situação atual, onde se procura perceber/antever quais riscos existem nos locais analisados. Tais métodos podem, por sua vez, ser subdivididos entre os que usam a tipologia de riscos já apresentada como eixo básico (e, consequentemente, procuram nas inspeções verificar a existência dos mesmos) e os que adotam a fonte de riscos como eixo (já que eles investigarão cada um dos elementos que participam do processo de trabalho para concluir se eles são ou não potencialmente nocivos). Aqui também o primeiro dos métodos citados (por tipo de risco) é mais rápido que o segundo, já que ele inclui um processo analítico que relaciona o risco com a sua fonte, o que não se dá no primeiro.

Várias propostas de roteiros para levantamento de informações, incluindo checklists e/ou formulários a serem utilizados, podem ser obtidas na internet. A opção pelo grupo prospectivo ou pelo retrospectivo como meio de elaboração do plano de trabalho depende:

a. da existência ou não de um sistema de registro de acidentes na empresa: se não existir registro, ou se ele não for confiável, os métodos prospectivos devem ser preferidos;
b. do uso de novas tecnologias na empresa: afinal, como existem riscos que demandam tempo para se manifestar, o fato de a empresa usar métodos/técnicas/equipamentos novos deve apontar no sentido de usar métodos prospectivos;
c. da gravidade da situação: se na empresa existem riscos sérios e evidentes, o principal é dar logo início à intervenção concreta, e os métodos retrospectivos são mais indicados.

De forma geral, recomenda-se que seja feita uma combinação de métodos, incorporando no planejamento não só a realização de inspeções periódicas como a análise, sistemática e documentada, de todos os acidentes.

2.5.2. Critérios de análise

Reunidos os dados que caracterizam a empresa sob o prisma da Segurança do Trabalho, o passo seguinte é o de identificar os seus pontos críticos que, dependendo do ponto de vista da empresa, podem ser colocados em nível de seção, ou de posto de trabalho ou de risco específico.

Nesta fase do estudo, faz-se necessário ter alguns elementos que permitam a comparação entre os fatos díspares, ocorridos em diferentes locais.

Os quatro itens mais frequentemente utilizados são frequência, gravidade, custo e extensão.

No primeiro caso, a ideia é a de priorizar os locais onde os acidentes ocorrem com maior frequência, a qual pode ser medida em termos absolutos (ou seja, em termos do número de casos registrados) ou em termos relativos (ponderando a frequência pelo tempo de exposição ao risco). Um índice bastante empregado é a "Taxa de frequência" (FA), definida como:

$$FA = N * 1.000.000 / HH$$

Onde:
N = Número de acidentes ocorridos no período analisando
HH = Número de homens-hora de exposição ao risco

A ideia de se fazer a comparação através da gravidade (o que demanda o registro de um número maior de informações, já que é necessário se saber também qual o efeito dos acidentes) decorre do fato de que nem todos os casos são igualmente danosos. Existem, por exemplo, acidentes que são fatais, ao lado de outros que geram apenas lesões superficiais, rapidamente superáveis: segundo a ótica da frequência pura e simples, ambos os casos seriam idênticos, o que é uma simplificação exagerada.

Alguns autores propõem a utilização da irreversibilidade (ou seja, da incapacidade orgânica de superar o trauma criado pelo acidente) como forma de medir a gravidade. Nesta linha, um local que apresenta, por exemplo, três tipos diferentes de possíveis acidentes fatais seria mais crítico do que outro local com quatro tipos diferentes de acidentes geradores de incapacidades temporárias.

Uma alternativa são os índices de morbidade e mortalidade, sejam eles absolutos ou relativos (aos casos ocorridos ou à exposição). São mais utilizados os índices "Taxa de gravidade" (G) e "Índice de avaliação de gravidade" (IAG), calculados por:

$$G = DP * 1.000.000 / HH$$

$$IAG = DP / N$$

onde N e HH têm o mesmo significado anterior (ver FA) e DP significa o número de dias perdidos em função dos acidentes registrados, que é igual à soma (i) dos dias de afastamento dos acidentados que ficaram temporariamente incapacitados com (ii) os dias debitados em função de incapacidades permanentes. A tabela de dias debitados consta em anexo da NR-05 da Portaria 3.214, e atribui o valor de 6.000 dias para cada caso fatal (o que equivale a cerca de 25 anos de trabalho).

Outra forma de encarar a gravidade é sob o prisma do impacto para a empresa, medido através do custo dos acidentes. Afinal, sabe-se que, em cada acidente, não apenas o acidentado é atingido, mas há também a perda de materiais, a absorção de outras pessoas (seja para socorrer o acidentado, para comentar o evento, para recolocar o sistema em funcionamento etc.), o consumo de materiais/equipamentos (no atendimento às vítimas), e outros gastos. A soma dos valores monetários destes consumos pode ser empregada para se chegar a uma conclusão quanto aos pontos críticos.

Nesta perspectiva, as seções mais capital-intensivas, por terem maiores parcelas de capital nas mãos de poucas pessoas, tendem a apresentar maiores custos de acidentes. Provavelmente, aqui reside a explicação para se verificar menores taxas de acidentes nestes setores do que nos artesanais, mão-de-obra intensiva, como a construção civil e/ou a extração de madeira.

Todos estes três critérios exigem que se tenha à mão um conjunto de dados sobre os acidentes já ocorridos, ou que se tenha simulado os dados que seriam obtidos em decorrência de eventos desta natureza (p. ex., estimativa de custo ou expectativa de irreversibilidade). Caso estes elementos não se encontrem à disposição, outra opção é medir a extensão, ou seja, o alcance de cada risco, verificando a população a ele exposta, o que seria utilizado como um padrão rudimentar de comparação.

Adicionalmente, cabe aqui registrar que há a possibilidade de se adotar mais um tipo de critério, o da competência técnica. Afinal, todos os profissionais têm uma limitação de arsenal técnico que os torna mais aptos a enfrentarem alguns problemas do que outros, para os quais seria necessária a colaboração de algum especialista externo. Nestes casos, pode-se pensar em fazer uma inversão de prioridades, enfocando primeiro os riscos para os quais exista a competência técnica, e buscando, concomitantemente, obter a cooperação externa para a resolução dos demais.

2.5.3. Tipologia das soluções

Identificado o ponto crítico, ou seja, o risco a ser inicialmente atacado, uma nova rodada de coletas de dados e de análises se faz necessária, envolvendo agora procedimentos específicos para o risco citado, o que será abordado nas várias disciplinas que se seguem. Supondo, por exemplo, que o principal problema seja o ruído, será necessário fazer o mapeamento do nível de intensidade sonora, nos moldes previstos no capítulo dedicado à proteção contra ruídos.

Vencidas as quatro etapas iniciais, atinge-se o ponto em que deverão ser apresentadas soluções alternativas para o problema, ou seja, a fase de geração de alternativas.

A qualidade do estudo nesta fase depende não só do conhecimento que a equipe de projeto tenha sobre as soluções disponíveis no mercado, mas também do domínio de técnicas de criatividade, para conceber novas soluções. Ambos os campos citados transcendem o escopo da presente disciplina e, desta forma, pode-se apenas recomendar:

a. que o profissional procure se manter atualizado, seja por meio da leitura de obras técnicas de sua área, seja através da participação em congressos e simpósios onde se verifica a troca de experiências, o que possibilita o enriquecimento do seu arsenal técnico;

b. que o profissional procure participar de algum curso de criatividade cuja ementa inclua técnicas como a de *brainstorming*, na medida em que tal ferramental é essencial à proposição de novos métodos preventivos.

No momento, cabe apenas citar que existem várias formas de se atacar um mesmo problema, e alertar para o fato de que nem sempre a primeira solução que nos vem à mente é a melhor.

Para possibilitar uma busca mais sistemática de soluções, podemos dizer que estas podem ser classificadas quanto ao:

a. tipo de elemento preventivo: físicas ou organizacionais;
b. ponto de inserção: na fonte, no meio ou no receptor;
c. momento de utilização: preventivas ou corretivas.

No primeiro caso, o que se pretende lembrar é que é possível se pensar em soluções que demandem a introdução de novos elementos físicos no processo de trabalho, o que caracteriza as soluções físicas. É o caso, por exemplo, de atacarmos o problema do ruído em uma sala de tecelagem através:

a. da substituição dos teares por outros modelos mais silenciosos;
b. da colocação de painéis absorvedores acústicos, que dificultem a propagação do som;
c. do fornecimento de protetores auriculares.

No entanto, é possível também se pensar em soluções em que não sejam necessários novos elementos físicos, bastando apenas se modificar a forma de utilização daqueles mesmos recursos, ou seja, em soluções organizacionais. Para o mesmo problema anteriormente citado poderíamos ter como soluções:

a. a mudança do sistema de manutenção, de corretivo para preventivo;
b. a modificação do layout da seção;
c. a redução da jornada de trabalho naquela seção, impondo aos trabalhadores menores períodos de exposição ao ruído.

No segundo caso, a ideia básica é a de que os riscos se originam em algum ponto concreto do processo de trabalho (a fonte do risco) e se propagam pelo ambiente (através do seu meio específico) até que atinjam alguma pessoa (o receptor ou vítima da agressão): tal concepção permite vislumbrar soluções que atuem nos diversos pontos deste processo de criação/propagação/concretização de riscos. As soluções aqui apontadas para o problema do ruído são exemplos típicos de cada uma destas opções.

Deve-se registrar aqui que existem profundas diferenças entre estas opções. Do ponto de vista técnico, as ações sobre a fonte de risco tendem a ser mais eficientes do que as sobre o meio de propagação e, principalmente, sobre o receptor: afinal, nestes dois últimos casos o risco continuará presente no local de trabalho. Além disso, há que se registrar que existem EPIs que não atendem às especificações de proteção e/ou que provocam novos problemas. À guisa de exemplos, temos protetores auriculares que provocam dermatites de contato, e luvas que reduzem a habilidade no manejo de ferramentas.

Do ponto de vista financeiro, entretanto, as ações sobre a fonte de risco tendem a ser mais caras do que os outros dois tipos, em especial os EPIs. Também sob o prisma da complexidade técnica a opção de proteger o receptor é, em geral, mais simples do que as demais, principalmente a de atacar a fonte do risco, posto que neste caso far-se-á necessária uma mudança do processo produtivo.

São estas características (baixo custo relativo, simplicidade de projeto e reduzida interferência no processo produtivo) que fazem com que o uso de EPIs seja a técnica preventiva mais difundida. Tecnicamente falando, entretanto, esta opção deve ser usada apenas como complemento de alguma outra técnica mais potente (sobre o meio ou a fonte de risco) ou com o caráter de paliativo temporário (enquanto uma solução mais eficiente é desenvolvida).

Já no terceiro caso, a ideia é a de que nem sempre se poderá garantir que as medidas preventivas implantadas terão êxito, sendo necessário pensar também em soluções que evitem a propagação dos danos. Técnicas ligadas aos campos dos primeiros socorros e do combate a incêndios são exemplos típicos de soluções corretivas.

Vale salientar que a opção ideal, na verdade, é a criação de um "sistema" de soluções de tipos diferentes, de sorte que mesmo que algum de seus componentes venha a falhar (o que é bastante plausível), o sistema produtivo não entre em colapso. Por exemplo, um bom sistema de ataque à questão dos incêndios inclui medidas como sistemas de alarme (acionados pela presença de fumaça ou a partir de uma determinada temperatura), de extintores portáteis (para combate aos focos iniciais de fogo), de combate automático (tipo rede de *sprinklers*) e manual, além das óbvias medidas preventivas (como controle dos materiais, arranjo físico etc.).

2.5.4. As fases finais

Geradas as soluções alternativas, passa-se a seguir para as fases finais do projeto, de seleção da melhor alternativa e de especificação/implantação da mesma. Cada uma delas merece um breve comentário, embora não sejam o foco deste capítulo.

Quanto à fase de seleção, o que se pretende é alertar para o fato de que aqui se encontram envolvidos aspectos técnicos, econômicos e sociais, nenhum dos quais pode ser ignorado sob pena de se implantar soluções inócuas. O ideal seria que a solução tecnicamente mais eficaz fosse a economicamente mais viável, e socialmente aceita, porém nem sempre as coisas acontecem desta maneira. Existe, por exemplo, a possibilidade de que a solução tecnicamente ideal seja impraticável em termos financeiros naquele momento da vida da empresa, ou de que ela gere resistências no seio da comunidade trabalhadora. Apenas para se ter um caso concreto, pode-se lembrar que vários trabalhadores resistem à ideia de utilizar o EPI, por razões que vão desde as preconceituosas (tipo "ferimento da sua masculinidade") até as mais lógicas (tipo interferência na agilidade e criação de riscos secundários). Assim, se a análise apontasse no sentido de usar o EPI como técnica preventiva, esta decisão deveria se fazer acompanhar de outras, tal como uma campanha educativa que minimizasse as resistências. Isso já é suficiente para se perceber a necessidade de se compor um sistema que integre todas as medidas aqui aventadas. Nos próximos capítulos isso será reforçado, na medida em que lá serão discutidas questões ligadas à Gestão de Riscos e à montagem de Sistemas de Gestão de Segurança.

Para a última fase, o lembrete básico é o de que o trabalho do engenheiro não se esgota na sua prancheta: ele só se torna realidade depois de implantado ao nível do piso da fábrica. Lamentavelmente, não é desprezível o número de casos em que esta regra básica é esquecida: ao contrário, é razoavelmente frequente se verificar, por exemplo, que as mudanças de localização de máquinas geram longas interrupções na produção, ou que as obras civis para melhoria das edificações possuam canteiros bastante inseguros. Em outras palavras, é necessário um planejamento correto também do processo de implantação das soluções, para que não se criem outros problemas.

2.6. Revisão dos conceitos apresentados

Os acidentes de trabalho são fenômenos geradores de perdas, o que provoca a necessidade de se buscar o seu controle. Embora não seja possível predizer quando eles ocorrerão, sabe-se que os acidentes são previsíveis, pois resultam de processos que podem ser detectados e corrigidos. Evitar que o processo produtivo apresente disfunções é reduzir as chances de que os acidentes ocorram. Essas disfunções podem se manifestar na forma de riscos (mecânicos, físicos, químicos, biológicos, ergonômicos, sociais ou ambientais).

Para a identificação e eliminação (ou controle) desses riscos, é necessário um processo sistemático, que se inicia com a caracterização da situação atual, passa por análises sucessivas, até se chegar à geração de alternativas de soluções (que podem ser físicas ou organizacionais; inseridas na fonte, no meio, ou no receptor do risco; preventivas ou corretivas). Estas soluções alternativas são avaliadas, até que se decida por um conjunto de soluções a ser detalhado, implantado. Esse processo exige ainda um acompanhamento, tanto para o seu aperfeiçoamento quanto para a sua retroalimentação.

2.7. Questões

1. Observe a sua residência, procurando antever possíveis acidentes. Busque identificar as causas destes possíveis acidentes. Converse com as pessoas sobre como evitar estes acidentes.

2. Busque, na literatura, métodos de identificação de riscos. Classifique-os usando a tipologia mostrada neste capítulo.
3. Identifique, na literatura, técnicas úteis à avaliação de riscos. Procure listar as informações necessárias para se utilizar cada uma destas técnicas.

2.8 Referências

BARBOSA FILHO, A.N. (2010) Segurança do trabalho e gestão ambiental. 3ª ed. São Paulo: Atlas.

Brasil. (1991) Lei nº 8.213 de 24 de julho de 1991. Dispõe sobre os Planos de Benefícios da Previdência Social e dá outras providências. Brasília, DF.

BARNES, R.M. (1977) Estudo de movimentos e tempos. 6ª ed. São Paulo: Edgard Blucher.

CAMISASSA, M.Q. (2016) História da Segurança e Saúde no Trabalho no Brasil e no mundo. Disponível em: http://genjuridico.com.br/2016/03/23/historia-da-seguranca-e-saude-no-trabalho-no-brasil-e-no-mundo. Acesso: 28 mai 2018.

CARDELLA, B. (1999) Segurança no trabalho e prevenção de acidentes: uma abordagem holística. São Paulo: Atlas.

DE CICCO, F.; FANTAZZINI, M.L. (1979) Introdução à Engenharia de Segurança de Sistemas. São Paulo: Fundacentro.

MATTOS, U.A.O. (1987) Engenharia de Segurança do Trabalho. Rio de Janeiro: COPPE/UFRJ.

MENDES, R. (1980) Medicina do Trabalho: doenças profissionais. São Paulo: Sarvier.

ODONNE, I.; MARRI, G.; BRAINTE, S.G. (1986) Ambiente de trabalho: a luta dos trabalhadores pela saúde. São Paulo: Hucitec.

PACHECO JÚNIOR, W. (2000) Gestão da Segurança e Higiene do Trabalho. São Paulo: Atlas.

PIZA, F.T. (1997) Informações básicas sobre segurança e saúde no trabalho. São Paulo: CIPA.

RIBEIRO FILHO, L. (1979) O Programa PAPA. In: CONPAT. Anais do XVIII CONPAT. São Paulo: Fundacentro.

STELMAN, J.; DAUM, S. (1975) Trabalho e saúde na indústria. São Paulo: EDUSP.

Capítulo	A análise do processo de produção como um dos elementos básicos para o entendimento dos riscos no trabalho
3	

João Alberto Camarotto
Luiz Antonio Tonin

Conceitos apresentados neste capítulo

Este capítulo apresenta conceitos e técnicas de Engenharia de Métodos utilizados para a análise dos processos de produção e que servirão de apoio para análise das condições de trabalho na medida em que registram e sistematizam as ações de operadores no processo de trabalho e, portanto, sua relação com os agentes agressores à saúde. Para tal, utiliza-se a noção de sistema de produção e seus recortes para a análise do processo, e ferramentas como: Mapofluxograma, Instrução de Trabalho, Fluxograma Singular, Diagrama de Equipe, Diagrama Homem-Máquina e, por fim, a Ficha de Caracterização da Tarefa. Este conteúdo é essencial para compreensão da tarefa.

3.1. Introdução

O objetivo deste capítulo é discutir como os modelos micro e macro mais usados nos registros do processo de trabalho, arranjo físico e métodos de trabalho podem auxiliar na identificação de fatores de riscos e carga de trabalho.

Em outras palavras, apresentar um conjunto de técnicas que possibilite o entendimento, por parte do analista de segurança, das ações que permeiam o sistema de produção, desde o centro de produção, o processo de produção, as ferramentas e dispositivos utilizados, e as ações do operador neste processo. Espera-se que ao final do capítulo o analista de segurança possa ter um guia para a sistematização da situação de trabalho para orientação da análise dos riscos e da segurança do trabalho a partir do entendimento do processo de produção.

Antes de iniciar uma descrição de métodos e técnicas para a análise do processo de produção, é necessário reconhecer que este não é um texto que trata do trabalho humano, mas apenas de uma parte dele. O trabalho dos seres humanos é, antes de tudo, um tema complexo, abordado por diversas ciências, desde a antropologia, a sociologia, a psicologia, a ergonomia, entre outras. Entender o trabalho é muito mais sofisticado do que entender o processo de produção e exige abstrações reconhecidas e respeitadas pelos autores, mas que não serão abordadas neste capítulo.

Com este enfoque sobre o processo de produção, é necessário estabelecer um ponto de referência para a observação, e neste caso esta referência é o operador. Operador é a pessoa que opera o sistema de produção. Independentemente de este processo ser uma operação manual dentro de uma fábrica ou dentro de um laboratório, o operador é aquele que conduz o processo de produção para que os resultados sejam obtidos.

Neste sentido, o operador é o ponto de referência sobre o qual ocorrem as agressões ou constrangimentos no trabalho.

Ele também não é passivo em relação aos riscos, e exercer uma atividade de trabalho ativamente contém riscos na medida em que estes estão presentes não somente no ambiente de produção, mas também nos meios de produção. Trabalhar é manipular os meios de produção e essa manipulação é para a produção, logo, os riscos no trabalho são decorrentes do sistema da produção, e assim deve ser uma questão importante para todos que se preocupam em gerenciar a produção.

Este capítulo parte do pressuposto de que a relação entre o risco e sua ação sobre o operador é mediada pela orientação da racionalidade da produção.

Didaticamente, podemos classificar os agentes agressores à saúde no trabalho como aqueles que estão disseminados pelo ambiente e que agem independente da atividade do operador; aqueles que se relacionam com o aparato técnico do processo como equipamentos, materiais que agem pelo contato do operador com a fonte geradora destes agentes independente da ação do operador; e por fim como aqueles agentes cuja ação depende do operador realizando sua atividade de trabalho (ver Capítulo 2, seção 2.3.1).

As disciplinas relacionadas com a Engenharia de Métodos de Processo foram desenvolvidas em especial a partir do início do século XX, e um de seus principais precursores foi o engenheiro norte-americano Frederick Taylor, que deu contribuições importantes sobre o que chamou princípios da administração científica. Em seu livro, Taylor apresenta princípios e técnicas para a análise e projeto do processo de produção com um enfoque claramente direcionado para o aumento da produtividade e para o controle, por parte da gerência, dos processos de produção.

A partir deste trabalho, na década de 1940, Maynard, Stegemerten e Schwab (1948) desenvolveram um método de medida do trabalho denominado Methods Time Measurement (MTM), que consiste em uma abordagem de tempos predeterminados que, juntamente com a decomposição dos movimentos humanos no trabalho, possibilitam a determinação ou estimativa do tempo padrão, que por sua vez é utilizado exatamente para o controle da produtividade e os cálculos dos custos envolvidos no processo de produção.

Ainda no século XX, muitos estudiosos dedicaram muito tempo e esforço para a sistematização de técnicas para o estudo dos processos de produção, em particular sobre a ação humana nestes processos, e uma referência importante neste campo é o trabalho de R. Barnes, intitulado "Estudo de movimentos e de tempos: projeto e medida do trabalho".

Estes estudos e outros mais recentes são recomendados para a compreensão **técnica** do processo de produção, em particular para o detalhamento do trabalho humano nos processos de produção. Neste sentido, é importante, antes de se analisar o processo de produção e o trabalho de forma detalhada, que se compreenda o contexto onde este processo está situado, o que requer uma caracterização da situação de trabalho e do sistema de produção, chegando por fim ao recorte da análise que englobará o processo de produção.

3.2. Noção de sistema e do recorte de análise

Em uma análise do processo é importante compreender que geralmente a empresa representa a fronteira, ou o limite, do contexto do estudo, e normalmente é dentro da empresa que a análise se completa. Na empresa, é necessário definir o sistema e os subsistemas em que a análise será realizada; dentro deste sistema ou subsistema há que se localizar o processo ou os processos sobre os quais serão realizadas as análises e descrições do processo.

Um sistema pode ser definido (neste contexto) conforme indicado na obra de Iida e Guimarães (2016, p. 28): "Sistema é um conjunto de elementos (ou subsistemas) que interagem entre si, evoluem no tempo, seguindo certos procedimentos (processos, normas, regras ou leis) tendo um objetivo em comum."

Um sistema pode ser uma empresa com diversos setores (subsistemas) que recebem de seus **fornecedores** (internos ou externos à empresa), um conjunto de **entradas** (materiais e informações) e realizam, a partir da mobilização de recursos (trabalho e uso de equipamentos), transformações (tangíveis ou intangíveis) em forma de algum tipo de **processo**, os quais irão agregar valor ao conjunto de entradas, gerando **saídas** (produtos ou serviços) que serão destinadas à satisfação das necessidades dos **clientes** do sistema, que podem ser internos ou externos à organização. A Figura 3.1 ilustra a noção de sistema e subsistema de produção.

A partir das necessidades pode-se recortar um sistema em subsistemas, que são unidades menores interligadas ao sistema maior, contendo pelo menos um processo de produção. Outra definição importante é a relação cliente x fornecedor, em que muitas vezes o senso comum direciona ao pensamento de que o fornecedor é um agende externo à empresa, mas pode-se considerar também as relações cliente x fornecedor dentro do recorte, e assim, no sistema representado na Figura 3.1, pode-se considerar que a usinagem tem como fornecedor interno o subsistema corte e como cliente interno o subsistema montagem.

Figura 3.1 – Definição de sistema de produção.

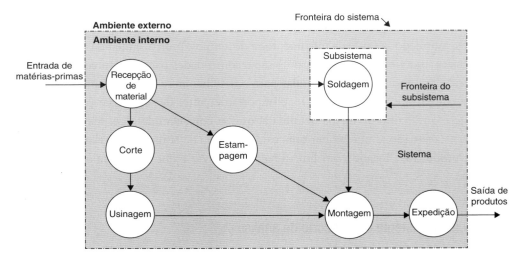

Fonte: Adaptação de Iida e Guimarães (2016, p. 29).

Uma ferramenta que tem sido utilizada para a caracterização é o SIPOC (Supplier, Input, Process, Output e Customers), que é um quadro utilizado para delimitar e identificar os componentes do processo de produção, sendo basicamente:

- **Supplier**: onde são indicados os **fornecedores** internos ou externos do processo.
- **Input**: são as **entradas**, geralmente os materiais ou informações fornecidos pelos *suppliers*.
- **Process**: representa o **processo** de transformação de um conjunto de entradas ou *inputs* (materiais e informações), que ocorre a partir da reunião de recursos de transformação (trabalho humano, equipamentos, ferramentas etc.), em um conjunto de saídas (*outputs*) com maior valor agregado.
- **Output**: são as **saídas** ou resultados produzidos no processo, podendo ser produtos ou serviços.
- **Customer**: são os **clientes** (internos ou externos).

O SIPOC é uma ferramenta que vem sendo recomendada para a delimitação do recorte da análise em diversas abordagens de melhoria de processos, como o Business Process Management e Seis Sigma.

Com o uso deste mapeamento do processo, as responsabilidades e o escopo da análise podem ser claramente definidos, possibilitando que o enfoque micro esteja coerentemente conectado com a visão macro do sistema abordado.

Uma vez definido o contexto do processo em relação ao sistema maior, é necessário voltar ao ser humano enquanto foco da análise para que se possa entender a participação deste nos processos de produção, que, do ponto de vista de uma modelagem teórica, pode ser assim definida (LIMA, 2004):

Operações manuais: São operações de produção realizadas manualmente pelo operador com o auxílio de apenas ferramentas simples, em geral ferramentas manuais sem potência (Figura 3.2). Neste sistema, o operador concebe, executa e verifica o desenvolvimento da operação, exercendo também a função motora e transformadora do trabalho; o tempo da operação depende exclusivamente do ritmo do operador.

Figura 3.2 – Operação manual – artesanal.

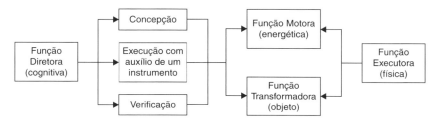

Fonte: Adaptação de Lima (2004).

Operações repartidas entre operador e máquina. Neste sistema, o operador realiza as operações com o auxílio de equipamentos de potência que executam parte das atividades e exercem as funções motora e transformadora. Em geral, neste sistema o ritmo de execução das operações é repartido entre operador e máquina (Figura 3.3).

Figura 3.3 – Sistema homem-máquina (maquinaria).

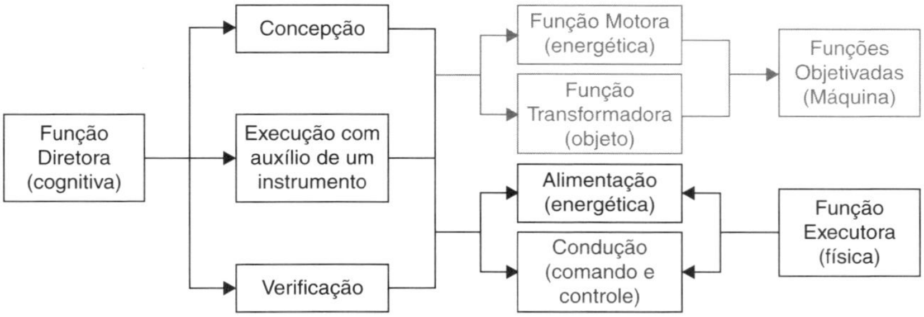

Fonte: Adaptação de Lima (2004).

Operações autônomas. Sistema no qual a máquina executa de forma autônoma as funções motora, transformadora e condutora das operações. São denominadas operações automatizadas (Figura 3.4). O ritmo é ditado exclusivamente pela máquina onde o operador executa as funções de programador.

Figura 3.4 – Operações autônomas – automatização.

Fonte: Adaptação de Lima (2004).

3.3. Modelos fundamentais para a compreensão e o registro descritivo do processo de produção

As situações de trabalho envolvem numerosas variáveis, tornando bastante complexo o seu entendimento. O estudo e projeto de métodos de trabalho exigem a construção e manipulação de modelos para reduzir o universo de variáveis e diminuir a complexidade do estudo. Os modelos fornecem uma são concentrada da estrutura e linguagem do assunto estudado, permitindo um entendimento melhor de qualquer situação de trabalho.

Os objetivos dos modelos desenvolvidos para o estudo e projetos de métodos de trabalho são:

a. coleta, organização e apresentação de dados e informações sobre a situação de trabalho;
b. auxílio na análise dos dados e das informações e da própria situação de trabalho;
c. auxílio para o entendimento global ou particularizado da situação de trabalho.

3.3.1. Mapofluxograma

O mapofluxograma (Figura 3.5) representa as relações de entrada e saída de materiais em cada setor da empresa, respeitando as posições de cada setor, ou seja, reflete a movimentação de materiais no cenário atual da empresa.

As relações dos setores são identificadas a partir das setas; a relação de origem e destino são apresentadas na legenda, na parte inferior da imagem; os detalhes da empresa estão ocultos propositalmente para proteção da identidade, mas é possível ter uma visão geral dos fluxos e da complexidade da movimentação de materiais na situação de análise. As espessuras das linhas representam a intensidade do fluxo entre os setores, linhas mais espessas indicam os principais fluxos.

Figura 3.5 – Mapofluxograma – ilustrativo.

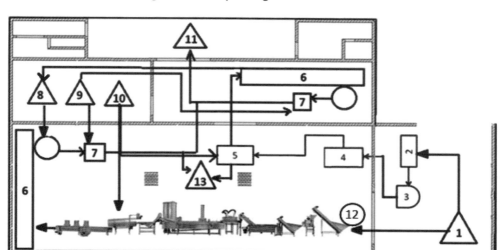

Legenda:
1 – Batata (MP)
2 – Máquina de lavagem e corte
3 – Pallets para secagem
4 – Fritadoras
5 – Salgadora
6 – Máquinas de Envase
7 – Máquina de Lacre
8 – Filme para embalagem
9 – Caixa de papelão
10 – Sal
11 – Produto acabado
12 – Máquina contínua
13 – Estoque de produto em processo e de produto Acabado

3.3.2. Instrução do Trabalho ou Folha de Instrução do Trabalho (FIT)

A Instrução de Trabalho (IT), ou Folha de Instrução do Trabalho (FIT), é um documento previsto por normas internacionais particularmente relacionadas com o Sistema de Gestão da Qualidade, sendo um elemento importante na certificação ISO 9001 a base da pirâmide da hierarquia típica da documentação do sistema de gestão da qualidade e conteúdo dos documentos, que consiste em documentos de trabalho detalhados.

Especificamente sobre esta temática, a norma ABNT ISO/TR 10013 estabelece diretrizes para a documentação de sistema de gestão da qualidade na qual a Instrução de Trabalho é apresentada.

Este documento é uma fonte muito útil para a compreensão do processo de produção, em especial a prescrição de como deve ser realizado o processo, enfocando-se o trabalho do operador. A Instrução de Trabalho é basicamente uma descrição simples e direta da maneira prescrita pela empresa sobre como o operador deve executar uma operação ou tarefa.

O objetivo da IT é documentar e padronizar tarefas geralmente técnicas, específicas e operacionais. É comum em empresas que são certificadas ISO 9001 a existência destes documentos no local de trabalho, e geralmente o documento contém uma descrição ou ilustração do "passo a passo" para que o operador, ao executar tal atividade descrita, consiga obter os resultados esperados.

Segundo o tópico 4.6 da norma ABNT ISO/TR 10013:2002, existem várias formas e vários formatos para a elaboração de uma IT, entretanto, a norma recomenda que as Instruções de Trabalho contenham um título e uma identificação única, e que a estrutura, o formato e o nível de detalhamento utilizados sejam adaptados às necessidades do pessoal da organização e dependam da complexidade do trabalho, dos métodos utilizados, do treinamento realizado e das habilidades e qualificações desse pessoal.

Um exemplo de IT é apresentado na própria norma e reproduzido na sequência, entretanto, nas empresas, é bastante comum o uso de fotos, desenhos, diagramas e representações esquemáticas, conforme a necessidade.

Exemplo de texto estruturado para instruções de trabalho

B.1 Instruções de trabalho para a esterilização de instrumentos

Número: Ttv 2.6 Data: 15 de setembro de 1997 Revisão. 0

B.2 Instrumentos descartáveis

Colocar instrumentos descartáveis (por exemplo, seringas, agulhas, bisturi e instrumentos para remoção de pontos) em um recipiente especial. O recipiente deve ser destruído de acordo com o programa de descarte de lixo.

B.3 Instrumentos esterilizados a ar quente1)

B.3.1 Remover secreções usando papel descartável.

B.3.2 Mergulhar os instrumentos em solução clorídrica a 10% (1 dl de Krolilli líquido e 9 dl de água). O líquido deve ser substituído duas vezes por semana.

B.3.3 Deixar os Instrumentos nesse líquido por no mínimo duas horas.

B.3.4 Lavar os instrumentos com uma escova utilizando luvas protetoras.

B.3.5 Enxaguar e secar os instrumentos.

B.3.6 Verificar se os instrumentos estão em boas condições. Os instrumentos danificados devem ser removidos da área de trabalho.

B.3.7 Esterilização em sacola:
- colocar os instrumentos em uma sacola resistente a ar quente;
- proteger as pontas afiadas com gaze;
- dobrar a extremidade da sacola várias vezes para obter uma selagem hermética;
- selar a sacola com fita resistente a ar quente;
- marcar a data e instalar um indicador de ar quente na sacola;
- colocar a sacola no forno de ar quente e deixá-la por 30 min à temperatura de 180 °C.

Os instrumentos são utilizados um mês após esterilização, se acondicionados em uma sacola apropriadamente selada.

B.3.8 Esterilização em vasilhame metálico:
- colocar um pano resistente a ar quente na base do vasilhame para proteger os instrumentos;

- colocar os instrumentos no fundo do vasilhame;
- instalar um indicador de ar quente na sacola;
- deixar que o vasilhame fique 30 minutos à temperatura de 180°C.

Um dos dois vasilhames disponíveis será usado a cada dia.
B.4 Outros instrumentos (por exemplo, otoscópios)
Enxaguar os instrumentos após mergulhá-los por 2 h em solução clorídrica.

3.3.3. Fluxograma do processo de trabalho

O fluxograma do processo de trabalho tem o objetivo de representar esquematicamente a sequência das ações de produção, divididas em transformação, exame, manipulação, movimentação e estocagem realizadas pelo trabalhador. O modelo registra exclusivamente as sequências fixas e constantes de um trabalho.

As ações são representadas no modelo por símbolos gráficos, e o fluxo de itens entre as atividades sucessivas, por segmentos que usem os símbolos correspondentes. Este modelo esquemático permite um entendimento global e compacto do processo de produção, ao destacar e identificar as etapas constituintes e a sua ordem de execução.

A simbologia utilizada no fluxograma de processo é padronizada pela ASME (American Society of Mechanical Engineers) e representada pela Figura 3.6.

Figura 3.6 – Simbologia utilizada no fluxograma de processo.

ATIVIDADE	SÍMBOLO	DESCRIÇÃO
OPERAÇÃO (ou transformação)	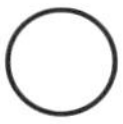 ○	Mudança intencional de estado, forma ou condição sobre um material ou informação, como: montagem, desmontagem, transcrição, fabricação, embalagem etc. Ação do operador sobre um material, equipamento, atendimento etc. desde que seja considerada produtiva.
INSPEÇÃO	 □	Identificação ou comparação de alguma característica de um objeto, produto ou informação com um padrão de qualidade, de quantidade, de comportamento etc.
TRANSPORTE	 ⇨	Movimento de um objeto, pessoa ou informação de um local (físico ou lógico) para outro, exceto os movimentos inerentes à operação ou inspeção.
ESPERA (ou atraso)	 D	Intervalo de tempo entre duas atividades de processo gerando estoques temporários e que para serem removidos não necessitam de controle formal.
ARMAZENAGEM	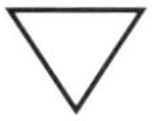 ▽	Retenção de um objeto, de um registro de informação em determinado local dedicado exclusivamente a este fim e que para ser removido necessita de controle formal. Finalização de um processo ou atividade de operador.
COMBINADA	 ⊙	Operação combinada com inspeção.

A simbologia apresentada na Figura 3.6 pode ser exemplificada pela Figura 3.7, onde o trabalho do carteiro é analisado.

Figura 3.7 – Exemplo de fluxograma de processo.

Entrega de pacote pelo carteiro

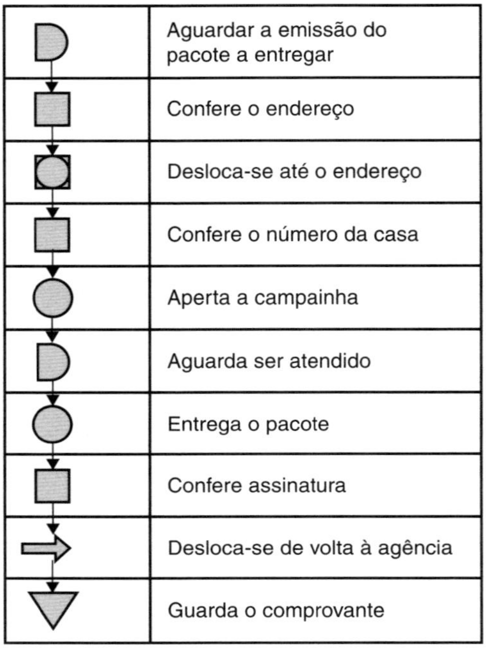

D	Aguardar a emissão do pacote a entregar
▢	Confere o endereço
⊙	Desloca-se até o endereço
▢	Confere o número da casa
○	Aperta a campainha
D	Aguarda ser atendido
○	Entrega o pacote
▢	Confere assinatura
⇒	Desloca-se de volta à agência
▽	Guarda o comprovante

3.3.4. Fluxograma singular

Caracteriza-se esta concepção de fluxograma de processo, por representar a sequência de um conjunto de ações de um operador no processo de trabalho (cuja forma usual é apresentada nas Figuras 3.8 e 3.9).

Figura 3.8 – Fluxograma singular de trabalho.

EMPRESA:	PRODUTO/SERVIÇO:		OPERADOR:	
PROCESSO:	POSTO TRABALHO:		DATA:	
DESCRIÇÃO DA OPERAÇÃO	SÍMBOLO ○⇨D□▽	EQUIPAMENTO/ FERRAMENTAS	TEMPO (min.)	OBS.
	○⇨D□▽			
	○⇨D□▽			
	○⇨D□▽			
	○⇨D□▽			
	○⇨D□▽			
	○⇨D□▽			
	○⇨D□▽			
	○⇨D□▽			
	○⇨D□▽			
	○⇨D□▽			
	○⇨D□▽			
	○⇨D□▽			

Exemplo

Figura 3.9 – Exemplo de fluxograma singular.

DESCRIÇÃO DAS ATIVIDADES	OPERADOR	t(min)	D(m)	SÍMBOLO
Operador analisa pedido de produção (Cartão Kanban)	Graça	1		●⇨D□▽
Pull system busca circuitos primários no estoque	Edvaldo	2	40	○➤D□▽
Operador executa setup da prensa	Graça	5		●⇨D□▽
Operador aplica terminais	Graça	10		●⇨D□▽
Inspeção visual	Graça	1		○⇨D■▽
Produto semiacabado é levado para o supermercado de prensa	Edvaldo	2	15	○➡D□▽
Produto semiacabado fica esperando próximo processo				○⇨D□▼
Pull system busca circuito na locação	Edvaldo	2	15	○➡D□▽
Operador de bancada aplica conector no circuito	Marcelo	10		●⇨D□▽
Inspeção visual	Marcelo	1		○⇨D■▽
Pull system leva symix até linha de montagem	Edvaldo	3	40	○➡D□▽
Circuito fica armazenado próximo à linha de montagem				○⇨D□▼

3.3.5. Diagrama de equipe

O diagrama de equipe representa o trabalho conjunto e coordenado de dois ou mais operadores no processo de produção, por meio de um esquema gráfico que registra a sequência de ações de cada operador e a relação de simultaneidade entre as atividades ou eventos de unidades que se interagem. Atualmente tem sido aplicado como ferramenta para auxiliar a alocação de operadores em células de manufatura.

Este diagrama representa o inter-relacionamento das sequências individuais de atividades dos componentes de uma equipe, durante a realização de um trabalho comum, no qual tem importância o tempo de execução e a coordenação estrita entre as atividades dos componentes. A equipe se caracteriza pela conjugação dos esforços de seus componentes, que executam simultaneamente tarefas interdependentes. Esta análise é apresentada nas Figuras 3.10 e 3.11.

Figura 3.10 – Diagrama de equipe.

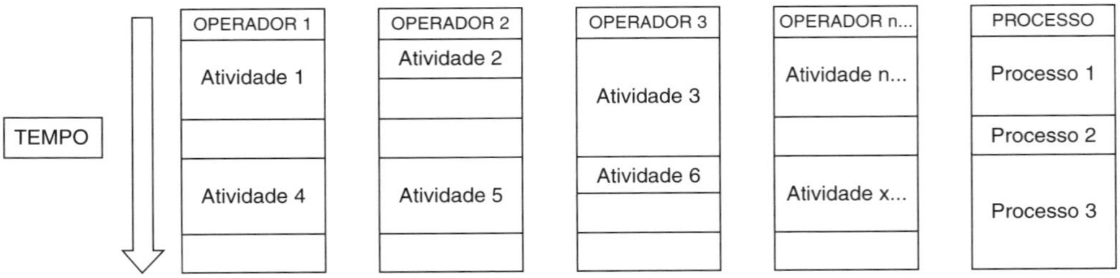

TEMPO	OPERADOR 1	OPERADOR 2	OPERADOR 3	OPERADOR n...	PROCESSO
	Atividade 1	Atividade 2	Atividade 3	Atividade n...	Processo 1
					Processo 2
	Atividade 4	Atividade 5	Atividade 6	Atividade x...	Processo 3

Exemplo

Figura 3.11 – Diagrama de equipe, ou modelo esquemático do diagrama de atividades simultâneas.

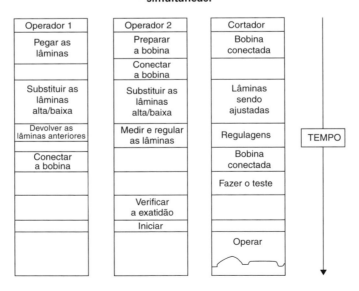

Fonte: Adaptação de Slack (1997, p. 332).

3.3.6. Diagrama homem-máquina

O diagrama homem-máquina é um tipo simplificado do diagrama de equipe e representa o trabalho coordenado de um operador na operação simultânea com uma ou mais máquinas.

Na construção do esquema gráfico (Figuras 3.12 e 3.13), é mais apropriado para o estudo do relacionamento homem-máquina o traçado com colunas e segmentos proporcionais a uma escala de tempo. A classificação das atividades em: independentes, combinadas e de espera, é suficiente para o diagrama, com a seguinte definição para cada uma:

Figura 3.12 – Diagrama homem-máquina.

Nome da peça:	Nº:	Máquina:
Nome da operação:	Nº:	Operador:

TEMPO	HOMEM	ATIVIDADE	MÁQUINA	ATIVIDADE

a. atividades independentes – operador ou máquina trabalham sem interferência.
   Homem: atividades não relacionadas com a operação da máquina. Por exemplo, coletar dados, inspecionar peça, pegar matéria-prima no estoque.
   Máquina: atividade de produção sem atenção do operador.
b. atividades combinadas – operador e máquina trabalham juntos.
   Homem: operador atua diretamente na máquina. Por exemplo, carregar máquina, operação com avanço manual, calibração de máquina.
   Máquina: atividades que exigem serviços do operador, ou de trabalho combinado com outro equipamento. Por exemplo, máquina sendo regulada, alimentada, descarregada ou controlada.
c. atividades de espera – operador e/ou máquina ficam sem operação.

Exemplo

Figura 3.13 – Exemplo de diagrama homem-máquina.

Nome da peça:	Porta Livros	Nº: 07-3	Máquina:	Serra
Nome da operação:	Corte longit.	Nº: 01	Operador:	João

TEMPO	HOMEM	ATIVIDADE	MÁQUINA	ATIVIDADE
2 min	Preparação da serra		Ajuste do batente de comprimento	
0,5 min	Controle de velocidade		Corte inicial	
3 min	**espera**		Corte da barra	
0,5 min	Conferência do corte		**espera**	
0,5 min	Limpeza da máquina		**espera**	

Tempo homem = 3,5 minutos   Tempo máquina = 5,5 minutos

Tempo total do posto de trabalho = 6,5 minutos

3.3.7. Ficha de caracterização da tarefa

Tem por objetivo sistematizar um conjunto de informações das tarefas executadas no centro de produção, ou posto de trabalho, estabelecendo a relação destas tarefas com as atividades dos operadores com informações sobre os condicionantes (das tarefas) e determinantes (das atividades).

A ficha de caracterização permite um maior domínio sobre os dados técnicos da situação de trabalho servindo de apoio para a comunicação entre os diferentes interlocutores dos postos de trabalho e uma referência para a descrição e a interpretação dos dados produzidos pela análise da atividade.

Nesta ficha são descritos os procedimentos das operações, os equipamentos e instrumentos necessários à sua execução, os tempos de cada operação ou elemento de trabalho e as atividades dos operadores para dar conta de cada operação. A Figura 3.14 mostra uma forma genérica para a ficha.

3.3.7.1. Construção da ficha

A Ficha de Caracterização da Tarefa deve ser construída por observação direta de cada posto de trabalho analisado, procurando interagir com os operadores e supervisores para melhor entendimento das tarefas.
1. Caracterizar o local (centro ou posto) de trabalho a ser estudado (cabeçalho da ficha).

Figura 3.14 – Modelo de ficha de caracterização da tarefa no centro de produção.

PROCESSO	CENTRO DE PRODUÇÃO OU POSTO DE TRABALHO	PRODUTO		OPERADOR		DATA
ILUSTRAÇÃO DA OPERAÇÃO	OPERAÇÃO OU TAREFA	DESCRIÇÃO DO PROCESSO	DURAÇÃO (TEMPO)	MÁQUINAS E DISPOSITIVOS	EPI precauções na tarefa	AÇÕES DO OPERADOR
Foto ou desenho do operador realizando a tarefa	Nome técnico da operação ou da tarefa	Descrição técnica do processo ou da tarefa	Tempo de duração da tarefa	Máquinas, equipamentos, dispositivos usados na tarefa	Equipamentos de proteção usados na tarefa e demais precauções formais	Descrição das atividades do operador para realizar a tarefa

2. Conversar com o operador e esclarecer os objetivos da observação para que ele se sinta à vontade para realizar as tarefas no posto.
3. Obter os documentos de produção do posto.
4. Descrever os processos realizados no posto e as atividades realizadas pelos operadores fazendo uma lista de operações e procedimentos e ilustrando com fotos e filmes.
5. Descrever os equipamentos e as ferramentas utilizados para a realização de cada operação, bem como os Equipamentos de Proteção Individual (EPI) e demais dispositivos de segurança do trabalho ou do processo.
6. Anotar o tempo de duração de cada operação.
7. Fazer observações sobre paradas no trabalho e entender os motivos das paradas.

Principais pontos a serem observados e sistematizados:

1. Funções de cada operador do centro de produção estudado (informações com o chefe ou através de documentos da produção).
2. A sequência das tarefas de cada operador, de acordo com o fluxo de trabalho. Caso existam várias sequências e/ou diferentes tarefas, registrá-las em ordem de importância em função da frequência de ocorrência, da duração da tarefa e/ou da tarefa que mais ocupa os operadores. Este é **o trabalho prescrito pela empresa**, que é expresso na forma de tarefas a serem cumpridas pelos operadores.
3. Identificar os requisitos de qualidade esperados em cada etapa do processo de produção do produto que se relacionem com o centro estudado e as perturbações (alterações de características) identificadas em cada fase do processo.
4. Observar o trabalhador trabalhando e procurar entender o que ele faz, comparando seus movimentos, seus deslocamentos e suas atribuições com o trabalho prescrito que foi registrado no item anterior.
5. Perguntar ao trabalhador o que ele está fazendo e comparar com o trabalho prescrito, tentando entender o porquê da diferença.

Exemplo (Figura 3.15)

Figura 3.15 – Exemplo de ficha de caracterização da tarefa.

Ilustração das atividades	Operação ou tarefa	Descrição do processo	Tempo de duração	Máquina e dispositivos utilizados	Descrição da atividade do operador	Próxima operação	EPI e precauções na tareda
	Dobrar materiais no tamanho adequado	Separar os componentes que serão utilizados na placa e cortá-los no tamanho adequado.	3,5 minutos	Alicate bico e corte	O operário pega o gabarito de montagem, analista o tipo de circuito que será montado e identifica o tamanho dos componentes. Vai cortando os materiais com alicate de corte. O tamanho influencia na solda (para que esta tenha um melhor resultado, evitando "grudar" soldas de componentes). Às vezes corta dois componentes ao mesmo tempo (quando são iguais). Faz tudo isso em sua bancada, que tem todos os materiais necessários disponíveis.	Tampar os furos com fita-crepe.	Óculos de segurança (para evitar que rebarbas dos componentes cortados atinjam os olhos acidentalmente)
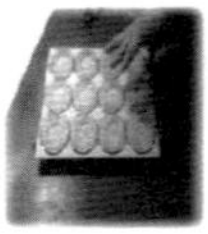	Tampar os furos da placa.	Colocar fita--crepe nos furos preexistente nas placas.	1,5 minuto	Fita-crepe e tesoura	O operador analisa onde deve colocar fita-crepe. Vê o tamanho necessário e corta a fita. Em seguida tampa com fita-crepe os furos preexistente. Realiza esta operação para que a solda não preencha aquele espaço, causando problemas na solda.	Inserção de componentes	Luvas e óculos. O operador deve ficar atento com os materiais, pois são muito frágeis.

A Ficha de Caracterização da Tarefa pode ser complementada, caso haja necessidade, com estudos mais detalhados sobre as operações, por exemplo, na construção de indicadores de desempenho, na reestruturação de tarefas por centro/posto visando adoção de trabalho em grupos ou células, em mudanças de processos ou de produtos. Nesse caso, utiliza-se um modelo denominado Ficha de Descrição da Operação que, além das informações da ficha da tarefa, acrescenta-se informações de:

- Parâmetros técnicos de cada processo ou operação.
- Tempo de preparação para cada operação e procedimentos de troca de instrumentos técnicos.
- Disponibilidade de cada centro/posto ou equipamento para cada operação.
- Materiais de entrada: fornecedor interno ou externo, estoques, tempo de reposição, tamanho de lote, qualidade, forma de apresentação.
- Materiais de saída: cliente, tamanho de lote, estoques, requisitos de qualidade, tempo entre entregas.
- Inspeções: formas, periodicidade, critérios, padrões, operação geradora.
- Rejeitos: destino, forma de apresentação, estoques, cuidados, tamanho de lote.

3.4. Revisão dos conceitos apresentados

O conteúdo apresentado no capítulo iniciou com uma introdução da importância do entendimento do trabalho para que se possa compreender os riscos associados ao trabalho. Para tal, foram apresentados conceitos relacionados com os sistemas de produção e a importância do recorte de análise apresentando uma ferramenta prática para esta etapa, o SIPOC, onde são definidos os *Suppliers* (Fornecedores), os *Inputs* (Entradas), o *Process* (Processo), os *Outputs* (Saídas) e os *Costumers* (Clientes).

Na sequência, foram apresentados conceitos e modelos de análise típicos da Engenharia de Métodos, como: o Mapofluxograma; o Fluxograma de Processo; o Fluxograma Singular; o Diagrama de Equipe; o Diagrama Homem-Máquina e, por fim, a Ficha de Caracterização da Tarefa, que agrega diversas informações relevantes para a compreensão da tarefa.

Adicionalmente, com enfoque normativo, foi também apresentado o documento chamado Instrução de Trabalho, que prescreve as tarefas dentro de um processo de produção, sendo este um documento amplamente difundido devido à sua importância para a certificação em gestão da qualidade (ISO 9001).

Com tudo isso, o analista de segurança pode escolher, conforme a demanda de análise ou conforme o escopo do projeto, a ferramenta ou método para compreender o trabalho, mais do que isso, poderá compreender que o processo é fruto de uma racionalidade orientada por objetivos da produção, como a produtividade, e que as ações prescritas para o operador devem ser compreendidas dentro deste contexto, logo, os riscos associados à segurança no trabalho são, antes de tudo, riscos associados à produção.

3.5. Questões

Discursivas

a. Explique porque na observação de um processo de produção o operador deve ser a referência.
b. Defina um sistema de produção. Como ele se compõe?
c. Quais são as funções de um operador em um processo com operações manuais? Operações repartidas entre operador e máquina? Operações autônomas?
d. Quais são os objetivos dos modelos usados nos estudos e projetos de métodos de trabalho?
e. Explique como SIPOC auxilia na definição do recorte de análise.
f. Como os modelos desenvolvidos para o estudo e projetos de métodos auxiliam na análise das condições de trabalho?
g. Quais as diferenças entre a ficha de caracterização da tarefa e a folha de instrução do trabalho?

Exercícios

1. Faça um mapo-fluxograma para uso no processo de fritura de um ovo na sua cozinha.

2. Elabore a instrução de trabalho para você lavar na sua máquina um cesto de roupa suja.
3. Elabore o diagrama homem-máquina para saque de dinheiro em um caixa eletrônico de um banco.
4. Elabore o gráfico mão direita-mão esquerda para a atividade de dirigir um automóvel.
5. A partir da simbologia apresentada para o fluxograma de processo (ASME), faça a representação do processo descrito na Instrução de Trabalho utilizada como exemplo na Norma ABNT ISO/TR 10013:2002, especificamente no item *B.3 Instrumentos esterilizados a ar quente.*

Sugestões de pesquisas

a. Faça uma análise da sua situação de trabalho atual ou de uma situação próxima a você, utilizando os modelos esquemáticos. Identifique se o processo e as operações oferecem riscos que possam contribuir para a ocorrência de acidentes e/ou desgastes para o operador. Caso esses eventos possam ocorrer, quais são as consequências para o operador e a organização? Que medidas poderão ser elaboradas modificando as operações do processo e/ou métodos de trabalho visando prevenir a ocorrência de acidente no futuro? .
b. Na situação estudada em **a** e utilizando as definições dos riscos apresentadas no item 2.4 (capítulo 2) relacione quais são os agentes agressores:
   b.1 que agem independente da atividade do operador;
   b.2 que agem pelo contato do operador com a fonte geradora e;
   b.3 cuja ação depende do operador estar realizando sua atividade de trabalho.

3.6. Referências

ABNT (Associação Brasileira de Normas Técnicas) (2002) Norma ABNT ISO/TR 10013:2002. Diretrizes para a documentação de sistema de gestão da qualidade.
BARNES, R.M. (1977) Estudo de movimentos e de tempos: projeto e medida do trabalho. 6ª ed. São Paulo: Edgar Blücher.
IIDA, I.; GUIMARÃES, L.B.M. (2016) Ergonomia: projeto e produção. 3ª ed. São Paulo: Blucher.
LIMA, F.P.; SILVA, C.A.D. (2002) A objetivação do saber prático na concepção de sistemas especialistas: das regras formais às situações de ação. In: DUARTE, F. (org.). Ergonomia e Projeto: na indústria de processo contínuo. Rio de Janeiro: COPPE/UFRJ. Editora Lucerna.
MAYNARD, H.B.; STEGEMERTEN, G.J.; SCHWAB, J.L. (1948) Methods – Time Measurement. New York: McGraw Hill.
SLACK, N. et al. (1997) Administração da produção. São Paulo: Atlas.
TAYLOR, F.W. (1990) Príncipios de administração científica. 8ª ed. São Paulo: Atlas.

Capítulo	Sistemas de gestão
4	de segurança e saúde no trabalho

Gilson Brito Alves Lima[1]

Conceitos apresentados neste capítulo

O estudo deste capítulo permitirá ao leitor conhecer:

- Normas BS 8800, OHSAS 18001 e ISO 45001.
- Sistemas de gestão de segurança e saúde ocupacional.
- Sistemas integrados de gestão.
- Gestão, técnicas de identificação e análise de riscos.
- Noções de álgebra booleana e confiabilidade.
- Certificação de sistemas de gestão.
- Programas de segurança.

4.1. Introdução

Em consequência do significativo crescimento tecnológico ocorrido nas últimas décadas, a introdução de novos produtos e de novas técnicas de trabalho nos processos industriais acarretou uma série de problemas para as pessoas e o meio ambiente. As estatísticas mundiais de acidente de trabalho e principalmente de grandes desastres levaram as organizações a perceberem que a competitividade e o lucro não são suficientes para a sobrevivência no mercado. As organizações precisam saber demonstrar atitudes éticas e responsáveis quanto à segurança e saúde no trabalho. Para serem eficientes no seu gerenciamento, as organizações devem desenvolver e implementar um Sistema de Segurança e Saúde no Trabalho (SST).

---

1 O autor agradece ao Professor Moacyr Amaral D. Figueiredo, DSc., docente do Curso de Engenharia de Produção da UFF em Petrópolis – RJ e à Engª Mecânica e de Segurança do Trabalho Lívia Cavalcanti Figueiredo, MSc., consultora, pela colaboração na organização deste capítulo.

A década de 1990 marcou o processo de desenvolvimento dos principais modelos normativos para a gestão de SST, inicialmente restritos a países ou setores de atividades específicos. O primeiro modelo normativo difundido no Brasil foi a BS 8800:1996, um guia de diretrizes que orientava a estrutura dos sistemas ("o que fazer"), mas não era aplicável para efeito de certificação. A BS 8800 deixou de ser implantada pelas organizações, a partir da edição da OHSAS 18001:1999 (e respectiva norma de apoio 18002) que, na qualidade de especificação ("como fazer"), permitia, de forma mais objetiva e uniforme, uma avaliação de conformidade pelos organismos certificadores.

Por iniciativa de diversos organismos certificadores e de entidades nacionais de normalização foi desenvolvida e publicada a OHSAS 18001 (OHSAS – Occupational Health and Safety Assessment Series). Ela adotou a mesma estrutura da ISO 14001:1996, o que facilitou o seu entendimento para os já familiarizados com o sistema de gestão ambiental.

Atualmente, a partir da edição da ISO 19011:2002, a tendência quanto à implantação de sistemas de gestão em diversos tipos de organizações empresariais é a "unificação" das diferentes áreas de gerenciamento em sistemas de gestão integrados. O Sistema Integrado de Gestão (SGI) permite integrar os processos de qualidade com os de saúde e segurança, gestão ambiental e responsabilidade social. O SGI é focalizado na satisfação de um conjunto de interessados pois procura, simultaneamente: a satisfação dos clientes, a proteção do meio ambiente, a segurança e saúde das pessoas em seus postos de trabalho e o controle dos impactos sociais das organizações.

Cada país mantém uma estrutura legal para reconhecer e validar as avaliações de conformidade dos sistemas de gestão. A certificação de um sistema de gestão ocorre através de um organismo Certificador (OC). A acreditação das OCs garante o reconhecimento e a confiabilidade do certificado. No Brasil a acreditação dos organismos certificadores é realizada pelo Inmetro. Entretanto, ainda não existe entidade responsável pela acreditação de OCs para a avaliação da OHSAS 18001.

Em um processo natural de amadurecimento das instituições, a década de 2000 marcou o período de revisão das normas de gestão, incluindo a edição da ISO 45001:2018, caracterizada por uma nova proposta para a gestão de SST. A edição da ISO 45001 prevê a substituição da OHSAS 18001, programada para ocorrer, gradativamente, nos próximos três anos.

4.1.1. As Normas BS 8800, OHSAS 18001 e ISO 45001

4.1.1.1. Norma BS 8800:1996 – Guia para Sistemas de Gestão da Segurança e Saúde Ocupacional

A BS (British Standard) 8800 é uma norma britânica que foi publicada em 1996 com a finalidade de melhorar o desempenho da SST da organização. Ela é uma guia que fornece orientações de como a gestão de SST pode ser integrada ao gerenciamento do negócio. Essa integração ajuda a minimizar os riscos para os funcionários e outros integrantes, estabelecendo para a organização uma imagem responsável no ambiente em que atua.

As organizações não atuam isoladamente; diversas partes que podem ter um interesse legítimo na abordagem adotada por uma organização para com a SST incluem: empregados, consumidores, clientes, fornecedores; a comunidade; os acionistas; os empreiteiros; os seguradores, assim como as agências governamentais encarregadas de zelar pelo cumprimento dos regulamentos e das leis. Esses interesses precisam ser reconhecidos. O bom desempenho de saúde e segurança não é casual. As organizações devem dispensar a mesma importância à obtenção de altos padrões de gerenciamento de SST como o fazem com respeito a outros aspectos chaves de suas atividades empresariais. Isto requer a adoção de uma abordagem estruturada para a identificação, avaliação e controle dos riscos relacionados com o trabalho.

Muitas das características do gerenciamento eficaz de SST se confundem com práticas sólidas de gerência defendidas por proponentes da excelência da qualidade e dos negócios. Estas orientações têm por base os princípios gerais da boa gerência e foram concebidas para capacitar a integração do gerenciamento de SST com o sistema de gerência geral. Neste sentido, a BS 8800 é composta pelos seguintes itens: (a) Objetivo, (b) Referências informativas, (c) Definições, (d) Elementos do Sistema de Gestão da SST (Introdução; Política de SST; Planejamento; Implementação e operação; Verificação e ação corretiva; Análise crítica pela administração) e (e) Anexos.

4.1.1.2. Norma OSHAS 18001:1999 – Sistemas de Gestão de Segurança e Saúde Ocupacional – Especificação

A grande aceitação dos sistemas de gestão da qualidade (ISO 9001) e gestão ambiental (ISO 14001) deu origem a uma demanda internacional crescente para elaboração de uma norma de segurança e saúde no trabalho com características similares. Com o intuito de atender esta demanda, alguns Organismos Certificadores (OCs), que representavam cerca de 80% do mercado mundial de certificação de sistemas de gestão, reuniram-se na Inglaterra e criaram a OHSAS 18001:1999, a primeira norma de certificação de Sistemas de Gestão da SST. Na sua elaboração foi adotada a mesma estrutura da ISO 14001:1996 (meio ambiente) que facilitou seu entendimento para aqueles já familiarizados com o sistema de gestão ambiental.

A OHSAS 18001 entrou em vigor em 1999 e em 2007 foi realizada sua primeira revisão. A revisão não alterou significativamente a estrutura da norma, mas introduziu diversos aperfeiçoamentos: a importância dada à saúde e a melhoria do alinhamento com a ISO 14001:2004 foram os principais. Além disso, houve um aumento no enfoque preventivo com a exigência de gerenciamento de incidentes. A OHSAS 18001:2007 especifica os requisitos para um sistema de gestão de SST que permita à organização desenvolver

e implementar sua política de SST, considerando requisitos legais e informações sobre riscos. Ela se aplica a qualquer organização que deseje:
- estabelecer um sistema de gestão de SST para eliminar ou minimizar o risco para os trabalhadores e outras partes interessadas que possam ser expostas a riscos para a SST associados às suas atividades;
- implementar, manter e melhorar continuamente esse sistema de gestão; e
- assegurar-se da conformidade com a sua política de SST definida.

A OHSAS 18001:2007 está estruturada em quatro seções: (1) Objetivo e campo de aplicação; (2) Publicações de referência; (3) Termos e definições; e (4) Requisitos do Sistema de Gestão de SST. Os requisitos de SST são descritos nas seções 4.1 a 4.6.

4.1. Requisitos gerais
4.2. Política de SST
4.3. Planejamento (Identificação de perigos e avaliação de risco e determinação de controles, Requisitos legais e outros, Objetivos e programas)
4.4. Implementação e operação (Recursos, funções, responsabilidades, prestações de contas e autoridades, Competência, treinamento e conscientização, Comunicação, participação e consulta, Controle de documentos, Controle operacional, Preparação e resposta a emergências)
4.5. Verificação (Monitoramento e medição do desempenho, Avaliação do atendimento a requisitos legais e outros, Investigação de incidente, não conformidade, ação corretiva e ação preventiva, Controle de registros, Auditoria interna)
4.6. Análise crítica pela direção

A OHSAS 18002 – Sistemas de Gestão da Segurança e Saúde Ocupacional apresenta os requisitos específicos da OHSAS 18001, acompanhados das diretrizes para a implantação da mesma. A OHSAS 18001:2017 continua válida e segue sendo aceita pelo sistema ISO como norma complementar ao SGI das empresas. A validade da integração da OHSAS às normas ISO está prevista para ser descontinuada próximo ao meado de 2021, decorridos os três anos de publicação da ISO 45001:2018, quando se espera que as empresas já devam ter realizado a migração para o sistema de ISO 45001.

4.1.1.3. Norma ISO 45001:2018 – Sistemas de Gestão de Segurança e Saúde Ocupacional

Em 2018, foi publicada a ISO 45001, que possui a mesma identidade das normas ISO 9001:2015 e 14001:2015, com foco na gestão de riscos, melhoria contínua e conscientização dos públicos interno/externo envolvidos no processo coletivo de gestão da saúde e segurança ocupacional. A ISO 45001 foi criada na perspectiva de alinhamento à ISO 19011 (auditoria integrada), particularmente pela necessidade de se formular uma norma mais integrável à gestão de qualidade e meio ambiente.

A ISO 45001 é baseada numa estrutura atualizada, que traz uma estrutura comum para todos os sistemas de gestão, que ajuda a manter a consistência e alinhamento com as diferentes normas de sistema de gestão, em relação à estrutura de alto nível, aplicando uma linguagem comum a todas as normas, buscando: (a) se integrar com outros sistemas de gestão; (b) fornecer uma abordagem integrada para gestão organizacional; (c) refletir os ambientes cada vez mais complexos em que as organizações operam; e (d) melhorar a capacidade de uma organização para gerenciar seus riscos de saúde e segurança.

A norma ISO 45001:2018 busca atualizar a estrutura dos elementos de gestão e de melhoria contínua proposta pela OHSAS 18001:2009, através da introdução dos seguintes critérios centrais:

1. **Escopo.** Detalha o escopo da norma internacional, a qual especifica os requisitos para um sistema de gestão de saúde e segurança do trabalho (SST), com orientações para a sua utilização.
2. **Referências normativas.** Não destaca ou apresenta referências normativas em seu contexto.
3. **Termos e definições.** Foram adicionados novos termos e definições e outros foram revisados em relação à OHSAS 18001:2007, incluindo os relativos à participação dos trabalhadores, a consulta, risco de SST, oportunidade de SST, desempenho de SST, lesões e problemas de saúde, entre outros.
4. **Contexto da organização.** Busca estabelecer o contexto do sistema de gestão de SST, orientando e fornecendo às organizações a oportunidade de identificar e compreender os fatores externos e internos e as partes interessadas que afetam os resultados do sistema de gestão de SST. Alinhada às principais atualizações das ISO 9000:2015 e ISO 14000:2015, indica que a organização precisa identificar e ter em conta as necessidades e expectativas das "partes interessadas" relevantes para o seu sistema de gestão da SST. Ressalta a relevância do processo de melhoria contínua em estabelecer, implementar, manter e melhorar continuamente o sistema de gestão da SST em conformidade com os requisitos da norma.
5. **Liderança e participação dos trabalhadores.** Enfoca que a alta direção deve assumir a responsabilidade geral e prestação de contas para a proteção da saúde e segurança relacionadas com o trabalho dos trabalhadores e necessidade de desenvolver, liderar e promover uma cultura que suporte o sistema de gestão de SST. Orienta, ainda, que se assegure que os requisitos sejam integrados com os processos da organização e que a política e os objetivos sejam compatíveis com a direção estratégica da organização. Aponta a necessidade de se estabelecer a política de SST, indicando características e propriedades que a política deve incluir, em consulta com os trabalhadores em todos os níveis.
6. **Planejamento.** Enfoca que o planejamento – traduzido por definição de uma política, objetivos, metas e indicadores, entre outros elementos – deve ser visto como um processo permanente que antecipe o processo de gestão de mudanças.

Aborda a identificação de riscos e oportunidades que precisam ser tratados para garantir que o sistema possa atingir os seus resultados pretendidos, prevenir ou reduzir os efeitos indesejáveis e melhorar continuamente. Apresenta exigência de que as organizações estabeleçam um processo para determinar e atualizar os requisitos legais e outros requisitos que são aplicáveis aos seus perigos e riscos de SSO. Outro elemento chave é a necessidade de estabelecer objetivos de SST que sejam mensuráveis ou pelo menos possíveis de avaliação. Os objetivos de SST precisam manter e melhorar continuamente o sistema de gestão de SST.

7. **Suporte.** Enfoca que as organizações devem determinar e prover os recursos (humanos, recursos naturais, infraestrutura e recursos financeiros) necessários para estabelecer, implementar, manter e melhorar continuamente o sistema de gestão de SST. Indica, ainda, que as organizações deverão determinar a competência necessária dos trabalhadores que afetam ou podem afetar o desempenho da SST e garantir que eles recebam a educação e formação apropriadas, garantindo que todos os trabalhadores estejam cientes da política de SST, dos perigos e riscos de SST que sejam relevantes e sua contribuição para a eficácia do sistema e as implicações de não conformidades com isso. Enfoque, ainda, a necessidade de um processo formal de informações e comunicações internas e externas relevantes para o sistema de gestão de SST.

8. **Operação.** Enfoca a execução dos planos e processos objeto dos itens anteriores, indicando a necessidade de formalização do estabelecimento de processo de planejamento e controles operacionais para atender aos requisitos do sistema de gestão de SST, incluindo controles para reduzir os riscos de SST, para níveis aceitáveis. Destaca, ainda, conceitos como gestão de EPI, revisão de análise de riscos nos processos de gestão de mudanças, compras, gestão de terceirizados, entre outros.

9. **Avaliação de desempenho.** Enfoca que as organizações necessitam determinar quais informações deverão ser imprescindíveis para avaliar o desempenho e eficácia de SST, de forma a garantir a eficácia do processo de identificação da periodicidade e respectivas métricas de monitoramento e controle do sistema de SST.

10. **Melhoria.** Enfoca, em seus processos, o requisito "melhoria contínua", de forma a analisar os riscos e continuamente adequar a eficácia do sistema de gestão da SST.

Espera-se que a ISO 45001:2018 venha contribuir para facilitar um maior envolvimento da alta administração no planejamento do sistema de gestão de SST e sua respectiva integração aos processos de negócios corporativos.

4.2. Sistemas de gestão de segurança

As organizações têm enfrentado problemas quanto ao seu desempenho frente às constantes mudanças ocorridas no cenário competitivo. Cada vez mais os estudiosos e administradores estão em busca de modelos para melhorar o desempenho organizacional.

Atualmente, o mercado passou a exigir que as organizações agreguem aos seus produtos e serviços o comprometimento no atendimento a padrões de normas internacionais de qualidade, sustentabilidade ambiental e proteção à integridade física e saúde de seus trabalhadores. Assim, o gerenciamento das questões ambientais e de saúde e segurança do trabalho, com foco na prevenção de acidentes e no tratamento dos problemas potenciais, passou a ser vital para a sobrevivência do empreendimento.

O Sistema de Gestão da SST é parte integrante de um sistema de gestão de toda e qualquer organização, o qual proporciona um conjunto de ferramentas que potenciam a melhoria da eficiência da gestão dos riscos da SST, relacionados com todas as atividades da organização.

Os sistemas de gestão de SST estão normalmente apoiados em políticas com uma visão mais generalista. Um exemplo de política generalista é apresentado pela Organização Internacional do Trabalho (ILO-OSH 2001), que possui um espectro amplo de aplicações em organizações de diferentes nacionalidades, porém não contempla, de forma detalhada, as orientações necessárias para o estabelecimento de um programa ou sistema voltado à gestão da SST, cujo papel tem sido assumido por normas mais específicas em cada país, como, por exemplo, a extinta norma BS 8800:1996, a OHSAS 18001:1999 e a ISO 45001:2018.

Cada organização deve refletir, a partir de seu porte e natureza de seus riscos, e adequar os aspectos referidos, em face das suas características e especificidades, com o propósito de definir, tornar efetiva, rever e manter a política da SST da organização, com base na qual se poderá definir e estabelecer: a estrutura operacional; as atividades de planejamento; as responsabilidades; as práticas; os procedimentos; os processos; os recursos.

Definida a política da SST, a organização deve desenhar um sistema de gestão que englobe desde a estrutura operacional até a disponibilização dos recursos, passando pelo planejamento, pela definição de responsabilidades, práticas, procedimentos e processos, aspectos decorrentes da gestão e que atravesse horizontalmente toda a organização.

O sistema deve ser orientado para a gestão dos riscos, devendo assegurar a identificação de perigos, a avaliação de riscos e o controle de riscos. Durante a implantação de sistemas de gestão de SST a organização deve atentar para quatro atividades básicas: o planejamento; a implementação e operação; a verificação e as ações corretivas. Esses quatro blocos de atividades são baseados na metodologia do ciclo PDCA, como descrito a seguir.

- Plan (Planejar): estabelecer os objetivos e processos necessários para atingir os resultados de acordo com a política de SST da organização.
- Do (Fazer): implementar os processos.
- Check (Verificar): monitorar e medir os processos em relação à política e aos objetivos de SST; aos requisitos legais e outros; e relatar os resultados.
- Act (Agir): executar ações para melhorar continuamente o desempenho da SST.

A grande vantagem da utilização da metodologia PDCA está no sentido de promover a melhoria contínua. Na Figura 4.1 é apresentada uma visão geral do sistema de gestão conforme a norma OHSAS 18001:2007.

Figura 4.1 – Modelo de sistema de gerenciamento para a norma OHSAS.

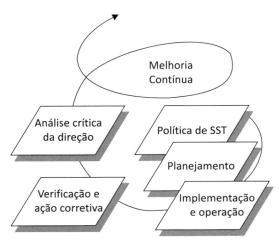

Fonte: Adaptação de OSHAS 18001:2007.

4.2.1. Requisitos do sistema de gestão da SST

Para facilitar a compreensão dos requisitos da OHSAS 18001, eles são apresentados de forma resumida e relacionados com cada etapa do ciclo PDCA, conforme apresentado nos Quadros 4.1, 4.2 e 4.3.

4.3. Sistemas integrados de gestão

Em 1987, a British Standard Institution (BSI) publicou a série ISO 9000 devido à necessidade de desenvolvimento de um sistema de gerenciamento da qualidade. O objetivo dessa série é garantir a qualidade nos processos produtivos através de procedimentos padronizados que resultem no aumento da confiabilidade dos produtos e serviços.

Ainda no início da década de 1990, surgiu o conceito de sistema de gerenciamento ambiental, formalizado pela BSI na norma BS 7750, que foi o embrião da série ISO 14000.

Em maio de 1996, a BSI criou a BS 8800, um guia baseado em princípios gerais de bom gerenciamento que tem por objetivo garantir níveis de segurança e saúde ocupacionais desejáveis para os trabalhadores de uma organização. Por ser um sistema holístico, permite a integração com os sistemas globais de gerenciamento das organizações.

Atualmente não se discute mais quanto à importância dos sistemas de gerenciamento da qualidade, meio ambiente e SST, entretanto o desafio é realizar a integração entre esses sistemas, como mostrado na Figura 4.2.

Quadro 4.1 – O ciclo PDCA e os requisitos da OHSAS – Política e Planejamento

PDCA	Requisitos OHSAS 18001:2007
Planejar (*Plan*)	**4.2 POLÍTICA DE SST** A alta direção deve aprovar uma política de SST, estabelecendo de forma clara as suas intenções em relação à segurança da saúde no trabalho. A política deve incluir um comprometimento com: a prevenção de lesões e doenças, a melhoria contínua da gestão e o desempenho da SST, o atendimento aos requisitos legais aplicáveis e outros requisitos subscritos pela organização que se relacionem a seus perigos de SST. A política deve ser comunicada a todas as pessoas que trabalham sob o controle da organização, com o intuito de que tenham ciência de suas obrigações individuais em relação à SST.
	4.3 PLANEJAMENTO *Identificação de perigos, avaliação de riscos e determinação de controles* Os procedimentos para a identificação de perigos e para a avaliação de risco devem considerar: • As atividades de rotina e não rotineiras de todas as pessoas que tenham acesso aos locais de trabalho; • A identificação de perigos originados fora dos locais de trabalho; • A infraestrutura, equipamentos e materiais no local de trabalho; • As mudanças na organização, em suas atividades ou materiais; • As modificações no sistema de gestão da SST; • Qualquer obrigação legal aplicável relacionada à avaliação de riscos e implementação dos controles necessários; • A disposição das áreas de trabalho, processos, instalações, máquinas e equipamentos, procedimentos operacionais e organização do trabalho.
	A metodologia da organização para a identificação de perigos e para a avaliação de riscos deve fornecer subsídios para a identificação, priorização e documentação dos riscos, bem como para a aplicação dos controles, conforme apropriado. A organização deve assegurar que os resultados dessas avaliações sejam levados em consideração quando da determinação dos controles. A organização deve documentar e manter atualizados os resultados da identificação de perigos, da avaliação de riscos e dos controles determinados. *Requisitos legais e outros requisitos* A organização deve identificar os requisitos legais aplicáveis e outros eventualmente subscritos, relacionados com a SST. Estes requisitos devem ser levados em consideração no estabelecimento, implementação e manutenção do seu sistema de gestão de SST. A organização deve comunicar as informações sobre estes requisitos legais às pessoas que trabalham sob seu controle e às outras partes interessadas pertinentes. *Objetivos e Programa(s)* A organização deve implementar objetivos de SST documentados, nas funções e níveis pertinentes da organização. Os objetivos devem ser mensuráveis, sempre que possível, e consistentes com a política de SST. A organização deve implementar programas para atingir seus objetivos. Estes devem incluir a atribuição de responsabilidade, os meios e o prazo para os objetivos serem atingidos.

4.3.1. O que é Sistema Integrado de Gestão (SIG)?

O Sistema Integrado de Gestão (SIG) tem permitido integrar os processos de qualidade com os de saúde e segurança, gestão ambiental e responsabilidade social. Entretanto a gestão se torna complexa à medida que a organização tem diversos processos.

Quadro 4.2 – O ciclo PDCA e os requisitos da OHSAS – Implementação e operação

PDCA	Requisitos OHSAS 18001:2007
Fazer (Do)	**4.4 IMPLEMENTAÇÃO E OPERAÇÃO** *Recursos, atribuições, responsabilidade, obrigações e autoridade* A alta direção deve assumir a responsabilidade final pela SST e pelo seu sistema de gestão. Ela deve garantir os recursos essenciais para a sua implementação. A alta direção deve definir as funções, alocar responsabilidades e delegar autoridades, a fim de facilitar a gestão eficaz da SST. O representante da alta direção deve assegurar que o sistema de gestão da SST esteja em conformidade com a OHSAS 18001:2007 e assegurar que os relatórios sobre o desempenho do sistema de gestão da SST, após uma análise crítica da direção, sejam utilizados como base para a melhoria do sistema de gestão SST. *Qualificação, treinamento e conscientização* A organização deve identificar as necessidades de treinamento associadas aos seus riscos de SST e ao seu sistema de gestão da segurança do trabalho. Ela deve fornecer treinamento para atender a essas necessidades, avaliando a eficácia do mesmo. Os procedimentos de treinamento devem levar em consideração os vários níveis de responsabilidades, qualificação, instrução e os diferentes tipos de riscos. *Comunicação, participação e consulta* A organização deve estabelecer procedimentos para a comunicação interna entre os vários níveis e também com terceirizados e outros visitantes no local de trabalho, além do tratamento das solicitações oriundas de partes interessadas externas. A organização deve estabelecer procedimentos para a participação dos trabalhadores através do seu envolvimento no desenvolvimento e análise crítica das políticas e objetivos e de SSO. *Documentação* A documentação do sistema de gestão da SST deve conter a política e os objetivos, o escopo do sistema da SST, a descrição dos principais elementos do sistema de gestão e sua interação e referência com documentos associados. Além disso, os documentos devem incluir registros exigidos pela Norma OHSAS e/ou os determinados pela organização como sendo necessários. *Controle dos documentos* A organização deve estabelecer procedimentos para controlar todos os documentos de SST. Deve ser realizada periodicamente uma análise crítica dos mesmos, a fim de proceder a uma atualização e revalidação quando for necessário. Além disso, a organização deve garantir que os documentos validados estejam disponíveis nos locais onde serão utilizados. *Controle operacional* A organização deve identificar as operações e atividades que estão associadas aos perigos identificados, onde a implementação de controles seja necessária para gerenciar os riscos de SST. Devem ser implementados e mantidos critérios operacionais, controles e procedimentos. *Preparação e resposta a emergências* A organização deve implementar procedimentos para a identificação de potenciais situações de emergência e garantir a sua pronta resposta. A organização deve periodicamente analisar criticamente e, quando necessário, revisar seus procedimentos de preparação e resposta a emergências, em particular após o teste periódico e após a ocorrência deste tipo de situação.

Os processos produtivos geram produtos desejáveis (aquilo desejado pelo cliente) e os produtos indesejáveis (poluentes, resíduos, condições inseguras etc.) que podem impactar negativamente o ambiente, a sociedade, a saúde e segurança dos empregados. O gerenciamento desses dois aspectos do processo produtivo será extremamente facilitado se o gestor dispuser de um sistema de gestão único que trate de questões relativas a qualidade,

Quadro 4.3 – O ciclo PDCA e os requisitos da OHSAS – Verificação e análise crítica da direção

PDCA	Requisitos OHSAS 18001:2007
Verificar (Check)	**4.5 VERIFICAÇÃO** *Monitoramento e medição do desempenho* A organização deve estabelecer procedimentos para monitorar e medir regularmente o desempenho da SST. Esses procedimentos devem monitorar o grau de atendimento aos objetivos de SST da organização. Os procedimentos devem fornecer indicadores reativos de desempenho que monitorem doenças ocupacionais, incidentes (incluindo acidentes, quase acidentes etc.) e outras evidências históricas de deficiências no desempenho da SST. Deve existir registro de dados e resultados do monitoramento e medição, suficientes para facilitar a subsequente análise de ações corretivas e ações preventivas. *Avaliação do atendimento aos requisitos legais e outros requisitos* A organização deve implementar procedimentos para avaliar periodicamente o atendimento aos requisitos legais aplicáveis e manter registros dos resultados das avaliações periódicas. *Investigação de incidentes, não conformidades e ação corretiva e preventiva* A organização deve estabelecer procedimentos para registrar, investigar e analisar incidentes e os resultados das investigações de incidentes devem ser documentados e mantidos. A organização deve implementar procedimentos para tratar as não conformidades reais e potenciais e para executar ações corretivas e preventivas. Qualquer ação corretiva ou preventiva destinada a eliminar as causas das não conformidades reais ou potenciais deve ser adequada à magnitude dos problemas e proporcional aos riscos para a SST encontrados. *Controle de Registros* A organização deve estabelecer e manter registros, conforme necessário, para demonstrar a conformidade com os requisitos do seu sistema de gestão da SST e com a OHSAS 18001, bem como os resultados obtidos. *Auditoria Interna* A organização deve assegurar que as auditorias internas do sistema de gestão da SST sejam realizadas em intervalos planejados a fim de determinar a conformidade do sistema de gestão de SST com o que foi planejado, incluindo os requisitos da Norma OSHAS. Os procedimentos de auditoria devem considerar as responsabilidades, competências e os requisitos para o planejamento e realização das mesmas. Estes procedimentos devem relatar os resultados e realizar a manutenção dos registros.
Agir (Act)	**4.6 ANALISE CRÍTICA PELA ALTA ADMINISTRAÇÃO** A alta administração deve rever o sistema de gestão da SST da organização, em intervalos planejados, para assegurar sua contínua adequação, pertinência e eficácia. Estas revisões devem incluir a avaliação de oportunidades de melhoria e a necessidade de alterações no sistema de gestão da SST, incluindo a política de SST e os seus objetivos. Os registros das revisões realizadas pela alta administração devem ser mantidos. A análise crítica realizada pela direção deve ser coerente com o comprometimento da organização com a melhoria contínua e deve incluir quaisquer decisões e ações relacionadas a possíveis mudanças no desempenho, nos recursos, nos objetivos e na política da SST.

meio ambiente, segurança e responsabilidade social do seu processo. A Figura 4.3 mostra o relacionamento do processo produtivo com o SIG.

A integração dos sistemas apresenta os seguintes benefícios:
- Redução de custos ao evitar a duplicação de auditorias, controle de documentos, treinamentos, ações gerenciais etc.

Figura 4.2 – Sistema integrado de gestão.

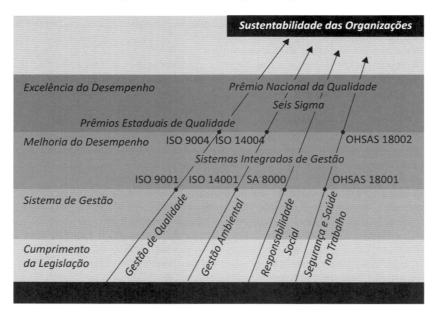

Fonte: QSP apud Lima (2006).

Figura 4.3 – Relacionamento do processo produtivo com o SIG.

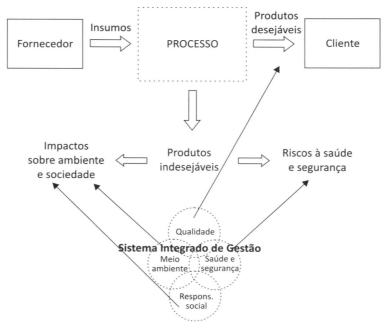

Fonte: Adaptação de Neto et al. (2008).

- Redução de duplicidades e burocracia quando os empregados envolvidos diretamente com a produção recebem um único documento orientando o modo correto de realização do seu trabalho.
- Redução de conflitos dos sistemas ao evitar feudos específicos, minimizando-se conflitos entre documentos e prioridades.
- Economia de tempo da alta direção ao permitir a realização de uma única análise crítica.
- Abordagem holística para o gerenciamento dos riscos organizacionais ao assegurar que todas as consequências de uma determinada ação sejam consideradas.
- Melhoria na comunicação ao utilizar um único conjunto de objetivos e uma abordagem integrada.
- Melhoria no desempenho organizacional ao estabelecer uma única estrutura para a melhoria de qualidade, meio ambiente, responsabilidade social e saúde e segurança, ligada aos objetivos corporativos.

A BSI desenvolveu a primeira especificação do mundo, de requisitos comuns de Sistemas Integrados de Gestão: a PAS 99:2006 e respectiva revisão em 2012 (PAS, sigla em língua inglesa que significa Especificação Disponível Publicamente). O principal objetivo da PAS 99 é simplificar a implementação de múltiplos sistemas e sua respectiva avaliação de conformidade, fornecendo um modelo para as organizações integrarem em uma única estrutura todas as normas e especificações de sistemas de gestão que adotam.

4.4. Gestão, técnicas de identificação e análise de riscos
4.4.1. Gestão de riscos

A gestão de riscos é um dos pontos centrais da gestão estratégica de uma organização. Ela pode ser aplicada durante o desenvolvimento e a implementação da estratégia.

O ponto central de uma boa gestão de riscos é a identificação e tratamento dos mesmos. A organização deve analisar metodicamente todos os riscos inerentes às suas atividades passadas, presentes e futuras e esta prática deve estar integrada à cultura da organização. Ela deve também possuir uma política eficaz e um programa conduzido pela alta direção.

A norma AS/NZS 4360:2004, utilizada na Austrália e na Nova Zelândia, é uma das principais referências sobre a gestão de riscos disponíveis atualmente. Ela serviu de base para o desenvolvimento da ISO 31000:2009, cujo objetivo é fornecer um conjunto único de diretrizes para um modelo de gestão integrada de risco que possa ser utilizado por organizações de qualquer tipo, tamanho e segmento.

Na Figura 4.4 é apresentada uma visão geral do processo de gestão risco, segundo as normas AS/NZS 43360:2004 e ISO 31000:2009.

Os elementos principais do processo de gerenciamento de riscos são os seguintes,

Figura 4.4 – Processo de gerenciamento de risco.

Fonte: Adaptação de ISO 31000:2009.

- **Comunicação e consulta.** A comunicação e consulta aos colaboradores internos e externos são apropriadas em cada etapa do processo de gerenciamento de riscos, assim como a preocupação com o processo como um todo.
- **Estabelecimento dos contextos.** Estabelecer, interna e externamente, um contexto de gerenciamento de riscos no qual o processo irá acontecer. Os critérios de avaliação e a estrutura da análise devem ser estabelecidos para cada risco.
- **Identificação dos riscos.** Identificar onde, quando, como e o porquê dos acontecimentos que podem impedir, prejudicar, atrasar ou comprometer a concretização de objetivos.
- **Análise dos riscos.** Identificar e avaliar os controles existentes. Determinar as consequências e as probabilidades de aumento dos níveis de risco. Essa análise deve considerar a extensão de possíveis consequências e como elas podem ocorrer.
- **Avaliação dos riscos.** Comparar os níveis estimados de risco diante de critérios preestabelecidos e buscar um equilíbrio entre os benefícios potenciais e os resultados adversos. Isso facilita a tomada de decisões no que se refere à extensão e à natureza dos procedimentos necessários e quais devem ser priorizados.
- **Tratamento dos riscos.** Desenvolver e implementar estratégicas específicas de custo-benefício e planos de ação para aumentar os potenciais benefícios e reduzir os potenciais custos.

- **Monitoramento e análise crítica.** É necessário monitorar a efetividade de todas as etapas do processo de gerenciamento de riscos. Isso é importante para a melhoria contínua. Os riscos e a efetividade de medidas de tratamento precisam ser monitorados para assegurar que circunstâncias adversas não alterem as prioridades.

O gerenciamento de riscos pode ser aplicado em vários setores de uma organização. Pode ser aplicado tanto em nível estratégico quanto em nível tático ou operacional. Também pode ser aplicado a projetos específicos para auxiliar em determinadas decisões ou no gerenciamento de áreas de risco particulares.

Para cada etapa do processo devem ser mantidos registros que permitam que as decisões tomadas sejam compreendidas como um processo contínuo de aperfeiçoamento.

4.4.2. Técnicas de identificação e análise de riscos

O emprego de recursos na melhoria das condições de trabalho deve ser visto como investimento, pois resulta no crescimento qualitativo e quantitativo da produção e na consequente elevação dos benefícios para a empresa. Cabe à empresa, desde a alta administração até os escalões mais baixos, buscar a formação e a implementação de políticas de gerenciamento de riscos que a tornem competitiva no mercado em que atua. Para isso, diversas técnicas de identificação e análise de riscos vêm sendo desenvolvidas e aplicadas nas organizações. A utilização das ferramentas de análise de riscos, segundo um enfoque sistêmico, torna possível controlar um maior número de fatores que intervêm no processo.

A análise e avaliação de risco é um exercício orientado para a quantificação da perda máxima provável que dele possa decorrer, ou seja, da quantificação da probabilidade de ocorrência desse risco e de suas consequências e/ou gravidades.

As principais técnicas de gerenciamento de risco são descritas a seguir.

Técnica do incidente crítico. É uma técnica utilizada para identificar os erros e as condições inseguras que contribuem para os acidentes com lesão, tanto reais como potenciais. Ela utiliza uma amostra aleatória estratificada de pessoas selecionadas dos principais departamentos da empresa. Esta seleção visa obter uma amostra representativa das diversas operações e das diferentes categorias de risco. Durante a aplicação da técnica, um entrevistador interroga um grupo de pessoas e lhes pede para recordar e descrever atos inseguros que tenham cometido ou observado, bem como as condições inseguras que tenham chamado sua atenção dentro da empresa.

Análise Preliminar de Riscos (APR). A técnica é utilizada para identificar fontes de perigo, consequências e medidas corretivas simples, sem aprofundamento técnico, resultando em tabelas de fácil leitura. A APR é uma análise inicial qualitativa, desenvolvida na fase de projeto e desenvolvimento de qualquer processo, produto ou sistema. Ela é de especial importância na investigação de sistemas novos de alta inovação e/ou pouco conhecidos e quando a experiência em riscos na sua operação é carente ou deficiente. Ela também pode ser utilizada como ferramenta de revisão geral de segurança em sistemas em operação, revelando aspectos que podem passar despercebidos.

Análise "What-If?". Normalmente é utilizada nas fases iniciais de projeto. Trata-se de uma técnica especulativa onde uma equipe busca responder o que poderia acontecer caso determinadas falhas surjam. A técnica se desenvolve através de reuniões de questionamento entre duas equipes. Os questionamentos dizem respeito a procedimentos, instalações e processos da situação analisada. A equipe questionadora é a conhecedora e familiarizada com o sistema a ser analisado. Ela deve formular uma série de quesitos com antecedência com a finalidade de guiar a discussão. Para sua aplicação são utilizadas, periodicamente, técnicas de dinâmica de grupo. A utilização periódica do "What-If?" é o que garante o seu bom resultado no que se refere à revisão de riscos do processo.

Matriz de riscos. Consiste numa matriz onde se busca verificar os efeitos da combinação de duas variáveis. Um exemplo clássico de sua utilização é o das reações químicas, avaliando-se os efeitos da mistura acidental de duas substâncias existentes.

HAZOP (Hazard and Operability Studies). É um dos métodos mais conhecidos na análise de riscos na indústria química, onde uma equipe busca, de forma criativa, identificar falhas de riscos e problemas operacionais em subsistemas do processo. O HAZOP é essencialmente um procedimento indutivo qualitativo no qual um grupo examina um processo, gerando, de uma maneira sistemática, perguntas sobre o mesmo. As perguntas, embora instigadas por uma lista de palavras-guias, surgem naturalmente através da interação entre os membros da equipe. Essa técnica de identificação de perigos consiste em uma busca estruturada das causas de possíveis desvios em diferentes pontos do sistema durante a operação do mesmo.

FMEA (Failure Mode and Effect Analysis). A Análise de Modos e Efeito de Falhas permite estudar como as falhas de componentes específicos de um equipamento ou subsistema do processo se distribuem ao longo do sistema. A estimativa das probabilidades de falhas é feita pela técnica de árvore de falhas. A FMEA permite analisar como podem falhar os componentes de um equipamento ou sistema, estimar as taxas de falha, determinar os efeitos que poderão advir e estabelecer as mudanças que deverão ser feitas para aumentar a probabilidade de que o sistema ou equipamento realmente funcione de maneira satisfatória, aumentando a sua confiabilidade.

A FMEA é mais utilizada nas indústrias de processo. Na área de SST ela tem sido empregada em aplicações específicas, como por exemplo em análise de fontes de risco. Ela também se tornou uma ferramenta importante na elaboração da análise ergonômica do trabalho.

Análise de Árvore de Falhas (AAF). É um método dedutivo que visa determinar a probabilidade de ocorrência de determinados eventos finais. Busca-se construir uma malha de falhas que culmina num determinado evento final. Para isso, são atribuídas taxas de falha para cada item que compõe a árvore, chegando-se então à probabilidade final, através da lógica do tipo e/ou do uso da álgebra booleana.

A AAF pode ser aplicada através dos passos apresentados a seguir.

1. Seleção do evento indesejável ou falha cuja probabilidade de ocorrência deve ser determinada.
2. Revisão dos fatores intervenientes, como ambiente, dados de projeto, exigências do sistema etc., determinando as condições, eventos particulares ou falhas que poderiam contribuir para a ocorrência do evento indesejado.
3. Preparação de uma "árvore" através da diagramação dos eventos contribuintes e falhas que irá mostrar o inter-relacionamento entre os eventos contribuintes e o evento final.
    - O processo inicia com os eventos que poderiam diretamente causar o evento final, formando o "primeiro nível". As combinações de evento e falhas contribuintes irão sendo adicionadas à medida que se retrocede passo a passo. Os diagramas desenvolvidos são chamados Árvores de Falhas e o relacionamento entre os eventos é feito através de portas lógicas.
4. Desenvolvimento de expressões matemáticas adequadas através da Álgebra Booleana representando as "entradas" das árvores de falhas.
    - Cada porta lógica tem implícita uma operação matemática que pode ser traduzida em ações de adição ou multiplicação. A expressão é então simplificada através de postulados da Álgebra Booleana.
5. Determinação da probabilidade de falha de cada componente ou a probabilidade de ocorrência de cada condição ou evento presente na equação simplificada.
    - Os dados a serem utilizados podem ser obtidos de tabelas específicas, de informações dos fabricantes, experiência anterior, comparações com equipamentos similares, ou ainda obtidos experimentalmente para um determinado sistema em estudo.
6. Aplicação das probabilidades.
    - As probabilidades são aplicadas à expressão simplificada e é calculada a probabilidade de ocorrência do evento indesejável investigado.

A simbologia lógica de uma árvore de falha é mostrada na Figura 4.5; mais adiante, na seção 4.5, é apresentada uma noção de álgebra booleana.

Análise de causa e efeito. A representação desta análise possui o formato de uma espinha de peixe. Ela facilita não só a visualização do problema, como também a interpretação das causas que o originaram. Para a construção do diagrama, parte-se do pressuposto de que o efeito (acidente) não é produzido por uma única causa, mas por um conjunto de fatores que desencadeiam todo o processo. A construção do diagrama envolve a participação de um grupo de pessoas que opinam sobre as prováveis causas que teriam gerado o acidente.

Análise de árvore de causas. É um método utilizado para a análise das causas de acidentes do trabalho. A construção do diagrama é feita com a participação de equipes

Figura 4.5 – Simbologia lógica de uma árvore de falha.

Símbolo	Descrição
A / B₁ / B₁ B₂ Bₙ (AND)	Módulo ou porta AND (E)
A / B₁ / B₁ B₂ Bₙ (OR)	Módulo ou porta OR (OU)
G₁	Módulo ou porta de inibição. Permite aplicar uma condição ou restrição à sequência. A entrada do input e a condição do output.
R₁	Identificação de um evento particular. Quando contido numa sequência, usualmente descreve a entrada ou saída de um módulo, indica uma condição limitante ou restrição que deve ser satisfeita.
X₁	Um evento, usualmente um mau funcionamento, descrito em termos de conjuntos ou componentes específicos. Falha primária de um ramo ou série.
(casa)	Um evento que normalmente ocorre, a menos que se provoque uma falha.
⟨X₁⟩	Um evento "não desenvolvido", em razão de falta de informação ou de consequência suficiente. Também pode ser usado para indicar maior investigação a ser realizada, quando se puder dispor de informação adicional.
Y₁	Indica ou estipula restrições. Com um módulo AND, a restrição deve ser satisfeita antes que o evento possa ocorrer. Com um módulo OR, a estipulação pode ser que o evento não ocorrerá na presença de ambos ou todos os inputs simultaneamente.
△	Um símbolo de conexão à outra parte da árvore de falhas, dentro do mesmo ramo-mestre. Tem as mesmas funções, sequências de eventos e valores numéricos.
▽	Idem, mas não tem valores numéricos.

multidisciplinares que possibilitam a eliminação do "achismo", muito comum na análise deste tipo de acidente. Por representar graficamente o acidente, este método pode ser qualificado como uma ferramenta de comunicação entre os que fazem a análise e aqueles que descobrem a história do acidente analisado. Os fatores que ficaram sem explicação, demandando informações complementares, são colocados em evidência aos olhos de todos. É uma ferramenta que propicia análises ricas e aprofundadas, muito úteis à prevenção.

Análise de consequências. É uma técnica para avaliar a extensão e gravidade de um acidente. A análise inclui a descrição do possível acidente e uma estimativa da quantidade de substância envolvida; quando for do tipo emissão tóxica, deve ser calculada a dispersão dos materiais, utilizando modelos de simulação computadorizados e a avaliação dos efeitos nocivos. Os resultados servem para o estabelecimento de cenários e a implementação de medidas de proteção necessárias.

4.5. Noções de confiabilidade e álgebra booleana

4.5.1. Álgebra booleana

Para proceder o estudo quantitativo da AAF é necessário conhecer algumas definições da álgebra booleana que foi desenvolvida pelo matemático George Boole para o estudo da lógica. Suas regras e expressões em símbolos matemáticos permitem simplificar problemas complexos. Ela é principalmente usada em computadores e outras montagens eletromecânicas. Ela também é usada em análise de probabilidades, em estudos que envolvem decisões e mais recentemente em segurança de sistemas.

A Figura 4.6 apresenta a álgebra booleana associada à simbologia da árvore de falha.

Figura 4.6 – A álgebra booleana e a simbologia usada na árvore de falha.

MÓDULO	SÍMBOLO	EXPLICAÇÃO	1 - (V) 0 - (F)	TABELA VERDADE
OR (OU)	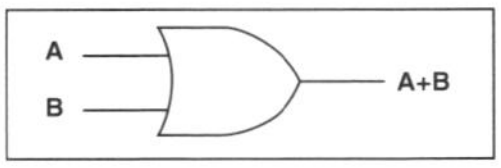 A, B → A+B	O módulo OR indica que quando uma ou mais entradas ou condições determinantes estiverem presentes, a proposição será verdadeira (V) e resultará uma saída. Ao contrário, a proposição será falsa (F) se, e somente se, nenhuma das condições estiver presente.		A B A+B 0 0 0 0 1 1 1 0 1 1 1 1
AND (E)	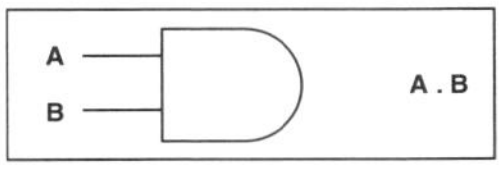 A, B → A.B	O modulo AND indica que todas as entradas ou condições determinantes devem estar presentes para que uma proposição seja verdadeira (V). Se uma das condições ou entrada estiver faltando, a proposição será falsa (F).		A B A.B 0 0 0 0 1 0 1 0 0 1 1 1
NOR (NOU)	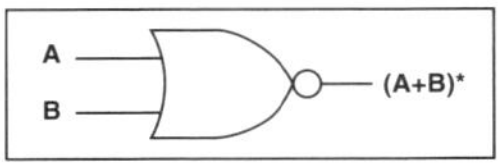 A, B → (A+B)*	O módulo NOR pode ser considerado um estado NO-OR (NÃO-OU). Indica que quando uma ou mais entradas estiverem presentes a proposição será falsa (F) e não haverá saída. Quando nenhuma das entradas estiver presente, resultará uma saída.		A B (A+B)' 0 0 1 0 1 0 1 0 0 1 1 0
NAND (NE)	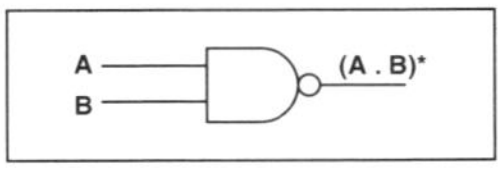 A, B → (A.B)*	O modulo NAND indica que quando uma ou mais das entradas ou condições determinantes não estiverem presentes, a proposição será verdadeira (V) e haverá uma saída. Quando todas as entradas estiverem presentes, a proposição será falsa (F) e não haverá saída		A B (A.B) 0 0 1 0 1 1 1 0 1 1 1 0

Enquanto a álgebra tradicional opera com relações quantitativas, a álgebra booleana opera com relações lógicas. Na álgebra tradicional as variáveis podem assumir qualquer valor, já na álgebra booleana as variáveis apenas podem assumir um de dois valores binários. Estes valores binários não exprimem quantidades, mas apenas estados do sistema.

A álgebra booleana possui um conjunto de propriedades que são apresentadas na Tabela 4.1.

Tabela 4.1 – Propriedades da álgebra booleana

Propriedade	Versão OR	Versão AND
Identidade	A + 0 = A	A . 1 = A
Elemento nulo	A + 1 = 1	A . 0 = 0
Complemento	$A + \bar{A} = 1$	$A . \bar{A} = 0$
Involução	$\bar{\bar{A}} = A$	$\bar{\bar{A}} = A$
Comutativa	A + B = B + A	A . B = B . A
Associativa	A + (B + C) = (A + B) + C	A . (B . C) = (A . B) . C
Distributiva	A + (B.C) = (A + B).(A + C)	A.(B + C) = (A.B) + (A.C)
Absorção	A + (A.B) = A	A.(A + B) = A
De Morgan	$A + \bar{B} = \overline{A.B}$	$A.\bar{B} = \bar{A} + \bar{B}$

4.5.2. Análise da confiabilidade

A confiabilidade é a probabilidade de um equipamento ou sistema desempenhar satisfatoriamente suas funções específicas, por um período específico de tempo, sob um dado conjunto de condições de operação.

Um sistema, quando novo, apresenta máxima confiabilidade (100%), e à medida que o mesmo é utilizado sua confiabilidade diminui devido ao desgaste acumulado nos seus diversos componentes.

O cálculo da confiabilidade tem como base a análise histórica das falhas do sistema (dados históricos de manutenção) que devem ser processados matematicamente através de modelos probabilísticos para avaliar a probabilidade de cada modo de falha. A confiabilidade permite fazer uma estimativa do comportamento futuro do sistema durante sua operação.

4.6. Certificações de sistemas de gestão de SST

A certificação de um sistema de gestão ocorre a partir da sua avaliação por uma entidade independente. É uma auditoria externa realizada por um organismo certificador (OC).

A decisão pela implantação de um sistema de gestão numa organização pode ser espontânea, originar-se de uma estratégia de negócios ou a partir de solicitações dos clientes. O motivo determinante da implantação deve ser observado no momento da identificação e seleção da entidade certificadora. O reconhecimento e a confiabilidade do certificado estão intimamente relacionados com a credibilidade da empresa que realiza a avaliação.

O conceito de acreditação de uma entidade certificadora está relacionado com o reconhecimento, pelo órgão normativo de algum país, de que as práticas de auditoria da organização estão em conformidade com os padrões internacionais e locais que regulamentam essas atividades.

As auditorias de certificação do sistema de gestão da qualidade e do sistema de gestão ambiental são realizadas conforme diretrizes estabelecidas na norma ABNT NBR ISO/IEC 17021:2007 Avaliação de Conformidade – Requisitos para organismos que fornecem auditoria e certificação de sistemas de gestão. A norma é aplicável a qualquer sistema de gestão e introduz requisitos de desempenho para os organismos certificadores que são avaliados pelo órgão acreditador. Ela também estabelece princípios de auditoria, requisitos de estrutura e de recursos sobre informações dos processos e de sistema de gestão para o organismo certificador.

Na área de sistemas de gestão de SST não existe entidade responsável pela acreditação de organismos certificadores para a avaliação da OHSAS 18001. As organizações podem selecionar o OC de sua maior confiança ou preferência. Contudo convém que esse OC seja acreditado para outros sistemas de gestão, pois os procedimentos de auditoria são semelhantes e facilitam o reconhecimento público do certificado emitido que alguns organismos denominam "Declaração de Conformidade", justamente por não haver um sistema formal de acreditação.

4.7. Programas de segurança

O Ministério do Trabalho e Emprego, através da Secretaria de Inspeção do Trabalho, considerando o disposto no art. 200, da Consolidação das Leis do Trabalho (CLT), com redação dada pela Lei 6.514, de 22 de dezembro de 1977, instituiu a Portaria 3.214, de 8 de junho de 1978, que "aprova as Normas Regulamentadoras (NR) do Capítulo V, Título II, da Consolidação das Leis do Trabalho, relativas à Segurança e Medicina do Trabalho".

As atuais 33 Normas Regulamentadoras (NR), relativas à segurança e medicina do trabalho, são de observância obrigatória pelas empresas privadas e públicas e pelos órgãos públicos da administração direta e indireta, bem como pelos órgãos dos Poderes Legislativo e Judiciário, que possuam empregados regidos pela Consolidação das Leis do Trabalho (CLT).

Secretaria de Segurança e Saúde no Trabalho (SSST) é o órgão de âmbito nacional competente para coordenar, orientar, controlar e supervisionar as atividades relacionadas com a segurança e medicina do trabalho, inclusive a Campanha Nacional de Prevenção de Acidentes do Trabalho (CANPAT), o Programa de Alimentação do Trabalhador (PAT) e ainda a fiscalização do cumprimento dos preceitos legais e regulamentares sobre segurança e medicina do trabalho em todo o território nacional. Compete, ainda, à Delegacia Regional do Trabalho (DRT) ou à Delegacia do Trabalho Marítimo (DTM), nos limites de sua jurisdição:
- adotar medidas necessárias à fiel observância dos preceitos legais e regulamentares sobre segurança e medicina do trabalho;
- impor as penalidades cabíveis por descumprimento dos preceitos legais e regulamentares sobre segurança e medicina do trabalho;

- embargar obra, interditar estabelecimento, setor de serviço, canteiro de obra, frente de trabalho, locais de trabalho, máquinas e equipamentos;
- notificar as empresas, estipulando prazos, para eliminação e/ou neutralização de insalubridade;
- atender requisições judiciais para realização de perícias sobre segurança e medicina do trabalho nas localidades onde não houver médico do trabalho ou engenheiro de segurança do trabalho registrado no MTB.

Como exemplo de requisitos e programas integrantes do escopo das NRs, temos: SESMT, PPRA, PCMSO e PPP, entre outros.

a. O Serviço Especializado em Engenharia de Segurança e Medicina do Trabalho (SESMT) é composto pelos seguintes profissionais:
- Técnico de segurança do trabalho
- Engenheiro de segurança do trabalho
- Auxiliar de enfermagem do trabalho
- Enfermeiro do trabalho
- Médico do trabalho

O dimensionamento do SESMT depende basicamente de duas variáveis: o grau de risco da atividade desenvolvida pela empresa e o número de empregados próprios. Para se obter o grau de risco da atividade é necessário consultar o seu código no cartão do CNPJ da empresa e verificar na Norma Regulamentadora - 4 (NR-04) o grau de risco associado. Com essas duas informações é possível dimensionar o SESMT.

b. Instituído em 1994, por exigência legal, as empresas são obrigadas a montar o Programa de Prevenção de Riscos Ambientais (PPRA). O PPRA monitora os agentes físicos (ruído, vibrações, umidade, calor, frio, radiações e pressões anormais), químicos (gases, vapores, fumos, poeiras, névoas, neblinas) e biológicos (vírus, bacilos, bactérias, protozoários, parasitas, fungos). A elaboração, a implementação, o acompanhamento e a avaliação do PPRA podem ser feitos pelo SESMT ou por pessoa ou equipe de pessoas que, a critério do empregador, sejam capazes de desenvolver o disposto no item 9.3.1.1 da NR-09.

O PPRA possui quatro pontos básicos: a antecipação dos riscos, o reconhecimento dos riscos, a avaliação dos riscos e o controle dos riscos.

4.7.1. Antecipação dos riscos

São medidas de caráter preventivo (bloqueios) que têm a função de evitar que o risco se instale mediante o uso de um mecanismo de controle.

4.7.2. Reconhecimento dos riscos

Para realizar o reconhecimento dos riscos é necessária a escolha de uma técnica de análise de riscos. A mais comum é a Análise Preliminar de Risco (APR) que envolve os seguintes tópicos:
- Identificação dos riscos
- Tempo de exposição ao risco
- Localização das fontes de risco
- Identificação das trajetórias e dos meios de propagação
- Levantamento do número de trabalhadores expostos aos agentes
- Caracterização das atividades por função
- Doenças profissionais já diagnosticadas no setor
- Literatura técnica sobre os agentes
- Medidas de controle já existentes (envolve Equipamentos de Proteção Coletiva ou Individual)

4.7.3. Avaliação dos riscos

A avaliação deve ser quantitativa ou qualitativa. Na avaliação quantitativa deverá ser comprovado o controle da exposição ou a inexistência do risco, ser dimensionada a exposição dos trabalhadores e subsidiado o equacionamento das medidas de controle.

4.7.4. Controle dos riscos

As medidas de controle devem ser postas em prática logo após a identificação do risco. A prioridade são os controles na fonte ou na trajetória. Só em último caso deve-se pensar em colocar um Equipamento de Proteção Individual (EPI) nos trabalhadores. Os EPIs devem ser usados em serviços de curta duração, em situações de emergência, quando não for possível instalar um equipamento de proteção coletiva ou enquanto este estiver sendo fabricado.

4.7.5. Estrutura e desenvolvimento do PPRA

O PPRA deve conter um planejamento (com metas, prioridades e cronogramas), avaliação ambiental geral, avaliações ambientais parciais, treinamentos, auditorias, análise crítica do programa e a forma do registro, manutenção e divulgação dos dados, cujas ações devem ser integradas ao Programa de Controle Médico de Saúde Ocupacional (PCMSO).
   c. O Programa de Controle Médico de Saúde Ocupacional (PCMSO) foi criado pela Portaria 24, de 29 de dezembro de 1994. A portaria prevê a obrigatoriedade da elaboração e implementação do PCMSO por parte dos empregadores e instituições, com o objetivo de promover e preservar a saúde do conjunto dos seus trabalhadores.

Anualmente deve ser emitido um relatório onde constem todas as ações de saúde que foram executadas. O relatório deverá discriminar os setores da empresa, o número e a natureza dos exames médicos, incluindo avaliações clínicas e exames complementares, estatísticas de resultados considerados anormais, assim como o planejamento para o próximo ano.

O PCMSO deve desenvolver duas ações básicas: a promoção de saúde e a prevenção de doenças. No que se refere à promoção de saúde, as técnicas mais utilizadas são: exibição de filmes de cunho educativo; reuniões de grupo do tipo "Pergunte ao seu médico"; distribuição de *folders* sobre temas polêmicos, como: AIDS, tabagismo, alcoolismo, doenças sexualmente transmissíveis, uso de drogas, higiene pessoal e higiene domiciliar. No que se refere à prevenção de doenças, o PCMSO prevê a realização obrigatória dos seguintes exames médicos: *admissional* (funcionário novo), periódico (manutenção da exposição), *mudança de função* (sempre que os riscos forem diferentes daqueles inerentes à função anterior) e *demissional* (saída do funcionário da empresa). Esses exames são definidos pelo coordenador do PCMSO. Além disso, algumas empresas costumam promover campanhas de vacinação (gripe, antitetânica etc.).

d. O Perfil Profissiográfico Previdenciário (PPP) é o documento histórico-laboral do trabalhador, segundo modelo instituído pelo Instituto Nacional do Seguro Social. Entre outras informações, deve conter registros ambientais, resultados de monitoração biológica e dados administrativos (§ 8º do artigo 68 do Decreto 4.032/2002, do INSS).

O PPP tem como finalidades:
- Comprovar as condições para a habilitação de benefícios e serviços previdenciários.
- Prover o trabalhador de meios de prova produzidos pelo empregador perante a Previdência Social, outros órgãos públicos e os sindicatos, de forma a garantir todo direito decorrente da relação de trabalho.
- Prover a empresa de meios de prova produzidos em tempo real, de modo a organizar e a individualizar as informações contidas em seus diversos setores ao longo dos anos, possibilitando que a empresa evite ações judiciais indevidas.
- Possibilitar aos administradores públicos e privados acesso a bases de informações fidedignas, como fonte primária de informação estatística para desenvolvimento de vigilância sanitária e epidemiológica, bem como definição de políticas em saúde coletiva.

Existem outros programas relacionados com segurança e saúde do trabalho e os mais utilizados são: o programa de proteção respiratória (PPR), o programa de conservação auditiva (PCA), o programa de condições e meio ambiente de trabalho na indústria da construção (PCMAT), o programa de gerenciamento de riscos (PGR).

4.8. Revisão dos conceitos apresentados

A OHSAS 18001:2007 e a ISO 45001:2018 especificam os requisitos para um sistema de gestão de SST que permite à organização eliminar ou minimizar riscos às pessoas e a outras partes interessadas que possam estar expostas aos perigos de SST associados às suas atividades. Ela sugere que a organização deve atentar para quatro atividades básicas: o planejamento; a implementação e operação; a verificação e as ações corretivas, seguindo o modelo do ciclo PDCA.

O Sistema Integrado de Gestão (SIG) permite integrar os processos de qualidade com os de saúde e segurança, gestão ambiental e responsabilidade social. O gerenciamento de forma integrada dos produtos desejáveis e dos produtos indesejáveis (poluentes, resíduos, condições inseguras etc.) trará inúmeros benefícios para o gestor.

A ISO 31000:2009 é uma norma geral de Gestão de Riscos, que independe da área ou segmento de atuação das organizações. A norma AS/NZS 4360:2004 foi uma das principais referências que serviu de base para o desenvolvimento da ISO 31000:2009 – Gestão de Riscos. A gestão de riscos tem como ponto central a identificação e tratamento dos riscos de uma organização. Os seus elementos principais são comunicação e consulta, estabelecimento dos contextos, identificação dos riscos, análise dos riscos, avaliação dos riscos, tratamento dos riscos e monitoramento e análise crítica.

A utilização das ferramentas de análise de riscos torna possível controlar um maior número de fatores que intervêm no processo de gerenciamento de riscos. As principais técnicas de gerenciamento são: técnica do incidente crítico, análise preliminar de riscos, Análise "What-If?", matriz de riscos, HAZOP, FMEA, análise de árvore de falhas, análise de causa e efeito, análise de árvore de causas e análise de consequências.

A certificação de um sistema de gestão ocorre a partir da sua avaliação por uma entidade independente. É uma auditoria externa realizada por um organismo certificador (OC). O reconhecimento e a confiabilidade do certificado estão intimamente relacionados com a credibilidade da empresa que realiza a avaliação. Por ainda não existir uma entidade responsável pela acreditação de organismos certificadores para a avaliação da OHSAS 18001:2007, as organizações podem selecionar uma OC de sua preferência que emitirá uma "Declaração de Conformidade". Com a edição da ISO 45001:2018, o processo de aplicação da OHSAS 18001 será descontinuado.

O SESMT, PPRA, PCMSO, PPP são programas de segurança e saúde no trabalho. O SESMT é composto por especialista na área de segurança e saúde do trabalho. O PPRA é o programa de prevenção de riscos ambientais que monitora os agentes físicos, químicos e biológicos. O PCMSO é o programa de controle médico de saúde ocupacional cujo objetivo é promover e preservar a saúde dos trabalhadores. O PPP é o documento histórico-laboral do trabalhador que deve conter registros ambientais, resultados de monitoração biológica e dados administrativos do trabalhador. Além desses, existem outros programas relacionados com a segurança e a saúde do trabalho, como o PPR, PCA, PCMAT e o PGR.

4.9. Questões

1. Discorra, utilizando a perspectiva do ciclo PDCA, sobre os principais avanços entre as versões da OHSAS 18001:2007 e ISO 45001:2018.
2. Quais as principais características de um sistema integrado de gestão? Quais são os seus benefícios?
3. Discorra sobre as fases da norma ISO 31000:2009, contextualizando e exemplificando a aplicação.
4. Discorra sobre as principais características das diversas técnicas de identificação e análise de riscos.
5. Quais os elementos que integram a técnica Análise de Árvore de Falhas (AAF)? Qual a principal diferença entre os módulos "or" e "and" e entre os módulos "nor" e "nand" numa árvore de falha?
6. O que é acreditação de uma entidade certificadora? Qual a importância desse conceito no contexto da expressão genérica "...empresa certificada pela OHSAS 18001"?
7. Quais são as variáveis para o dimensionamento do SESMT e quais os profissionais que podem constituí-lo?
8. Explique de que forma podem ser integrados os programas PPRA e PCMSO.

4.10. Referências

ALBERTON, A. (1996) Uma metodologia para auxiliar no gerenciamento de riscos e na seleção de alternativas de investimentos em segurança. Dissertação (mestrado). Florianópolis: Universidade Federal de Santa Catarina.

ARAÚJO, G.M. (2002). Normas regulamentadoras comentadas – legislação de segurança e saúde no trabalho. 3ª ed. Rio de Janeiro: GVC.

ARAÚJO, G.M. (2008) Sistema de gestão de segurança e saúde ocupacional OHSAS 18001:2007 e OIT SSO: 2001. 2ª ed. Rio de Janeiro: GVC, v. 1.

ARAÚJO, N.M.C. (2002) Proposta de sistema de gestão da segurança e saúde no trabalho. Baseado na OHSAS 18001 para empresas construtoras de edificações verticais. Tese (doutorado). Paraíba: Universidade Federal da Paraíba.

ASSMANN, R. (2006) A gestão da segurança do trabalho sob a ótica da teoria da complexidade. Dissertação (mestrado). Florianópolis: Universidade Federal de Santa Catarina.

CAMPOS, A.A.M. (2004) CIPA – Comissão Interna de Prevenção de Acidentes: uma nova abordagem. 7ª ed. São Paulo: Senac.

CHAIB, E.B.D'A. (2005) Proposta para implementação de sistema de gestão integrada de meio ambiente, saúde e segurança do trabalho em empresas de pequeno e médio porte: um estudo de caso da indústria metal-mecânica. Dissertação (mestrado). Rio de Janeiro: Universidade Federal do Rio de Janeiro.

DEUS E MELLO, S.R.B. (2007) Proposta de um modelo de gestão de SST para a CHESF. Dissertação (mestrado). Universidade Federal de Pernambuco.

FRANZ, L.A.; AMARAL, F.G.; AREZES, P.M.F.M. (2008) Modelos de gestão da segurança e saúde no trabalho: uma revisão sobre as práticas existentes e suas características. Revista Gestão Industrial, v. 4, n. 4, p. 138-154.

LIMA, G.B.A. (2009) Introdução à Engenharia de Segurança do Trabalho. Notas de Aula. Curso de Especialização em Engenharia de Segurança. Niterói: Universidade Federal Fluminense.

MAYER, J.; FAGUNDES, L.L. (2008) Proposta de um modelo para avaliar o nível de maturidade do processo de gestão de riscos em segurança da informação. VIII Simpósio Brasileiro em Segurança da Informação e de Sistemas Computacionais. Gramado.

NETO, J.B.M.R.; TAVARES, J.C.; HOFFMANN S.C. (2008) Sistemas de gestão integrados. São Paulo: Senac.

ÓCONNOR, P.D.T. (1991) Practical reliability engineering. New York: John Wiley & Sons.

QSP. Centro da Qualidade, Segurança e Produtividade. www.qsp.org.br. Acesso: 27 abr 2009.

Capítulo	Técnicas de gestão de riscos
5	

Nelma Mirian Chagas de Araújo

Conceitos apresentados neste capítulo

Neste capítulo são tratados os assuntos relativos à gestão de riscos e aos programas de Segurança e Saúde no Trabalho (SST) exigidos pelas Normas Regulamentadoras (NRs) do Ministério do Trabalho e Emprego (MTE): PCMSO (Programa de Controle Médico e Saúde Ocupacional) e PCMAT (Programa de Condições e Meio Ambiente de Trabalho na Indústria da Construção). Inicialmente faz-se uma objetiva e sucinta abordagem sobre identificação de riscos e de alguns métodos utilizados para tal, confiabilidade e álgebra booleana. Em seguida, são relacionadas algumas técnicas de identificação de riscos e, por fim, uma análise dos programas de SST.

5.1. Introdução

Atualmente, existe a falta de consenso quanto às terminologias e aos conceitos utilizados para a gestão de riscos, o que faz com que as organizações enfrentem dificuldades em integrar as diferentes funções e atividades relativas ao tema.

Essa falta de consenso, na prática, resulta no tratamento da gestão de risco de forma isolada, ocasionando muitas vezes a geração dos chamados silos ou ilhas departamentais, o que provoca a utilização de terminologias, sistemas, critérios e conceitos diferentes para cada uma das áreas da organização.

Além disso, o gerenciamento de risco deve ter um caráter participativo, em que os trabalhadores sejam os sujeitos nas ações. Essa forma de gerenciamento evita que ocorra o chamado gerenciamento artificial de risco.

Neste capítulo adotaremos a definição de *gestão de riscos* utilizada por De Cicco e Fantazzini (2003):

"é a ciência, a arte e a função que visa à proteção dos recursos humanos, materiais, ambientais e financeiros de uma organização, quer através da eliminação ou redução de seus riscos, quer através do financiamento dos riscos remanescentes, conforme seja economicamente mais viável".

O processo de gerenciamento de riscos, como todo procedimento de tomada de decisão, começa com a identificação e a análise de um problema. No caso da gestão de riscos, o problema consiste, primeiramente, em se conhecer e analisar os riscos de perdas acidentais que ameaçam a organização.

A identificação de riscos é, indubitavelmente, a mais importante das responsabilidades do gestor de riscos. É o processo por meio do qual, contínua e sistematicamente, são identificadas perdas potenciais (a pessoas, à propriedade e por responsabilidade da organização), ou seja, situações de risco de acidentes que podem afetar a organização.

5.2. Identificação de riscos

Não existe um método ideal para se identificar riscos. Na prática, a melhor estratégia é combinar os vários métodos existentes, obtendo-se o maior número possível de informações sobre riscos e evitando-se, assim, que a organização seja, inconscientemente, ameaçada por eventuais perdas decorrentes de acidentes.

São métodos frequentemente utilizados para identificar riscos:

- **Mapa de riscos.** Tem como objetivo reunir as informações necessárias para estabelecer o diagnóstico da situação de segurança e saúde no trabalho nas empresas e possibilitar, durante a sua elaboração, a troca e a divulgação de informações entre trabalhadores, bem como estimular a participação destes nas atividades de prevenção. A elaboração dos mapas de riscos é uma das atribuições da CIPA (Comissão Interna de Prevenção de Acidentes) e é composta das seguintes etapas: conhecer o processo de trabalho no local analisado; identificar os riscos existentes no ambiente pesquisado, conforme a classificação da Tabela 1 (Anexo IV) da Portaria 25, de 29 de dezembro de 1994, da Secretaria de Segurança e Saúde no Trabalho do Ministério do Trabalho e Emprego; identificar as medidas preventivas existentes e sua eficácia; reconhecer os indicadores de saúde; conhecer os levantamentos ambientais já realizados no local; e elaborar o Mapa de Riscos, sobre o layout da organização ou do ambiente analisado.
- **Checklists e roteiros.** Podem ser obtidos em publicações especializadas sobre Engenharia de Segurança e Seguros, junto a corretoras, seguradoras etc., ou serem construídos. Deve-se ressaltar que, por mais precisos e extensos que sejam, há uma grande chance de eles omitirem situações de risco até vitais para uma determinada organização. Para minimizar o problema, os responsáveis pela gestão de riscos devem adaptar tais instrumentos às características e peculiaridades específicas da organização.

- **Inspeção de segurança.** Nada mais é do que a procura de riscos comuns, já conhecidos teoricamente. O conhecimento teórico facilita a prevenção de acidentes, pois as soluções possíveis já foram estudadas anteriormente e constam de extensa bibliografia. Os riscos mais comumente encontrados em uma inspeção de segurança, entre outros, são: falta de proteção de máquinas e equipamentos; ausência de ordem e limpeza; falta de manutenção das ferramentas; iluminação e instalações elétricas deficientes; pisos escorregadios, precários, em mau estado de conservação; equipamentos de proteção contra incêndio em mau estado de conservação/uso ou insuficientes; falhas de operação.
- **Investigação de acidentes.** É utilizada principalmente quando se tem um acidente de trabalho, haja vista que tal ocorrência necessita de uma verificação cuidadosa dos dados relativos ao acidentado, como comportamento, atividade exercida, tipo de ocupação, data e hora do acidente, entre outros, e ao acidente, como tipo, danos causados à empresa e ao(s) trabalhador(es), por exemplo. A forma de condução da investigação deve ser definida em função das peculiaridades de cada organização e/ou setor, como espaço físico, produto fabricado, processo produtivo, tipo de máquinas e equipamentos utilizados, características socioeconômicas da região onde está localizada a organização, por exemplo.
- **Fluxogramas.** Esse método é bastante utilizado quando se quer identificar danos e perdas decorrentes de acidentes de trabalho. Inicialmente são elaborados fluxogramas com todas as operações realizadas na organização e/ou setor onde ocorreu o acidente, desde o fornecimento da matéria-prima até a entrega do produto final ao cliente, por exemplo. Em seguida, devem ser elaborados fluxogramas detalhados de cada uma das operações definidas no início, possibilitando, assim, a identificação dos respectivos danos e perdas ocorridos ou que possam vir a acontecer.

5.3. Noções de confiabilidade

Confiabilidade é a probabilidade de que um componente, equipamento ou sistema exercerá sua função sem falhas, por um período de tempo previsto, sob condições de operação especificadas (LAFRAIA, 2001).

A confiabilidade está diretamente relacionada com a confiança que se tem em um produto, equipamento ou sistema, ou seja, que estes não apresentem falhas, como mostra a Figura 5.1.

A definição de confiabilidade possui quatro fatores básicos (LAFRAIA, 2001):
- quantificação e confiabilidade em termos de probabilidade;
- definição do desempenho requisitado ao componente, equipamento ou sistema (as especificações do produto ou sistema devem ser definidas em detalhes, caso contrário, a própria confiabilidade fica comprometida);

Figura 5.1 – Os diversos aspectos da confiabilidade.

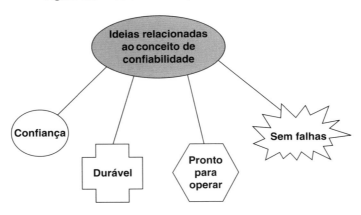

Fonte: Adaptação de Lafraia (2001).

- estabelecimento do tempo de operação exigido entre falhas (o tempo de uso de um componente, equipamento ou sistema reduz a sua confiabilidade, haja vista que, se ele fica um tempo maior em funcionamento, mais chances de falha terá);
- determinação das condições ambientais em que o componente, equipamento ou sistema deve funcionar (devem ser definidas solicitações agressivas do meio ambiente); se isto não for observado, a confiabilidade pode ficar completamente comprometida.

A confiabilidade difere do controle de qualidade no sentido de que este independe do tempo, enquanto ela é uma medida da qualidade dependente do tempo, podendo ser considerada controle de qualidade e tempo (DE CICCO & FANTAZZINI, 2003).

A **probabilidade de falha**, até certa data t, é denominada "**não conformidade**", e é o complemento da confiabilidade, ou seja:

$$Q = 1 - R$$

Em que:
Q = Probabilidade de falha
R = Confiabilidade

Por exemplo, se a probabilidade de falha de um sistema é 10%, ou seja, Q = 0,10, a probabilidade de não haver falha (confiabilidade) será: R = 1 – 0,10 = 0,90 = 90%.

A **frequência** com que as falhas ocorrem, em certo intervalo de tempo, é denominada **taxa de falha (λ)**, sendo medida pelo número de falhas para cada hora de operação ou número de operações do sistema. Por exemplo, 6 falhas em 1.000 horas de operação representam uma taxa de falha de 0,006 por hora. O recíproco da taxa de falha, ou seja,

$1/\lambda$, denomina-se **Tempo Médio Entre Falhas (TMEF)**. Voltando ao exemplo apresentado, TMEF = 166,67 horas.

As falhas que ocorrem em componentes, equipamentos e sistemas podem ser de três tipos (DE CICCO & FANTAZZINI, 2003):

- **Falhas prematuras.** Ocorrem durante o período de depuração ou "queima" devido a montagens incorretas ou frágeis ou componentes abaixo do padrão, que falham logo depois de postos em funcionamento.
- **Falhas casuais.** Resultam de causas complexas, incontroláveis e, algumas vezes, desconhecidas. O período durante o qual as falhas são devidas principalmente a falhas casuais denomina-se vida útil do componente, equipamento ou sistema.
- **Falhas por desgaste.** Iniciam-se quando os componentes, equipamentos ou sistemas ultrapassam seus respectivos períodos de vida útil. A taxa de falha aumenta rapidamente devido ao tempo e a algumas falhas casuais.

Normalmente, as falhas prematuras não são consideradas na análise de confiabilidade porque se admite que o componente, equipamento ou sistema foi "depurado" e que as peças defeituosas foram substituídas. Para a maioria dos equipamentos, de qualquer complexidade, 200 horas é um período considerado seguro para que haja depuração. As falhas casuais são distribuídas exponencialmente, com taxa de falha e reposição constante. As falhas por desgaste distribuem-se normalmente ou log-normalmente, com um crescimento súbito da taxa de falha nesse período.

A título de exemplo e utilizando o conceito de taxa de falha constante, suponha-se que, durante a vida útil de um grande número de componentes similares, aproximadamente o mesmo número de falhas continuará a ocorrer, em iguais intervalos de tempo, e que as peças que falharem serão repostas continuamente. A expressão matemática indicando a probabilidade (ou confiabilidade) com que esses componentes operarão, em um sistema de taxa de falha constante, até a data t, sem falhas, é denominada **Lei Exponencial de Confiabilidade**, dada por:

$$R = e^{-\lambda t} = e^{-\lambda/t}$$

Em que:
$e = 2,718$
λ = taxa de falha
t = tempo de operação
T = tempo médio entre falhas

Se houver um equipamento ou sistema composto de **n** componentes **em série**, em que a falha de qualquer um desses componentes significa a quebra do equipamento ou sistema, e que a falha de um componente independe da falha de qualquer outro, tem-se a **Lei do Produto de Confiabilidade**:

$$R = r_1 \times r_2 \times r_3 \times \ldots \times r_n$$

Em que:

r_i (i = 1, 2, 3, ..., n) = funções de confiabilidade dos componentes

R = função de confiabilidade do equipamento

Exemplificando, a confiabilidade total de um sistema composto de 8 componentes em série, em que cada um deles possui confiabilidade de 95%, é dada por:

$$R = 0,95^8 = 0,66 = 66\%$$

Se houver **m** componentes **em paralelo**, a probabilidade de falha total de um sistema, até a data t, é dada por:

$$Q = q_1 \times q_2 \times q_3 \times \ldots \times q_m$$

E a probabilidade de não falhar (confiabilidade), até t, é dada por:

$$R = 1 - Q = 1 - (q_1 \times q_2 \times q_3 \times \ldots \times q_m)$$

Tomando o exemplo apresentado anteriormente para componentes em série, a confiabilidade do sistema colocando-se os componentes em paralelo é de:

$$q_1 = q_2 = 1 - 0,95 = 0,05$$

$$Q = q_1 \times q_2 = 0,05 \times 0,05 = 0,0025$$

$$0,05 \times 0,05 = 0,0025$$

$$R = 1 - Q = 1 - 0,0025 = 0,9975 = 99,75\%$$

5.4. Álgebra booleana

A **álgebra booleana** foi desenvolvida pelo matemático George Boole para o estudo da lógica. Suas regras e expressões em símbolos matemáticos permitem aclarar e simplificar problemas complexos. Ela é especialmente útil onde condições podem ser expressas em não mais do que dois valores, como "sim" ou "não", "falso" ou "verdadeiro", "alto" ou "baixo", "0" ou "1" etc. (DE CICCO & FANTAZZINI, 2003).

A lógica booleana, como também é conhecida, é largamente aplicada em diversas áreas como, por exemplo, a de computadores e outras montagens eletromecânicas, que incorporam um grande número de circuitos "liga-desliga". É também utilizada em análises de probabilidade, em estudos que envolvem decisões e, já há algum tempo, em Segurança de Sistemas. As principais diferenças entre as diversas utilizações consistem na notação e na simbologia. Neste capítulo são apresentados somente os elementos básicos e as expressões comumente encontradas nas análises de segurança.

Tomando-se como base a Teoria dos Conjuntos, tem-se que um conjunto pode ser uma coleção de elementos, condições, eventos, símbolos, ideias ou identidades matemáticas. A totalidade de um conjunto será aqui expressa pelo número 1 (um), enquanto um conjunto vazio pelo número 0 (zero). Os números 1 e 0 são valores quantitativos, meramente símbolos, em que não existem valores intermediários entre os dois, como nos cálculos de probabilidade.

As identidades de conjuntos podem ser representadas pelos diagramas de Venn. A Figura 5.2 representa um conjunto de elementos com uma característica comum indefinida.

Figura 5.2 – Representação de conjunto com uma característica comum indefinida.

Além disso, um subconjunto tem a característica A. Todos os outros elementos do conjunto não a têm e são considerados "não de A", cuja designação é $\bar{A}$.

$\bar{A}$ é o complemento de A e vice-versa. Observe-se que a soma de A mais $\bar{A}$ forma o conjunto completo, expresso matematicamente por $A + \bar{A} = 1$. Outra expressão que também pode ser utilizada é $A \cup \bar{A} = 1$.

O diagrama seguinte (Figura 5.3) ilustra o conceito de conjuntos mutuamente exclusivos. Os elementos de um subconjunto não estão incluídos nos outros e, por conseguinte, não estão inter-relacionados:

Figura 5.3 – Representação de conjuntos mutuamente exclusivos.

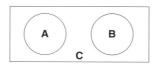

Nesse caso, pelo fato de A, B e C conterem todos os elementos no conjunto global, são denominados mutuamente exclusivos e exaustivos: $A + B + C = 1$ ou $A \cup B \cup C = 1$.

Já o diagrama a seguir (Figura 5.4) indica que alguns elementos de A também têm características de B:

São indicados por AB, A.B ou $A \cap B$, e são a intersecção de A e B. A intersecção contém todos os elementos com as características de A e B. E quando esses elementos com a característica A são contados, aqueles em AB também o serão.

Figura 5.4 – Representação de intersecção de conjuntos.

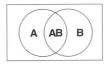

Várias outras identidades, que podem ser expressas matematicamente, foram desenvolvidas e estão relacionadas no Quadro 5.1, com algumas explicações de seu significado na lógica booleana.

Quadro 5.1

A.1 = A	A única parte dentro de 1, que é 1 e A, é aquela dentro do próprio A.	**A + B = B + A**	O total daqueles elementos que têm a característica A ou B será o mesmo, qualquer que seja a ordem em que serão expressos.
A.0 = 0	Uma condição impossível; se está dentro do conjunto, não pode estar fora dele.	**A (B.C) = (A.B) C**	Os elementos que têm todas as características A, B e C, as terão, qualquer que seja a ordem expressa.
A + 0 = A	O elemento em um subconjunto, mais alguma coisa fora do conjunto, terá somente as características do subconjunto.	**A + (B + C) = (A + B) + C**	O total de todos os elementos, em quaisquer subconjuntos, será o mesmo, não importando a ordem na qual estão expressos.
A + 1 = 1	O todo, expresso por 1, não pode ser ultrapassado.	**A (B + C) = (A.B) + (A.C)**	A intersecção de um subconjunto com a união de dois outros também pode ser expressa como a união de suas intersecções.
$\bar{A}$ = A	O complemento do complemento de A é o próprio A.	**A + (B.C) = (A + B). (A + C)**	A união de um subconjunto com a intersecção de dois outros também pode ser expressa pela intersecção das uniões do subconjunto comum com os outros dois.
A.$\bar{A}$ = 0	Uma impossibilidade; uma condição não pode ser A e $\bar{A}$ ao mesmo tempo.	**A (A + B) = A**	A(A + B) = AA + AB = A + AB, desde que AA = A. A(A + B) = A(1 + B) = A, desde que B esteja incluído em 1.
A + $\bar{A}$ = 1	Aqueles elementos com uma característica específica, e aqueles sem ela, constituem o conjunto total.	**A + (A.B) = A**	A + (A. B) = A + A. B = A(1 + B) = A
A.A = A	Um postulado.	**A. B = $\bar{A}$ + $\bar{B}$**	O complemento de uma intersecção é a união dos complementos individuais.

| A + A = A | Também um postulado. | A + B = $\bar{A} + \bar{B}$ | O complemento da união é a intersecção dos complementos. |
| A.B = B.A | Os elementos que têm ambas as características as terão, qualquer que seja a ordem expressa. | | |

5.5. Técnicas de análise de riscos

Existem diversas **técnicas de análise de riscos**, que buscam um único objetivo: determinar prováveis riscos que poderão estar presentes na fase operacional do componente, equipamento ou sistema ou identificar erros ou condições inseguras que resultaram em acidentes, com ou sem lesão, danos ou perdas, ou que poderão resultar nestes.

A seguir, as principais técnicas utilizadas na gestão de riscos.

5.5.1. Análise Preliminar de Riscos (APR)

A Análise Preliminar de Riscos (APR), consiste no estudo, durante a fase de concepção ou desenvolvimento prematuro de um novo sistema, com o objetivo de se determinar os riscos que poderão estar presentes em sua fase operacional.

Trata-se de um procedimento que possui especial importância nos casos em que o sistema a ser analisado possui pouca similaridade com quaisquer outros existentes, seja pela sua característica de inovação, ou pioneirismo, seja pela pouca experiência em riscos no seu uso.

O modelo apresentado (Figura 5.5) mostra a forma mais simples para uma APR, podendo ser acrescido de outras colunas que contemplem mais informações como, por exemplo, critérios a serem seguidos, responsáveis pelas medidas de segurança, necessidade de testes, entre outros.

Figura 5.5 – Modelo 1 de formulário para APR.

ANÁLISE PRELIMINAR DE RISCOS					
Identificação:				
Subsistema:			Projetista:	
Risco	Causa	Efeito	Categoria/Classe Risco	Medidas Preventivas ou Corretivas

Fonte: Adaptação de De Cicco e Fantazzini (2003).

As categorias ou classes de risco são definidas como:
I. **Desprezível.** A falha não resultará em degradação maior do sistema, nem produzirá danos funcionais ou lesões, ou contribuirá com um risco ao sistema.

II. **Marginal (ou Limítrofe).** A falha degradará o sistema numa certa extensão, porém sem envolver danos maiores ou lesões, podendo ser compensada ou controlada adequadamente.

III. **Crítica.** A falha degradará o sistema causando lesões, danos substanciais, ou resultará num risco inaceitável, necessitando de ações corretivas imediatas.

IV. **Catastrófica.** A falha produzirá severa degradação do sistema, resultando em perda total, lesões ou morte.

Outro exemplo de formulário de APR é apresentado pela Figura 5.6.

Figura 5.6 – Modelo 2 de formulário para APR.

APR – ANÁLISE PRELIMINAR DE RISCOS Origem:					
Identificação do risco			Avaliação do risco		
Perigos	Situação	Danos	P	G	Risco

Fonte: Adaptação de Benite (2004).

No modelo apresentado anteriormente sugere-se que sejam adotados os seguintes parâmetros para as variáveis envolvidas (BENITE, 2004):

- **Escala de Probabilidade (P). Alta (3)**, espera-se que ocorra; **Média (2)**, provável que ocorra; **Baixa (1)**, improvável ocorrer.
- **Escala de Gravidade (G). Alta (3)**, morte e lesões incapacitantes; **Média (2)**, doenças ocupacionais e lesões menores; **Baixa (1)**, danos materiais e prejuízo ao processo.
- **Escala de Riscos** (Figura 5.7).

Figura 5.7 – Escala para avaliação de riscos.

Gravidade \ Probabilidade	B	M	A
A	3	6	9
M	2	4	6
B	1	2	3

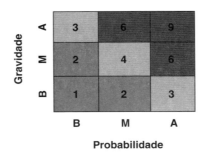

Fonte: Adaptação de Benite (2004).

No desenvolvimento de uma APR, devem ser seguidos os seguintes passos:
- rever problemas conhecidos;
- revisar a missão;
- determinar os riscos principais;
- determinar os riscos iniciais e contribuintes;
- revisar os meios de eliminação ou controle de riscos;
- analisar os métodos de restrição de danos;
- indicar quem levará a cabo as ações corretivas.

A Análise de Riscos deverá ser sucedida por análises mais detalhadas ou específicas, tão logo seja possível.

5.5.2. Análise de Modos de Falha e Efeitos (AMFE)

A **Análise de Modos de Falha e Efeitos (AMFE)** consiste em uma técnica que permite analisar como podem falhar os componentes de um equipamento ou sistema, estimar as taxas de falha, determinar os efeitos que poderão advir e, consequentemente, estabelecer as mudanças que deverão ser efetuadas para aumentar a probabilidade de que o sistema ou equipamento realmente funcione de maneira satisfatória.

Os principais objetivos da AMFE são:
- revisão sistemática dos modos de falha de um componente, para garantir danos mínimos ao sistema;
- determinação dos efeitos que tais falhas terão em outros componentes do sistema;
- especificação dos componentes cujas falhas teriam efeito crítico na operação do sistema (Falhas de Efeito Crítico);
- cálculo de probabilidade de falhas de montagens, subsistemas e sistemas, a partir das probabilidades individuais de falha de seus componentes;
- definição de como podem ser reduzidas as probabilidades de falha de componentes, montagens e subsistemas, através do uso de componentes com confiabilidade alta, redundâncias no projeto, ou ambos.

Geralmente, uma AMFE é efetuada em primeiro lugar de forma qualitativa. Os efeitos das falhas humanas sobre o sistema, na maioria das vezes, não são considerados nessa análise. Numa etapa seguinte, poder-se-á aplicar também dados quantitativos, com o intuito de se estabelecer uma confiabilidade ou probabilidade de falha do sistema ou subsistema.

A Figura 5.8 apresenta um modelo de AMFE.

Para o preenchimento das entradas nas colunas do modelo apresentado, devem ser adotados os seguintes procedimentos:
- dividir o sistema em subsistemas que possam ser efetivamente controlados;
- traçar diagramas de blocos funcionais do sistema e de cada subsistema, a fim de se determinar seus inter-relacionamentos e de seus componentes;

Figura 5.8 – Modelo de formulário para AMFE.

ANÁLISE DE MODOS DE FALHA E EFEITOS							
1. Empresa: 2. Subsistema: 3. Folha nº: 4. Preparada por: 5. Local e data:							
Componentes	Modos de falha	Possíveis efeitos		Categorias de risco	Métodos de detecção	Ações de compensação e reparos
^	^	Em outros componentes	No desempenho total do subsistema	^	^	^

Fonte: Adaptação de De Cicco e Fantazzini (2003).

- preparar uma listagem completa dos componentes de cada subsistema, registrando-se, ao mesmo tempo, a função específica de cada um deles;
- determinar, por meio da análise de projetos e diagramas, os modelos de falha (operação prematura, falha em operar num tempo prescrito, falha em cessar de operar num tempo prescrito, falha durante a operação) que podem ocorrer e afetar cada componente;
- indicar os efeitos de cada falha específica sobre outros componentes do subsistema e, também, como cada falha específica afeta o desempenho total do subsistema em relação à sua missão;
- estimar a gravidade de cada falha específica, de acordo com as categorias ou classes de risco (desprezível, marginal, crítica, catastrófica ou alta, média, baixa);
- indicar, por fim, os métodos de detecção de cada falha específica, e as possíveis ações de compensação e reparos que devem ser adotadas, para eliminar ou controlar cada falha específica e seus efeitos.

Poder-se-á, ainda, acrescentar outra coluna ao modelo, em que devem ser estimados, para cada modo de falha específica, os tempos médios entre falhas (TMEF).

5.5.3. Técnica de incidentes críticos

Pode-se definir **incidente crítico** como qualquer evento ou fato negativo com potencialidade para provocar danos. Em outras palavras, trata-se de uma situação ou condição que se apresenta, mas não manifesta dano.

O incidente crítico também é chamado "quase acidente". Deve-se ressaltar que os incidentes críticos poderão ocorrer dezenas ou centenas de vezes nos locais de trabalho, antes que as variáveis envolvidas assumam, pela primeira vez, condições que levem ao acidente, como definido em termos de danos materiais e/ou lesões.

A **técnica de incidentes críticos** é um método para identificar erros e condições inseguras que contribuem para os acidentes com lesão, tanto reais como potenciais, por meio de uma amostra aleatória estratificada de observadores-participantes, selecionados dentro de uma população.

Esses observadores-participantes são selecionados dos principais departamentos da organização, de modo que possa ser obtida uma amostra representativa de operações, existentes entre as diferentes categorias de risco.

Ao se aplicar a técnica, um entrevistador interroga certo número de pessoas que tenham executado serviços específicos, em determinados ambientes, e lhes pede para recordar e descrever atos inseguros que tenham cometido ou observado, e condições inseguras que chamaram sua atenção dentro da organização. O observador-participante é estimulado a descrever tantos "incidentes críticos" quanto ele possa recordar, sem se importar se resultaram ou não em lesão ou dano à propriedade.

Os incidentes descritos por um determinado número de observadores-participantes são transcritos e classificados em categorias de risco, a partir das quais são definidas as áreas-problema de acidentes. Portanto, quando são identificadas as causas potenciais de acidentes, pode-se tirar conclusões quanto a ações prioritárias para distribuir os recursos disponíveis e organizar um programa dirigido de prevenção de acidentes, visando solucionar esses problemas.

Periodicamente reaplica-se a técnica, utilizando-se outra amostra aleatória estratificada, a fim de detectar novas áreas-problema ou para usá-la como medida de eficiência do programa de prevenção anteriormente organizado.

Essa técnica tem sido testada em maior quantidade na indústria, sendo um desses testes um estudo conduzido por William E. Terrants, na fábrica da Westinghouse de Baltimore, Maryland, Estados Unidos. Seu propósito foi avaliar a utilidade da técnica como um método para identificar as causas potenciais de acidentes e desenvolver procedimentos de aplicação prática pelo pessoal da fábrica. Os pesquisadores procuraram respostas para duas questões básicas (DE CICCO & FANTAZZINI, 2003):

- A Técnica de Incidentes Críticos revela informações sobre fatores causadores de acidentes, em termos de erros humanos e condições inseguras, que levam a acidentes potenciais na indústria?
- A técnica revela uma quantidade maior de informações sobre causas de acidentes do que os métodos convencionais de estudo de acidentes?

A população selecionada para o estudo incluía, aproximadamente, 200 funcionários daquela fábrica, de dois turnos de trabalho, tanto do sexo masculino quanto do feminino. Posteriormente a lista foi reduzida para 155 pessoas, pois foram eliminadas aquelas com menos de um ano de serviço e outras que não estavam disponíveis por vários motivos.

Os critérios para selecionar as várias estratificações da população foram determinados pelo número de fatores que se julgava influenciar na natureza da exposição a acidentes potenciais. Nesse estudo, esses fatores incluíam o turno de trabalho, a localização da fábrica, o diferencial masculino/feminino e o tipo de equipamento envolvido ou o serviço específico desempenhado pelo trabalhador.

Os resultados desse estudo e de outros similares anteriores mostram que:
- a Técnica de Incidentes Críticos revela com confiança os fatores causais, em termos de erros e condições inseguras, que conduzem a incidentes industriais;
- a técnica é capaz de identificar fatores causais, associados tanto a acidentes com lesão quanto sem;
- a técnica revela uma quantidade maior de informação sobre causas de acidentes do que os métodos atualmente disponíveis para o estudo de acidentes e fornece uma média mais sensível de desempenho de segurança;
- as causas de acidentes sem lesão, como as reveladas pela Técnica de Incidentes Críticos, podem ser usadas para identificar as origens de acidentes potencialmente com lesão.

5.5.4 Análise de Árvores de Falhas (AAF)

A Análise de Árvores de Falhas (AAF) é um método excelente para o estudo dos fatores que poderiam causar um evento indesejável (falha, risco principal ou catástrofe). Trata-se de um modelo em que dados probabilísticos podem ser aplicados a sequências lógicas. Pela maneira sistemática que vários fatores podem ser apresentados, a AAF é largamente utilizada em situações complexas.

Como decorrência de seu rápido desenvolvimento e sofisticação, é possível considerar a AAF segundo dois diferentes níveis de complexidade:
- desenvolver a árvore e simplesmente analisá-la, sem efetuar qualquer cálculo;
- desenvolver a árvore e efetuar os cálculos.
- Esse método pode ser desenvolvido por meio dos seguintes passos:
- seleciona-se o evento indesejável, ou falha, cuja probabilidade de ocorrência deve ser determinada;
- revisam-se todos os fatores intervenientes, como ambiente, dados de projeto, exigências do sistema etc., determinando-se as condições, eventos particulares ou falhas que podem contribuir para a ocorrência do evento indesejado;
- elabora-se uma "árvore", por intermédio da diagramação dos eventos contribuintes e falhas, de modo sistemático, que mostre o inter-relacionamento entre eles e em relação ao evento "topo";
- desenvolvem-se expressões matemáticas adequadas, por meio da álgebra booleana, que representem as "entradas" das árvores de falhas;

- determina-se a probabilidade de falha de cada componente ou de ocorrência de cada condição ou evento, presente na equação simplificada, em que esses dados podem ser obtidos de tabelas específicas, dos fabricantes, de experiências anteriores, de comparações com equipamentos similares, ou, ainda, obtidos experimentalmente para o específico sistema em estudo;
- aplicam-se as probabilidades à expressão simplificada, calculando-se a probabilidade de ocorrência do evento indesejável investigado.
- Outras aplicações ou corolários do uso das Árvores de Falhas podem ser:
- determinação da sequência mais crítica ou provável de eventos, dentre os "ramos" da árvore que levam ao topo;
- descobrimento de elementos sensores cujo desenvolvimento possa reduzir a probabilidade do contratempo em estudo.

Certas proposições que dizem respeito tanto às características de funcionalidade, quanto às limitações devem ser assumidas para o uso da AAF:

- os subsistemas, componentes e itens afins podem apresentar apenas dois modos condicionais: ou operam com sucesso ou falham (totalmente). Não existe operação parcialmente bem-sucedida;
- as falhas básicas são eventos independentes;
- cada item tem uma taxa de falha constante, que pressupõe uma distribuição exponencial.

Veja simbologia lógica utilizada na elaboração da AAF no Quadro 5.2.

Quadro 5.2

	Módulo ou comporta AND (E). Relação lógica AND-A. *Output* ou saída A existe apenas se todos os B_1, B_2, ..., B_n, existirem simultaneamente.
	Módulo ou comporta OR (OU). Relação lógica inclusiva OR-A. *Output* ou saída A existe, se qualquer dos B_1, B_2, ..., B_n ou qualquer combinação dos mesmos existir.
	Módulo ou componente de inibição. Permite aplicar uma condição ou restrição à sequência. A entrada ou *input* e a condição de restrição devem ser satisfeitas para que se gere uma saída ou *output*.
	Identificação de um evento particular. Quando contido numa sequência, usualmente descreve a entrada ou saída de um módulo AND ou OR. Aplicada a um módulo, indica uma condição limitada ou restrição que deve ser satisfeita.
	Um evento, usualmente um mau funcionamento, descrito em termos de conjuntos ou componentes específicos. Falha primária de um ramo ou série.

⬠	Um evento que normalmente se espera que ocorra; usualmente um evento que ocorre sempre, a menos que se provoque uma falha.
◇	Um evento "não desenvolvido", mas a causa de falta de informação ou de consequência suficiente. Também pode ser usado para indicar maior investigação a ser realizada, quando se puder dispor de informação adicional.
⬭	Indica ou estipula restrições. Com um módulo AND, a restrição deve ser satisfeita antes que o evento possa ocorrer. Com um módulo OR, a estipulação pode ser que o evento não ocorrerá na presença de ambos ou todos os *inputs* simultaneamente, Quando é usado com um módulo inibidor, a estipulação é uma condição variável.
△	Um símbolo de conexão à outra parte da Árvore de Falhas, dentro do mesmo ramo-mestre. Tem as mesmas funções, sequências de eventos e valores numéricos.
▽	Idem, mas não tem valores numéricos.

5.6. Programas de segurança

Dentre os **programas de segurança** exigidos pelo Ministério do Trabalho (MTB) encontram-se o PCMSO (Programa de Controle Médico de Saúde Ocupacional), o PPRA (Programa de Prevenção de Riscos Ambientais) e o PCMAT (Programa de Condições e Meio Ambiente de Trabalho na Indústria da Construção), sendo os dois primeiros obrigatórios para todos os empregadores e instituições que admitam trabalhadores regidos pela CLT (Consolidação das Leis do Trabalho) e o último específico para empregadores e instituições da indústria da construção civil que também admitam trabalhadores regidos pela CLT.

5.6.1. PCMSO

O PCMSO deve ser elaborado e implementado por todos os empregadores, instituições e organizações que admitam trabalhadores como empregados, com o objetivo de promoção e preservação da saúde do conjunto dos seus trabalhadores (BRASIL, 1994a), sendo parte integrante do conjunto mais amplo das iniciativas das instituições e organizações no campo da preservação da saúde e da integridade dos trabalhadores, devendo estar articulado com o disposto nas demais Normas Regulamentadoras (NRs).

Esse programa deve:
- considerar as questões incidentes sobre o indivíduo e a coletividade de trabalhadores, privilegiando o instrumental clínico-epidemiológico na abordagem da relação entre sua saúde e o trabalho;

- ter caráter de prevenção, rastreamento e diagnóstico precoce dos agravos à saúde relacionados com o trabalho, inclusive de natureza subclínica, além de constatação da existência de casos de doenças profissionais ou danos irreversíveis à saúde dos trabalhadores;
- ser planejado e implantado com base nos riscos à saúde dos trabalhadores, especialmente os identificados nas avaliações previstas nas demais NRs;
- obedecer a um planejamento em que estejam previstas as ações de saúde a serem executadas durante o ano, devendo estas ser objeto de relatório anual.

O relatório médico deverá discriminar, por setores da organização, o número e a natureza dos exames médicos, incluindo avaliações clínicas e exames complementares, estatísticas de resultados considerados anormais, assim como o planejamento para o próximo ano. O mesmo poderá ser armazenado na forma de arquivo informatizado, desde que este seja mantido de modo a proporcionar o imediato acesso por parte do agente de inspeção do trabalho.

O referido relatório deverá ser apresentado e discutido com a Comissão Interna de Prevenção de Acidentes (CIPA), quando existente na organização, de acordo com a NR-05 – Comissão Interna de Acidentes de Trabalho, devendo sua cópia ser anexada ao livro de atas da Comissão.

5.6.2. PPRA

O PPRA (Programa de Prevenção de Riscos Ambientais) deve ser elaborado e implementado por todos os empregadores, instituições e organizações que admitam trabalhadores regidos pela CLT, visando à preservação da saúde e da integridade dos trabalhadores, por meio da antecipação, reconhecimento, avaliação e consequente controle da ocorrência de riscos ambientais existentes ou que venham a existir no ambiente de trabalho, tendo em consideração a proteção ao meio ambiente e dos recursos naturais (BRASIL, 1994b).

As ações do PPRA devem ser desenvolvidas no âmbito de cada estabelecimento da organização, sob a responsabilidade do empregador, com a participação dos trabalhadores, sendo sua abrangência e profundidade dependentes das características dos riscos e necessidades de controle.

O referido programa é parte integrante do conjunto mais amplo das iniciativas da organização no campo da preservação da saúde e da integridade dos trabalhadores, devendo estar articulado com o disposto nas demais Normas Regulamentadoras (NRs), em especial com o Programa de Controle Médico de Saúde Ocupacional (PCMSO), previsto na NR-7.

A estrutura mínima do PPRA deve conter:
- planejamento anual com estabelecimento de metas, prioridade e cronograma;
- estratégia e metodologia de ação;
- forma de registro, manutenção e divulgação de dados;
- periodicidade e forma de avaliação do desenvolvimento do PPRA.

5.6.3. PCMAT

O PCMAT (Programa de Condições e Meio Ambiente de Trabalho na Indústria da Construção) pode ser definido como um conjunto de ações, relativas à segurança e saúde no trabalho, ordenadamente dispostas, visando à preservação da saúde e da integridade física de todos os trabalhadores de um canteiro de obras, incluindo-se terceiros e o meio ambiente.

A elaboração e o cumprimento desse programa são obrigatórios nos estabelecimentos (obras) com 20 trabalhadores ou mais e devem contemplar tanto as disposições da NR-18 quanto outros dispositivos complementares de segurança.

O referido programa deve (BRASIL, 1995):
- contemplar as exigências contidas na NR-09 (Programa de Prevenção de Riscos Ambientais);
- ser mantido no estabelecimento (obra) à disposição do órgão regional do Ministério do Trabalho: Superintendência Regional do Trabalho e Emprego (SRTE);
- ser elaborado e executado por profissional legalmente habilitado na área de segurança do trabalho.

Deve-se salientar que a implantação do PCMAT nos estabelecimentos (obras) é de responsabilidade do empregador ou condomínio, e que o programa não é uma carta de intenções elaborada pela empresa, mas sim um elenco de providências a serem executadas em função do cronograma da obra. De acordo com a legislação vigente (disposição 18.3.4 da NR-18), da elaboração e da implementação do PCMAT devem constar:
- memorial sobre as condições e meio ambiente de trabalho nas atividades e operações, levando-se em consideração riscos de acidentes e de doenças do trabalho e suas respectivas medidas preventivas;
- projeto de execução das proteções coletivas, em conformidade com as etapas de execução da obra;
- especificação técnica das proteções coletivas e individuais a serem utilizadas;
- cronograma de implantação das medidas preventivas definidas no programa, em conformidade com as etapas de execução da obra;
- layout inicial e atualizado do canteiro de obras e/ou frente de trabalho, contemplando, inclusive, previsão de dimensionamento das áreas de vivência;
- programa educativo contemplando a temática de prevenção de acidentes e doenças do trabalho, com sua carga horária.

5.7. Revisão dos conceitos apresentados

Gestão de riscos é a ciência, a arte e a função que visa à proteção dos recursos humanos, materiais, ambientais e financeiros de uma organização, quer por meio da eliminação ou redução dos riscos, quer por intermédio do financiamento dos riscos remanescentes, conforme seja economicamente mais viável.

Os processos básicos que compõem a gestão de riscos são: identificação dos riscos; análise dos riscos; avaliação dos riscos; tratamento dos riscos.

Não existe um método melhor do que outro para se identificar riscos, devendo-se adequar um ou mais métodos às especificidades da organização e do caso em tela.

Os métodos de identificação de riscos mais utilizados são: mapa de riscos, checklists e roteiros; inspeção de segurança; investigação de acidentes; fluxograma.

Confiabilidade é a probabilidade de que um componente, equipamento ou sistema exercerá sua função sem falhas, por um período de tempo previsto, sob condições de operação especificadas.

A álgebra booleana é baseada na Teoria dos Conjuntos e é utilizada na Técnica de Análise de Riscos AAF (Análise de Árvores de Falhas), em que os subsistemas, componentes e itens afins podem apresentar apenas dois modos condicionais: ou operam com sucesso ou falham (totalmente). Não existe operação parcialmente bem-sucedida.

As principais técnicas de Análise de Riscos utilizadas atualmente são: Análise Preliminar de Riscos (APR), Análise de Modos de Falhas e Efeitos (AMFE), Técnica de Incidentes Críticos, Análise de Árvores de Falhas (AAF).

O PCMSO e o PPRA são programas de segurança obrigatórios para todos os empregadores, instituições e organizações que possuam trabalhadores regidos pela CLT.

O PCMAT é um programa de segurança obrigatório para todos os empregadores da construção civil que possuam em cada obra 20 trabalhadores ou mais, sendo estes também regidos pela CLT.

5.8. Questões

1. Demonstre por dedução a identidade $A + (B \cdot C) = (A + B) \cdot (A + C)$.
2. Elabore uma AFF de um evento indesejado para um aluno que chega atrasado à aula.
3. Elabore o PPRA de um dos setores da universidade, tomando como referência a NR-07 (Ergonomia).

5.9. Referências

BENITE, A.G. (2004) Sistemas de gestão de segurança e saúde no trabalho. São Paulo: O Nome da Rosa.

BRASIL. MTE (Ministério do Trabalho e Emprego). (1994a) Portaria SSST 24 de 29 de dezembro de 1994. Diário Oficial da União, Brasília/DF, 30/12/1994. Disponível em: http://trabalho.gov.br/images/Documentos/SST/NR/NR7.pdf. Acesso: 20 out 2017.

BRASIL. MTE (Ministério do Trabalho e Emprego). (1994b) Portaria SSST 25 de 29 de dezembro de 1994. Diário Oficial da União, Brasília/DF, 30/12/1994. Disponível em: http://trabalho.gov.br/images/Documentos/SST/NR/NR09/NR-09-2016.pdf. Acesso: 20 out 2017.

BRASIL. MTE (Ministério do Trabalho e Emprego). (1995) Portaria SSST 4 de 4 julho de 1995. Diário Oficial da União, Brasília/DF, 7/7/1995. Disponível em: http://trabalho.gov.br/images/Documentos/SST/NR/NR18/NR18atualizada2015.pdf. Acesso: 20 out 2017.

DE CICCO, F.; FANTAZZINI, L.M. (2003) Tecnologias consagradas de gestão de riscos. 2ª ed. São Paulo: Risk Tecnologia.

LAFRAIA, J.R.B. (2001) Manual de confiabilidade, mantenabilidade e disponibilidade. Rio de Janeiro: Qualitymark/Petrobras.

Capítulo	Organização de serviços
6	de segurança e saúde do trabalho

Abelardo da Silva Melo Junior

Conceitos apresentados neste capítulo
- A Legislação Brasileira sobre Segurança e as Normas Regulamentadoras
- Comissão Interna de Prevenção de Acidentes (CIPA)
- Serviço Especializado em Segurança e Medicina do Trabalho (SESMT)
- Norma Regulamentadora 07 – PCMSO
- Norma Regulamentadora 09 – PPRA
- Ambulatórios de Saúde Ocupacional

6.1. Introdução

Este capítulo objetiva apresentar os motivos pelos quais, dentro do contexto de uma unidade produtiva, o atendimento das exigências legais da legislação trabalhista de segurança e saúde no trabalho (SST) do Ministério do Trabalho e Emprego (MTE), no que se refere à implantação de uma Comissão Interna de Prevenção de Acidentes (CIPA), de um Serviço Especializado em Segurança e Medicina do Trabalho (SESMT), da elaboração do Programa de Controle Médico de Saúde Ocupacional (PCMSO) da NR-07, ou do Programa de Prevenção de Riscos Ambientais (PPRA) da NR-09, não deve ser encarado como um mero cumprimento dessa legislação.

Deve-se considerar que o reconhecimento do papel do trabalho na determinação e evolução do processo saúde-doença dos trabalhadores tem implicações éticas, técnicas e legais, que se refletem sobre a organização e o provimento de ações de saúde para esse segmento da população, na rede de serviços de saúde.

O Brasil se caracteriza por possuir um grande número de leis, como também por apresentar um alto índice de descumprimento e desrespeito à legislação. Deve ser observado que no aspecto particular da inspeção de ambientes de trabalho para verificação do cumprimento das normas regulamentadoras de segurança e saúde do trabalhador, temos a considerar que, muito além do aspecto específico da ordem jurídica, lidamos com o que o ser humano tem de mais importante, que é sua vida.

Do ponto de vista do capital, os valores sobre a saúde e a doença são construídos numa empresa, sob o foco da produtividade, sob os princípios que se adotam de responsabilidade social e o valor que se dá à preservação das pessoas, das histórias de acidentes de trabalho, e da própria cultura organizacional, ou seja, uma empresa geralmente é entendida como um centro de resultados, cuja finalidade é a remuneração do capital investido.

Dessa forma, as empresas organizam-se de maneira a responder eficientemente às necessidades de seus clientes, dentro de características do produto, de sua história, das características do mercado e de seus concorrentes e fornecedores. Essa forma de organizar reflete-se em seus escritórios, nas linhas de produção e nas crenças, valores e sanções.

Pode-se afirmar então que o trabalho, além de possibilitar crescimento, transformações, reconhecimento e independência pessoal-profissional, também causa problemas de insatisfação, desinteresse, apatia e irritação, expondo desta maneira o trabalhador ao risco de acidente.

Contempla-se então que, da forma como são apresentadas, as relações de trabalho produzem não apenas bens de consumo, edificações, prestações de serviço, mas também acidentes, doenças profissionais e morte. Nesse contexto tem-se observado que as condições de saúde e segurança dos trabalhadores nas empresas têm sido objeto de intensos debates nos últimos tempos; afinal, embora possua uma legislação avançada sobre o assunto, o Brasil continuou apresentando, lamentavelmente, elevados índices de infortúnios e doenças profissionais e do trabalho, nos últimos anos, conforme apresenta a Tabela 6.1.

Tabela 6.1 – Evolução dos acidentes de trabalho no Brasil (2012-2016)

	2012	2013	2014	2015	2016	2017
Total	713.984	725.664	712.302	622.379	578.935	549.405
A. típicos	426.284	434.339	430.454	385.646	354.935	340.229
A. de trajeto	103.040	112.183	116.230	106.721	108.150	100.685
D. trabalho	16.898	17.182	17.599	15.386	12.502	9.700
Óbitos	2.768	2.841	2.819	2.546	2.265	2.096

Fonte: Anuário Estatístico da Previdência Social (2016).

Embora uma visão superficial do quantitativo dos acidentes ocorridos demonstre haver uma aparente diminuição do número destes, quando comparado esse quantitativo com os dados divulgados desde 2012, da população trabalhadora ocupada, evidenciada na Pesquisa Nacional por Amostra de Domicílios Contínua (PNAD Contínua), criada pelo IBGE em 2012, constata-se que esse declínio está correlacionado (r: 0,3391) à queda na população trabalhadora, conforme se demonstra na Tabela 6.2.

Tabela 6.2 – Comparação entre total de acidentes ocorridos x pessoas de 14 anos ou mais de idade, ocupadas na semana de referência como empregado no setor privado com carteira de trabalho assinada (em milhares) (2012-2016)

	2012	2013	2014	2015	2016
Total Acidentes	713.984	725.664	712.302	622.379	578.935
Trabalhadores ocupados (em milhares)	34.308	35.353	36.610	35.699	34.293

Fonte: Anuário Estatístico da Previdência Social (2016); Pesquisa Nacional por Amostra de Domicílios Contínua (2017). r: 0,3391.

Esses dados demonstram, de forma clara e inequívoca, que o número total de acidentes tem mantido um comportamento estável, com uma consistência que podemos considerar no mínimo preocupante. Na Figura 6.1, que ilustra dados da Tabela 6.1, podemos visualizar melhor essa situação.

Figura 6.1 – Evolução dos Acidentes de Trabalho no Brasil: Período 2012-2016.

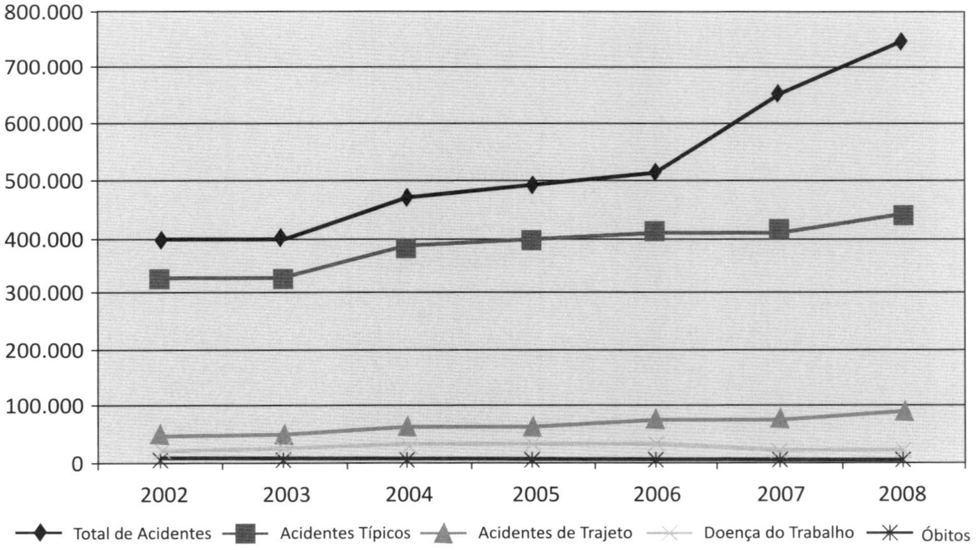

Fonte: Anuário Estatístico da Previdência Social (2016).

6.2. A legislação brasileira

No Brasil, as primeiras leis de acidentes de trabalho só aconteceram em 1919, através do Decreto Legislativo 3.724, de 15 de janeiro de 1919. Entretanto, as atividades de fiscalização relativas ao ambiente de trabalho só ocorreram a partir da criação, em novembro de 1930, do Ministério do Trabalho, pelo governo provisório de Getúlio Vargas, que indicou para ser Ministro do Trabalho o então deputado federal Lindolfo Collor. Ato seguinte ao da criação do Ministério do Trabalho foi a apresentação do primeiro decreto relativo às modalidades de organização de sindicatos operários, em março de 1931, através do Decreto nº 19.770, substituído em julho de 1934 pelo Decreto 24.294 (BRASIL, 2018).

Passado o período conturbado que deflagrou o Estado Novo em 1937, tivemos uma nova regulamentação que organizou e consolidou toda a vasta legislação relacionada com a organização sindical, a previdência social, a proteção do trabalhador e a justiça do trabalho, reunida na Consolidação das Leis do Trabalho – CLT, decretada em 1º de maio de 1943, através do Decreto-lei nº 5.452, entrando em vigor em 10 de novembro desse mesmo ano. Desde então a CLT é o modelo utilizado para legislar toda a matéria pertinente às relações de trabalho no Brasil (BRASIL, 2018).

Desta forma, a legislação brasileira se encontra estruturada de acordo com a conformação apresentada na Figura 6.2.

Figura 6.2 – Estrutura da legislação brasileira para prevenção de acidentes e doenças do trabalho.

Contempla, em sua estrutura normativa, a partir de nossa Carta Magna de 1988, os preceitos ordinários, no caso a Consolidação das Leis do Trabalho – CLT, e os preceitos específicos, as Normas Regulamentadoras de SST, como as exigências legais para a prevenção dos acidentes e doenças do trabalho.

6.2.1. Dos preceitos constitucionais

A Constituição da República Federativa do Brasil, promulgada em 08 de outubro de 1988, em seu título II: Dos Direitos e Garantias Fundamentais, Capítulo II: Dos Direitos Sociais, ao relacionar os direitos básicos e fundamentais dos trabalhadores urbanos e rurais dedicou quatro incisos diretamente relacionados com a segurança e medicina do trabalho, transcritos a seguir (BRASIL, 1988).

"Art. 6º – São direitos sociais a educação, a saúde, o trabalho, o lazer, a segurança, a previdência social, a proteção à maternidade e à infância, a assistência aos desamparados, na forma desta Constituição.

Art. 7º – São direitos dos trabalhadores urbanos e rurais, além de outros que visem à melhoria de sua condição social:

(...) XXII – redução dos riscos inerentes ao trabalho, por meio de normas de saúde, higiene e segurança;

XXIII – adicional de remuneração para as atividades penosas, insalubres ou perigosas, na forma da lei;

(...) XXVIII – seguro contra acidentes de trabalho, a cargo do empregador, sem excluir a indenização a que este está obrigado, quando incorrer em dolo ou culpa;

(...) XXXIII – proibição de trabalho noturno, perigoso ou insalubre aos menores de dezoito e de qualquer trabalho a menores de quatorze anos, salvo na condição de aprendiz."

Nesse aspecto, a segurança, higiene e medicina do trabalho foram alçadas à matéria de direito constitucional, sendo direito público subjetivo dos trabalhadores, para exercerem suas funções em ambiente de trabalho seguro e sadio, cabendo ao empregador tomar as medidas necessárias no sentido de reduzir os riscos inerentes ao trabalho, por meio do cumprimento das normas de saúde, higiene e segurança.

6.2.2. Da legislação ordinária

Essa legislação se encontra inserida na Consolidação das Leis do Trabalho – CLT, Decreto-lei 5.452, de 1 de maio de 1943, mais precisamente em seu Capítulo V – Da Segurança e da Medicina do Trabalho, do Título II – Das Normas Gerais de Tutela do Trabalho, correspondente aos artigos 154 a 201, agrupados em 16 seções (BRASIL, 2018).

Seu principal objetivo é a regulamentação das relações individuais e coletivas do trabalho, nela previstas. A CLT é o resultado de 13 anos de trabalho - desde o início do Estado Novo até 1943 - de destacados juristas, que se empenharam em criar uma legislação trabalhista que atendesse à necessidade de proteção do trabalhador, dentro de um contexto de "Estado regulamentador".

A Consolidação das Leis do Trabalho regulamenta as relações trabalhistas, tanto do trabalho urbano quanto do rural. Desde sua publicação já sofreu várias alterações, visando adaptar o texto às nuances da modernidade. Apesar disso, ela continua sendo o principal instrumento para regulamentar as relações de trabalho e proteger os trabalhadores.

Dentre seus principais assuntos destacamos os seguintes: Registro do Trabalhador/Carteira de Trabalho; Jornada de Trabalho; Período de Descanso; Férias; Medicina do Trabalho; Proteção do Trabalho da Mulher; Fiscalização.

No sentido de atualizar a legislação trabalhista, a chamada reforma trabalhista, ocorreu a promulgação da Lei 13.497, de 13 de julho de 2017, que promove a alteração em diversos dispositivos da Consolidação das Leis do Trabalho (CLT), buscando adequá-la ao avanço socioeconômico e tecnológico ao qual chegou a sociedade brasileira, sem a extinção de direitos dos trabalhadores (BRASIL, 2017).

Há que se destacar que, nesse sentido, não ocorreram alterações da legislação de saúde, higiene e segurança do trabalho, conforme observado no Artigo 611-B, Inciso XVII, que proíbe alterações no escopo dessa legislação, apresentada a seguir:

"Art. 611-B. Constituem objeto ilícito de convenção coletiva ou de acordo coletivo de trabalho, exclusivamente, a supressão ou a redução dos seguintes direitos:

(...) XVII – normas de saúde, higiene e segurança do trabalho previstas em lei ou em normas regulamentadoras do Ministério do Trabalho"

Mesmo assim, apesar das críticas que vem sofrendo, a CLT vem cumprindo seu papel, especialmente na proteção dos direitos do trabalhador. Há que se considerar, entretanto, que, pelos seus aspectos burocráticos e excessivamente regulamentadores, continua sendo necessária uma atualização mais profunda, especialmente visando a simplificação das normas aplicáveis a pequenas e médias empresas.

6.2.3. Das normas regulamentadoras

A aplicação dos preceitos estabelecidos pelos artigos da CLT, contidos no Capítulo V – Da Segurança e da Medicina do Trabalho, do Título II – Das Normas Gerais de Tutela do Trabalho, se deu através de regulamentação da Lei 6.514, de 22 de dezembro de 1977, feita através de publicação da Portaria 3.214, de 8 de junho de 1978, através de ato do Senhor Ministro do Trabalho, constituída inicialmente de 28 Normas Regulamentadoras (NRs) que disciplinam temas específicos da Segurança e Medicina do Trabalho (BRASIL, 2018).

A aplicação dessas normas jurídicas cabe ao Ministério do Trabalho e Emprego – MTE, que é o órgão do Poder Executivo responsável pela aplicação da política das normas de proteção ao trabalho da União. Cabe a ele o que estabelece o artigo 21 de nossa Carta Magna, que diz "somente a União poderá organizar, manter e inspecionar o trabalho". Sua atuação é espontânea. Tem por objeto evitar que se produzam, ampliem ou generalizem os danos sociais que a lei procura prevenir.

Dentro dessa linha de ação, tem por competência formular, implementar, acompanhar e avaliar as políticas públicas de imigração, de fomento ao trabalho e emprego, qualificação profissional, proteção e benefícios ao trabalhador, bem como assegurar os direitos trabalhistas e as condições de segurança e saúde, atividade esta realizada através da Inspeção do Trabalho, considerada essencial do Estado. O Ministério está presente em todas as unidades da federação por meio das 27 Superintendências Regionais do Trabalho e Emprego, 114 Gerências Regionais e 480 Agências Regionais (BRASIL, 2018).

Essas normas, atualmente em número de 36, são de observância obrigatória pelas empresas privadas e públicas e pelos órgãos públicos de administração direta e indireta, bem como pelos órgãos do Legislativo e do Judiciário que possuam empregados regidos pela CLT (BRASIL, 2018).

Cada norma regulamentadora visa a prevenção de acidentes e doenças provocadas ou agravadas pelo serviço, estabelecendo os parâmetros mínimos e as instruções sobre saúde e segurança de acordo com cada atividade ou função desempenhada. Além disso, servem para nortear as ações dos empregadores e orientar os funcionários, de forma que o ambiente laboral se torne um local saudável e decente.

Porém, fugindo ao aspecto jurídico e focando pelo viés técnico, podemos classificar as NRs como genéricas e específicas. As genéricas são aquelas que não estão ligadas a uma atividade econômica específica. Elas estabelecem condições para que as situações de risco existentes no ambiente de trabalho sejam regularizadas e não aprofundam essa temática. São objetivas no sentido de exigir a adequação de uma maneira geral, e se aplicam a todos os ramos de atividades econômicas.

As NRs genéricas são a maioria e compreendem as seguintes normas: NR-01 Disposições Gerais; NR-02 Inspeção Prévia; NR-03 Embargo ou Interdição; NR-04 Serviços Especializados em Engenharia de Segurança e em Medicina do Trabalho (SESMT); NR-05 Comissão Interna de Prevenção de Acidentes (CIPA); NR-06 Equipamentos de Proteção Individual (EPI); NR-08 Edificações; NR-15 Atividades e Operações Insalubres; NR-16 Atividades e Operações Perigosas; NR-21 Trabalho a Céu Aberto; NR-23 Proteção Contra Incêndios; NR-24 Condições Sanitárias e de Conforto nos Locais de Trabalho; NR-25 Resíduos Industriais; NR-26 Sinalização de Segurança; NR-27 Registro Profissional do Técnico de Segurança do Trabalho no Ministério do Trabalho (Revogada); e a NR-28 Fiscalização e Penalidades (BRASIL, 2018).

Quanto às NRs específicas, podemos considerá-las estruturantes e não estruturantes. As estruturantes são aquelas que, apesar de não estarem ligadas a uma atividade econômica específica, criam condições no sentido de estabelecer uma estrutura central, através de parâmetros e diretrizes que contemplam a antecipação, o reconhecimento, a avaliação e o controle dos riscos ambientais, visando à preservação da saúde e da integridade dos trabalhadores.

As NRs específicas e que consideramos estruturantes são as seguintes: NR-07 Programa de Controle Médico de Saúde Ocupacional (PCMSO) e a NR-09 Programa de Prevenção de Riscos Ambientais (PPRA). Essas NRs são baseadas em princípios que norteiam sistemas de gestão aplicados à segurança e à saúde do trabalhador, e podem ser consideradas a "espinha dorsal" de todo o conjunto de normas. Através delas a empresa deve estabelecer uma política de SST. A partir da elaboração desses programas, com base na antecipação, no reconhecimento e na avaliação dos riscos ambientais, serão estabelecidas as medidas para controle desses riscos.

As demais NRs específicas, consideradas não estruturantes, estão voltadas para algumas atividades econômicas específicas ou situações específicas de determinadas condições de risco, aprofundam a temática e contêm em seu escopo diretrizes que seguem a linha estruturante delineada pelas NR-07 e NR-09, mas que se aplicam apenas àquelas situações específicas nas atividades econômicas, como por exemplo o Programa de Condições e

Meio Ambiente de Trabalho na Indústria da Construção (PCMAT), específico da NR-18 Condições e Meio Ambiente de Trabalho na Indústria da Construção.

Essas NRs são as seguintes: NR-10 Segurança em Instalações e Serviços em Eletricidade; NR-11 Transporte, Movimentação, Armazenagem e Manuseio de Materiais; NR-12 Máquinas e Equipamentos; NR-13 Caldeiras e Vasos sob Pressão; NR-14 Fornos; NR-17 Ergonomia; NR-18 Condições e Meio Ambiente de Trabalho na Indústria da Construção; NR-19 Explosivos; NR-20 Líquidos Combustíveis e Inflamáveis; NR-22 Segurança e Saúde Ocupacional na Mineração; NR-29 Segurança e Saúde no Trabalho Portuário; NR-30 Segurança e Saúde no Trabalho Aquaviário; NR-31 Segurança e Saúde no Trabalho na Agricultura, Pecuária, Silvicultura, Exploração Florestal e Aquicultura; NR-32 Segurança e Saúde no Trabalho em Serviços de Saúde; NR-33 Ambientes Confinados; NR-34 Condições e meio ambiente de trabalho na indústria da construção e reparação naval; NR-35 Trabalho em Altura e a NR-36 Segurança e Saúde no Trabalho em Empresas de Abate e Processamento de Carnes e Derivados (BRASIL, 2018).

6.3. Comissão Interna de Prevenção de Acidentes

A Comissão Interna de Prevenção de Acidentes (CIPA) é um instrumento que os trabalhadores dispõem para tratar da prevenção de acidentes do trabalho, das condições do ambiente do trabalho e de todos os aspectos que afetam sua saúde e segurança.

6.3.1. Um pouco da história da CIPA

Embora aparente ser um produto nacional, a CIPA não é uma invenção brasileira. Esse instrumento de prevenção surgiu a partir de uma sugestão de trabalhadores de diversos países que reunidos na Organização Internacional do Trabalho (OIT), fundada em 1919, organizou em 1921 um Comitê para estudos de assuntos de segurança e higiene do trabalho e de recomendações de medidas preventivas de doenças e acidentes do trabalho que passariam a ser adotadas pelos países, de acordo com o interesse de cada um em promover a melhoria nas condições de trabalho de seu povo (BRASIL, 2018).

Uma das recomendações desse Comitê foi a organização de Comitês de Seguridade para grupos de 20 trabalhadores em estabelecimentos industriais; nos mais de 150 países atualmente filiados à OIT existem órgãos com diferentes nomes, mas com uma só função: preservar a integridade do trabalhador.

No Brasil, a criação desses comitês se deu em 10 de novembro de 1944, por um ato da Presidência da República, pelo então Presidente Getúlio Vargas, ao ser promulgado o Decreto-lei nº 7.036, conhecido como Nova Lei da Prevenção de Acidentes.

Atualmente a CIPA está regulamentada pela Consolidação das Leis do Trabalho – CLT, em seus artigos 162 a 165, e pela NR-05 Comissão Interna de Prevenção de Acidentes, contida na Portaria nº 3.214 de 08 de junho de 1978, baixada pelo então Ministério do Trabalho (BRASIL, 2018).

6.3.2. Como organizar uma CIPA

A organização da CIPA é obrigatória nos locais de trabalho, seja qual for sua característica – comercial, industrial, bancária, com ou sem fins lucrativos, filantrópica ou educativa e empresas públicas – desde que tenham o mínimo legal de empregados regidos pela CLT conforme o Quadro I dessa norma, cujo texto completo está disposto no site do Ministério do Trabalho e Emprego (http://trabalho.gov.br/images/Documentos/SST/NR/NR5.pdf) (BRASIL, 2018).

A CIPA é composta por representantes titulares do empregador e dos empregados e seu número de participantes deve obedecer às proporções mínimas estabelecidas no quadro citado, além do grau de risco no local de trabalho, que também é levado em consideração para a organização da CIPA.

Empresas que possuam 19 ou menos empregados, independentemente do enquadramento da atividade econômica, ou quando tenham um número de empregados inferior a 51 empregados, em algumas situações definidas no texto legal, estarão desobrigados de constituir essa comissão. Deverá, porém, nessa situação, haver a indicação de um designado.

Os representantes do empregador são designados pelo próprio, enquanto os dos empregados são eleitos em votação secreta representando, obrigatoriamente, os setores de maior risco de acidentes e com maior número de funcionários. A votação deve ser realizada em horário normal de expediente e tem que contar com a participação de, no mínimo, a metade mais um do número de funcionários de cada setor.

A lista de votação assinada pelos eleitores deve ser arquivada por um período mínimo de três anos na empresa. A lei confere à Superintendência Regional do Trabalho e Emprego (SRTE), como órgão de fiscalização competente, o poder de anular uma eleição quando for constatado qualquer tipo de irregularidade na sua realização.

Os candidatos mais votados assumem a condição de membros titulares. Em caso de empate, assume o candidato que tiver maior tempo de trabalho na empresa. Os demais candidatos assumem a condição de suplentes, de acordo com a ordem decrescente de votos recebidos. Os candidatos votados não eleitos como titulares ou suplentes devem ser relacionados na ata da eleição, em ordem decrescente de votos, possibilitando uma futura nomeação. A CIPA deve contar com tantos suplentes quantos forem os titulares, e estes não poderão ser reconduzidos por mais de dois mandatos consecutivos.

A estrutura da CIPA é composta pelos seguintes cargos: Presidente (indicado pelo empregador); Vice-presidente (nomeado pelos representantes dos empregados, entre os seus titulares); Secretário e suplente (escolhidos de comum acordo pelos representantes do empregador e dos empregados).

Cabe ao Ministério do Trabalho e Emprego, através da Superintendência Regional do Trabalho e Emprego (SRTE), fiscalizar a organização das CIPAs. O não cumprimento da lei ensejará a autuação da empresa por infração ao disposto no artigo 163 da CLT, sujeitando-se à multa prevista no artigo 201 desta mesma legislação.

6.3.3. Como realizar uma eleição da CIPA

Para uma eleição de CIPA, o processo eleitoral deverá observar as seguintes condições:

- A publicação e divulgação do edital de convocação para a eleição da CIPA deverá ser em local de fácil acesso e visualização, no prazo mínimo de 45 dias antes do término do mandato em curso.
- A inscrição e eleição serão individuais, sendo que o período mínimo de inscrição será de 15 dias.
- Liberdade de inscrição para todos os empregados do estabelecimento, independentemente de setores ou locais de trabalho, com fornecimento de comprovante para o candidato.
- Realização da eleição no prazo mínimo de 30 dias antes do término do mandato em curso da CIPA.
- Realização da eleição em dia normal de trabalho, respeitando os horários de turnos e em horário que possibilite a participação da maioria dos trabalhadores.
- O pleito deverá ser realizado em escrutínio secreto.
- Todos os trabalhadores votantes deverão assinar em uma relação de presença no pleito eleitoral, na qual constará sua chapa, nome e cargo que ocupa na empresa.
- A cédula eleitoral deverá ser assinada pelo mesário componente da Comissão Eleitoral.
- A apuração dos votos deverá ser em horário normal de trabalho, com o acompanhamento de representantes do empregador e dos empregados, em número a ser definido pela Comissão Eleitoral.
- Guarda de todos os documentos do processo eleitoral por um período mínimo de 5 anos.
- Havendo participação inferior a 50% dos empregados na votação, não haverá a apuração dos votos e a Comissão Eleitoral deverá organizar outra votação no prazo máximo de 10 dias.
- Assumirão a condição de titulares e suplentes os candidatos mais votados.
- Em caso de empate, assumirá aquele que tiver maior tempo de serviço no estabelecimento.
- Os candidatos votados e não eleitos serão relacionados na ata de eleição e apuração, em ordem decrescente de votos, possibilitando nomeação posterior, em caso de vacância de suplentes.

O Quadro 6.1 estabelece, a partir do início de cada evento, o número de dias em que esse evento deve ocorrer, antes da instalação e posse dos membros da CIPA.

Capítulo 6 | Organização de serviços de segurança e saúde do trabalho

Quadro 6.1 – Quadro sinóptico dos prazos para eleição e instalação dos membros de CIPA

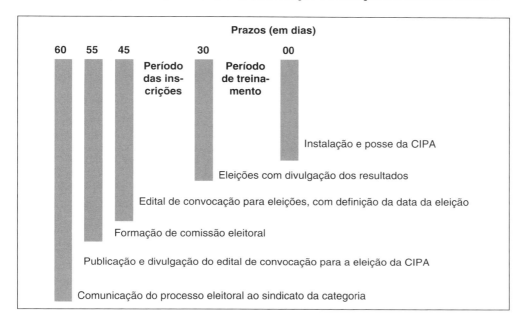

Esses eventos seguem uma cronologia própria, como forma de hierarquizar a importância do cumprimento dos prazos, desde a publicação e divulgação do edital de convocação para a eleição de membros de CIPA, até o registro da mesma na sede do órgão representante do Ministério do Trabalho e Emprego na região.

O modelo de checklist destacado no Quadro 6.2 auxilia no controle dos prazos exigidos para cumprimento dessa exigência legal.

Quadro 6.2 – Checklist para eleições de CIPA

Nº	Item	Sim	Não
01	Comunicar processo eleitoral ao sindicato da categoria		
02	Publicar edital de convocação para a eleição da CIPA		
03	Divulgar edital de convocação para a eleição da CIPA		
04	Formar comissão eleitoral		
05	Publicar edital para a eleição da CIPA		
06	Abrir período de inscrição		
07	Eleição da CIPA		
08	Divulgar resultados de eleição da CIPA		
09	Iniciar treinamento dos membros da CIPA		
10	Instalar CIPA		
11	Registrar CIPA do órgão regional do MTE		

6.3.4. Atribuições da CIPA

As atribuições básicas de uma CIPA são:
- Investigar e analisar os acidentes ocorridos na empresa.
- Sugerir as medidas de prevenção de acidentes julgadas necessárias por iniciativa própria ou sugestão de outros empregados e encaminhá-las ao presidente e ao departamento de segurança da empresa.
- Promover a divulgação e zelar pela observância das normas de segurança ou, ainda, de regulamentos e instrumentos de serviço emitidos pelo empregador.
- Promover anualmente a Semana Interna de Prevenção de Acidentes de Trabalho (SIPAT).
- Sugerir a realização de cursos, palestras ou treinamentos, quanto à engenharia de segurança do trabalho, quando julgar necessário ao melhor desempenho dos empregados.
- Registrar nos livros próprios as atas de reuniões ordinárias e extraordinárias e enviar cópia ao departamento de segurança.
- Preencher ficha de informações sobre situação da segurança na empresa e atividades da CIPA e enviar para o Ministério do Trabalho e Emprego. Preencher ficha de análise de acidentes. Deve ser enviada cópia de ambas as fichas ao departamento de segurança da empresa. O modelo dessas fichas pode ser encontrado em qualquer SRTE.
- Manter controle sobre as condições de trabalho dos funcionários e equipamentos das empreiteiras e comunicar ao presidente as irregularidades encontradas.
- Elaborar anualmente o Mapa de Riscos da empresa.

6.3.5. Mandato da CIPA

O mandato dos membros titulares da CIPA é de um ano e aqueles que faltarem a quatro reuniões ordinárias sem justificativa perderão o cargo, e serão substituídos pelos suplentes. Não é válida, como justificativa, a alegação de ausência por motivo de trabalho.

Os representantes dos empregados titulares da CIPA não podem sofrer demissão arbitrária, entendendo-se como tal a que não se fundamentar em motivo disciplinar, técnico ou econômico. Esta garantia no emprego é assegurada ao cipeiro desde o momento em que o empregador tomar conhecimento da sua inscrição de candidato às eleições da CIPA, e prolonga-se até um ano após o término do mandato. Os cipeiros não podem também ser transferidos para outra localidade a não ser que concordem expressamente.

A reeleição deve ser convocada pelo empregador, com um prazo mínimo de 45 dias antes do término do mandato e realizada com antecedência de 30 dias em relação ao término do atual mandato. Os membros da CIPA eleitos e designados para um novo mandato serão empossados automaticamente no primeiro dia após o término do mandato anterior.

A documentação referente ao processo eleitoral da CIPA, incluindo as atas de eleição e de posse e o calendário anual das reuniões ordinárias, deve ficar no estabelecimento à disposição da fiscalização do Ministério do Trabalho e Emprego. A mesma não poderá ter seu número de representantes reduzido, bem como não poderá ser desativada pelo empregador, antes do término do mandato de seus membros, ainda que haja redução do número de empregados da empresa, exceto no caso de encerramento das atividades do estabelecimento.

6.3.6. Outras formas de composição da CIPA

Segundo Batista (2007), existem outras formas de compor uma CIPA, conforme a atividade econômica exercida pela empresa. Essas formas diversas estão contidas dentro daquele grupo de normas que denominamos específicas: NR-18 Condições e Meio Ambiente de Trabalho na Indústria da Construção; NR-22 Segurança e Saúde Ocupacional na Mineração; NR-29 Segurança e Saúde no Trabalho Portuário; NR-30 Segurança e Saúde no Trabalho Aquaviário; NR-31 Segurança e Saúde no Trabalho na Agricultura, Pecuária, Silvicultura, Exploração Florestal e Aquicultura.

No estudo realizado por esse autor, essas CIPAs têm diferentes critérios para sua composição como, duração do mandato, que varia desde 1 a 2 anos; dimensionamento, que varia conforme o setor econômico, ou período de tempo dedicado para o treinamento, que vai de uma carga horária de 20 horas de treinamento na NR-31, até o máximo de 40 horas na NR-22.

Essas variáveis têm implicações que são diretamente ligadas à complexidade das atividades econômicas que são abrigadas por essas NRs, e vêm demonstrar a importância que a CIPA exerce dentro desse contexto, tendo em vista que as adequações implantadas mantêm o arcabouço original da NR-05, e devem ser consideradas um marco importante na evolução dessa norma jurídica.

6.4. Serviço especializado em segurança e medicina do trabalho

O Serviço Especializado em Segurança e Medicina do Trabalho (SESMT) pretende promover a saúde e proteger a integridade do trabalhador no local de trabalho e deve ser implementado obrigatoriamente em todas as empresas privadas e públicas, órgãos públicos da administração direta e indireta, Poderes Legislativo e Judiciário, que possuam empregados regidos pela Consolidação das Leis do Trabalho (CLT) em função do grau de risco da atividade principal e o número de trabalhadores do estabelecimento.

6.4.1. Um pouco da história do SESMT

Embora a Consolidação das Leis do Trabalho de 1943 já prescrevesse a existência nas empresas de Serviços Especializados em Segurança e Higiene do Trabalho, os mesmos só vieram a se constituir em "Serviços Especializados em Segurança, Higiene e Medicina do Trabalho" por meio de ato do Ministro do Trabalho Júlio Barata, que em 27 de junho de 1972 regularizou o artigo 164 da CLT, e publicou a Portaria 3.236, referente à formação técnica em Segurança e Medicina do Trabalho, e a Portaria 3.237, regulamentando desta forma o artigo 164 da CLT, que trata da composição da CIPA, obrigando a existência de Serviço Especializado em Segurança e em Medicina do Trabalho (SESMT) nas empresas com mais de 100 funcionários, tornando o Brasil o primeiro país a ter um serviço obrigatório de segurança e medicina do trabalho (BRASIL, 2018).

Um dos principais motivos da regularização desse artigo foi a imagem negativa que o quadro de acidentes de trabalho no Brasil causava perante o cenário mundial. O índice era alarmante, mais de 1,8 milhão de acidentes ocorriam por ano. Nessa época houve grande pressão, inclusive do Banco Mundial, para impedir qualquer empréstimo ao Brasil, se esse quadro permanecesse.

Essa Portaria, entre seus aspectos mais importantes, enfocou:
- a proibição de terceirização dos serviços;
- o dimensionamento do número de profissionais dos serviços, segundo o risco (em 3 níveis) e o número de trabalhadores do estabelecimento (a partir de 100);
- a identidade própria de cada serviço (de Segurança e de Medicina do Trabalho), com atribuições específicas.

Sua criação veio a se constituir no divisor de águas entre uma época de imprecisão no que se refere à política nos assuntos de segurança e saúde do trabalhador; e outra, na qual o Estado assumiu, de forma ordenada e permanente, esse controle.

6.4.2. Competências do SESMT

Dentre as competências do SESMT, destacamos algumas que consideramos importantes. Para um aprofundamento, a consulta ao texto integral desta norma se faz necessária. Veja o site do Ministério do Trabalho e Emprego (MET): http://trabalho.gov.br/images/Documentos/SST/NR/NR4.pdf. (BRASIL, 2018).

- Aplicar os conhecimentos de engenharia de segurança e de medicina do trabalho ao ambiente de trabalho e a todos os seus componentes, inclusive máquinas e equipamentos, de modo a reduzir até eliminar os riscos ali existentes à saúde do trabalhador.
- Determinar, quando esgotados todos os meios conhecidos para a eliminação do risco e este persistir, mesmo reduzido, a utilização, pelo trabalhador, de Equipamentos de Proteção Individual - EPI, de acordo com o que determina a NR-06, desde que a concentração, a intensidade ou característica do agente assim o exija.

- Colaborar, quando solicitado, nos projetos e na implantação de novas instalações físicas e tecnológicas da empresa, exercendo a competência disposta na alínea "a".
- Responsabilizar-se tecnicamente pela orientação quanto ao cumprimento do disposto nas NRs aplicáveis às atividades executadas pela empresa e/ou seus estabelecimentos.
- Manter permanente relacionamento com a CIPA, valendo-se ao máximo de suas observações, além de apoiá-la, treiná-la e atendê-la, conforme dispõe a NR-05.
- Promover a realização de atividades de conscientização, educação e orientação dos trabalhadores para a prevenção de acidentes do trabalho e doenças ocupacionais, tanto através de campanhas quanto de programas de duração permanente.
- Esclarecer e conscientizar os empregadores sobre acidentes do trabalho e doenças ocupacionais, estimulando-os em favor da prevenção.
- Analisar e registrar em documento(s) específico(s) todos os acidentes ocorridos na empresa ou estabelecimento, com ou sem vítima, e todos os casos de doença ocupacional, descrevendo a história e as características do acidente e/ou da doença ocupacional, os fatores ambientais, as características do agente e as condições do(s) indivíduo(s) portador(es) de doença ocupacional ou acidentado(s).

6.4.3. Composição e dimensionamento do SESMT

A composição e o dimensionamento do SESMT são definidos em função do risco da atividade principal e do número total de empregados do estabelecimento, conforme definido nos Quadros I e II anexos da NR-04.

Quadro 6.3 – Quadro II da NR-04 – Dimensionamento do SESMT

Grau de Risco	Técnicas	50 a 100	101 a 250	251 a 500	501 a 1.000	1.001 a 2.000	2.001 a 3.500	3.501 a 5.000	Acima de 5.000 Para cada grupo de 4.000 ou fração acima 2.000**
1	Técnico Seg. Trabalho				1	1	1	2	1
	Engenheiro Seg. Trabalho						1*	1	1*
	Aux. Enferm. do Trabalho					1*	1	1	1
	Enfermeiro do Trabalho								
	Médico do Trabalho						1*	1*	1*
								1	

| Grau de Risco | Técnicas | Nº de Empregados no estabelecimento ||||||||
		50 a 100	101 a 250	251 a 500	501 a 1.000	1.001 a 2.000	2.001 a 3.500	3.501 a 5.000	Acima de 5.000 Para cada grupo de 4.000 ou fração acima 2.000**
2	Técnico Seg. Trabalho				1	1	2	5	1
	Engenheiro Seg. Trabalho					1*	1	1	1*
	Aux. Enferm. do Trabalho					1	1	1	1
	Enfermeiro do Trabalho					1*	1	1	1
	Médico do Trabalho							1	
3	Técnico Seg. Trabalho		1	2	3	4	6	8	3
	Engenheiro Seg. Trabalho				1*	1	1	2	1
	Aux. Enferm. do Trabalho					1	2	1	1
	Enfermeiro do Trabalho				1*	1	1	1	1
	Médico do Trabalho							2	
4	Técnico Seg. Trabalho	1	2	3	4	5	8	10	3
	Engenheiro Seg. Trabalho		1*	1*	1	1	2	3	1
	Aux. Enferm. do Trabalho				1	1	2	1	1
	Enfermeiro do Trabalho		1*	1*	1	1	2	1	1
	Médico do Trabalho							3	

* Tempo parcial (mínimo de três horas)
* O dimensionamento total deverá ser feito levando-se em consideração o dimensionamento de faixas de 3501 a 5000 mais o dimensionamento do(s) grupo(s) de 4000 ou fração acima de 2.000
OBS.: Hospitais, Ambulatórios, Maternidade, Casas de Saúde e Repouso, Clínicas e estabelecimentos similares com mais de 500 (quinhentos) empregados deverão contratar um Enfermeiro em tempo integral
Fonte: Brasil (2018).

O Quadro I da NR-04 apresenta a Classificação Nacional de Atividades Econômicas (CNAE), que estabelece o grau de risco das empresas, e o Quadro II da NR-04 – Dimensionamento do SESMT estabelece esse dimensionamento em função do grau de risco e número de funcionários (Quadro 6.3).

Relacionamos os profissionais constantes dessa composição que deverão ser registrados no órgão regional do Ministério do Trabalho e Emprego:
- Engenheiro de segurança
- Médico do trabalho
- Enfermeira do trabalho
- Técnico em segurança do trabalho
- Auxiliar ou Técnico de enfermagem do trabalho

Para execução do registro, deve ser apresentada ao órgão regional do Ministério do Trabalho e Emprego a seguinte documentação comprobatória, conforme disposto na NR-04:
- Nome dos profissionais integrantes dos SESMT.

- Número de registro dos profissionais nos órgãos competentes responsáveis (CRM, CREA, COREN).[1]
- Número de empregados da requerente e grau de risco das atividades, por estabelecimento.
- Especificação dos turnos de trabalho, por estabelecimento.
- Horário de trabalho dos profissionais dos Serviços Especializados em Engenharia de Segurança e em Medicina do Trabalho.

6.5. NR-07: Programa de controle médico de saúde ocupacional

Tanto a prevenção quanto a promoção da saúde são considerados fatores determinantes e, poderíamos dizer, até mesmo preponderantes para a redução dos custos dos cuidados com a saúde. Além dos órgãos governamentais, também as organizações de saúde devem preocupar-se com tais fatores, para que possam melhorar o nível de saúde e, principalmente, a qualidade de vida de seus afetos.

A implantação de um programa de segurança e saúde do trabalhador deve ser de grande interesse tanto para as Instituições Privadas como Públicas, por ser menos oneroso o investimento educativo e preventivo em vez de arcar com os afastamentos e aposentadorias precoces.

Nesse caso, podemos definir a Política de Segurança e Saúde no Trabalho como o conjunto de princípios claramente definidos que objetivam estabelecer responsabilidades e atribuições em determinadas questões ou problemas, visando estabelecer decisões padronizadas a todos os níveis hierárquicos.

Assim, a elaboração de uma política de segurança é de responsabilidade total e integral da alta direção de uma empresa, não importando seu porte ou ramo de atividade.

6.5.1. Definição do PCMSO

É um programa técnico-preventivo a ser realizado pela empresa como parte integrante do conjunto mais amplo de iniciativas no campo da proteção à saúde dos empregados,
- Tem caráter de prevenção.
- Obrigatório para todas as empresas.
- Tem caráter de rastreamento e diagnóstico precoce dos agravos à saúde relacionados com o trabalho, além da constatação da existência de casos de doenças profissionais ou danos irreversíveis à saúde dos trabalhadores.

---

1 Esse item da norma regulamentadora remete ao registro na Secretaria de Segurança e Medicina do Trabalho do MTB, órgão que já não mais existe, estando o registro desses profissionais a cargo dos órgãos representativos de cada classe desses profissionais nos Estados da federação, ou seja, CRM, CREA, COREN. Os técnicos de segurança do trabalho efetuam seu registro profissional no Setor de Identificação e Registro Profissional das Unidades Descentralizadas do Ministério do Trabalho e Emprego, mediante requerimento do interessado, que poderá ser encaminhado pelo sindicato da categoria.

O PCMSO é um programa que especifica procedimentos e condutas a serem adotados pelas empresas em função dos riscos aos quais os empregados se expõem no ambiente de trabalho. Seu objetivo é prevenir, detectar precocemente, monitorar e controlar possíveis danos à saúde do empregado.

É um documento elaborado por um médico com especialização em Medicina do Trabalho, abordando os riscos ambientais, programando consultas e exames complementares, ações preventivas de saúde do trabalhador, relatórios anuais e avaliações epidemiológicas, para que sejam adotadas as medidas corretivas de acordo com o perfil encontrado.

Todas as empresas, independentemente do número de empregados ou do grau de risco de sua atividade, estão obrigadas a elaborar e implementar o PCMSO, que deve ser planejado e implantado com base nos riscos à saúde dos trabalhadores, especialmente os riscos identificados nas avaliações previstas no Programa de Prevenção de Riscos Ambientais (PPRA).

Excluem-se da obrigatoriedade de indicar médico coordenador deste programa as empresas:

- com Grau de Risco 1 e 2 (conforme NR-04) que possuam até 25 funcionários;
- com Grau de Risco 3 e 4 com até 10 funcionários;
- com Grau de Risco 1 e 2 que possuam de 25 a 50 funcionários poderão estar desobrigadas de indicar médico coordenador, desde que essa deliberação seja concedida através de negociação coletiva;
- com Grau de Risco 3 e 4 que possuam de 10 a 20 funcionários poderão estar desobrigadas de indicar médico coordenador, desde que essa deliberação seja concedida através de negociação coletiva.

A responsabilidade pela implementação desse Programa é única e total do empregador, devendo ainda zelar pela sua eficácia e custear despesas, além de indicar médico do trabalho para coordenar a execução do mesmo.

6.5.2. Objetivos do PCMSO

Para a elaboração do PCMSO, o mínimo requerido é um estudo prévio para reconhecimento dos riscos ocupacionais existentes na empresa, através de visitas aos locais de trabalho, baseando-se nas informações contidas no PPRA.

O reconhecimento de riscos deve ser feito através de visitas aos locais de trabalho para análise do(s) processo(s) produtivo(s), postos de trabalho, informações sobre ocorrência de acidentes de trabalho e doenças ocupacionais, atas de CIPA, mapas de risco, estudos bibliográficos etc.

A partir desse reconhecimento de riscos, deve ser estabelecido um conjunto de exames clínicos e complementares específicos para cada grupo de trabalhadores da empresa, utilizando-se de conhecimentos científicos atualizados e em conformidade com a boa prática médica.

Entre suas diretrizes, uma das mais importantes é aquela que estabelece que o PCMSO deve considerar as questões incidentes tanto sobre o indivíduo como sobre a coletividade de trabalhadores, privilegiando o instrumental clínico-epidemiológico. A norma estabelece, ainda, o prazo e a periodicidade para a realização das avaliações clínicas, assim como define os critérios para a execução e interpretação dos exames médicos complementares (os indicadores biológicos).

Assim, o nível de complexidade do PCMSO depende basicamente dos riscos existentes em cada empresa, das exigências físicas, psíquicas e cognitivas das atividades desenvolvidas e das características biopsicofisiológicas de cada população trabalhadora. A norma estabelece as diretrizes gerais e os parâmetros mínimos a serem observados na execução do programa, podendo os mesmos, entretanto, ser ampliados mediante negociação coletiva de trabalho.

6.5.3. Exames obrigatórios do PCMSO

Os exames médicos ocupacionais, assim como sua periodicidade, estão previstos na NR-07, que estabelece a emissão de ASO (Atestado de Saúde Ocupacional), relatórios anuais e monitoração do programa. Todos são obrigatórios, conforme estabelece a legislação vigente, e são os seguintes:

- **Admissional**: deverá ser realizado antes que o trabalhador assuma suas atividades.
- **Periódico**: periodicamente conforme prazos estipulados pelo médico coordenador no PCMSO, após levar em consideração sua análise dos riscos por setor e função, assim com a idade do trabalhador.
- **Retorno ao trabalho**: realizado obrigatoriamente no primeiro dia da volta ao trabalho do trabalhador ausente por um período igual ou superior a 30 dias, por motivo de doença ou acidente, de natureza ocupacional ou não, ou parto.
- **Mudança de função**: realizado obrigatoriamente antes da data da mudança. É considerada mudança de função toda e qualquer alteração de atividade, posto de trabalho ou de setor que exporá o empregado a um risco diferente do exercido na atividade anterior.
- **Demissional**: realizado obrigatoriamente antes da data da homologação da dispensa, ou até o desligamento definitivo do trabalhador, nas situações excluídas da obrigatoriedade de realização da homologação, desde que o último exame ocupacional tenha sido realizado há mais de 135 dias para empresas de grau de risco 1 e 2, e 90 dias para empresa de grau de risco 3 e 4.

Os prontuários médicos devem ser guardados por 20 anos, pois esse é o prazo de prescrição das ações pessoais (Código Civil Brasileiro, art. 177).[2]

---

[2] Esse prazo para guarda de documentos, referido na NR-07, remete ao antigo Código Civil Brasileiro, que foi revogado pela Lei nº 10.406, de 10 de janeiro de 2002, que instituiu o Novo Código Civil, cujo prazo prescricional, segundo o Artigo 205, é de 10 anos (BRASIL, 2002).

Não há necessidade de envio, registro, ciência, ou qualquer tipo de procedimento do PCMSO junto às Superintendências Regionais do Trabalho e Emprego - SRTE. O mesmo deve ser apresentado e discutido na CIPA, e mantido na empresa à disposição da fiscalização do trabalho.

6.6. NR-09: Programa de prevenção de riscos ambientais

Conforme a Portaria nº 25 de 29 de dezembro de 1994, o Programa de Prevenção de Riscos Ambientais (PPRA) é obrigatório para todas as empresas e instituições que admitam trabalhadores como empregados, com o objetivo de preservar a saúde e integridade física dos trabalhadores, identificando riscos ambientais físicos, químicos e biológicos existentes no trabalho, como ruído, calor, frio, radiações, vibrações, névoas, gases, neblinas, bactérias, fungos, parasitas, vírus etc.

O PPRA, como todo programa preventivo, impõe reconhecimento, avaliação e controle da ocorrência de riscos ambientais, envolvendo ações, sob a responsabilidade do empregador, cuja abrangência depende das características de cada ambiente de trabalho.

Segundo pesquisa realizada por Miranda e Dias (2004), no Estado da Bahia, 93,3% das empresas realizam o PPRA, mas apenas 14,3% fazem a avaliação anual exigida. O estudo observou que 92,9% dos PPRAs examinados tinham não conformidades.

Esses números falam de uma realidade existente em nosso país, onde as empresas apenas elaboram esse programa, mas não o implementam. E esse é um programa que serve como base para o desenvolvimento de qualquer ação que possa objetivar a proteção à saúde do trabalhador, seja no aspecto de promoção à saúde ou na prevenção de doenças ocupacionais.

Nesse aspecto, o PPRA visa criar um plano de ação que assegure a saúde e a integridade dos trabalhadores. Essa norma trata dos riscos ambientais presentes em um local de trabalho, determinando a identificação dos mesmos, bem como um planejamento para reduzir a exposição dos funcionários a eles.

Um aspecto importante desse programa é que ele pode ser elaborado dentro dos conceitos mais modernos de gerenciamento e gestão, onde o empregador tem autonomia suficiente para, com responsabilidade, adotar um conjunto de medidas e ações que considere necessárias para garantir a saúde e a integridade física dos seus trabalhadores.

6.6.1. A estrutura do PPRA

Segundo estabelece a norma, o PPRA deverá apresentar sua estrutura descrita num documento-base, contendo, no mínimo, a seguinte estrutura:
- Planejamento anual com estabelecimento de metas, prioridades e cronograma.
- Estratégia e metodologia de ação.
- Forma de registro, manutenção e divulgação dos dados.
- Periodicidade e forma de avaliação do desenvolvimento do PPRA.

O documento-base e suas alterações deverão estar disponíveis de modo a proporcionar o imediato acesso às autoridades competentes; além disso, esse documento-base e suas possíveis alterações e complementações deverão ser apresentados e discutidos na CIPA, quando existente na empresa, de acordo com a NR-05, sendo sua cópia anexada ao livro de atas dessa Comissão.

O cronograma deverá indicar claramente os prazos para o desenvolvimento das etapas e o cumprimento das metas definidas.

6.6.2. O desenvolvimento do PPRA

Para o desenvolvimento desse programa se faz necessário que as ações estabelecidas devam ser desenvolvidas no âmbito de cada estabelecimento da empresa, sendo que sua abrangência e profundidade dependem das características dos riscos existentes no local de trabalho e das respectivas necessidades de controle, e devem incluir as seguintes etapas:
- Antecipação e reconhecimento dos riscos
- Estabelecimento de prioridades e metas de avaliação e controle
- Avaliação dos riscos e da exposição dos trabalhadores
- Implantação de medidas de controle e avaliação de sua eficácia
- Monitoramento da exposição aos riscos
- Registro e divulgação dos dados

As vantagens relacionadas a seguir só terão efetividade a partir de uma implementação bem-feita, e trará esses benefícios, caso possa haver o envolvimento da empresa como um todo, desde a diretoria até os terceirizados, ou seja, se houver uma política de segurança e saúde ocupacional que permeie por toda a empresa.
- Prevenção dos acidentes de trabalho
- Redução da perda de material e de pessoal
- Ganho na otimização dos custos
- Diminuição dos gastos com saúde
- Aumento da qualidade, produtividade e competitividade

6.6.3. A responsabilidade do PPRA

Do empregador: estabelecer, implementar e assegurar o cumprimento do PPRA, como atividade permanente da empresa ou instituição.

Dos trabalhadores: colaborar e participar na implantação e execução do PPRA; seguir as orientações recebidas nos treinamentos oferecidos dentro do PPRA; informar ao seu superior hierárquico direto ocorrências que, a seu julgamento, possam implicar riscos à saúde dos trabalhadores.

6.6.4. O direito à informação

Os empregadores deverão informar os trabalhadores de maneira apropriada e suficiente sobre os riscos ambientais que possam originar-se nos locais de trabalho e sobre os meios disponíveis para prevenir ou limitar tais riscos e para proteger-se dos mesmos.

O empregador deverá garantir que, na ocorrência de riscos ambientais nos locais de trabalho que coloquem em situação de grave e iminente risco um ou mais trabalhadores, os mesmos possam interromper de imediato as suas atividades, comunicando o fato ao superior hierárquico direto para as devidas providências.

6.7. Ambulatório de saúde ocupacional

Um ambulatório de saúde ocupacional deve ser parte integrante do SESMT, e deve ter como responsável o médico do trabalho, que necessariamente deve ser o coordenador do PCMSO.

É conveniente que o funcionamento desse serviço fique subordinado diretamente a cargo de nível de gestão, de preferência na área da gerência industrial, e tenha o mesmo nível do setor de recursos humanos, embora na prática da maioria das empresas, esse serviço se apresente subordinado a esse último setor.

6.7.1. Atribuições

As atribuições ou competências de um ambulatório de saúde ocupacional são pertinentes ao que determina o PCMSO, ou seja, zelar pelo cumprimento deste, em harmonia com o PPRA, de forma a proporcionar condições para a promoção da saúde e a prevenção das doenças do trabalho. Suas principais atribuições são:

- Realizar exames de avaliação da saúde dos trabalhadores (admissionais, periódicos, demissionais), incluindo a história médica, história ocupacional, avaliação clínica e laboratorial, avaliação das demandas profissiográficas e cumprimento dos requisitos legais vigentes.
- Identificar os principais fatores de risco presentes no ambiente de trabalho decorrentes do processo de trabalho aí desenvolvido, bem como das formas de sua organização, incluindo as principais consequências ou danos à saúde dos trabalhadores.
- Identificar as principais medidas de prevenção e controle dos fatores de risco presentes nos ambientes, bem como condições de trabalho, inclusive a correta indicação e limites do uso dos equipamentos de proteção individual (EPI).
- Implementar atividades educativas junto aos trabalhadores e empregadores.
- Participar da inspeção e avaliação das condições de trabalho com vistas ao seu controle e à prevenção dos danos para a saúde dos trabalhadores.

- Avaliar e opinar sobre o potencial tóxico de risco ou perigo para a saúde, de produtos químicos mal conhecidos ou insuficientemente avaliados quanto à sua toxicidade.
- Interpretar e cumprir normas técnicas e os regulamentos legais, colaborando, sempre que possível, com os órgãos governamentais, no desenvolvimento e aperfeiçoamento dessas normas.
- Planejar e implantar ações para situações de desastres ou acidentes de grandes proporções.
- Participar da implementação de programas de reabilitação de trabalhadores com dependência química.
- Gerenciar as informações estatísticas e epidemiológicas relativas à mortalidade, morbidade, incapacidade para o trabalho, para fins da vigilância da saúde e do planejamento, implementação e avaliação de programas de saúde.
- Diagnosticar e tratar as doenças e acidentes relacionados com o trabalho, incluindo as providências para reabilitação física e profissional.
- Planejar e implementar outras atividades de promoção da saúde, priorizando o enfoque dos fatores de risco relacionados com o trabalho.

A instalação física desse serviço médico ocupacional deve se localizar o mais próximo possível do setor de produção, de forma a facilitar o deslocamento do trabalhador ao serviço, contribuindo para a redução do tempo gasto nesse deslocamento, além de facilitar as atividades de inspeção do ambiente de trabalho pelo médico do trabalho no setor de produção.

Para auxiliar o médico do trabalho nas tarefas do serviço, a contratação de pelo menos um técnico de enfermagem do trabalho se faz necessária de forma a controlar o atendimento, agendar consultas, organizar os arquivos do fichário, entre outras atividades existentes.

Para finalizar, lembramos que se faz necessária a instalação de um pequeno armário contendo material para primeiros socorros, curativos e alguma medicação que não exija controle por profissional farmacêutico.

6.8. Revisão dos conceitos apresentados

- A estrutura das normas jurídicas brasileiras estabelece que a Carta Magna define os direitos básicos e fundamentais dos trabalhadores urbanos e rurais.
- A Consolidação das Leis do Trabalho (CLT), através de seu Capítulo V – Da Segurança e da Medicina do Trabalho, do Título II – Das Normas Gerais de Tutela do Trabalho, tem como principal objetivo a regulamentação das relações individuais e coletivas do trabalho, nela previstas.
- As 36 Normas Regulamentadoras, que tratam temas específicos de segurança e saúde do trabalho, são de observância obrigatória pelas empresas privadas e públicas

- e pelos órgãos públicos de administração direta e indireta, bem como pelos órgãos dos Poderes Legislativo e Judiciário que possuam empregados regidos pela CLT.
- A CIPA é um instrumento de que os trabalhadores dispõem para tratar da prevenção de acidentes do trabalho, das condições do ambiente do trabalho e de todos os aspectos que afetam sua saúde e segurança.
- O SESMT pretende promover a saúde e proteger a integridade do trabalhador no local de trabalho, e deve ser implementado obrigatoriamente em todas as empresas privadas e públicas, órgãos públicos da administração direta e indireta, Poderes Legislativo e Judiciário, que possuam empregados regidos pela CLT em função do grau de risco da atividade principal e do número de trabalhadores do estabelecimento.
- O PCMSO é um programa técnico-preventivo a ser realizado pela empresa como parte integrante do conjunto mais amplo de iniciativas no campo da proteção à saúde dos empregados. É obrigatório para todas as empresas, tem caráter de prevenção, rastreamento e diagnóstico precoce dos agravos à saúde relacionados com o trabalho.
- O PPRA é obrigatório para todas as empresas e instituições que admitam trabalhadores como empregados, com o objetivo de preservar a saúde e integridade física dos trabalhadores, identificando riscos ambientais existentes no trabalho, como ruído, calor, frio, radiações, vibrações, névoas, gases, neblinas, bactérias, fungos, parasitas, vírus etc., e para tanto impõe reconhecimento, avaliação e controle da ocorrência de riscos ambientais, envolvendo ações, sob a responsabilidade do empregador, cuja abrangência depende das características de cada ambiente de trabalho.
- Um ambulatório de saúde ocupacional deve ser parte integrante do SESMT, e deve ter como responsável o médico do trabalho, que necessariamente deve ser o coordenador do PCMSO.

6.9. Questões

1. Qual a importância que você observa quanto ao papel da Constituição Federal de 1988, no desenvolvimento da legislação de segurança e saúde do trabalho?
2. Quais são as normas regulamentadoras de segurança e saúde do trabalho consideradas estruturantes do ponto de vista técnico?
3. Quanto tempo antes da eleição para membros de uma CIPA você deve publicar o edital de convocação para essa eleição?
4. Que critérios você utiliza para dimensionar o grau de risco de uma empresa para fins de instalação de um SESMT?
5. Quais são os exames ocupacionais considerados obrigatórios pelo PCMSO?
6. Em que tipo de empresa é obrigatória a elaboração de PPRA?

6.10. Leituras sugeridas

MARANO, V.P. (2001) Medicina do Trabalho: controles médicos: provas funcionais. 4ª ed. São Paulo: LTr.

POSSIBOM, W.L.P. (2006) Implantação de ambulatório médico em empresa: gestão em saúde ocupacional. São Paulo: LTr.

TEIXEIRA, J. (2016) Planejamento e gestão do Programa de Controle Médico de Saúde Ocupacional (PCMSO). São Paulo: Editora Atheneu.

VIEIRA, S.I. et al. (org.) (2008) Manual de saúde e segurança do trabalho. São Paulo: LTr.

6.11. Referências

BATISTA, J.H.L. (2007) Várias configurações. Comissões podem ter muitas leituras dentro de diferentes setores econômicos. Revista Proteção, n. 186, p. 92-98.

BRASIL. (1988). Constituição da República Federativa do Brasil, 1988. Brasília: Senado Federal, Centro Gráfico.

BRASIL. MTE (Ministério do Trabalho e Emprego). (2010) A História do ministério do trabalho e emprego. Brasília. Disponível em: http://mte.gov.br/menu/institucional/historico.asp. Acesso: 14 jan 2010.

BRASIL. MTE (Ministério do Trabalho e Emprego). (2010) Consolidação das leis do trabalho 1943. Brasília. Disponível em: https://www.planalto.gov.br/ccivil_03/decreto-lei/Del5452.htm. Acesso: 14 jan 2010.

BRASIL. MTE (Ministério do Trabalho e Emprego). (2010) Normas Regulamentadoras, 1978. Disponível em: http://www.mte.gov.br/seg_sau/leg_normas_regulamentadoras.asp. Acesso: 14 jan 2010.

BRASIL. MTE (Ministério do Trabalho e Emprego). (2010) Norma Regulamentadora 4, 1978. Brasília. Disponível em: http://www.mte.gov.br/legislacao/normas_regulamentadoras/nr_04a.pdf. Acesso: 14 jan 2010.

BRASIL. MTE (Ministério do Trabalho e Emprego). (2010) Norma Regulamentadora 5, 1978. Brasília. Disponível em: http://www.mte.gov.br/legislacao/normas_regulamentadoras/nr_05.pdf. Acesso: 14 jan 2010.

BRASIL. Presidência da República. Casa Civil. Subchefia para Assuntos Jurídicos. (2002) Código civil brasileiro 2002. Brasília. Disponível em: http://www.planalto.gov.br/CCIVIL/leis/2002/L10406.htm. Acesso: 18 dez 2008.

BRASIL. Ministério da Previdência Social. (2010) Anuário Estatístico da Previdência Social 2008. Brasília. Disponível em: http://www1.previdencia.gov.br/aeps2007/16_01_20_01.asp. Acesso: 14 jan 2010.

MIRANDA, C.R.; DIAS, C.R. (2004) PPRA/PCMSO: auditoria, inspeção do trabalho e controle social. Cad. Saúde Pública, 20(1):224-232, jan-fev.

Capítulo	Proteção contra riscos gerados por máquinas
7	

Nilton Luiz Menegon
Marina Ferreira Rodrigues

Conceitos apresentados neste capítulo

Este capítulo tratará o tema segurança de máquinas. Como o projeto e a implementação de sistemas de segurança são importantes para assegurar tanto a saúde do trabalhador quanto um bom desempenho e longevidade da máquina.

Os tipos de perigos causados por uma máquina, critérios para a avaliação do risco, as normas de segurança de máquina e as variedades de sistemas e dispositivos de segurança também serão apresentados

7.1. Introdução[1]

Desde a Revolução Industrial, o trabalhador vem tendo contato com máquinas no seu ambiente de trabalho. A produção, que na Idade Média era baseada no artesanato, muda, na Idade Moderna, para um sistema mecanizado. A burguesia industrial, buscando maior produtividade para acompanhar o crescimento populacional, visando menos custos e mais lucros, procurou alternativas para melhorar a produção de mercadorias. O uso das máquinas, muito criticado por substituir o trabalho do homem e gerar milhares de desempregados, baixou o preço das mercadorias e acelerou a produção.

---

1 Nota dos organizadores: Vale ressaltar que a NR-12 – Segurança no Trabalho em Máquinas e Equipamentos do Ministério do Trabalho e Emprego (MTE) – atualmente regulamenta a maneira como as empresas no Brasil devem se adequar no que se refere ao tópico em questão (esta é disponibilizada no site do MTE, ver bibliografia. Última atualização dada pela Portaria MTB 326, de 14 de maio de 2018). No Apêndice 3 apresentamos os aspectos ergonômicos a serem considerados na respectiva norma, por acharmos relevante.

No início da Revolução Industrial, os donos das fábricas impunham duras condições de trabalho, e os operários tinham longas e intensas jornadas de trabalho, que nem sempre ofereciam segurança. Muitos acidentes eram causados por inexperiência do trabalhador, ou por pressão para que a produção aumentasse.

Os séculos XVIII e XIX foram marcados por grandes inovações tecnológicas, muitas delas aplicáveis nas indústrias. O aumento da tecnologia, visando à alta produtividade, muitas vezes passava por cima da saúde do trabalhador. Com o tempo foram surgindo as primeiras manifestações de operários. Em 1833 os trabalhadores ingleses organizam os primeiros sindicatos (*trade unions*), buscando melhores condições de trabalho e de vida.

A legislação trabalhista e a Justiça do Trabalho surgiram no Brasil como consequência de lutas e reivindicações de operários em todo o mundo. Na última década do século XIX foram criadas as primeiras normas que buscavam proteger os trabalhadores. Grandes avanços na legislação trabalhista aconteceram durante o governo de Getúlio Vargas. Em 1º de maio de 1943 foi criada a Consolidação das Leis do Trabalho (CLT) que unificava toda legislação trabalhista existente no Brasil até então. Atualmente existem muitas normas e leis específicas que são usadas para garantir os direitos e deveres dos trabalhadores.

Hoje, com a introdução dos robôs nos ambientes industriais, os riscos de acidentes diminuíram. Os trabalhadores mais expostos são aqueles responsáveis pela manutenção das máquinas e em setores em que a automação é reduzida.

7.2. Organização internacional do trabalho

Fundada em 1919 na Conferência de Paz após a Primeira Guerra Mundial, a Organização Internacional do Trabalho (OIT) é uma agência multilateral ligada à ONU. Com o objetivo de promover a justiça social e o reconhecimento internacional dos direitos humanos e trabalhistas, é a única das agências da ONU que tem estrutura tripartite, em que os representantes dos empregadores e dos trabalhadores têm os mesmos direitos que o governo.

A OIT, dentre os programas *In Focus*, criou o Programa Trabalho Seguro, que busca promover uma consciência mundial sobre as consequências dos acidentes, lesões e doenças causadas pelo trabalho. O Programa inclui uma variedade de projetos que objetivam informar a população e os trabalhadores sobre os riscos ocupacionais e prevenção de acidentes, além de diversos estudos e publicações e projetos de cooperação técnica.

> "... se alguma nação não adotar condições humanas de trabalho, esta omissão constitui um obstáculo aos esforços de outras nações que desejem melhorar as condições dos trabalhadores em seus próprios países".

7.2.1 Constituição da OIT

7.2.2. Convenção 119 da Organização Internacional do Trabalho

Criada em 1963, a Convenção 119 sobre Proteção das Máquinas foi promulgada no Brasil em 1994 pelo Decreto nº 1.255 de 29 de setembro e reúne proposições relativas à proibição de venda, locação e utilização das máquinas desprovidas de dispositivos de proteção apropriados.

Segundo a Convenção, cabe à autoridade de cada país determinar se e em que medida as máquinas, novas ou de segunda mão, movidas pela força humana apresentam perigos para a integridade física dos trabalhadores.

A venda, a locação e a cessão a qualquer outro título de máquinas que tenham elementos perigosos sem dispositivos de proteção apropriados deverão ser proibidas. A retirada provisória dos artefatos de proteção será permitida se for para fins de demonstração em exposições, no entanto, precauções devem ser tomadas para proteger as pessoas contra qualquer risco. Algumas máquinas não precisam apresentar sistemas de proteção pois, em virtude da sua construção ou do local onde será instalada, oferecem segurança idêntica à que apresentariam com a colocação de dispositivos de proteção apropriados.

Todas as partes da máquina, como parafusos, volantes, engrenagens, cones e outros, deverão ser desenhadas embutidas ou protegidas a fim de prevenir qualquer perigo. A obrigação de manter as máquinas em conformidade com a convenção é de responsabilidade do vendedor, do locador, da pessoa que cede a qualquer outro título ou do expositor.

Cabe ao empregador informar aos trabalhadores sobre a legislação nacional relativa à proteção das máquinas, assim como sobre os perigos que uma máquina pode causar e as precauções a serem tomadas. Nenhum trabalhador poderá utilizar uma máquina sem os dispositivos de proteção e nem deverá tornar inoperantes as proteções existentes.

7.3. Perigos causados por máquinas

Para melhor escolher quais medidas de segurança serão adotadas em cada máquina, deve-se primeiro avaliar os riscos que ela oferece ao trabalhador. Uma máquina é capaz de provocar diversos danos ao homem, tais como:
- Perigo mecânico – fatores de risco que podem causar algum tipo de ferimento ao trabalhador devido a uma atividade mecânica, normalmente envolvendo máquinas, ferramentas, peças ou projeções de materiais. As formas mais elementares do risco mecânico são: perigo de esmagamento, corte por cisalhamento, decepamento, choque, perfuração, entre outros.
- Perigo elétrico – choques elétricos podem causar lesões, como queimaduras, e até a morte. Podem ser causados por contato direto ou aproximação a partes frequentemente energizadas, normalmente com alta tensão; por contato com partes energizadas acidentalmente devido a um defeito de isolamento; etc.
- Perigo térmico – pode causar queimaduras devido ao contato com materiais em alta temperatura, chamas ou explosões.
- Perigos provocados pelo ruído – o ruído pode causar degeneração permanente na audição, zumbidos nos ouvidos, fadiga, efeitos como perturbação no equilíbrio, diminuição na capacidade de concentração, entre outras consequências.

- Perigos provocados pelas vibrações – as vibrações podem passar para todo o corpo, principalmente mãos e braços. As mais intensas, ou com menor intensidade, mas com longo período de exposição, podem provocar perturbações vasculares, neurológicas e outras.
- Perigos provocados pelas radiações – podem ser provocados por radiações ionizantes ou não ionizantes, como baixas frequências, radiofrequências e micro-ondas, infravermelhos, luz visível, ultravioleta, raios X e raios gama; entre outros.
- Perigos provocados por materiais e substâncias – materiais e substâncias trabalhados pelas máquinas podem provocar diversos perigos, como perigos resultantes do contato ou inalação de fluidos, gases, névoas e outros que têm efeito nocivo ao homem; perigo de incêndio e explosão; perigos biológicos e microbiológicos.
- Perigos provocados pelo desrespeito aos princípios ergonômicos – podem causar efeitos fisiológicos (posturas defeituosas, esforços excessivos ou repetitivos etc.), efeitos psicofisiológicos (sobre ou subcarga psíquica, estresse etc.); erros humanos.

Quando se procede a avaliação do risco, deve-se considerar a lesão ou o dano para a saúde mais grave que pode resultar, de cada fenômeno perigoso identificado, mesmo que a probabilidade de ocorrência de tal lesão ou dano não seja elevada (NBR NM 213-1:2000).

7.4. Avaliação de riscos

A avaliação dos riscos ajuda projetistas e engenheiros de segurança a estabelecer medidas que consigam o mais alto nível de segurança possível. Alguns passos básicos devem ser considerados para a construção de um sistema de segurança de máquinas eficiente, como:

- Especificar os limites da máquina – determinar o uso da máquina, sua performance, limites de espaço, variação dos movimentos, espaço requerido para instalação e vida útil.
- Identificar os perigos e acessos de risco – deve ser considerado tudo sobre a máquina – transporte, instalação, uso normal, uso errado, manutenção – para que os riscos sejam identificados. O grau dos danos causados e a probabilidade de ocorrência também devem ser registrados.
- Diminuir os perigos e o limite de riscos o máximo possível – isto pode ser feito retirando os pontos de perigo, como esmagamentos, cortes e perfurações, reduzindo a força e a velocidade que o operador trabalha com a máquina, além de outros princípios de segurança.
- Projetar dispositivos de segurança contra os riscos remanescentes – onde os componentes que trazem riscos não podem ser retirados, dispositivos de proteção devem ser projetados. Estes podem ser proteções com intertravamento, controles bimanuais, sensores de posição, entre outros.

- Informar o trabalhador sobre qualquer risco presente na máquina – isto pode ser feito através de sinais, símbolos, placas de advertência etc.
- Considerar quaisquer outras precauções – o projetista deve determinar quais outros procedimentos são necessários em situações de emergência.

7.5. Métodos de proteção contra riscos

Existem diversos métodos de proteção de máquinas que auxiliam a diminuir acidentes. Durante a escolha do método mais adequado, devem ser considerados alguns critérios como a utilização da máquina, a natureza e frequência de acessos a ela, os perigos que ela pode oferecer e a probabilidade e a gravidade da lesão que pode causar. Além disso, deve-se atentar para fatores como materiais a serem utilizados, atividades do trabalhador, layout do local, entre outros.

Para minimizar os acidentes, tanto as proteções quanto as máquinas devem ser projetados de forma a permitir que tarefas como manutenção e lubrificação sejam feitas sem a necessidade de se retirar as proteções.

A participação do trabalhador durante as fases de projeto e implementação dos sistemas de segurança pode garantir que os dispositivos de proteção serão corretamente utilizados. A capacitação do operador deve incluir os riscos que cada máquina oferece e as proteções que devem ser usadas, como funcionam as proteções, quando e por quem elas podem ser retiradas e o que fazer quando uma proteção deixa de garantir a segurança do trabalhador e da máquina. Para complementar as medidas de segurança podem ser adotadas práticas de trabalho seguras, como treinamentos, procedimentos de trabalho seguros, inspeções etc., que são de responsabilidade dos usuários das máquinas e das empresas.

É importante que as medidas de segurança tenham fácil utilização e não prejudiquem o trabalho normal da máquina, caso contrário elas podem ser deixadas de lado para que se tenha uma melhor utilização da máquina.

O equipamento de proteção de uma máquina deve seguir alguns pré-requisitos para garantir a segurança:
- Prevenir o contato: para eliminar a possibilidade de acidentes, as proteções devem impedir que partes do corpo do trabalhador ou de suas vestimentas entrem em contato com a máquina.
- Ter alta durabilidade: as proteções devem ser feitas com materiais adequados, que suportem o uso contínuo e as condições de trabalho e que mantenham as propriedades da proteção durante a sua vida útil. As proteções devem ser bem fixadas às máquinas e só podem ser retiradas por pessoas autorizadas, como os responsáveis pela manutenção.
- Proteger de contato com objetos estranhos: a proteção deve ser tanto para a máquina, quanto para o trabalhador, portando deve assegurar que nenhum objeto entre

em contato com as partes móveis da máquina, o que pode ocasionar danos ao equipamento ou causar sérios acidentes.
- Não criar novas situações de perigo: as proteções perdem sua função quando por si só criam novos perigos. Deve-se notar que as proteções não devem ter extremidades ou arestas cortantes, assim como pontos de esmagamento ou agarramento entre as partes da proteção e da máquina.
- Não interferir no trabalho: proteções que atrapalham o trabalho do operador são rapidamente inutilizadas.

As proteções podem ser divididas em cinco classificações gerais: Barreira ou anteparos de proteção; Dispositivos de segurança; Isolamento ou separação pela distância de segurança; Operações; Outros mecanismos auxiliares de proteção.

7.5.1. Barreiras ou anteparos de proteção

Proteção fixa

É aquela que está sempre mantida em sua posição original e não depende das partes móveis para exercer sua função. Pode ser fixada de maneira permanente, soldada à máquina, ou por elementos de fixação, como pregos e parafusos.
- Proteção de enclausuramento: impede que o operador tenha contato com a máquina, por todos os lados (Figura 7.1).

Figura 7.1 – Exemplo de proteção de enclausuramento impedindo totalmente o acesso ao sistema de transmissão da máquina.

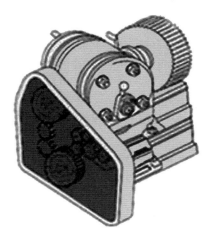

- Proteção distante: não cobre completamente a área de risco, mas reduz o acesso do trabalhador (Figura 7.2).

Figura 7.2 – Exemplo de proteção distante: proteção em túnel, proporcionando proteção à área de alimentação ou descarga da máquina.

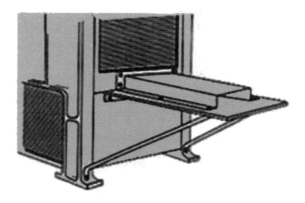

Proteção móvel

Proteção fixada à máquina ou a um elemento de fixação adjacente que pode ser aberta sem auxílio de ferramentas.

- Proteção acionada por energia: a energia é fornecida por meios diferentes da humana ou da gravidade.
- Proteção com autofechamento: a proteção é aberta por um componente da máquina, pela peça a ser trabalhada ou por uma parte do dispositivo de usinagem, deixando apenas a peça em operação passar; automaticamente, a proteção retorna a sua posição de descanso (por meio de gravidade, mola etc.) assim que a peça tenha passado pela abertura (Figura 7.3).

Figura 7.3 – Exemplo de proteção com autofechamento.

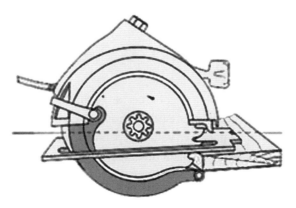

- Proteção de comando: a proteção é ligada a um dispositivo de intertravamento. As partes da máquina que estão cobertas pela proteção não operam se o dispositivo estiver aberto, e só voltam a funcionar quando há o fechamento da proteção.

Proteção ajustável

Protetor fixo ou móvel que é regulável no seu conjunto, ou que contém parte ou partes reguláveis. A regulagem mantém-se inalterada durante determinada operação (NM 213-1). Elas permitem o trabalho em diversos tamanhos de materiais (Figura 7.4).

Figura 7.4 – Exemplo de proteção ajustável para uma furadeira radial ou de coluna.

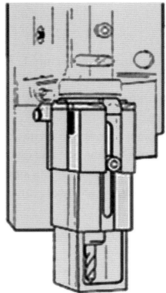

Proteção com intertravamento

As partes da máquina que estão cobertas pela proteção não operam até que o dispositivo de proteção esteja fechado. Quando a proteção é aberta ou retirada, a máquina para de funcionar. A máquina não deve voltar a operar até que o dispositivo de segurança esteja fechado e a máquina seja acionada novamente, ou seja, o simples fechamento da proteção não reinicia o funcionamento da máquina, ele apenas permite que ela volte a operar (Figura 7.5).

Capítulo 7 | Proteção contra riscos gerados por máquinas 157

Figura 7.5 – Exemplo de proteções basculantes com intertravamento, que protegem a zona de perigo, quando fechadas.

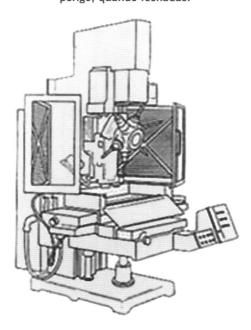

Figura 7.6 – Exemplo de proteções deslizantes com intertravamento.

Proteção com intertravamento e dispositivos de bloqueio

As partes da máquina que estão cobertas pela proteção não funcionam até que o dispositivo de proteção esteja fechado e travado. O fechamento e trava da proteção não iniciam o funcionamento da máquina, apenas permitem que ela opere (Figura 7.7).

Figura 7.7 – Exemplo de proteção de segurança de uma furadeira, usando proteções intertravadas, com dispositivo de bloqueio e proteções fixas; a) proteção com intertravamento em sua posição aberta; e b) exemplo de dispositivo de bloqueio.

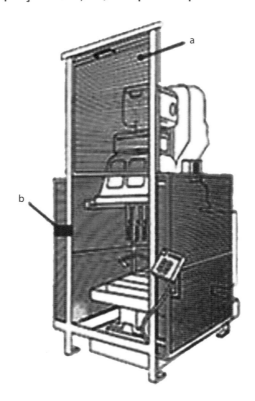

7.5.2. Dispositivos de segurança

Dispositivos sensores de posição

Dispositivos que param o trabalho de uma máquina quando o trabalhador entra na zona de perigo.

- Dispositivo fotoelétrico: feixes de luz são colocados próximos às áreas de risco, e quando são interrompidos pela presença de uma pessoa, a máquina para de funcionar. É importante observar que esses dispositivos só são eficientes quando as máquinas podem ser paradas antes de o operador chegar à zona de risco (Figura 7.8).
- Dispositivo de presença por capacitor de rádio frequência: feixes de ondas eletromagnéticas são partes da máquina, e quando interrompidos, fazem com que ela pare de operar. Assim como nos fotoelétricos, estes dispositivos devem ser usados em casos que a máquina pode parar antes que o trabalhador acesse a zona de perigo.
- Dispositivo sensor eletromecânico: antes de permitir a operação, uma sonda ou uma barra de contato tenta se posicionar a uma distância preestabelecida da máquina, fazendo a varredura do local. Caso haja algo, ou algum objeto, que impeça o dispositivo de se posicionar, a máquina não funcionará.

Figura 7.8 – Exemplo de dispositivo fotoelétrico.

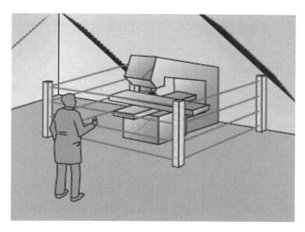

Fonte: Siemens.

- Dispositivo de arraste ou de restrições: este tipo de dispositivo usa cabos presos às mãos ou ao pulso do trabalhador. Quando a máquina começa a operar, um sistema mecânico retira automaticamente as mãos do operador da área de risco. É bastante criticado pelo fato de o trabalhador ficar literalmente preso à máquina, impedindo também alguns movimentos.

Dispositivos de controle de segurança

São dispositivos acionados manualmente (Figura 7.9).

Figura 7.9 – Exemplo de dispositivo acionado manualmente em caso de emergência.

Fonte: Reymaster Automação.

De acordo com a NR-12, as máquinas e os equipamentos devem ter dispositivos de acionamento e de parada localizados de modo que: seja acionado ou desligado pelo operador na sua posição de trabalho; não se localize na zona perigosa de máquina ou do equipamento; possa ser acionado ou desligado em caso de emergência por outra pessoa que não o operador; não possa ser acionado ou desligado involuntariamente pelo operador ou de qualquer outra forma acidental e; não acarrete riscos adicionais.

- Controle de segurança por impacto: são meios rápidos para desativar uma máquina quando houver uma emergência. Cordas e barras de impacto podem ser usadas para isso.
- Barras de pressão: são dispositivos que quando pressionados ativam um sistema que para a máquina. É importante que o dispositivo pare a máquina antes que uma parte dele alcance a área de perigo.
- Dispositivo de segurança tipo vareta de desengate: quando apertados pela mão param o funcionamento da máquina. Deve estar em um lugar de fácil acesso para que o operador possa acioná-lo em uma situação de emergência.
- Cabos de segurança: param a máquina quando acionados pelo operador. São instalados perto da zona de perigo da máquina e devem ser projetados de tal forma que o trabalhador possa acioná-los com qualquer uma das mãos.
- Controles bimanuais: para que a máquina funcione, as duas mãos do operador devem estar pressionando os dispositivos. O trabalhador só pode soltá-las quando o movimento de risco da máquina já tiver acabado (Figura 7.10).

Figura 7.10 – Exemplo de controle bimanual.

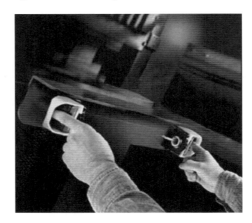

Fonte: Movimatic.

- Portas: tipo de barreira móvel que protege o operador durante o funcionamento da máquina. Devem ser fechadas para que a máquina comece a operar. Outra aplicação comum para portas é a delimitação de áreas de segurança.

7.5.3. Isolamento ou separação pela distância de segurança

A máquina e suas partes perigosas devem ser mantidas fora do alcance do trabalhador durante o seu funcionamento. Alguns exemplos de como isto pode ser conseguido são: cercas que impeçam o acesso do trabalhador, paredes de proteção ou até mesmo projetar a máquina de modo que suas partes perigosas fiquem a uma altura que o trabalhador não possa alcançá-las.

Pela NR-12, as áreas de circulação e os espaços em torno de máquinas e equipamentos devem ser dimensionados de forma que o material, os trabalhadores e os transportadores mecanizados possam movimentar-se com segurança. As vias de circulação devem ser devidamente demarcadas e mantidas permanentemente desobstruídas.

Métodos de alimentação e extração de segurança

Muitos métodos de extração e alimentação de material podem causar riscos ao trabalhador.

Alimentação automática

O trabalhador é pouco exposto a riscos, ele programa a máquina e espera enquanto ela opera.

Alimentação semiautomática

O operador utiliza mecanismos para alimentar a máquina, não precisa acessar a área de risco. Alguns mecanismos de alimentação semiautomática são por tambor giratório ou basculante, por gaveta, prato giratório etc.

Extração automática

Dispositivos como ar comprimido e aparatos mecânicos podem ser utilizados para a retirada de um material de uma máquina. Também é comum o uso de controles que não permitam que a máquina funcione enquanto a extração não é concluída.

Extração semiautomática

Assim como na alimentação semiautomática, dispositivos podem ser usados para evitar que o trabalhador entre em contato com a zona de risco da máquina.

Robôs

São dispositivos complexos que podem executar tarefas antes feitas por trabalhadores, diminuindo a exposição do operador a riscos. É importante notar que robôs podem criar alguns outros riscos, como, por exemplo, durante algum movimento, ele pode atingir um trabalhador que esteja por perto. Por isso, o uso de robôs não descarta a utilização de outros artefatos de proteção. Na Figura 7.11 há o uso de uma barreira fixa que protege o trabalhador dos movimentos do braço do robô.

Figura 7.11 – Exemplo de robô sendo usado na montagem de um carro.

Fonte: Carlos Casaes / Agência A Tarde.

7.5.4. Outros mecanismos auxiliares de proteção

São dispositivos que podem ser abertos ou movidos durante o funcionamento da máquina e que protegem de perigos quando usados no local adequado. Dão ao trabalhador uma margem a mais de segurança.

Barreiras de advertência

As placas de advertência (Figura 7.12) identificam os riscos, as consequências e as precauções que devem ser tomadas para evitar o acidente. As barreiras de advertência devem ser escritas na língua do país. Os avisos devem ser claros, concisos, visíveis, legíveis e estar alocados perto da área de perigo ou em um lugar onde o trabalhador estará quando precisar ser lembrado do perigo. Os avisos podem conter figuras para facilitar o entendimento e devem usar a palavra correta para identificar a intensidade do perigo:
- PERIGO: risco iminente que resultará em um dano severo à pessoa ou até a morte.
- ATENÇÃO: riscos ou práticas inseguras que poderiam resultar em um dano físico severo ou morte.

Figura 7.12 – Placas de advertência.

- CUIDADO: riscos ou práticas inseguras que resultariam em um dano menor à pessoa ou estrago em equipamentos.

Ferramentas manuais

São complementos de segurança que ajudam o trabalhador a manusear materiais que serão trabalhados pelas máquinas. Alguns exemplos dessas ferramentas são pinças, alicates, ganchos.

Escudos

Podem ser usados para proteger o trabalhador contra partes do material que podem ser lançadas pela máquina durante o seu funcionamento, como cavacos, respingos etc. (Figura 7.13).

Figura 7.13 – Escudo de proteção usado durante soldagem.

Alavancas de empurrão ou bloqueio

Podem ser usadas para alimentar uma máquina, mantendo as mãos do operador em uma área segura.

7.5.5. Combinação de diferentes proteções

Às vezes pode ser conveniente o uso de uma combinação de diferentes dispositivos de proteção (Figura 7.14). Por exemplo, utiliza-se um robô para fazer a alimentação de uma máquina, que causava perigo ao trabalhador, e outro dispositivo de segurança pode ser usado para proteger as pessoas dos perigos secundários causados pelos movimentos do robô.

Figura 7.14 – Exemplo da combinação de proteções e dispositivos de segurança. *Fonte:* **Déplacer Automação.**

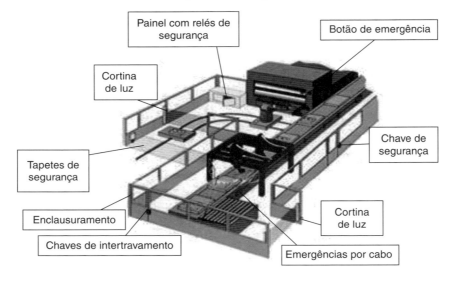

Os Fluxogramas 7.1 e 7.2 ajudam a escolher qual tipo de proteção usar.

7.6. Manutenção

Dentre os custos operacionais totais em uma indústria de manufatura e de produção, os custos com manutenção são os principais. A média indica que os custos com manutenção variam de 15 a 30% do custo do bem produzido. Estudos mostram que um terço destes custos é desperdiçado com uma manutenção desnecessária ou realizada de maneira inadequada. Tal desperdício de recursos é devido a uma falta de dados que quantifiquem a real necessidade de reparo ou manutenção das máquinas, equipamentos e da planta.

O desenvolvimento de sistemas computacionais tem oferecido maior suporte para gerenciar as operações de manutenção. Eles têm ajudado a reduzir ou eliminar reparos desnecessários, evitar grandes falhas nas máquinas e diminuir o impacto negativo da manutenção nos custos da produção.

Fluxograma 7.1 – Guia para ajudar na escolha de proteções contra perigos gerados por partes móveis.

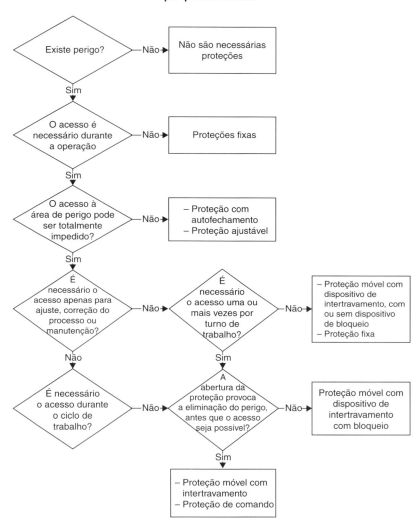

Fonte: NBR NM 272

7.6.1. Manutenção corretiva

A manutenção corretiva é uma técnica reativa, ou seja, espera a máquina ou equipamento falhar, para então ser tomada qualquer decisão sobre a manutenção. A lógica é simples: estragou, conserta. É o método mais caro de manutenção, cerca de três vezes mais que a manutenção programada ou preventiva. Na prática, poucas ou nenhuma empresa utiliza-se desse método por completo, sempre há um pouco de técnicas preventivas simples, como a lubrificação e ajuste das máquinas. No entanto, grandes reparos só são realizados quando a máquina falha.

Fluxograma 7.2 – Roteiro para escolher as proteções de acordo com o número e a localização dos perigos.

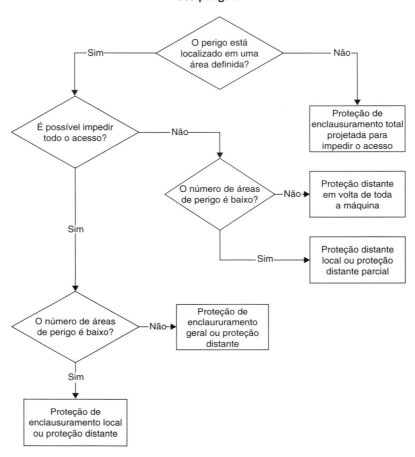

Fonte: NBR NM 272

Este tipo de abordagem tem vários pontos negativos, como altos custos de estoque de peças para reposição, altos custos de trabalho extra, elevado tempo de paralisação da máquina e baixa disponibilidade de produção. Para utilizar-se da manutenção corretiva absoluta, a fábrica deve ter alta capacidade de resposta, ou seja, deve manter um alto e caro estoque de peças, e até de máquinas, para que o problema de falha de uma máquina possa ser resolvido no menor tempo possível, para que a produção não seja tão afetada.

7.6.2. Manutenção preventiva

A manutenção preventiva é baseada na manutenção programada das máquinas e equipamentos. As empresas que adotam este tipo de manutenção assumem que as máquinas vão degradando ao longo do tempo e existe uma previsão da época certa para se fazer a manutenção, antes que a máquina apresente problema. Alguns programas são mais básicos e envolvem ações mais simples, como lubrificação e ajuste menores, ao passo que os programas mais completos deste tipo de manutenção abrangem reparos, lubrificações, ajustes e recondicionamentos de máquinas.

Um dos problemas deste tipo de abordagem é que a vida operacional de cada máquina é variável de acordo com a sua utilização, ou seja, pode acontecer da manutenção ocorrer de forma desnecessária, bem antes de a máquina apresentar algum problema, ou o contrário, a máquina pode falhar antes do previsto e uma manutenção corretiva será necessária.

7.6.3. Manutenção preditiva

A manutenção preditiva é um programa de manutenção preventiva baseada não somente no tempo de vida das máquinas, ela baseia-se no monitoramento regular das condições mecânicas, eletrônicas, pneumáticas, hidráulicas e elétricas das máquinas além do rendimento que estes equipamentos têm no processo de produção, determinando, assim, o tempo médio para falha ou diminuição do rendimento dos equipamentos.

A manutenção preditiva é uma modalidade de manutenção que possui certo diferencial, já que se pode observar o aumento de confiabilidade; melhora da qualidade; redução dos custos de manutenção (estudos mostram uma redução de 60 a 80%); aumento da vida útil de componentes, equipamentos e instalações; melhora na segurança de processos, equipamentos, instalações e pessoas e ganhos expressivos ao meio ambiente.

7.7. Caso Johnson & Johnson

7.7.1. Proteção com zero acesso à máquina

A fim de evitar acidentes com seus funcionários, a Johnson & Johnson criou o sistema de Proteção com Zero Acesso à Máquina (Figura 7.15). Este sistema demanda que os empregados não sejam capazes de entrar em contato, acidental ou não, com as partes móveis e/ou perigosas da máquina. Os empregados também não podem, sob nenhuma circunstância, ser capazes de alcançar sobre, abaixo, através ou em volta das barreiras de proteção.

Os dispositivos de proteção devem possuir um sistema de intertravamento para os casos em que o operador deve acessar a máquina. O sistema de intertravamento das portas de proteção deve ser projetado com um sistema de controle altamente confiável, livre de falhas.

Todos os componentes de transmissão de energia (correias, cintas etc.), lâminas e extremidades afiadas, esteiras ou pontes rolantes próximas às áreas de circulação, quaisquer dispositivos aéreos, cilindros hidráulicos de qualquer tamanho, ambientes onde haja exposição química perigosa, máquinas que emitam *laser*, fagulhas, eletricidade,

Figura 7.15 – Programa Zero Acesso – Johnson & Johnson. *Fonte*: **Johnson & Johnson.**

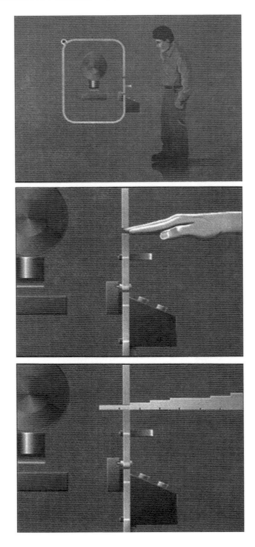

micro-ondas, radiação, o excesso de calor (temperatura de contato que exceda 66 °C), são exemplos de equipamentos que são contemplados pelo programa de Zero Acesso da J&J.

A proposta do sistema de Proteção com Zero Acesso à Máquina é manter mão e outras partes do corpo longe dos pontos de perigo da máquina.

A escala da Proteção com Zero Acesso à Máquina é um simples dispositivo que pode ajudar a determinar se aberturas ao redor de dispositivos de segurança são grandes o suficiente para permitir o contato com pontos perigosos.

Para usar, insira a escala através da abertura. Se a abertura for grande o suficiente para permitir o contato da escala com o ponto de perigo, então a abertura é grande demais, ou o dispositivo de segurança está muito perto do ponto de perigo.

Para o sistema de Proteção com Zero Acesso à Máquina da Johnson & Johnson, a escala não deve ser capaz de tocar o ponto de perigo da máquina.

7.8. Revisão dos conceitos apresentados

Após o período da Revolução Industrial, grandes inovações tecnológicas ocorreram, muitas delas foram levadas às indústrias e utilizadas para acelerar o processo produtivo. Com as máquinas vieram também o aumento dos acidentes de trabalho, a formação de sindicatos e várias leis que defendiam os direitos e deveres dos trabalhadores.

A Organização Internacional do Trabalho (OIT) é uma agência multilateral ligada à ONU. Fundada em 1919, tem o objetivo de promover a justiça social e o reconhecimento internacional dos direitos humanos e trabalhistas.

A OIT, recentemente, criou o Programa Trabalho Seguro, que busca a promoção de uma consciência mundial sobre as consequências dos acidentes, lesões e doenças causadas pelo trabalho.

A Previdência Social registrou em 2007 cerda de 650 mil acidentes de trabalho. Este número é ainda bem maior se levarmos em consideração os acidentes que não foram registrados no INSS. Em 1995, as prensas, primeiro lugar do ranking das máquinas que provocam acidentes, foram responsáveis por 25% de todos os ferimentos graves causados por máquinas e 42% dos casos de esmagamentos de dedos e mãos.

Dentre os principais perigos causados por máquinas estão os mecânicos, elétricos, térmicos, provocados por ruído, provocados por vibrações, provocados por radiações e provocados pelo desrespeito aos princípios ergonômicos.

A avaliação dos riscos ajuda projetistas e engenheiros de segurança a estabelecer medidas que consigam o mais alto nível de segurança possível. Alguns passos básicos devem ser considerados para a construção de um sistema de segurança de máquinas eficiente, como: especificar os limites da máquina; identificar os perigos e acessos de risco; diminuir os perigos e o limite de riscos o máximo possível; projetar dispositivos de segurança contra os riscos; informar o trabalhador sobre qualquer risco presente na máquina; considerar quaisquer outras precauções.

Existem diversos métodos de proteção de máquinas que auxiliam a diminuir acidentes. Alguns critérios devem ser considerados para a escolha do método mais adequado, como a utilização da máquina, a natureza e frequência de acessos a ela, os perigos que ela pode oferecer e a probabilidade e gravidade da lesão que pode causar. As proteções podem ser divididas em cinco classificações gerais:

- Barreiras ou anteparos: proteção fixa, móvel, ajustável, com intertravamento e com intertravamento e dispositivo de bloqueio.
- Dispositivos de segurança: dispositivos sensores de posição, dispositivos de controle de segurança.
- Proteção pela localização ou pela distância.

- Métodos de alimentação e extração de segurança.
- Outros mecanismos auxiliares de proteção: barreiras de advertência, ferramentas manuais, escudos, alavancas de empurrão ou bloqueio.

Muitas vezes os acidentes são causados por falta de manutenção nas máquinas. A média indica que custos com manutenção variam de 15 a 30% do custo dos bens produzidos, no entanto, um terço deste custo é gasto devido a uma manutenção desnecessária ou feita de modo incorreto. Um bom gerenciamento pode eliminar reparos desnecessários, evitar grandes falhas nas máquinas e diminuir o impacto negativo da manutenção nos custos da produção.

7.9. Questões

Qual a importância da inserção do trabalhador no projeto e instalação de sistemas e dispositivos de segurança?

7.10. Referências

ALBA, F.; LIMA, F. (2007) Integração da Segurança no Projecto de Máquinas. Revista Segurança, 178, Segurança máquinas, julho. Disponível em: www.revistaseguranca.com/index.php?option=com_content&task=view&id=18&Itemid=68. Acesso: mai 2009.

ALMEIDA, M.T. (2000) Manutenção Preditiva: Confiabilidade e qualidade. Disponível em: www.mtaev.com.br/download/mnt1.pdf. Acesso: mai 2009.

ABNT (Associação Brasileira de Normas Técnicas). (1996) NBR13759: Segurança de máquinas – Equipamentos de parada de emergência – Aspectos funcionais – Princípios para projeto. 5p.

ABNT (Associação Brasileira de Normas Técnicas). (1997) NBR13970: Segurança de máquinas – Temperatura de superfícies acessíveis – Dados ergonômicos para estabelecer os valores limites de temperatura de superfícies aquecidas. 17p.

ABNT (Associação Brasileira de Normas Técnicas). (1997) NBR14009: Segurança de máquinas – Princípios para apreciação de riscos. 14p.

ABNT (Associação Brasileira de Normas Técnicas). (1998) NBR 14152: Segurança de máquinas – Dispositivos de comando bimanuais – Aspectos funcionais e princípios para projeto. 18p.

ABNT (Associação Brasileira de Normas Técnicas). (1998) NBR 14153: Segurança de máquinas – Partes de sistemas de comando relacionadas com a segurança – Princípios gerais para projeto. 23p.

ABNT (Associação Brasileira de Normas Técnicas). (1998) NBR 14154: Segurança de máquinas – Prevenção de partida inesperada. 10p.

ABNT (Associação Brasileira de Normas Técnicas). (1998) NBR 14191-1: Segurança de máquinas – Redução dos riscos à saúde resultantes de substâncias perigosas emitidas por máquinas – Parte 1: Princípios e especificações para fabricantes de máquinas. 8p.

ABNT (Associação Brasileira de Normas Técnicas). (2000) NBR NM 213-1: Segurança de máquinas – Conceitos fundamentais, princípios gerais de projeto – Parte 1: Terminologia básica e metodologia. 23p.

ABNT (Associação Brasileira de Normas Técnicas). (2000) NBR NM 213-2: Segurança de máquinas – Conceitos fundamentais, princípios gerais de projeto – Parte 2: Princípios técnicos e especificações. 41p.

ABNT (Associação Brasileira de Normas Técnicas). (2002) NBR NM 272: Segurança de máquinas – Proteções – Requisitos gerais para o projeto e construção de proteções fixas e móveis. 29p.

ABNT (Associação Brasileira de Normas Técnicas). (2002) NBR NM 273: Segurança de máquinas – Dispositivos de intertravamento associados a proteções – Princípios para projeto e seleção. 48p.

ABNT (Associação Brasileira de Normas Técnicas). (2003) NBRNM-ISO13852: Segurança de máquinas – Distâncias de segurança para impedir o acesso a zonas de perigo pelos membros superiores. 13p.

ABNT (Associação Brasileira de Normas Técnicas). (2003) NBRNM-ISO13853: Segurança de máquinas – Distâncias de segurança para impedir o acesso a zonas de perigo pelos membros inferiores. 8p.

ABNT (Associação Brasileira de Normas Técnicas). (2003) NBRNM-ISO13854: Segurança de máquinas – Folgas mínimas para evitar esmagamento de partes do corpo humano. 6p.

BRASIL. Decreto nº 1.255 de 29 de setembro de 1994. Promulga a Convenção nº 119, da Organização Internacional do Trabalho, sobre Proteção das Máquinas, concluída em Genebra, em 25 de junho de 1963. Disponível em: www.lei.adv.br/1255-94.htm. Acesso: mai 2009.

INSS. Saúde e segurança ocupacional. Disponível em: www.inss.gov.br/conteudoDinamico.php?id=39. Acesso: mai 2009.

ARRUDA, G.A. (2004) Informe de Previdência Social: Saúde e segurança do trabalho e a previdência social, v. 16, 20p. Disponível em: www.previdenciasocial.gov.br/arquivos/office/3_081014-104626-610.pdf. Acesso: mai 2009.

LIMA, W.C.; SALLES, J.A.A. (2006) Manutenção preditiva: Caminho para a excelência e vantagem competitiva. In: Mostra Acadêmica UNIMEP, IV, Disponível em: www.unimep.br/phpg/mostraacademica/anais/4mostra/pdfs/616.pdf. Acesso: mai 2009.

NORMAS REGULAMENTADORAS. NR 12: Máquinas e equipamentos. Disponível em: www.mte.gov.br/legislacao/normas_regulamentadoras/default.asp. Acesso: jun 2018.

NORMAS REGULAMENTADORAS. NR 15: Atividades e operações insalubres. Disponível em: www.mte.gov.br/legislacao/normas_regulamentadoras/default.asp. Acesso: mai 2009.

NORMAS REGULAMENTADORAS. NR 16: Atividades e operações perigosas. Disponível em: http://www.mte.gov.br/legislacao/normas_regulamentadoras/default.asp. Acesso: mai 2009.

NORMAS REGULAMENTADORAS. NR 17: Ergonomia. Disponível em: http://www.mte.gov.br/legislacao/normas_regulamentadoras/default.asp. Acesso: mai 2009.

SIEMENS. Catálogo Siemens Safety Integrated: Guia de produtos e soluções dedicados a sistemas de segurança. Encontrado em www.siemens.com.br/templates/get_download2.aspx?id=5250&type=FILESAcesso: mai 2009.

VILELA, R.A.G. (2001) Acidentes do trabalho com máquinas – identificação de riscos e prevenção. São Paulo: Instituto de Saúde do Trabalhador - CUT, v. 5000. 33p.

Apêndice 1	# Máquinas consideradas obsoletas ou inseguras

1. Prensas mecânicas

a. Prensa excêntrica com embreagem a chaveta

Uma máquina dotada desse tipo de embreagem está sujeita à ocorrência do repique, por falha mecânica nesse dispositivo. Há a descida da mesa móvel como se ela tivesse sido acionada, podendo provocar acidentes graves envolvendo as mãos do trabalhador.

A Convenção Coletiva de Trabalho para Melhoria das Condições de Trabalho em Prensas Mecânicas e Hidráulicas define como obrigatória a adoção de recursos que garantam o impedimento físico ao ingresso das mãos do operador na zona de prensagem, dentre eles:

- Ferramenta fechada
- Enclausuramento da zona de prensagem, com fresta que permita apenas o ingresso do material, e não da mão humana
- Mão mecânica
- Sistema de gaveta
- Sistema de alimentação por gravidade e remoção pneumática
- Sistema de bandeja rotativa (tambor de revólver)
- Transportador de alimentação ou robótica

b. Prensa excêntrica com embreagem tipo freio/fricção

Neste tipo de máquina, pode haver riscos relacionados com o tipo de acionamento adotado. Deve-se atentar para os tipos que permitem que as mãos fiquem livres, podendo causar acidentes.

A utilização de comandos bimanuais torna o risco de acidentes substancialmente menor, desde que seja usado de maneira correta. Outros dispositivos podem ser usados para elevar o nível de segurança do equipamento, como: cortina de luzes e barreiras móveis.

2. Prensas hidráulicas

Nas prensas hidráulicas, o risco de esmagamento é, geralmente, menor, pois a velocidade de descida da mesa móvel é menor.

A Convenção Coletiva de Trabalho para Melhoria das Condições de Trabalho em Prensas Mecânicas e Hidráulicas estabelece o uso de comandos bimanuais com simultaneidade e autoteste, que garanta a vida UTI do comando, como uma forma de cumprir os requisitos básicos de segurança para prensas hidráulicas, exceto nos casos em que houver a necessidade de o operador ingressar na zona de prensagem.

Barreiras móveis com intertravamento ou cortinas de luz, podem ser usadas para complementar o comando bimanual.

3. Máquinas cilindros de massa

Na sua operação, na maior parte do tempo, o trabalhador fica posicionado na sua região frontal, passando a massa por cima dos cilindros para que ela retorne pelo vão entre eles.

Sem as devidas proteções, ela oferece riscos na região de convergência dos cilindros e também nas partes móveis de transmissão de força.

Para diminuir esses riscos, as máquinas devem obedecer aos seguintes requisitos:
- Possuir cilindro obstrutivo que dificulte a aproximação das mãos do trabalhador da região de convergência dos cilindros.
- Possuir chapa de fechamento do vão que tem a finalidade de impedir a introdução das mãos entre o cilindro obstrutivo e o cilindro superior.
- Possuir proteção lateral fixa com o objetivo de impedir acesso à região de convergência dos cilindros pela lateral da máquina.
- Respeitar as dimensões mínimas necessárias para evitar alcance das mãos à região de convergência dos cilindros.
- Possuir botão de parada de emergência da máquina bem posicionado na lateral.
- Possuir proteção fixa metálica ou similar na região de transmissão de força da máquina.
- Não deve haver possibilidade de inversão do sentido de rotação dos cilindros. Com isso será eliminada a possibilidade de surgimento de uma nova região de risco.

4. Máquina de trabalhar madeira: serras circulares

O risco existe quando não há proteções básicas ao operador, como cutelo divisor (previne o rejeito ou retrocesso da madeira) e coifa ou cobertura de proteção (reduz a possibilidade de contato de parte do corpo com a lâmina).

Complementarmente, pode haver dispositivos para empurrar a peça de madeira, cuja finalidade é manter distantes as mãos dos dentes da serra quando a operação se aproxima de seu término.

5. Máquina para trabalhar madeira: desempenadeiras

O maior risco está no contato de partes do corpo, como mãos e dedos, com as ferramentas de corte, que pode causar esmagamento ou amputação.

A proteção mais indicada é uma cobertura para a parte do porta-ferramentas não coberta pela peça, regulável manualmente, conforme as dimensões da peça a ser trabalhada, ou autorretrátil.

O porta-ferramentas também deve ser protegido no seu trecho posterior à guia. A utilização de empurradores também é interessante como forma de prevenção de acidentes.

6. Máquinas guilhotinas para chapas metálicas

Sua operação oferece riscos de acidentes graves quando o equipamento permite o acesso das mãos ou dedos à linha de corte ou esmagamento pela prensa-chapa.

A proteção segura, simples e de baixo custo, é a do tipo fixa, cobrindo a parte frontal em toda a extensão da região de risco, dimensionada de forma a permitir apenas o acesso do material a ela, isto é, de acordo com padrões estabelecidos para a abertura e distância dessa região.

Também deve haver proteção fixa na parte traseira da máquina, para impedir o acesso à linha de corte por esta área.

7. Máquinas guilhotinas para papel

Nesse tipo de máquinas não são utilizadas proteções fixas devido à elevada espessura do maço de papel a ser cortado.

Um tipo de proteção utilizável é o comando bimanual, que mantém as mãos do operador ocupadas enquanto a máquina trabalha. Uma proteção fixa para a parte traseira da máquina também é necessária. Para elevar ainda mais o nível de segurança e proteger também terceiros, poderia ser usada cortina de luzes.

8. Impressoras *off-set* a folha

Este tipo de máquina oferece riscos de esmagamento de mãos e braços entre cilindros e rolos dos grupos de impressão, principalmente durante intervenções próximas às suas regiões de convergência. Há também riscos de esmagamento, cisalhamento e choque mecânico nos dispositivos mecânicos dos sistemas de alimentação e recepção de folhas.

As regiões de convergência formadas pelos cilindros e rolos devem ter acesso impedido por proteções móveis e fixas. Para complementar a segurança, pode-se adotar a utilização de barras fixas ou sensíveis.

Durante a execução de funções que necessitam a abertura das proteções:
- Quando as zonas de convergência descobertas são equipadas com barras fixas ou sensíveis, o funcionamento da máquina só será permitido em marcha lenta contínua. Deve haver um comando de parada próximo à proteção aberta. Essa marcha lenta só deve ser possível com as grades metálicas abertas em apenas um grupo impressor.
- Quando as zonas de convergência descobertas não estiverem equipadas com barras fixas ou sensíveis, o funcionamento da máquina deve se dar à velocidade mais reduzida possível, associada à manutenção da pressão de um dedo sobre um botão.

Também devem-se instalar proteções fixas e móveis, impedindo fisicamente o acesso a correntes e transportadores da alimentação e recepção das folhas, cuja abertura implique a parada da máquina.

9. Injetoras de plástico

O principal risco que esse equipamento pode oferecer é de esmagamento de mãos e braços durante o fechamento do molde. Outros riscos oferecidos são:
- Esmagamento de mãos ou dedos introduzidos no cilindro dotado de rosca sem fim onde o plástico é derretido e homogeneizado. Essa introdução pode se dar pela abertura para entrada do plástico.
- Queimaduras provocadas pelo contato com o cilindro citado desprovido de isolamento térmico.
- Espirramento de material plástico quando esse for injetado no molde pelo bico de injeção.
  A NBR 13.536/95 estabelece que:
- A área de acesso ao molde do lado da injetora, por onde a operação pode ser comandada, deve ser protegida por meio de uma proteção móvel (proteção frontal) dotada de três dispositivos de segurança, a saber:
   a. Um elétrico, com dois sensores de posição, que atua no sistema de controle da injetora.
   b. Um hidráulico, com uma válvula que atua no sistema de potência hidráulico ou pneumático da injetora, ou um elétrico com um contato, que atua no sistema de potência elétrico da injetora.
   c. Um mecânico autorregulável.
- A área de acesso ao molde do lado da injetora, por onde a operação de injeção não pode ser comandada, deve ser protegida por meio de uma proteção móvel (proteção traseira) dotada de dois dispositivos de segurança – um que atua no sistema de controle e o outro no sistema de potência da injetora.

- A área do mecanismo de fechamento da prensa, que não permite o acesso ao molde, deve ser protegida por meio de uma proteção móvel dotada de um dispositivo de segurança elétrico – contendo dois sensores de posição – que atua no sistema de controle (vale tanto para a proteção frontal como a traseira).

Os dispositivos de segurança de cada proteção móvel devem operar simultaneamente, interrompendo o funcionamento da injetora, assim que a proteção seja aberta.

A Convenção Coletiva Sobre Segurança em Máquinas Injetoras de plástico prevê, em relação ao risco de esmagamento das mãos ou membros do trabalhador, o seguinte:

- A área de acesso ao molde do lado da injetora, por onde a operação de injeção pode ser comandada, deve ser protegida por meio de uma proteção móvel dotada de dois dispositivos de segurança, a saber:
    a) um elétrico - contendo dois sensores de posição;
    b) um hidráulico ou um mecânico.

O funcionamento desse dispositivo de segurança elétrico deve ser monitorado a cada ciclo de abertura da proteção e o movimento de risco impedido, se uma falha for detectada.

- A área de acesso ao molde do lado da injetora, por onde a operação de injeção não pode ser comandada, deve ser protegida por meio de uma proteção móvel dotada de um dispositivo de segurança elétrico com dois sensores de posição.
- A área do mecanismo de fechamento da prensa, que não permite o acesso ao molde, pode ser protegida por meio de proteções fixas ou móveis; se móveis, devem ser dotadas, cada uma, de um dispositivo de segurança elétrico – contendo um sensor de posição.

De forma semelhante aos requisitos da NBR 13.536/95, segundo a convenção coletiva, os dispositivos de segurança de cada proteção também devem operar simultaneamente, interrompendo o funcionamento da máquina, assim que a proteção móvel seja aberta.

10. Cilindros misturadores para borracha

Esse equipamento oferece a possibilidade de aprisionamento das mãos na região de convergência do par de cilindros metálicos.

A proteção mais adequada para esta máquina é constituída por uma barra, localizada na altura do tórax do operador, que, ao ser pressionada, interrompe o funcionamento do motor do equipamento e aciona um freio para os cilindros. Se dimensionada corretamente, quando as mãos do operador se aproximarem da região de risco, seu tórax irá pressionar a barra, provocando a parada dos cilindros. Uma proteção fixa impede o acesso por baixo da barra.

11. Calandras para borracha

O principal risco é o aprisionamento e esmagamento das mãos e braços na região de convergência de cilindros metálicos de grande rigidez.

Um exemplo de proteção adequada para a região de convergência superior é impossibilitar o acesso à região devido à altura e dimensões da mesa de rolos. Além disso, a barra horizontal, quando pressionada, interrompe o funcionamento da calandra e aciona um freio para os cilindros. Deve haver uma fresta de, no máximo, 6mm entre a mesa de rolos e o cilindro intermediário.

A região de convergência inferior pode ser protegida por meio de barra fixa.

Apêndice 2	Normas Técnicas (ABNT)

A Associação Brasileira de Normas Técnicas (ABNT) é o órgão responsável pela normalização técnica no país, fornecendo a base necessária ao desenvolvimento tecnológico brasileiro. A seguir será apresentado um resumo das normas da ABNT sobre Segurança de Máquinas (Tabela A.2.1).

Tabela A.2.1 – Normas sobre segurança de máquinas

Código Título Publicação	Resumo
NBR 13.759 Segurança de máquinas – Equipamentos de parada de emergência – Aspectos funcionais – Princípios para projeto 1/12/1996	Especifica princípios de projeto de equipamentos de parada de emergência para máquinas. Não se leva em consideração a natureza da fonte de energia.
NBR 13.970 Segurança de máquinas – Temperatura de superfícies acessíveis – Dados ergonômicos para estabelecer os valores limites de temperatura de superfícies aquecidas 1/9/1997	Especifica dados relativos às circunstâncias sob as quais o contato com superfícies aquecidas pode causar queimaduras. Esses dados permitem a avaliação de riscos de queimaduras.
NBR 14.009 Segurança de máquinas – Princípios para apreciação de riscos 1/11/1997	Descreve procedimentos básicos, conhecidos como apreciação de riscos, pelos quais os conhecimentos e experiências de projeto, utilização, incidentes, acidentes e danos relacionados com máquinas são considerados conjuntamente, com o objetivo de avaliar os riscos durante a vida da máquina. Estabelece um guia sobre as informações necessárias para que a apreciação dos riscos seja efetuada. Procedimentos são descritos para a identificação dos perigos, estimando e avaliando os riscos. A finalidade desta Norma é fornecer as informações necessárias à tomada de decisões em segurança de máquinas e o tipo de documentação necessária para verificar a análise da apreciação dos riscos.

Código Título Publicação	Resumo
NBR 14.152 Segurança de máquinas – Dispositivos de comando bimanuais – Aspectos funcionais e princípios para projeto 1/7/1998	Especifica os requisitos de segurança para um dispositivo de comando bimanual e sua unidade lógica. Descreve as características principais de um dispositivo de comando bimanual para o alcance de segurança e expõe as combinações de características funcionais de três tipos. Não se aplica a dispositivos que têm a finalidade de ser utilizados como dispositivos de inibição, dispositivos que necessitam ser mantidos pressionados para o funcionamento do equipamento e como dispositivos especiais de comando.
NBR 14.153 Segurança de máquinas – Partes de sistemas de comando relacionadas com a segurança – Princípios gerais para projeto 1/7/1998	Especifica os requisitos de segurança e estabelece um guia sobre os princípios para o projeto de partes de sistemas de comando relacionadas com a segurança. Para essas partes, especifica categorias e descreve as características de suas funções de segurança. Isso inclui sistemas programáveis para todos os tipos de máquinas e dispositivos de proteção relacionados. Aplica-se a todas as partes de sistemas de comando relacionadas com a segurança, independentemente do tipo de energia aplicado, por exemplo, elétrica, hidráulica, pneumática, mecânica. Não especifica que funções de segurança e que categorias devem ser aplicadas em um caso particular.
NBR 14.154 Segurança de máquinas – Prevenção de partida inesperada 1/7/1998	Especifica medidas de segurança, incorporadas ao equipamento, que objetivam a prevenção da partida inesperada da máquina para permitir intervenções humanas seguras em zonas de perigo. Aplica-se a partidas inesperadas de todos os tipos de fontes de energia, como por exemplo: fornecimento de energia, por exemplo, elétrica, hidráulica, pneumática; energia acumulada através de, por exemplo, gravidade, molas comprimidas; influências externas, por exemplo, do vento.
NBR 14.191-1 Segurança de máquinas – Redução dos riscos à saúde resultantes de substâncias perigosas emitidas por máquinas Parte 1: Princípios e especificações para fabricantes de máquinas 1/10/1998	Descreve os princípios para o controle de riscos à saúde, resultantes da emissão de substâncias perigosas por máquina. Não se aplica a substâncias que oferecem risco à saúde unicamente por suas propriedades explosivas, inflamáveis e radioativas, ou por seu comportamento a condições extremas de temperatura ou pressão.
NBR NM 213-1 Segurança de máquinas – Conceitos fundamentais, princípios gerais de projeto – Parte 1: Terminologia básica e metodologia 1/1/2000	Define a terminologia básica e especifica a metodologia destinada a auxiliar os projetistas e os fabricantes a integrarem a segurança no projeto de máquinas destinadas a uso profissional e não profissional. Também pode ser aplicada a outros produtos técnicos que provoquem perigos semelhantes.
NBR NM 213-2 Segurança de máquinas – Conceitos fundamentais, princípios gerais de projeto – Parte 2: Terminologia básica e metodologia 2/1/2000	Define princípios técnicos e especificações destinadas a auxiliar os projetistas e os fabricantes a integrarem a segurança no projeto de máquinas de uso profissional e não profissional. Também pode ser aplicada a outros projetos técnicos que provoquem perigos semelhantes.

Código Título Publicação	Resumo
NBR NM 272 Segurança de máquinas – Proteções – Requisitos gerais para o projeto e construção de proteções fixas e móveis 1/7/2002	Fixa requisitos gerais para o projeto e construção de proteções, desenvolvidas principalmente para a proteção de pessoas de perigos mecânicos.
NBR NM 273 Segurança de máquinas – Dispositivos de intertravamento associados a proteções - Princípios para projeto e seleção 30/7/2002	Especifica os princípios para o projeto e seleção, independentemente da natureza da fonte de energia, de dispositivos de intertravamento associados a proteções.
NBR NM-ISO 13.852 Segurança de máquinas – Distâncias de segurança para impedir o acesso a zonas de perigo pelos membros superiores 30/5/2003	Estabelece valores para distâncias de segurança, de modo a impedir acesso à zona de perigo, pelos membros superiores de pessoas com idade maior ou igual a três anos. Essas distâncias se aplicam quando, por si só, são suficientes para garantir segurança adequada.
NBR NM-ISO 13.853 Segurança de máquinas – Distâncias de segurança para impedir o acesso a zonas de perigo pelos membros inferiores 28/11/2003	Estabelece valores para distâncias de segurança, de modo a impedir acesso e obstruir o livre acesso a zonas de perigo, pelos membros inferiores de pessoas com idade maior ou igual a 14 anos.
NBR NM-ISO 13.854 Segurança de máquinas – Folgas mínimas para evitar esmagamento de partes do corpo humano 1/5/2003	Permite ao usuário (por exemplo, elaboradores de normas, projetistas de máquinas) evitar perigos em zonas de esmagamento. Especifica as folgas mínimas relativas às partes do corpo humano e é aplicável quando segurança adequada é obtida através deste método.

| Apêndice 3 | Aspectos ergonômicos da NR-12 |

12.94 As máquinas e equipamentos devem ser projetados, construídos e mantidos com observância aos seguintes aspectos:

a) atendimento da variabilidade das características antropométricas dos operadores;

b) respeito às exigências posturais, cognitivas, movimentos e esforços físicos demandados pelos operadores;

c) os componentes como monitores de vídeo, sinais e comandos devem possibilitar a interação clara e precisa com o operador de forma a reduzir possibilidades de erros de interpretação ou retorno de informação;

d) os comandos e indicadores devem representar, sempre que possível, a direção do movimento e demais efeitos correspondentes;

e) os sistemas interativos, como ícones, símbolos e instruções, devem ser coerentes em sua aparência e função;

f) favorecimento do desempenho e a confiabilidade das operações, com redução da probabilidade de falhas na operação;

g) redução da exigência de força, pressão, preensão, flexão, extensão ou torção dos segmentos corporais;

h) a iluminação deve ser adequada e ficar disponível em situações de emergência, quando exigido o ingresso em seu interior.

12.95 Os comandos das máquinas e equipamentos devem ser projetados, construídos e mantidos com observância aos seguintes aspectos:

a. localização e distância de forma a permitir manejo fácil e seguro;

b. instalação dos comandos mais utilizados em posições mais acessíveis ao operador;

c. visibilidade, identificação e sinalização que permita serem distinguíveis entre si;

d. instalação dos elementos de acionamento manual ou a pedal de forma a facilitar a execução da manobra levando em consideração as características biomecânicas e antropométricas dos operadores; e

e. garantia de manobras seguras e rápidas e proteção de forma a evitar movimentos involuntários.

12.96 As máquinas e equipamentos devem ser projetados, construídos e operados levando em consideração a necessidade de adaptação das condições de trabalho às características psicofisiológicas dos trabalhadores e à natureza dos trabalhos a executar, oferecendo condições de conforto e segurança no trabalho, observado o disposto na NR-17.

12.97 Os assentos utilizados na operação de máquinas devem possuir estofamento e ser ajustáveis à natureza do trabalho executado, além do previsto no subitem 17.3.3 da NR-17.

12.98 Os postos de trabalho devem ser projetados para permitir a alternância de postura e a movimentação adequada dos segmentos corporais, garantindo espaço suficiente para operação dos controles nele instalados.

12.99 As superfícies dos postos de trabalho não devem possuir cantos vivos, superfícies ásperas, cortantes e quinas em ângulos agudos ou rebarbas nos pontos de contato com segmentos do corpo do operador, e os elementos de fixação, como pregos, rebites e parafusos, devem ser mantidos de forma a não acrescentar riscos à operação.

12.100 Os postos de trabalho das máquinas e equipamentos devem permitir o apoio integral das plantas dos pés no piso.

12.100.1 Deve ser fornecido apoio para os pés quando os pés do operador não alcançarem o piso, mesmo após a regulagem do assento.

12.101 As dimensões dos postos de trabalho das máquinas e equipamentos devem:
a) atender às características antropométricas e biomecânicas do operador, com respeito aos alcances dos segmentos corporais e da visão;
b) assegurar a postura adequada, de forma a garantir posições confortáveis dos segmentos corporais na posição de trabalho; e
c) evitar a flexão e a torção do tronco de forma a respeitar os ângulos e trajetórias naturais dos movimentos corpóreos, durante a execução das tarefas.

12.102 Os locais destinados ao manuseio de materiais em processos nas máquinas e equipamentos devem ter altura e ser posicionados de forma a garantir boas condições de postura, visualização, movimentação e operação.

12.103 Os locais de trabalho das máquinas e equipamentos devem possuir sistema de iluminação permanente que possibilite boa visibilidade dos detalhes do trabalho, para evitar zonas de sombra ou de penumbra e efeito estroboscópico.

12.103.1 A iluminação das partes internas das máquinas e equipamentos que requeiram operações de ajustes, inspeção, manutenção ou outras intervenções periódicas deve ser adequada e estar disponível em situações de emergência, quando for exigido o ingresso de pessoas, com observância, ainda, das exigências específicas para áreas classificadas.

12.104 O ritmo de trabalho e a velocidade das máquinas e equipamentos devem ser compatíveis com a capacidade física dos operadores, de modo a evitar agravos à saúde.

12.105 O bocal de abastecimento do tanque de combustível e de outros materiais deve ser localizado, no máximo, a 1,50 m acima do piso ou de uma plataforma de apoio para execução da tarefa.

Capítulo 8

Proteção contra choques elétricos

Clivaldo Silva de Araújo

Conceitos apresentados neste capítulo

Os conceitos apresentados neste capítulo fornecem o entendimento do que é circuito elétrico, sistema elétrico e instalação elétrica, que podem levar os indivíduos ao risco de choques elétricos, tendo como consequências a tetanização, a parada respiratória, a queimadura e a fibrilação ventricular se não forem tomadas medidas de prevenção e proteção caracterizadas como proteção básica e supletiva.

8.1. Introdução

Boa parte dos profissionais da área tecnológica desconhece aspectos básicos, não somente da legislação específica da profissão, mas também da legislação ordinária. O desconhecimento leva os profissionais a enfrentarem situações desagradáveis e acabam tendo enormes despesas financeiras com processos judiciais que podem ser evitados.

As normas podem ganhar status de requisito obrigatório caso o Estado determine. É o que acontece no caso do Código de Defesa do Consumidor (Lei Federal 8.078, de 11 de setembro de 1990), que determina que nenhum produto ou serviço em desacordo com as normas técnicas brasileiras – e na ausência delas, normas internacionais ou estrangeiras - pode ser comercializado no Brasil.

Portanto, se uma instalação elétrica é bem projetada e executada, dificilmente temos a ocorrência de choques elétricos tão comuns em nosso dia a dia mas, caso ocorram, um sistema de proteção deve atuar em tempo curto para que não ocorram danos às pessoas leigas ou profissionais habilitados na execução dos serviços de eletricidade.

Esse é o objetivo principal deste capítulo, fornecer elementos básicos para que se tenha uma instalação elétrica segura e confiável em relação ao choque elétrico.

Está claro que o assunto não se esgota neste capítulo e nem é nossa pretensão, mas queremos aguçar as ideias dos profissionais que lidam diretamente com as instalações elétricas.

8.2. Circuitos elétricos: elementos componentes

Quadro 8.1 – Definições

Circuito elétrico: conjunto de corpos, componentes ou meios no qual é possível que haja corrente elétrica
Sistema elétrico: circuito ou conjunto de circuitos elétricos inter-relacionados
Instalação elétrica: sistema elétrico físico
Diferença de potencial (tensão elétrica): força necessária para movimentar de forma ordenada os elétrons livres
Corrente elétrica: movimento de forma ordenada no interior de um condutor elétrico
Tensão de contato: tensão que pode aparecer acidentalmente entre duas partes condutoras ao mesmo tempo acessíveis

Em todos os circuitos elétricos temos três elementos básicos que compõem qualquer equipamento elétrico encontrado nas diversas instalações elétricas: Resistência elétrica, responsável pela transformação da energia elétrica em outra forma de energia, como calorífica, luminosa, mecânica, sonora etc.; Indutor e capacitor, que são elementos armazenadores de energia responsáveis pela criação dos campos eletromagnéticos tão necessários nas máquinas elétricas estáticas (transformadores, reatores) e rotativas (motores).

Para que ocorra esse processo é necessário que esses equipamentos sejam submetidos a uma diferença de potencial (tensão elétrica) para que haja a circulação de uma corrente elétrica e produza a potência elétrica ativa, que é uma grandeza que determina quanto uma lâmpada é capaz de emitir luz, um motor elétrico é capaz de produzir trabalho, um chuveiro é capaz de aquecer água, um aquecedor é capaz de produzir calor; e a potência elétrica reativa, que é trocada com o sistema e produz o campo magnético. O conjunto das potências elétricas, ativa e reativa, dá origem à potência aparente.

Observamos, então, que para o funcionamento de qualquer equipamento elétrico é necessário que ele seja conectado através de condutores a uma instalação elétrica que está submetida a uma tensão elétrica cujos valores podem causar riscos às pessoas que estão operando tais equipamentos.

Na Figura 8.1 mostra-se como pode acontecer a passagem da corrente elétrica quando o ser humano é submetido a uma tensão elétrica causada por falha de isolamento das partes condutoras ou por contato direto com as partes vivas. A tensão elétrica V (tensão de contato) não deve ser superior a 50 Volts (corrente alternada) nos locais residenciais (quartos, salas, cozinhas e corredores), comerciais (lojas de escritórios) e industriais (depósitos e na maior parte dos locais de produção) e 25 Volts (corrente alternada) em áreas externas (jardins e feiras), canteiros de obras, estabelecimentos pecuários, campings,

Capítulo 8 | Proteção contra choques elétricos 187

Figura 8.1 – Passagem da corrente elétrica sobre o corpo humano quando submetido a uma tensão elétrica.

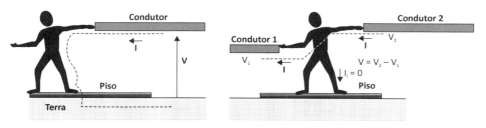

marinas, trailers, dependências interiores molhadas em uso normal, entre outros locais definidos em norma.

8.3. Riscos decorrentes do uso da eletricidade

Choque elétrico é o conjunto de perturbações de natureza e efeitos diversos, que se manifestam no organismo humano ou animal, quando este é percorrido por corrente elétrica. As manifestações relativas ao choque elétrico, dependendo das condições e intensidade da corrente, podem ser desde uma ligeira contração superficial até uma violenta contração muscular, que pode provocar a morte. Até chegar de fato à morte existem estágios e outras consequências que veremos adiante.

A importância dos riscos decorrentes do uso da eletricidade é tão grande que foi sancionada a Lei 7.369, de 20 de setembro de 1985, da Presidência da República, substituída pela Lei 12.740, de 8 de dezembro de 2012, que reconheceu a situação de periculosidade nas atividades e operações decorrentes da exposição à energia elétrica, dando o direito aos eletricitários de receber o adicional de periculosidade.

Se nas instalações elétricas de qualquer lugar não se adota medidas de segurança e proteções adequadas, serão grandes os riscos de vida. O perigo pode existir tanto para o eletricista que, acidentalmente, tocar numa barra energizada de uma subestação ou de um quadro de distribuição, como para um operário que pode apoiar-se, também acidentalmente, na carcaça energizada de um motor elétrico, posto sob tensão por uma falta elétrica.

A periculosidade não está em se tocar num elemento energizado, e sim em se tocar simultaneamente dois elementos que estejam em potenciais diferentes. A diferença de potencial é que representa perigo.

A proteção contra choques elétricos depende de uma série de variáveis, entre as quais se destacam os tipos de contatos (Figura 8.2). O contato direto (quando se toca diretamente num condutor ativo de uma instalação), geralmente, é devido a desconhecimento, negligência ou imprudência das pessoas, e são mais raros. O contato indireto (quando se toca numa parte da instalação que é condutora temporariamente, normalmente por uma falta elétrica, mas que está isolada das partes condutoras da instalação) é mais frequente e representa um perigo maior.

Figura 8.2 – Exemplos de contatos direto e indireto.

Fonte: Cotrim (2009).

Os principais efeitos que uma corrente elétrica produz no corpo humano são tetanização, parada respiratória, queimadura e fibrilação ventricular, descritas a seguir de maneira simplificada.

A tetanização é a paralisia muscular provocada pela circulação da corrente através dos tecidos nervosos que controlam os músculos. Este efeito sobrepõe-se ao comando cerebral. Até certo valor, entre 6 e 14 mA em mulheres e entre 9 e 23 mA em homens, em corrente alternada de 50 a 60Hz tem-se o *limite de largar* que é o valor que uma pessoa, tendo à mão um objeto energizado, pode ainda largá-lo. Ultrapassando estes valores, a corrente provoca a contração total do músculo, impedindo de largar o objeto usando os músculos voluntariamente estimulados.

A parada respiratória acontece quando estão envolvidos na tetanização os músculos peitorais, e então os pulmões são bloqueados e para a função vital de respiração. Se a corrente permanece, a pessoa perde a consciência e morre por asfixia ou sofre lesões irreversíveis nos tecidos cerebrais. Por esta razão é importante a respiração artificial no socorro imediato (no máximo três ou quatro minutos após o acidente).

A queimadura pode ocorrer quando a passagem da corrente elétrica pelo corpo humano é acompanhada do desenvolvimento de calor por efeito Joule. Esta pode se tornar mais intensa nos pontos de entradas e saídas da corrente e mais grave quanto maior a corrente e o tempo de permanência. Na alta tensão a queimadura interna pode romper as artérias, causando o seu rompimento com consequente hemorragia.

A fibrilação ventricular ocorre quando as fibras musculares do ventrículo vibram desordenadamente, estagnando o sangue dentro do coração. No ser humano, o músculo cardíaco contrai-se 60 a 100 vezes por minuto em virtude dos impulsos elétricos gerados no nódulo seno-atrial do coração. Quando a estes somam-se e sobrepõem-se impulsos externos devidos a choque elétrico, dependendo da intensidade da corrente e da duração do contato, a frequência do batimento poderá ser alterada, produzindo arritmia, e o coração não será mais capaz de exercer sua função vital. A fibrilação ventricular é praticamente irreversível, pois apesar dos bons resultados que podem ser conseguidos pelo pronto atendimento com desfibriladores cardíacos, via de regra não há tempo para usá-los, visto que o comprometimento do coração e do cérebro ocorre em apenas três minutos.

A resistência ou impedância do corpo humano varia de pessoa para pessoa e, na mesma pessoa, de acordo com as condições fisiológicas e ambientais. As principais variáveis que influem no valor da resistência são: estado da pele, local de contato, área de contato, pressão de contato, duração de contato, natureza da corrente, taxa de álcool no sangue e tensão elétrica do choque. Os efeitos fisiológicos provocados por uma corrente alternada de 50 ou 60 Hz com trajeto entre extremidades do corpo em uma pessoa de no mínimo 50 kg é mostrado na Tabela 8.1.

Tabela 8.1 – Corrente alternada de 50 a 60 Hz, trajeto entre extremidades do corpo em pessoas de no mínimo 50 kg de peso

Faixa de corrente	Reações fisiológicas habituais
0,1 a 0,5 mA	Leve percepção superficial; habitualmente nenhum efeito
0,5 a 10 mA	Ligeira paralisia nos músculos do braço, com início de tetanização; habitualmente nenhum efeito perigoso
10 a 30 mA	Nenhum efeito perigoso se houver interrupção em, no máximo, 5 segundos
30 a 500 mA	Paralisia estendida aos músculos do tórax, com sensação de falta de ar e tontura; possibilidade de fibrilação ventricular se a descarga elétrica se manifestar na fase crítica do ciclo cardíaco e por tempo superior a 200 ms
Acima de 500 mA	Traumas cardíacos persistentes; nesse caso o efeito é letal, salvo intervenção imediata de pessoal especializado com equipamento adequado

Todos os anos acontecem milhares de acidentes e muitas pessoas morrem ou ficam gravemente feridas por causa dos choques elétricos. Quando ocorrer um acidente, o atendimento rápido pode salvar a vítima, mas é preciso saber como agir. Os primeiros três minutos após o choque são vitais para o atendimento do acidentado. Mas tome cuidado:
- Não toque na pessoa acidentada se ela estiver em contato com instalações elétricas energizadas.
- Se o choque ocorrer dentro de casa, desligue imediatamente o disjuntor ou a chave geral.
- Caso o acidente ocorra na rede elétrica externa chame imediatamente a empresa distribuidora de energia.
- Não sendo possível desligar a energia, afaste a pessoa da instalação com um material isolante (que não permite que a eletricidade passe através dele) e seco, como um

cabo de vassoura, um jornal dobrado, cano plástico ou corda. Suba em algum material isolante, como tapete de borracha ou pilha de jornais secos.
- Chame o pronto-socorro ou leve a vítima para o hospital, com o cuidado de não agravar eventuais lesões.
- Caso seja necessário e se você souber, aplique as técnicas de reanimação como respiração boca a boca e massagem cardíaca.

8.4. Estratégias de proteção

Quadro 8.2 – Definições

Parte viva: condutor elétrico ou qualquer outro elemento condutor que pode ser energizado em uso normal
Isolação básica: isolação aplicada a partes vivas para assegurar o mínimo de proteção contra choques elétricos
Isolação suplementar: isolação adicional e independente da isolação básica, destinada a assegurar a proteção contra choques elétricos no caso de falha da isolação básica
Barreira: elemento que assegura proteção contra contatos diretos nas direções habituais de acesso
Invólucro: elemento que assegura proteção de um componente contra determinadas influências externas e proteção contra contatos diretos em qualquer direção
Seccionamento automático da alimentação: um dispositivo de proteção deve seccionar automaticamente a alimentação do circuito ou equipamento por ele protegido sempre que uma falta (entre parte viva e massa ou entre parte viva e condutor de proteção) no circuito ou equipamento der origem a uma tensão que resulte em perigo para as pessoas
Curto-circuito: é uma falta direta entre condutores vivos, isto é, fase-neutro ou fase-fase
Correntes de sobrecarga: são sobrecorrentes não produzidas por faltas, que circulam nos condutores de um circuito
Corrente diferencial-residual: soma fasorial das correntes que percorrem os condutores vivos de um circuito em um determinado ponto do circuito
Massa: são partes metálicas de equipamentos elétricos ou de linhas elétricas, distintas das partes vivas, que são acessíveis ao toque e podem ser energizadas acidentalmente (devido a falha de isolamento)

O princípio que fundamenta as medidas de proteção contra choques pode ser assim resumido: partes vivas perigosas não devem ser acessíveis; e massas ou partes condutivas acessíveis não devem oferecer perigo, seja em condições normais, seja, em particular, em caso de alguma falha que as tornem acidentalmente vivas.

Deste modo, a proteção contra choques elétricos compreende, em caráter geral, dois tipos de proteção: proteção básica, proteção supletiva.

Proteção básica é aquela destinada a impedir contato com partes vivas (energizadas) perigosas em condições normais. Exemplos: isolação básica ou separação básica; uso de barreira ou invólucro; limitação da tensão.

Proteção supletiva é aquela destinada a suprir a proteção contra choques elétricos em caso de falha da proteção básica. Exemplos: equipotencialização e seccionamento automático da alimentação; isolação suplementar; separação elétrica.

Proteção adicional é o meio destinado a garantir a proteção contra choques elétricos em situações de maior risco de perda ou anulação das medidas normalmente aplicáveis, de dificuldade no atendimento pleno das condições de segurança associadas a determinada medida de proteção e/ou, ainda, em situações ou locais em que os perigos do choque elétrico são particularmente graves. Exemplos: equipotencialização suplementar e o uso de proteção diferencial-residual de alta sensibilidade com corrente diferencial-residual nominal $I_{\Delta n}$ igual ou inferior a 30 mA.

A Equipotencialização (Figuras 8.3 e 8.4), que é colocar todos os elementos condutivos em um mesmo potencial, e o seccionamento automático da alimentação se completam, de forma indissociável, porque quando a equipotencialidade não é suficiente para impedir o aparecimento de tensões de contato perigosas, entra em ação o recurso do

Figura 8.3 – Exemplo de equipotencialização principal. BEP = Barramento de equipotencialização principal. EC = Condutores de equipotencialização. PE = Condutor de proteção. 1 = Eletrodo de aterramento (embutido nas fundações). 2 = Armaduras de concreto armado e outras estruturas metálicas da edificação. 3 = Tubulações metálicas de utilidades, bem como os elementos estruturais metálicos a elas associados. Por exemplo: 3.a = água; 3.b = gás; (*) luva isolante; 3.c = esgoto; 3.d = ar-condicionado. 4 = Condutos metálicos, blindagens, armações, coberturas e capas metálicas de cabos. 4.a = linha elétrica de energia; 4.b = linha elétrica de sinal. 5 = Condutor de aterramento principal.

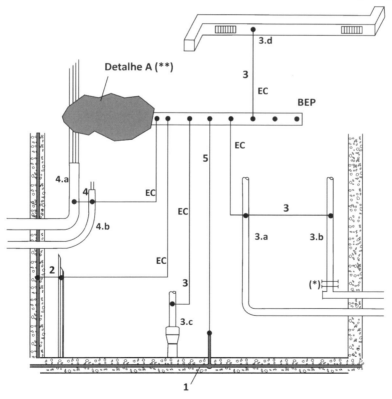

** Ver a Figura 8.4.
Fonte: Figura G.1 da NBR 5410:2004.

Figura 8.4 – Conexões da alimentação elétrica à equipotencialização principal. *Fonte*: Adaptação de NBR 5410:2004.

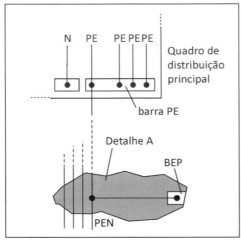
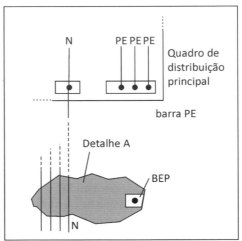

Esquema TN   Esquema TT

seccionamento automático, promovendo o desligamento do circuito em que se manifesta a tensão de contato perigosa.

Para que possa acontecer a equipotencialização é necessário o cumprimento das seguintes recomendações:

a. Todas as massas de uma instalação devem estar ligadas a condutores de proteção.
b. Em cada edificação deve ser realizada uma equipotencialização principal, nas condições especificadas, e tantas equipotencializações suplementares quantas forem necessárias.
c. Todas as massas da instalação situadas em uma mesma edificação devem estar vinculadas à equipotencialização principal da edificação e, dessa forma, a um mesmo e único eletrodo de aterramento.
d. Massas simultaneamente acessíveis devem estar vinculadas a um mesmo eletrodo de aterramento.
e. Massas protegidas contra choques elétricos por um mesmo dispositivo, dentro das regras da proteção por seccionamento automático da alimentação, devem estar vinculadas a um mesmo eletrodo de aterramento.
f. Todo circuito deve dispor de condutor de proteção, em toda sua extensão.

No seccionamento automático da alimentação em instalações elétricas são usados os disjuntores termomagnéticos, que são dispositivos que atuam quando da sobrecarga ou curto-circuito, e os dispositivos a corrente diferencial-residual (DR), que atuam na proteção contra choques elétricos ou quando há fuga excessiva de corrente assegurando a qualidade da instalação.

A NBR 5.410 define que, além dos casos especificados na seção 9 (requisitos complementares para instalações ou locais específicos) e qualquer que seja o esquema de aterramento, deve ser objeto de proteção adicional por dispositivos a corrente diferencial-residual com corrente diferencial-residual nominal igual ou inferior a 30 mA:

a. os circuitos que sirvam a pontos de utilização situados em locais contendo banheira ou chuveiro (ver seção 9.1 da NBR 5.410);
b. os circuitos que alimentem tomadas de corrente situadas em áreas externas à edificação;
c. os circuitos de tomadas de corrente situadas em áreas internas que possam vir a alimentar equipamentos no exterior;
d. os circuitos que, em locais de habitação, sirvam a pontos de utilização situados em cozinhas, copas-cozinhas, lavanderias, áreas de serviço, garagens e demais dependências internas molhadas em uso normal ou sujeitas a lavagens;
e. os circuitos que, em edificações não residenciais, sirvam a pontos de tomada situados em cozinhas, copas-cozinhas, lavanderias, áreas de serviço, garagens e, no geral, em áreas internas molhadas em uso normal ou sujeitas a lavagens.

A aplicação do seccionamento automático da alimentação exige a coordenação entre o esquema de aterramento e as características dos dispositivos de proteção. Neste caso, toda edificação deve dispor de uma infra-estrutura de aterramento, denominada eletrodo de aterramento, sendo admitidas as seguintes opções:

a. preferencialmente, uso das próprias armaduras do concreto das fundações; ou
b. uso de fitas, barras ou cabos metálicos, especialmente previstos, imersos no concreto das fundações; ou
c. uso de malhas metálicas enterradas, no nível das fundações, cobrindo a área da edificação e complementadas, quando necessário, por hastes verticais e/ou cabos dispostos radialmente; ou
d. no mínimo, uso de anel metálico enterrado, circundando o perímetro da edificação e complementado, quando necessário, por hastes verticais e/ou cabos dispostos radialmente.

8.5. Técnicas preventivas

A NR-10 (Segurança em Instalações e Serviços em Eletricidade) estabelece os requisitos e condições mínimas objetivando a implementação de medidas de controle e sistemas preventivos, de forma a garantir a segurança e a saúde dos trabalhadores que, direta ou indiretamente, interajam em instalações elétricas e serviços com eletricidade.

Baseada nessa norma e em diversas publicações (CAVALIN & CERVELIN, 2006; COTRIM, 2009; CREDER, 2007) incluídas na referência apresenta-se as prevenções usuais que se deve ter quando se trabalha com instalações elétricas de uma maneira geral.

- As instalações elétricas devem ser construídas, montadas, operadas, reformadas, ampliadas, reparadas e inspecionadas de forma a garantir a segurança e a saúde dos trabalhadores e dos usuários, e ser supervisionadas por profissional autorizado.
- As instalações elétricas devem ser mantidas em condições seguras de funcionamento e seus sistemas de proteção devem ser inspecionados e controlados periodicamente, de acordo com as regulamentações existentes e definições de projetos.
- Usar equipamentos de uso de proteção individual (EPI) e de uso de proteção coletiva (EPC).
- Somente profissionais habilitados devem executar serviços em instalações elétricas.
- Planejar o trabalho antes de realizá-lo.
- Seguir sempre os procedimentos estabelecidos na empresa e utilizar os equipamentos e ferramentas adequados para a realização de trabalhos em instalações elétricas.
- Usar o dispositivo a corrente diferencial-residual.
- Certificar-se de que as instalações não estejam energizadas, antes de tocá-las. Usar aparelho de teste.
- Nunca tocar em instalações elétricas, com as mãos, pés ou roupas molhadas.
- Ao se deparar com fio elétrico solto na rua, manter-se afastado do local, pois o mesmo poderá estar energizado. Chamar a concessionária imediatamente.
- Orientar as crianças para soltar pipas longe dos fios da rede elétrica e não soltar balões. Escolher lugares abertos e espaços livres.
- Na construção ou manutenção predial próxima à rede elétrica, manter distância segura ao manobrar materiais e equipamentos.
- Somente com tempo bom, instalar, desligar ou remover antenas. Calcular uma distância segura da rede elétrica para fixar a antena.
- Manter as instalações em bom estado, para evitar sobrecarga, mau contato e/ou curto-circuito.
- Não usar tomadas e fios em mau estado de conservação ou de bitola e/ou classe de tensão inferior à recomendada.
- Nunca retirar a proteção da instalação, substituindo fusíveis ou disjuntores por ligações diretas com arames, fios ou moedas.
- Não sobrecarregar as instalações elétricas com vários equipamentos ligados simultaneamente, pois os fios aquecem, podendo iniciar o fogo.
- Nunca deixe ferro elétrico ligado quando tiver que fazer alguma outra coisa, mesmo que seja por alguns minutos, pois isto tem sido causa de grandes incêndios.
- Observar se os orifícios e grades de ventilação dos eletrodomésticos (como televisor, computador, vídeo) não se encontram vedados por panos decorativos, plásticos, capas, cobertas etc.
- Aparelhos de rotação devem ser observados em sua parte mecânica, nas engrenagens, rolamentos etc. (como ventiladores, motores, sendo que quando impedida esta rotação, existirá produção de calor e tendência de iniciar o fogo).

- Não deixar lâmpadas e aquecedores perto de cortinas, papéis e outros materiais combustíveis.
- Se a residência ficar desocupada por um período longo, desligue a Proteção Geral (disjuntor); ficando desabitada sem perspectiva de nova ocupação, solicite desligamento do fornecimento à Concessionária. (Uma das hipóteses de incêndio em casas abandonadas é pelo uso da energia elétrica.)
- Para cada tipo de ligação elétrica, os fios devem ter dimensão apropriada, que vem especificada nas informações técnicas do equipamento.
- Revisar periodicamente as instalações elétricas. Fazer isso com um profissional especializado. Ligar sempre o fio terra dos aparelhos. Isso evita o choque elétrico no caso de haver uma possível fuga de eletricidade.
- Sempre que a atividade envolver eletricidade, desligar o disjuntor ou a chave geral, mesmo que seja para trocar uma lâmpada.
- Não usar e nem tocar em fios nus ou desencapados.
- Não ligar muitos aparelhos na mesma tomada, através de "benjamins", ou "tês", pois isto provoca aquecimento nos fios, desperdiçando energia e podendo causar sobrecarga e curto-circuito.
- Muito cuidado com o uso de aparelhos elétricos perto de chuveiros, banheiras e piscinas. O acidente com choque elétrico na água pode ser fatal.
- Em uma instalação correta, os fios não devem aquecer-se. Se isto acontecer, procurar um engenheiro eletricista.
- Ao trocar seu chuveiro por um de maior potência, pedir a um engenheiro eletricista para verificar a fiação antes de instalá-lo, evitando acidentes.
- Plugar e usar os dispositivos elétricos de segurança disponíveis como, por exemplo, a tomada de três pinos.
- Checar o estado de todos os fios e dispositivos elétricos; consertá-los ou substituí-los, se necessário.
- Todas as edificações devem ser protegidas contra descargas elétricas atmosféricas (raios), com ligação à terra e para-raios.

8.6. Revisão dos conceitos apresentados

- Tensão e corrente elétrica.
- Potência elétrica.
- Contato direto e indireto
- Proteção básica, supletiva e adicional.
- Equipotencialização principal e suplementar.
- Seccionamento automático da alimentação.
- Dispositivo diferencial residual.

8.7. Questões

1. Descreva a importância da equipotencialização principal.
2. Exemplifique situações de sobrecarga e curto-circuito.
3. Por que o uso do dispositivo a corrente residual-diferencial é obrigatório em alguns circuitos da instalação elétrica?
4. Como você agiria em caso de encontrar uma pessoa "agarrada" tomando um choque elétrico?
5. Como você agiria caso encontrasse em sua instalação elétrica algum equipamento provocando choque elétrico?
6. Discuta com seus colegas quais os principais riscos para sua saúde decorrentes de um choque elétrico.
7. Discutam as técnicas preventivas apresentadas no texto.
8. Por que o condutor de proteção é tão importante para proteção contra choques elétricos?
9. Como devem ser feitos os primeiros socorros em caso de choques elétricos?
10. Quais equipamentos EPI, EPC são usados em instalações elétricas?

8.8. Referências

BRASIL. (1985) Lei Federal nº 7.369 de 20 de setembro de 1985. Institui salário adicional para os empregados no setor de energia elétrica, em condições de periculosidade.

BRASIL. (2012) Lei nº 12.740 de 8 de dezembro 2012. Altera o Art. 193 da Consolidação das Leis do Trabalho – CLT, aprovada pelo Decreto-lei nº 5.452 de 1º de maio de 1943, a fim de redefinir os critérios para caracterização das atividades ou operações perigosas, e revoga a Lei nº 7.369 de 20 de setembro de 1985.

CAVALIN, G.; CERVELIN, S. (2006) Instalações Elétricas Prediais. 14ª ed. São Paulo: Érica.

CÓDIGO DE DEFESA DO CONSUMIDOR. (1990) Lei Federal nº 8.078, de 11 de setembro de 1990.

COTRIM, A.A.M.B. (2009) Instalações Elétricas. 5ª ed. São Paulo: Prentice Hall.

CREDER, H. (2007) Instalações Elétricas. 15ª ed. Rio de Janeiro: LTC.

ELEKTRO ELETRICIDADE E SERVIÇOS S.A. Acidente Elétrico – Choque Zero.

NORMA BRASILEIRA 5.410 Instalações Elétricas de Baixa Tensão.

NORMA REGULAMENTADORA Nº 10 Segurança em Instalações e Serviços em Eletricidade.

PRYSMIAN (2006) Instalações Elétricas Residenciais.

REVISTA ELETRICIDADE MODERNA. Proteção Contra Choques Elétricos.

SCHNEIDER ELECTRIC. Proteção Contra Choques Elétricos.

SCHNEIDER ELECTRIC. (2003) Workshop Instalações Elétricas de Baixa Tensão.

Capítulo	Proteção contra incêndios
9	e explosões

Antônio de Mello Villar

Conceitos apresentados neste capítulo
Prevenção contra incêndios; fogo; formas de extinção do fogo; características físico-químicas dos materiais; calor e formas de transmissão; explosões e sua prevenção; explosímetro; extintores de incêndio; hidrantes.

9.1. Introdução

As técnicas de prevenção contra incêndios referem-se às medidas de "distribuição de equipamentos de combate a incêndio e dos materiais e estoques pertencentes à organização visando impedir o surgimento de um princípio de incêndio, dificultar seu desenvolvimento e extingui-lo ainda na fase inicial" (Fundacentro, 1981).

Portanto, a prevenção de incêndio deve ser observada desde a fase de planejamento de quaisquer empreendimentos, quer sejam destinados às indústrias, ao lazer ou a residências. Destacam-se itens como: uso nas construções de materiais não combustíveis ou cobertos com tintas ignífugas; separação dos prédios com ruas de largura que permitam o isolamento dos riscos de incêndio (com 8 m de separação independentemente do material utilizado nas construções); disposição de portas e janelas; instalação de paredes e portas corta-fogo, entre outros.

Quando não for possível a construção em blocos isolados, devido a limitações de terreno ou a minimização das distâncias a serem percorridas, deve-se prever a separação dos diversos departamentos fabris através de paredes e portas corta fogo, principalmente os departamentos de manufaturas, de estoques e de depósitos, isolando assim os riscos de incêndio. Ou seja, é de fundamental importância um arranjo físico projetado com a ótica de prevenção e combate a incêndios.

9.2. A química do fogo

Até recentemente, o princípio da extinção era baseado no "triângulo do fogo" e na remoção de qualquer dos seus três lados. Este princípio não incluía a extinção pela interrupção da reação química em cadeia do fogo, o que acarretou na mudança do triângulo para a pirâmide do fogo, conforme a Figura 9.1.

Figura 9.1 – Pirâmide do fogo.

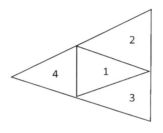

1 – Comburente
2 – Calor
3 – Combustível
4 – Reação em Cadeia

9.2.1. Atuação no comburente

O abafamento é, entre os métodos de extinção, o mais difícil. Uma cobertura de gás carbônico, espuma, tetracloreto de carbono, ou outro líquido vaporizante, exatamente em cima da superfície do material inflamado, evitará que o oxigênio alcance o fogo, extinguindo-o. Não haverá reignição se a cobertura for mantida durante um período suficiente para que o material combustível se resfrie abaixo de sua temperatura de combustão. Portanto, estes agentes extintores são de valor limitado em incêndios de madeira e outros materiais combustíveis comuns, porque a cobertura não pode geralmente ser conservada por um período bastante longo. A extinção mediante abafamento não pode ser realizada em certos compostos, como por exemplo o nitrato de celulose, o qual contém o seu próprio suprimento de oxigênio em sua composição química.

A atuação no comburente é muito utilizada também como meio de prevenção. Um gás inerte pode ser usado para prevenir incêndios e explosões mediante a substituição do ar (78% de nitrogênio, 21% de oxigênio e 1% de outros gases e vapores) por uma atmosfera que não suporte a combustão (abaixo de 13% de oxigênio, no caso de combustível líquido ou gasoso, e abaixo de 8% quando o combustível for sólido).

9.2.2. Resfriamento

O resfriamento é o método mais utilizado e mais eficiente no combate ao fogo em combustíveis comuns. Consiste na extinção do fogo mediante a remoção do calor do combustível (substância que tem temperatura de combustão inferior a 1.500 °C a pressão normal), diminuindo sua taxa de evaporação até o fogo cessar.

O agente usado comumente para combater incêndios por resfriamento é a água, pois existe em abundância na natureza e com grande capacidade de absorver calor, devido aos seus elevados calores específico e latente.

9.2.3. Atuação no combustível

A atuação no combustível consiste na retirada do material ainda não atingido pelo fogo. Muitas vezes, no caso de incêndios de penetração, como em silos e em pilhas de materiais combustíveis sólidos, ou como no caso de incêndios em florestas, tanques de armazenamento de fluidos inflamáveis e outros, o único método de extinção disponível é a remoção do combustível não queimado da área do incêndio.

9.2.4. Extinção química

As pesquisas mais recentes vieram ao encontro da teoria da extinção química, a qual atribui a eficiência da extinção dos hidrocarbonetos halogenados e dos sais inorgânicos a uma reação química que interfere na cadeia de reações que se realiza durante a combustão. A citada reação rompe a cadeia e assim interrompe a combustão.

A parte ativa da molécula do hidrocarboneto halogenado no mecanismo do rompimento da cadeia é o átomo de halogêneo, e a eficiência dos halogêneos, na ordem decrescente, é o iodo, bromo, cloro e flúor. Os estudos dos sais inorgânicos em incêndios indicam que os sais de metais alcalinos são os mais eficientes. Os mais usados são os de sódio e potássio.

9.3. Características físico-químicas dos materiais

Para que se melhore a compreensão do processo de início da reação química "fogo", torna-se necessário o conhecimento dos pontos de fulgor, combustão e ignição dos diversos combustíveis.

Define-se Ponto de Fulgor como a temperatura mínima, na qual os corpos combustíveis começam a desprender vapores que se incendiariam em contato com uma fonte externa de calor, entretanto a chama não se mantém devido à insuficiência da quantidade de vapores desprendidos.

Por sua vez, Ponto de Combustão é definido como a temperatura mínima na qual os vapores desprendidos dos corpos combustíveis, ao entrarem em contato com uma fonte externa de calor, entram em combustão e continuam a queimar.

Finalmente, Ponto de Ignição é definido como a temperatura mínima na qual os gases desprendidos dos combustíveis entram em combustão, apenas pelo contato com o oxigênio do ar, independentemente de qualquer outra fonte de calor.

9.4. Calor

A teoria moderna do calor explica que, devido ao seu efeito, as partículas que compõem os átomos dos corpos entram em movimento sob a sua ação, intensificando-o de acordo com a sua intensidade. Em consequência, produz modificações nos corpos, inicialmente físicas e posteriormente químicas. Assim, por exemplo, ao se aquecer um pedaço de ferro, inicialmente haverá um aumento da sua temperatura, a seguir do volume; continuando o aquecimento o ferro troca de cor, perde sua forma, até atingir seu ponto de fusão, quando se transforma em líquido. Insistindo no aquecimento, ele gaseifica-se e se queima em contato com o oxigênio, transformando-se em outro corpo.

Pelo exposto, o primeiro efeito do calor é a elevação de temperatura, que se desenvolve com mais rapidez em alguns corpos, como nos metais, enquanto em outros se processa mais vagarosamente, como no amianto. Esta propriedade é aproveitada para a confecção de equipamentos de combate a incêndio, como roupas e mantas de proteção. Estes conhecimentos são também de grande valia na prevenção, pois nunca se deve deixar materiais combustíveis em contato com corpos bons condutores, sujeitos a uma fonte de aquecimento. Também não se admite que dois ambientes (riscos de incêndio) isolados tecnicamente possuam materiais bons condutores, como vigas metálicas, interligando-os.

O segundo efeito importante é o aumento de volume dos corpos, fenômeno que durante os incêndios pode provocar graves acidentes, como desmoronamentos e ruptura de tubulações.

Por essa razão é importante que as tomadas de água (hidrantes) externas sejam afastadas convenientemente das paredes para que não sejam soterradas por desmoronamento nem causem danos aos operadores das redes de hidrantes. Quando o terreno não permitir tal afastamento, deve-se colocar as tomadas de água junto de partes da estrutura mais resistentes a desmoronamentos.

9.5. Transmissão do calor

Para que se elabore projeto industrial que permita cuidados especiais, do ponto de vista da prevenção a incêndios, é indispensável o conhecimento das formas de propagação do calor, que se dá por condução, convecção e radiação.

É importante se observar que a transmissão de calor por condução não pode ser interrompida completamente por nenhum material de "isolamento térmico". Os materiais de isolamento de calor têm baixa condutividade térmica, sendo que o calor as atravessa lentamente, porém volume algum de material isolante pode realmente obstar o fluxo calorífico. Este fato deve ser levado em consideração ao se projetar meios de proteção para o calor de estufas, tubos aquecidos ou outras fontes que possam inflamar materiais combustíveis que se encontram nas proximidades. Caso a taxa de condução do calor, através do material isolante, seja maior que a taxa de dissipação para fora do material combustível, a temperatura deste material pode aumentar até o seu ponto de ignição.

A convecção é um meio de transferir energia de um lugar a outro, um transporte de energia. Ocorre porque um fluido em movimento extrai energia de um corpo quente e entrega a um corpo mais frio. Assim, o calor gerado numa estufa se transmite por convecção, mediante o aquecimento do ar. O calor é transferido do ar para os objetos através da condução. O ar aquecido se expande, tendendo a subir, e a propagação, por convecção, ocorre naturalmente na direção de baixo para cima, embora as correntes de ar possam ser dirigidas em qualquer direção.

A convecção é responsável pela propagação de muitos incêndios, notadamente aqueles ocorridos em construções verticais, como em edifícios de apartamentos, onde as correntes de ar quente ascendem através do poço dos elevadores e de vãos de escadas. É imprescindível, portanto, que essas instalações disponham de portas resistentes ao fogo para interromper o fluxo de gases quentes que podem elevar os materiais situados em pavimentos superiores aos seus pontos de ignição.

A radiação é a transmissão do calor por meio de raios ou ondas, através do vácuo ou de gases com moléculas simétricas. Como os raios de uma fonte de calor se propagam em todas as direções, quanto mais afastado estiver um objeto de uma fonte de calor mais baixa é a intensidade do calor que o alcança. Deve-se evitar então, nos projetos, vidraças substituindo aberturas (janelas ou portas) de material opaco.

9.6. Fontes de incêndios industriais

Estatísticas da National Fire Protection Association (NFPA) *apud* Fundacentro (1981) informam que cerca de 90% dos incêndios nas indústrias são causados pelas seguintes fontes de ignição: eletricidade (19%); atrito (14%); centelhas (12%); cigarros, fósforos (8%); ignição espontânea (8%); superfícies aquecidas (7%); partículas incandescentes (6%); chamas abertas (5%); raios, reações químicas e incêndios premeditados (5%); solda e corte (4%); materiais aquecidos (3%); e eletricidade estática (2%).

9.6.1. Eletricidade

Instalações executadas por pessoas não habilitadas, condutores mal dimensionados, superaquecimento devido a sobrecargas, arcos e centelhas devidos principalmente a curtos-circuitos, faíscas provenientes de chaves e outros aparelhos elétricos e falta de proteção no circuito constituem as principais causas de incêndio na indústria.

Acidentes na rede elétrica, conexões deficientes e "instalações provisórias" devem ser tratadas de acordo com as normas relativas ao assunto. Os fusíveis devem ser do tipo e tamanho adequados. Os disjuntores devem ser inspecionados para verificar se não foram travados na posição fechada, o que resultaria em sobrecarga.

A limpeza do equipamento elétrico com solventes pode ser perigosa, desde que muitos dos solventes disponíveis para esse propósito são ao mesmo tempo inflamáveis e tóxicos.

Um solvente pode ser seguro com respeito aos riscos de incêndio, porém muito perigoso com respeito aos riscos de saúde. Por exemplo, o tetracloreto de carbono não é inflamável, mas seu vapor é extremamente tóxico. Assim, antes de se usar um solvente, faz-se necessário determinar suas propriedades tóxicas e de inflamabilidade.

Um solvente satisfatório é o clorofórmio de metil inibido, ou uma mistura de solvente *stodard* e percloretileno. Outro solvente com risco de fogo muito pequeno é a mistura de três partes de dicloroetileno com uma parte de tetracloreto de carbono. Estes solventes são usados comumente na indústria, porque são de menor inflamabilidade e têm um limite de tolerância (concentração máxima permissível) relativamente alto com respeito à toxicidade.

Os solventes usados nunca devem ser lançados nos sistemas de esgoto, mas, sim, guardados em depósitos metálicos com tampa e diariamente removidos.

9.6.2. Atrito

Os rolamentos e mancais, quando em trabalho, produzem certa quantidade de calor que normalmente se propaga para o ar e para os corpos em contato com os mesmos. Nesse sentido, é importante que estejam suficientemente lubrificados, porque com uma lubrificação inadequada o calor aumentará e se propagará, podendo atingir o ponto de ignição dos corpos combustíveis em contato.

Correias de sistema de transmissão ou de transporte, quando emperram, queimam-se facilmente, enquanto o atrito entre metais é tão violento que chega a atingir o rubro, e soltar centelhas de material incandescente.

As juntas de pressão de lubrificação devem ser mantidas nos lugares e os pontos de lubrificação dos mancais devem ser conservados cobertos, para evitar a penetração de poeira combustível e outras impurezas, que causam superaquecimento.

A melhor maneira de se fazer uma boa prevenção com relação a esse risco é estabelecer um bom programa de manutenção das fontes geradoras de atrito.

9.6.3. Cigarros e fósforos

As áreas em que "É permitido fumar" devem ser claramente definidas e delimitadas, com sinalizações bem visíveis. As razões para essas restrições devem ser explicadas adequadamente, e deve ser mantida uma vigilância constante, sem exceções.

Devem ser fornecidos, nos locais em que o fumo é permitido, recipientes de metal, seguros contra o fogo. Se for proibido o porte de fósforos, deverá haver equipamento especial para acender cigarros, nos locais em que é permitida essa prática.

9.6.4. Superfícies aquecidas

Se possível, os dutos da chaminé de aparelhos de aquecimento não devem passar através de tetos ou pisos.

Os ferros de soldar não devem ser colocados diretamente sobre bancadas ou outros combustíveis.

Providencie espaços livres, amplos e circulação adequada de ar. Inspecione os aparelhos de aquecimento, antes de deixá-los sem vigilância.

9.6.5. Chamas abertas

Fornalhas a gasolina, aquecedores portáteis e salamandras apresentam sérios riscos de incêndio. Seu uso deveria ser desencorajado tanto quanto possível.

A área em que combustíveis são queimados deve ser bem ventilada, visto que, como outros aquecedores, podem produzir monóxido de carbono (CO), que leva a óbito por asfixia.

Os resíduos devem ser queimados em incineradores próprios que disponham de coberturas de tela de arame. Os queimadores devem ser colocados a pelo menos 15 m do local de armazenagem e do equipamento.

9.6.6. Solda e corte

A dispersão das centelhas deve ser evitada ao máximo, pois as centelhas podem ser lançadas horizontalmente de 10 a 13 m de distância, principalmente se o controle de pressão do gás não for correto, e verticalmente podem cair em locais incertos, com possibilidade de penetrar por pequenas aberturas. Portanto, o confinamento através do uso de cortinas metálicas, de água ou cobertores de amianto é fundamental.

Tambores, tanques e similares que armazenaram inflamáveis líquidos ou gasosos devem ser limpos adequadamente, para somente então se proceder a um trabalho de corte e solda. Quando os reparos forem prolongados, o uso de explosímetro torna-se necessário para retestar a atmosfera interior. A lavagem através de soluções químicas neutralizantes é sempre aconselhável.

O incêndio pode iniciar-se depois que os trabalhadores deixem o local de trabalho. Portanto, depois de executados os trabalhos de solda e corte, deve ser feita uma inspeção para se ter a certeza de que não existe nenhum foco de fogo. Deve-se manter a vigilância, no mínimo, durante meia hora após o término das operações.

9.6.7. Eletricidade estática

É gerada pela fricção entre partes móveis das máquinas, correias e polias e partículas volantes no ar. Dependendo da diferença de potencial que surgir entre a máquina e outro corpo próximo, saltará faíscas e centelhas capazes de produzir incêndios e explosões.

São frequentes acidentes em operações de carga em tanques de inflamável, caminhões-tanques, operações de abastecimento de aviões e postos de gasolina.

Quando a umidade é baixa o risco de estática é maior. Quando a umidade é alta, o conteúdo da mistura do ar serve como condutor, escoando as cargas estáticas assim que estas se formam.

Do ponto de vista preventivo, os acidentes derivados da eletricidade estática podem ser em muito diminuídos se eliminarmos as misturas inflamáveis no "espaço de vapor" mediante o uso de "tetos flutuantes".

Os tanques para armazenamentos de líquidos inflamáveis devem ser convenientemente ligados à terra. O condutor de ligação à terra pode ser isolado ou nu. Numa ligação temporária podem-se utilizar terminais semelhantes ao utilizado em baterias, do tipo "jacaré", e outros apropriados para estabelecer um contato seguro.

Quando se transborda um líquido de um tambor para um recipiente portátil, é importante que o tambor e o recipiente sejam interconectados antes de se iniciar a operação de transbordo.

O uso de ferramentas especiais, principalmente em locais onde se trabalha com substâncias de baixo ponto de ignição, minimizaria o perigo de descargas elétricas. Ferramentas revestidas externamente com couro, plástico ou madeira são medidas auxiliares na proteção contra incêndios.

9.6.8. Ordem e limpeza

Cada trabalhador deverá ser responsabilizado, pessoalmente, pelo acúmulo de materiais combustíveis desnecessários em sua área de trabalho, em especial ao terminar seu turno. Devem ser colocadas nos locais de trabalho somente as quantidades de material combustível necessárias a cada serviço. As sobras desse material devem ser removidas, ao final do dia, para um local seguro, destinado ao seu armazenamento.

Os materiais de combustão rápida e os inflamáveis devem ser armazenados somente em locais designados, distantes de fontes de ignição, e que possuam provisões especiais para a extinção de incêndios.

Recipientes ou dutos contendo líquidos ou gases inflamáveis não devem apresentar vazamentos. Quaisquer respingos devem ser limpos imediatamente. Da mesma forma, os trabalhadores devem tomar precauções para evitar que alguma parte de suas roupas fique impregnada de líquidos inflamáveis. Se isto ocorrer, trocar a roupa impregnada imediatamente, antes de continuar o trabalho.

9.7. Explosão

É um fenômeno caracterizado por uma liberação rápida de energia. A velocidade em que a energia é liberada é que distingue a explosão de um incêndio, apesar de não existir uma demarcação exata entre um incêndio e uma explosão. Por exemplo, uma camada de gasolina com 2 cm de espessura queimará durante vários minutos, antes de se consumir. A mesma quantidade de gasolina, quando vaporizada e misturada com o ar, pode formar uma mistura combustível de vapor e ar e ser consumida completamente numa fração de segundo.

A explosão pode advir: da liberação de energia gerada por oxidação rápida, explosão de vapores de gasolina no ar; da liberação da energia causada por uma pressão excessiva, explosão de uma caldeira; da liberação da energia gerada por uma decomposição rápida, explosão de dinamite; da liberação da energia gerada por fusão ou fissão nuclear, explosão de uma bomba de hidrogênio.

Para se ter uma ideia da energia liberada em consequência de uma explosão, vale examinar os dados experimentais da Fundacentro (1981). Para queimar um quilo de madeira maciça a uma temperatura adequada, são gastos cerca de 10 minutos, e se obtém um rendimento de 29 HP; entretanto, para queimar o mesmo quilo de madeira em forma de pó, gasta-se cerca de um segundo e obtém-se um rendimento de 17.400 HP; isto em consequência do aumento da velocidade de combustão (o pó está em suspensão no ar e a combustão dar-se-á em forma de explosão).

9.7.1. Explosão causada por pós

Todos os pós, originários de substâncias orgânicas e de metais combustíveis, desde que estejam em suspensão e em quantidade adequada no ar ambiente, poderão entrar em combustão devido a qualquer fonte de ignição, por menor que ela seja (uma centelha de um interruptor elétrico, por exemplo), produzindo uma explosão.

A ocorrência periódica, em todo o mundo, de grandes incêndios envolvendo edifícios de fabricação, armazenagem e manipulação de produtos pulverulentos indica a necessidade de uma revisão quanto às características de armazenagem e emprego desses produtos.

9.7.2. Prevenção contra explosão ocasionada por pós

O problema de proteção contra incêndios em instalações que produzem pós deve ser resolvido através de:
- Normas de armazenagem rígidas de modo a evitar grande concentração de material, além dos cuidados inerentes de isolamento de risco pela existência de corredores e afastamentos.
- Edifícios construídos de material incombustível; com uma preocupação que evite o acúmulo de pós (com coletores de pós, que evitem a sua disseminação e com ventilação geral exaustora e diluidora); com a eliminação de prováveis fontes de ignição; e com instalação elétrica à prova de explosão.
- Emprego de paredes, portas e cortinas corta-fogo, de modo a confinar o mais possível um princípio de incêndio. Juntamente com essa providência, deve ser previsto um sistema de combate a incêndio com apreciável reserva de água, com hidrantes e chuveiros automáticos ou manuais distribuídos na área.
- Finalmente, já que a premissa de que os primeiros minutos após a detecção de um incêndio são os mais importantes para o controle e extinção do fogo, impõe-se a existência de serviço de vigilância conjugado a sistema de alarme com pessoal treinado e habilitado no manejo do equipamento especializado.

9.8. Explosímetro

É um instrumento pelo qual se testa a atmosfera, quanto à concentração e inflamabilidade que ela contém. Os testes são realizados sugando-se uma amostra da atmosfera a ser testada, sobre um filamento aquecido. Os combustíveis contidos na atmosfera são queimados no filamento, o qual eleva sua temperatura e aumenta sua resistência, proporcionalmente à concentração de combustíveis na amostra. O desequilíbrio resultante faz com que o ponteiro indicador se mova escala acima. Esta escala é graduada em porcentagem do limite mais baixo da explosão.

Como este aparelho mede vapores de combustíveis no ar, não é capaz de medir a porcentagem de vapor em fumaça ou atmosfera inerte, devido à ausência de oxigênio necessário à combustão na unidade detetora do instrumento. Observe-se também que um recipiente considerado seguro antes do trabalho ser iniciado pode tornar-se inseguro em operações futuras.

Outra limitação diz respeito à toxicidade de uma atmosfera não sujeita a explosão, o que não é identificado pelo explosímetro.

9.9. Sistema de extintores

Faz parte de um projeto de prevenção a incêndios, sendo um item obrigatório, a determinação correta de um sistema de extintores, os quais se utilizam principalmente de três tipos de substâncias extintoras: água, pó químico seco e gás carbônico. É aconselhável renovar as cargas anualmente, aproveitando-se a ocasião para fazer experiências práticas relativas à operação do extintor e à recarga, em presença dos empregados e vigias noturnos.

É importante observar que aqui no Brasil existem diversas normas que regulamentam o assunto, e na grande maioria das vezes diferentes entre si. Tem-se a Associação Brasileira de Normas Técnicas, o Instituto de Resseguros do Brasil, a Norma Regulamentadora 23 (NR-23) do Ministério do Trabalho e as Normas dos Corpos de Bombeiros Estaduais, além de algumas normas municipais. Dessa forma, antes de se iniciar um projeto deve-se verificar para quais órgãos será enviado, escolhendo-se as normas mais exigentes.

9.9.1. Dimensionamento

O número mínimo, o tipo e a capacidade dos extintores necessários para proteger um risco isolado dependem: 1) da natureza do fogo a extinguir; 2) da substância utilizada para a extinção do fogo; 3) da quantidade dessa substância e sua correspondente unidade extintora; e 4) da classe ocupacional do risco isolado e de sua respectiva área.

9.9.1.1. Natureza do fogo

A natureza do fogo a extinguir é classificada nas quatro classes seguintes:

Classe A: fogo em materiais combustíveis comuns, como materiais celulósicos (madeira, tecido, algodão, papéis) onde o efeito do "resfriamento" pela água ou por soluções contendo muita água é de primordial importância.

Classe B: fogo em líquidos inflamáveis, graxa, óleos e semelhantes, onde o efeito de "abafamento" ou a exclusão do ar, ou a interrupção da reação química em cadeia são as mais eficazes.

Classe C: fogo em ou perto de equipamentos elétricos energizados, onde o uso de um agente extintor não condutivo é de importância primordial. O material em combustão é, entretanto, da classe A ou B por natureza.

Classe D: fogo que ocorre em metais combustíveis (pirofóricos), como magnésio, lítio e sódio. São necessários agentes extintores e técnicas especiais para incêndios deste tipo.

9.9.1.2. Extintores

Em cada extintor de incêndio deve haver uma placa com informações sobre a classe de incêndio para a qual ele é destinado, instruções para a sua operação e instruções para manutenção. Além dessa placa de informações, deve o extintor portar a etiqueta da Associação Brasileira de Normas Técnicas (ABNT), para indicar que a unidade foi aprovada.

Quanto ao modo de operar, aproxima-se da combustão e aponta-se o jato para a base do fogo.

9.9.1.3. Substâncias utilizadas

O extintor de espuma é recomendado para incêndios em combustíveis comuns (Classe A) onde as ações de cobertura e resfriamento são importantes, e para incêndios em líquidos inflamáveis (Classe B).

No extintor com espuma proveniente de reação química, dentro do aparelho está depositado o bicarbonato de sódio e o estabilizante. Concentricamente a esse reservatório há um cilindro que contém o sulfato de alumínio. Ao virar o extintor, o sulfato de alumínio sairá do reservatório central misturando-se com a solução de bicarbonato de sódio, processando-se a reação.

Atualmente, devido ao risco de explosão por obstrução do bico de saída, este extintor está com sua fabricação proibida pela ABNT, passando-se a utilizar os extintores que geram espuma por ação mecânica.

Não pode ser utilizado em incêndios Classe C e em álcool, acetona, ésteres ou lacas compostas à base de tíner.

No extintor de água (Classe A) o elemento extintor é a água que atua através do resfriamento da área do material em combustão. O agente propulsor é um gás (CO_2, N_2 ou ar comprimido). O extintor poderá vir com a água sob pressão (pressão permanente) ou a pressão injetada no momento da utilização.

No extintor de CO_2 (Classe C) o gás é encerrado no interior do tubo, onde permanece liquefeito e submetido a uma pressão de 61 atmosferas nas condições normais.

O CO_2 é uma substância não condutora de eletricidade que atua sobre o fogo pela exclusão de oxigênio, tendo também uma pequena ação de resfriamento. Não é corrosivo, não deixa resíduos e não perde suas características com o passar do tempo. Substitui a espuma no combate a incêndios onde há dissolução da espuma (acetona, acetato de anila, ésteres, álcool metílico, butílico e etílico). Graças a sua nuvem de descarga, pode ser empregado em escapamento de gases.

Em contrapartida, é muito pesado, e em razão do pequeno alcance de seu jato (1/2 a 1 m) exige muita aproximação do operador junto à chama. Além disso, não estabelecendo uma cobertura permanente, há o perigo de retorno do fogo.

No extintor de PQS (Classe C) o agente extintor pode ser o bicarbonato de sódio ou o bicarbonato de potássio, os quais recebem um tratamento para torná-los não higroscópios. O agente propulsor pode ser o CO_2 ou o nitrogênio, podendo vir com pressão permanente ou com injeção de pressão. O pó químico não conduz eletricidade, entretanto não é recomendável o seu uso onde haja circuitos com componentes eletrônicos por ser corrosivo.

O extintor de bromoclorofluormetano (BCF) (Classes B e C) projeta um gás líquido sobre as chamas não deixando resíduos após a extinção do fogo. O seu ponto de ebulição é alto e, por não exigir uma alta pressão, pode ser colocado em embalagens do tipo aerossol (1/3 kg), facilitando muito o seu manuseio e atingindo, neste caso, distâncias de 2 a 3 m. O BCF não conduz eletricidade, podendo concorrer com o CO_2 em sistemas fixos (salas de computadores, centrais elétricas).

O MONEX é um pó seco resultante da reação de bicarbonato de potássio e ureia. Este pó em contato com o fogo desintegra-se, formando partículas muito menores e em menor número. Este produto pode ser utilizado em incêndios dos tipos B e C, sendo a sua eficiência 5 a 6 vezes maior que a do bicarbonato de sódio e 2,5 vezes do bicarbonato de potássio.

Recentemente foi desenvolvido um extintor de monofosfato de amônia que pode ser utilizado em incêndios dos tipos A, B e C, e que veio atender ao mercado da indústria automobilística, uma vez que o extintor utilizado até então, de PQS, não servia para extinguir o fogo nas partes internas dos veículos (materiais Classe A).

9.9.1.4. Quantidade da substância e unidade extintora, classe ocupacional do risco e sua respectiva área

Observando-se que cada instituição tem suas normas, segundo a NR-23, se o risco de fogo for pequeno, cada unidade extintora protege 500 m^2, enquanto a distância máxima a ser percorrida até encontrar um extintor é de 20 m. Se o risco for médio, cada unidade extintora protege 250 m^2 e a distância máxima a ser percorrida é de 10 m. Finalmente, se o risco for grande cada unidade extintora protege 150 m^2 e a distância máxima a ser percorrida é também de 10 m.

Por sua vez, a Superintendência de Seguros Privados – SUSEP (IRB, 1997) divide os riscos nas chamadas Classes de Ocupação enumeradas de 1 a 13, em ordem decrescente de gravidade: o risco pequeno corresponde às Classes de Ocupação 1 e 2; o risco médio, Classes de Ocupação 3, 4, 5 ou 6; e o risco grande, Classes de Ocupação de 7 a 13. Esta classificação é aceita por todos os órgãos que tratam do assunto.

A unidade extintora também varia conforme a instituição regulamentadora. Para exemplificar, a Legislação da Paraíba estabelece: para água ou espuma, um extintor de 10 litros; para CO_2 um de 6 kg ou dois de 4 kg; para PQS, um de 4 kg. Os demais extintores não são normatizados.

9.9.2. Dimensionamento de extintores sobre carretas

Não pode haver um projeto exclusivo com extintores sobre carretas, uma vez que a mobilidade deste tipo de equipamento é precária. No mínimo, 50% do número total de "unidades extintoras" exigidas para cada risco é constituído por extintores manuais; não se admite a possibilidade de uma carreta proteger locais situados em pavimentos diferentes; só serão admitidas carretas no cálculo das unidades quando a carreta tiver livre acesso a qualquer parte do risco protegido, sem impedimento de portas estreitas, soleiras ou degraus no chão; os extintores manuais possam ser alcançados sem que o operador tenha que percorrer mais de uma vez e meia as distâncias normalmente exigidas; as carretas fiquem situadas em pontos centrais em relação aos extintores manuais e aos limites da área do risco a proteger. Será considerado extintor sobre carreta aquele que, provido de mangueira com no mínimo 5 m de comprimento e equipado com difusor (CO_2) ou esguicho, tenha, no mínimo, para espuma ou água 75 litros, CO_2 20 kg e PQS 20 kg. Não será considerado carreta o conjunto de dois ou mais extintores instalados sobre rodas cuja capacidade, por unidade, seja inferior às determinadas na seção anterior.

9.9.3. Considerações gerais

A Superintendência de Seguros Privados (IRB, 1989) estabelece as seguintes limitações: será exigido o mínimo de duas "unidades extintoras" para cada pavimento, mezanino, galeria ou risco isolado, permitindo-se a existência de uma "unidade extintora" nos casos de área inferior a 50 m².

Aos riscos constituídos por armazéns ou depósitos em que não haja processos de trabalho, a não ser operações de carga ou descarga, será permitida a colocação dos extintores em grupos, em locais de fácil acesso, de preferência em mais de um grupo e próximos às portas da entrada e/ou saída.

Os extintores devem ser colocados onde haja menor probabilidade do fogo bloquear o seu acesso; sejam visíveis, para que todos os operários e empregados do estabelecimento fiquem familiarizados com a sua colocação; se conservem protegidos contra golpes; não fiquem encobertos ou obstruídos por pilhas de mercadorias, matérias-primas ou qualquer outro material.

Os extintores de incêndio serão sinalizados por um círculo interno de 0,20 m de diâmetro, pintado com a cor de acordo com a substância extintora, circunscrito por outro círculo de cor vermelha, com 0,30 m de diâmetro. A distância do sinal variará entre a mínima de 0,10 m e a máxima de 0,30 m da parte superior desses aparelhos (NR-23).

As cores do círculo central obedecerão às seguintes especificações: Branca (para extintores de água e espuma, usados nos incêndios de Classe A); Amarela (para extintores de gás carbônico, usados nos incêndios de Classe C); Azul (para extintores de PQS, usados nos incêndios de Classe B).

No piso acabado, será pintado, sob o extintor, um quadrado de 1,0 m de lado, de cor vermelha, e no seu centro outro quadrado equidistante, com 0,70 m, pintado de acordo com o tipo de extintor.

9.10. Sistema de hidrantes

Sistema de proteção por hidrantes é um conjunto de canalizações, abastecimento de água, válvulas ou registros para manobras, hidrantes (tomadas de água) e mangueiras de incêndio, com esguichos, equipamentos auxiliares, meios de aviso e alarme. Constitui-se no preventivo fixo mais utilizado (obrigatório para edificações com área construída superior a 750 m^2) na prevenção de incêndios.

Os hidrantes devem ser constituídos de uma tomada d'água munida de um dispositivo de manobra cuja altura sobre o nível do piso não deve ultrapassar 1,50 m. Poderão ser instalados interna ou externamente aos riscos a proteger. O número de hidrantes internos em cada risco ou edifício e em cada seção de edifício dividido por paredes deverá ser tal que qualquer ponto a proteger esteja, no máximo, a 10 m da ponta do esguicho, acoplado a não mais de 30 m de mangueira (o Instituto de Resseguro do Brasil admite para hidrantes externos até 60 m de mangueira). Sendo recomendado que cada ponto a proteger do edifício seja atingido concomitantemente por dois jatos de água.

Terão saídas duplas de 63 mm (2 ½"), possuindo, cada saída, uma válvula ou registro com engates do tipo utilizado pelo Corpo de Bombeiros local. Os hidrantes que irão operar exclusivamente com mangueira de 1 ½" de diâmetro (Risco Pequeno) terão em cada saída uma redução para 38 mm (1 ½").

Será colocado, no mínimo, um hidrante próximo ao ponto de acesso principal do pavimento ou risco isolado protegido. Os demais, sempre que possível, serão colocados nas áreas de circulação do risco, de preferência próximo às paredes externas ou às divisões internas.

Os hidrantes externos deverão ser localizados afastados dos edifícios a proteger, máximo de 15 m. Quando isso não for possível, deverão ser localizados onde a probabilidade de danos pela queda de paredes seja pequena e impeça que o operador seja bloqueado pelo fogo e fumaça. Geralmente, em locais congestionados devem ser localizados ao lado de edifícios baixos, próximos a torres de concreto ou alvenaria munidas de escada ou próximo aos cantos formados por paredes resistentes de alvenaria.

As canalizações do sistema serão usadas exclusivamente para o serviço de proteção contra incêndio e serão compostas de tubos metálicos, podendo ser incluídos, nas redes subterrâneas, tubos de cloreto de polivinila (PVC) rígidos e os de categoria fibrocimento e equivalente.

O sistema de hidrantes terá um suprimento de água permanente, que pode ser feito: por ação de gravidade, isto é, de forma que o suprimento da rede não dependa de bombeamento; ou por bombas fixas de acionamento automático para o suprimento no momento de combate ao incêndio; ou por sistema misto, gravidade e bombeamento.

A instalação elétrica para o funcionamento das bombas e demais equipamentos do sistema de hidrantes deverá ser independente da instalação geral ou ser executada de modo a se poder desligar a instalação geral sem interromper a sua alimentação.

Para serem operados, os hidrantes precisam de pessoas treinadas, e em alguns casos torna-se obrigatório o uso de brigadas de incêndio ou Corpo de Bombeiros Particular (CBP).

Finalmente, em cada sistema de hidrantes deverá ser colocado, em lugar de fácil acesso, um ponto de ligação para o Corpo de Bombeiros local, para que este possa bombear a sua água para a rede de hidrantes.

9.11. Dimensionamento de um sistema de proteção em uma serralheria de fabricação de esquadrias

9.11.1. Exemplo de cálculo

1. **Descrição da empresa escolhida**
    O empreendimento, uma serraria para fabricação de esquadrias de madeira sob encomenda a partir de pranchas.
    A empresa possui o arranjo físico geral, de acordo com as áreas das instalações apresentadas na Tabela 9.1.
2. **Determinação dos riscos de incêndio**
    Conhecendo-se as instalações, determinam-se os Riscos de Incêndio e o Dimensionamento de Sistemas de Extintores, o qual utiliza os critérios do IRB conforme Tabela 9.2.
    Como se vê na Tabela 9.2, segundo o Instituto de Resseguro do Brasil, o maior risco de incêndio é o do departamento 09 (fabricação), risco grande, seguindo-se do departamento 07 (estoque de matéria-prima), do 08 (estoque de produto acabado) e do 10 (montagem), risco médio. Todos os demais departamentos 01 (diretoria),

Tabela 9.1 – Áreas das instalações

Nº de Layout	Instalação	Área (m²)
01	Diretoria – ambiente que permite abrigar 2 diretores e 4 visitantes: 6 × 6,5 m²*	39
02	Recepção e Exposição – ambiente que permite abrigar 2 funcionários e 4 visitantes: 6 × 5,0 m²*	30
03	Escritório – ambiente para 6 funcionários: 6 × 5,0 m²*	30
04	Refeitório – refeição em dois turnos: ½ × 60 × 1 m²*	30
05	Cozinha e Depósito de Alimentos – 35%* e 20%* do refeitório respectivamente: 0,55 × 30 m²*	17
06	Vestiários e Aparelhos Sanitários Vestiários: 56 × 1,50 m²* = 84 m²* Aparelho Sanitário: 3 aparelhos* com as Seguintes áreas: 1 m²* por sanitário; 0,60 m²* por lavatório; e, 2 m² para circulação; totalizando 3,60 m². Área Total dos Aparelhos: 3 × 3,60 = 11 m²	95
07	Estoque de Matéria	230
08	Estoque de Produto Acabado	110
09	Fabricação – 17 postos de trabalho	552
10	Montagem – 8 bancadas de 2,3 × 1,20	221

02 (recepção), 03 (escritório), 04 (refeitório) e 06 (vestiário) têm risco pequeno de incêndio.

3. **Determinação das substâncias extintoras**

A partir das possíveis naturezas de fogo a ocorrerem na Serraria, determina-se as substâncias extintoras adequadas para cada instalação conforme Tabela 9.3.

Para a diretoria, departamento 01, a recepção, departamento 02, e o escritório, departamento 03, que utilizarão objetos de materiais celulósicos (móveis de madeira, cortinas, tapetes etc.) e equipamentos elétricos com circuitos delicados (microcomputadores, central telefônica, fax, calculadoras etc.) serão utilizados água para os primeiros e dióxido de carbono para os equipamentos elétricos energizados.

Para a cozinha e depósito de alimentos, departamento 05, que disporá de gás butano, se utilizará o pó químico seco. Com relação ao vestiário, departamento 06, estoque de matéria-prima, departamento 07, e estoque de produto acabado, departamento 08, por só disporem de objetos de materiais celulósicos (roupas e madeira), se utilizará água. Finalmente, para os departamentos de fabricação, 09, e montagem, 10, que disporão de madeira em processamento e equipamentos elétricos energizados, se utilizarão água e pó químico seco.

O Arranjo Físico Geral (Figura 9.2) é composto por três blocos perfeitamente definidos (Tabela 9.4): Bloco I, Diretoria (01), Recepção e Exposição (02) e Escritório

Tabela 9.2 – Classificação dos extintores segundo o agente extintor, a carga nominal e a capacidade extintora equivalente

Agente extintor	Extintor portátil		Extintor sobre rodas	
	Carga	Capacidade Extintora equivalente	Carga	Capacidade Extintora equivalente
Água	10 L	2A	75 L	10A
			150 L	20A
Espuma química	10 L	2A:2B	75 L	6A:10B
	20 L	2A:5B	150 L	10A: 20N
Espuma mecânica	9 L	2A:2B		
Gás carbônico (CO_2)	4,0 Kg	2B	10 Kg	5B
	6,0 Kg	2B	25 Kg	10B
			30 Kg	10B
			50 Kg	10B
Pó químico à base de bicarbonato de sódio	1,0 Kg	2B		
	2,0 Kg	2B	20 kg	20B
	4,0 Kg	10B	50 Kg	20B
	6,0 Kg	10B	100 kg	40B
	8,0 Kg	10B		
	12,0 Kg	20B		
Hodrocarbonetos halogenados	1,0 Kg	2B		
	2,0 Kg	5B		
	2,5 Kg	10B		
	4,0 K	10B		

FONTE: Norma NBR12693/1993.

Tabela 9.3 – Substâncias extintoras da serraria

Setor	Substância extintora*
01 Diretoria	A, C
02 Recepção e Exposição	A, C
03 Escritório	A, C
04 Refeitório	A, P
05 Cozinha e Depósito de Alimentos	P
06 Vestiários e Aparelhos Sanitários	A
07 Estoque de Matéria-Prima	A
08 Estoque de Produto Acabado	A
09 Fabricação	A, P
10 Montagem	A, P
* A – água (material celulósico); C – gás carbônico (equipamento elétrico energizado com circuito delicado); P – pó químico seco (equipamento elétrico energizado).	

Figura 9.2 – Arranjo físico geral. *Legenda:* 01 (serrar); 02 (desempenar); 03 (desengrossar); 04 (marcar); 05 (furar); 06 (respigar); 07 (tupiar); 08 (pré-montar); 09 (lixar); 10 (montar).

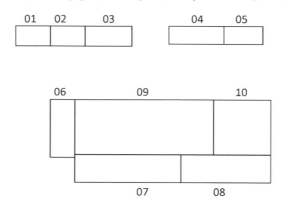

Tabela 9.4 – Blocos, instalações, áreas e dimensões

Bloco	Instalação	Área (m²)	Dimensões (m)
I	01	39,00	6,55 × 5,95
	02	30,00	6,55 × 4,58
	03	30,00	6,55 × 4,58
II	04	30,00	6,55 × 4,58
	05	17,00	6,55 × 2,60
III	06	95,00	6,55 × 14,50
	07	230,00	9,24 × 24,89
	08	110,00	9,24 × 11,90
	09	552,00	21,01 × 26,28
	10	221,00	21,01 × 10,52

(03); Bloco II, Refeitório (04) e Cozinha e Depósito de Alimentos (05); e Bloco III, Vestiários e Aparelhos Sanitários (06), Estoque de Matéria-Prima (07), Estoque de Produto Acabado (08), Fabricação (09) e Montagem (10).

A produção é composta de duas seções: fabricação e montagem. Enquanto a fabricação apresenta 17 tipos de postos de trabalho, a montagem apresenta apenas um tipo de posto, especificamente, 8 bancadas (Tabela 9.5).

9.11.2. Dimensionamento de extintores de incêndio

O dimensionamento deste equipamento de combate a incêndios deverá ser realizado para os três riscos isolados de incêndio que compreendem os Blocos I, II e III.

Com relação ao bloco onde se encontram a diretoria, a recepção e exposição e o escritório [Bloco I – Diretoria (01), Recepção e Exposição (02) e Escritório (03)], como

Tabela 9.5 – Postos de trabalho da seção de fabricação

Nº de Layout	Discriminação	Quantidade
01	Serra de Fita	2
02	Serra de Bancada	1
03	Serra de Bancada	1
04	Serra de Bancada	1
05	Serra de Fita	1
06	Plaina Desengrosso	2
07	Plaina Desempeno	3
08	Respigadeira	2
09	Furadeira Orbital	2
10	Furadeira Horizontal	2
11	Furadeira Vertical	1
12	Bancada de Marcação	1
13	Tupia	2
14	Lixadeira de Fita	1
15	Lixadeira para Quina	1
16	Lixadeira para Quina	1
17	Esmerilhadeira	4

se viu anteriormente, seu risco isolado é pequeno e as substâncias extintoras a serem utilizadas são a água e o gás carbônico.

Por sua vez, verifica-se que, nas Áreas de Domínio por Unidade Extintora, para o risco pequeno, cada unidade extintora protege 500 m², enquanto a distância máxima a ser percorrida até encontrar um extintor é de 20 m. Como a área do escritório é de 125 m², através deste critério apenas uma unidade extintora se faz necessária. Entretanto, segundo a norma, como independentemente da área ocupada devem existir pelo menos 2 extintores para cada pavimento ou risco isolado, o que atende também a necessidade de uso de duas substâncias extintoras, água e gás carbônico, projetou-se esses dois tipos de extintores (água de 10 L e gás carbônico de 6 kg), conforme a Determinação da Unidade Extintora.

Finalmente, posicionou-se esses dois extintores em uma posição central, Arranjo Físico do Bloco I – Diretoria (01), Recepção e Exposição (02) e Escritório (03), o que leva a atender a segunda limitação de não se percorrer mais de 20 m até encontrar um extintor.

Com relação ao segundo bloco [Bloco II – Refeitório (04) e Cozinha e Depósito de Alimentos (05)], predomina o Risco de Incêndio da Serraria, o risco de incêndio médio, e se utilizará como Substâncias Extintoras da Serraria, água e pó químico seco. Baseando-se nos mesmos argumentos do bloco anterior, utilizar-se-á um extintor de água de 10 L e um

Figura 9.3 – Seção de fabricação.

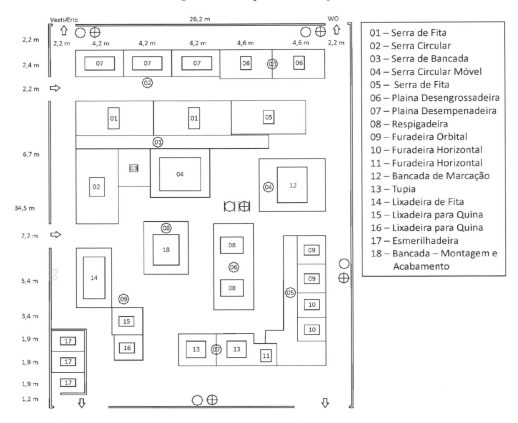

Figura 9.4 – Montagem e acabamento. *Legenda*: **18** (bancada de montagem e acabamento); **10** (montar); **11** (acabar).

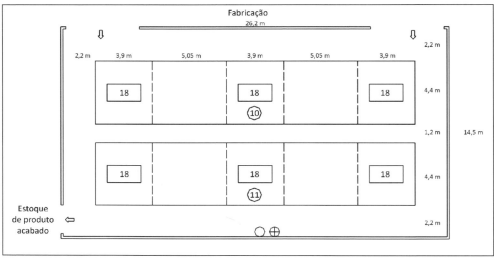

Figura 9.5 – Vestiário. *Legenda*: **1** (latrina); **2** (lavatório); **3** (armário duplo); **4** (chuveiro).

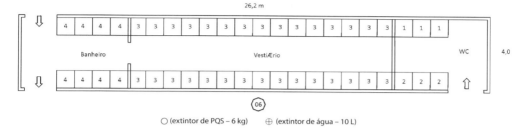

Figura 9.6 – Diretoria (01), Recepção e Exposição (02) e Escritório (03).

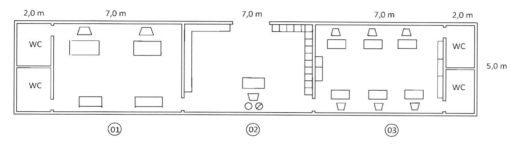

Figura 9.7 – Refeitório (04) e Cozinha Depósito de Alimentos (05). *Legenda*: **1** (mesa); **2** (depósito); **3** (fogão); **4** (pia); **5** (geladeira); **6** (balcão);

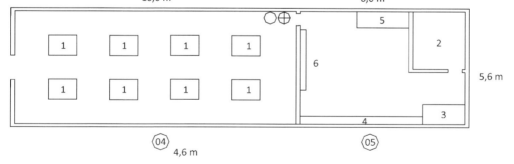

de pó químico seco de 4 kg em uma posição centralizada, de modo a que não se percorra 10 m (risco médio) até se encontrar um extintor.

Por sua vez, no último bloco [Bloco III – Fabricação (09), Figura 9.3 - Arranjo Físico Projetado; Bloco III – Montagem (10) e Figura 9.4; Bloco III – Vestiários e Aparelhos Sanitários (06), Figura 9.5], além dos estoques de matérias-primas e de produtos acabados, o risco grande da fabricação predomina sobre o restante do bloco e serão utilizadas como substâncias extintoras água e pó químico seco.

Figura 9.8 – Tomada de água Corpo de Bombeiros Arranjo Físico Geral.

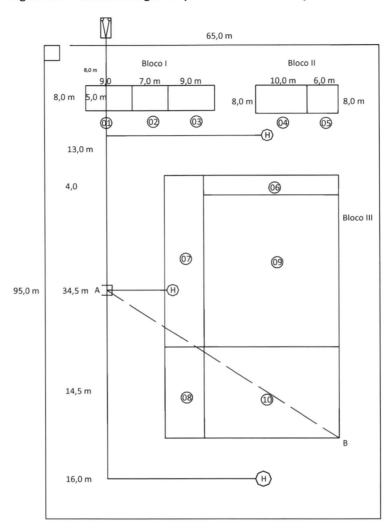

O número mínimo de unidades extintoras para o risco grande, lembrando que para este risco cada unidade protege 150 m², é de 12 unidades extintoras (1.791,4 m² / 150 m²) na fabricação. Por outro lado, como a fabricação apresenta uma largura significativa de 26,28 m, faz-se necessário um projeto de extintores incluindo carretas, o que elevará a distância a ser percorrida até se encontrar um extintor para 15 m. Assim, utilizando a Tabela 9.2 Classificação de Extintores segundo o agente extintor, a carga nominal e a capacidade extintora equivalente, da NBR 12693/1993. como referência, na fabricação projetaram-se seis extintores portáteis com água de 10 L e 6 extintores portáteis de pó químico seco de 4 kg, além de dois extintores de carreta: um com água de 75 L e outro com pó químico seco de 20 kg. Na montagem, com a distribuição já colocada na fabricação, bastou projetarem-se dois extintores, sendo um de água com 10 L e um de pó químico seco com 4 kg, conforme a Tabela 9.2 já citada.

Finalmente, é recomendável utilizar-se junto à guarita um extintor com água de 10 L e um extintor com pó químico seco de 4 kg para dar proteção ao pátio.

Como sistema fixo de combate, projetou-se um sistema de hidrantes, adequado ao tamanho da empresa (obrigatório conforme citado na seção 9.10) e tipo de produção (industrialização da madeira).

Conforme se pode observar no Arranjo Físico Geral, a partir do ponto médio no sentido do comprimento do terreno da fábrica e a 8 m do galpão produtivo, Bloco III, locou-se a caixa d'água, buscando, através de uma posição centralizada, tornar o projeto mais econômico em termos de rede de hidrantes e proteção por para-raios.

Dessa forma, com apenas dois hidrantes externos com duas saídas e com apenas um hidrante interno, também com duas saídas, conseguiu-se proteção para toda a área fabril, através de proteção com raio de 70 m externamente e 40 m internamente.

9.12. Revisão dos conceitos apresentados

Este capítulo abordou a teoria introdutória sobre a prevenção a incêndios que compreende: a definição de prevenção e proteção a incêndios; a química do fogo e as formas de combatê-lo; as características físico-químicas dos materiais; o calor, seus efeitos e sua transmissão; e as principais fontes de incêndios industriais, além dos cuidados que devem ser tomados.

Com a apresentação das definições de prevenção e de proteção a incêndios pretendeu-se subsidiar os futuros profissionais por ocasião da elaboração de seus projetos. Por sua vez, a apresentação da química do fogo e as formas de combatê-lo (atuação no combustível, no comburente, no calor e na reação em cadeia) subsidiará o profissional com informações imprescindíveis por ocasião das definições dos equipamentos de combate ao fogo a serem utilizados por uma empresa.

Apresentaram-se as formas de transmissão de calor (condução, convecção e radiação), as características físico-químicas dos materiais (pontos de fulgor, de combustão e de ignição) e as principais fontes de incêndios industriais (eletricidade, atrito, centelhas, cigarros e fósforos, ignição espontânea, superfícies aquecidas, partículas incandescentes, chama aberta, raios, reações químicas, incêndios premeditados, solda e corte, materiais aquecidos e eletricidade estática). Apresentaram-se, também, os cuidados que devem ser tomados com relação a essas fontes, o que fornece ao engenheiro subsídios para a prevenção a incêndios em seus projetos, além de orientações para seleção e usos de diversos materiais e equipamentos que oferecem riscos de geração de incêndios, bem como orientações gerais sobre hábitos e costumes que podem vir a constituir em risco de incêndio. Definiu-se explosão como um fenômeno caracterizado por uma liberação rápida de energia, suas causas (oxidação rápida, pressão excessiva, decomposição rápida e fusão ou fissão nuclear) e consequências.

Deu-se um destaque às explosões causadas por pós e as formas de suas prevenções. Definiu-se detonação como explosão oriunda de composto de alto poder explosivo e apresentando-se o explosímetro como um instrumento que testa a atmosfera, quanto à concentração e inflamabilidade que ela contém.

Extintor de incêndio é um equipamento de prevenção a incêndios obrigatório a todas as empresas dos três setores da economia, além dos condomínios residenciais. É projetado em função da natureza do fogo a extinguir (Classe A, Classe B, Classe C e Classe D), do risco ocupacional (pequeno, médio e grande) e da área a proteger.

Existem comercialmente extintores portáteis e de carreta com as seguintes substâncias extintoras: de espuma química; de água pressurizada; de CO_2; de pó químico seco; de bromoclorofluormetano (apenas portátil); e de monex. Cada substância extintora é adequada para uma ou mais natureza de fogo a ser combatida, enquanto a distância máxima a ser percorrida até encontrar um extintor, bem como a área a ser protegida (área de domínio) por cada unidade extintora é função do risco ocupacional da instalação, estabelecido pelo IRB (1997).

Os órgãos normativos estabelecem limitações para o projeto de extintores e normas para representações em planta, para marcação dos extintores e suas sinalizações.

Sistema de hidrantes é o preventivo fixo mais utilizado na prevenção de incêndios. É utilizado na proteção interna e externa das instalações.

O IRB estabelece, para cada tipo de proteção (pequena, média e grande), vazão e pressão diferenciadas, enquanto o Corpo de Bombeiros de vários estados do país não fazem esta diferenciação.

A canalização é preferencialmente metálica e o abastecimento pode ser realizado por ação da gravidade, por bombas fixas ou misto. Seu dimensionamento é realizado para atender as exigências de pressão e vazão dos órgãos regulamentadores, além das perdas de carga em tubulações e singularidades.

9.13. Questões

1. O objetivo da prevenção de incêndios consiste em impedir o surgimento de um incêndio e dificultar o seu desenvolvimento.
   Esta afirmação está:
   a) correta;
   b) errada;

c) incompleta.
2. Qualquer extinção de incêndio se apoia na eliminação dos quatro elementos fundamentais para a existência do fogo:
    a) comburente, calor, combustível e reação em cadeia;
    b) comburente, calor, oxigênio e reação em cadeia;
    c) oxigênio, calor, combustível e reação em cadeia.
3. O melhor meio de evitar a ocorrência de incêndios decorrentes do aquecimento de partes moveis expostas de máquinas e equipamentos consiste em:
    a) um bom programa de manutenção;
    b) resfriar permanentemente essas partes geradoras de atrito;
    c) nenhuma das respostas.
4. Quando transbordamos um líquido inflamável de um tambor para um recipiente portátil, é mais seguro que:
    a) o tambor e o recipiente estejam conectados à terra;
    b) o tambor e o recipiente estejam conectados entre si;
    c) o tambor esteja conectado à terra e ao recipiente.
5. O problema de proteção contra incêndio em instalações que manipulam ou produzem produtos pulverulentos deve ser resolvido: armazenando esses materiais em um só local para que se tomem medidas para isolamento de risco.
Esta afirmação está:
    a) certa;
    b) errada;
    c) incompleta.
6. Explosímetro é um instrumento pelo qual se testa a atmosfera, quanto a concentrações e inflamabilidade.
Esta afirmação está:
    a) certa;
    b) errada;
    c) incompleta.
7. O extintor adequado para combater o fogo em materiais celulósicos é dotado da substância extintora:
    a) água ou espuma;
    b) CO_2;
    c) PQS.
8. Cada ponto de uma edificação protegida por sistema de hidrantes deve ser atingido por:
    a) um jato d'água;
    b) dois jatos d'água;
    c) três jatos d'água.

9.14. Referências

ABNT (Associação Brasileira de Normas Técnicas) (1965) NBR-24. Instalações hidráulicas prediais contra incêndio, sob comando. Rio de Janeiro.

ABNT (Associação Brasileira de Normas Técnicas) (1993) NBR-12693. Sistemas de proteção por extintores de incêndio. Rio de Janeiro.

ABNT (Associação Brasileira de Normas Técnicas) (1993) NBR-5419/93. Instalações de para-raios prediais. Rio de Janeiro.

FAIRES, V.M. (1966) Termodinâmica. Rio de Janeiro: Ao Livro Técnico.

FALCÃO, R.J.K. (1995) Tecnologia de proteção contra incêndio. Rio de Janeiro.

FUNDACENTRO. (1981) Curso de Engenharia do Trabalho. 4º Volume, São Paulo.

Capítulo	Proteção contra riscos
10	**químicos: conhecendo os riscos para combatê-los**

Marcelo Firpo de Souza Porto
Bruno Milanez

Conceitos apresentados neste capítulo

Este capítulo discute como empresas e trabalhadores devem atuar na prevenção, ou correção, da exposição a produtos químicos. Primeiramente, ele apresenta uma visão geral dos riscos químicos, bem como do processo de construção e gerenciamento dos riscos. Em seguida, discutem-se os principais contaminantes químicos, suas formas de penetração nos organismos e as incertezas e complexidade envolvidas na questão da intoxicação química. Esse debate serve de base para que sejam descritos os principais princípios a serem adotados em programas de gerenciamento de riscos químicos. Por fim, são apresentadas as etapas que envolvem esse gerenciamento: a identificação dos riscos, o planejamento das ações, a intervenção e a revisão dessas atividades.

10.1. Introdução

Produtos químicos estão presentes de forma bastante extensa nas sociedades atuais, uma vez que poucas são as atividades desenvolvidas que não se utilizam de componentes que foram sintetizados pela indústria. A discussão sobre risco e segurança química pode ser feita a partir de diferentes perspectivas, como a do ambiente, a do consumidor, a da gestão pelas empresas e a da saúde dos trabalhadores. Devido ao escopo deste livro, este capítulo irá tratar, principalmente, das duas últimas.

Os riscos químicos envolvem substâncias, compostos ou produtos que possam penetrar no organismo, por exposição crônica ou acidental. O contato das pessoas com esses produtos pode gerar diversos efeitos, como surgimento de câncer, mutações, doenças sistêmicas, entre outros. Apesar de quase todos os trabalhadores estarem sujeitos a exposição química, esse tema ganha mais relevância em alguns setores devido à presença mais intensa desses componentes, como indústria química, petroquímica e petrolífera, cloro-soda, amianto, produção de baterias, a metalurgia e a siderurgia, entre outras.

Cabe observar ainda que, apesar de se discutir aqui a segurança química, principalmente a partir da perspectiva das unidades produtivas e da saúde dos trabalhadores, nem sempre as fontes de risco encontram-se próximas aos locais de exposição. Em muitos casos de poluição atmosférica ou hídrica, as fontes de risco são múltiplas e podem estar localizadas a dezenas ou mesmo milhares de quilômetros dos locais onde as exposições estão ocorrendo. Este é o caso dos chamados riscos ecológicos globais, como as substâncias que provocam a redução da camada de ozônio e o efeito estufa. Isso torna mais complexa a gestão dos riscos químicos, pois pode envolver interesses, governos e organizações de distintas cidades, estados ou mesmo países. Esta é uma das razões pelas quais a gestão da saúde dos trabalhadores e o meio ambiente devem caminhar de forma integrada.

Esta introdução apresenta uma visão geral do processo de geração e gerenciamento dos riscos químicos. Em primeiro lugar, é preciso entender que os riscos químicos devem ser encarados a partir de uma perspectiva integrada, histórica e sistêmica. Tal visão é ilustrada de forma esquemática pela Figura 10.1. Nela pode-se identificar a evolução dos riscos químicos enquanto ciclos dinâmicos de geração-exposição-efeitos, os quais são, para efeito de análise, subdivididos em três fases.

Figura 10.1 – Uma visão sistêmica das fases do risco.

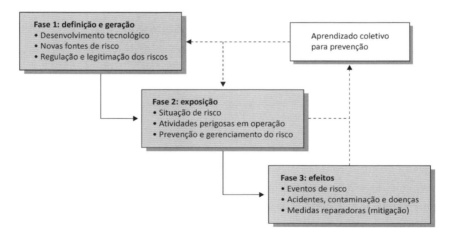

Fonte: Adaptação de Porto (1994).

Na primeira fase, os riscos químicos só existem potencialmente, por exemplo, quando novas tecnologias – de processos ou produtos – ou plantas industriais estão sendo desenvolvidas ou se encontram em fase de projeto. Trata-se de avaliar se tais atividades podem gerar riscos importantes, se devem ser rejeitadas ou aceitas e, neste último caso, sob que condições. A análise e decisão sobre os riscos que caracterizam a regulação nesta fase possuem uma natureza não somente técnico-científica, mas também produzida por dinâmicas sociais, econômicas e culturais, que terminam por configurar historicamente os processos de legitimação e regulação dos riscos ambientais distribuídos pelos territórios numa dada sociedade.

Na fase de exposição, as tecnologias, plantas industriais ou quaisquer outras fontes de risco já se encontram presentes num dado território. Entretanto, os efeitos à saúde ainda não estão se manifestando de forma clara e visível, seja porque os acidentes ainda não ocorreram, ou porque a poluição crônica que está sendo gerada ainda não resultou em efeitos à saúde perceptíveis ou reconhecidos. Esta fase envolve o que se denomina situações de risco, já que os riscos químicos possuem uma natureza situacional ou conjuntural. No caso dos riscos ocupacionais, isso implica a análise do processo e a organização do trabalho para que se entendam suas repercussões sobre a saúde dos trabalhadores. A prevenção nessa fase possui um caráter de gerenciamento operacional de riscos, voltado à implementação de medidas de segurança no dia a dia, que mantenha sob controle os riscos existentes antes que eles produzam efeitos negativos.

A terceira e última fase é a dos efeitos e inclui os chamados eventos de risco, enfatizando aqui a presença de processos com claras repercussões adversas à saúde humana – como doenças e mortes – ou dos ecossistemas. No caso dos acidentes, torna-se mais fácil definir com precisão o momento que dá origem a tais efeitos. Este é o caso de eventos onde ocorre a dispersão abrupta de energias ou produtos, como explosões, incêndios ou liberação de substâncias tóxicas. No caso das exposições com efeitos crônicos, as repercussões à saúde podem ocorrer no longo prazo, sendo mais difíceis tanto o diagnóstico quanto a associação com determinados riscos químicos. Essas dificuldades frequentemente contribuem para a "invisibilidade" do problema. Nessa fase a prevenção assume, de um lado, um caráter mitigador, através da implementação de diversas medidas mitigadoras e reparadoras, de caráter médico, previdenciário, jurídico ou de saneamento ambiental. Para exemplificar, é nesta fase que podem ser implementados tratamentos médicos específicos, os planos de emergência voltados a evacuar as populações que moram próximas a áreas de risco, como indústrias químicas e nucleares, envolvendo riscos de acidentes graves ou ampliados, ou então os trabalhos de descontaminação e remediação de áreas afetadas por resíduos industriais perigosos (FREITAS et al., 2000).

Essa sequência, porém, é cíclica, uma vez que os progressos na prevenção de riscos decorrem de processos coletivos de aprendizado, sejam eles nas organizações ou na sociedade como um todo, muitas vezes envolvendo choques de interesse e situações de conflito. Através destes processos a sociedade pode reconhecer os problemas e os erros cometidos em fases anteriores, propiciando mudanças tanto nas bases de conhecimento e nas tecnologias, quanto nos critérios e práticas de regulação e gerenciamento de riscos. Em última instância, a mudança mais relevante implica serem alteradas as bases dos modelos de desenvolvimento geradores de ciclos viciosos, nos quais os riscos químicos são produzidos de forma sistêmica e incontrolável, pelo menos para as populações mais afetadas e vulneráveis. Esse processo vem colocando cada vez mais a necessidade de que o desenvolvimento e a difusão de tecnologias de produção e os produtos perigosos sejam guiados não somente pelas informações sobre eficácia e custos econômicos, mas também pelas informações sobre os efeitos para a saúde e o meio ambiente, desempenhando a avaliação de riscos um papel extremamente importante (CANTER, 1989).

O gerenciamento de riscos também emerge e se desenvolve nesse processo. Ele consiste na seleção e implementação das estratégias mais apropriadas para o controle e prevenção de riscos, envolvendo a regulamentação, a disponibilidade de tecnologias de controle, a análise de custos e benefícios, a aceitabilidade de riscos, a análise de seus impactos nas políticas públicas e diversos outros fatores sociais e políticos (CANTER, 1989). Pode-se falar do gerenciamento de riscos envolvendo tanto a aceitabilidade e suas condições para o caso de novas tecnologias, produtos e processos, quanto para as atividades existentes ou mesmo que deixaram de funcionar, mas deixam atrás de si algum passivo ambiental.

As atividades existentes ou interrompidas são aquelas que ocupam a maior parte das ações de gerenciamento de riscos. Isso se deve ao fato de os processos industriais em operação sempre possuírem algum grau de risco que precisa ser avaliado e controlado no cotidiano operacional de seu funcionamento. Além disso, e particularmente importante em contextos vulneráveis como o brasileiro, muitas atividades foram ou são liberadas sem legislação ou procedimentos adequados de avaliação e decisão para aceitabilidade. Por isso diversas fábricas em operação ou desativadas geram níveis elevados de exposição e efeitos à saúde. Considerando essa realidade, muitos profissionais acabam atuando em empresas cujas instalações não necessariamente são totalmente seguras. Por esse motivo, é fundamental o conhecimento sobre os processos de exposição química, bem como a familiaridade com ações a serem tomadas em casos de contaminação e acidentes.

10.2. Formas de apresentação e exposição aos contaminantes químicos
10.2.1. Contaminantes e vias de penetração

Os produtos químicos possuem propriedades diversas, não apenas no ambiente, como também dentro dos organismos. Alguns podem ser rapidamente eliminados pelo corpo, enquanto outros podem se concentrar em determinados órgãos ou tecidos; alguns podem causar simples tonteiras, outros, porém, câncer ou mutações genéticas. Além das propriedades intrínsecas dos produtos, a forma como eles entram em contato com os organismos também influencia seus efeitos; por exemplo, um produto relativamente inofensivo à pele pode causar queimação nas vias respiratórias. A Tabela 10.1 apresenta de forma sistemática essa variedade de características.

O processo de exposição e contaminação pode ser mais bem compreendido a partir da Figura 10.2, que apresenta as quatro principais fases na evolução da contaminação.

Tabela 10.1 – Principais características das substâncias tóxicas

Características físicas	Energia dispersiva	Capacidade de dispersão, muito alta em gases liquefeitos e altamente voláteis.
	Persistência	Capacidade de certos gases, de baixa volatilidade, de dispersar-se lentamente no ambiente.
Características biológicas	Ação tóxica	Refere-se aos principais efeitos orgânicos; por exemplo, carcinogênico, neurotóxico, hepatotóxico, irritante, asfixiante etc.
	Indicadores de letalidade	Indica o potencial de gerar vítimas fatais em determinadas concentrações.
	Efeitos crônicos	Indica os possíveis efeitos crônicos para o caso de exposições agudas.
	Interação entre agentes	Refere-se ao tipo de efeito quando mais de um composto age simultaneamente.

Fonte: Adaptação de Marshall (1987); Salgado e Fernícula (1988).

Figura 10.2 – Etapas da avaliação e da exposição humana a produtos químicos.

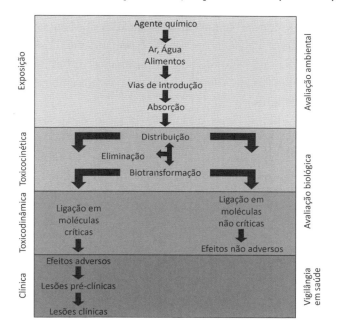

Fonte: Adaptação de Salgado e Fernícula (1988).

No primeiro momento, a fase de exposição é caracterizada pelo contato com alguma substância. Numa segunda fase, denominada toxicocinética, a substância é absorvida pela via respiratória, cutânea ou digestiva, sendo, então, distribuída e biotransformada no corpo humano. Após absorvida, a substância pode ser eliminada ou incorporada bioquimicamente ao organismo. Esta incorporação poderá ser crítica ou não do ponto de vista da saúde, o que vai caracterizar justamente a toxicidade da substância. Ao longo da terceira fase, denominada toxicodinâmica, surgem efeitos adversos, que podem variar consideravelmente, num período denominado latência, sendo este influenciado por diversos fatores, como o nível de exposição e a suscetibilidade individual. O surgimento dos efeitos adversos dá início à fase clínica da contaminação.

A mesma figura descreve ainda os espaços das diversas especialidades envolvidas no acompanhamento das etapas da contaminação química. A avaliação ambiental é responsável pelo monitoramento da exposição anterior à ocorrência de efeitos adversos e busca identificar a concentração das substâncias no meio ambiente (por exemplo, atmosfera, corpos d' água, solo e alimentos). A avaliação biológica cuida de monitorar a presença das substâncias, ou compostos decorrentes de sua biotransformação, no corpo das pessoas contaminadas; nesses estudos avaliam-se urina, sangue, cabelo, entre outros. Por fim, a vigilância em saúde, seja no Ministério da Saúde, seja nas Secretarias de Saúde de âmbito estadual ou municipal do SUS, analisa as estatísticas dos sistemas de informação de interesse para a saúde e desenvolve ações que visam reduzir os fatores de risco e promover a saúde ambiental e dos trabalhadores. Além de análise de situações de saúde nos territórios, a vigilância em saúde, especialmente da saúde ambiental, tem desenvolvido nos últimos anos importantes subsistemas de informação para a vigilância que analisam riscos químicos em diferentes compartimentos ambientais, como a água, o solo, o ar, além dos desastres.

Conforme dito anteriormente, as substâncias químicas podem ser absorvidas de diferentes formas pelo organismo. Isso pode ocorrer, principalmente, por ingestão, inalação ou contato direto, especialmente pela pele e pelos olhos. No ambiente de trabalho, as formas mais comuns de exposição são a cutânea e a respiratória.

Apesar de a pele ser uma eficiente forma de proteção do organismo humano, ela pode ser ultrapassada por várias substâncias químicas que, ao atingirem a corrente sanguínea, se espalham pelo corpo, alcançando diferentes órgãos. Além disso, muitos produtos podem causar irritação ou lesões na própria pele. Por exemplo, ácidos e álcalis fortes causam lesões logo após o contato, solventes e alguns derivados de petróleo causam efeitos se houver contato por longo tempo, outras substâncias como formaldeídos e alguns produtos orgânicos usados em limpeza podem também causar dermatites e alergias.

Assim como a pele, o sistema respiratório também possui estratégias de defesa contra agentes irritantes no nariz (pelos) e na parte superior do trato respiratório (mucosa e cílios). Esse sistema é parcialmente eficiente na filtragem do ar e consegue evitar que grandes partículas de poeira penetrem nos pulmões. Entretanto, o sistema não funciona bem para pequenas partículas (por exemplo, o Material Particulado Inalável, também chamado MP10, possui diâmetro inferior a 10 μm), que podem sobrecarregar o sistema respiratório, facilitando a infecção por bactérias ou vírus. Além disso, essas partículas podem transportar diferentes produtos químicos adsorvidos que, uma vez nos pulmões, podem se espalhar pela corrente sanguínea das pessoas. Da mesma forma, o sistema respiratório não possui defesas contra vapores e gases tóxicos; quando estes estão dispersos no ar, podem ser facilmente inalados, sendo distribuídos rapidamente pelos tecidos do corpo.

A partir do que foi descrito até o momento, a análise do risco químico pressupõe um amplo conhecimento técnico. Primeiramente é necessário conhecer as características químicas de cada produto, para que seja possível identificá-los no ambiente. A partir desse conhecimento, são feitos ensaios para definir quais deles podem gerar efeitos negativos sobre o meio ambiente ou sobre a saúde das pessoas. Em um terceiro momento, é realizada a análise de dose-resposta; para esses cálculos, realizam-se diferentes testes com cobaias para, a partir dessa informação, estimar qual exposição poderia ser considerada segura para os seres humanos. Entretanto, muitas vezes o comportamento das substâncias nos humanos pode ser bem diferente do que nas cobaias. Além disso, os procedimentos estipulados para esses estudos são definidos para substâncias isoladas, uma situação diferente daquela encontrada nos ambientes de trabalho, onde as pessoas costumam estar expostas a diferentes produtos ao mesmo tempo. Essas questões são discutidas em mais detalhes na próxima seção.

10.2.2. Exposição múltipla, complexidade e incertezas

Existem diferenças significativas entre a forma como os modelos de exposição química são criados em laboratórios e como as pessoas são contaminadas na vida real. As limitações envolvidas nesse processo geram uma situação complexa, onde diferentes incertezas devem ser consideradas. As críticas feitas aos modelos tradicionais de análise de risco químico são, de forma geral, relacionadas com a dificuldade de se analisar exposições múltiplas, à extrapolação de experimentos em cobaias para seres humanos, à não consideração de variações de suscetibilidade entre diferentes grupos de pessoas, e à restrição das análises a apenas um grupo de doenças (CORBURN, 2005).

Em primeiro lugar, a maioria das análises em laboratórios é feita para substâncias isoladas, enquanto a exposição real é múltipla. Produtos químicos reagem entre si e com o ambiente, e dessa forma, quando liberados, alguns desses produtos podem ter suas propriedades ou efeitos sobre a saúde potencializados, ou anulados (em alguns casos, ainda existe a possibilidade da emergência de novas propriedades). Um exemplo emblemático dessa limitação pode ser identificado nas atividades de incineração ou coincineração (incineração realizada em fornos de cimento) de resíduos perigosos. Para aumentar o poder calorífico dos resíduos a serem incinerados, muitas vezes são feitas misturas (*blends*) de diferentes substâncias. No Brasil, não é incomum que essas misturas sejam feitas manualmente por operários pouco treinados e sem os equipamentos de proteção adequados (para mais informações, conferir GT Químicos & CESTEH/ENSP/FIOCRUZ, 2006). As combinações possíveis em tais circunstâncias são tantas que não podem ser todas testadas em laboratórios; além disso, mesmo que a análise individual de algumas substâncias indique níveis abaixo do permitido na legislação, pode não ser possível afirmar que tal combinação seja inofensiva para a saúde.

Um segundo fator que gera incertezas nos estudos toxicológicos diz respeito à extrapolação de resultados em cobaias para seres humanos. Existem questões éticas que impedem a realização de diferentes testes em humanos, por esse motivo utilizam-se diferentes animais (camundongos, coelhos e, mesmo, macacos) para se verificar como os organismos reagem a determinados produtos. Entretanto, as diferenças entre as pessoas e esses animais são muito grandes para serem plenamente incorporadas nos modelos matemáticos. Apesar dos avanços das análises *in vitro*, infelizmente vários efeitos sistêmicos serão somente conhecidos quando cobaias ou seres humanos passarem por situações reais de contaminação.

O terceiro elemento de incerteza diz respeito também à questão da variedade e diversidade. Os modelos matemáticos usados normalmente nos cálculos toxicológicos são simplificações da realidade; assim, eles têm como premissa os impactos dos produtos químicos sobre o "homem médio", um protótipo dos seres humanos com uma condição física predefinida. Entretanto, sabe-se que as pessoas têm diferentes suscetibilidades aos produtos químicos dependendo de diferentes fatores, como peso, sexo, etnia, condição alimentar. Dessa forma, a mesma concentração de um produto pode não fazer mal a um homem de 80 kg bem alimentado, que dorme 8 horas por dia em média, e causar danos em um homem de 55 kg malnutrido, fumante, que dorme apenas 6 horas por dia.

Por fim, deve ainda ser considerado que, devido a limitações técnicas e econômicas, somente um grupo muito restrito de efeitos dos produtos químicos é normalmente testado. Existem efeitos que despertam maior atenção dos cientistas e que são normalmente testados, como câncer, mutações genéticas ou efeitos no desenvolvimento de fetos. Porém, além destes efeitos serem muitas vezes difíceis de ser avaliados, os impactos sobre a saúde podem ser diversos, variando desde distúrbios de comportamento até hipertensão arterial. Uma vez que todos os potenciais impactos não são testados, nem sempre é possível garantir que os produtos utilizados são 100% seguros.

Essa complexidade de fatores gera uma série de incertezas quanto à segurança química. Essas incertezas estão relacionadas tanto com as imprecisões quantitativas, quanto com a validade dos pressupostos adotados nas experiências. Esse cenário de incertezas, porém, não significa que devemos "desistir" dos métodos toxicológicos, mas sim reconhecer que eles são limitados e buscar outras estratégias para superar essas limitações. Uma vez que mais pesquisa científica, ou pesquisas mais refinadas, não são sempre capazes de eliminar essas incertezas, outros princípios e paradigmas devem ser incorporados. Conforme discutido na próxima seção, essas situações exigem que o processo decisório incorpore o princípio da precaução (AUGUSTO & FREITAS, 1998; PORTO, 2007) e integre as posições técnicas com as posições e interesses dos vários grupos envolvidos, através de um amplo, participativo e democrático processo decisório (FUNTOWICZ & RAVETZ, 1997).

10.3. Princípios norteadores de gerenciamento dos riscos químicos

10.3.1. Prevenção

A ideia de que "é melhor prevenir do que remediar" é um princípio que vem sendo amplamente adotado tanto por sistemas de gestão ambiental, quanto por planos de gerenciamento de risco. Esse preceito defende que medidas preventivas que evitam um impacto negativo conhecido são opções mais acertadas do que ações corretivas, que somente conseguem remediar os danos causados. Mas como remediar uma vida perdida ou sequelas definitivas?

Seguindo essa linha de argumentação, pode-se afirmar que as ações preventivas seriam mais efetivas do que as iniciativas corretivas. Iniciativas baseadas na prevenção seriam mais eficazes porque, em muitas situações, as ações corretivas não conseguem remediar todo o dano causado. Por exemplo, mesmo que seja possível identificar um caso de câncer em um trabalhador e curá-lo, ações nesse sentido não vão impedir o sofrimento físico do tratamento por quimioterapia ou radioterapia, nem o psicológico da pessoa lesionada ou sua família diante da morte. Da mesma forma, no caso de vazamentos de produtos químicos, poderá haver tecnologia para descontaminação de água ou solo, mas será impossível compensar a morte de diferentes plantas, animais ou pessoas.

O princípio da prevenção vem sendo adotado por diferentes escolas da gestão ambiental e do gerenciamento do risco químico. Por exemplo, o conceito de ecoeficiência defende mudanças nos projetos dos processos de manufatura para reduzir na fonte a produção de resíduos tóxicos. De forma semelhante, os adeptos da Produção Mais Limpa (P + L) propõem que medidas preventivas não apenas reduzem o impacto sobre o meio ambiente, como também podem reduzir diferentes custos operacionais para as empresas (monitoramento ambiental, disposição de resíduos, tratamento de efluentes etc.). Por fim, o paradigma da ecologia industrial sugere o uso de bases ecológicas para a construção de parques industriais. Seguindo esse paradigma, as empresas instaladas nesses parques seriam escolhidas de forma a desenvolver relações simbióticas umas com as outras, ou seja, subprodutos (resíduos, energia, efluentes etc.) de uma fábrica seriam utilizados como matéria-prima por outras, criando, na situação ideal, um sistema que não poluísse o seu entorno.

Apesar da existência de todas essas diferentes teorias, ainda se verifica no Brasil uma grande necessidade de se colocar tais preceitos na prática. Diferentes fontes sugerem que grande parte das empresas que atuam no país ainda se limita às medidas corretivas. Por exemplo, pesquisa realizada nos anos 1990 em Minas Gerais e em São Paulo concluiu que as indústrias são amplamente reativas e, quando pressionadas para melhorar seu desempenho ambiental, optam por soluções de "fim de tubo" (GUTBERLET & SEGURA 1996/1997 *apud* HOCHSTETLER, 2002). Ao mesmo tempo, uma pesquisa nacional sobre práticas de gestão ambiental indica que 41% das empresas no Brasil implementaram práticas de reciclagem, enquanto apenas 14% investiram em modificações no projeto de seus produtos para diminuir seus impactos ambientais e sua toxicidade (BNDES et al., 1998). Por outro lado, na Alemanha, um país considerado referência na questão ambiental e química, os percentuais são de 76% para reciclagem e 52% para mudanças no produto (RENNINGS & CLEFF, 1999). Devido a essa tradição de resolver os problemas ambientais, entre eles os de segurança química, por meio de tecnologias corretivas, a maioria dos setores industriais no Brasil ainda percebe investimentos ambientais como um custo financeiro, e não como uma potencial estratégia para ganho de competitividade (MAY & VINHA, 1998, *apud* HOCHSTETLER, 2002). O investimento em melhorias no desempenho ambiental não é considerado uma prioridade pela maioria das empresas (FERRAZ & DA MOTTA, 2002), e empresários tentam evitar uma legislação ambiental mais restritiva por acreditarem que ela apenas reduz o lucro e inviabilizam projetos (MONOSOWSKI, 1989).

Dentro das fábricas, diversas estratégias podem ser adotadas para garantir, em diferentes níveis, a aplicação do princípio da prevenção. O nível mais geral e preventivo diz respeito à relação das empresas com o território onde ela se localiza bem como com as pessoas que moram em seu entorno. Iniciativas nesse nível estão relacionadas às análises de impacto ambiental, à comunicação do risco e à transparência na relação com entidades locais, como movimentos sociais e associação de moradores.

O segundo nível de ação diz respeito ao gerenciamento do risco na esfera coletiva da empresa. Nessa instância estão iniciativas relativas à qualificação e ao treinamento dos trabalhadores sobre atuação em situações de emergência, criação e divulgação de procedimentos de segurança, substituição de tecnologias atrasadas por outras mais seguras, criação de políticas de responsabilidade na estrutura hierárquica, sistemas de informação e análise continuada sobre riscos – incluindo registro e análise de falhas, incidentes ou quase acidentes –, manutenção preventiva e aquisição de material adequado de reposição e, por fim, existência de órgãos efetivos de monitoramento e controle, como Serviço Especializado em Engenharia de Segurança e Medicina do Trabalho (SESMT) e Comissão Interna de Prevenção de Acidentes (CIPA).

O terceiro nível na prevenção dos riscos químicos dentro das unidades produtivas se dá dentro dos postos de trabalho. No caso de presença de substâncias perigosas, os postos devem possuir, sempre que possível, sistemas de enclausuramento das fontes de risco e equipamentos de proteção coletiva, como sistemas de exaustão, ventilação e climatização. Além disso, os postos de trabalho devem ser projetados de forma a favorecer o conforto dos operadores e reduzir os riscos de falhas operacionais.

Por fim, o nível mais básico da prevenção se concretiza do ponto de vista do trabalhador individual. Nesse caso, é fundamental que, sempre quando as medidas anteriores não tenham eliminado o risco, se garanta a presença e uso correto de equipamentos de proteção individual (EPIs), desde que compatíveis com a natureza da tarefa, do ambiente e dos próprios trabalhadores que os usam.

Dentre essas diferentes formas de atuação, a engenharia de segurança e a medicina do trabalho clássicas tendem a privilegiar, principalmente, a prevenção no nível do trabalhador individual. Apesar de fundamental, essa estratégia nem sempre é suficiente, uma vez que não garante a proteção dos outros grupos também suscetíveis à contaminação. Além disso, os EPIs podem gerar uma fonte adicional de carga para os trabalhadores, principalmente em climas quentes, e as normas de segurança, se não forem consistentes com as exigências de produção e qualidade, podem se tornar novos fatores de estresse mental para os trabalhadores. Portanto, conforme recomendado pela NR-09 - Programa de Prevenção de Riscos Ambientais, o uso de EPI pode ser considerado uma medida paliativa ou de "fim de linha", pois as medidas gerenciais de organização, projeto tecnológico e de posto de trabalho devem sempre anteceder as medidas individuais. Neste sentido, a responsabilização individual por situações de acidentes ou contaminações, descontextualizada da análise das medidas preventivas coletivas, não deve ser adotada.

10.3.2. Precaução

Apesar do princípio da prevenção ser essencial para se lidar com a questão da segurança química, por si só ele não é suficiente para garantir que as atividades produtivas se desenvolverão sem gerar riscos para a sociedade. Por esse motivo é importante que, em situações nas quais os riscos sejam considerados complexos e incertos, ou seja, não haja certezas científicas da segurança dos produtos ou processos, o princípio da precaução tenha a primazia com relação à prevenção clássica.

O princípio da precaução deve ser utilizado quando

> "a evidência científica é insuficiente, inconclusiva, ou incerta e a avaliação científica preliminar indica que há bases razoáveis para preocupação de que efeitos potencialmente perigosos sobre a saúde do meio ambiente, seres humanos, animais ou plantas [...]" (UNIÃO EUROPEIA, 2000).

Este princípio parte do pressuposto de que um maior benefício para as pessoas e o ambiente pode ser obtido mais pela dúvida do que por determinada atividade econômica e ele deve ser aplicado sempre que sérios efeitos negativos puderem ocorrer, mesmo que não se conheça a sua probabilidade. Assim, ele é válido para situações onde há considerável incerteza científica, os modelos científicos razoáveis indicam danos potenciais suficientemente sérios para gerações presentes ou futuras, e não há estratégias possíveis de se reduzir as incertezas (UNESCO, 2005).

Questões vinculadas à segurança química são exemplos emblemáticos dessa situação. Para a grande maioria dos produtos existentes, são conhecidas algumas das propriedades para a contaminação aguda, mas não para a exposição crônica. Isso se deve, principalmente, à impossibilidade de se monitorar isoladamente os efeitos de longo prazo que cada produto químico tem sobre os diferentes sistemas (respiratório, reprodutor, endócrino, imunológico etc.) dos seres humanos e de outros animais. Às vezes existem indícios ou provas ainda não amplamente aceitas de que a substância é perigosa, mas no paradigma preventivista clássico somente quando as provas são irrefutáveis é que se restringe uma substância. Caso o princípio da precaução fosse aplicado ao caso do asbesto, uma substância composta de fibras minerais e causadoras da asbestose – pneumoconiose que pode levar à morte –, centenas de milhares de pessoas não teriam perdido suas vidas precocemente desde o início do século XX. Outro exemplo dessa complexidade é o caso do sulfonato de perfluorooctano (PFOS), um dos produtos usados, entre outros, na produção de inseticidas contra formigas saúvas no Brasil. Somente após o acompanhamento por mais de 37 anos da saúde dos trabalhadores da 3M, principal fabricante do produto, foi descoberto que as pessoas expostas a ele possuem mais chances de desenvolver câncer de bexiga (OECD, 2002). Dada a complexidade da interação desses componentes entre si e com os organismos vivos, podem ser consideradas falsas as afirmações de que conhecemos quais os graus de exposição aos produtos químicos que não causam mal à saúde das pessoas (AUGUSTO & FREITAS, 1998).

10.3.3. Participação

A partir do confronto dos dois princípios discutidos anteriormente, percebe-se que, se, por um lado, o viés preventivo é apresentado como uma análise técnica e objetiva a ser realizada por especialistas, o princípio da precaução apresenta uma perspectiva mais subjetiva e ética, que envolve o questionamento sobre a necessidade da atividade e o nível de risco aceitável. Por isso, o risco químico nos locais de trabalho não é um problema somente técnico; ele é também de natureza política, e tem mais a ver com as relações de poder na sociedade e nas empresas do que com o mundo restrito da ciência e da técnica. Os riscos químicos decorrentes de processos produtivos e tecnologias que ignoram ou desprezam as necessidades de seres humanos e do meio ambiente não são enfrentados só tecnicamente por especialistas e cientistas, mas também pela atuação organizada dos trabalhadores e dos cidadãos em geral na luta pela defesa da vida e da democracia (PORTO, 2007).

Nesse sentido, um gerenciamento efetivo e justo dos riscos químicos implica a necessidade de participação dos vários grupos envolvidos nos processos decisórios que definem as ações prioritárias e seus conteúdos. A análise dos riscos químicos nos locais de trabalho deve necessariamente incorporar a vivência, o conhecimento e a participação dos trabalhadores, já que eles realizam o trabalho cotidiano, sofrem seus efeitos e, portanto, possuem um papel fundamental na identificação, eliminação e controle dos riscos (PORTO, 2000).

Dessa forma, é estratégico que os modelos de avaliação e gerenciamento de risco químico tenham todos os seus pressupostos, informações, resultados e os próprios processos decisórios examinados por todas as partes interessadas. Isso é necessário para que os modelos adotados possuam um amplo escopo e possibilidade de impacto na definição das estratégias de gerenciamento, assim como uma maior legitimidade política nas tomadas de decisões que viabilizam sua implementação (CANTER, 1989). De certa forma, podemos dizer que a qualidade do gerenciamento dos riscos químicos está diretamente relacionada com a qualidade do processo democrático existente numa dada empresa. Uma maior participação dos trabalhadores (e da sociedade) no processo decisório não é só desejada, mas necessária para que ele seja efetivo (PORTO, 2000).

10.3.4. Integração

Uma vez identificada a necessidade do envolvimento de diferentes grupos de interesse no debate sobre riscos químicos, um novo desafio faz-se presente, o diálogo entre as diferentes perspectivas e pontos de vista desses vários grupos. Como resultado desse processo, cria-se a necessidade de integrar diversas formas de conhecimento dentro do modelo de gerenciamento de riscos.

A partir desse entendimento, o trabalho intersetorial, interdisciplinar e participativo é fundamental para que soluções de curto, médio e longo prazo sejam alcançadas, envolvendo alternativas tecnológicas, econômicas e organizacionais para o controle ou eliminação dos riscos químicos existentes. Nesse sentido, a integração do conhecimento técnico e tácito com ações de promoção da saúde e proteção ao meio ambiente tem mais chance de impedir a exposição de trabalhadores e da sociedade em geral a determinados riscos químicos, além de incorporar as necessidades ambientais e sanitárias às dimensões econômicas e sociais.

Esta visão relaciona-se com o conceito de Avaliação Integrada dos riscos químicos, que pode ser definida como um processo interdisciplinar de articular, interpretar e comunicar diversos conhecimentos científicos e saberes em torno de um problema, de tal modo que sua cadeia de causa-efeito possa ser avaliada a partir de uma perspectiva holística ou sinóptica (RAVETZ, 1999). Tal perspectiva permite enxergar de uma só vez o problema no seu conjunto, gerando um valor adicional para a compreensão quando comparado com avaliações disciplinares restritas, além de facilitar mobilizações sociais e prover informação útil aos que tomam decisões, facilitando desta forma a definição e implementação de planos e estratégias (PORTO, 2007).

10.4. Gerenciando os riscos químicos

10.4.1. Identificando os riscos químicos no local de trabalho

Antes de fazer qualquer ação mais concreta, é necessário definir os objetivos, as estratégias e os recursos que comporão as iniciativas relativas ao gerenciamento dos riscos químicos. Além de melhorar as condições de saúde e vida dos trabalhadores, a análise de riscos químicos nos locais de trabalho pode ter como objetivo e estratégia o envolvimento dos trabalhadores e o debate sobre os riscos na sociedade, visando sua democratização. Para levar a cabo suas estratégias de ação, a organização precisa assumir tais ações como prioridade interna, e ter quadros envolvidos e responsáveis por estas ações. Não basta apenas ter um departamento ou diretor responsável pela saúde do trabalhador e meio ambiente, é necessário que a direção como um todo assuma tal prioridade e avalie a necessidade de ampliar seus recursos, seja através da participação dos trabalhadores, da eventual contratação de novos funcionários, da ação integrada a outras empresas do setor, o suporte técnico de instituições públicas e a garantia de que a organização em questão busca cumprir com toda a legislação ambiental, de segurança e saúde dos trabalhadores.

Mesmo quando se levantam prioridades para uma empresa, a análise e a prevenção de riscos químicos somente serão plenamente levadas a cabo quando realizadas no cotidiano dos locais de trabalho, junto com os trabalhadores que vivenciam suas situações particulares. Quanto maior for a diversidade de processos de trabalho e condições de trabalho existentes dentro de uma empresa, maior é a necessidade de se levar em conta essa heterogeneidade e as estratégias de organização dos trabalhadores. Para conhecer e sistematizar o processo de trabalho de cada posto, existem algumas técnicas e documentos que podem ajudar bastante, em conjunto com as informações dos trabalhadores.

- **Organograma da empresa**: representação da organização, incluindo os principais setores e departamentos.
- **Layout**: planta baixa com os principais equipamentos e instalações.
- **Fluxograma de produção**: descrição gráfica dos principais passos para a fabricação dos produtos produzidos ou dos serviços gerados na empresa. Quando representado espacialmente associado ao layout se transforma em mapofluxograma.
- **Descrição da organização do trabalho**: esta descrição deve incluir equipes de trabalho, jornada de trabalho, existência de turnos noturnos ou alternantes, e quando houver necessidade de maior detalhamento nos locais de trabalho, a descrição das principais tarefas e atividades realizadas pelos trabalhadores, bem como suas frequências.
- **Descrição dos principais equipamentos e instalações**: este documento deve incluir detalhes como capacidade de produção, ano de aquisição, principais modificações e outras características.
- **Listagem de matérias-primas, produtos em processo, produtos acabados e resíduos**: deve-se manter um inventário da situação do estoque em cada estágio do processo de fabricação.

Os dados levantados por esses métodos devem ser confrontados, especialmente, com as informações disponíveis na Norma Regulamentadora NR-15 – Atividades e Operações Insalubres (As Normas Regulamentadoras são estabelecidas por Portaria do Ministério do Trabalho, e podem ser consultadas em http://www.mte.gov.br/seg_sau/leg_normas_regulamentadoras.asp). O Anexo 11 desta NR define o método e os parâmetros para se calcular o grau de insalubridade devido à exposição a agentes químicos para os quais há limite de tolerância para absorção por via respiratória ou cutânea. O Anexo

12, por sua vez, define procedimentos de medição e limites de tolerância para a exposição dos trabalhadores a poeiras minerais (asbesto, manganês e seus compostos, e sílica livre cristalizada). Ainda, o Anexo 13 apresenta os diferentes graus de insalubridade relativos a atividades e operações envolvendo agentes químicos, como arsênio, chumbo, cromo e benzeno.

Além desses instrumentos gerais de gestão, existem várias estratégias específicas para o levantamento de informações sobre os riscos químicos. Entre aquelas previstas na legislação brasileira estão a elaboração do Programa de Prevenção de Riscos Ambientais (PPRA), a ação da CIPA e a construção do mapa de riscos na empresa. Além desses métodos mais "institucionais", existem outras iniciativas que tomam como ponto de partida a experiência dos trabalhadores (PORTO, 2000):

- **Questionários**: uma primeira possibilidade de envolvimento dos trabalhadores é através de questionários distribuídos para os funcionários, que devem ser bem montados, visando o fácil entendimento e o posterior trabalho de alimentação de um banco de dados.
- **Grupos focais**: esta atividade é muito rica, pois propicia o intercâmbio, entre trabalhadores do mesmo setor de trabalho ou que vivenciam situações de trabalho semelhantes. Um aspecto importante é que os trabalhadores, sozinhos, nem sempre podem compreender a globalidade dos problemas relacionados com os riscos químicos. Um motivo é a complexidade de alguns riscos e processos de trabalho, o que pode tornar imprescindível a presença de especialistas em certas tecnologias, na avaliação ambiental e médica. (TRAD, 2009). Outro ponto importante é a chamada percepção de riscos pelos trabalhadores. Muitos fatores podem interferir nesta percepção, um deles é a chamada estratégia defensiva, que faz parte do mecanismo psíquico humano (RECENA & CALDAS, 2008).
- **Histórico das lutas sindicais**: estes históricos podem ser obtidos através de consultas às Comunicações de Acidentes de Trabalho (CATs) ou a acordos coletivos passados. Essas informações podem ainda ser complementadas por consultas nos departamentos ou setores médicos das empresas ou dos sindicatos relacionados.
- **Sistemas de registro e análise de acidentes, incidentes e casos de doenças**: qualquer empresa deve possuir sistemas confiáveis de registro de acidentes, mas tais sistemas devem ser complementados por registros de incidentes ou falhas, bem como por análises adequadas que apontem as principais causas destes problemas. Além disso, casos de afastamentos e doenças são importantes indicadores de postos e situações de trabalho críticas.

Entretanto, de nada adianta conhecer os riscos se não houver mudanças nos locais de trabalho, através de medidas preventivas que eliminem ou controlem tais riscos. Dessa forma, além da identificação dos riscos químicos também são necessários o planejamento e a implementação de ações para preveni-los e controlá-los.

10.4.2. Planejando para prevenir

De posse dessas informações, cabe à empresa, em conjunto com seus trabalhadores, identificar os pontos críticos e atuar para diminuir o risco de acidentes e contaminação. A partir das análises de fluxogramas, layout e descrição da organização do trabalho, bem como sistemas de informações sobre acidentes e incidentes, é possível identificar alguns dos pontos críticos, como aqueles onde os produtos químicos estão concentrados, onde ocorrem as maiores temperaturas, onde os equipamentos operam sob maior pressão. A experiência dos trabalhadores, por sua vez, permite localizar os setores onde ocorre maior fadiga de material ou pessoas, falhas etc.

Uma das principais estratégias para reduzir os riscos de acidentes ou contaminação é a manutenção preventiva de máquinas e equipamentos. Essa prática é essencial para garantir a confiabilidade do sistema e melhorar as condições de funcionamento e segurança. No Brasil, entretanto, muitos equipamentos sem manutenção adequada, velhos e obsoletos continuam em funcionamento através de "gatilhos", "gambiarras" ou soluções improvisadas, provocando o que os ergonomistas chamam "modo degradado de produção" e afetando as condições de segurança (PORTO, 1994).

Uma segunda prática de prevenção ocorre por meio de uma organização do trabalho adequada que capacite e fortaleça os trabalhadores a lidarem com as situações de risco. Fazem parte desta organização, entre outros: treinamento e qualificação adequados; existência de informações e procedimentos operacionais para atividades de rotina ou de emergência sob segurança; tarefas planejadas com exigências físicas e mentais compatíveis com as qualificações existentes e necessidades de saúde dos trabalhadores.

Outra estratégia que deve ser usada para evitar o adoecimento dos trabalhadores é o monitoramento da exposição aos riscos sobre o ambiente ou sobre os próprios trabalhadores, quando estes estão sob riscos químicos específicos em seus locais de trabalho (conferir Normas Regulamentadoras NR-09 Programas de Prevenção de Riscos Ambientais, NR-15 Atividades e Operações Insalubres e NR-16 Atividades e Operações Perigosas). Os riscos no ambiente são monitorados através da quantificação e qualificação da presença de determinadas substâncias na água, ar e solo próximos à empresa ou aos postos de trabalho. O monitoramento da exposição dos trabalhadores se faz através de diversas formas, como o monitoramento da qualidade do ar respirado, dosímetros de exposição (como nas substâncias radioativas) e exames periódicos para o diagnóstico de sintomas pré-clínicos, de acordo com o risco em questão. Tais técnicas visam detectar exposições elevadas a determinados agentes antes que os efeitos mais graves ou irreversíveis surjam.

Por fim, a prevenção de acidentes e adoecimentos deve ter por base também erros anteriores. A análise de falhas, através do registro e análise de incidentes, quase acidentes ou ocorrências anormais, além do registro e análise dos acidentes já ocorridos. Normalmente, antes que um acidente ocorra, várias falhas já ocorreram anteriormente, sendo "sinais" de que um acidente está próximo de ocorrer. Essas falhas ou anormalidades são prenúncios de futuros acidentes, e deveriam ser objeto de registro, análise e controle, evitando desta forma acidentes mais graves. Essa questão é discutida em maiores detalhes na seção 10.4.4.

10.4.3. Agindo para proteger e controlar: os programas de controle de emergências

Esta fase se refere a quando uma situação de risco químico se transforma num evento, que pode gerar um determinado efeito à saúde dos trabalhadores, ou mesmo à comunidade ao redor e ao meio ambiente, como no caso da poluição atmosférica e dos acidentes graves ou ampliados. No caso de acidentes, esta fase remete a medidas como o programa de controle de emergências, que incluem evacuação, primeiros socorros, remoção e tratamento de feridos, entre outras medidas. Com relação aos riscos químicos com efeitos crônicos de médio ou longo prazo, essas situações produzem determinados efeitos ou sintomas que requerem medidas como o monitoramento médico dos trabalhadores expostos, a retirada imediata dos locais de trabalho dos trabalhadores afetados e o consequente tratamento médico adequado.

No caso de indústrias químicas e petroquímicas, os planos de emergência devem envolver necessariamente a participação integrada dos trabalhadores, comunidade, autoridades públicas locais, defesa civil, serviços médicos de emergência, indústria e a mídia, entre outros. A inexistência ou ineficácia destes planos pode multiplicar radicalmente o número de vítimas decorrentes de um acidente, como ocorreu nas tragédias da Cidade do México e da Vila Socó (Cubatão, Brasil), todas no ano de 1984 (FREITAS et al., 2000). Além do impacto sobre a saúde dos trabalhadores e população, a poluição química provocada por acidentes poderá requerer medidas de remediação ambiental, para eliminar ou reduzir o nível de contaminação e futuras exposições da população.

Do ponto de vista da saúde humana, a ocorrência de uma emissão acidental envolve uma série de aspectos e dificuldades para o tratamento de emergência e o acompanhamento dos possíveis contaminados. Trata-se de um fenômeno de extrema complexidade, dado que os efeitos podem se dar a curto ou longo prazo. Em muitas situações, desconhecem-se as doses absorvidas pelos atingidos ou mesmo a totalidade das substâncias envolvidas e os antídotos a serem empregados. A inexistência de uma ampla infraestrutura para o combate às situações de emergência, o tratamento e acompanhamento das vítimas a curto e médio prazos em centros de saúde com profissionais que não sejam capazes de prestar atendimentos adequados pode agravar radicalmente os efeitos destes acidentes químicos, como no acidente de Bophal, na Índia, conhecido como o maior desastre industrial da história em termos de mortes imediatas (FREITAS et al., 2000).

Infelizmente, as limitações técnicas dos órgãos de fiscalização, aliadas ao desconhecimento ou má fé de gestores de empresa, têm gerado planos de emergência muito ineficazes no Brasil. Por exemplo, em uma auditoria realizada pelo Tribunal de Contas da União sobre o plano de emergência das usinas nucleares localizadas em Angra dos Reis, no Estado do Rio de Janeiro, diversas falhas primárias foram encontradas; entre elas a falta de informação precisa sobre o número de moradores em áreas sob risco de contaminação (dado fundamental para planos de evacuação) e a disponibilidade de pastilhas de iodeto de potássio (uma medida que pode prevenir o desenvolvimento de câncer de tireoide), apenas para os funcionários de empresa, desconsiderando a necessidade de oferecer tal produto também para a população vizinha às usinas (FRANCO, 2009).

10.4.4. Aprendendo com o próprio erro: a análise dos acidentes

Mas o fato é que os acidentes ocorrem, ferindo e mesmo matando trabalhadores. Em nosso país, isso ocorre, em parte, devido à falta de análise de riscos e da implementação de medidas preventivas dentro das empresas. Um acidente, principalmente quando é grave, reflete não apenas que a atividade não fosse segura, mas frequentemente que as medidas preventivas necessárias não foram devidamente implementadas.

Apesar de todo o risco e potencial dano que pode ser causado pelas atividades industriais, muitas empresas no Brasil adotam um gerenciamento de risco artificial, onde medidas de prevenção técnica efetivas não são implementadas, e em seu lugar ocorre o que alguns estudiosos chamam "prevenção simbólica" (PORTO, 1994). Este tipo de prevenção visa fazer os funcionários acreditarem erradamente que os riscos estão sob controle. Quando um acidente ocorre, faz parte desta estratégia responsabilizar os trabalhadores pelos próprios acidentes, através do conceito ultrapassado de ato inseguro, que transforma as vítimas dos acidentes em culpados. Desta forma, o que deveria servir de exemplo e aprendizado sobre as falhas gerenciais das empresas, pode gerar pouco ou nenhum impacto em termos de transformações das condições de trabalho.

Esta concepção atrasada baseia-se principalmente nos conceitos cientificamente errados de atos e condições inseguras, onde as análises de acidentes são simplistas, monocausais (o acidente teria apenas uma causa principal) e restritas às causas imediatas que descontextualizam o acidente de suas origens organizacionais e gerenciais. Neste tipo de análise de causas de acidentes, os trabalhadores são sistematicamente excluídos da avaliação e dos pareceres finais realizados por técnicos e pela gerência das empresas. Dentro dessa visão, a "prevenção de acidentes" enfatiza o uso de cartazes e manuais e o uso de equipamentos individuais de segurança e, dessa forma, acentua a responsabilidade individual do trabalhador (PORTO, 2000).

A visão moderna de análise de acidentes nos locais de trabalho não os vê como eventos fortuitos, uma espécie de azar que ocorre de vez em quando com alguém. Dentro de uma concepção mais abrangente e sistêmica, os acidentes são entendidos como consequências de riscos existentes no processo de trabalho que podem, quando determinados fatos se combinam de forma sucessiva, transformar uma situação de risco num evento de risco, ou seja, num acidente que pode provocar danos materiais e à saúde dos trabalhadores, ou ainda ao meio ambiente e à população em geral.

A análise de acidentes não deve se restringir aos fatos imediatamente anteriores e posteriores ao acidente ou contaminação, pois todo evento possui uma história que deve ser analisada à luz do processo de trabalho, da organização do trabalho, das práticas gerenciais e das medidas preventivas que existiam na empresa onde o evento ocorreu. A constatação de que determinadas medidas preventivas não existiam ou não eram adequadamente implementadas pela empresa representa falhas gerenciais que são as causas mais importantes na grande maioria dos acidentes (FREITAS et al., 2000).

Existem dois grupos de causas de acidentes, as causas imediatas e as causas subjacentes. As primeiras referem-se aos fatos imediatamente anteriores ao acidente, por exemplo, o furar do pneu ou atravessar o semáforo seguido de uma batida de automóvel. As causas subjacentes referem-se aos problemas gerenciais e organizacionais que estão por detrás direta ou indiretamente da ocorrência das causas imediatas. As causas subjacentes podem ser de vários tipos, como falta de treinamento, erro de projeto, falta de manutenção, redução inadequada de efetivos, inexistência de manuais e procedimentos de segurança, sobrecarga de trabalho, entre outros. No caso da batida, o pneu poderia estar careca por falta de manutenção (falha gerencial da empresa do veículo), o semáforo poderia estar quebrado (falha gerencial do órgão ou empresa responsável pelos semáforos), ou ainda o motorista de ônibus ou de uma empresa poderia estar sobrecarregado devido à forma de organização existente, que exige cumprimento de horários independente das condições do trânsito, favorecendo comportamentos arriscados.

Dentro desse raciocínio, as falhas humanas podem ocorrer, mas devem ser contextualizadas dentro da organização. Um erro humano, segundo a ergonomia moderna, é a não execução de um procedimento previsto. Após um acidente, muitas empresas alegam: "o operário devia ter feito isso segundo a norma, mas não fez, é um problema de consciência do trabalhador, logo foi ele o responsável". As perguntas a serem feitas a seguir são: por que ele não fez? Onde está a norma? De que forma esta norma foi passada ao trabalhador? Como a execução da norma era supervisionada? Afinal de contas, errar é humano, e tanto as tecnologias de processo, os projetos de edificação e dos postos de trabalho, quanto a organização devem levar isso em consideração.

10.5. Revisão dos conceitos apresentados

O gerenciamento de riscos químicos consiste na análise, seleção, desenvolvimento e implementação das várias opções de ações para o seu controle e prevenção. Um pressuposto básico é que os riscos químicos podem ser controlados, ou pelo menos ter seus efeitos minimizados, por meio de uma gama de opções que podem ser combinadas de diversos modos (OPAS & EPA, 1996). Conforme discutido anteriormente, essa visão mais técnica apresenta algumas limitações, devendo, portanto, utilizar-se de alguns critérios de interesse para os trabalhadores, de forma a ampliar a compreensão desses riscos:

1. O foco principal da análise de riscos químicos nos locais de trabalho é a prevenção, ou seja, os riscos devem ser eliminados sempre que possível, e o controle dos riscos

existentes deve seguir os padrões de qualidade mais elevados em termos técnicos e gerenciais.

2. Existem situações em que os riscos podem ser considerados complexos e incertos, ou seja, suas consequências não podem ser completamente explicadas ou previstas pelos métodos tradicionais. Em tais situações, sempre que houver fortes sinais de possível dano à saúde das populações ou do meio ambiente, deve-se levar em consideração o princípio da precaução e considerar a opção de não levar o empreendimento/tecnologia adiante até que as incertezas sejam reduzidas a níveis considerados aceitáveis.

3. Os trabalhadores são sujeitos fundamentais na análise e controle dos riscos químicos, seja porque conhecem as situações reais de trabalho do cotidiano, seja porque suas vidas estão em jogo e precisam lutar para que a defesa de sua saúde seja considerada nas decisões tomadas pelos governos e pelas administrações das empresas.

4. O risco à saúde dos trabalhadores, à população e ao meio ambiente deve fazer parte de uma gestão integrada das empresas. As empresas são geradoras de riscos, e como tal são, em grande parte, responsáveis pelo controle dos mesmos. De outro lado, de pouco adiantará ter profissionais especializados nesta área se as decisões sobre investimentos, controle de produtividade e manutenção forem tomadas sem considerar os aspectos de segurança, saúde e meio ambiente, enfim, dos riscos outros além dos econômicos.

5. O debate em torno dos riscos químicos é um importante instrumento para a democratização dos locais de trabalho e da própria sociedade, pois coloca em jogo o tipo de sociedade que temos e queremos construir. Este debate coloca em discussão quem, como e com que critérios são definidos os riscos para as vidas dos trabalhadores, das pessoas em geral e do meio ambiente.

6. A análise de riscos químicos nos locais de trabalho não é um mero instrumento burocrático: é um processo contínuo, que precisa periodicamente ser revisado, principalmente quando surgem novas circunstâncias, como mudanças tecnológicas ou organizacionais nas empresas.

7. A análise de riscos químicos não substitui as exigências legais que obrigam as empresas a adotarem mecanismos de proteção à saúde dos trabalhadores. A análise de riscos nos locais de trabalho deve se pautar também nas normas e leis existentes, ao mesmo tempo em que devem superá-las, pois nem todas as realidades específicas de cada setor, região ou empresa, e nem as estratégias de eliminação e controle dos riscos em mundo dinâmico podem ser cobertos integralmente pela legislação.

Infelizmente esta concepção moderna de análise e gerenciamento de riscos químicos encontra-se bastante distante da prática de diversas empresas brasileiras. Em muitas delas, espera-se a ocorrência de tragédias como acidentes e doenças graves para se tomar alguma atitude, e frequentemente os trabalhadores são acusados como principais responsáveis pelos mesmos, através do uso do conceito de ato inseguro. Investe-se pouco em prevenção, como consequência do poder e participação limitado dos trabalhadores nos locais de trabalho, bem como das baixas consequências legais e econômicas dos acidentes e doenças para as empresas, principalmente quando os custos sociais, ambientais e à saúde são externalizados. Ou seja, a sociedade como um todo, e não os responsáveis pela geração dos riscos, é que paga por tais custos, através do pagamento de serviços médicos e previdenciários por sistemas públicos.

10.6. Questões

1. Um dos pontos fundamentais no gerenciamento dos riscos químicos é a participação ativa dos trabalhadores que estão diretamente envolvidos nas atividades de risco. Porém, devido a diferenças culturais e de formação, muitas vezes o entendimento de risco e perigo dos trabalhadores é diferente daquele utilizado pela gerência. Procure conversar com trabalhadores de diferentes níveis hierárquicos na empresa onde trabalha e verifique como se dá essa variedade de interpretações e relações com alguma situação específica de risco. Observe as diferenças, divergências e convergências entre as várias visões. Pense nas lacunas existentes em cada visão e como superá-las, inclusive através da integração e complementaridade entre elas, quando possível.
2. Este texto foi escrito tendo como foco o risco químico nas unidades produtivas. Porém, este tipo de risco extrapola o ambiente das fábricas e também pode impactar as pessoas no seu dia a dia. Considerando a sua casa, busque identificar as diferentes fontes de risco químico que você e sua família estão expostos (solventes orgânicos, lâmpadas com vapor de mercúrio, alimentos contaminados por agrotóxicos, adoçantes artificiais, materiais de limpeza etc.). Discuta em grupo programas para gerenciamento desses riscos.

10.7. Referências

AUGUSTO, L.; FREITAS, C.M. (1998). O Princípio da Precaução no uso de indicadores de riscos químicos ambientais em saúde do trabalhador. Ciência & Saúde Coletiva 3(2):85-95.

BALLANTYNE, B., MARRS, T.; TURNER, P. (eds.) (1993) General & applied toxicology. New York: MacGraw-Hill.

BNDES; CNI; SEBRAE (1998) Pesquisa gestão ambiental na indústria brasileira. Brasília: Banco Nacional de Desenvolvimento Econômico e Social; Confederação Nacional da Indústria; Serviço Brasileiro de Apoio às Micro e Pequenas Empresas.

CANTER, L.W. (1989) Environmental risk assessment and management: a literature review. Mexico: Pan American Center for Human Ecology and Health.

CORBURN, J. (2005) Street science: community knowledge and environmental health justice. Cambridge, MA: The MIT Press.

FERRAZ, C.; DA MOTTA, R.S. (2002) Regulação, mercado ou pressão social? Os determinantes do investimento ambiental na indústria. Texto para discussão 863. Rio de Janeiro: Instituto de Pesquisa Econômica Aplicada.

FRANCO, B.M. (2009) TCU: segurança nuclear é falha. O Globo, 11 Abril 2009.

FREITAS, C.M.; PORTO, M.F.S.; MACHADO, J.M.H. (2000) Acidentes industriais ampliados - desafios e perspectivas para o controle e a prevenção. Rio de Janeiro: Editora FIOCRUZ.

FUNTOWICZ, S.; RAVETZ, J. (1997) Ciência pós-normal e comunidades ampliadas de pares face aos desafios ambientais. História, Ciências, Saúde, IV(2):219-230.

GT QUÍMICOS; CESTEH/ENSP/FICRUZ. Co-incineração de resíduos em fornos de cimento: uma visão da Justiça Ambiental sobre o chamado "coprocessamento". Relatório da oficina realizada em 21 de agosto de 2006. GT Químicos da Rede Brasileira de Justiça Ambiental; Centro de Estudos da Saúde do Trabalhador e Ecologia Humana da Escola Nacional de Saúde Pública da Fundação Oswaldo Cruz 2006. Disponível em: http://www.justicaambiental.org.br/projetos/clientes/noar/noar/UserFiles/17/File/Relatorio_oficina_co_incineracao_versao%20final.pdf. Acesso: 20 abr 2009.

HOCHSTETLER, K. (2002). Brazil. In , WEIDNER, H., JÄNICKE, M., (eds.) Capacity building in national environmental policy: a comparative study of 17 countries Berlin: Springer, p. 69-95.

MARSHALL, V. (1987) Major chemical hazards. London: Ellis Horwood e John Wiley & Sons.

MONOSOWSKI, E. (1989) Políticas ambientais e desenvolvimento no Brasil. Cadernos FUNDAP, 9(16):15-24.

OECD. (2002) Co-operation on existing chemicals hazard assessment of perfluorooctane sulfonate (PFOS) and its salts. ENV/JM/RD(2002)17/FINAL. Paris: OECD.

OPAS & EPA. (1996) Taller nacional de introducción a la evaluación y manejo de riesgos. Brasília: Organização Panamericana de Saúde; Environmental Protection Agency.

PORTO, M.F.S. (1994) Trabalho industrial, saúde e ecologia. Tese de doutorado, Programa de Engenharia de Produção COPPE/URFJ.

PORTO, M.F.S. (2000) Análise de riscos nos locais de trabalho. São Paulo: Fundacentro.

PORTO, M.F.S. (2007) Uma ecologia política dos riscos. Rio de Janeiro: Ed. FIOCRUZ.

RAVETZ, J. (1999) Developing principles of good practice in integrated environmental assessment. International Journal of Environment and Pollution 11(3):243-265.

RECENA, M.C.P.; CALDAS, E.D. (2008) Percepção de risco, atitudes e práticas no uso de agrotóxicos entre agricultores de Culturama, MS. Revista de Saúde Pública 42(2):294-301.

RENNINGS, K.; CLEFF, T. (1999) Determinants of environmental product and process innovation. European Environment, 9(5):191-201.

SALGADO, P.; FERNÍCULA, N. (1988). Noções gerais de toxicologia ocupacional. São Paulo: Organização Panamericana de Saúde, Universidade Estadual de São Paulo.

TRAD LAB (2009) Grupos focais: conceitos, procedimentos e reflexões baseadas em experiências com o uso da técnica em pesquisas de saúde. Physis, 19(3):777-796.

UNIÃO EUROPEIA (2000) Communication from the commission on the precautionary principle COM 1. Brussels: Commission of the European Communities.

UNESCO (2005) The precautionary principle. Paris: United Nations Educational, Scientific and Cultural Organization.

WYNNE, B. (1992) Uncertainty and environmental learning – reconceiving science and policy in the preventive paradigm. Global Environmental Change 2(2), p. 111-127.

Capítulo	Proteção contra o calor
11	

Antonio Souto Coutinho

Conceitos apresentados neste capítulo

Neste capítulo serão abordadas noções básicas de transmissão de calor e sua aplicação ao ser humano em termos de balanço de energia térmica, comparando-o com uma máquina térmica. Serão apresentadas as variáveis envolvidas no referido balanço e os instrumentos de medição. Serão, ainda, citadas as doenças mais comuns, consequentes do excesso de calor ou de frio. Finalmente, serão descritos os mais simples índices de avaliação termoambiental e apresentados problemas resolvidos para fixação dos conhecimentos adquiridos.

11.1. Introdução

É conhecido que diversos estudos revelaram queda de rendimento das pessoas quando exercem suas atividades em ambientes termicamente desconfortáveis; outros, ainda, mostram que certas doenças são causadas por ambientes quentes ou frios. Infelizmente, até mortes são provocadas por ondas de calor ou de frio. Não é raro alguns alpinistas perderem a vida ou a saúde durante suas missões, em virtude de hipotermia; ou pessoas serem vítimas de insolação. Estes são casos extremos da influência do calor no corpo humano, mas que levam a refletir-se sob as consequências das altas e das baixas temperaturas resultantes de processos produtivos ou das condições climáticas na saúde dos trabalhadores que a elas se expõem.

Em vista disso, são indispensáveis ao engenheiro de segurança do trabalho alguns conhecimentos sobre a origem do calor e de como controlar os seus fluxos; saber as consequências sobre a saúde e como fazer avaliações termoambientais visando à proteção dos trabalhadores.

11.2. Noções sobre calor

Inicialmente, define-se temperatura como uma indicação do nível de agitação molecular, ou de energia térmica, de um sistema, entendido como uma porção de matéria isolada da vizinhança por uma fronteira imaginária para efeito de análise, conforme a Figura 11.1. Ou seja, a temperatura mede o potencial térmico de um sistema com relação a um referencial, tendo como unidades principais o grau Celsius e o Kelvin. Cada pessoa pode ser considerada um sistema térmico isolado do meio ambiente por uma fronteira imaginária coincidindo com a roupa e a pele.

Figura 11.1 – Balanço térmico aplicado em um sistema.

Já o calor pode ser definido como *energia em trânsito provocado por diferença de temperatura*. Isto é, sempre que houver diferença de temperatura entre dois corpos ou entre duas regiões de um mesmo corpo, ocorrerá transferência de calor do lugar *mais quente* para o *mais frio*, numa quantidade proporcional à diferença de temperatura e à área através da qual ocorre o fluxo térmico.

A base do estudo da interação térmica entre o homem e o ambiente é o balanço térmico, aplicação da 1ª lei da termodinâmica, expresso graficamente pela Figura 11.1.

Suponha-se que um sistema, estando inicialmente com temperatura t_A, ganhe a quantidade de calor Q_G e perca a quantidade Q_P. Analiticamente, tem-se:

$$Q_G - Q_P = S \qquad (1)$$

Se a quantidade recebida for maior que a perdida, a diferença se transformará em energia interna, ou saldo S positivo de energia, implicando aumento da temperatura inicial. Por outro lado, se a quantidade de calor perdido for maior, o saldo será negativo e a temperatura terá valor menor que o inicial. Quando aquelas quantidades são iguais o valor da temperatura não se altera. O saldo de energia térmica é dado pela equação:

$$S = m c_p (t_f - t_i) \qquad (2)$$

Onde:
S = Saldo de energia térmica, em kJ
m = massa do material, em kg
t_f = temperatura do sistema ao final do processo, em °C
t_i = temperatura do sistema no início do processo, em °C
c_p = calor específico, em kJ/kg °C

A massa, o calor específico e a temperatura inicial são valores constantes. Deste modo, a temperatura final é função do saldo S.

Quando o sistema térmico é a pessoa, a temperatura inicial é considerada, em média, 37 °C e o calor específico médio é 3,475 kJ/kg °C. Assim, quando submetida a um ambiente quente, ela *pode* ganhar mais calor do que perder; em consequência, sua temperatura interna *tende* a se elevar. Por outro lado, estando num ambiente frio, *pode* perder mais calor do que ganhar e ficar com a temperatura interna inferior à normal. As palavras *pode* e *tende* aparecem em itálico porque, dentro de certos limites fisiológicos, o organismo se autocontrola através do *sistema de termorregulação*, que será descrito mais adiante.

11.2.1. O homem como máquina térmica

Conforme a 2ª lei da termodinâmica, máquina térmica é um sistema que recebe uma quantidade de calor Q_1 de uma fonte quente, transforma parte em trabalho W e rejeita a quantidade restante, Q_2, numa fonte fria, conforme a equação:

$$Q_1 - Q_2 = W \qquad (3)$$

Um parâmetro que define o desempenho de uma máquina térmica é a eficiência mecânica: *relação entre o trabalho realizado e a energia recebida para realizar esse trabalho*, podendo ser assim expressa:

$$\eta = \frac{W}{Q_1} \qquad (4)$$

O corpo humano pode ser comparado a uma máquina térmica como, por exemplo, um motor de combustão interna. Como se sabe, este motor é utilizado para realizar trabalho externo, ou seja, para deslocar cargas e/ou impulsionar veículos. Para realizar sua função, o motor utiliza energia proveniente da reação química entre um combustível (geralmente hidrocarbonetos) e um comburente (oxigênio). Essa reação produz uma quantidade de calor Q_1, vapor de água e dióxido de carbono. Uma parte do calor Q_1 é utilizada para realizar o trabalho externo W e movimentar bombas, eixos, válvulas etc., necessário ao seu funcionamento. O restante do calor e os produtos de combustão são rejeitados no meio ambiente. Naturalmente, quando se deseja vencer uma carga maior, introduzem-se quantidades maiores de combustível e de oxigênio. Em consequência, as reações são mais potentes e o motor tende a se aquecer, exigindo uma atuação mais intensa do sistema de refrigeração.

O homem também realiza trabalho externo durante as suas atividades. A energia necessária para realizar o trabalho humano provém do metabolismo M, assim definido: *metabolismo é um conjunto de mecanismos químicos necessários à produção de energia para realização de trabalho mecânico externo e interno, respectivamente*. Trata-se de uma reação química entre o carboidrato proveniente dos alimentos e o oxigênio inspirado do ar. Como no motor veicular, essa reação produz calor, vapor de água e dióxido de carbono. Uma parte da energia metabólica realiza trabalho externo T através dos músculos dos membros, do tronco etc.; outra parte, denominada *metabolismo basal*, é utilizada para o funcionamento dos pulmões, coração e movimentos peristálticos. O restante é rejeitado no meio ambiente. Os valores de diversas taxas metabólicas em função das atividades desenvolvidas são encontrados em tabelas constantes da literatura, como nas normas ISO, NHO-06 e NR-15. Como exemplo, a Tabela 11.1 é mostrada mais adiante, na seção 11.3.2.

Quando a pessoa realiza uma atividade mais intensa, o metabolismo exigido é maior, implicando maior consumo de carboidrato e, proporcionalmente, de oxigênio, tornando a respiração mais rápida. A temperatura interna tende a se elevar, exigindo uma atuação mais intensa do sistema de termorregulação para evitar o aquecimento do corpo. Nos ambientes frios a pessoa tende a perder mais do que ganhar calor e, assim, sofrer resfriamento do corpo. Nesses casos, mais uma vez o próprio organismo intervém, controlando a temperatura.

Um parâmetro de desempenho do corpo humano é a sua eficiência mecânica, dada pela relação entre o trabalho T e o metabolismo M, ou seja:

$$\eta = \frac{T}{M} \quad (5)$$

Vale salientar que o homem é uma máquina térmica de baixa eficiência mecânica. Em muitas atividades a eficiência é considerada aproximadamente nula; poucas são aquelas em que chegam a 0,20.

11.2.2. Interação térmica entre o homem e o ambiente

Os mecanismos de transferência de calor entre o homem e o ambiente são: condução, convecção e radiação. Além desses mecanismos, há a evaporação, que é um fenômeno de transferência simultânea de calor e massa, que ocorre no corpo humano como principal defesa contra o calor. Todos estes mecanismos serão definidos a seguir.

a. Condução

A transmissão de calor por condução ocorre através dos corpos sólidos, em fluxos proporcionais à diferença de temperatura entre duas regiões de um corpo, da distância entre essas regiões e de uma propriedade chamada condutividade térmica, conforme a equação:

$$K = kA \frac{(t_1 - t_2)}{\Delta x} \quad (6)$$

Onde:

K = quantidade de calor, em W ou kcal/hm^2

k = condutividade térmica, em W/m°C ou kcal/hm°C

A = área da superfície

t_1 = temperatura do ponto 1, em °C

t_2 = temperatura do ponto 2, em °C

Δx = distância entre as regiões 1 e 2, em m

Cada material tem sua condutividade térmica particular. Os metais têm alta condutividade, e por isso são conhecidos como *condutores térmicos*; as fibras minerais, vegetais e sintéticas têm condutividade baixa e, assim, são classificadas como *isolantes térmicos*.

No homem, em condições normais, a temperatura do núcleo, ou temperatura interna, é maior que a da pele. Em vista disso, verifica-se um fluxo de calor por condução a partir do núcleo para a pele. Em ambientes muito quentes, a temperatura da pele pode se tornar superior à interna; neste caso, o núcleo receberá calor, implicando sério risco para a saúde, havendo risco à vida. Ao contrário, em ambientes muito frios, a diferença entre as temperaturas da pele e do núcleo pode ser tão grande que o núcleo perderá mais calor do que deveria, implicando, igualmente, risco à vida.

A condutividade térmica das vestimentas tem grande importância no conforto e no controle da insalubridade térmica da pessoa. Quanto menor for a sua condutividade térmica, maior será a resistência ao fluxo de calor. Essa resistência, que depende do tipo de material e da espessura, tem por unidade mais utilizada o clo igual a 0,155 m^2 °C/W. A resistência total da vestimenta é a soma das resistências parciais das peças que a pessoa está usando. Como o posicionamento das peças em relação ao corpo muda constantemente durante o caminhar e a cada nova postura, o cálculo da resistência total se torna muito difícil. Para contornar esse problema, aplicam-se os *fatores de redução de calor sensível* e de *calor latente* às equações de transmissão de calor entre o homem e o ambiente. Esses fatores são encontrados em diversas tabelas da literatura especializada.

Afora as vestimentas, os processos de condução de calor na pessoa ocorrem apenas pelo contato dos pés com o solo, através do calçado, e de outras partes do corpo com algum equipamento, ou, ocasionalmente, com alguma superfície. Por isso a condução não entra diretamente no balanço térmico da pessoa, mas através dos fatores de redução de calor já mencionados.

b. Convecção

Esse mecanismo acontece entre um sólido e o fluido com o qual ele tem contato, sempre que houver diferença de temperatura entre ambos. A pele do homem e as mucosas do seu aparelho respiratório são superfícies sólidas em contato com o ar durante toda a vida. Desse modo, quando a temperatura da pele ou das mucosas é superior à do ar, ele perde calor; o contrário acontece quando a temperatura dessas superfícies é inferior à do ar. No caso da pele, é representado pela equação:

$$C = h_c F_s (t_p - t_a) \tag{7}$$

Onde:

C = fluxo de calor transferido, em W/m² , ou kcal/hm²

h_c = coeficiente de convecção, em W/m² °C, kcal/hm² °C

F_s = fator de redução calor sensível, adimensional

t_p = temperatura média da pele, em °C

t_a = temperatura do ar, em °C

O fator de redução calor sensível F não se aplica, obviamente, às trocas de calor através das mucosas.

O coeficiente de convecção varia diretamente com a velocidade do ar. Por isso, quando a velocidade aumenta, o fluxo de calor por convecção também aumenta. Isso pode ser constatado quando se liga um ventilador durante o verão, em lugares onde a temperatura do ar é inferior à da pele; a camada de ar quente que envolve a pessoa é rapidamente trocada por camadas de ar fresco, dando a sensação de conforto. Mas se a temperatura do ar for superior à da pele, o desconforto aumenta porque a pessoa passa a ganhar mais calor do que antes. Por outro lado, quando o ar está frio e se liga o ventilador, as perdas por convecção aumentam, e com elas o desconforto.

c. Radiação

Quando dois corpos afastados têm temperaturas diferentes, verifica-se transferência de calor daquele com temperatura mais alta para o outro que tem temperatura menor. Essa transferência, denominada radiação, não depende de um meio material como nos dois processos anteriores, pois ocorre por ondas eletromagnéticas. Ao contrário, é mais eficiente no vácuo; porém é transparente aos gases, como o ar atmosférico. O exemplo mais comum desse fenômeno é a energia solar, responsável pela vida na Terra. Vários exemplos ocorrem frequentemente: quando se está sob certos tipos de telhado, próximo a um forno ou a uma parede ensolarada etc., cujas temperaturas são superiores à da pele; e quanto maior for a diferença entre as temperaturas das superfícies citadas e da pele, maior é o fluxo que ela recebe e o desconforto que sente. O fluxo de radiação térmica entre uma pessoa e as superfícies do seu entorno é representado pela equação:

$$R = h_r F_s (t_p - t_{rm}) \tag{8}$$

Onde:

R = fluxo de calor transmitido por radiação, em W/m² ou kcal/hm²

h_r = coeficiente de radiação, W/m² °C ou kcal/hm² °C

t_p = temperatura média da pele, °C

t_{rm} = temperatura radiante média do ambiente, °C

F_s = fator de redução de calor sensível, adimensional

A temperatura radiante média é tida como a temperatura uniforme da superfície de um ambiente imaginário considerado um corpo negro, no qual a pessoa troca a mesma quantidade de calor por radiação como no ambiente real. Ela é obtida a partir das temperaturas de globo e de bulbo seco e da velocidade do ar.

No processo de radiação, a cor e o acabamento da superfície têm grande influência: quanto mais clara, menor é a quantidade de calor absorvida ou emitida; do mesmo modo, quanto mais polida, menos calor absorve e emite. Por isso, as paredes escuras absorvem e emitem mais calor do que as paredes claras; as tubulações industriais, após receberem o isolamento térmico, são revestidas de folhas de alumínio. Um exemplo sobre a influência da cor: experimente tocar uma folha de papel branco deixada sobre o assento de um automóvel estacionado ao sol, e depois tocar o volante (preto).

d. Evaporação

Uma superfície molhada com água, em presença de ar não saturado, perde calor para que as moléculas de água mudem de fase. E quando essa superfície perde calor, fica mais fria. Esse é um processo de *transferência de calor e massa* conhecido por evaporação. Ele representa a maior defesa do corpo humano contra o calor, haja vista que quando o ambiente é quente e/ou quando as atividades realizadas são intensas, as glândulas sudoríparas produzem suor, que molha a superfície da pele, de onde ele evapora, retirando calor à razão de 580 kcal por quilograma de líquido.

Assim como a diferença de temperatura provoca transferência de calor, a diferença de umidade promove a evaporação. Isto é, quanto menor for a umidade do ar, maior será a perda de calor por evaporação. Em climas com baixa umidade do ar, há ressecamento das mucosas a ponto de provocar hemorragia nasal bem como ressecamento dos lábios, além de desidratação com sérios riscos para a saúde. Já nos ambientes com alta umidade, a pessoa sua abundantemente, mas o suor goteja ou molha a roupa sem, contudo, evaporar. Ao não evaporar, deixa de retirar o excesso de calor.

A evaporação do suor, formado por água e sais minerais, depende do tipo de vestimenta, bem como da velocidade e da umidade ou da pressão de vapor de água do ar. O valor máximo proporcionado por um ambiente pode ser representado pela equação:

$$E_{max} = 16,7 h_c F_l (P_{vsp} - P_v) \tag{9}$$

Onde:

E_{max} = quantidade máxima de calor perdida por evaporação, em W/m² ou kcal/m²h
h_c = coeficiente de convecção, já definido
F_l = fator de redução de calor latente, adimensional
P_{vsp} = Pressão de vapor de água saturado à temperatura da pele, em kPa
P_v = Pressão parcial de vapor de água contido no ar, em kPa

11.2.3. Variáveis climáticas

As variáveis climáticas envolvidas nos processos descritos anteriormente são: temperatura de globo, temperatura de bulbo seco, temperatura de bulbo úmido e velocidade do ar, definidas a seguir.

Temperatura de globo ($t_g \to$ °C)

É uma variável que permite avaliar o nível de radiação térmica das superfícies existentes no ambiente analisado, sendo medido com um termômetro de globo. Esse instrumento é constituído por um termômetro de coluna de mercúrio ou eletrônico, inserido numa esfera oca de cobre, pintada externamente com tinta preta fosca para assegurar a máxima absorção de radiação, conforme a Figura 11.6, mais adiante. O acoplamento deve assegurar perfeita vedação e também a coincidência do bulbo do termômetro ou do sensor eletrônico com o centro da esfera. Como já foi dito antes, a temperatura de globo permite calcular a temperatura radiante média.

Temperatura de bulbo seco ($t \to$ °C)

É definida como a temperatura do ar, podendo ser medida com um termômetro comum sem qualquer acessório, denominado *termômetro de bulbo seco*. Esse equipamento pode ser um termômetro de coluna de mercúrio ou eletrônico exposto ao ar. Os sensores devem ser protegidos da radiação térmica para evitar resultados errados. Por isso os bulbos dos termômetros de vidro são espelhados.

Temperatura de bulbo úmido ($t_u \to$ °C)

É a temperatura obtida em um termômetro comum ou eletrônico, cujo bulbo ou sensor é envolvido com uma mecha de algodão branco umedecido com água destilada ou filtrada. Nas medições estáticas, pode-se usar gaze comum com uma extremidade envolta no bulbo e a outra em um reservatório contendo um daqueles líquidos. Estando a superfície do tecido saturada, e o ar não saturado, verifica-se, então, evaporação da água do tecido para o ar à custa de calor cedido pelo tecido; e estes, tendo perdido calor, ficam com temperatura mais baixa, indicada nas respectivas escalas. Quanto mais seco o ar, mais baixa será a temperatura de bulbo úmido em relação à de bulbo seco. A Norma NR-15 a denomina "temperatura de bulbo úmido natural".

A instalação de um termômetro de bulbo úmido e outro de bulbo seco numa placa constituem-se no *psicrômetro*. A Figura 11.2 mostra um psicrômetro rotativo feito artesanalmente para demonstrar a fácil construção de um equipamento de grande utilidade. A associação das duas temperaturas numa carta psicrométrica determina um ponto que indica todas as propriedades do ar, inclusive a determinação da umidade relativa. Os psicrômetros podem ser rotativos, de aspiração, ou estáticos. O higrômetro é outro instrumento utilizado para medir a umidade do ar, utilizando substâncias higroscópicas como sensor.

Figura 11.2 – Psicrômetro rotativo constituído de um termômetro de bulbo seco e outro de bulbo úmido.

Fonte: Acervo do autor.

Anemômetro

Anemômetro é um instrumento utilizado para medir a velocidade do ar. A maioria tem como sensor uma ventoinha passível de girar quando é exposta ao ar. O movimento da ventoinha é então convertido em velocidade e lida num mostrador. Os anemômetros mais adequados para medir a velocidade do ar dentro de ambientes fechados são os do tipo fio quente (eletrônicos) como os termoanemômetros, porque são capazes de medir velocidades da ordem de 0,1 a 0,2 m/s. A Figura 11.3 mostra

Figura 11.3 – Anemômetro de fio quente.

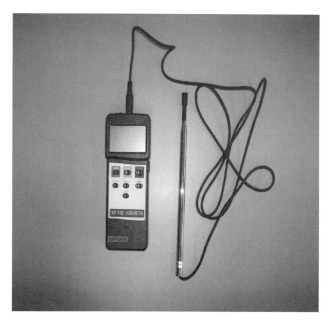

Fonte: Acervo do autor.

esse tipo de anemômetro. Nela se vê uma haste em cuja extremidade fica o fio quente; o sinal da velocidade do ar é enviado ao conversor, que transforma o sinal elétrico em temperatura, lida no mostrador.

11.2.4. Consequências do calor na saúde da pessoa

Durante a vida, a pessoa enfrenta diferentes condições climáticas, enquanto realiza as mais diversas atividades, desde o repouso até o trabalho pesado. Portanto, em todos os momentos ela está submetida, simultaneamente, a dois tipos de carga: *carga térmica e carga mecânica*. Por exemplo, quando a pessoa está lendo num ambiente climatizado, as duas cargas são pequenas, e a pessoa pode sentir conforto térmico. Mas se, nesse mesmo ambiente, estiver pedalando uma bicicleta ergométrica, estará sob uma carga mecânica pesada e uma carga térmica leve. Por outro lado, um padeiro pode estar submetido a uma carga mecânica leve e a uma carga térmica pesada.

Como já foi visto, no balanço térmico da pessoa, o saldo de energia térmica deve ser sempre nulo para que a temperatura permaneça constante, pois qualquer alteração pode ter implicações em sua saúde. Se esse saldo for positivo, a temperatura interna aumentará; se for negativo, ela ficará menor.

A fim de evitar tal inconveniente, o corpo humano possui o *sistema de termorregulação*, localizado no hipotálamo. Esse sistema funciona em retroalimentação. Para isso, o corpo possui sensores térmicos na pele e no núcleo que lhe enviam sinais proporcionais à temperatura local. Quando a temperatura interna tende a se elevar, o sistema de termorregulação promove a vasodilatação dos vasos periféricos, aumentando a vazão de sangue e a consequente perda de calor por convecção na pele; se a vasodilatação for insuficiente, o sistema promove a produção de suor para ser evaporado na superfície da pele, mantendo, assim, a temperatura em seu valor normal. Por outro lado, quando a temperatura interna tende a diminuir, o sistema promove a vasoconstrição dos vasos periféricos e, assim, a redução do fluxo sanguíneo e do calor perdido; se a tendência persistir, o sistema de termorregulação atua nos músculos, provocando tremores involuntários que aumentam o metabolismo, ou seja, a geração de calor, fazendo, portanto, que a temperatura se mantenha normal na faixa de 36 a 37 °C.

Portanto, o sistema de termorregulação atua continuamente na anulação do saldo de energia, modificando a Equação (1) para:

$$Q_G = Q_P \qquad (10)$$

Quando o sistema de termorregulação não consegue compensar o saldo positivo, a pessoa tem hipertermia; e quando não vence o saldo negativo, tem hipotermia. Essas duas situações são as piores que a pessoa pode enfrentar. Entretanto, mesmo mantendo o saldo térmico nulo, o organismo pode se ressentir do grande esforço que faz para manter a temperatura normal e para impedir perdas excessivas de líquido e sais minerais, bem como para produzir hormônios. O desconforto térmico pode provocar cansaço, desânimo e queda de rendimento. Em suma, as condições térmicas de um ambiente podem expor a pessoa a diversas doenças, como as seguintes.

Doenças do calor
- Hipertermia ou intermação
- Tontura ou desfalecimento por déficit de sódio, por hipovolemia; relativa ou por evaporação deficiente
- Desidratação
- Doenças da pele
- Distúrbios psiconeuróticos
- Catarata

Doenças do frio
- Hipotermia
- Pé de trincheira
- Ulcerações
- Doenças reumáticas e respiratórias

As causas, sintomas e tratamento dessas doenças, bem como as medidas tomadas para prevenir seu surgimento podem ser encontradas na literatura.

Para prevenir doenças ocupacionais, devem-se adotar os exames médicos pré-admissionais e periódicos, além de programas de aclimatação.

11.3. Índices de avaliação termoambiental

Do ponto de vista térmico, os ambientes podem ser classificados em frios, moderados e quentes.

O *ambiente frio* é aquele que pode provocar estresse em pessoas sadias, em consequência de baixa temperatura. Por exemplo, as câmaras frias e mesmo ambientes externos de certas regiões, durante o inverno.

Por outro lado, um *ambiente quente* é aquele capaz de causar estresse em pessoas sadias, em virtude da alta temperatura. Cerâmicas, padarias, cozinhas e outros semelhantes, são ambientes quentes, assim como certas regiões, durante o verão.

Os *ambientes moderados* são aqueles que oferecem sensações térmicas que se situam entre aquelas proporcionadas pelos ambientes quentes e pelos ambientes frios, sem apresentarem risco de estresse, embora possam oferecer desconforto. Numa pequena faixa no meio desse intervalo, estão os ambientes com conforto térmico.

A literatura apresenta diversos índices para avaliação térmica de cada tipo de ambiente, entre os quais se destacam:

11.3.1. Ambientes moderados
- Índices PMV e PPD (Norma ISO 7730/94)
- Temperatura efetiva (Norma NR-17)
- Temperatura efetiva (Norma ASHRAE 55-94)

11.3.2. Ambientes frios
- IREQ – Índice de Isolamento Requerido (Norma ISO/TR 11079/1993)
- WCI – Wind Chill Index (Norma ISO/TR 11079/1993)
- Norma NR-15 (Anexo 9)
- Consolidação das Leis do Trabalho (Art. 253)

11.3.3. Ambientes quentes
- Taxa requerida de suor (Norma ISO 7933/1989)
- IBUTG – Índice de Bulbo Úmido-Termômetro de Globo (Norma NR-15)
- IST-Índice de Sobrecarga Térmica

Como a descrição de todos esses índices está fora do alcance deste livro, apresenta-se somente um para cada condição termoambiental, priorizando aqueles da legislação brasileira.

11.3.4. Temperatura efetiva

A sensação térmica é um parâmetro que envolve subjetividade, pois a experiência tem mostrado que num mesmo instante e num mesmo ambiente as pessoas, em iguais condições de atividade e vestimenta, têm, geralmente, opiniões diferentes sobre as condições térmicas. Umas acham o ambiente quente, outras acham frio, enquanto outras sentem conforto. Em vista disso, a avaliação de ambientes moderados visa a estimar a percentagem média das pessoas satisfeitas ou insatisfeitas.

Do ponto de vista físico, a sensação térmica (ST) é função de duas variáveis pessoais: atividade física ou metabolismo (M) e resistência térmica das vestes (R_v); e quatro variáveis climáticas: temperatura de bulbo seco (t), temperatura de bulbo úmido (t_u), velocidade do ar (V) e temperatura radiante média (t_{rm}). Isto é:

$$ST = f(M, R_v, t, t_u, V, t_{rm}) \tag{11}$$

Esta equação mostra que, partindo de certa sensação térmica (ST), quando o valor de uma variável é modificado, a sensação térmica também se modifica; mas pode ser recuperada, modificando o valor de outra variável. Por exemplo, aumentando a temperatura de bulbo seco (t) de um ambiente termicamente confortável, a pessoa passa a ter sensação de calor; mas se a temperatura de bulbo úmido (t_u) for reduzida, e/ou a velocidade do ar (V) for aumentada, a sensação térmica continuará a mesma. Ou seja, podem-se fazer várias combinações das variáveis climáticas sem mudar a sensação térmica.

O mais simples índice de conforto térmico é a *temperatura efetiva*. Sua primeira versão não considerava todas as variáveis envolvidas na Equação (11), mas somente as temperaturas de bulbo seco e de bulbo úmido e a velocidade do ar. Na sua elaboração, foram construídas duas câmaras climatizadas, gêmeas, separadas por uma porta. Numa câmara, tomada como referência, o ar era parado e a umidade relativa igual a 100%, sendo a temperatura de bulbo seco passível de variação. Entretanto, na outra, as temperaturas de bulbo seco e de bulbo úmido, bem como a velocidade do ar, podiam mudar. Então, nesta câmara, adotavam-se valores para as ditas variáveis e, a seguir, pessoas em atividade leve e trajando roupas leves comparavam a sensação térmica nas duas câmaras e informavam ao operador da câmara de referência se tais sensações eram iguais ou não às da câmara de referência; o operador, então, aumentava ou diminuía a temperatura de bulbo seco até que as pessoas tivessem a mesma sensação nas duas câmaras. Como esta temperatura proporcionava a mesma sensação, foi denominada temperatura efetiva.

Portanto, a temperatura efetiva não é uma grandeza mensurável, mas uma combinação de variáveis climáticas que proporcionam uma determinada sensação térmica, sendo assim definida: *temperatura efetiva t_{ef} é a temperatura do ar com umidade relativa igual a 100% e velocidade nula, que oferece uma sensação de conforto térmico igual àquela oferecida pela combinação das variáveis: temperatura de bulbo seco, temperatura de bulbo úmido e velocidade do ar no ambiente real.*

A Figura 11.4 mostra a temperatura efetiva em função da velocidade e das temperaturas de bulbo seco e de bulbo úmido do ar.

Para se determinar a temperatura efetiva de um ambiente, utiliza-se um anemômetro e dois termômetros: um de bulbo seco e outro de bulbo úmido. Com os resultados obtidos, traça-se um segmento de reta ligando o valor da temperatura de bulbo seco com o de bulbo úmido. A seguir, procura-se a curva de velocidade do ar. A interseção desta curva com o referido segmento determina um ponto pertencente à curva que representa a temperatura efetiva procurada. Qualquer ponto sobre esta curva representa a mesma sensação térmica, embora as temperaturas e a velocidade do ar possam ser diferentes. Por exemplo, se a velocidade do ar for 0,5 m/s, e as temperaturas de bulbo seco e de bulbo úmido forem, respectivamente, iguais a 25,0°C e 17,5°C, a temperatura efetiva será 21°C. Este mesmo valor, ou seja, a mesma sensação térmica seria obtida com as temperaturas de bulbo seco e de bulbo úmido, respectivamente, iguais a 28°C e 14°C, mas com a velocidade de 1,0m/s.

A norma NR-17 faz as seguintes recomendações para locais onde são executadas atividades intelectuais ou que exijam atenção permanente:
a. Índice de temperatura efetiva entre 20 °C e 23 °C.
b. Velocidade do ar não superior a 0,75 m/s.
c. Umidade relativa não inferior a 40%.

Figura 11.4 – Temperatura efetiva.

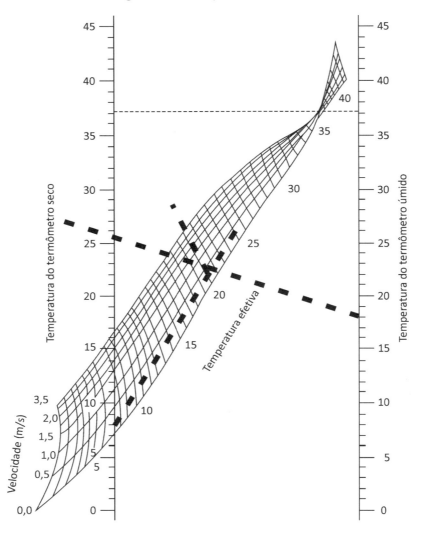

Fonte: Engenharia de Segurança do Trabalho (2011) – modificada. [???]

Exemplo 1

Em certo escritório, o ar está parado. As temperaturas de bulbo seco e de bulbo úmido são, respectivamente, 21 °C e 15 °C.

Verificar se essas condições atendem às recomendações da Norma NR-17.

Solução

Traçando um segmento ligando a temperatura de bulbo seco 21 °C e de bulbo úmido 15 °C, verifica-se que a interseção com a linha de velocidade do ar igual a 0,0 m/s implica uma temperatura efetiva de 18 °C, inferior ao limite inferior recomendado.

11.3.5. Avaliação térmica de ambientes quentes – Índice IBUTG

Este índice é recomendado pelo Ministério do Trabalho para avaliar exposições ao calor, conforme a norma NR-15 (Anexo 3), aprovada pela Portaria 3.214, de 8 de agosto de l978.

Como foi dito anteriormente, a pessoa está sempre submetida, simultaneamente, a duas cargas: uma mecânica e outra térmica. Assim, o trabalhador, quando no seu posto de trabalho, está realizando um *esforço físico* ao desenvolver sua atividade e, ao mesmo tempo, recebendo uma *carga térmica,* que é função das variáveis climáticas daquele posto.

Carga mecânica

A energia necessária para realizar uma atividade é dada pela taxa metabólica M, em quilocalorias por hora. A literatura especializada apresenta tabelas contendo os valores referentes à maioria das atividades, como a Tabela 11.1, baseada na NR-15. Por exemplo, a Norma de Higiene Ocupacional NHO-06, de 2002, da Fundacentro (2002), apresenta uma tabela mais ampla.

Tabela 11.1 – Taxa metabólica por tipo de atividade

Tipo de atividade	Metabolismo (kcal/h)
Sentado em repouso	100
Trabalho leve	
Sentado, movimentos moderados com braços e tronco (p. ex., digitação)	125
Sentado, movimentos moderados com braços e pernas (p. ex., dirigir)	150
De pé, trabalho leve, em máquina ou bancada, principalmente com os braços.	150
Trabalho moderado	
Sentado, movimentos vigorosos com braços e pernas.	180
De pé, trabalho leve em máquina ou bancada, com alguma movimentação.	175
De pé, trabalho moderado em máquina ou bancada, com alguma movimentação	220
Em movimento, trabalho moderado de levantar ou empurrar	300
Trabalho pesado	
Trabalho intermitente de levantar, empurrar ou arrastar pesos (p. ex., remoção com pá)	440
Trabalho fatigante	550

Fonte: Norma Regulamentadora NR-15 (Anexo 3) – modificada.

Durante as avaliações termoambientais, compara-se o tipo de atividade desenvolvida pelo trabalhador com as situações apresentadas pela Tabela 11.1, escolhendo-se a que mais se assemelha.

Carga térmica

A carga térmica sobre o trabalhador é indicada pelo índice IBUTG, cuja unidade é o grau Celsius. Para calcular esse índice, devem-se observar duas situações distintas, representadas, respectivamente, pelas equações:

a) Ambiente sem radiação solar direta

$$IBUTG = 0,7\, t_{bn} + 0,3\, t_g \qquad (12)$$

b) Ambiente com radiação solar direta

$$IBUTG = 0,7\, t_{bn} + 0,2\, t_g + 0,1\, t \qquad (13)$$

Onde:

t_{bn} = temperatura de bulbo úmido natural (medição estática), em °C
t_g = temperatura de globo, em °C
t = temperatura de bulbo seco, em °C

O instrumental necessário é o apresentado na Figura 11.5, constando de um tripé regulável no qual são instalados: um termômetro de globo, outro de bulbo seco e um terceiro de bulbo úmido.

Figura 11.5 – Conjunto IBUTG, composto dos termômetros eletrônicos: de globo, à esquerda; de bulbo seco, no centro; e de bulbo úmido, à direita.

Fonte: Acervo do autor.

Cada instrumento tem um *tempo de resposta*, ou seja, de estabilização, a partir do qual se podem fazer as medições. Nos termômetros de globo com 152,4 mm de diâmetro, esse tempo é 25 minutos, e naqueles com 50 mm de diâmetro, o período de resposta é apenas 10 minutos. Os termômetros de bulbo seco e de bulbo úmido, geralmente, têm os tempos de resposta iguais a 3 e 5 minutos, respectivamente.

11.3.5.1. Relação entre as cargas mecânica e térmica

Para preservar a saúde do trabalhador é necessário que as duas cargas se compensem, como mostra a Figura 11.6.

Figura 11.6 – IBUTG em função do metabolismo em atividade contínua.

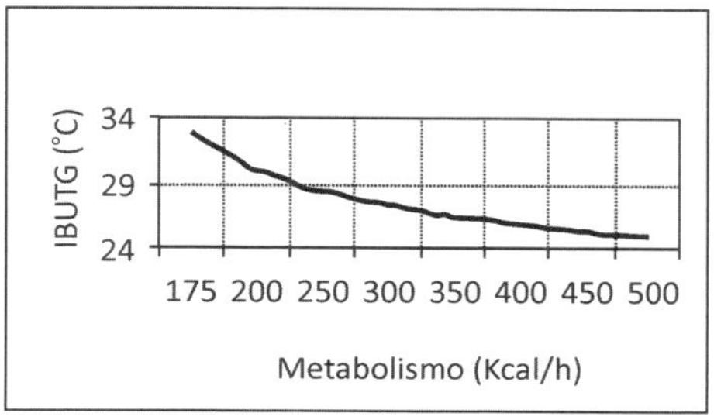

Fonte: Acervo do autor.

Isto é, à medida que a atividade se torna mais pesada, as condições climáticas, das quais depende o IBUTG, devem ser mais amenas. E para obter tais condições, seria necessário atuar na temperatura e na velocidade do ar, uma vez que este parâmetro influencia a temperatura de globo e a temperatura de bulbo úmido que constam das Equações 12 e 13. Mas nem sempre é possível reduzir as temperaturas ou elevar a velocidade do ar. Primeiramente, custos elevados inviabilizam a aplicação de sistemas de ar condicionado em ambientes com grandes fontes de calor, como cozinhas industriais, fundições e outros ambientes de trabalho etc. Por outro lado, o aumento da velocidade do ar é contraindicado quando a temperatura do ar é superior à da pele do trabalhador, pois, conforme a Equação 7, ele passa a ganhar calor, quando deveria perder.

Além disso, mesmo que a temperatura do ar seja inferior à da pele, a velocidade do ar, acima de certos valores, pode causar transtornos, como levantar papéis ou materiais leves confeccionados sobre bancadas.

11.3.5.2. Metodologia de avaliação

Para fazer-se a avaliação térmica pelo índice IBUTG, deve-se, inicialmente, realizar as seguintes etapas:
a. Saber de antemão em que horário ocorre a carga máxima de calor.
b. Verificar os tipos de atividades desenvolvidas pelo trabalhador e classificar as respectivas taxas metabólicas, conforme a Tabela 11.1 da norma NR-15.

c. Instalar o equipamento antes do instante de ocorrência da carga térmica máxima, tomando por base o tempo de resposta do termômetro de globo. Os sensores devem ficar à altura do tórax ou da parte do corpo mais exposta ao calor.

d. Quando o trabalhador realizar mais de uma tarefa, cronometrar cada uma delas, para definir o ciclo horário de trabalho T_t e de descanso T_d.

e. Iniciar as medições no momento em que ocorrer a máxima carga térmica no ambiente, lendo cada temperatura, uma após outra, e repetindo mais duas vezes cada uma. Se nas três primeiras leituras as variações estiverem dentro do intervalo ± Δt°C (menor divisão da escala), encerra-se a operação e calculam-se as respectivas médias aritméticas; em caso contrário, devem-se continuar as medições até obterem-se as variações dentro do intervalo recomendado. O valor médio é, então, aplicado numa das Equações 12 ou 13.

f. Comparar o valor do IBUTG calculado com o limite de tolerância $IBUTG_{Max}$ correspondente à atividade $\overline{M}$ que o trabalhador está realizando, através do Quadro 2 da NHO-06 (Tabela 11.2, baseada na NR-15):

Tabela 11.2 – Regime de trabalho em baixas temperaturas

Faixa de temperatura de bulbo seco (°C)	Máxima exposição diária permissível a pessoas adequadamente vestidas para exposição ao frio
+15,0 a -17,9 * +12,0 a -17,0 ** +10,0 a -17,9 ***	Tempo total de trabalho no ambiente frio: 6 horas e 40 minutos, sendo 4 períodos de 1 hora e 40 minutos, alternados com 20 minutos de repouso e recuperação fora do ambiente frio.
– 18 a -33,9	Tempo total de trabalho no ambiente frio: 4 períodos de 1 hora, alternados com 1 hora de recuperação fora do ambiente frio.
– 34,0 a - 56,9	Tempo total de trabalho no ambiente frio: 1 hora dividida em 2 períodos de 30 minutos, com separação de 4 horas para recuperação fora do ambiente.
– 57,0 a -73,0	Tempo total de trabalho no ambiente frio: 5 minutos, sendo o restante da jornada cumprido obrigatoriamente fora do ambiente frio.
Abaixo de -73	Não é permitida a exposição ao ambiente frio, seja qual for a vestimenta utilizada.

Faixas de temperaturas válidas para os seguintes climas, definidos de acordo com o mapa oficial do IBGE:
* Clima quente; ** Clima subquente; *** Mesotérmico.
Fonte: Norma Regulamentadora NR-29.

Se o IBUTG calculado for maior que $IBUTG_{Max}$, adotam-se ciclos horários intermitentes de trabalho e descanso. Por exemplo, se em certo ambiente a atividade de trabalho contínuo M_t é incompatível com as condições térmicas definidas pelo índice $IBUTG_t$, deve-se reduzir o tempo de trabalho para um intervalo T_t, e incluir uma atividade de descanso M_d com duração T_d que complete os 60 minutos. Portanto, ter-se-á uma taxa metabólica média $\overline{M}$:

$$\overline{M} = \frac{M_t T_t + M_d T_d}{60} \qquad (14)$$

Uma nova comparação será feita para verificar se o trabalho continua insalubre ou não. Em caso positivo, nova redução deverá ser feita até não mais haver insalubridade.

g. Quando, durante a atividade intermitente, o descanso é realizado em outro ambiente, calcula-se um índice médio $\overline{IBUTG}$, dado pela equação:

$$\overline{IBUTG} = \frac{IBUTG_t T_t + IBUTG_d T_d}{60} \qquad (15)$$

Compara-se, então, $\overline{IBUTG}$ com o $IBUTG_{Max}$ correspondente ao $\overline{M}$:, como no item anterior. Caso seja igual ou menor que o limite de tolerância, o trabalho será considerado não insalubre. O contrário implica insalubridade e a necessidade de diminuir ainda mais o tempo de trabalho e aumentar o de descanso.

Exemplo 2

Em certo recinto, as atividades de trabalho e descanso resultam num metabolismo médio igual a 270 kcal/h. Medições das temperaturas de bulbo úmido e de globo revelaram um índice IBUTG com valor médio igual a 28,0 °C.
Com base nesses dados, informe se as condições térmicas de trabalho são ou não insalubres.
Dados: $\overline{M}$ = 270kcal/h e $\overline{IBUTG}$ = 28,0 °C

Solução

Como não há o valor 270 kcal/h na Tabela 11.4, interpola-se o mesmo entre 250 Kcal/h e 300 kcal/h, cujos limites de tolerância em IBUTG Max (o C) são respectivamente 28,5 °C e 27,5 °C. A seguir verifica se o valor encontrado situa-se neste intervalo, concluindo-se:
$\overline{IBUTG}$ Max = 27,5°C< 28,0°C< $IBUTG_{Max}$ = 28,5 °C condições não insalubres
Sugestão: Se for adotado um regime horário de 50 minutos de trabalho e 10 de descanso com metabolismos de respectivamente 270 Kal/h e 125 kcal/h, devendo ser arredondado para 250 kcal/h, ao qual corresponde $IBUTG_{Max}$ = 28,0 °C. Agora, tem-se:
$\overline{IBUTG}$ = 28,0 °C < $IBUTG_{Max}$= 28,0 $\Rightarrow$ *condições não insalubres corresponde* $IBUTG_{Max}$ = 28,5 °C. *Agora, tem-se:* **IBUTG = 28,0°C**< IBUTGMax= 28,5. *condições não insalubres*

O Anexo 3 da Norma NR-15 apresenta um quadro que permite definir regimes intermitentes de trabalho com descanso no mesmo local, em função do tipo de atividade. (Ver a Tabela 11.3, a seguir.)

Tabela 11.3 – Limites para exposição ao calor em regime de trabalho intermitente com períodos de descanso no mesmo ambiente

Regime de trabalho intermitente com descanso no próprio local de trabalho (por hora)	Tipo de atividade		
	Leve	Moderada	Pesada
a. Trabalho contínuo	até 30,0 °C	até 26,7 °C	até 25,0 °C
b. 45 minutos de trabalho 15 minutos de descanso	30,1 a 30,6 °C	26,8 a 28,0 °C	25,1 a 25,9 °C
c. 30 minutos de trabalho 30 minutos de descanso	30,7 a 31,4 °C	28,1 a 29,4 °C	26,0 a 27,9 °C
d. 15 minutos de trabalho 45 minutos de descanso	31,5 a 32,2 °C	29,5 a 31,1 °C	28,0 a 30,0 °C
e. Não é permitido o trabalho sem a adoção de medidas adequadas de controle	acima de 32,2 °C	acima de 31,1 °C	acima de 30,0 °C

Fonte: Norma Regulamentadora NR-15, Anexo 3 – modificado

Exemplo 3

Medições realizadas em certo galpão onde as pessoas realizam atividades moderadas de modo contínuo revelaram as seguintes temperaturas: de bulbo seco = 30 °C, de bulbo úmido = 24 °C e de globo = 35 °C.
Qual a sua opinião sobre as condições de trabalho?
Dados: $t = 30$ °C; $t_{bn} = 24$ °C; $t_g = 35$ °C

Solução

Como no ambiente não há radiação solar direta, devemos usar a Equação 13:
IBUTG = 0,7 × 24 °C + 0,3 × 35 °C
∴ IBUTG = 27,3 °C
Comparando este valor com os da Tabela 11.3, chegamos à conclusão de que o trabalho é insalubre, pois o valor do índice IBUTG calculado está dentro da faixa de 26,8 a 28,0 °C na coluna do tipo de trabalho *moderado*. A essa faixa corresponde o regime: 45 minutos de trabalho e 15 de descanso, que deverá ser adotado.

11.3.6. Avaliação de ambientes frios

Reconhecendo que o trabalhador não deve permanecer por longos períodos em ambientes com frio intenso, mas programar as suas atividades intercalando períodos de trabalho e de recuperação, a Norma NR-29, § 29.3.15.2 (2010) recomenda a aplicação da Tabela 11.3 para o trabalho em locais frigorificados. Ver, a seguir, a Tabela 11.4, baseada na Tabela 4.7 da NR-29.

Tabela 11.4 – Relação entre metabolismo médio e máximo IBUTG

m̄ (kcal/h)	IBUTG$_{Max}$(°C)
175	30,5
200	30,0
250	28,5
300	27,5
350	26,5
400	26,0
450	25,5
500	25,0

Fonte: Norma NR-15.

Além disso, no art. 253 da CLT encontra-se a seguinte declaração:

> "Para os empregados que trabalham no interior das câmaras frigoríficas e para os que movimentam mercadorias do ambiente quente ou normal para o frio e vice-versa, depois de uma hora e quarenta minutos de trabalho contínuo, será assegurado um período de vinte minutos de repouso, computado esse intervalo como de trabalho efetivo."

Exemplo 4

Elabore um programa para pessoas trabalharem numa câmara frigorífica, onde a temperatura do ar é igual a -10 °C.

Solução

Consultando-se a Tabela 11.2, concluímos que as pessoas devem cumprir o seguinte horário: quatro períodos de 1 hora e 40 minutos na câmara, alternados por períodos de 20 minutos de descanso fora da mesma.

11.4. Técnicas preventivas

Para se precaver contra o excesso de calor ou de frio, a pessoa deve, principalmente, atentar para os processos de transferência de calor por convecção, radiação e evaporação, representados pelas Equações (7), (8) e (9), respectivamente.

a. A convecção varia com a velocidade do ar, a resistência das vestes e a temperatura do ar. Em ambientes quentes, porém com a temperatura de bulbo seco menor que a da pele, as vestes devem ser leves e a velocidade do ar com valor que ofereça satisfação. Todavia, se a temperatura de bulbo seco for maior que a da pele, a velocidade deve ser nula. Nos ambientes frios as vestimentas devem ser pesadas e o ar parado.

b. A radiação depende das vestimentas e da temperatura das superfícies que envolvem a pessoa. Essa temperatura é função, principalmente, da cor. As superfícies escuras absorvem e emitem mais radiação que as superfícies claras. Assim, num ambiente quente com superfícies escuras, a pessoa absorve mais calor, piorando sua situação. Nos ambientes frios, as superfícies escuras emitem mais calor da pessoa, tornando pior a sua situação. Por isso, as superfícies dos ambientes de trabalho, quentes ou frios, devem ser pintadas com cor clara.

c. A evaporação aumenta com a velocidade do ar e diminui com a resistência térmica das vestes bem como com o aumento da umidade do ar. Por isso, o ambiente de trabalho deve ser bem ventilado e não ter umidade muito elevada; e as pessoas devem utilizar vestimenta de baixa resistência térmica com boa permeabilidade.

d. Outras ações preventivas contra o calor são: exames pré-admissional e periódico; programa de aclimatação; reposição hídrica; pausas, quando necessárias, determinadas pelo índice IBUTG; evitar a visualização de altas fontes de calor sem óculos; educação e treinamento; usar vestimenta clara e outros.

e. Com relação ao frio, as ações preventivas são: utilizar vestimenta clara, adequada e trocá-la sempre que ficar molhada; exames pré-admissional e periódico; educação e treinamento.

11.5. Revisão dos conceitos apresentados

Nesta seção são lembrados ao leitor os conceitos básicos do capítulo, ou seja, aqueles imprescindíveis para proteger o trabalhador do desconforto e, principalmente, da insalubridade térmica.

Inicialmente, deve-se saber que sempre que houver uma diferença de temperatura entre a superfície do corpo humano e o ar ou as próximas a ele, o corpo ganhará ou perderá calor, proporcionalmente à diferença de temperatura.

Os fluxos de calor podem ocorrer por convecção, entre a pessoa e ar; por radiação, entre a superfície do homem e aquela presente no ambiente; e, finalmente, por evaporação, entre a pele da pessoa e o ar. A vestimenta tem um papel importante nestes três modos de transmissão de calor porque representa resistências aos respectivos fluxos. Os processos de convecção e evaporação são proporcionais à velocidade do ar. A cor e o acabamento de uma superfície têm grande importância na transferência de calor por radiação.

Toda pessoa está submetida a um balanço térmico, cujo saldo, dentro dos limites normais, é sempre nulo, graças à atuação do sistema de termorregulação. As variáveis envolvidas nesse balanço são: metabolismo, resistência térmica das vestes, temperatura, umidade e velocidade do ar e temperatura radiante média. Quanto mais distantes estiverem as condições térmicas reais das condições de conforto, maior será o esforço despendido pelo sistema de termorregulação, traduzindo-se em desconforto térmico. Atividades constantes em ambientes quentes ou muito frios podem provocar doenças nos trabalhadores. São importantes os exames periódicos e os programas de aclimatação.

Para verificar as condições termoambientais a que as pessoas se expõem, dispõe-se de normas nacionais e internacionais que contêm índices de avaliação, os quais informam se um ambiente é confortável ou desconfortável, se é insalubre ou não. Os instrumentos necessários para a aplicação dos índices descritos neste capítulo são os termômetros de globo, de bulbo seco, de bulbo úmido e anemômetro.

11.6. Questões

1. Num ambiente com ar parado, as temperaturas de bulbo seco e de bulbo úmido são 30 °C e 25 °C, respectivamente.
   a) Qual o valor da temperatura efetiva?
   b) Essa temperatura satisfaz a Norma NR-17?
2. Num escritório o ar tem velocidade de 1,0 m/s e as temperaturas de bulbo seco e de bulbo úmido são 30 °C e 17 °C, respectivamente.
   a) Qual o valor da temperatura efetiva?
   b) Essa temperatura satisfaz a Norma NR-17?
3. Numa indústria se constatou que, em cada hora, um dos operários realiza trabalho moderado numa bancada, com certa movimentação. Em seguida vai para uma sala ao lado, onde passa 15 minutos sentado, fazendo trabalho de digitação. Dentro do galpão a temperatura de globo é 36 °C e a de bulbo úmido 30 °C. Na sala, a temperatura de globo é 34 °C e a de bulbo úmido, 26 °C.
   a) Qual a taxa metabólica média?
   b) Qual o índice IBUTG?
   c) O trabalho é insalubre ou não?
   d) Se for insalubre, qual a sua sugestão?
4. Que regime de trabalho deve ser aplicado, conforme a NR-29, a uma pessoa que trabalha numa câmara com temperatura de bulbo seco igual a -18 °C?

11.7. Referências

ASSOCIATION FRANÇAISE DE NORMALISATION. ISO 9920. Ergonomics of the thermal environment – Estimation of the thermal insulation and evaporative resistance of a clothing ensemble. Genève.

CLT (Consolidação das Leis do Trabalho). Disponível em: www.planalto.gov.br/ccivil. Acesso: jun 2010.

COUTINHO, A.S. (2005) Conforto e Insalubridade Térmica em Ambientes de Trabalho. 2ª ed. João Pessoa: Universidade Federal da Paraíba.

COUTO, H.A. (1980) O trabalho em ambientes de altas temperaturas. In: MENDES, R. Medicina do trabalho e doenças profissionais. São Paulo: Servier.

ÇENGEL, Y.A. (2007) Heat and mass transfer – A practical approach. 3ª ed. Nova York: McGraw-Hill.

DICIONÁRIO AURÉLIO ONLINE. MarceloMedina.net. Disponível em: www.dicionárioaurelio.com.

FANGER, P. (1970) Thermal comfort: analysis in environmental engineering. Kingsport: McGraw-Hill.

INCROPERA, F.P.; WITT, D.P. (1985) Fundamentals of heat and mass transfer. 2ª ed. Singapore: John Wiley & Sons.

MESQUITA, A.L.S.; GUIMARÃES, F.A.L.; NEFUSSI, N. (1985) Engenharia de Ventilação Industrial. São Paulo: EDUSP.

NORMA ASHRAE (2004) 55-2004, Atlanta: ASHRAE.

NORMA REGULAMENTADORA NR-15. (2010) Disponível em: www.mte.gov.br/legislação_regulamentadora, junho 2010.

NORMA REGULAMENTADORA. NR-19 (2010) Disponível em: www.mte.gov.br/legislação_regulamentadora, junho 2010.

Norma de Higiene Ocupacional – Procedimento técnico – Avaliação da exposição ocupacional ao calor – NHO 06. São Paulo: Fundacentro, 2002.

Capítulo	Proteção contra ruídos
12	

Jules Ghislain Slama
Mario Cesar Rodríguez Vidal

Conceitos apresentados neste capítulo

Neste capítulo o leitor encontrará uma informação básica acerca do fenômeno físico do som, de sua deturpação em ruídos e seus efeitos no ser humano. Comentaremos as formas de medição e de avaliação do perfil sonoro dos lugares de trabalho, para familiarizar o leitor com a instrumentação disponível. E finalizaremos com a apresentação de técnicas de prevenção acústica (que usamos para evitar a produção de ruídos), de correção acústica (que usamos para ajustar ambientes existentes às suas finalidades) e protetoras (que adotamos quando não se pode prevenir ou corrigir o impacto auditivo sobre as pessoas).

12.1. Introdução

Existe uma diferença básica entre som e ruídos. Os sons são parte de nossa vida, que começamos com o choro do recém-nascido (já pensaram o que sentirão quando sua filha ou seu filho vier a nascer e demorar a chorar?). Da mesma forma, quantos amores e amigos foram conquistados ou estabelecidos ao som de músicas geniais?

Quando nosso time foi campeão, nos lembramos dos cantos da torcida, o ensurdecedor grito de GOL! Mas e o vizinho, que torcia para nosso derrotado adversário? Qual teria sido sua versão deste fato? Pois bem, para ele tudo aquilo foi uma barulheira insuportável, um incômodo terrível. Dizia o vizinho: o que mais desejo é um silêncio, que todo esse ruído desapareça!

Eis aqui a diferença: para o alegre vencedor, não há barulho, nem ruído, tudo é alegria. Para o derrotado, cada zumbido de insetos se torna insuportável, é um ruído.

E assim definimos o ruído como um som indesejável, como já o fizera há muito tempo meu professor Itiro Iida[1].

O ruído, um som indesejável. Mas como chegar a um consenso acerca de sons que sejam indesejáveis para todos? Eis um problema verdadeiramente social. Não faz muito a prefeitura de uma grande cidade brasileira autorizou a realização de uma grande festa RAVE numa região praticamente sem uso e inabitada. O som, porém, se propagou por esta área da cidade, até invadir um mosteiro próximo, onde os internos se dedicavam ao silêncio e às orações. Poderíamos baixar o som ou ainda empregar equipamentos que não emitissem tanto volume, mas tenho a impressão de que esta medida não seria lá muito bem aceita pelos frequentadores da festa... A quem privilegiar? Aos 100 monges que ali vivem há mais de 300 anos, ou aos 3.000 jovens eufóricos num evento *sinistro*? O ideal era que a festa fosse feita, não sob uma lona, mas dentro de um local que não deixasse o som sair. Isso é possível, se chama *isolamento acústico,* e falaremos disso mais adiante. Ou então falar com o pessoal do mosteiro para combinar um horário onde a festa pudesse acontecer e eles continuavam a vida de monge depois dela. Isso também é cogitável e chamamos a isso *práticas de ordenação pública*. Se aplica para estacionamentos nas vias públicas, para definir onde colocar faixas de pedestres e serve também para regular a produção e a tolerância aos sons decorrentes de nossa vida, dentro do que se chama uma postura municipal, que a prefeitura estabelece para ordenar a vida pública no município. Isto, inclusive, é matéria legal, conhecida como Lei do Silêncio, e a maior parte das metrópoles mundiais tem uma.

Num lugar de trabalho, não devemos querer ruídos. Portanto, temos que estabelecer o que seja indispensável ou indesejável na produção de sons. E, assim fazendo, eliminar os sons indesejáveis. Podemos eliminar o barulho de cadeiras rangendo, pois isso não interessa a ninguém. Podemos adquirir impressoras mais silenciosas quando for possível ou mesmo colocar o terrível compressor do consultório dentário em um lugar bem fechado de forma que seu barulho não venha a aumentar o desconforto do paciente e do próprio odontólogo. Chamamos a isso *controle de ruídos na fonte*. Sim, adivinharam, vamos falar disso também.

Poderemos igualmente evitar muitos problemas acústicos bem estranhos. Numa reunião de uma empresa o pessoal da frente à esquerda não escutava corretamente o que falavam seus colegas do fundo à direita. E eles falavam coisas importantes o tempo todo. A reunião foi um suplício para ambas as partes e quase terminou em confusão. Muitas vezes os ambientes estão inadequados por serem tratados de forma incorreta. Ambientes com profusão de *materiais absorventes* podem produzir efeitos ruins. Por outro lado, ambientes vetustos em demasia, paredes nuas, vidros, enfim, muitos *materiais refletores,*

---

[1] Alguns autores especialistas estão propondo o termo *rumores* para designar os ruídos de fundo que não têm relação direta com o contexto imediato do lugar da pessoa. Por exemplo, no trabalho em um escritório podemos diferenciar o som do teclado, informação para alguns, o ranger da cadeira com manutenção deficiente (ruído, som indesejável) e os rumores (ruído de fundo dos telefones, conversas etc.). Em termos normativos e legais, este termo ainda não foi plenamente consagrado.

nos criam uma desagradável sensação de desconforto, dando a impressão de que estamos cercados de alto-falantes. E a impressão não está errada, pois cada vez que o som se reflete numa superfície, é como se estivesse sendo criada uma nova fonte sonora chamada fonte virtual. O efeito conjunto de múltiplas fontes sonoras reais e virtuais agindo ao mesmo tempo em um ambiente se chama *reverberação* e isso deve ser controlado tanto nos níveis superiores (excesso que aumenta a sensação de barulho e pode reduzir a inteligibilidade dos sons) como nos níveis inferiores (insuficiência de reflexão acústica que causa desconforto nas comunicações). Os ambientes devem ter uma conformação de elementos tal que os torne adequados às suas finalidades, conversa, conferência, escritório. E isso pode ser perfeitamente realizado, calculado em suas minúcias. Chama-se a isso *correção acústica* e obviamente não podemos deixar de falar disso.

Se os sons podem ser *desejáveis* (como a música), *imprescindíveis* (como o som da água passando que orienta o bombeiro na verificação de uma instalação) ou *indesejáveis* (que somente perturbam e não têm nenhuma utilidade de fato), eles podem vir a ser *insuportáveis* ou mesmo *agressivos,* quando se trata de impossibilidade orgânica nossa para aguentar o barulho (é o caso do pessoal de aeroporto de apoio ao solo junto ao avião que acaba de chegar) e mesmo das repercussões que o som pode trazer para nosso corpo e nossa saúde. Neste caso, quando não podemos agir tecnicamente pelo controle na fonte, isolamento ou correção e nem existem medidas administrativas cabíveis (imaginem se a turbina de um avião irá obedecer a um ofício com firma reconhecida...) somente nos resta proteger aqueles cuja atividade os leve a se acercar de um local ruidoso. É o que chamamos medidas de proteção, nosso último recurso e o último tema de que trataremos neste capítulo.

Bem, se acharam que fizemos a lista dos tópicos que se seguem, acertaram. Não obstante, o autor ainda resolveu brindá-los com duas rápidas passagens, acerca da gênese do fenômeno acústico e das estruturas de que fomos dotados pela natureza para lidar com nossa realidade acústica. Esses tópicos iniciais nos ajudaram a compreender as propostas e soluções existentes e a poder avaliar novidades futuras. Veremos, pois, em sequência:

- O fenômeno acústico
- As funções auditivas
- A mensuração acústica
- Os meios de prevenção
- Os meios de controle
- Os meios de prevenção

12.2. O fenômeno acústico

Tarde da noite, você retornando para casa com um(a) colega depois de um trabalho escolar ou de uma festividade, quando percebe que uma colisão de veículos é iminente. E ela efetivamente ocorre. Freadas de um lado e de outro não são suficientes para evitar a colisão. E sobrevém aquele barulho imenso do choque entre os veículos. Você comenta com seu(sua) colega: puxa vida, que barulhão!

O som é uma perturbação produzida pelas vibrações de um corpo, ou o escoamento de um fluido, que se propaga num meio elástico (sólido, gasoso ou líquido) através de pequenas flutuações de pressão, densidade e temperatura.

Pois bem, numa acepção teórica simples, os barulhos advêm das oscilações das moléculas. As moléculas, ao oscilarem, irão formar o som. A Figura 12.1 mostra, à sua esquerda, um recipiente com moléculas em repouso. Elas se mantêm a uma distância prudente umas das outras, tudo está calmo e silencioso. Então faremos com que o recipiente se agite. As moléculas chocar-se-ão umas com as outras até que fiquem em movimento do tipo browniano, chocando-se cada vez menos até que se acalmem. Isso se alguém não agitar o recipiente de novo, o que faz recomeçar este processo.

Figura 12.1 – Moléculas em repouso e em movimento browniano forçado.

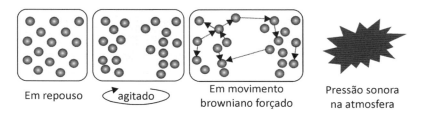

A colisão das moléculas as faz se chocarem com as paredes do recipiente, criando uma pressão de dentro para fora. Se retirarmos o recipiente, como num passe de mágica, ficará no ar uma zona diferenciada, a região sonora, uma região com pressões diferenciadas na atmosfera.

Lição básica: todo som advém de uma vibração que provoca, no meio em que esteja inserido, regiões sucessivas de compressão e rarefacção. Em termos muito simplificados, estamos afirmando que se algo vibra, isso produz um som, mesmo que seja inaudível. Ou seja, onde existe um som, existe uma vibração que o produz ou produziu. Os diapasões, objetos que servem para afinar instrumentos, eram originalmente constituídos por hastes muito bem construídas que, ao vibrarem, produziam um som puro (ou quase) que correspondia a uma nota musical. Os diapasões modernos também são assim, com a diferença de que a eletrônica tomou o lugar da mecânica.

Muito bem, agora produzamos a mesma vibração, somente que de forma mais controlada, com um dispositivo especialmente criado para este capítulo: um agitador de moléculas genéricas. Nosso vibrador molecular agitará uma haste movimentadora de moléculas, executando um movimento definido de forma constante e controlado. E para melhorar nossa experiência, troquemos o recipiente por um tubo cilíndrico. Após um certo tempo de funcionamento deste nosso estranho dispositivo vibratório, obteremos um interessante resultado: aparecem zonas onde muitos choques ocorrem, da mesma forma que em outras regiões a quantidade de choques é bem reduzida, chegando a um mínimo.

Aos valores desta curva chamaremos *intensidade sonora*, pois podemos demonstrar que o valor na curva, referenciado a um padrão ou escala, pode estimar a intensidade do som provocado pelos choques das moléculas. A intensidade do som é conhecida popularmente por *volume*, o que é uma alusão ao volume ocupado pelas moléculas na área mais concentrada.

Suponha agora que forçássemos o duto de forma que dele fossem expulsas todas as moléculas de seu interior. Elas sairiam pela boca do tubo, porém em sequência alternada de grupos concentrados e rarefeitos de moléculas (Figura 12.2). Sairia então um grupo "mais barulhento" e um "mais silencioso", tal como um jato mais forte e mais fraco, se ao invés de ondas sonoras fossem golfadas de água.

Figura 12.2 – Gênese do fenômeno acústico.

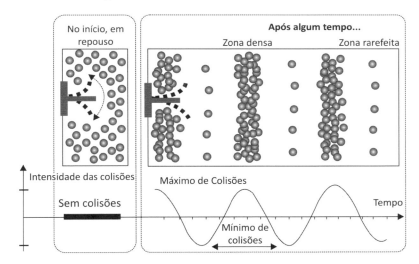

Como já vimos, a pressão total da "descarga" é a intensidade do som. Porém notamos que esta "descarga" se faz como uma pulsação, com golfadas mais fortes e mais fracas. O espaço de tempo entre uma golfada e outra de mesma natureza é a *frequência* que se pode associar com este fenômeno. A senoide apresenta uma frequência regular, estável, mas na vida real ela pode variar. A matemática, porém, nos permite dividir uma curva irregular em uma combinação de curvas regulares. É o mesmo que dizer que um som seja composto por uma combinação de frequências. E é exatamente isso que acontece. A matemática não inventa a vida, apenas encontra uma forma de descrevê-la, algumas vezes de forma muito sofisticada.

A frequência de um som é popularmente associada com o *timbre* ou *tom*. Um fenômeno acústico que apresente baixa frequência nos oferece a sensação de um som grave, e o que apresentar altas frequências é o chamado agudo (Figura 12.3). A curva de intensidade será mais estendida ou concentrada num e no outro caso. A voz humana tem a predominância de tons médios, embora sopranos e tenores consigam emitir agudos e graves que poucos mortais conseguem (e por isso se tornam artistas consagrados). E os sons de nossa vida o que são, senão uma mescla de várias tonalidades, notas de uma canção que a natureza nos escreve cotidianamente?

Figura 12.3 – Frequência diferenciando sons graves e agudos.

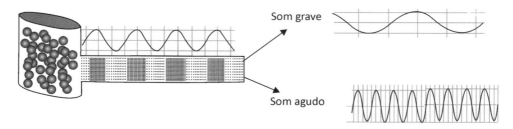

Em suma, um fenômeno acústico é um fenômeno de pressão (a energia decorrente das colisões nas áreas mais concentradas), de natureza ondulatória (se mede por uma amplitude e uma frequência). Na vida real, porém, dificilmente nos deparamos com sons puros, mesmo se escutarmos o melhor músico na melhor sala de concertos do mundo. O que temos é uma mistura de muitos variados sons, sons fortemente agudos entremeados com tonalidades graves estremecedoras, compostos por diversos outros sons médios.

Um momento: mas como explicar o fato de que ao esfregar um objeto no outro isto faz barulho? Não seria a fricção que produz o barulho? Acontece que mesmo que um objeto nos pareça liso, quando o examinamos num plano microscópico, ele é até bastante rugoso (se os homens vissem a fotografia microscópica de uma lâmina de barbear, acho que estaríamos todos barbudos...). O atrito é, na verdade, um deslizamento forçado de uma superfície rugosa sobre outra. O que acontece com um carro ao passar por uma rua esburacada? Pois bem, ele se remexe, sacode, vibra. Então, o que acontece com dois objetos em fricção? O atrito entre ambos produz uma intensa vibração em ambos, ainda mais porque é forçada. Como vibração produz som, isso produzirá um som razoável. Nem sempre ruídos, pois marceneiros, maqueteiros, escultores se servem do barulho da fricção para executar ações em seu processo de trabalho. Mas que faz barulho, faz.

Tecnicamente, portanto, temos todos os elementos conceituais para uma mensuração sonora[2]: sabemos o que é e como se forma o som, seus principais parâmetros. Mas

---

2 Em verdade, esta é a forma mais comum da estrutura dos ruídos nos ambientes profissionais. Existem formas mais específicas – e por que não dizer extremas como a turbina de um jato, assim como as decorrentes do movimento de uma aeronave, e os ruídos de escoamento cujo tratamento é mais específico e requer uma técnica um pouco mais específica, que não abordaremos neste texto.

por que nos daríamos a esse trabalho todo? É o que veremos na seção a seguir: o que o ruído pode fazer acontecer com as pessoas.

12.3. A fisiologia da audição

Não faremos aqui uma aprofundada revisão do imenso capítulo da fisiologia da audição humana. Contentar-nos-emos em descrever de forma esquematizada a maneira como escutamos, com uma breve caracterização do funcionamento de nosso sistema auditivo, assim como de suas limitações.

12.3.1. Como escutamos

Todos sabemos que ouvimos com nossos ouvidos, para isso temos duas orelhas, para escutar mais do que falar. Mas... não estaria aí havendo uma certa mistura de termos e funções? Ouvido, orelha, audição, para que tantas palavras? Vamos entender graficamente o que acontece com a pessoa em um ambiente sonoro ou sonorizado. A Figura 12.4 nos ajudará nisso. A fonte sonora irá provocar regiões de compressão e rarefações do meio na sua origem e essa onda de pressão chega aos nossos pavilhões auditivos, popularmente conhecidos como orelhas. A forma das orelhas ajuda a "empurrar" a onda sonora pelo buraco do ouvido adentro. A *orelha* (ou pavilhão auditivo) é o principal elemento de ajuda à captação de sons no meio ambiente pelo sistema auditivo. Muitos animais – especialmente o cão pastor alemão – chegam a ter controle intencional sobre a configuração de sua orelha, enrijecendo-a e a direcionando para prestar atenção em som que lhe interesse ou chame sua atenção. No caso do ser humano isso é bem pouco comum.

Figura 12.4 – Esquema simplificado da audição.

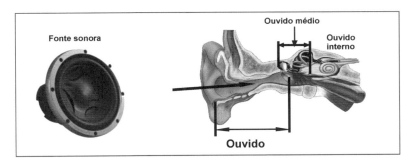

Já o ouvido é um sistema mais elaborado que aparece externamente, como um duto que interliga a orelha ao interior da cabeça. O ouvido na verdade é subdividido em três partes integradas:
- o ouvido externo, que estabelece a ligação do sistema com o meio externo;
- o ouvido médio, que é uma estrutura de conversão e amplificação da percepção da onda de pressão sonora para uso do sistema;

- o ouvido interno, que é uma estrutura de interface que converte a percepção do ouvido externo, convertida, pelo ouvido médio, em um sinal cerebral. Esta interface possui sensores especializados (que formam a membrana basilar) conectados aos nervos auditivos que realizam a sinapse entre estes sensores e as regiões cerebrais da sensibilidade auditiva.

Vejam bem o que acontece: o som que se propaga espalhado pelo ar é capturado por nossos pavilhões auditivos, que o concentra no pequeno duto que são os nossos ouvidos. O formato das orelhas já é feito para ajudar esta forma primária de amplificação acústica: à medida que envelhecemos e perdemos audição, os pavilhões auriculares podem aumentar de tamanho numa tentativa do corpo em operar uma compensação.

Nosso ouvido, o pequeno buraco ou duto, é na verdade um delicado e eficiente mecanismo de captura e transformação da pressão sonora provocada pelo choque das moléculas decorrentes de uma vibração. Primeiramente captura, e é disso que se ocupa o ouvido externo. Depois transforma esta pressão em energia hidráulica por meio da ação combinada dos ossículos, e é isso que faz o ouvido médio. E finalmente envia a percepção codificada em impulsos elétricos para o cérebro.

Voltemos à Figura 12.4 e observemos as formações do ouvido médio e do ouvido interno. O ouvido externo termina numa superfície análoga ao couro de um tambor, e é esse "tambor" que recebe a pressão sonora sob a forma de um impacto. A parte interna do tambor (já no ouvido médio) se comunica com nossas narinas de forma que, em situação de repouso, a pressão interna (no ouvido médio) é igual à pressão atmosférica externa (no ouvido externo) e, então, não escutamos *nada*. É necessário haver uma perturbação nesse equilíbrio de pressões para que a orelha capture, a onda sonora entre pelo ouvido externo e o "tambor" se movimente. Aí, sim, estaremos *escutando* alguma coisa.

Esse tambor se chama *tímpano*. O tímpano, na sua parte interior situada no ouvido médio, está acoplado a um sistema de três pequenos ossos, chamados *martelo*, *bigorna* e *estribo*, devido ao seu formato que lembra tais utensílios de ferreiro. Esse acoplamento, tal como um pistão, transforma o impacto da pressão sobre a área do tímpano em um "soco" numa pequena área do ouvido interno, onde existe um líquido específico, chamado *líquido coclear*. Nesta conversão há uma formidável amplificação porque a área do estribo, que vai golpear o líquido coclear, é bem menor do que a área do tímpano. Ao mesmo tempo, tal como as antigas locomotivas, o "pistão" também comunicará ao líquido a frequência da onda de pressão que fustiga o tímpano.

E é no interior do ouvido interno que registramos mais uma maravilha da natureza. A cóclea, onde fica o líquido que recebe o sinal de pressão vindo do tímpano, é revestida de um tecido chamado *membrana basilar*. A membrana basilar é formada por células especializadas em reagir somente a uma faixa de frequência. Ela fica bem enrolada na cóclea, mas se pudermos desenrolá-la teremos o que nos mostra a Figura 12.5. E para cada grupo de frequências temos um nervo auditivo que repassa a informação ao cérebro.

Figura 12.5 – Representação esquemática do ouvido interno e da membrana basilar.

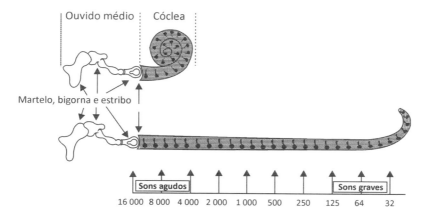

É assim que escutamos. Que sentimos a intensidade e percebemos as diferentes frequências. E que sofremos quando expostos a ruídos incômodos (sofrimento de natureza mais psicológica) ou a sonoridades excessivas para nossos ouvidos (sofrimento fisiológico, perda temporária, surdez...). É o que veremos na seção a seguir.

12.3.2. Os limites da audição

Como vimos, a intensidade dos sons é percebida de acordo com suas frequências; um som complexo será percebido pela mixagem das frequências puras que o formam. Para que esse funcionamento não coloque em risco a integridade do trabalhador, as intensidades e frequências audíveis têm valores máximos e mínimos que formam o assim chamado campo auditivo (janela de audição).

Nosso aparelho auditivo percebe frequências entre 20 e 20.000 Hz, a voz humana se situando entre 100 e 8.000 Hz e a conversa acontecendo entre 400 e 4.000 Hz (Figura 12.6). Abaixo de 20 Hz temos os infrassons e acima de 20.000 Hz temos os ultrassons. Embora cheguem a ser utilizados de forma controlada em aplicações clínicas, infrassons e ultrassons são nefastos e perigosos, ainda mais porque nossos aparelhos auditivos não os detectam. Os *infrassons* produzem efeitos conhecidos como síndrome dos viajantes (dor de cabeça, enjoos, vômitos). Em intensidade elevada produzem no corpo o efeito de um golpe agudo e de lenta recuperação, por atingir a musculatura e os órgãos de forma profunda (efeito de ressonância). Os *ultrassons* podem provocar efeitos análogos da síndrome dos viajantes. Em altas intensidades, porém, podem chegar a provocar sensação de queimadura na pele.

Isso não significa que os sons na faixa da audibilidade não possam vir a causar danos. Os dois efeitos mais comuns são o estresse auditivo e a surdez. O estresse auditivo decorre da exposição prolongada a um ambiente ruidoso. De retorno a um ambiente

Figura 12.6 – Limiares de audibilidade.

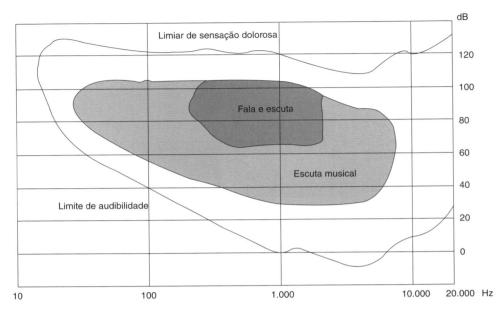

normal é sensível a alteração de nossa capacidade auditiva e até nossa própria voz parece distante. A recuperação pode superar 24 horas!

Existe um exame complementar à clínica otorrinolaringológica chamado audiometria, que é o registro da áudio-sensibilidade com relação às frequências audíveis. A Figura 12.7 nos mostra os resultados de uma audiometria realizada com pessoas que permaneceram longamente em um ambiente ruidoso (curva A). O organismo, na ânsia de proteger-se, eleva o limiar de audibilidade, especialmente nas altas frequências, que são bem mais danosas para a audição. O mesmo audiograma feito duas horas depois da exposição já nos aponta uma melhoria sensível, o que continuará a acontecer se o refizermos dali a mais duas horas. Após 12 horas as pessoas recuperaram seu nível normal

Figura 12.7 – Audiogramas realizados com pessoas recém-expostas a ambientes ruidosos.

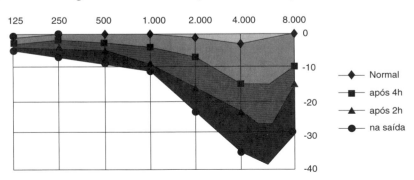

de audição. A perda temporária tem seu tempo de recuperação associado à intensidade do ruído, assim como ao seu tempo de exposição. Para dar um parâmetro, uma exposição de uma pessoa durante 3 horas a um nível de ruído de 95 dB (A) lhe causa perda auditiva temporária, inevitavelmente.

A mera exposição ao ruído produz uma perda, ainda que temporária, e é isso que devemos ter em mente: o ruído sempre faz mal. E o que é pior, o segundo efeito, a surdez, é irreversível e se estabelece progressivamente. Os estresses auditivos podem não ser inteiramente recuperados. Para todos os nossos sentidos temos uma progressiva perda de acordo com a idade, sendo que a perda de audição com a idade é severa. Combinada com a perda auditiva de natureza profissional, temos aqui um quadro gravíssimo de saúde do trabalhador. A Figura 12.8 mostra o comportamento da perda auditiva por idade e de fundo ocupacional.

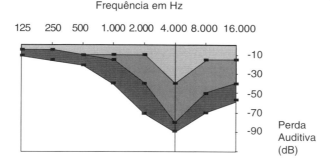

Figura 12.8 – Perda de audição com a idade e de natureza ocupacional.

Assim é que a audição se perde paulatinamente, e com isso vários problemas profissionais e sociais surgem em sua esteira: a comunicação fica prejudicada, há perda de atenção, de memória. Isso sem contar o fato de que a surdez se instaura progressivamente pelo aumento dos limiares: não apenas a pessoa necessita que lhe falem mais forte, como também falem mais alto, dando a impressão de indelicadeza ou mesmo de falta de educação. Como é progressiva e imperceptível, muitas vezes nem os próprios familiares se dão conta da lesão, mas se queixam das alterações comportamentais de seu familiar em processo de surdez. Para não nos alongarmos em demasia, elaborei o Quadro 12.1 com os efeitos do ruído na pessoa humana, que sirva de ilustração e lembrete para todos e todas.

Quadro 12.1 – Efeitos diretos e indiretos da exposição aos ruídos profissionais

Direto	Surdez temporária requerendo recuperação	
	Surdez progressiva	
	Aumento cumulativo de penosidade	
	Distúrbio de atenção e de memória	
	Comunicações perturbadas	
	Isolamento profissional	
Indireto	Estado geral	Aumento da sensação de fadiga
		Ansiedade, agressividade
		Perturbações do sono
	Fisiológico	Hipertensão arterial
		Vertigens
		Problemas digestivos
		Tensão muscular
		Perda da imunidade das células auditivas
	Vida social	Dificuldade de relacionamento e período de recuperação
		Isolamento progressivo do círculo familiar

12.4. A mensuração acústica

A tecnologia disponível nos permite fazer mensurações até bastante precisas e preditivas com relação aos fenômenos acústicos. Para tratarmos destes temas devemos entender as grandezas com que avaliamos os diferentes parâmetros acústicos. Em seguida falaremos um pouco sobre as diferentes possibilidades de mensuração acústica, enfatizando o mais frequente em Higiene e Segurança do Trabalho, que é a avaliação acústica em recintos fechados. Faremos um breve descritivo dos aparelhos de medida e finalizaremos com algumas indicações normativas.

12.4.1. As grandezas acústicas

Primeiramente vejamos a intensidade do som. As intensidades dos sons variam desde um simples sussurro ao barulho de uma turbina de avião, e os escutamos a todos. Assim é que uma primeira forma de tentar medir os sons será a relação entre o som mais baixo e o som mais alto que possamos ouvir. O som, como já vimos, é um fenômeno de pressão e as escalas de pressão variam numa proporção muito elevada entre o menor e o maior valor. Assim é que as medidas acústicas adotaram, para as intensidades, uma medida logarítmica, o bel, em homenagem a Graham Bell, o inventor do telefone. Na prática, utiliza-se o décimo deste valor, o decibel, cuja expressão analítica é a seguinte [Equação (1)]:

$$L\,dB = 10 * \log(I_{existente} / I_{padrão}) \quad (1)$$

Para dar uma ideia ao leitor da grandeza decibel, a Tabela 12.1 mostra os valores de alguns sons de nosso cotidiano.

Tabela 12.1 – Decibéis e ruídos do cotidiano (BISTAFA, 2006)

Sensação subjetiva	Valor em dB	Descrição
Estrondoso	130	A menos de 5 m da turbina na decolagem
Muito barulhento	120	Broca pneumática
	110	Metrô passando em velocidade
	100	Ao lado da Britadeira
Barulhento	90	Rua barulhenta de grande cidade
	85	Escritório com janelas abertas
Moderado	70	Pessoas falando a 1 m
	60	Escritório normal
Tranquilo	50	Restaurante tranquilo
	40	Sala de aula (sem alunos conversando)
Silencioso	30	Teatro vazio
	10	Respiração

A intensidade pressão padrão é assumida como a da pressão do ar ambiente, de forma que 0 dB corresponda ao som mais elementar que nosso ouvido venha a perceber. Uma intensidade pressão sonora 1.000.000 de vezes maior do que o mínimo perceptível tem, pois, o valor de:

$$V = 10 * \log(1.000.000\,I_{padrão} / I_{padrão}) = 10 * \log 10^6 = 10 * 6 = \mathbf{60\,dB}$$

A adoção de escala logarítmica confunde bastante aos desavisados. Para mexer no valor, um som não deve ser apenas mais alto, deverá ser *muito mais alto*. Da mesma forma, nosso esforço para reduzir a intensidade deve ser muito forte, pois do contrário os resultados são numericamente inexpressivos. Para ter uma ideia mais precisa, veja o Quadro 12.2.

Quadro 12 2 – Relação de quantidade entre decibéis

- Quando o nível de ruído dobra, o valor aumenta em 3 dB
- Quando quadruplica, temos 6 dB a mais
- 10 dB a mais representam quase oito vezes o valor mais baixo
- Inversamente, a redução da intensidade à metade significa abaixar o valor em apenas 3 dB

Um detalhe importante na mensuração é o fato de que existem escalas nos aparelhos de mensuração de pressão sonora. Uma coisa é a mensuração do som como fenômeno acústico na natureza, em campo livre. Outra é a estimativa do som que chega ao ouvido médio após todo o tratamento que lhe é dado pela orelha e pelo ouvido externo. Sem entrar nos detalhes, a engenharia acústica criou uma escala que já leva em conta tais influências. Assim é que os fenômenos acústicos físicos (por exemplo, o ruído que uma máquina emite) devem ser mensurados em escala dB (C ou linear), conquanto a acústica para finalidades profissionais (por exemplo, o ruído à altura da orelha, como aconselha a norma NR-15 do Ministério do Trabalho) deve utilizar a escala (A), conforme ilustra a Figura 12.9.

Figura 12.9 – Escalas dB(A) e dB(C).

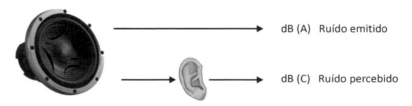

A frequência se mede em Hertz, uma medida geral de ciclos de um fenômeno por unidade de tempo. Em termos acústicos ela significa o número de vezes por unidade de tempo onde um valor máximo ocorreu. Recomendamos revisitar a Figura 12.3, que estabelece a diferença entre frequências graves e agudas.

12.4.2. A mensuração do ambiente

Nos ambientes de trabalho encontramos uma superposição de sons e ruídos (quer dizer, alguns desejáveis e outros não) de naturezas diversas e origens distintas, alguns de fontes distantes, outros de fontes mais próximas ao lugar audição, todos eles com as características de sons complexos. E mais, possuem intensidades variadas ao longo do tempo, bastante irregulares.

Como fazermos para lidar com tamanha diversidade? Felizmente existe uma forma de calcular o nível médio de pressão sonora em tais circunstâncias. Ele se chama nível de ruído equivalente L_{eq}. A engenharia de instrumentação elaborou aparelhos (Figura 12.4) que permitem captar sons, estimar sua intensidade média em um intervalo de tempo que fixarmos de acordo com a nossa vontade (e, claro, as limitações do aparelho). Eles podem igualmente, mediante o uso de *filtros de bandas de oitava*, nos informar qual a intensidade de frequências dentro de uma faixa, por exemplo a dominante em 500 Hz na qual se situa a voz humana.

Figura 12.10 – Decibelímetro e perfil sonoro obtenível com este aparelho.

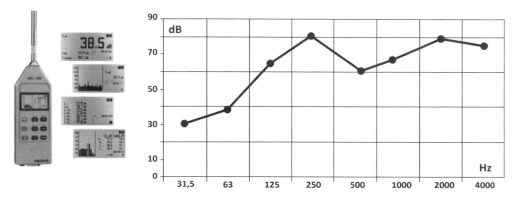

Esse perfil é posteriormente comparado com curvas-critérios de ruído (curvas NC, ou *Noise Criteria curves*) de acordo com o estabelecido na Norma Brasileira 10152 (Figura 12.11). Tecnicamente buscamos tipificar um ruído através de seu perfil sonoro e buscando a frequência de maior intensidade (a de 250 Hz) e com isso estaríamos tipificando o lugar como extremamente ruidoso. Em Segurança e Medicina do Trabalho o mais recomendável é fazer a tipificação pela intensidade da frequência de 500 Hz, o que nos traria como resultante sua classificação como muito ruidoso. A justificativa é que se enfoque o espectro da fala (de 500 a 4000 Hz), dado que o pior da perda auditiva é a redução da percepção da fala por combinar necessidades operacionais e sociais. Os valores das curvas NC são igualmente apresentados de forma tabulada, permitindo obter os valores diretamente ou por meio de interpolações.

Figura 12.11 – Curvas e tabelas-critério de ruído (Curvas NC).

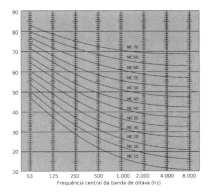

NC (dB)	63	125	250	500	1000	2000	4000	8000
15	47	36	29	22	17	14	12	11
20	50	41	33	26	22	19	17	16
25	54	44	37	31	27	24	22	21
30	57	48	41	36	31	29	28	27
35	60	52	45	40	36	34	33	32
40	64	57	50	45	41	39	38	37
45	67	60	54	49	46	44	43	42
50	71	64	58	54	51	49	48	47
55	74	67	62	58	56	54	53	52
60	77	71	67	63	61	59	58	57
65	80	75	71	68	66	64	63	62
70	83	79	75	72	71	70	69	68

A partir das curvas NC foi possível estabelecer parâmetros para recomendação dos níveis de ruído em diversos ambientes típicos do qual fizemos um pequeno excerto ilustrativo que compõe a Tabela 12.3. Vemos ali que existe uma pequena diferença entre a mensuração global em dB (A) e os valores correspondentes em NC.

A avaliação de ruídos deve seguir a sistemática estabelecida pelas normas NBR 10.151 e NBR 10.152, desdobramentos da antiga NB-101. Tal procedimento pode ser resumido em três passos (COSTA, 2003):

1. Mensuração da pressão sonora global sem correção por bandas de frequências e correção classificação mediante o uso das curvas NC.
2. Mensuração da pressão sonora de pico (o maior valor de pressão sonora registrado durante a medição). Decibelímetros com um melhor nível de recursos dispõem dessa funcionalidade.
3. Mensuração do nível de ruído equivalente em escala dB (A) num intervalo de tempo nunca inferior a 5 segundos.
4. Aplicação do fator de compensação L_B conforme a Tabela 12.3.
5. Verificação da compatibilidade com o critério de avaliação NCA (Tabela 12.4).

Tabela 12.2 – Nível recomendado de ruído em alguns ambientes típicos (NBR 10152)

Lugares	Dependência-tipo	NC	dB(a)
Hospitais	Apartamentos, Enfermarias, Berçários	30-40	35-45
	Laboratório, Recepção	35-45	40-50
	Serviços	40-50	45-55
Escritórios	Sala de reunião	25-35	30-40
	Salas de projeto	30-40	35-35
	Baias	40-60	45-65
Residências	Dormitórios	30-40	35-45
	Sala de estar	35-45	40-50

Um último detalhe acerca da mensuração: o levantamento de ruídos é uma atividade técnica e deverá ser realizado por profissional capacitado empregando equipamento calibrado e com certificação desta calibração, para que tenha valor legal. Nossa intenção aqui foi explicar a mensuração para que o leitor, quando receber um laudo acústico do lugar de trabalho, tenha condições mínimas de fazer sua leitura.

12.5. A luta contra os ruídos

Uma boa maneira de lidar com os fatores ambientais tóxicos, que agridem o organismo humano, é o conceito de linhas de defesa. Este conceito, ilustrado na Figura 12.12, significa pensar num espaço contínuo de providências que se devam

Figura 12.12 – As linhas de defesa do trabalhador.

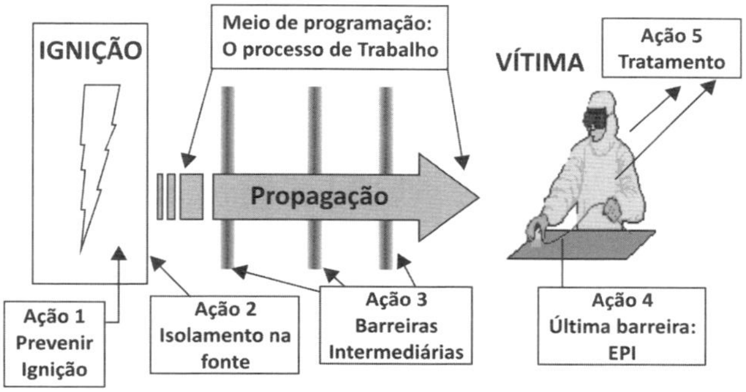

Fonte: Adaptação de Vidal (2002).

tomar para eliminar, evitar, proteger e mitigar a agressão, bem como seus efeitos sobre a pessoa humana.

Em termos de ruído, embora esse mesmo raciocínio possa ser aplicado aos demais agentes ambientais tóxicos, as linhas de defesa podem ser agrupadas em três categorias, as quais serão objeto de nossa caracterização nos subitens subsequentes. São elas: os meios de prevenção, controle e proteção. Por escapar ao escopo da atuação da engenharia não chegaremos a desenvolver os aspectos de audioterapia e de próteses auditivas, fazendo apenas um comentário conclusivo com indicações de leitura complementar.

12.5.1. Os meios de prevenção

A primeira categoria, os meios de prevenção, envolve duas ações-tipo, a prevenção de processos de intoxicação, seja evitando sua ignição (os subprocessos que disparam um comportamento agressivo dos elementos do ambiente sobre a pessoa humana), seja pelo isolamento na fonte (impedindo que um processo tóxico disparado chegue a se propagar no meio ambiente de trabalho).

Ação 1: Eliminar a produção de ruídos

Em se tratando de ruído, em teoria a maneira de evitar a produção de ruídos é eliminar os processos vibratórios nas suas origens. Temos dois tipos de vibrações: as que explicamos logo no início do capítulo e uma variação daquele processo causada pelo atrito entre dois corpos, que poderia ser entendido como uma dupla causação vibratória. Aplicando esta teoria na prática, buscaremos fazer um criterioso e aprofundado processo de manutenção preventiva, examinando cada equipamento e cada instrumento de trabalho no sentido de eliminar atritos e vibrações. A produção de ruídos é dificilmente eliminável quando se trata de operações industriais de estamparia (conformação de metais), usinagem ou aparelhamento (corte, desbaste, perfuração e polimento), podendo, quando muito, vir a ser atenuados por estratagemas técnicos como fluidos de usinagem. No entanto, um ganho significativo na luta contra os ruídos poderá ser obtido por eliminação da vibração dos equipamentos diversos. Costa (2003) nos apresenta um interessante conjunto de apreciações a esse respeito (Quadro 12.3):

Quadro 12.3 – Causas de ruídos em máquinas e encaminhamentos de manutenção

Causas de geração de ruídos	Encaminhamentos de manutenção
Funcionamento irregular de motores	Regulagem de motores a combustão; Alinhamento de escovas em motores síncronos
Vibração por ressonância de órgão de máquina	Alteração de formas, dimensões ou disposição das peças
Órgãos em desequilíbrio em movimentos rotativos	Ajuste, quando possível, do balanceamento dos volantes e cilindros rotativos
Acabamento dos órgãos em contato gerando atritos e choques dispensáveis	Retífica dos órgãos, substituição de rolamentos por mancais de escorregamento e lubrificação adequada e periódica
Assentamento do equipamento no solo	Verificação da massa da base do equipamento e instalação de amortecedores de vibração especialmente projetados (Figura 12.13)
Interligação das máquinas operatrizes com máquinas geratrizes	Verificar alinhamento dos eixos de transmissão por correias e/ou emprego de conexões de potência flexíveis (tipo Cardan)
Alimentação e exaustão de máquinas	Empregar juntas corrugadas, mangueiras de borracha com reforço metálico e até mesmo golas de lona.

Eliminar a produção de ruídos é a providência de maior eficácia verdadeira. No entanto, pode esbarrar em limites administrativos, técnicos e financeiros.

Um *limite administrativo* existe quando não há condições objetivas de impor regras para coibir a produção de ruídos. A situação de muitos escritórios e áreas administrativas, mesmo que não apresentem níveis de ruído que cheguem a causar desgaste fisiológico, produz níveis de ruído em níveis suficientes para causar perturbações psicológicas de diversas ordens. Há, neste caso, uma imensa dificuldade administrativa já que as fontes identificadas no ambiente são a conversa, os telefones, impressoras, teclados, enfim, elementos técnicos e humanos que integram o próprio processo de trabalho, e não se pode coibi-los. Um segundo tipo de limite administrativo decorre da estrutura de poder. Em algumas situações técnicas um processo considerado mais importante se sobrepõe a outro. Para não ferir maiores suscetibilidades, basta considerar as opções urbanas por passarelas que obrigam o pedestre a subir e descer escadas ou rampas, conquanto os veículos, dotados de motor, seguem circulando no plano... Mas em minha vida profissional já me deparei com a expressão tipo "na minha área ninguém mexe", e a solução adotada teve que levar isso em altíssima consideração.

Figura 12.13 – Amortecedores de vibração e seu emprego em projetos industriais.

Fonte: Risasprings Amortecedores de Vibração Ltda. As coordenadas desta empresa estão disponíveis nas referências do capítulo.

O limite técnico se coloca quando a eliminação de vibrações e atritos encontre obstáculos de difícil transposição física ou lógica. Um exemplo do cotidiano são os caminhões de lixo, que usam a tecnologia de compactação. A própria natureza do detrito ao ser compactado está na origem da produção de ruídos, e não parece razoável pedir às pessoas que joguem ao lixo apenas detritos que, se compactados, não produzam barulho. No entanto, pode-se estudar os motores desses mesmos caminhões no sentido de produzirem menores ruídos. Os motores a explosão de que são dotados nossos veículos me parecem um caso perdido, mas os silenciosos motores elétricos não deixam de ser um grande alento na luta contra os ruídos (embora existam motores síncronos que são, em termos de ruído, uma verdadeira tragédia).

O limite financeiro, em que pese a forte condenação moral que sobre ele possa vir a incidir, é um dado de realidade inquestionável. Muitas operações de eliminação de ruídos são simplesmente inviáveis do ponto de vista financeiro, seja porque se trataria de uma reinstalação total de um ativo, seja porque implicaria uma mudança de maquinário impensável ou tecnicamente impossível numa dada conjuntura. Tal questão deve ser examinada com bom senso típico de engenharia. Uma apreciação custo-benefício é a melhor forma de encaminhar esse debate, até porque se pode ponderar valores tangíveis e intangíveis neste tipo de apreciação.

Tais limites não devem ser considerados impeditivos, mas antes balizar a análise de sensibilidade das opções de ações corretivas. E elas existem em muitos casos.

Ação 2: Isolar os ruídos na fonte

Este tipo de providência, em muitos casos, tem menores restrições técnicas, administrativas e financeiras, razão pela qual se trata da modalidade mais frequente. Nos anos 1980, a computação em franca disseminação empregava as impressoras matriciais, que realizavam as impressões mediante o impacto de tipos sobre o carro de impressão, com consequente produção de barulho. Naturalmente não se tratava de eliminar impressões, mas muitas empresas à época adotaram envoltórias como isolantes acústicos, onde as impressoras eram colocadas. Da mesma forma, hoje em dia praticamente todos os dentistas colocam o compressor necessário ao bom funcionamento de seus equipos em um compartimento fechado para isolar o ruído. A Figura 12.14 mostra vários exemplos de sistema de enclausuramento de máquinas e dispositivos ruidosos inteiramente desenvolvidos no Brasil.

Figura 12.14 – Revestimento acústico externo de uma situação ruidosa.

Fonte: Pela ordem, são projetos das empresas Ruidomenor (SP), Isar (SP) e Prasecta (RS). As coordenadas destas empresas estão disponíveis no final do capítulo.

O isolamento acústico se obtém pelo emprego de materiais adequados para as paredes do ambiente ou do equipamento enclausurado. A Tabela 12.4 mostra o comportamento, em termos de isolamento acústico, de alguns materiais de uso corrente.

Os meios de controle

Os meios de controle de ruído de que trata o grupo de ações 03 se compõem da criação de barreiras que impeçam a progressão da propagação acústica desde a fonte. Como consideramos o enclausuramento uma ação de controle de ruído na fonte, trataremos aqui de duas formas de embarreiramento – o isolamento arquitetônico (entre recintos) e o controle da trajetória de transmissão dos ruídos – e uma forma de tratamento – a correção acústica.

Tabela 12.3 – Valores normalizados de isolamento acústico (NBR 12179)

Material	Isolamento em dB Banda de oitava 500 Hz
Alvenaria de tijolo maciço (espessura de 10 cm)	45
Alvenaria de tijolo maciço (espessura de 20 cm)	50
Alvenaria de tijolo maciço (espessura de 30 cm)	53
Alvenaria de tijolo maciço (espessura de 40 cm)	55
Alvenaria de tijolo furado (espessura de 25 cm)	10
Chapa de madeira tipo *soft-board* (espessura de 12 mm)	18
Chapa de madeira tipo *soft-board* com camada de ar intermediária de 10 cm	30
Chapas ocas de gesso (espessura de 10 m)	24
Compensado de madeira (espessura de 6,0 cm)	20
Compensado de madeira (espessura de 6,0 cm) com duas placas com camada de ar intermediária de 10 cm	25
Concreto – laje entre pavimentos	68
Vidro de janela (espessura de 2,0 a 4,0 mm)	20 a 24
Vidro grosso (espessura de 4,0 a 6,0 mm)	26 a 32
Vidro de fundição (espessura de 3 a 4 mm), uma placa	24
Vidro de fundição (espessura de 4 a 6 mm), duas placas	36

Ação 3: O isolamento arquitetônico de ambientes

Uma grande gama de soluções na luta contra ruídos é trazida pela tecnologia da arquitetura. Ao planejar o espaço, o(a) arquiteto(a) poderá resolver no estágio de concepção vários problemas relacionados com o ruído, tanto que alguns chegam a falar em programação acústica e pós-ocupação acústica. No caso de isolamento arquitetônico, seguem regras simples para estabelecer esta condição. O isolamento acústico (Figura 12.15) na NBR 12.179 parte do ruído existente no recinto e fora dele. O nível de som no recinto deve ser fixado de acordo com o estabelecido na NBR 10.152 e o nível externo é avaliado por mensuração ambiental. A queda de som entre o exterior e o interior dada pela diferença entre estas grandezas deve estar conforme a Tabela 1 do anexo da NBR 10.152.

Figura 12.15 – Isolamento acústico (lei da massa).

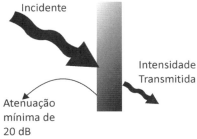

Ambientes mais ruidosos devem ser arquitetonicamente separados e isolados dos menos ruidosos. Não faz sentido a coabitação de setores ruidosos com outros setores de uma mesma área industrial. O isolamento acústico refere-se à relação acústica entre o interior de um recinto e seu exterior. Usualmente se opera numa atenuação (diferença entre a intensidade incidente e a intensidade transmitida da ordem de 20 dB). Os recipientes para enclausuramento podem ser considerados pequenos ambientes, e por isso sujeitos às mesmas considerações.

O isolamento admite uma expressão analítica indicada pela Equação (2).

$$L_p = L_w - \Delta L - 10 \log S_E + C \qquad (2)$$

Onde:

L_p = Nível médio de pressão sonora no entorno da clausura
L_w = Nível de potência sonora da fonte enclausurada
ΔL = Isolamento acústico do material de revestimento da clausura
S_E = Área externa da clausura
C = Constante de enclausuramento (Tabela 12.5)

Tabela 12.4 – Constante de enclausuramento C (BIES e HANSEN, 1996, apud BISCAFA, 2006)

Condições acústicas internas da clausura	Bandas de oitava (Hz)							
	63	125	250	500	1000	2000	4000	8000
Viva	18	16	15	14	12	13	15	16
Razoavelmente viva	16	13	11	9	7	6	6	6
Medianamente viva	13	11	9	7	5	4	3	3
Viva	11	9	6	5	3	2	1	1
Critérios de determinação das condições acústicas internas da clausura								
Viva	Todas as superfícies da clausura e da fonte são duras e pouco flexíveis.							
Razoavelmente viva	Algumas superfícies da clausura e da fonte são compostas por madeira ou material leve equivalente.							
Medianamente viva	As superfícies da fonte são duras, porém as da clausura são revestidas por material absorvente*.							
Viva	As superfícies da fonte são compostas por materiais leves; as paredes internas da clausura são revestidas de materiais absorventes.							

* Trataremos de materiais absorventes na ação 4

Ação 4: O controle da trajetória de transmissão dos ruídos

A ação seguinte trata do controle da trajetória de transmissão dos ruídos. Considera-se que os ruídos apresentam um duplo aspecto, ondulatório – em sua natureza intrínseca – e geométrico – em sua natureza extrínseca. Neste último sentido é possível estabelecer um grupo de ações que funcionam como um direcionamento das ondas sonoras para lugares onde sejam de menor efeito deletério. Apesar de os efeitos serem de repercussão técnica bastante inferior ao auferido pelas ações precedentes, elas apresentam alguns resultados significativos. E são muito interessantes no que tange aos limites administrativos e financeiros.

A primeira forma desta ação é o estabelecimento de um distanciamento físico entre a fonte e o receptor. Como todo fenômeno ondulatório, o som obedece às leis da distância, decaindo proporcionalmente ao quadrado da distância. Em recintos fechados, esta solução é inócua, devido ao fenômeno da reverberação, que examinaremos na próxima seção.

A segunda forma é o uso de isolamento parcial. Na impossibilidade de um enclausuramento, o uso de biombos tem uma pequena atuação atenuadora. Em alguns casos pode vir a ser a única atuação ensejável.

A terceira forma desta ação é a condução geométrica do som. Trata-se de um procedimento utilizado para gerenciar o som em ambientes onde se queira obter efeitos acústicos determinados. Auditórios e salas de conferência empregam este efeito de forma explícita, sendo que o projeto de refletores/condutores de sons é objeto de desenho arquitetônico especial (Figura 12.16)

Figura 12.16 – Uso de refletores acústicos em ambientes específicos.

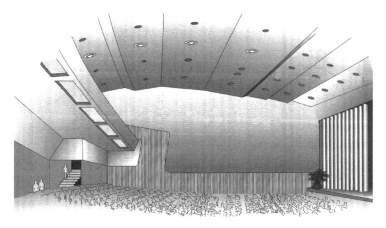

Fonte: Adaptação de Costa (2003).

Ação 5: A correção arquitetônica de ambientes

A terceira forma da ação 4 pode vir a se tornar inútil se outras medidas não forem tomadas. A principal delas é a chamada correção acústica, que busca o estabelecimento do tempo ótimo de reverberação segundo a metodologia preconizada pela NBR 10.151.

A reverberação é o efeito combinado da fonte primária com as fontes secundárias. Num recinto fechado, a intensidade do som produz a superposição de ondas sonoras diretas e indiretas. A reflexão do som incidente nas paredes do recinto fechado cria inúmeras fontes secundárias que induzem a uma sensação acústica de aumento de pressão. É este o efeito da reverberação no ser humano. Não há amplificação, pois isto requereria energia adicional no sistema. O desconforto acústico, porém, nos causa esta sensação de uma suposta amplificação. O efeito ocorre porque a fonte sonora se extingue, entretanto o som continua a ser captado pelo ouvinte, lhe transmitindo a impressão de amplificação, de que a pressão sonora teria aumentado.

Figura 12.17 – O fenômeno acústico da reverberação.

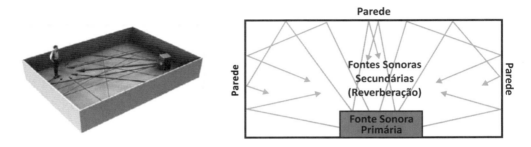

O tratamento dos efeitos de reverberação consiste no isolamento da fonte e do revestimento das paredes com materiais que reduzam e controlem a intensidade das fontes secundárias. Cada material tem uma característica acústica que é objeto de ensaios normalizados com o que os fabricantes podem especificar suas características técnicas. Assim, podemos tratar as paredes (considerando teto e piso como paredes) de forma a que se obtenha um equilíbrio entre um mínimo de refletância necessária (para não abafar o som) e um máximo de absorção desejada (para evitar reverberação excessiva). Chama-se a isso *tempo ótimo de reverberação* T_{ot}, qualidade acústica da adequação de um ambiente às suas finalidades.

Figura 12.18 – Fenômeno acústico de absorção sonora.

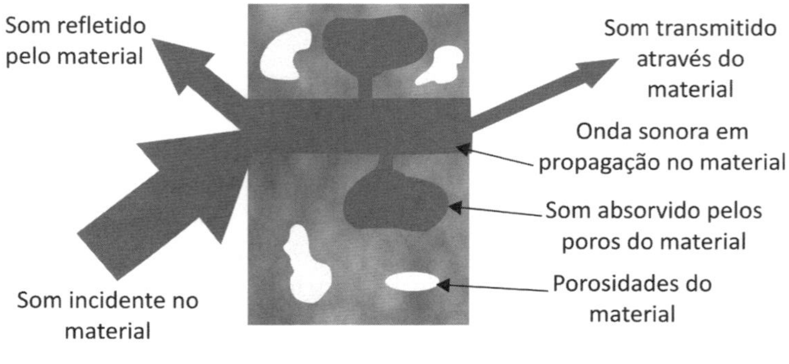

Fonte: Adaptação de Vidal (2002).

O tempo ótimo de reverberação está normalizado no Brasil através de uma tabela anexa à NBR 10.151, depois assumida como tal pela NBR 12.179. Da mesma forma os materiais apresentam suas faixas de desempenho acústico normalizado por faixas de frequência, pois em geral as características de cada um não são uniformes. Existem materiais mais adequados para absorção em frequências mais baixas, os infrassons, que nos transmitem a sensação auditiva de som grave, assim como existem materiais cuja performance é mais notável na faixa de frequências mais altas (sensação auditiva de agudos). A fala humana se situa na faixa mediana, entre 500 e 1000 Hz, sendo que os cálculos normalizados preconizam a frequência de 500 Hz para a avaliação de tempos ótimos de reverberação e sugerem a escolha de materiais para tratamento acústico em função de um estudo técnico do perfil sonoro (distribuição da intensidade sonora existente pelas faixas de frequência, estas também chamadas bandas de oitava).

O tempo de reverberação real T_{rev} de um recinto é o tempo medido entre a eclosão sonora inicial e a queda de pressão sonora em cerca de 60 dB neste local em uso corrente. O tempo ótimo de reverberação é normalizado em função do volume total e da finalidade das salas. Na ausência de uma referência explícita a salas de controle em termos de normalização, adotamos como referência uma interpolação entre os tempos ideais para estúdio de gravação e para salas de conferência, situações mais próximas encontradas na tabela normalizada.

O método de estabelecimento do tempo de reverberação do recinto se faz empregando a fórmula de SABINE [Equação (3)]:

$$T_{rev} = \frac{0,161 \times V_R}{\sum \cdot \alpha_n * S_n} + A_{ar} \qquad (3)$$

Onde:

T_{rev} = Tempo de reverberação do recinto
V_R = Volume do recinto
α_n = Coeficiente de absorção acústica do material n (normalizado)
S_n = Superfície revestida com material de característica acústica n
A_{ar} = Absorção do ar

Assim, a reverberação está diretamente relacionada com as que dependem de características geométricas (volume do recinto) e psicrométricas do ambiente (umidade do ar), que estabelecem a absorção do ar e dos materiais que revestem as paredes (aqui considera-se paredes, o piso e o teto). O cálculo é feito em etapas, de acordo com o fluxograma ilustrado na Figura 12.19.

Os principais livros de acústica assim como a NBR 10.151 apresentam extensas tabelas de coeficientes de absorção, assim como as especificações técnicas dos principais fabricantes de materiais. O estudo de correção acústica, apesar da facilidade de sua compreensão, é um trabalho que deve ser realizado por especialistas em projeto e execução, pois a própria forma de aplicação dos revestimentos pode alterar as características acústicas do ambiente

Figura 12.19 – Método para cálculo de correção acústica.

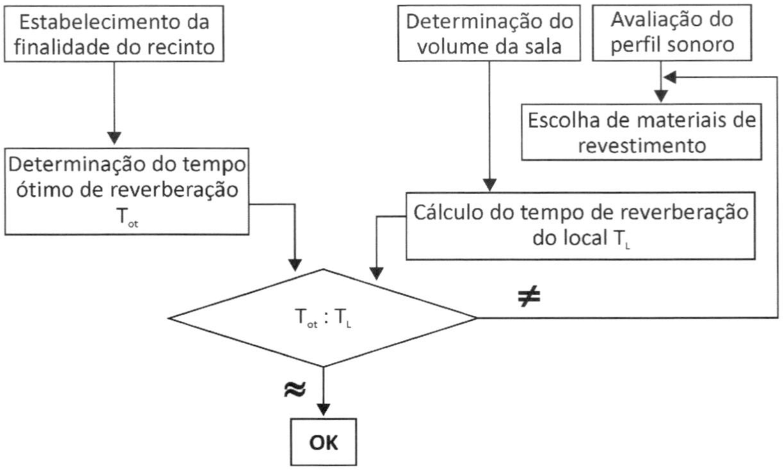

Fonte: Adaptação de Vidal (1979).

Ações 6 e 7

As ações finais compreendem as proteções individuais e o treinamento da força de trabalho no que tange aos riscos e medidas de proteção. As medidas de proteção individual não serão aqui tratadas por se constituírem em capítulo específico desta obra. Quanto ao treinamento, temos a certeza de que os elementos aqui amealhados permitem realizar esta última ação em diversos níveis de compreensão para sensibilizar e conscientizar empregados e empregadores acerca da necessidade da luta contra os ruídos.

12.6. Revisão dos conceitos apresentados

Neste capítulo examinamos a questão do ruído partindo de uma distinção entre os sons, parte essencial e fundamental de nossa vida de relação, e os ruídos, que se constituem na dimensão indesejada deste aspecto de nossa existência.

Caracterizamos o fenômeno acústico para possibilitar a compreensão de suas formas de produção estabelecendo a relação fundamental entre ruídos e vibrações. Em seguida foi realizada uma explanação acerca dos aspectos biológicos da audição humana, o que nos permitiu falar de seus limites e dos impactos negativos dos ruídos sobre nossa saúde. Prosseguimos com nossa explanação informando acerca dos elementos fundamentais da mensuração acústica.

Finalizamos o capítulo transmitindo, de forma sucinta, as principais formas de ação na luta contra os ruídos, desde a eliminação da produção de ruídos, passando pelas formas de isolamento na fonte e nos ambientes, do controle e transmissão e de formas de correção acústica. O tema das proteções individuais, por constar em outro capítulo deste livro, não é aqui tratado.

12.7. Questões

Discursivas

1. Estabeleça a diferença essencial entre som e ruído.
2. Quais as principais características acústicas dos materiais?
3. Explique o mecanismo fisiológico que nos permite diferenciar os sons mais graves dos mais agudos.
4. É possível saber se a surdez foi contraída no lugar de trabalho? Explique.
5. Por que existem várias escalas para mensurar o som?
6. Quais os meios de prevenção dos efeitos danosos do barulho?

Tópicos para discussão

7. Comente a afirmativa: o único efeito do ruído é a perda auditiva, que, de toda forma, já ocorreria com a idade.
8. O que você acha da seguinte afirmativa: Se o ruído for pouco, não valerá a pena investir em medidas mais sofisticadas.

Sugestões de pesquisa

9. Busque na Internet os principais textos legais e normativos acerca de ruídos e organize um fichário virtual para disponibilizar em seu blog.
10. Torneio de segurança I: ganhará o prêmio estabelecido pelo professor o grupo que apresentar os 5 melhores sites sobre prevenção acústica da internet.
11. Torneio de segurança II: qual o grupo que pode apresentar uma lista de empresas nacionais capazes de prestar um bom serviço na área de proteção acústica?

12.8 Referências

Acústica básica

BISTAFA, S.R. (2006) Acústica aplicada ao controle de ruídos. São Paulo: Edgard Blucher.
COSTA, E.C. (2003) Acústica Técnica. São Paulo: Edgard Blucher.
KNUDSEN, V.O.; HARRIS, C.M. (1978) Acoustical Design in Architecture. Acoustic Society of America.

Fisiologia auditiva

IIDA, I. (2005) Ambiente: Temperatura, ruídos e Vibrações. In: IIDA, I. Ergonomia Projeto e Produção. São Paulo: Edgard Blucher.

TEIGER, C. (1982) Le Bruit. In : TEIGER, C. (org.) Les rotativistes: changer les conditions de travail. Lyon: ANACT.
http://www.youtube.com/watch?v=dz_VYOZF4ZY.
http://www.youtube.com/watch?v=SXhmXRbS6fw.
http://www.youtube.com/watch?v=dyenMluFaUw.

Prevenção e controle e proteção auditiva
KODAK, E. (2004) Noise. In: Kodak's Ergonomic design for people at work. New York: John Willey & Sons, p. 579-588.
HASLEGRAVE, C.M. (2015) Auditory environment and noise assessment. In: WILSON, J.R.; CORLETT, N. Evaluation of Human Work. London: CRC Press, p. 693-713.
Hearing Protection Noise Safety Training Video: www.safety.com.
SUTTER, A.L.; FRANKS, J.R. (1990) A practical guide to effective hearing conservation programs in the workplace. Disponível em: www.niosh.gov.

Normas e legislação
ABNT (Associação Brasileira de Normas Técnicas) (1987) NBR 10.152 – Níveis de ruído para conforto acústico.
ABNT (Associação Brasileira de Normas Técnicas) (1992) NBR 121.719 – Tratamento acústico em recintos fechados.
BRASIL. MTE (Ministério do Trabalho e Emprego) NR-17 – Norma regulamentadora de número 17 tematizando Ergonomia. Disponível em: www.mte..gov.br.
BRASIL. MTE (Ministério do Trabalho e Emprego) NR-15 – Norma regulamentadora de número 15 tematizando Atividades e Operações Insalubres. Disponível em: www.mte..gov.br.
BRASIL. IBAMA. (1990) Resolução Conama nº 001/1990 de 8 de março de 1990. Dispõe sobre critérios e padrões de emissão de ruídos, das atividades industriais. Diário Oficial da União, 02/04/1990. Disponível em: http://www.mma.gov.br/port/conama/res/res90/res0190.html.
ISO 1999:1990 Acoustics – Determination of occupational noise exposure and estimation of noise-induced hearing impairment. À venda em www.iso.org.

O nosso agradecimento às empresas que contribuíram para a elaboração deste capítulo:
Áudio e Fono Serviços de Fonoaudiologia Ltda.
Rua Senador Dantas, 117 sala 1912 – Centro – Rio de Janeiro – RJ
Site: http://www.audioefono.com.br/
email: faleconosco@audioefono.com.br

Isar Isolamentos Térmicos e Acústicos
Rua Estado do Amazonas, 609 – São Paulo – SP – CEP 03935-000
Site: http://www.isar.com.br/
email: via site

Prasecta Engenharia Ltda.
Rua David Canabarro, 94 – Novo Hamburgo – RS
Site: http://www.prasecta.com.br/
email: prasecta@prasecta.com.br

Ruidomenor
Av. Prof. Ascendino Reis, 721 – São Paulo – SP
Site: http://www.ruidomenor.com.br/
email: ruidomenor@ruidomenor.com.br

Risasprings Amortecedores de Vibração Ltda
Av. Justino de Maio, nº 1.100 - Guarulhos - SP
Site: http://www.risasprings.com.br/
email: vendas@risasprings.com.br

| Capítulo | Proteção contra radiações |

13

Francisco Soares Másculo

Conceitos apresentados neste capítulo

Este capítulo trata dos conceitos relacionados com as Radiações Ionizantes (RI) e Não ionizantes e da maneira de proteger o trabalhador sujeito à exposição destes riscos. Desta feita são vistos os conceitos de: Radiação eletromagnética; Espectro eletromagnético; Radiação gama ou raios gama (γ); Radiação beta; Raios gama; Radiação ultravioleta (UV); Radiação infravermelha (IV); Taxa de absorção específica; Luz; Cor; Radiações ionizantes; Minimização dos efeitos das RI; Controle à exposição e procedimentos de segurança.

13.1. Radiações não ionizantes

13.1.1. Introdução

As radiações não ionizantes são aquelas que não produzem ionizações, ou seja, não possuem energia capaz de produzir emissão de elétrons de átomos ou moléculas com os quais interagem. De modo geral, essas radiações podem ser divididas em sônicas (vibrações, ultrassom etc.) e eletromagnéticas.

No nosso dia a dia, estamos expostos a radiações de todos os tipos, seja de produtos de nosso uso ou até aquelas provenientes da luz solar. Entre as inúmeras aplicações tecnológicas, destacam-se: o rádio, a televisão, os radares, os sistemas de comunicação sem fio (telefonia celular e comunicação wi-fi), os sistemas de comunicação baseados em fibras ópticas e fornos de micro-ondas.

As radiações ionizantes são aquelas que se caracterizam pela sua habilidade de ionizar átomos da matéria com que interagem. Tal habilidade de ionizar (retirar elétrons) depende da energia dos fótons e do material com que a radiação interage. A energia necessária para fazer com que um elétron de valência escape de sua órbita num átomo varia de 2,5 a 25 eV (1 eV = 1,6 10^{-19} Joule), dependendo do elemento.

Em geral, as radiações eletromagnéticas que possuem energias menores que 10 eV são chamadas *radiações não ionizantes*. As radiações eletromagnéticas, com comprimento de onda λ, maiores que 200 nm, são consideradas não ionizantes, visto que comprimentos de ondas menores já fazem parte do ultravioleta remoto, ou raios *x* moles (dependendo da natureza da radiação). Estas radiações compreendem, entre outras, a radiação ultravioleta, a luz visível, o infravermelho, o micro-ondas, as radiofrequências etc.

Nosso foco inicialmente é nas radiações eletromagnéticas, que vão desde as de frequência muito baixa (FMB < 300 MHz) até algumas centenas de giga-hertz (300 GHz). Em especial será abordado o efeito das radiações emitidas por campos de alta tensão na região dos 60 Hz (FMB), típicos das linhas de transmissão, e em seguida os efeitos dos campos das radiofrequências (RF) e micro-ondas, que abrangem o espectro de 300 kHz a 300 GHz, representados pelos aparelhos de micro-ondas, telefonia celular etc.

13.1.2. Teoria eletromagnética

13.1.2.1. Conceitos básicos

Para se estudar efeitos biológicos e possíveis danos das radiações eletromagnéticas, alguns aspectos da física básica das ondas eletromagnéticas devem ser revistos. A Figura 13.2 mostra, por meio de um esquema, que as radiações eletromagnéticas são compostas de ondas transversais, que se propagam perpendicularmente nas direções de oscilação dos campos elétrico e magnético. Essas radiações podem ser caracterizadas pela energia de seus fótons, pelo seu comprimento de onda, ou por sua frequência f = c/λ (c = 300.000 km/s é a velocidade da luz no vácuo), como demonstra a Figura 13.1.

O campo elétrico **E** é especificado em unidades de volts/m [V/m] e o campo magnético **B**, em amperes/m [A/m]. As relações entre E e B nos materiais ou no vácuo são descritas pelas equações de Maxwell. Num meio homogêneo qualquer, a razão entre os campos elétrico e magnético chama-se *impedância da característica do meio*, Z, e é dada por:

$$Z = |E|/|B| = (\mu / \varepsilon)^{1/2}$$

onde μ é a permeabilidade magnética e ε é a permissividade elétrica do meio. No vácuo, tem-se: $\mu_0 = 4\pi \; 10^{-7}$ Henry/metro e $\varepsilon_0 = (36\pi)^{-1} \; 10^9$ ou $8.854 \; 10^{-12}$ Farad/m e $Z_0 = 377 \; \Omega$.

Capítulo 13 | Proteção contra radiações 303

Figura 13.1 – Comprimento de onda, frequência, amplitude e velocidade.

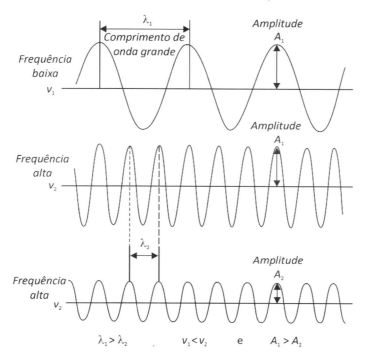

Fonte: Google Acadêmico (2009).

Figura 13.2 – Esboço de propagação de uma onda eletromagnética plana, onde os vetores E e B estão em fase, sendo S = E x B, na direção de propagação.

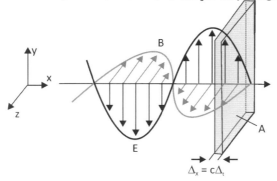

Fonte: Google Acadêmico (2009).

A propagação das ondas é perpendicular aos campos E e B, e é descrita pelo vetor de Poynting: $S = E \times B$. Esta grandeza de fundamental importância representa a densidade de potência, medida em watts/m^2 [W/m^2], no sistema SI, e é dada por:

$$|S| = |E|^2 / Z \text{ ou } S = |B|^2 Z$$

Essa mesma grandeza é chamada *irradiância*, em estudos de luminosidade, em outra parte do espectro eletromagnético.

A descrição de onda eletromagnética plana não é válida em interações próximas a fontes de emissão, como transmissores, telefones celulares etc. Neste caso, a densidade de potência S é muito variável e complexa, indicando o chamado *Campo Próximo*. Da mesma forma, em todos os casos em que ocorrem fenômenos de interferência, difração de ondas, ou ondas estacionárias, esta descrição é incompleta.

É importante para qualquer medida de densidade de potência (fluxo de energia) saber que a própria sonda pode perturbar seriamente os resultados das medidas. O grau da interação depende de tamanho, frequência, forma, orientação, características elétricas da sonda e proximidade de superfícies refletoras.

Em geral, a densidade de potência em *campos próximos* não é um bom indicador para determinar riscos destas radiações, pois cálculos baseados nessa grandeza subestimam a intensidade dos campos.

13.1 2.2. Espectro eletromagnético

O espectro eletromagnético é classificado normalmente pelo comprimento da onda — como as ondas de rádio, as micro-ondas, a radiação infravermelha, a luz visível, os raios ultravioleta, os raios X, até a radiação gama (Figuras 13.3a e 13.3b). O comportamento da onda eletromagnética depende do comprimento de onda. As frequências altas são curtas e as baixas são longas. Quando uma onda interage com uma única partícula ou molécula, seu comportamento depende da quantidade de fótons por ela carregada. Pela técnica denominada espectroscopia óptica, é possível obter informações sobre uma faixa visível mais larga do que a visão normal. Um laboratório comum que possui um espectroscópio pode detetar comprimentos de onda de 2 nm a 2.500 nm. Essas informações detalhadas podem fornecer propriedades físicas dos objetos, gases e até mesmo das estrelas. Por exemplo, um átomo de hidrogênio emite ondas em comprimentos de 21,12 cm. A luz propriamente dita corresponde à faixa que é detetada pelo olho humano, entre 400 nm a 700 nm (1 nm vale $1{,}0 \times 10 - 9$ m). As ondas de rádio são formadas a partir de uma combinação de amplitude, frequência e fase da onda com a banda da frequência.

As ondas eletromagnéticas são uma combinação de um campo elétrico e de um campo magnético que se propagam simultaneamente através do espaço transportando energia. Um campo elétrico é o campo de força provocado por cargas elétricas (elétrons,

Figura 13.3a – Espectro eletromagnético (frequência).

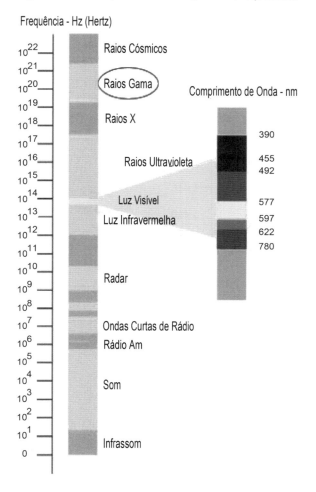

Fonte: Google Acadêmico (2009).

Figura 13.3b – Espectro eletromagnético (frequência, comprimento de onda e energia).

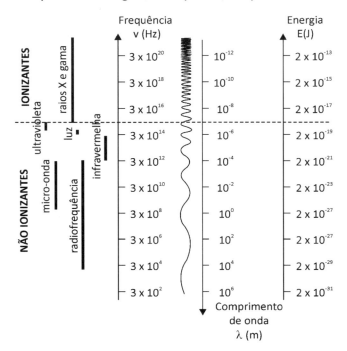

Fonte: Google Acadêmico (2009).

prótons ou íons) ou por um sistema de cargas. Cargas elétricas num campo elétrico estão sujeitas a uma força elétrica. Um campo magnético é produzido por um ímã ou por cargas elétricas em movimento. O campo magnético de materiais ferromagnéticos é causado pelo *spin* de partículas subatômicas.

A luz visível cobre apenas uma pequena parte do espectro de radiação eletromagnética. O conceito de ondas eletromagnéticas foi postulado por James Clerk Maxwell em 1864 e confirmado experimentalmente por Heinrich Hertz em 1886. Uma de suas principais aplicações é a radiotransmissão.

A radiação eletromagnética são ondas que se autopropagam pelo espaço, algumas das quais são percebidas pelo olho humano como luz. Ela compõe-se de dois campos, um elétrico e outro magnético, que oscilam perpendicularmente um ao outro e à direção da propagação de energia. A radiação eletromagnética é classificada de acordo com a frequência da onda, que em ordem crescente da duração da onda são: ondas de rádios, micro-ondas, radiação terahertz (raios T), radiação infravermelha, luz visível, radiação ultravioleta, raios X e radiação gama.

As ondas eletromagnéticas primeiramente foram "vistas" por James Clerk Maxwell e depois confirmadas por Heinrich Hertz Maxwell, que as notou a partir de equações de eletricidade e de magnetismo, revelando sua natureza e simetria. Como a equação da velocidade da radiação eletromagnética combinava com a equação da velocidade da luz, Maxwell concluiu que a luz em si é uma onda eletromagnética.

De acordo com as equações de Maxwell, a variação de um campo elétrico gera um campo magnético e vice-versa. Então, como uma oscilação no campo elétrico gera oscilação no campo magnético, este também gera oscilação no campo elétrico; essa forma de oscilação de campos gera a onda eletromagnética.

Os campos elétrico e magnético obedecem aos princípios da superposição, e assim seus vetores se cruzam e criam os fenômenos da refração e da difração. Uma onda eletromagnética pode interagir com a matéria e, em particular, perturbar átomos e moléculas que as absorvem, que podem emitir ondas em outra parte do espectro. Também, como qualquer fenômeno ondulatório, as ondas eletromagnéticas podem interferir entre si. Sendo a luz uma oscilação, ela não é afetada pela estática elétrica ou campos magnéticos de outra onda eletromagnética no vácuo. Em um meio não linear como um cristal, por exemplo, interferências podem acontecer e causar o efeito Faraday, em que a onda pode ser dividida em duas partes com velocidades diferentes. Na refração, uma onda transitando de um meio para outro de densidade diferente tem alteradas sua velocidade e sua direção (caso essa não seja perpendicular à superfície) ao entrar no novo meio. A relação entre os índices de refração dos dois meios determina a escala de refração medida pela Lei de Snell (n1.sen i = n2.sen r, i = incidência, r = refração). A luz se dispersa em um espectro visível porque é refletida por um prisma por causa da refração. As características das ondas eletromagnéticas demonstram as propriedades de partículas e da onda ao mesmo tempo, e se destacam mais quando a onda é mais prolongada.

Um importante aspecto da natureza da luz é a frequência. A frequência de uma onda é sua taxa de oscilação, e é medida em hertz, a unidade SI (Sistema Internacional de Medidas) de frequência, onde um hertz é igual a uma oscilação por segundo. A luz normalmente tem um espectro de frequências que, somadas, formam a onda resultante. Diferentes frequências formam diferentes ângulos de refração. Uma onda consiste nos sucessivos baixos e altos, e a distância entre dois pontos altos ou baixos é chamada *comprimento de onda*. Ondas eletromagnéticas variam de acordo com o tamanho — de ondas de tamanhos de prédios a ondas gama pequenas, menores que um núcleo de um átomo. A frequência é inversamente proporcional ao comprimento da onda, de acordo com a equação: $v = f.\lambda$, onde v é a velocidade da onda, f é a frequência e λ (lambda) é o comprimento da onda, conforme já visto na Figura 13.1. Na passagem de um meio material para o outro, a velocidade da onda muda, mas a frequência permanece constante. A interferência acontece quando duas ou mais ondas resultam em um novo padrão de ondas. Se os campos tiverem os componentes nas mesmas direções, uma onda "coopera" com a outra, porém, se estiverem em posições opostas, há uma grande interferência (WIKIPÉDIA, 2009).

13.1.3. Efeitos biológicos

O efeito biológico mais óbvio das ondas eletromagnéticas se dá em nossos olhos: a luz visível impressiona as células do fundo de nossa retina, causando a sensação visual. Porém, existem outros efeitos mais sutis.

Sabe-se que em determinadas frequências, as ondas eletromagnéticas podem interagir com moléculas presentes em organismos vivos, por ressonância. Isto é, as moléculas cuja frequência fundamental seja a mesma da onda em questão "captam" essa oscilação, como uma antena de televisão. O efeito sobre a molécula depende da intensidade (amplitude) da onda, podendo ser o simples aquecimento ou a modificação da estrutura molecular. O exemplo mais fácil de ser observado no dia a dia é o forno de micro-ondas: as micro-ondas do aparelho, capazes de aquecer a água presente nos alimentos, têm exatamente o mesmo efeito sobre um tecido vivo. Os efeitos da exposição de um animal a uma fonte potente de micro-ondas podem ser catastróficos. Por isso se exige o isolamento físico de equipamentos de telecomunicações que trabalham na faixa de micro-ondas, como as estações rádio base de telefonia celular.

Mas assim como as micro-ondas afetam a água, ondas em outra frequência de ressonância podem afetar uma infinidade de outras moléculas. Já foi sugerido que a proximidade a linhas de transmissão teria relações com casos de câncer em crianças, por via de supostas alterações no DNA das células, provocadas pela prolongada exposição ao campo eletromagnético gerado pelos condutores. Também já se especulou se o uso excessivo do telefone celular teria relação com casos de câncer no cérebro, pelo mesmo motivo. Até hoje, nada disso foi provado.

Também já foram realizadas experiências para analisar o efeito de campos magnéticos sobre o crescimento de plantas, sem nenhum resultado conclusivo.

Existem equipamentos para a esterilização de lâminas baseados na exposição do instrumento a determinada radiação ultravioleta, produzida artificialmente por uma lâmpada de luz negra.

13.1.4. Radiação gama

Radiação Gama (γ) – Ciclos por segundo: $\sim$ 60 EHz a 300 ZHz/300 YHz; Comprimento de onda: $\sim$ 5 nm a 1 fm /1 am.

Radiação gama ou raios gama (γ) é um tipo de radiação eletromagnética produzida geralmente por elementos radioativos, processos subatômicos como a aniquilação de um par pósitron-elétron. Este tipo de radiação tão energética também é produzido em fenômenos astrofísicos de grande violência. Possui comprimento de onda de alguns picômetros até comprimentos mais ínfimos como $10^{-15}/10^{-18}$ m.

Por causa das altas energias que possuem, os raios gama constituem um tipo de radiação ionizante capaz de penetrar na matéria mais profundamente que a radiação alfa ou beta. As partículas ou raios alfa são núcleos do átomo de hélio. É um núcleo atômico de hélio em cujo interior coexistem dois prótons e dois nêutrons, e da eletrosfera foram retirados dois elétrons. Portanto, a partícula alfa tem carga positiva, +2 em unidades atômicas de carga, e 4 unidades de massa atômica. A sua representação é $^{4}_{2}He^{2+}$. A *radiação beta* é uma forma de radiação ionizante, emitida por certos tipos de núcleos radiativos semelhantes ao potássio-40. Essa radiação ocorre na forma de *partículas beta* (β), que são elétrons de alta energia ou pósitrons emitidos de núcleos atômicos num processo conhecido como *decaimento beta*. Existem duas formas de *decaimento beta*, β⁻ e β⁺.

Devido a sua elevada energia, podem causar danos no núcleo das células, por isso os raios gama são usados para esterilizar equipamentos médicos e alimentos. A energia desse tipo de radiação é medida em Megaelétron-volts (MeV). Um Mev corresponde a fótons gama de comprimentos de onda inferiores a 10^{-11} m ou frequências superiores a 10^{19} Hz.

Os raios gama são produzidos na passagem de um núcleon de um nível excitado para outro de menor energia e na desintegração de isótopos radioativos. Estão geralmente associados com a energia nuclear e aos reatores nucleares. A radioatividade se encontra no nosso meio natural, desde os raios cósmicos que bombardeiam a Terra, provenientes do Sol e das galáxias de fora do nosso sistema solar, até alguns isótopos radioativos que fazem parte do nosso meio natural.

Os raios gama produzidos no espaço não chegam à superfície da Terra, pois são absorvidos na parte mais alta da atmosfera. Para observar o universo nessas frequências, é necessária a utilização de balões de grande altitude ou observatórios espaciais. Em ambos os casos é usado o Efeito Compton para detectar os raios gama. Efeito Compton (ou Espalhamento de Compton) consiste na diminuição de energia (aumento de comprimento de onda) de um fóton de raios X ou de raios gama, quando ele interage com a matéria. Esses raios são produzidos em fenômenos astrofísicos de alta energia, como em explosões de supernovas ou núcleos de galáxias ativas.

Em astrofísica se denominam Erupções de Raios Gama (*Gamma Ray Bursts*) as fontes de raios gama que duram alguns segundos ou algumas poucas horas, sendo sucedidas por um brilho decrescente da fonte em raios X. Ocorrem em posições aleatórias do céu, e sua origem permanece ainda sob discussão científica. Em todo caso, parecem constituir os fenômenos mais energéticos do universo.

A radiação gama é usada nos exames da medicina nuclear, nomeadamente nas Tomografias por Emissão de Pósitrons (PET). Ela é detectável com uma câmera gama.

A radiação gama ficou mais conhecida depois que Stan Lee criou o personagem das histórias em quadrinhos da Marvel, o Hulk, representado por um homem chamado Bruce Banner que foi atingido por raios gama e que toda vez que fica com raiva vira um monstro denominado Hulk.

13.1.5. Radiação Ultravioleta (UV)

Radiação ultravioleta – Ciclos por segundo: 750 THz a 300 PHz; Comprimento de onda: 400 nm a 1 nm.

É a radiação eletromagnética (ou os raios ultravioleta) com um comprimento de onda menor que o da luz visível e maior que o dos raios X, de 380 nm a 1 nm. O nome significa mais alta que (além do) violeta (do latim *ultra*), pelo fato de que violeta é a cor visível com comprimento de onda mais curto e maior frequência.

A radiação UV pode ser subdividida em UV próximo (comprimento de onda de 380-200 nm — mais próximo da luz visível), UV distante (de 200-10 nm) e UV extremo (de 1-31 nm).

No que se refere aos efeitos à saúde humana e ao meio ambiente, classifica-se como UV-A (400-320 nm, também chamada "luz negra" ou onda longa), UV-B (320-280 nm, também denominada onda média) e UV-C (280-100 nm, também nomeada UV curta ou "germicida"). A maior parte da radiação UV emitida pelo sol é absorvida pela atmosfera terrestre. A quase totalidade (99%) dos raios ultravioleta que efetivamente chegam à superfície da Terra é do tipo UV-A. A radiação UV-B é parcialmente absorvida pelo ozônio da atmosfera e a parcela que chega à Terra é responsável por danos à pele. Já a radiação UV-C é totalmente absorvida pelo oxigênio e o ozônio da atmosfera.

Interessante que as faixas de radiação não são exatas. Como exemplo, podemos ver que o UV-A começa em torno de 410 nm e termina em 315 nm. O UV-B começa 330 nm e termina em 270 nm, aproximadamente. Os picos das faixas estão em suas médias.

Seu efeito bactericida faz com que seja utilizada em dispositivos com o objetivo de manter a assepsia de determinados estabelecimentos comerciais. Outro uso é a aceleração da polimerização de alguns compostos.

Muitas substâncias ao serem expostas à radiação UV se comportam de modo diferente de quando expostas à luz visível, tornando-se fluorescente. Este fenômeno se dá pela excitação dos elétrons nos átomos e nas moléculas dessa substância ao absorver a energia da luz invisível. E ao retornarem a seus níveis normais (níveis de energia), o excesso de energia é reemidito sob a forma de luz visível.

Algumas lâmpadas ultravioleta emitem comprimentos de onda próximos à luz visível entre 380 e 420 nm. Estas são chamadas lâmpadas "luz negra".

O UV dessas lâmpadas é obtido principalmente através de uma lâmpada fluorescente sem a proteção do componente (fósforo) que a faz emitir luz visível.

Dentro da lâmpada há um vapor (mercúrio) que, na passagem de elétrons, emite radiação no comprimento de onda do ultravioleta. Esta radiação liberada "bate" na borda da lâmpada, que é revestida internamente por fósforo. O fósforo excitado com a energia recebida reemite a energia em comprimentos de onda do visível (branco).

A diferença para a luz negra é que esta não possui o revestimento de fósforo, deixando, assim, passar toda radiação ultravioleta. Este tipo de luz é usado em aparelhos elétricos para atrair insetos e eletrocutá-los. Outros tipos de uso são para identificar dinheiro falso, em decoração, em boates e *tuning*.

13.1.6. Radiação Infravermelha (IV)

Radiação infravermelha – Ciclos por segundo: 300 GHz a 400 THz; Comprimento de onda: 1 nm a 700 nm (Figura 13.4).

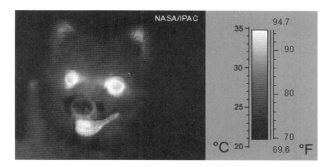

Figura 13.4 – Cão visto com infravermelho.

Fonte: Wikipédia (2009).

A radiação infravermelha é uma radiação não ionizante na porção invisível do espectro eletromagnético que está adjacente aos comprimentos de onda longos, ou final vermelho do espectro da luz visível. Ainda que em vertebrados não seja percebida na forma de luz, a radiação IV pode ser percebida como calor, por terminações nervosas especializadas da pele, conhecidas como termorreceptores.

A radiação infravermelha foi descoberta em 1800 por William Herschel, um astrônomo inglês de origem alemã. Herschel colocou um termômetro de mercúrio no espectro obtido por um prisma de cristal com a finalidade de medir o calor emitido por cada cor. Descobriu que o calor era mais forte ao lado do vermelho do espectro, observando que ali não havia luz. Esta foi a primeira experiência que demonstrou que o calor pode ser captado em forma de imagem, como acontece com a luz visível. Uma utilização bem atual da radiação IV hoje (27/4/2009) é a de aparelhos que detectam se uma pessoa está com a temperatura elevada nos aeroportos. Isso, graças à situação de quase pânico de uma pandemia da gripe suína que teve origem no México e atingiu os Estados Unidos e a Europa.

13.1.6.1. Efeitos biológicos

A radiação IV está dividida segundo seus efeitos biológicos, de forma arbitrária, em três categorias: radiação infravermelha curta (0,8-1,5 µm), média (1,5-5,6 µm) e longa (5,6-1.000 µm). Os primeiros trabalhos com os diferentes tipos de radiação IV relatavam diferenças entre as formas de ação biológicas do infravermelho curto e médio/

longo (DANNO et al., 2001; HONDA & INOUE, 1998; INOUE & KABAYA, 1989). Acreditava-se que a radiação curta penetrava igualmente na porção profunda da pele sem causar aumento marcante na temperatura da superfície do epitélio, enquanto a maior parte da energia do infravermelho médio/longo era absorvida pela camada superior da pele e frequentemente causava efeitos térmicos danosos, como queimaduras térmicas ou a sensação de queimação (relato de pacientes). Alguns anos mais tarde, contudo, uma nova visão do infravermelho médio/longo foi apresentada, demonstrando que todas as faixas da radiação infravermelha possuem efeitos biológicos de regeneração celular.

Estudos *in vitro* com infravermelho curto, em células humanas endoteliais e queratinócitos, demonstraram elevação na produção de TGF-β1 (fator de transformação-β1) após uma única irradiação (36-108 J/cm^2) e de forma tempo-dependente para o conteúdo de MMP-2 (matrix metaloproteinase-2), sendo este último tanto ao nível proteico quanto transcricional. Essas duas proteínas estão envolvidas na fase de remodelamento do reparo de lesões. E esses efeitos foram considerados atérmicos em sua natureza, já que os modelos usados como controle térmico não apresentaram aumento em sua expressão proteica.

Experimentos com ratos diabéticos demonstraram uma aceleração na taxa de fechamento da ferida com exposições diárias de infravermelho curto em relação aos grupos-controle, apresentando um aumento de temperatura de aproximadamente 3,6 °C após 30 minutos de exposição. A utilização de LEDs (Light Diode Emitters – Diodos Emissores de Luz) de infravermelho curto demonstrou reversão dos efeitos do TTX (Tetrodotoxina) — um bloqueador dos canais dependentes de sódio, e, portanto, um bloqueador de impulso nervoso — assim como a diminuição nos danos causados à retina por exposição ao metanol em camundongos.

Já experimentos com o IV longo demonstraram inibição do crescimento tumoral em camundongos e melhoria no tratamento de escaras em situações clínicas. Também foi demonstrado aumento do processo regenerativo em camundongos sem que houvesse aumento da circulação sanguínea durante os períodos de irradiação ou aumento na temperatura do epitélio. Outros dados revelaram elevação das infiltrações de fibroblastos no tecido subcutâneo, em camundongos tratados com o infravermelho longo, em relação aos animais-controle, e maior regeneração de colágeno na região lesada, assim como na expressão de TGF-β1. Da mesma forma, a radiação IV foi capaz de provocar aumento na angiogênese no local das lesões e elevou a força tênsil do epitélio em regeneração.

Lasers de baixa potência (comprimento de onda variando de 630-890 nm), como os de hélio-néon e argônio, demonstraram, *in vivo*, a ativação de uma ampla gama de processos de cura de feridas, como a síntese de colágeno, proliferação celular e motilidade de queratinócitos.

Ainda que haja diferenças entre as fontes de radiação IV (*lasers*, raio coerente de comprimento de onda específico e lâmpadas, raios aleatórios de luz não polarizada), seus efeitos bioestimulatórios são os mesmos em se tratando do infravermelho curto. Contrariando a ideia inicial de que o IV longo possui efeitos deletérios, atualmente acredita-se que sua forma de ação bioestimulatória seja semelhante à dos lasers de baixa potência e à radiação IV curta.

Experimentos utilizando LED de IV, os quais trabalham com geração praticamente zero de calor, fazem com que se acredite que além do efeito regenerativo provocado pelo calor existe um resultado bioestimulatório regenerativo decorrente de um processo não térmico. Contudo, esse processo ainda não é bem compreendido.

A premissa básica é que as radiações eletromagnéticas de comprimentos de onda longos estimulam o metabolismo energético das células, assim como a produção de energia. Existem três moléculas fotoaceptoras de radiação infravermelha em mamíferos, conhecidas por absorverem o comprimento de onda do infravermelho curto: hemoglobina, mioglobina e citocromo c oxidase. Dessas moléculas fotoaceptoras, acredita-se que os cromóforos mitocondriais sejam responsáveis pela absorção de 50% do infravermelho curto, através do citocromo c oxidase (WIKIPÉDIA, 2009).

13.1.7. Interação da radiação eletromagnética com a matéria

Alwin Elbem (CNEN, 2009) descreve a maneira como a radiação eletromagnética afeta a matéria. Para que essa radiação possa produzir algum efeito em um tecido ou em qualquer outra substância, é necessário que haja transferência de energia dessa radiação para o meio e que esta energia seja absorvida. Os efeitos dessa absorção no tecido humano são de natureza térmica ou não térmica, dependendo se os efeitos são devidos à deposição de calor (efeito térmico) ou à interação direta do campo com as substâncias, sem transferência significativa de calor (efeito não térmico). Os fatores mais importantes para a absorção das ondas são: constante dielétrica, condutividade, geometria e conteúdo de água do meio.

13.1.7.1. Materiais dielétricos

Um material dielétrico não contém cargas livres capazes de se moverem sob a ação de um campo elétrico externo aplicado. No entanto, as cargas positivas e negativas em moléculas dielétricas podem ser separadas pela ação do campo, e, se isso ocorre, dizemos que o material ficou polarizado. A relação entre a intensidade do campo elétrico F em um material dielétrico é dada por:

$$\varepsilon_0 \, E = D - P$$

onde ε_0 é a permissividade do vácuo, D o vetor deslocamento, associado com cargas livres, e P o vetor polarização, associado com as cargas de polarização. Nos dielétricos de classe A, onde o material é isotrópico e homogêneo, P é paralelo a E, onde $P = \lambda \varepsilon_0 \, E$ sendo λ a susceptibilidade elétrica. Dessa forma:

$$D = \varepsilon_0 \, (1 + \lambda) \, E, \text{ou seja}, D = \varepsilon_r \, \varepsilon_0 \, E$$

onde ε_r é a *constante dielétrica relativa*, ou coeficiente dielétrico. O valor de ε_r varia com a frequência, a temperatura e com o material. Uma equação similar descreve a relação entre a indução magnética **B**, num meio isotrópico, com o campo magnético externo H, onde:

$B = K_m \mu_0 H$, onde K_m e μ_0 são a permeabilidade magnética relativa e a do vácuo, respectivamente.

13.1.7.2. Constante dielétrica nos tecidos

O valor das constantes dielétricas de diferentes tecidos depende da sua constituição, da frequência e, na hipótese de moléculas polares, também da temperatura. No caso da água, que é uma molécula polar, a constante dielétrica relativa é 81 para baixas frequências e cai com o aumento da frequência, devido à inércia rotacional dos dipolos elétricos com o campo externo.

A constante dielétrica relativa do sangue é mostrada na Figura 13.5 em função da frequência. Nesta figura, vemos três regiões com diferentes mecanismos responsáveis por cada região.

Figura 13.5 – Constante dielétrica relativa do sangue em função da frequência.

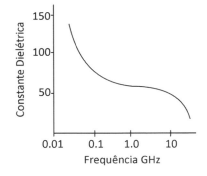

Fonte: Elbem (2009) e CNEN (2009).

Para frequências de 10 kHz a 100 MHz, a constante dielétrica é afetada pela polarização das membranas; acima de 100 MHz as membranas perdem a influência e se comportam como curto-circuito; acima de 10 GHz a constante dielétrica reflete o conteúdo de água no sangue.Nos tecidos gordurosos, a constante dielétrica é baixa, assim, por exemplo, a 900 MHz, um tecido adiposo com 10% de água possui $\varepsilon_r = 4$, enquanto com 50% de água o mesmo tecido possui $\varepsilon_r = 12$. Devido a essa variação com a concentração de água é difícil predizer o comportamento dielétrico dos tecidos *in vivo*. A dependência com a temperatura é da ordem de 2% / °C.

13.1.7.3. Condutividade específica de tecidos

A condutividade dos tecidos varia de forma significativa com a frequência para valores acima de 1 GHz, como se vê na Figura 13.6 para o sangue. Esse gráfico, de modo geral, tipifica o comportamento de tecidos com alto conteúdo de água.

Figura 13.6 – Condutividade específica do sangue em função da frequência.

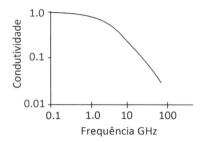

Fonte: Elbem, CNEN, 2009.

Em tecidos gordurosos, existe uma dependência linear entre o conteúdo de água e a condutividade. Assim, por exemplo, a 900 MHz um tecido com 6% de água possui uma condutividade de 4 mS/cm enquanto para outro, com 60% de água, a condutividade é 40 mS/cm – valores que sempre variam com a frequência.

A potência absorvida por unidade de volume P_a, por uma onda incidente com campo elétrico E, em um tecido de condutividade σ, é dada pela seguinte expressão:

$$P_a = \mu |E|^2 / 2$$

Por exemplo, nos tecidos com 6% de água, à frequência de 900 MHz, a condutividade é σ = 4 mS/cm; com 60% de conteúdo de água, tem-se σ = 40 mS/cm. Dessa forma, para a mesma intensidade da onda incidente, a potência absorvida é 10 vezes maior para os tecidos com maior concentração de água.

13.1.7.4. Profundidade de penetração (efeito Skin)

O *efeito Skin*, também chamado *efeito pelicular* da radiação em uma substância, é definido como a profundidade numa substância na qual a amplitude da radiação é reduzida em 1/e (37%) do valor incidente, e a densidade de potência, em 1/e², ou seja, a 13,5%; portanto, 86,5% da energia é dissipada na película de espessura δ.

Essa profundidade é função da substância e da frequência da radiação incidente. A Figura 13.7 mostra a dependência típica para os tecidos vivos, revelando que δ diminui com o aumento da frequência. A relação entre a profundidade de penetração δ, com a frequência, é dada por:

Figura 13.7 – Variação da profundidade de penetração em tecidos com a frequência.

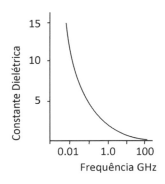

Fonte: Elbem, CNEN, 2009.

$\delta = (\rho / \pi f \mu)^{1/2}$, onde ρ é a resistividade em ohm–metro [Ω.m], e μ é a permeabilidade magnética do tecido, respectivamente.

13.1.7.5. Taxa de Absorção Específica (SAR)

Uma das grandezas físicas de maior interesse na quantificação de *limites básicos* de exposição às radiações eletromagnéticas é a Taxa de Absorção Específica, ou Specific Absoption Rate (SAR).

Essa grandeza representa a taxa de potência absorvida por unidade de massa, e é dada em watt por quilo [W/kg], usada em medidas ou cálculos de corpo presente. Ela representa a média espacial sobre toda a massa exposta a radiações de frequências maiores que 10 MHz, porque, para frequências menores, o conceito de SAR perde o significado, visto que os efeitos biológicos resultantes da exposição humana são mais bem correlacionados com as densidades de correntes resultantes no corpo (RAMO, WHINNERY & DUZERJ, 1969, *apud* ELBEM, CNEN, 2009).

A SAR é também considerada a variação no tempo do aumento da energia absorvida, dW, num elemento de volume dV de massa dm, e densidade ρ, e é dada por:

$$SAR = d/dt\,(dW/dm) = d/dt\,(dW/\rho dV) \text{ ou } SAR = (\sigma/2\rho)\,|E|^2$$

onde σ é a condutividade da massa do corpo em que é absorvida a radiação. Observa-se que a SAR é diretamente proporcional ao aumento local de temperatura, responsável pelos efeitos térmicos, ou seja:

$$dT/dt = (1/C_p)\,SAR\,[°C/s]$$

onde T é a temperatura e C_p é o calor específico do tecido [J/kg. °C].

Para exposição do corpo inteiro, por exemplo, pode-se considerar a SAR média, que será, então, a relação entre a potência total absorvida pelo corpo e sua massa. O aquecimento relativo, devido à SAR, é menor no tecido gorduroso do que nos músculos, graças à diferença do conteúdo de água, e, portanto, o aquecimento no músculo decai exponencialmente com a penetração, sendo a constante maior para frequências menores.

A dependência da frequência do SAR pode ser dividida em três partes. Na região de mais baixa frequência, abaixo de 30 MHz, a energia de absorção diminui rapidamente com a diminuição da frequência. Os efeitos não térmicos são predominantes na região principalmente de frequências muito baixas (< 300 kHz).

Na região de ressonância, entre 30 e 400 MHz, o tamanho do corpo e o comprimento de onda são da mesma ordem de grandeza e por isso a absorção da radiação é maior e os efeitos térmicos predominam.

Nas regiões de maior frequência, > 300 MHz, λ é menor, a penetração de radiação é menor, e pode ocorrer a produção de locais sobreaquecidos em regiões do corpo, como, por exemplo, na cabeça.

13.1.8. Diretrizes para limitação da exposição a campos elétricos, magnéticos e eletromagnéticos variáveis no tempo (até 300 GHz)

Em dezembro de 1999, a Agência Nacional de Telecomunicações (ANATEL) divulgou as "Diretrizes para limitação da exposição a campos elétricos, magnéticos e eletromagnéticos variáveis no tempo (até 300 GHz)" — documento que se constitui num dos estudos mais completos sobre os efeitos e os limites à exposição a radiações não ionizantes.

O documento afirma que

> o Conselho Diretor da ANATEL, em reunião de 15/7/1999, decidiu adotar, como referência provisória para avaliação da exposição humana a Campos Eletromagnéticos de radiofrequência provenientes de estações transmissoras de serviços de telecomunicações, os limites propostos pela Comissão Internacional para Proteção Contra Radiações Não Ionizantes (ICNIRP – International Commission on Non-Ionizing Radiation Protection).[1]

É apresentada uma revisão da literatura estabelecendo as bases para limitar a exposição. Segundo o texto, as diretrizes para limitação da exposição foram desenvolvidas após a análise abrangente de toda a literatura científica publicada. Os critérios aplicados durante a revisão foram criados para avaliar a credibilidade dos vários resultados relatados (REPACHOLI & STOLWIjk, 1991; REPACHOLI & CARDIS, 1997), e somente efeitos estabelecidos foram usados como base para as restrições da exposição propostas. A

---

[1] Veja os limites mencionados em Guidelines for limiting exposure to time-varying electric, magnetic, and electromagnetic fields (up to 300 GHz). Health Physics, v. 74, n. 4, p. 494-522, 1998.

indução de câncer pela exposição de longa duração a CEM (Campos Eletromagnéticos) não foi considerada estabelecida. Por essa razão, as diretrizes são baseadas em efeitos na saúde de caráter imediato, em curto prazo, como estimulação dos nervos periféricos e músculos, choques e queimaduras causadas por tocar em objetos condutores e elevação de temperatura nos tecidos, resultante da absorção de energia durante exposição a CEM. No caso dos efeitos potenciais da exposição em longo prazo, como aumento de risco de câncer, a ICNIRP concluiu que os dados disponíveis são insuficientes para prover uma base para fixar restrições à exposição, embora pesquisas epidemiológicas tenham produzido evidências sugestivas, mas não convincentes, de uma associação entre os possíveis efeitos carcinogênicos e a exposição à densidade de fluxo magnético de 50/60 Hz em níveis substancialmente inferiores aos recomendados pelas referidas diretrizes.

Prosseguindo, o estudo sintetiza os efeitos de curto prazo da exposição *in vitro* a CEM de ELF (Frequências Extremamente Baixas), modulados, ou não, em amplitude. Afirma que têm sido observadas respostas a transitórios de CEM em células e em tecidos, mas sem uma clara relação entre exposição e resposta. Estes estudos são de valor limitado na avaliação dos efeitos na saúde, porque muitas respostas não têm sido demonstradas *in vitro*. Assim, estudos *in vitro*, isoladamente, não foram considerados suficientes para prover os dados que podem servir como base primária para avaliar efeitos de CEM sobre a saúde. Em seguida, alguns resultados do estudo:

13.1.8.1. Resumo dos efeitos biológicos e estudos epidemiológicos (até 100 kHz)

Com a possível exceção de tumores de mama, há pouca evidência, a partir dos estudos em laboratório, de que os campos magnéticos de frequência de distribuição de energia tenham o efeito de promover tumores. Embora sejam necessários estudos adicionais em animais para esclarecer os possíveis efeitos de campos ELF sobre sinais produzidos em células e na regulação endócrina — ambos podem influenciar o crescimento de tumores promovendo a proliferação de células iniciadas —, só se pode concluir que não há, atualmente, nenhuma evidência convincente de efeitos carcinogênicos destes campos e que, portanto, estes dados não podem ser usados como base para desenvolver diretrizes para a exposição.

Estudos em laboratório, com sistemas celulares e animais, não encontraram nenhum efeito bem-fundamentado de campos de baixa frequência, que seja indicador de efeitos prejudiciais à saúde, quando a densidade de corrente induzida está abaixo de 10 mA.m-2. Em níveis mais altos de densidade de corrente induzida (10-100 mA.m-2), têm sido constantemente observados efeitos mais significativos em tecidos, como mudanças funcionais no sistema nervoso e outros (TENFORDE, 1996, *apud* ANATEL, 1999).

Dados sobre o risco de câncer, associado com a exposição a campos ELF, de indivíduos morando perto de linhas de transmissão, são aparentemente consistentes ao indicar um pequeno aumento de risco de leucemia entre crianças, embora estudos mais recentes questionem essa fraca associação. Entretanto, as pesquisas não indicaram um risco, da mesma maneira elevado, de nenhum outro tipo de câncer infantil, ou qualquer forma de câncer em adultos.

Desconhece-se a causa básica para a ligação hipotética entre a leucemia infantil e o fato de residir na proximidade imediata de linhas de transmissão. Se a ligação não está relacionada com campos elétricos e magnéticos ELF, gerados pelas linhas de transmissão, então fatores de risco desconhecidos para a leucemia teriam de estar relacionados com as linhas, de maneira a ser determinada. Na ausência de apoio por estudos em laboratório, os dados epidemiológicos são insuficientes para permitir o estabelecimento de uma diretriz de exposição.

Têm havido relatos de aumento de risco de certos tipos de câncer, como leucemia, tumores de tecidos nervosos e, limitadamente, câncer da mama, entre eletricitários. Na maioria das pesquisas, os tipos de trabalho foram usados para classificar os indivíduos de acordo com os níveis de exposição presumida a campos magnéticos. Alguns estudos mais recentes, entretanto, têm usado métodos mais sofisticados de determinação da exposição. Em geral, estes estudos sugeriram um aumento do risco de leucemia ou de tumores cerebrais, mas foram inconsistentes com referência ao tipo de câncer para o qual há aumento de risco. Os dados são insuficientes para prover a base de diretrizes para exposição a campos ELF. Em um grande número de estudos epidemiológicos, não resultou nenhuma evidência consistente da existência de efeitos reprodutivos adversos.

A medição das respostas biológicas em estudos de laboratório e em voluntários tem fornecido fraca indicação de efeitos adversos de campos de baixa frequência, nos níveis em que as pessoas estão expostas normalmente. Tem sido estimado um limiar de densidade de corrente de 10 mA.m-2, em frequências de até 1 kHz, para se obterem pequenos efeitos sobre as funções do sistema nervoso. Entre os voluntários, os danos mais consistentes de exposição são o aparecimento de fosfenos visuais e uma pequena redução do batimento cardíaco, durante, ou imediatamente após a exposição a campos ELF, mas não há nenhuma evidência de que estes efeitos transitórios estejam associados com qualquer risco de saúde em longo prazo. Uma redução na síntese noturna de melatonina pineal tem sido relatada em várias espécies de roedores, após exposição a campos elétricos e magnéticos ELF de pequena intensidade, mas nenhum efeito consistente tem sido observado em seres humanos expostos a campos ELF sob condições controladas. Estudos envolvendo exposições a campos magnéticos de 60 Hz, de até 20 µT, não apresentaram resultados confiáveis com relação aos níveis de melatonina no sangue.

13.1.8.2. Resumo dos efeitos biológicos e estudos epidemiológicos (100 kHz – 300 GHz)

A evidência experimental disponível indica que a exposição de humanos em repouso, por aproximadamente 30 minutos, a CEM, produzindo uma SAR de corpo inteiro entre 1 e 4 W.kg-1, resulta num aumento da temperatura do corpo inferior a 1 °C. Dados obtidos com animais apontam um limiar para respostas do comportamento na mesma faixa de SAR. A exposição a campos mais intensos, produzindo valores de SAR superiores a 4 W.kg-1, pode exceder a capacidade termorreguladora do corpo e produzir níveis de aquecimento nocivos aos tecidos. Muitos estudos de laboratório com roedores e primatas não humanos demonstraram a grande variedade de danos em tecidos provocados por elevações de temperatura superiores a 1-2 °C em razão do aquecimento de partes — ou da totalidade — do corpo. A sensibilidade de vários tipos de tecidos a danos térmicos varia amplamente, mas o limiar para efeitos irreversíveis, mesmo nos tecidos mais sensíveis, é maior do que 4 W.kg-1, em condições ambientais normais. Estes dados formam a base para a restrição de 0,4 W.kg-1 à exposição ocupacional, o que garante uma larga margem de segurança para outras condições limitantes, como alta temperatura ambiental, umidade, ou nível de atividade física.

Dados de laboratório e resultados de estudos limitados com seres humanos (MICHAELSON & ELSON, 1996) apontam claramente que ambientes termicamente fatigantes e o uso de drogas ou álcool podem comprometer a capacidade de termorregulação do corpo. Nessas condições, fatores de segurança devem ser introduzidos para fornecer proteção adequada aos indivíduos expostos.

Informações sobre respostas humanas à CEM de alta frequência que produz aquecimento perceptível têm sido obtidas a partir da exposição controlada de voluntários e dos estudos epidemiológicos com trabalhadores expostos a fontes como radares, equipamento de diatermia médica e seladoras de RF (radiofrequência). Os resultados estão plenamente de acordo com as conclusões extraídas dos trabalhos de laboratório, ou seja, efeitos biológicos adversos podem ser causados por aumentos de temperatura superiores a 1 °C em tecidos. Estudos epidemiológicos com trabalhadores expostos e com o público em geral não mostraram nenhum efeito significativo para a saúde relacionado com condições típicas de exposição.

Embora o trabalho epidemiológico apresente deficiências, como a avaliação imprecisa da exposição, os estudos não revelaram nenhuma evidência convincente de que níveis típicos de exposição possam conduzir a respostas adversas na reprodução ou a um maior risco de câncer para as pessoas expostas. Isto é consistente com os resultados das pesquisas de laboratório com células e animais que não demonstraram efeitos teratogênicos ou carcinogênicos causados por exposição em níveis atérmicos de CEM de alta frequência.

A exposição a CEM pulsados, de intensidade suficiente, provoca efeitos previsíveis, como o fenômeno de audição de micro-ondas e várias respostas de comportamento. Estudos epidemiológicos com trabalhadores expostos e com o público em geral forneceram informações limitadas e falharam em demonstrar quaisquer prejuízos à saúde. Relatórios de danos severos na retina têm sido contestados após tentativas malsucedidas de repetição dos resultados encontrados.

Um grande número de estudos sobre efeitos biológicos de CEM modulados em amplitude, na maioria das vezes conduzidos com níveis baixos de exposição, rendeu tanto resultados positivos como negativos. A análise completa desses estudos revela que os efeitos de campos AM (Amplitude Modulation — ondas de rádio que estão na faixa de frequência 30 MHz a 3 GH, e comprimento de onda de 10 m a 10 cm) variam largamente com os parâmetros de exposição, os tipos de células e de tecidos envolvidos, e os resultados finais que foram examinados. Em geral, os efeitos da exposição de sistemas biológicos a níveis atérmicos de CEM modulados em amplitude são pequenos e muito difíceis de relacionar com aqueles potencialmente prejudiciais à saúde. Não há nenhuma evidência convincente quanto à existência de janelas de frequência e de densidade de potência na resposta a estes campos.

Os efeitos nocivos indiretos de CEM de alta frequência, causados por contato humano com objetos metálicos expostos ao campo, podem resultar em choques e queimaduras. Nas frequências de 100 kHz a 110 MHz (o limite superior da faixa de radiodifusão em FM), os limiares para a corrente de contato capaz de produzir efeitos, que vão desde a percepção até a dor aguda, não sofrem variação significativa em função da frequência do campo. O limiar para percepção varia de 25 a 40 mA em indivíduos de diferentes tamanhos e o limiar para a dor, de aproximadamente 30 a 55 mA. Acima de 50 mA, pode haver queimaduras graves no local de contato do tecido com um condutor metálico exposto ao campo.

É feita uma apresentação dos níveis de referência para exposição ao público em geral e ocupacional. Esses níveis de referência foram obtidos a partir das restrições básicas por modelamento matemático e por extrapolação de resultados de investigações de laboratório em frequências específicas, onde apropriado. Os níveis são dados para a condição de acoplamento máximo do campo com o indivíduo exposto, fornecendo, dessa forma, o máximo de proteção. Na Tabela 13.1, reproduzimos os níveis de referência a título de informação. Em decorrência da limitação de espaço neste capítulo, deixamos o aprofundamento para quem se interessar na consulta ao texto referenciado.

Tabela 13.1 – Níveis de referência para exposição ocupacional a campos elétricos e magnéticos variáveis no tempo (valores eficazes, não perturbados)

Faixas de frequência	Intensidade de campo E (V.m^{-1})	Intensidade de campo H (A.m^{-1})	Campos B (μT)	Densidade de potência de onda plana equivalente S_{ea} (W.m^{-2})
Até 1 Hz	—	$1,63 \times 10^5$	2×10^5	—
1 – 8 Hz	20.000	$1,63 \times 10^5/f^2$	$2 \times 10^5/f^2$	—
8 – 25 Hz	20.000	$2 \times 10^4/f$	$2,5 \times 10^4/f$	—
0,025 – 0,82 Hz	500/f	20/f	25/f	—
0,82 – 65 kHz	610	24,4	30,7	—
0,065 – 1 MHz	610	1,6f	2,0/f	—
1 – 10 MHz	610/f	1,6f	2,0/f	—
10 – 400 MHz	61	0,16	0,2	10
400 – 2000 MHz	$3f^{1/2}$	$0,008f^{1/2}$	$0,01f^{1/2}$	f/40
2 – 300 GHz	137	0,36	0,45	50

Fonte: Anatel, 1999.

13.1.8.3. Medidas de proteção

A ICNIRP considera que as indústrias que causam exposição a campos elétricos e magnéticos são responsáveis pelo atendimento a todos os aspectos das diretrizes.

Medidas para a proteção de trabalhadores incluem controles técnicos e administrativos, programas de proteção de caráter pessoal e supervisão médica (ILO, 1994). Deve-se tomar medidas de proteção adequadas quando a exposição no local de trabalho resulta acima dos níveis de referência. Como primeiro passo, devem ser aplicados controles técnicos, onde for possível reduzir em níveis aceitáveis a emissão de campos por dispositivos. Tais controles incluem um projeto que garanta a segurança e, onde for necessário, o uso de chaves de bloqueio ou mecanismos similares para proteção da saúde.

Controles administrativos como as limitações de acesso e o uso de alarmes audíveis e visíveis devem ser usados em combinação com controles técnicos. Medidas de proteção de caráter pessoal, como o uso de roupa protetora, não obstante útil em certas circunstâncias, devem ser consideradas o último recurso para garantir a segurança do trabalhador. Controles técnicos e administrativos devem ter prioridade, sempre que possível. Além disso, quando recursos como luvas isolantes são utilizados para proteger indivíduos contra choques e queimaduras de alta frequência, as restrições básicas não devem ser excedidas, visto que o isolamento protege somente contra efeitos indiretos dos campos.

Com exceção da roupa protetora ou de outra proteção de caráter pessoal, as mesmas medidas podem ser aplicadas ao público em geral, sempre que haja a possibilidade de que os níveis de referência para a população sejam excedidos. É também essencial estabelecer e respeitar regras que evitem:
- interferência com equipamentos eletrônicos e aparelhos médicos (inclusive marca-passos cardíacos);
- detonação de dispositivos eletro-explosivos (detonadores); e
- incêndios e explosões resultantes da ignição de materiais inflamáveis, por faíscas causadas por campos induzidos, correntes de contato ou descargas elétricas.

13.2. A luz

A *luz* na forma como é conhecida é uma gama de comprimentos de onda a que o olho humano é sensível. Trata-se de uma radiação eletromagnética pulsante ou, num sentido mais geral, qualquer radiação eletromagnética que se situa entre as radiações infravermelhas e as radiações ultravioleta. As três grandezas físicas básicas da luz (e de toda a radiação eletromagnética) são: brilho (ou amplitude), cor (ou frequência) e polarização (ou ângulo de vibração). Devido à dualidade onda-partícula, a luz exibe simultaneamente propriedades de ondas e partículas.

Um raio de luz é a representação da trajetória da luz em determinado espaço, e sua representação indica de onde a luz sai (*fonte*) e para onde ela se dirige. O conceito de raio de luz foi introduzido por Alhazen. Propagando-se em meio homogêneo, a luz sempre percorre trajetórias retilíneas; somente em meios não homogêneos é que ela pode descrever "curva".

Um feixe luminoso é composto de pacotes discretos de energia, caracterizados por consistirem em partículas denominadas fótons. A frequência da onda é proporcional à magnitude da energia da partícula. Como os fótons são emitidos e absorvidos por partículas, eles atuam como transportadores de energia. A energia contida em um fóton é calculada pela equação de Planck:

$$E = h.f$$

onde E é a energia, h é a constante de Planck ($6{,}6260755 \cdot 10^{-34}$ Js) e f é a frequência.

Se um fóton for absorvido por um átomo, ele excita um elétron, elevando-o a um alto nível de energia. Se o nível de energia é suficiente, ele pula para outro nível maior de energia, ele pode escapar da atração do núcleo e ser liberado em um processo conhecido como fotoionização. Um elétron que descer ao nível de energia menor emite um fóton de luz igual à diferença de energia; como os níveis de energia em um átomo são discretos, cada elemento tem as próprias características de emissão e absorção.

Figura 13.8 – Diagrama da dispersão da luz através de um prisma.

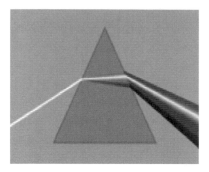

13.2.1. Comprimentos de onda da luz visível

As fontes de luz visível dependem essencialmente do movimento de elétrons. Estes, nos átomos, podem ser elevados de seus estados de energia mais baixa até os de energia mais alta por diversos métodos, como aquecendo a substância ou fazendo passar uma corrente elétrica através dela. Quando os elétrons eventualmente retornam a seus níveis mais baixos, os átomos emitem radiação que pode estar na região visível do espectro.

A fonte mais familiar de luz visível é o Sol. Sua superfície emite radiação através de todo o espectro eletromagnético, mas sua radiação mais intensa está na região que definimos como visível, e a intensidade radiante do Sol tem valor de pico num comprimento de onda de cerca de 550 nm, e isso sugere que nossos olhos se adaptaram ao espectro do Sol.

Todos os objetos emitem radiação magnética, denominada *radiação térmica*, em função de sua temperatura. Tal como o Sol, objetos, cuja radiação térmica é visível, são denominados incandescentes. A incandescência geralmente está associada a objetos quentes; tipicamente, são necessárias temperaturas que excedam a 1.000 °C.

Também é possível que a luz seja emitida de objetos frios; esse fenômeno é chamado *luminescência*. Os exemplos incluem as lâmpadas fluorescentes, relâmpagos, mostradores luminosos e receptores de televisão. A luminescência pode ter várias causas. Quando a energia que excita os átomos se origina de uma reação química, é denominada *quimiluminescência*. Quando ocorre em seres vivos, como vagalumes e organismos marinhos, é chamada *bioluminescência*. A luz também pode ser emitida quando determinados cristais (por exemplo, o açúcar) são comprimidos, ao que nomeamos *tribo luminescência*.

De acordo com a moderna física teórica, toda radiação eletromagnética, incluindo a luz visível, se propaga no vácuo numa velocidade constante, comumente chamada *velocidade da luz*, que é uma constante da Física, representada por *c* e igual a 299.792.458 m por segundo.

As seguintes quantidades e unidades são utilizadas para medir luz:
a. brilho, medida em watts/cm^2
b. iluminância ou iluminação (Unidade SI: lux)
c. fluxo luminoso (Unidade SI: lúmen)
d. intensidade luminosa (Unidade SI: candela)

13.2.2. Cor

A *cor* é uma percepção visual provocada pela ação de um feixe de fótons sobre células especializadas da retina, que transmitem, através de informação pré-processada no nervo óptico, impressões para o sistema nervoso.

A cor de um material é definida pelas médias de frequência dos pacotes de onda que suas moléculas constituintes refletem. Um objeto terá determinada a cor se não absorver justamente os raios correspondentes à frequência daquela cor. Assim, um objeto é vermelho se absorve preferencialmente as frequências fora do vermelho. A cor é relacionada com os diferentes comprimentos de onda do espectro eletromagnético. São percebidas pelas pessoas, em faixa específica (zona do visível), e por alguns animais, através dos órgãos de visão, como uma sensação que nos permite diferenciar os objetos do espaço com mais precisão.

Considerando as cores como luz, a cor branca resulta da sobreposição de todas as cores, enquanto a preta é a ausência de luz. Uma luz branca pode ser decomposta em todas as cores (o espectro) (Tabela 13.2) por meio de um prisma. Na natureza, esta decomposição origina o arco-íris.

Tabela 13.2 – Cores do espectro visível contínuo

Cor	Comprimento de onda	Frequência
Vermelha	~ 625-740 nm	~ 480-405 THz
Laranja	~ 590-625 nm	~ 510-480 THz
Amarela	~ 565-590 nm	~ 530-510 THz
Verde	~ 500-565 nm	~ 600-530 THz
Ciano	~ 485-500 nm	~ 620-600 THz
Azul	~ 440-485 nm	~ 680-620 THz
Violeta	~ 380-440 nm	~ 790-680 THz

Tabela 13.3 – Cor, frequência e energia da luz

Cor	/nm	/1014 Hz	/104 cm-1	/eV	/kJ mol-1
Infravermelho	>1000	<3.00	<1.00	<1.24	<120
Vermelha	700	4.28	1.43	1.77	171
Laranja	620	4.84	1.61	2.00	193
Amarela	580	5.17	1.72	2.14	206
Verde	530	5.66	1.89	2.34	226
Azul	470	6.38	2.13	2.64	254
Violeta	420	7.14	2.38	2.95	285
Ultravioleta próximo	300	10.0	3.33	4.15	400
Ultravioleta distante	<200	>15.0	>5.00	>6.20	>598

13.2.3. Teoria da cor

Cada cor é sempre a intermediária entre as duas cores vizinhas, e diametralmente opostas estão as cores complementares formando seu mapa. Quando se fala de cor, há que distinguir entre a cor obtida aditivamente (cor luz) ou aquela adquirida subtrativamente (cor pigmento). No primeiro caso, chamado sistema RGB, tem-se os objetos que emitem luz (monitores, televisão, Sol etc.) em que a adição de diferentes comprimentos de onda das cores primárias de luz Vermelha + Azul (cobalto) + Verde = Branca.

No segundo sistema (subtrativo ou cor pigmento), mancha-se uma superfície sem pigmentação (branca) misturando-lhe as cores secundárias da luz (também chamadas primárias, em artes plásticas): Ciano + Magenta + Amarela.

Este sistema corresponde ao CMYK das impressoras e serve para obter cor com pigmentos (tintas e objetos não emissores de luz). Subtraindo os três pigmentos, tem-se um matiz de cor muito escura, às vezes confundido com o preto. O sistema CMYK é utilizado pela indústria gráfica nos diversos processos de impressão, como por exemplo: o off-set e o processo flexográfico, bastante utilizado na impressão de etiquetas e embalagens. A sigla CMYK corresponde ao nome das cores em inglês:

C = Cyan (ciano)

M = Magenta

Y = Yellow (amarelo)

K = Black ou key color (preto)

Alguns estudiosos afirmam que a letra "K" é usada para o "Preto" (*Black*) como referência à palavra "key", que em inglês significa "Chave". A "Preta" é considerada "cor-chave" na indústria gráfica, uma vez que é usada para definir detalhes das imagens. Outros afirmam que a letra "K" da palavra "Black" foi escolhida porque a letra "B" é usada pelo "Blue" = "Azul" do sistema RGB.

As *cores primárias de luz* são as mesmas *secundárias de pigmento*, assim como as secundárias de luz são as primárias de pigmento. Estas últimas, combinadas duas a duas na mesma proporção, geram o seguinte resultado: magenta + amarela = vermelha; amarela + ciano = verde; ciano + magenta = azul cobalto. Focos de luz primária combinados dois a dois dão o seguinte resultado: azul cobalto + vermelha = magenta; vermelha + verde = amarela; verde + azul cobalto = ciano.

A principal diferença entre um corpo azul (iluminado por luz branca) e uma fonte emissora azul é de que o pigmento azul absorve o verde e o vermelho reflete apenas azul, enquanto a fonte emissora de luz azul emite efetivamente apenas azul. Se o objeto fosse iluminado por essa luz, ele continuaria a parecer azul. Mas se ele fosse iluminado por uma luz amarela (luz vermelha + verde), o corpo pareceria negro.

Note-se ainda que antes da invenção do prisma e da divisão do espectro da luz branca, nada disso era conhecido, pelo que ainda hoje é ensinado nas escolas que amarela/azul/vermelha são as cores primárias, e todas as outras são passíveis de ser fabricadas por meio delas, o que não é incorreto. As cores percebidas por nossos receptores visuais não correspondem às cores encontradas na natureza.

Na natureza, amarela, azul e vermelha são as cores de onde todas as outras se originam, a partir de suas combinações: amarela + azul = verde; vermelha + amarela = laranja; azul + vermelha = roxa. A combinação de cores primárias forma as secundárias, que, combinadas com as cores secundárias, formam as cores terciárias, e assim por diante.

13.2.4. Psicologia das cores

Na cultura ocidental, as cores podem ter alguns significados, e alguns estudiosos afirmam que podem provocar lembranças e sensações às pessoas.

Cinza: elegância, humildade, respeito, reverência, sutileza.

Vermelha: paixão, força, energia, amor, liderança, masculinidade, alegria (China), perigo, fogo, raiva, revolução, "pare".

Azul: harmonia, confidência, conservadorismo, austeridade, monotonia, dependência, tecnologia, liberdade.

Ciano: tranquilidade, paz, sossego, limpeza, frescor.
Verde: natureza, primavera, fertilidade, juventude, desenvolvimento, riqueza, dinheiro (Estados Unidos), boa sorte, ciúme, ganância, esperança.
Amarela: velocidade, concentração, otimismo, alegria, felicidade, idealismo, riqueza (ouro), fraqueza, dinheiro.
Magenta: luxúria, sofisticação, sensualidade, feminilidade, desejo.
Violeta: espiritualidade, criatividade, realeza, sabedoria, resplandecência, dor.
Alaranjado: energia, criatividade, equilíbrio, entusiasmo, ludismo.
Branca: pureza, inocência, reverência, paz, simplicidade, esterilidade, rendição.
Preta: poder, modernidade, sofisticação, formalidade, morte, medo, anonimato, raiva, mistério, azar.
Castanho: sólido, seguro, calmo, natureza, rústico, estabilidade, estagnação, peso, aspereza.

13.3. Radiação ionizante

O texto a seguir é baseado em vasto material educativo disponibilizado pela Comissão Nacional de Energia Nuclear (CNEN)[2]. Como mencionado, dependendo da quantidade de energia, uma radiação pode ser descrita como não ionizante ou ionizante. Radiações não ionizantes possuem relativamente baixa energia. De fato, radiações não ionizantes estão sempre a nossa volta. Ondas eletromagnéticas como luz, calor e ondas de rádio são formas comuns de radiações não ionizantes. Sem radiações não ionizantes, não poderíamos apreciar um programa de televisão em nossos lares ou cozinhar em nosso forno de micro-ondas.

As radiações ionizantes, com altos níveis de energia, são originadas no núcleo de átomos, podem alterar o estado físico de um átomo e causar a perda de elétrons, tornando-os eletricamente carregados. Este processo chama-se "ionização". Um átomo pode se tornar ionizado quando a radiação colide com um de seus elétrons. Se essa colisão ocorrer com muita violência, o elétron pode ser arrancado do átomo. Após a perda do elétron, o átomo deixa de ser neutro, pois com um elétron a menos o número de prótons é maior. O átomo torna-se um "íon positivo".

13.3.1. Estabilidade do núcleo atômico

A tendência dos isótopos dos núcleos atômicos é atingir a estabilidade. Se um isótopo estiver numa configuração instável, com muita energia ou com muitos nêutrons, por exemplo, ele emitirá radiação para atingir um estado estável. Um átomo pode liberar energia e se estabilizar por meio de uma das seguintes formas:
- emissão de partículas do seu núcleo;
- emissão de fótons de alta frequência;

---
2 Ver www.cnen.gov.br, devidamente referenciado na bibliografia.

- o processo no qual um átomo espontaneamente libera energia de seu núcleo é chamado "decaimento radioativo";
- quando algo chega ao fim na natureza, como a morte de uma planta, ocorrem trocas de um estado complexo (a planta) para um estado simples (o solo). A ideia é a mesma para um átomo instável. Por emissão de partículas ou de energia do núcleo, um átomo instável troca, ou decai, para uma forma mais simples. Por exemplo, um isótopo radioativo de urânio, o 238, decai até se tornar chumbo 206. Chumbo 206 é um isótopo estável, com um núcleo estável. Urânio instável pode, eventualmente, se tornar um isótopo estável de chumbo.

13.3.2. Radiação ionizante

Energia e partículas emitidas de núcleos instáveis são capazes de causar ionização. Quando um núcleo instável emite partículas, estas são, tipicamente, na forma de partículas alfa, beta ou nêutrons. No caso da emissão de energia, a emissão se faz por uma forma de onda eletromagnética muito semelhante aos raios X: os raios gama.

13.3.2.1. Radiação alfa (α)

As partículas alfa são constituídas por dois prótons e dois nêutrons, isto é, o núcleo de átomo de hélio (He). Quando o núcleo as emite, perde dois prótons e dois nêutrons. Sobre as emissões alfa, foi enunciada por Soddy, em 1911, a chamada primeira lei da radioatividade:

Quando um radionuclídeo emite uma partícula alfa, seu número de massa diminui 4 unidades e seu número atômico decai 2 unidades.

$$X \longrightarrow alfa(2p\ e\ 2n) + Y(sem\ 2p\ e\ 2n)$$

Ao perder 2 prótons, o radionuclídeo X se transforma no radionuclídeo Y com número atômico igual a (Y = X – 2).

As partículas alfa, por terem massa e carga elétrica relativamente maiores, podem ser facilmente detidas, até mesmo por uma folha de papel; elas em geral não conseguem ultrapassar as camadas externas de células mortas da pele de uma pessoa, sendo assim praticamente inofensivas. Entretanto, podem ocasionalmente penetrar no organismo através de um ferimento ou por aspiração, provocando, nesse caso, lesões graves. Tem baixa velocidade comparada à velocidade da luz (20.000 km/s).

13.3.2.2. Radiação beta (β)

As partículas beta são elétrons emitidos pelo núcleo de um átomo instável. Em núcleos instáveis beta-emissores, um nêutron pode se decompor em um próton. Um elétron e um antineutrino permanecem no núcleo, e um elétron (partícula beta) e um antineutrino são emitidos. Assim, ao emitir uma partícula beta, o núcleo tem a diminuição de um nêutron e o aumento de um próton. Desse modo, o número de massa permanece constante.

A segunda lei da radioatividade, enunciada por Soddy, Fajjans e Russel, em 1913, diz: quando um radionuclídeo emite uma partícula beta, seu número de massa permanece constante e seu número atômico aumenta 1 unidade X -----> beta (1e) + antineutrino + Y (com 1p a mais). Ao ganhar 1 próton o radionuclídeo X se transforma no radionuclídeo Y com número atômico igual a (Y = X + 1).

As partículas beta são capazes de penetrar cerca de 1 cm nos tecidos, ocasionando danos à pele, mas não aos órgãos internos, a não ser que sejam ingeridas ou aspiradas. Têm alta velocidade, aproximadamente 270.000 km/s.

13.3.2.3. Radiação gama

Ao contrário das radiações alfa e beta, que são constituídas por partículas, a radiação gama é formada por ondas eletromagnéticas emitidas por núcleos instáveis logo em seguida à emissão de uma partícula alfa ou beta.

O césio-137, ao emitir uma partícula beta, tem seus núcleos transformados em bário-137. No entanto, pode acontecer de, mesmo com a emissão, o núcleo resultante não eliminar toda a energia de que precisaria para se estabilizar. A emissão de uma onda eletromagnética (radiação gama) ajuda um núcleo instável a se estabilizar. Das várias ondas eletromagnéticas (radiação gama, raios X, micro-ondas, luz visível etc.), apenas os raios gama são emitidos pelos núcleos atômicos.

As radiações alfa, beta e gama possuem diferentes poderes de penetração, isto é, diferentes capacidades para atravessar os materiais. Assim como os raios X, os raios gama são extremamente penetrantes, sendo detidos somente por uma parede de concreto ou metal. Têm altíssima velocidade que se iguala à velocidade da luz (300.000 km/s).

13.3.2.4. Raios X

Os raios X não vêm do centro dos átomos, como os raios gama. Para se obter raios X, uma máquina acelera elétrons e os faz colidirem contra uma placa de chumbo, ou outro material. Na colisão, os elétrons perdem a energia cinética, ocorrendo uma transformação em calor (quase a totalidade) e um pouco de raios X.

Estes raios interessantes atravessam corpos que, para a luz habitual, são opacos. O expoente de absorção deles é proporcional à densidade da substância. Por isso, com o auxílio dos raios X é possível obter uma fotografia dos órgãos internos do homem. Nestas, distinguem-se bem os ossos do esqueleto e detectam-se diferentes deformações dos tecidos brandos. A grande capacidade de penetração dos raios X e suas outras particularidades estão ligadas ao fato de eles terem um comprimento de onda muito pequeno.

13.3.3. Aplicações

A radiação ionizante tornou-se há muitos anos parte integrante da vida do homem. Sua aplicação se dá desde a área da medicina até as armas bélicas; contudo, sua utilidade é indiscutível. Atualmente, por exemplo, seu uso em alguns exames de diagnóstico médico, através da aplicação controlada da radiação ionizante (a radiografia é mais comum), é uma metodologia de extremo auxílio. Porém, os efeitos da radiação não podem ser considerados inócuos, e a sua interação com os seres vivos pode levar a teratogenias e até a morte. Os riscos e os benefícios devem ser ponderados. A radiação é um risco e deve ser usada de acordo com os seus benefícios (CNEN, 2009).

13.3.3.1. Saúde

Radioterapia

Consiste na utilização da radiação gama, raios X ou feixes de elétrons para o tratamento de tumores, eliminando células cancerígenas e impedindo seu crescimento. O tratamento consiste na aplicação programada de doses elevadas de radiação, com a finalidade de atingir as células cancerígenas, causando o menor dano possível aos tecidos intermediários ou adjacentes.

Braquiterapia

Trata-se de radioterapia localizada para tipos específicos de tumores e em locais específicos do corpo humano. Para isso são utilizadas fontes radioativas emissoras de radiação gama de baixa e média energias, encapsuladas em aço inox ou em platina, com atividade da ordem das dezenas de Curies (unidade de radioatividade correspondente a $3,7 \times 10^{10}$ desintegrações por segundo. O nome é uma homenagem à madame Curie, que descobriu o rádio em 1898. A atividade de 1g de urânio natural é de $7,6 \times 10^{-7}$ Ci (0,000 000 76 Ci), ou seja, 1g de urânio sofre 28.120 desintegrações por segundo. A atividade de 1g de césio-137 é de cerca de 87 Ci). A principal vantagem está na proximidade da fonte radioativa que afeta mais precisamente as células cancerígenas e danifica menos os tecidos e órgãos próximos.

Aplicadores

São fontes radioativas de emissão beta distribuídas numa superfície, cuja geometria depende do objetivo do aplicador. Muito usado em aplicadores dermatológicos e oftalmológicos. O princípio de operação é a aceleração do processo de cicatrização de tecidos submetidos a cirurgias, evitando sangramentos e queloides, de modo semelhante à cauterização superficial. A atividade das fontes radioativas é baixa e não oferece risco de acidente significativo sob o ponto de vista radiológico. O importante é o controle do tempo de aplicação no tratamento, a manutenção da sua integridade física e o armazenamento adequado dos aplicadores.

Radioisótopos

Existem terapias medicamentosas que contêm radioisótopos que são administrados ao paciente por meio de ingestão ou injeção, com a garantia de sua deposição preferencial em determinado órgão ou tecido do corpo humano. Por exemplo, isótopos de iodo para o tratamento do cancro na tireoide.

13.3.3.2. Diagnóstico

Radiografia

A radiografia é uma imagem obtida por um feixe de raios X ou gama que atravessa a região de estudo e interage com uma emulsão fotográfica ou tela fluorescente. Existe uma grande variedade de tipos, tamanhos e técnicas radiográficas. As doses absorvidas de radiação dependem do tipo de radiografia. Como existe a acumulação da radiação ionizante não se deve tirar radiografias sem necessidade e, principalmente, com equipamentos fora dos padrões de operação. O risco de dano é maior para o operador, que executa rotineiramente muitas radiografias por dia. Para evitar exposição desnecessária, deve-se ficar o mais distante possível, no momento do disparo do feixe ou protegido por um biombo com blindagem de chumbo.

Tomografia

O princípio da tomografia consiste em ligar um tubo de raios X a um filme radiográfico por um braço rígido que gira ao redor de um determinado ponto, situado num plano paralelo à película. Assim, durante a rotação do braço, produz-se a translação simultânea do foco (alvo) e do filme. Obtêm-se imagens de planos de cortes sucessivos, como se observássemos fatias seccionadas, por exemplo, do cérebro. Não apresenta riscos de acidente, pois é operada por eletricidade, e o nível de exposição à radiação é similar. Não se deve realizar exames tomográficos sem necessidade, devido à acumulação de dose de radiação.

Mamografia

Atualmente a mamografia é um instrumento que auxilia na prevenção e na redução de mortes por câncer de mama. Como o tecido da mama é difícil de ser examinado com o uso de radiação penetrante, devido às pequenas diferenças de densidade e textura de seus componentes, como o tecido adiposo e fibroglandular, a mamografia possibilita somente suspeitar e não diagnosticar um tumor maligno. O diagnóstico é complementado pelo uso da biópsia e ultrassonografia. Com essas técnicas, permite-se a detecção precoce em pacientes assintomáticas e imagens de melhor definição em pacientes sintomáticas. A imagem é obtida com o uso de um feixe de raios X de baixa energia, produzidos em tubos especiais, após a mama ser comprimida entre duas placas. O risco associado à exposição à radiação é mínimo, principalmente quando comparado com o benefício obtido.

Mapeamento com radiofármacos

O uso de marcadores é comum. O marcador radioativo tem o objetivo de, como o nome mesmo diz, marcar moléculas de substâncias que se incorporam ou são metabolizadas pelo organismo do homem, de uma planta ou animal. Por exemplo, o iodo-131 é usado para seguir o comportamento do iodo-127, estável, no percurso de uma reação química *in vitro* ou no organismo. Nesses exames, a irradiação da pessoa é inevitável, mas deve-se ter atenção para que esta seja a menor possível.

13.3.4. Radioproteção (proteção radiológica)

A Proteção Radiológica ou Radioproteção tem como objetivos evitar ou reduzir os efeitos maléficos das radiações sobre o ser humano, sejam elas de origem natural ou de fontes produzidas artificialmente.

Esses objetivos podem ser atingidos, aplicando-se os chamados três Princípios Básicos de Radioproteção, prescritos nas Diretrizes Básicas de Radioproteção da CNEN:

a. Princípio da justificação

Qualquer atividade envolvendo radiação ou exposição a radiações deve ser justificada em relação a possíveis alternativas e produzir um benefício positivo para a sociedade.

Isso significa que, no caso de se obter o mesmo resultado com o uso de um material radioativo e de um material não radioativo, deve ser empregado este último.

b. Princípio da otimização

Uma vez justificado o uso de material radioativo ou de fontes radioativas, aplica-se o princípio da radioproteção ocupacional:

O projeto de instalações que processem ou utilizem materiais radioativos ou fontes radioativas, o planejamento do uso desses materiais ou fontes, bem como a respectiva operação, devem garantir que as exposições às radiações sejam tão baixas quanto razoavelmente viáveis.

O Princípio da Otimização é também conhecido como Princípio ALARA (As Low As Reasonably Achievable – tão baixa quanto razoavelmente exequível).

c. Princípio da limitação da dose individual

As doses (quantidades de radiação) individuais de trabalhadores que utilizam materiais radioativos e de indivíduos do público não devem exceder os limites anuais estabelecidos na Norma CNEN-NE-3.01 - Diretrizes Básicas de Radioproteção.

13.3.4.1. Grandezas e unidades radiológicas

- Exposição X (raios X ou gama): quantidade de radiação absorvida pelo ar ou carga de íons transferida para o ar ou, ainda, pares iônicos produzidos no ar.

Unidade:

R (Roentgen – lê-se "rêntguen")

- Dose Absorvida (D) (qualquer radiação ionizante e qualquer material): quantidade de radiação (ou energia) por unidade de massa.

Unidades:

a) Gy (Gray) – é a unidade adotada oficialmente
b) rad – unidade antiga

- Dose Equivalente (H): dose absorvida por um órgão do corpo humano, levando em consideração os efeitos biológicos produzidos, pela inclusão do "fator de qualidade" Q (Q =1, para raios X, γ e β). H = D. Q

Unidades: sendo Q um número adimensional, a unidade não se altera em termos de grandeza, mas recebe um nome específico para distingui-la da dose absorvida.

1. Sv (Sievert) - é a unidade adotada oficialmente
2. rem (roentgen equivalent man) - unidade antiga, 1 rem = 0,01 Sv ou 1 Sv = 100 rem
3. Como o Sv e o rem expressam valores grandes em termos de Radioproteção, são usados os seus submúltiplos mSv e mrem, respectivamente

Limites radiológicos

Em primeiro lugar, deve-se ressaltar que nenhum trabalhador deve ser exposto à radiação sem que seja necessário, sem ter conhecimento dos riscos radiológicos decorrentes desse tipo de trabalho e sem que esteja treinado para o desempenho seguro de suas funções.

Outros profissionais que possam vir a ser envolvidos em trabalhos com radiação também estão enquadrados nas determinações do parágrafo anterior.

São considerados indivíduos do público qualquer membro da população não exposto ocupacionalmente à radiação (Tabela 13.4).

Tabela 13.4 – Limites primários anuais de dose equivalente (equivalente de dose)

Dose Equivalente	Trabalhador	Público
Efetiva	50 mSv (*)	1 mSv
Para órgão/tecido	500 mSv	1 mSv/w_T (**)
Para extremidades (***)	500 mSv	50 mSv

(*) A dose média limite deve ser de 20 mSv/ano em um período de 5 anos, sendo aceitável até 50 mSv em um único ano.
(**) w_T é um fator de ponderação ou de peso para o tecido (T) ou órgão.
(***) São consideradas extremidades: mãos, antebraços, pés e tornozelos.
Fonte: CNEN, PIC e Cardoso (1999).

Exposição e contaminação

Em virtude das dúvidas correntemente existentes, torna-se necessário esclarecer a diferença entre irradiação e contaminação.

Uma contaminação, radioativa ou não, caracteriza-se pela presença indesejável de um material em determinado local, onde não deveria estar.

A irradiação é a exposição de um objeto ou de um corpo à radiação, sem que haja contato direto com a fonte de radiação.

Irradiar, portanto, não significa contaminar. Contaminar com material radioativo, no entanto, implica irradiar o local, onde esse material estiver.

Irradiação não contamina, mas contaminação irradia.

Por outro lado, a descontaminação radiológica consiste em retirar o contaminante (material indesejável) da região onde se localizou. A partir do momento da remoção do contaminante radioativo, não há mais irradiação no local.

Outro esclarecimento importante: a irradiação por fontes de césio-137, cobalto-60 e similares (emissores alfa, beta e gama), usadas na medicina e na indústria, não torna os objetos ou o corpo humano radioativos. Isso só é possível em reatores nucleares e aceleradores de partículas.

Efeitos das radiações no ser humano

Como já foi mencionado, as partículas alfa e beta são facilmente bloqueadas e causam danos apenas na pele ou internamente, em razão da ingestão do radionuclídeo que as emite.

Por esse motivo, a preocupação maior é devida às radiações eletromagnéticas (radiação gama e raios X).

Os efeitos biológicos, quando ocorrem, são precedidos de efeitos físicos e químicos.

a) Efeitos Físicos
- Absorção de energia
- Excitação
- Ionização: produção de íons e radicais livres
- Quebra de ligações químicas

b) Efeitos Químicos
- Mobilização e neutralização dos íons e radicais livres
- Restauração do equilíbrio químico
- Formação de novas substâncias

c) Efeitos Biológicos
- Armazenamento de informações
- Aberração cromossomial
- Alteração de metabolismo local
- Restauração de danos
- Morte celular

Os efeitos das radiações podem ser, ainda, considerados:

a. Efeitos Estocásticos

A probabilidade de ocorrência do dano é proporcional à dose recebida, mesmo que a dose seja pequena e abaixo dos limites de radioproteção. O dano devido a esses efeitos, no caso o câncer, pode levar até 40 anos para ser detectado.

b. Efeitos Determinísticos

São produzidos por doses elevadas, onde a gravidade do dano aumenta com a dose recebida. O dano não é provável; é previsível.

c. Efeitos Somáticos

Causam danos às células do corpo.

d. Efeitos Imediatos

Ocorrem em poucas horas até algumas semanas após a exposição.

e. Efeitos Retardados ou Tardios

Aparecem depois de alguns anos, por exemplo, o câncer.

Em relação a efeitos de radiações ionizantes, cabem algumas observações interessantes e importantes:

1. A exposição a uma fonte de radiação não significa a "quase certeza de se ter um câncer" e sim a probabilidade de um dano que, na maioria dos casos, é corrigido naturalmente pelo organismo.
2. Um dano biológico produzido em uma pessoa não passa para outra, ou seja, "é uma doença que não pega".
3. A mesma dose que causou um efeito biológico em uma pessoa pode até não causar dano algum em outra.

13.3.4.2. Como se proteger das radiações – dosimetria

As radiações externas (radiações provenientes de fontes fora do corpo humano) podem ser controladas pelas variáveis tempo, distância e blindagem.

a. tempo – a dose absorvida por uma pessoa é diretamente proporcional ao tempo em que ela permanece exposta à radiação. Qualquer trabalho em uma área controlada deve ser cuidadosamente programado e realizado no menor tempo possível.

b. distância – para as fontes radioativas normalmente usadas na indústria (fontes "pontuais") pode-se considerar que a dose de radiação é inversamente proporcional ao quadrado da distância, isto é, decresce com o quadrado da distância da fonte à pessoa. É chamada lei do inverso do quadrado e pode ser escrita da forma:

$D1/D2 = (r2)2/(r1)2$ onde $D1$ = taxa de dose à distância $r1$ da fonte

$D2$ = taxa de dose à distância $r2$ da fonte

Isso significa que, se a dose medida a 1 m for 400 μSv/h, a dose esperada a:

* 2 m será 100 μSv/h
* 5 m será 16 μSv/h
* 10 m será 4 μSv/h

c. blindagem – é o modo mais seguro de proteção contra as radiações ionizantes, uma vez que os dois métodos anteriores dependem de um controle administrativo contínuo dos trabalhadores.

Barreira primária ou blindagem primária é uma blindagem suficiente para reduzir, a um nível aceitável, as taxas de equivalente de dose transmitidas a áreas acessíveis. Pode ser feita com espessuras variadas de um mesmo material ou de materiais diferentes.

Além das barreiras primárias, barreiras secundárias são necessárias para prover uma blindagem eficiente contra radiações secundárias, que são aquelas que sofrem desvios ("espalhamento") do feixe primário (feixe útil) ou que passam através das blindagens das fontes ou dos equipamentos emissores de radiação (radiações de "fuga").

Monitoração / monitoramento

Monitoramento radiológico – medição de grandezas relativas à Radioproteção, para fins de avaliação e controle das condições radiológicas de locais onde existe ou se pressupõe a existência de radiação.

Monitoramento de área – avaliação e controle das condições radiológicas das áreas de uma instalação industrial, incluindo medição de grandezas relativas a:
a. campos externos de radiação
b. contaminação de superfícies
c. contaminação do ar

Monitoramento individual – monitoramento de pessoas com dispositivos individuais (dosímetros) colocados sobre o corpo.

Detectores de radiações

São dispositivos (aparelhos) capazes de indicar a presença de radiação, convertendo a energia da radiação em um sinal elétrico, luz ou reação química. A utilização de um detector depende do tipo da radiação presente: um detector muito eficiente para radiação gama é inadequado para partículas alfa.

Monitores de radiação são detectores construídos e adaptados para um determinado tipo de radiação.

Dosímetros são monitores que medem uma grandeza radiológica com resultados relacionados com o corpo humano inteiro ou a um órgão ou tecido.

Detector/Contador Geiger-Müller (GM)

É um dos dispositivos mais antigos para detectar e medir radiação, desenvolvido por Geiger e Müller em 1928, e muito usado ainda atualmente por sua simplicidade, baixo custo e facilidade de operação.

GM-MIR, produzido no IEN

Os detectores GM podem ser usados para medir grandezas como dose e exposição, através de artifícios de instrumentação e metrologia. Para a taxa de exposição a escala é normalmente calibrada para a energia do 60Co.

13.3.4.3. Controle à exposição e procedimentos de segurança

Monitorização

Este processo tem como objetivo garantir a menor exposição possível aos trabalhadores e garantir que os limites de dose não são superados.

Tipos de Monitorização

a. Pessoal – procura estimar a dose recebida pelo trabalhador durante as suas atividades envolvendo radiação ionizante. As doses equivalentes são determinadas pela utilização de um ou vários dosímetros que devem ser usados na posição que forneça uma medida representativa da exposição nas partes do corpo expostas à radiação. No caso de o trabalhador usar diferentes tipos de radiação, então diferentes tipos de dosímetros (Figura 13.9) devem ser utilizados:

Figura 13.9 – Exemplos de dosímetros.

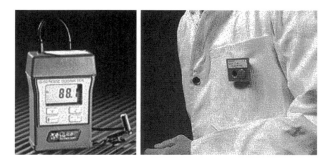

Fonte: CNEN (2009).

- Monitorização da radiação externa
- Monitorização da contaminação interna

b. De área – tem por objetivo a avaliação das condições de trabalho e verificar se há presença radioativa. Os resultados das medidas efetuadas com os monitores da área devem ser comparados com os limites primários ou derivados, a fim de se tomar ações para garantir a proteção necessária.

Diversos métodos ou sistemas foram desenvolvidos a fim de possibilitar a determinação da dose de radiação. O objetivo é o de quantificar a energia absorvida, a fim de proporcionar um conhecimento mais profundo dos efeitos da radiação ionizante sobre a matéria.

Os requisitos de um dosímetro são:
- a resposta do dosímetro deve ser linear com a dose absorvida
- o aparelho deve ser de alta sensibilidade, por forma a medir doses baixas
- deve apresentar amplo intervalo de resposta
- a resposta deve ser independente da velocidade da dose
- deve possuir estabilidade da resposta ao longo do tempo

De uma forma geral podemos classificar os dosímetros em: de leitura direta e de leitura indireta, os primeiros fornecem ao utilizador a dose ou velocidade da dose em qualquer instante, os segundos necessitam de um procedimento para a sua leitura.

Devemos lembrar também de alguns requisitos que compõem os procedimentos de segurança:

1. delimitação de zonas e áreas (controladas e de vigilância)
2. selagem
3. limitar o acesso
4. utilizar equipamentos de proteção individual
5. proibir a comida e a bebida, o fumar, mascar chicletes, manusear lentes de contato, a aplicação de cosméticos e/ou produtos de higiene pessoal ou armazenar alimentos para consumo nos locais de uso de radiação e áreas adjacentes
6. lavar as mãos
    - antes e após o manuseio de materiais radioativos, após a remoção das luvas e antes de saírem do laboratório
    - antes e após o uso de luvas
    - antes e depois do contato físico com pacientes
    - antes de comer, beber, manusear alimentos e fumar
    - depois de usar o toalete, coçar o nariz, cobrir a boca para espirrar, pentear os cabelos
    - mãos e antebraços devem ser lavados cuidadosamente (o uso de escovas deverá ser feito com atenção)
7. manter líquidos antissépticos para uso, caso não exista lavatório no local
8. evitar o uso de calçados que deixem os artelhos à vista
9. não usar anéis, pulseiras, relógios e cordões longos, durante as atividades laboratoriais
10. não colocar objetos na boca
11. não utilizar a pia do laboratório como lavatório
12. usar roupa de proteção durante o trabalho. Essas peças de vestuário não devem ser usadas em outros espaços que não sejam do laboratório (escritório, biblioteca, salas de estar e refeitório)
13. afixar o símbolo internacional de "Radioatividade" na entrada do laboratório. Neste alerta deve constar o nome e número do telefone do pesquisador responsável

14. presença de kits de primeiros socorros, na área de apoio ao laboratório
15. o responsável pelo laboratório precisa assegurar a capacitação da equipe em relação às medidas de segurança e emergência
16. providenciar os exames médicos periódicos
17. adoção de cuidados após a exposição à radiação

13.4. Revisão dos conceitos apresentados

Radiação eletromagnética – são ondas transversais que se propagam perpendicularmente nas direções de oscilação dos campos elétrico e magnético. Estas radiações podem ser caracterizadas pela energia de seus fótons, pelo seu comprimento de onda λ, ou por sua frequência $f = c/\lambda$ (c = 300.000 km/s é a velocidade da luz no vácuo).

Espectro eletromagnético – é classificado normalmente pelo comprimento da onda, como as ondas de rádio, as micro-ondas, a radiação infravermelha, a luz visível, os raios ultravioleta, os raios X, até a radiação gama.

Radiação gama ou raios gama (γ) – é um tipo de radiação eletromagnética produzida geralmente por elementos radioativos, processos subatômicos como a aniquilação de um par pósitron-elétron.

Radiação beta – é uma forma de radiação ionizante emitida por certos tipos de núcleos radiativos semelhante ao potássio-40. Esta radiação ocorre na forma de partículas beta (β), que são elétrons de alta energia ou pósitrons emitidos de núcleos atômicos num processo conhecido como decaimento beta. Existem duas formas de decaimento beta, β^- e β^+.

Raios gama – são produzidos na passagem de um núcleon de um nível excitado para outro de menor energia e na desintegração de isótopos radioativos. Estão geralmente associados à energia nuclear e aos reatores nucleares.

Radiação ultravioleta (UV) – é a radiação eletromagnética (ou os raios ultravioleta) com um comprimento de onda menor que o da luz visível e maior que o dos raios X, de 380 nm a 1 nm.

Radiação infravermelha (IV) – é uma radiação não ionizante na porção invisível do espectro eletromagnético que está adjacente aos comprimentos de onda longos, ou final vermelho do espectro da luz visível.

Taxa de Absorção Específica (Specific Absorption Rate – SAR) – é uma das grandezas físicas de maior interesse na quantificação de limites básicos de exposição às radiações eletromagnéticas.

Luz – na forma como é conhecida é uma gama de comprimentos de onda a que o olho humano é sensível. Trata-se de uma radiação eletromagnética pulsante ou, num sentido mais geral, qualquer radiação eletromagnética que se situa entre as radiações infravermelhas e as radiações ultravioleta.

Cor – é uma percepção visual provocada pela ação de um feixe de fótons sobre células especializadas da retina, que transmitem, através de informação pré-processada no nervo óptico, impressões para o sistema nervoso.

Radiações ionizantes – com altos níveis de energia, são originadas no núcleo de átomos, podem alterar o estado físico de um átomo e causar a perda de elétrons, tornando-os eletricamente carregados. Este processo chama-se "ionização".

13.5. Questões

1. Defina radiações ionizantes e não ionizantes. Forneça os seus limites de comprimento de onda e frequência.
2. Dê exemplos de objetos de nosso dia a dia que utilizam radiações não ionizantes.
3. Cite objetos de nosso cotidiano que usam radiações ionizantes.
4. Entre que limites de λ e f se caracterizam as ondas de rádio, as micro-ondas, a radiação infravermelha, a luz visível, os raios ultravioleta, os raios X e a radiação gama?
5. Como Maxwell descobriu as radiações eletromagnéticas?
6. Mencione alguns efeitos biológicos das radiações eletromagnéticas.
7. Defina a radiação gama e como ela pode ser útil.
8. Conceitue a radiação ultravioleta e qual sua utilidade.
9. Descreva a radiação infravermelha e como pode ser aplicada.
10. Comente alguns efeitos biológicos das radiações infravermelhas.
11. Quais são os fatores mais importantes para a absorção das ondas pelos tecidos biológicos?
12. Cite alguns efeitos biológicos e estudos epidemiológicos (até 100 kHz) expostos pela ANATEL.
13. Dê exemplo de algumas medidas para a proteção de trabalhadores que seriam controles técnicos e administrativos.
14. O que é a luz? Entre que comprimentos de onda é visível? Como podemos medi-la?
15. Mencione algumas aplicações das radiações ionizantes.
16. Como podemos minimizar os efeitos das radiações ionizantes?
17. Cite medidas de controle à exposição e procedimentos de segurança.

13.6. Referências

ALVARENGA, A.V.C.R. Radioatividade. Disponível em: http://br.geocities.com/radio-ativa_br/.

ANATEL (Agência Nacional de Telecomunicações) (1999) Diretrizes para limitação da exposição a campos elétricos, magnéticos e eletromagnéticos variáveis no tempo (até 300ghz).

CANTOR, G. (1983) Optics After Newton: Theories of light in Britain and Ireland, 1704-1840. Manchester: Manchester University Press.

CARDOSO, E.M. (1999) Aplicações da energia nuclear. Apostila educativa. Comissão Nacional de Energia Nuclear.

CARDOSO, E.M. (1999) Radioatividade. Apostila educativa. Comissão Nacional de Energia Nuclear.

CNEN (Comissão Nacional de Energia Nuclear). Disponível em: www.cnen.gov.br. Acesso em 5/4/2009.

COHEN, .B; WESTFALL, R. Newton: textos, antecedentes e comentários. Rio de Janeiro: Contraponto/UERJ, 2002.

DANNO, K.; MORI, N.; TODA, K-I.; KOBAYASHI, T.; UTANI, A. Near-infrared irradiation stimulates cutaneous wound repair: laboratory experiments on possible mechanisms. In: Photodermatol. Photoimmunol. Photomed n. 17, 2001, p. 261-265.

ELBEM, A. Curso de Segurança do Trabalho, radiações não ionizantes. Disponível em: www.cnen.gov.br. Acesso em 5 abr 2009.

GOOGLE ACADÊMICO. Disponível em: http://scholar.google.com. Acesso em 5 abr 2009.

HONDA, K.; INOUE, S. (1988) Sleeping effects of far-infrared in rats. International Journal of Biometeorol, 32(2), p. 92-94.

INOUE, S.; KABAYA, M. (1989) Biological activities caused by far-infrared radiation. International Journal of Biometeorol, 33, p. 145-150.

INTERNATIONAL LABOUR ORGANIZATION. (1994) Protection of workers from power frequency electric and magnetic fields. Genebra: In: International Labour Office; Occupational Safety and Health Series, n. 69.

JOHN DAVID, J. (1998) Classical electrodynamics. 30ª ed. Nova York: John Wiley & Sons.

MICHAELSON, S.M.; ELSON, E.C. (1996) Modulated fields and "window" effects. In: POLK, C.; POSTOW, E. (orgs.) Biological Effects of Electromagnetic Fields. Boca Raton, FL: CRC Press, p. 435-533.

NEWTON, I. (1996) Óptica. São Paulo: EDUSP.

PORTELA and LICHTENTHÃ FILHO, PORTELA,F.; LICHTENTHÄLER FILHO, R. Energia nuclear. Disponível em: http//www.nuclear2000.hpg.com.br.

RAMOS, J. Radioatividade. Disponível em: http://atomico.no.sapo.pt/index.html. Acesso em 16 dez 2003.

RAMO, S.; WHINNERY, J.; DUZERJ. (1969) Fields and waves in communication electronics. Nova York: John Wiley Inc.

REPACHOLI, M.H.; CARDIS, E. (1997) Criteria for EMF health risk assessment radiation protection. In: Dosim, n. 72, p. 305-312.

REPACHOLI, M.H.; CARDIS, E.; STOLWIJK, J.A.J. (1991) Criteria for evaluating scientific literature and developing exposure limits. In: Radiation Protection, n. 9, p. 9-84.

SILVA, C.; MARTINS, R. (1996) Nova teoria sobre luz e cores: uma tradução comentada. Revista Brasileira de Ensino de Física, 18(4), p. 313-27.

TENFORDE, T.S. (1996) Interaction of ELF magnetic fields with living systems. In: POLK, C.; POSTOW, E. (orgs.). Biological Effects of Electromagnetic Fields. Boca Raton, FL: CRC Press, p. 185-230.

WIKIPÉDIA. (2009) Disponível em: http://pt.wikipedia.org/. Acesso em 5/4/2009.

Anexo 1	# Unidades relacionadas com as radiações

A.1.1. Metro e múltiplos

A unidade principal de comprimento é o metro, entretanto existem situações em que essa unidade deixa de ser prática. Se quisermos medir grandes extensões, ela é muito pequena. Por outro lado, se desejarmos medir extensões muito "pequenas", a unidade metro é muito "grande".

Os múltiplos e submúltiplos do metro são chamados *unidades secundárias de comprimento.*

No Sistema Internacional de Medidas (SI) são usados múltiplos e divisões do metro:

Múltiplo	Nome	Símbolo
10^0	*metro*	m
10^1	decâmetro	dam
10^2	hectômetro // *hectómetro*	hm
10^3	quilômetro // *quilómetro*	km
10^6	megâmetro	Mm
10^9	gigâmetro	Gm
10^{12}	terametro	Tm
10^{15}	petametro	Pm
10^{18}	exametro	Em
10^{21}	zettametro	Zm
10^{24}	yottametro	Ym

Múltiplo	Nome	Símbolo
10^0	*metro*	m
10^{-1}	decímetro	dm
10^{-2}	*centímetro*	cm
10^{-3}	*milímetro*	mm
10^{-6}	micrometro	µm
10^{-9}	nanômetro	nm
10^{-12}	picômetro	pm
10^{-15}	femtômetro	fm
10^{-18}	attometro	am
10^{-21}	zeptômetro // *zeptómetro*	zm
10^{-24}	yoctômetro // *yoctómetro*	ym

Há também o ângström, que equivale a 10^{-10} m, utilizado principalmente na Física para lidar com grandezas da ordem do átomo e que não faz parte do SI.

A.1.2. Grandezas elétricas, eletromagnéticas, dosimétricas e unidades correspondentes no Sistema Internacional de Medidas (SI)

Grandeza	Símbolo	Unidade
Condutividade	σ	Siemens por metro (S.m^{-1})
Corrente	I	Ampère (A)
Densidade da corrente	J	Ampère por m^2 (A.m^{-2})
Frequência	f	Hertz (Hz)
Campo elétrico	E	Volt por metro (V.m^{-1})
Campo magnético	H	Ampère por metro (A.m^{-1})
Densidade de fluxo magnético	B	Tesla (T)
Permeabilidade magnética	μ	Henry por metro (H.m^{-1})
Permissividade	ε	Farad por metro (F.m^{-1})
Densidade de potência	S	Watt por m^2 (W.m^{-2})
Absorção específica	SA	Joule por kg (J.kg^{-1})
Taxa de absorção específica	SAR	Watt por kg (W.kg^{-1})

| Anexo 2 | # Norma Brasileira – NR-15 –
Anexos 5 e 7 |

Norma Brasileira – NR-15

Lei 6.514, de 22 dezembro de 1977. Esta lei é regulamentada pela Portaria 3.214, de 8 de junho de 1978. Disponível em: http://www.mte.gov.br.

Anexo 5. Radiações ionizantes

Nas atividades ou operações onde trabalhadores possam ser expostos a radiações ionizantes, os limites de tolerância, os princípios, as obrigações e os controles básicos para a proteção do homem e do seu meio ambiente contra possíveis efeitos indevidos causados pela radiação ionizante são os constantes da Norma CNEN-NE-3.01: "Diretrizes Básicas de Radioproteção", de julho de 1988, aprovada, em caráter experimental, pela Resolução CNEN 12/1988, ou por aquela que venha a substituí-la. Disponível em: http://www.cnen.gov.br.

Anexo 7. Radiações não ionizantes

Para efeitos dessa norma, são radiações não ionizantes as micro-ondas, ultravioleta e laser.

As operações ou atividades que exponham os trabalhadores às radiações não ionizantes, sem a proteção adequada, serão consideradas insalubres, em decorrência de laudo de inspeção realizada no local de trabalho.

As atividades ou operações que exponham os trabalhadores às radiações ultravioleta da luz negra (420–320 nm) não serão consideradas insalubres.

Capítulo	# Riscos biológicos em laboratórios biomédicos
# 14	

Pedro César Teixeira Filho
Rafael Coutinho de Mello Machado

Conceitos apresentados neste capítulo

Acreditamos que os profissionais e estudantes devem ter direito ao acesso a qualquer informação sobre sua saúde e segurança no laboratório, bem como sobre as principais áreas de risco.

Neste sentido, apresentamos os principais conceitos que nortearam este capítulo, onde as informações relativas a riscos, acidentes e medidas de prevenção serão apresentadas.

Todo profissional ou estudante deve conhecer bem estes conceitos e os aspectos legais, e assim, juntamente com as instituições, será possível construir uma cultura na área de biossegurança, permitindo adotar uma política de segurança.

14.1. Introdução

Um estudante de graduação inicia suas aulas no curso de ciências biológicas e, na primeira semana, numa aula prática no laboratório na disciplina de hematologia, se acidenta ao realizar uma técnica incorreta de pipetagem e tem contato com sangue contaminado.

Um profissional responsável pela limpeza de laboratório inicia seu trabalho e recolhe o resíduo de forma equivocada e, contrariando todas as normas, leva o saco de lixo na altura das suas costas, sente uma picada proveniente de uma agulha possivelmente contaminada e tem o seu corpo perfurado por esta agulha utilizada num laboratório de pesquisa.

Um técnico de laboratório inicia sua rotina de trabalho após um plantão em outro estabelecimento de saúde. Devido ao seu cansaço, não percebe o barulho incomum da centrífuga e continua seu trabalho de separação dos soros. Em seguida ouve um forte estrondo e se torna vítima de um acidente que poderia ser evitado.

Os três casos relatados na verdade nunca existiram, são elementos de ficção, mas certamente poderiam perfeitamente acontecer sem a utilização das boas práticas laboratoriais.

Nosso grande desafio ao elaborar este texto foi abordar a questão dos riscos envolvendo a rotina destes profissionais e, fundamentalmente, permitir que os alunos e novos entrantes possam se apropriar dos principais conceitos e assim ampliar seus níveis de percepção ao risco.

Acreditamos que as informações contidas neste capítulo serão de extrema relevância para o desenvolvimento de um trabalho seguro, e procuraremos informar de forma clara e objetiva a questão dos riscos biológicos em suas várias dimensões e suas interfaces com a área de engenharia de segurança.

Apresentaremos as normas e procedimentos para um trabalho mais seguro no ambiente laboratorial. Acreditamos que essas informações associadas às técnicas de prevenção e das boas práticas laboratoriais possam ser aliadas, e devem ser seguidas com rigor pelos que atuam nesta área.

Visando balizar os conceitos, faremos uma apresentação de forma panorâmica destes conceitos comumente utilizados nas práticas que envolvem algum tipo de risco nos laboratórios.

A questão da avaliação de risco, o conceito de acidente, formas de investigação e registro, bem como os aspectos legais da área de engenharia e segurança poderão contribuir para a melhor percepção sobre o tema.

Na sua dimensão histórica o conceito de risco deve ser compreendido através de suas características temporais e espaciais, observando igualmente as práticas que ele produz, reproduz e multiplica, gerando a permanência como forma de conhecimento e de prática consolidada. Não há risco sem que antes se formule uma noção de segurança e vice-versa; não se pode perceber o contraponto entre os dois conceitos sem que antes se construa uma situação concreta ou hipotética. Em ambos os casos as noções se estabelecem pelo cognitivo ou pela razão, ou pelo senso comum. Todos esses aspectos, repletos de um contexto científico inscrito na história da construção do conhecimento, é produzido pela ciência (ALBUQUERQUE, 1997).

14.2. Breve histórico sobre contaminações em laboratório

Fizemos um levantamento na literatura visando apresentar os aspectos históricos relevantes envolvidos com o tema.

Em 1885, na Alemanha, dois anos após a descoberta das bactérias, foi publicado um artigo que relatava a contaminação em laboratório por *Salmonella typhi*. Outros artigos, também publicados no final do século XIX, descrevem casos de febre tifoide, cólera, mormo, bruceloses e tétano adquiridos em laboratório (WEDUM, 1975).

Em 1903, relatou-se a primeira infecção adquirida em laboratório nos Estados Unidos, quando um médico acidentou-se com uma agulha durante a autópsia de um paciente que morrera de blastomicose sistêmica (EVANS, 1903).

Em 1929, Kisskalt relatou 59 casos de salmoneloses adquiridas em laboratórios alemães entre os anos de 1915 e 1929 (MANUEL DE PREVENTION..., 1995).

Em 1941, Meyer e Eddie publicaram um relatório de 74 infecções de laboratório com brucelose nos Estados Unidos e concluíram que "a manipulação de cultivos ou a inalação com conteúdo dos microorganismos de Brucella representam um perigo iminente para os laboratoristas". No mesmo estudo, casos de brucelose são atribuídos às péssimas condições ou técnicas de trabalho desenvolvidas (MEYER & EDDIE, 1941).

Sulkin e Pike, de 1930 a 1979, realizaram uma pesquisa envolvendo 5.000 laboratórios em todo o mundo, utilizando a adoção de questionários como instrumento metodológico. Estes autores observaram que dentre as 4.079 contaminações acontecidas nos laboratórios houve 168 óbitos; em sua maioria, a origem etiológica destas contaminações foi bacteriana (41%) (bruceloses, salmoneloses tifoides, tuberculoses, tularemias, leptospiroses) ou rickettsioses (14,7%) (febre Q, febre das Montanhas Rochosas). Porém, apenas em 16% da totalidade das infecções reportadas – mórbidas ou mortais – podem ser associados a acidentes oficialmente notificados. A maioria dos casos levantados nos questionários evidenciava o hábito de aspirar as pipetas com a boca e a ocorrência de acidentes com agulhas e seringas. Os autores concluíram que a exposição a aerossóis contaminados poderia ser considerada a fonte de infecção em pelo menos 80% dos casos em que a pessoa acidentada "trabalhava com o agente", contudo não conseguiram prová-lo empiricamente (SULKIN & PIKE, 1949, 1951; PIKE, 1965, 1976, 1979).

A capacidade do arbovírus para produzir infecções patológicas em humanos foi confirmada pela primeira vez como resultado da contaminação acidental de trabalhadores.

Em 1967, Hanson et al. reportaram 428 infecções diretas de laboratório com arbovírus (HANSON et al., 1967).

Skinholj (1974) publicou os resultados de um estudo em que demonstrava que a incidência reportada da hepatite nos trabalhadores de laboratórios clínicos da Dinamarca (2,3 casos por ano cada 1.000 empregados) era sete vezes maior do que na população geral.

Similarmente, Harrington e Shannon (1976) publicaram um estudo demonstrando que, na Inglaterra, o risco de contrair tuberculose era cinco vezes maior para os laboratoristas clínicos do que na população geral. Embora estes reportes relacionem os trabalhadores de 120 laboratórios biomédicos com o risco de adoecer acidentalmente, as taxas reais de infecção não são de fácil levantamento. Contudo, estes estudos evidenciaram que o risco de resultar contaminado por um agente infeccioso era significativamente maior no ambiente de trabalho do que fora dele.

Em contrapartida, os estudos relacionando o trabalho laboratorial envolvendo agentes infecciosos com ameaças à comunidade não mostraram resultados significativos.

Por exemplo, nos Estados Unidos foram reportadas 109 contaminações laboratoriais entre 1947 e 1973 nos Centros de Controle e Prevenção de Doenças, dos quais nenhum caso secundário de familiar ou contato comunitário foi conferido (RICHARDSON, 1973; SKINHOLJ, 1974).

Da mesma maneira, o Centro Nacional de Doenças Animais (National Animal Disease Center) confirmou que de 18 contaminações acidentais entre 1960 e 1975, nenhuma gerou contaminações secundárias na comunidade (SULLIVAN, SONGER & ESTREM, 1978). Embora, por exemplo, na Inglaterra tenham sido reportadas contaminações por febre Q com o pessoal de uma lavanderia contratada pelo laboratório (OLIPHANT & PARKER, 1948) e outros casos tenham aparecido esporadicamente nos levantamentos sanitários, os acidentes envolvendo a comunidade parecem ser pouco frequentes, ao menos através dos métodos disponíveis para o levantamento de dados sanitários.

A partir desta breve resenha histórica, podemos comprovar que a bibliografia internacional reporta que as infecções adquiridas em laboratório vêm sendo notificadas desde o século XIX. Todavia, no Brasil de início de século XXI essas notificações em nível nacional são muito raras ou quase inexistentes. Porém a emergência e reemergência de doenças, a verificação de mutações dos microrganismos (resistência a antimicrobianos etc.) e as incertezas que envolvem a manipulação dos OGMs obrigam a revisar permanentemente os critérios de biossegurança a serem aplicados.

14.3. Legislação sobre os aspectos envolvendo riscos

Em nosso país, o Ministério do Trabalho estabelece disposições específicas, por meio da Portaria MTB 3.214, de 8 de junho de 1978, vigente desde 06.07.78, sendo a última atualização em 9 de janeiro de 2018, publicação no DOU. São ao todo 36 Normas Regulamentadoras – NRs que compõem a Portaria, das quais destacamos algumas no Quadro 14.1.

Quadro 14.1 – Relação da normas regulamentadoras (NR)

NR-04	Serviços Especializados em Engenharia de Segurança e Medicina do Trabalho
NR-05	Comissão Interna de Prevenção de Acidentes (CIPA)
NR-06	Equipamentos de Proteção Individual (EPI)
NR-07	Programa de Controle Médico de Saúde Ocupacional (PCMSO)
NR-09	Programa de Prevenção de Riscos Ambientais (PPRA)
NR-15	Atividades e operações insalubres
NR-16	Atividades e operações perigosas
NR-17	Ergonomia
NR-20	Líquidos combustíveis e inflamáveis
NR-23	Proteção contra incêndio
NR-26	Sinalização de segurança
NR-32	Segurança e Saúde no Trabalho em Estabelecimentos de Assistência à Saúde
NR-33	Segurança e saúde no trabalho em espaços confinados

Fonte: MTE (2005).

É, portanto, o Ministério do Trabalho e Emprego (MTE) o órgão de âmbito nacional competente para coordenar, orientar, controlar e supervisionar as atividades relacionadas com a segurança e saúde no trabalho, inclusive a fiscalização do cumprimento dos preceitos legais e regulamentares, em todo o território nacional. No plano estadual, essa fiscalização é executada pelas Delegacias Regionais do Trabalho (MIRANDA, 2004).

Programas voltados para a segurança e saúde no trabalho são essenciais. A nossa legislação determina que a adoção do Programa de Prevenção de Riscos Ambientais (PPRA), do Programa de Controle Médico de Saúde Ocupacional (PCMSO) e dos Serviços Especializados em Engenharia de Segurança e em Medicina do Trabalho (SESMT), seja implantada em empresas visando a saúde e segurança dos trabalhadores.

14.3.1. Programa de Prevenção de Riscos Ambientais

O PPRA, cuja obrigatoriedade foi definida pela NR-09 da Portaria 3.214/78 atualizada na Portaria MTB 871, de 6 de julho de 2017, estabelece as diretrizes gerais e os parâmetros mínimos a serem observados na execução do programa; porém, esses parâmetros podem ser ampliados mediante negociação coletiva de trabalho. Procurando garantir a efetiva implementação do PPRA, a norma estabelece que a empresa deve adotar mecanismos de avaliação que permitam verificar o cumprimento das etapas, das ações e das metas previstas. Além disso, a NR-09 prevê algum tipo de controle social, garantindo aos trabalhadores o direito à informação e à participação no planejamento e no acompanhamento da execução do programa.

O PPRA é considerado essencialmente um programa de higiene ocupacional que deve ser implementado nas empresas de forma articulada com um programa médico – o PCMSO (Programa de Controle Médico de Saúde Ocupacional).

Todas as empresas, independente do número de empregados ou do grau de risco de suas atividades, estão obrigadas a elaborar e implementar o PPRA, que tem como objetivo a prevenção e o controle da exposição ocupacional aos riscos ambientais, isto é, a prevenção e o controle dos riscos químicos, físicos e biológicos presentes nos locais de trabalho.

Ele pode ser elaborado dentro dos conceitos mais modernos de gerenciamento e gestão, em que o empregador tem autonomia suficiente para, com responsabilidade, adotar um conjunto de medidas e ações que considere necessárias para garantir a saúde e a integridade física dos trabalhadores. A elaboração, implementação e avaliação do PPRA podem ser feitas por qualquer pessoa, ou equipe de pessoas que, a critério do empregador, sejam capazes de desenvolver o disposto na norma.

As ações do PPRA devem ser desenvolvidas no âmbito de cada estabelecimento da empresa, e sua abrangência e profundidade dependem das características dos riscos existentes no local de trabalho e das respectivas necessidades de controle (MIRANDA, 2004).

14.3.2. Programa de Controle Médico de Saúde Ocupacional

O PCMSO, cuja obrigatoriedade foi estabelecida pela NR-07 da Portaria 3.214/78, última atualização pela Portaria MTE 1.892, de 9 de dezembro de 2013, é um programa médico que deve ter caráter de prevenção, rastreamento e diagnóstico precoce dos agravos à saúde relacionados com o trabalho. Entende-se aqui por "diagnóstico precoce" o conceito adotado pela Organização Mundial da Saúde (OMS), a detecção de distúrbios dos mecanismos compensatórios e homeostáticos, enquanto ainda permanecem reversíveis alterações bioquímicas, morfológicas e funcionais.

Todas as empresas, independente do número de empregados ou do grau de risco de sua atividade, estão obrigadas a elaborar e implementar o PCMSO, que deve ser planejado e implantado com base nos riscos à saúde dos trabalhadores, especialmente os riscos identificados nas avaliações previstas no PPRA. Entre suas diretrizes, uma das mais importantes é aquela que estabelece que o PCMSO deve considerar as questões incidentes tanto sobre o indivíduo como sobre a coletividade de trabalhadores, privilegiando o instrumental clínico-epidemiológico. A norma estabelece, ainda, o prazo e a periodicidade para a realização das avaliações clínicas, assim como define os critérios para a execução e interpretação dos exames médicos complementares (os indicadores biológicos).

Em síntese, na elaboração do PCMSO, o mínimo requerido é um estudo prévio para reconhecimento dos riscos ocupacionais existentes na empresa, por intermédio de visitas aos locais de trabalho, baseando-se nas informações contidas no PPRA e no mapeamento de riscos. Com base neste reconhecimento de riscos, deve ser estabelecido um conjunto de exames clínicos e complementares específicos para cada grupo de trabalhadores da empresa, utilizando-se de conhecimentos científicos atualizados e em conformidade com a boa prática médica.

A norma estabelece as diretrizes gerais e os parâmetros mínimos a serem observados na execução do programa, podendo, entretanto, ser ampliados pela negociação coletiva de trabalho.

O PCMSO deve ser coordenado por um médico com especialização em medicina do trabalho, que será o responsável pela execução do programa. Ao empregador, por sua vez, compete garantir a elaboração e efetiva implementação do PCMSO, tanto quanto zelar pela sua eficácia. Procurando garantir a efetiva implementação do PCMSO, a NR-07 determina que o programa deverá obedecer a um planejamento em que estejam previstas as ações de saúde a serem executadas durante o ano, devendo estas ser objeto de relatório anual. O relatório anual deverá discriminar, por setores da empresa, o número e a natureza dos exames médicos, incluindo avaliações clínicas e exames complementares, estatísticas de resultados considerados anormais, assim como o planejamento para o ano seguinte (MIRANDA, 2004).

14.3.3. Serviços Especializados em Engenharia de Segurança e em Medicina do Trabalho

Os Serviços Especializados em Engenharia de Segurança e em Medicina do Trabalho (SESMT), segundo a NR — 04, com última atualização na Portaria MTPS 510 de 29 de abril de 2016, são responsáveis por aplicar os conhecimentos específicos de engenharia de segurança e medicina do trabalho, de forma a reduzir ou até eliminar os riscos à saúde do trabalhador. Além disso, são responsáveis tecnicamente pela orientação quanto ao cumprimento das normas regulamentadoras de segurança e medicina do trabalho.

14.4. Acidentes de trabalho

A legislação brasileira sobre acidentes de trabalho sofreu importantes modificações ao longo dos anos. A primeira lei a respeito surgiu em 1919 e considerava o conceito de "risco profissional" um risco natural à atividade profissional exercida. Essa legislação previa a comunicação do acidente de trabalho à autoridade policial e o pagamento de indenização ao trabalhador ou à sua família, calculada de acordo com a gravidade das sequelas do acidente (MIRANDA, 1998).

Como os dados oficiais de acidentes do trabalho no Brasil são provenientes do sistema previdenciário, criado com a finalidade de pagamento de benefícios acidentários, apresentam limitações tanto no que diz respeito à qualidade quanto à quantidade das informações. As estatísticas de registro de acidentes do trabalho divulgadas no Anuário da Previdência Social e no Anuário de Acidentes do Trabalho captam o que acontece nesse universo de trabalhadores cobertos pelo seguro.

As Medidas de Prevenção e Organização do Trabalho estão em duas ordens:
- a **proteção coletiva**, que permite o gerenciamento dos locais e a presença de instalações adaptadas ao risco;
- a **proteção individual**, que impõe ao profissional a utilização dos equipamentos de proteção individual (EPI) (jalecos, luvas, respiradores, óculos, máscaras, protetores faciais, entre outros), a preocupação com as boas práticas de laboratório, bem como a vigilância médica.

O conjunto destes elementos permite assegurar a proteção dos profissionais e do meio-ambiente, de uma parte, a proteção da manipulação, e de outra parte participar também do processo de qualidade.

As normas de biossegurança não previnem, em si, os acidentes, e mesmo a mais estrita adesão dos profissionais às normas não exclui o risco, podendo, entretanto, diminuí-lo caso alguns dos procedimentos sejam implementados nos laboratórios. Torna-se imprescindível a existência, em todos os laboratórios, de manuais de biossegurança e de operações adaptadas às suas atividades e que fundamentalmente identifiquem os possíveis riscos e apontem as ações e práticas que os minimizem ou eliminem. Os profissionais devem ter acesso às informações, sendo indispensável a existência de um espaço para discussão/reflexão como forma de garantir a adesão às suas recomendações. É importante que cada pesquisador que receba capacitação tenha o tempo necessário para se familiarizar com as operações inerentes ao trabalho. Vale reforçar que a responsabilidade pela difusão da informação relacionada com os laboratórios deve incluir, quando necessário, a adoção de medidas adicionais, resguardando-se, sempre que possível, o processo participativo (MARINHO, 2000).

14.5. Classificação do risco

14.5.1. Classificação dos Agentes Patogênicos em Grupo de Risco (GR) e os Níveis de Biossegurança (NB)

As informações e as recomendações de segurança no trabalho em laboratórios biomédicos apareceram sistematicamente detalhadas pela primeira vez numa publicação do CDC de 1974: *Classification of Etiologic Agents on the Basis of Hazard* (Classificação dos agentes etiológicos com base na periculosidade) (CDC, 1974). O manual descrevia de forma específica as combinações de práticas **microbiológicas, instalações e equipamentos de laboratório**, recomendando seu uso em quatro categorias de agentes infecciosos (Grupos de Risco – GR) segundo sua periculosidade para o indivíduo e para a comunidade.

Em 1988, o CDC publicou as normas de segurança para os trabalhadores da saúde com o título de "Precauções Universais", publicação que se transformou numa referência para a manipulação segura de sangue e fluidos corporais (CDC, 1988). Embora se contasse na época com os procedimentos operacionais suficientemente seguros para manipular material biológico contendo agentes infecciosos de transmissão por sangue, a ênfase na necessidade de comunicá-los e aplicá-los aumentou notavelmente na década de 1980 com a irrupção do HIV, o agente etiológico da AIDS. Ao mesmo tempo, outros setores da pesquisa microbiológica preocupavam-se em desenvolver práticas seguras de gerenciamento dos resíduos patológicos com vistas ao risco ambiental (NRC, 1989).

Em nosso país o critério classificatório transformou-se no arcabouço para a definição dos quatro Níveis de Biossegurança (NB) que devem ser aplicados para a contenção do risco biológico segundo a "classificação de risco dos agentes biológicos" (Portaria 1.914, de 9 de agosto de 2011).

Nessa classificação, os níveis de biossegurança (NB) definem os microrganismos em função de sua:
- Patogenicidade para o homem
- Virulência
- Disponibilidade de medidas profiláticas eficazes
- Disponibilidade de tratamento eficaz
- Endemicidade

Os agentes biológicos que afetam o homem, os animais e as plantas são distribuídos em classes de risco e estão definidos no Quadro 14.2.

Quadro 14.2 – Classificação dos agentes biológicos segundo as quatro classes de risco

Classe de risco 1 (baixo risco individual e para a comunidade)	Inclui os agentes biológicos conhecidos por não causarem doenças no homem ou nos animais adultos sadios. Exemplos: *Lactobacillus* sp. e *Bacillus subtilis*.
Classe de risco 2 (moderado risco individual e limitado risco para a comunidade)	Inclui os agentes biológicos que provocam infecções no homem ou nos animais, cujo potencial de propagação na comunidade e de disseminação no meio ambiente é limitado, e para os quais existem medidas terapêuticas e profiláticas eficazes. Exemplos: *Schistosoma mansoni* e Vírus da Rubéola.
Classe de risco 3 (alto risco individual e moderado risco para a comunidade)	Inclui os agentes biológicos que possuem capacidade de transmissão por via respiratória e que causam patologias humanas ou animais, potencialmente letais, para as quais existem usualmente medidas de tratamento e/ou de prevenção. Representam risco se disseminados na comunidade e no meio ambiente, podendo se propagar de pessoa a pessoa. Exemplos: *Bacillus anthracis* e Vírus da Imunodeficiência Humana (HIV).
Classe de risco 4 (alto risco individual e para a comunidade)	Inclui os agentes biológicos com grande poder de transmissibilidade por via respiratória ou de transmissão desconhecida. Até o momento não há nenhuma medida profilática ou terapêutica eficaz contra infecções por eles ocasionadas. Causam doenças humanas e animais de alta gravidade, com alta capacidade de disseminação na comunidade e no meio ambiente. Esta classe inclui principalmente os vírus. Exemplos: Vírus Ebola e Vírus Lassa.

Fonte: http://bvsms.saude.gov.br/bvs/publicacoes/classificacao_risco_agentes_biologicos_2ed.pdf.

14.5.2. Classificação dos agentes microbianos

Classificação dos Agentes Biológicos em Níveis de Biossegurança com base no risco[1]. Tais níveis estão em ordem crescente de risco e correspondem às classes de risco biológico do microrganismo, permitindo ao trabalhador de saúde exercer suas atividades em segurança. A manipulação de outros produtos biológicos deve seguir regulamentação específica que determina o nível de biossegurança adequado. A contenção primária envolve a proteção pessoal e a proteção imediata do meio ambiente através das boas práticas laboratoriais, bem como do uso de equipamentos de proteção individual e coletiva que tenham sido apropriadamente desenhados, usados, mantidos e que façam parte de um programa de manutenção. A contenção secundária envolve a proteção do meio ambiente externo ao laboratório de microrganismos manipulados (MASTROENI, 2004).

---

[1] Classificação de risco e agentes biológicos. 2ª ed. 2010. Disponível em: http://bvsms.saude.gov.br/bvs/publicacoes/classificacao_risco_agentes_biologicos.pdf.

Quadro 14.3 – Risco para o indivíduo e para a comunidade

NB-1	Possui baixo risco individual e coletivo. Inclui microrganismos que nunca foram descritos como agentes causais de doenças para o homem e que não constituem risco para o meio ambiente. Exemplo: *Bacillus subtillis*.
NB-2	Representa risco individual moderado e risco coletivo limitado. Inclui microrganismos que podem provocar doenças no homem, com pouca probabilidade de alto risco para os profissionais do laboratório. Exemplo: *Schistosoma mansoni*.
NB-3	Representa risco individual elevado e risco coletivo baixo. Compreende microrganismos que podem causar enfermidades graves aos profissionais de laboratório. Exemplo: *Mycobacterium tuberculosis*.
NB-4	Agrupa os agentes que causam doenças graves para o homem e representa um sério risco para os profissionais de laboratório e para a coletividade. Possui agentes patogênicos altamente infecciosos, que se propagam facilmente, podendo causar a morte. Exemplo: *vírus Ebola; Lassa; Machup; Marburg*.

Fonte: Adaptado do Ministério da Saúde.

A equivalência entre os Grupos de Risco e os Níveis de Biossegurança nem sempre é direta. Em geral, os agentes do GR-2 são manipulados com um nível de Biossegurança NB-2, e os agentes do GR-3, com um NB-3. Porém, a manipulação de grandes quantidades de agentes do GR-2 poderia requerer as condições de NB-3, no entanto alguns agentes do GR-3 poderiam ser manipulados de forma segura com um NB-2 sob determinadas condições.

14.5.3. Capacitação dos profissionais de laboratório

14.5.3.1. Informação em saúde e segurança

A importância da informação para o profissional que desempenha atividades nos laboratórios é essencial, e segundo o Manual do DTIR *Workplace Skills Productivity safety* dos Estados Unidos são exigidas informações relativas à saúde e segurança nos laboratórios nos níveis de: gerência; do pessoal de segurança; dos funcionários e de outros profissionais que tenham acesso às dependências dos laboratórios.

Neste sentido, o pessoal de segurança e a gerência precisam das informações para alcançar com eficácia os objetivos de saúde e segurança. É necessário: promover saúde e segurança entre os funcionários; capacitar os funcionários sobre os riscos (incluindo químico, biológico, mecânico, elétrico, de radiação); apresentar aos funcionários as mudanças nos hábitos de trabalho com ênfase nas práticas seguras de trabalho; informar aos funcionários sobre as mudanças na legislação de saúde e segurança e nos códigos de práticas; e priorizar os programas de segurança objetivando minimizar os riscos mais graves da instituição.

O manual também preconiza que as informações deveriam ser apresentadas aos funcionários através de relatórios/memorandos, e todas as atividades deveriam ser organizadas por um comitê de segurança, para que fosse retroalimentado (*feedback*) para que esta atividade possa ser monitorada e documentada.

Neste contexto, a informação do sistema de gerenciamento de saúde e segurança deve ser fornecida durante a apresentação dos funcionários. Isto aumentaria as atitudes responsáveis relacionadas com a saúde e segurança no trabalho e auxiliaria na implementação do sistema de segurança.

14.5.3.2. Capacitação em saúde e segurança

A implementação de práticas seguras no trabalho é essencial para a prevenção de agravos e doenças no local de trabalho e fundamentalmente na comunicação dos objetivos sobre a segurança e saúde dos funcionários. Um plano de capacitação controlado e permanente com atualizações permite a oportunidade de educar os funcionários sobre o seu papel no gerenciamento da saúde e segurança no laboratório. Tais planos deveriam incluir programas que remetam às questões de saúde e segurança e devem ser conduzidos quando há novas técnicas e equipamentos ou perigos.

Alguns itens são essenciais para a indução de um programa de capacitação em saúde e segurança que devem abarcar vários fatores, conforme o Quadro 14.4.

Quadro 14.4 – Os sete itens essenciais para a capacitação dos trabalhadores

Itens	Conceitos
1	Política e procedimentos de saúde e segurança do laboratório (regras/condutas de segurança)
2	Técnicas necessárias para realizar com segurança as tarefas diárias
3	Saber avaliar o risco e identificar os perigos específicos relacionados com as tarefas diárias
4	Método de higiene aplicado à manutenção no local de trabalho
5	Procedimentos de emergência para as atividades realizadas nos laboratórios
6	Primeiros socorros e notificação de acidentes, agravos e doenças
7	Uso de equipamentos de proteção individual nos procedimentos que envolvam riscos

Fonte: Adaptado e modificado do: Manual do DTIR *Workplace Skills Productivity safety* dos Estados Unidos.

Práticas seguras

Existem algumas regras gerais e/ou recomendações de práticas seguras para manipular agentes biológicos, nomeadamente:
1. Deve ser adotado um manual de segurança e/ou procedimentos nos locais de trabalho.
2. O responsável pelo laboratório ou pela produção deve garantir a formação de todos os funcionários na área da segurança e assegurar que tomem conhecimento e apliquem as práticas e procedimentos constantes de manual.
3. O símbolo internacional de risco biológico (Figura 14.1) deve ser colocado nas portas dos locais onde são manipulados microrganismos do Grupo de Risco II, III e IV.

Figura 14.1 – Sinalização usada na porta dos laboratórios.

RISCO BIOLÓGICO

PROIBIDA A ENTRADA DE PESSOAS
NÃO AUTORIZADAS

NÍVEL DE RISCO - NB2
Profissional Responsável:
Dr.
email@provedor.com
Tel.:

4. Devem ser utilizados óculos de segurança, máscaras, viseiras ou outros equipamentos de proteção sempre que necessário.
5. Deve-se evitar a utilização de lentes de contacto no local de trabalho.
6. Deve-se utilizar calçado apropriado.
7. Os trabalhadores devem lavar cuidadosamente as mãos após o manuseamento de materiais infecciosos, contato com animais e sempre que saiam do laboratório. Devem ser sempre utilizadas toalhas descartáveis.
8. Todos os procedimentos devem ser efetuados de forma a minimizar a formação de aerossóis.
9. O local de trabalho deve manter-se sempre arrumado e limpo.
10. As superfícies de trabalho devem ser descontaminadas, pelo menos, uma vez ao dia ou após qualquer derrame de material potencialmente perigoso.
11. Todos os trabalhadores que manipularem produtos biológicos deverão colher e conservar amostras de soro para que sirvam de referência. De acordo com a natureza do agente manipulado poderão ser necessárias colheitas seriadas e de sangue.
12. Deve existir um programa de controle para o manuseamento de agentes infecciosos.

O controle microbiológico não deve incidir apenas sobre um determinado agente, mas sim sobre todos os possíveis agentes presentes no local de trabalho e em toda a sequência de produção. Este controle também deve incidir sobre a higiene das superfícies de trabalho e sobre o ambiente de trabalho.

Revisão da capacitação

Os empregadores devem rever o programa de capacitação, inclusive os cursos de indução e atualização, pelo menos uma vez por ano ou:

a. toda vez que houver uma mudança: em qualquer informação disponível sobre o perigo; na prática de trabalho; ou em uma medida de controle;
b. toda vez que um empregado é designado para: uma nova tarefa; ou uma nova área de trabalho.

Registros de capacitação

O registro do programa de capacitação deve incluir:

a. os nomes das pessoas que estão sendo capacitadas e a data de qualquer programa de capacitação;
b. uma visão do conteúdo do curso;
c. os nomes do corpo docente;
d. onde aplicável, um número de certificado de credenciamento da pessoa.

O sucesso na implementação de todo o Sistema de Informação não pode prescindir de uma interface estreita com a área educacional, e neste sentido consideramos crucial conhecer essas experiências que serão úteis e certamente oportunas na condução de nossa proposta. (DTIR *Workplace Skills Productivity Safety* – 2002).

14.6. Controle e gestão do risco

14.6.1. Avaliações do risco

A avaliação de risco em biossegurança constitui uma medida inicial importante para a conscientização por parte do profissional. É uma ferramenta importante na melhoria com base em instalações e processos que poderão contribuir para aumentar a vigilância e assim preparar os profissionais adequadamente para alguns cenários conflitantes (MUNSON 2018).

As **avaliações quantitativas** de **risco podem expressar** o risco sob a forma de probabilidade de um acontecimento se realizar. Por exemplo: pode ser calculado o risco (probabilidade) de resultar a contaminação de um determinado vírus em função da dose infectante do mesmo sob certas condições (variáveis experimentais) bem conhecidas.

Na maioria das vezes, a probabilidade de ocorrência de risco biológico é muito difícil de ser quantificada, porque em ambientes de trabalho (como os laboratórios) existem muitas variáveis desconhecidas, e até ignoradas, relacionadas com a transmissão dos agentes infecciosos, e por essa razão os escassos dados quantitativos disponíveis resultam satisfatórios para gerar uma informação útil e confiável. Nestes casos, o risco deve ser avaliado **qualitativamente**.

A avaliação do risco biológico é o processo pelo qual o risco de infecção ou de outro tipo de agravo à saúde – causado por determinado agente biológico – é ponderado. Se obtido como resultado um número inteiro de 1 a 4, que é denominado, convencionalmente, *nível de contenção*.

O **nível de contenção** irá definir que tipo de instalações, equipamentos de proteção e práticas de trabalho são adequados para o manejo do agente infeccioso em questão.

14.6.2. Quadro de classificação

O objetivo de avaliar o risco biológico representado por um dado agente infeccioso é reduzir a exposição dos profissionais e trabalhadores a riscos, tanto quanto possível. Uma vez que não existe o risco zero nos ambientes de trabalho, o que se visa é evitar riscos desnecessários que, se negligenciados, podem custar até a vida.

Para uma adequada avaliação dos processos de trabalho realizados em laboratórios torna-se necessário identificar a maior quantidade possível de fatores de risco que possam estar envolvidos, como exemplo: a transmissão do agente ao ser humano e ao meio ambiente. Estes fatores de riscos são apresentados no Quadro 14.5.

Quadro 14.5 – Avaliação do risco

Fatores
Identificar o agente etiológico para que possa ser determinado o nível de contenção para o mesmo.
Transmissão do agente: depende do tipo de material que é manejado, do tipo de atividade que o profissional desenvolve e das possíveis vias de ingresso no organismo humano.
Profilaxia: o risco também depende da existência ou não de medidas preventivas eficazes.
Tratamento: o risco também depende da existência ou não de tratamentos efetivos, o que inclui vacinas, antibióticos, antivirais eficazes, entre outros.

Uma vez determinado o grau de risco atendendo os quatro pontos anteriores, é preciso proceder com a seguinte sequência de atuações:

Prevenir a exposição ao agente o máximo possível.

Estabelecer a utilização de medidas de controle.

Acompanhar e **avaliar** constantemente essas medidas de controle.

Atender à contínua necessidade de capacitação e atualização das pessoas envolvidas com o risco.

Monitorar os processos de trabalho.

Realizar permanentemente vigilância médica trabalhista das pessoas expostas a algum tipo de risco biológico com a realização de exames periódicos.

14.6.3. Os acidentes com material biológico e a percepção do risco

Acidentes com materiais biológicos podem ter várias causas. A lógica das causas que condicionaram o desencadeamento do acidente, incidente ou exposição, deverá ser analisada por uma descrição do fato em etapas, onde as diferentes falhas – causais, técnicas, organizacionais e humanas – serão detalhadas para posterior investigação e correção do procedimento.

É uma obrigação da instituição garantir a segurança e a saúde dos trabalhadores sob sua responsabilidade. Paralelamente a este dever da instituição, encontra-se o direito que tem o trabalhador a um amparo eficaz de sua segurança e saúde no trabalho

14.6.4. Análise de acidentes e incidentes

Os acidentes e incidentes decorrentes de atividades de uma empresa devem ser analisados, investigados e documentados, de modo a evitar sua repetição e/ou assegurar a minimização de seus efeitos (AMARAL 2004).

Neste sentido, é necessária a implementação de procedimentos que permitam a identificação, registro e análise das causas dos acidentes e a quantificação das perdas. A obrigatoriedade de comunicação de acidentes e a pronta atuação sobre suas consequências é uma estratégia que deve ser adotada pela empresa.

A incorporação às atividades da organização permite tirar lições extraídas das notificações dos acidentes e contribui para a melhoria constante dos sistemas de informação.

Atualmente está comprovado que qualquer organização tem de cumprir pelo menos duas características para ser eficaz (entendendo a eficácia não só em termos de produtividade, benefícios e qualidade do produto, mas também de saúde, bem-estar e satisfação dos trabalhadores): um bom trabalho em equipe é um sistema de informação simples, mas perfeitamente compreensível e que torna possível e agiliza as respostas às demandas e problemas institucionais.

14.6.5. Como proceder em caso de acidentes

Manter a situação sob controle sempre que ocorrer um acidente e pensar na melhor solução para minimizar os riscos e danos, sem atropelos:
- Isolar a área.
- Tentar manter a calma e chamar **imediatamente** o responsável pelo setor para o controle da situação e evitar aglomeração na área.
- Atender o acidentado e fazer a contenção do acidente.
- Não permitir vazamento e disseminação do material que gerou o acidente.
- Cobrir o líquido derramado ou fluido com hipoclorito de sódio.
- Não varrer o local antes de descontaminar a área.
- Registrar o acidente e apresentar o fato ao responsável superior pelo setor.

Em caso de emergência, proceder ao encaminhamento do acidentado a um hospital ou pronto-atendimento.

14.7. Conclusão

Acreditamos que a sistematização das informações neste capítulo poderá potencializar a adoção de novas práticas. Mas para a desejada transformação é necessário também que haja uma mudança nos próprios profissionais que trabalham em ambientes que ofereçam riscos.

A adoção de técnicas que envolvam a prevenção auxilia na maximização do trabalho seguro e minimiza a ocorrência de acidentes.

As boas práticas de laboratório, associadas ao programa de capacitação em biossegurança, são estratégias que vêm sendo usadas em nosso país com bastante êxito.

Finalizando, nosso desejo é que os três casos apresentados na Introdução fiquem somente na ficção e que as informações sistematizadas, aqui, possam gerar conhecimento para a transformação de ambientes seguros com profissionais bem capacitados.

14.8. Revisão dos conceitos apresentados

Inicialmente conceituaremos o termo de risco que deriva da palavra italiana *riscare,* cujo significado original era "navegar entre rochedos perigosos" e que foi incorporada ao vocabulário francês por volta do ano 1660 (MACHADO *apud* ROSA et al., 1995).

Os eventos considerados perigosos e sua transformação em riscos, implicando a imprevisibilidade a partir da probabilidade, ocorreram de modo mais sistemático somente a partir da Revolução Industrial. Nesse processo, através do desenvolvimento científico e tecnológico e das consequentes transformações na sociedade, na natureza e na própria característica e dinâmica das situações e eventos perigosos, o homem passa a ser responsável pela geração e remediação de seus próprios males. "O conceito de risco, tal como é compreendido na atualidade, resulta desse processo, cabendo ao próprio homem a atribuição de desenvolver, através de metodologias baseadas na ciência e tecnologia, a capacidade de os interpretar e analisar, para melhor controlá-los e remediar" (MACHADO, 2003, p. 115).

Conceito do risco – assim definido – possui, por um lado, uma relação dialética com a segurança, e por outro lado, uma estreita relação com a tecnologia. O debate do risco nunca pode – consequentemente – ser dado por encerrado nos ambientes de trabalho, principalmente porque a própria dinâmica do sistema produtivo exige permanentes inovações tecnológicas e, com isto, a pauta de discussão sobre a segurança no trabalho está sempre aberta (RAPPARINI, 2007).

Conceito de acidente

É ocorrência não planejada, instantânea ou não, decorrente da interação do ser humano com seu ambiente de trabalho e que provoca lesões e/ou danos materiais (BRASIL, 2005).

Conceito de prevenção

A prevenção é um processo que visa minimizar os riscos, quando esta possibilidade, reduz sua geração. O princípio é o confinamento mais perto da fonte de perigo e de fazer a intervenção entre a possibilidade para a integração das medidas de prevenção das atividades. O processo consiste em:
- Identificação das fontes de perigo e avaliação dos riscos.
- Implementar medidas de prevenção.
- Fomentar a formação e informação dos profissionais.
- Vigilância médica.

É obrigação da instituição garantir a segurança e a saúde dos trabalhadores sob sua responsabilidade. Paralelamente a este dever da instituição, encontra-se o direito que tem o trabalhador a um amparo eficaz de sua segurança e saúde no trabalho, além do direito à informação e à formação em matéria de prevenção de riscos no trabalho

14.9. Questões

Responda as três perguntas com base nas imagens mostradas nas figuras.
1. Explique em poucas palavras por que alguns profissionais podem sofrer acidentes com material perfurocortante?
2. Qual(is) Norma(s) Reguladora(s) – NR – se refere(m) às medidas de proteção dos profissionais no ambiente do trabalho? Descreva a(s) norma(s) e seu(s) principal(ais) pontos.
3. Faça um roteiro com um passo a passo sobre outro acidente e não se esqueça de informar qual é o órgão responsável; utilize o nosso roteiro padrão e os procedimentos (a seguir) para estruturar o seu roteiro.

Roteiro com o padrão dos procedimentos sobre esse acidente envolvendo material perfurocortante.

Acreditamos que essas informações poderão nortear uma prática segura para outros acidentes.

1. Risco potencial de acidente com agulha

Traz o risco de infecção por vírus de transmissão parenteral como os das hepatites B (HBV), C (HCV) e da imunodeficiência humana (HIV).

Percentual de contaminação:
- Risco HBV= 5 – 40%
- Risco HCV= 3 – 10%
- Risco HIV = 0,2 – 0,5%

Figura 14.2 – Um profissional utilizando uma seringa no decorrer da sua atividade profissional.

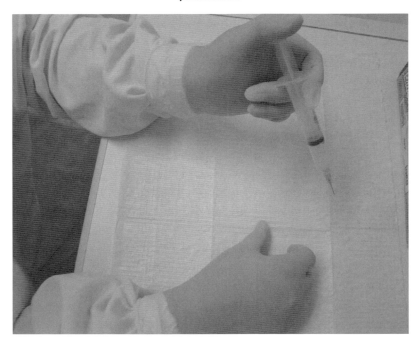

Figura 14.3 – Esse mesmo profissional sofrendo um acidente com a picada da agulha.

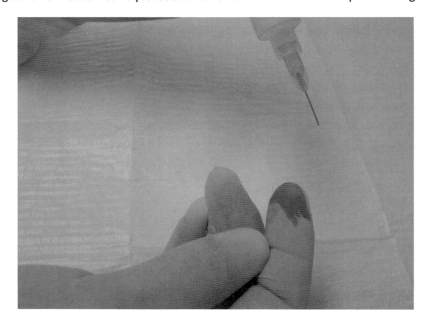

A prevalência do HBV é maior que a média em usuários de drogas endovenosas, homens homossexuais e na população de países em desenvolvimento.

A prevalência do HCV é maior em politransfundidos, pacientes de diálise e usuários de drogas endovenosas.

A prevalência do HIV também é maior em homens homossexuais, usuários de drogas injetáveis e na população de áreas onde essa condição é endêmica.

2. O contato acidental com sangue ocorre especialmente nas seguintes situações:

1. Durante reencapamento das agulhas.
2. Em cirurgias, especialmente na sutura.
3. Quando uma agulha desencapada é deixada de forma incorreta, nas roupas de cama, roupas cirúrgicas.
4. Ao levar a agulha desencapada ao coletor.
5. Durante a limpeza e transporte do material contaminado.
6. Quando em uso de técnicas mais complexas de punção e coleta (flebotomia).
7. Em intervenções de grande estresse.

3. O que deve ser feito

A medida mais importante para prevenir acidentes com agulhas é não colocar a agulha usada em sua capa original. Em vez de reencapar, é recomendado utilizar recipientes adequados (rígidos e resistentes a perfurações – Figura 14.4) para descartar agulhas usadas. É importante que esses recipientes estejam sempre à mão para evitar a tentação de reencapar.

Figura 14.4 – Recipiente para descarte de agulhas usadas.

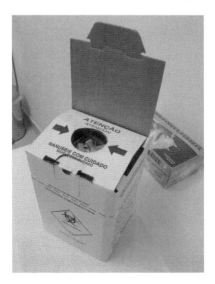

É igualmente importante o uso de equipamento de proteção individual – EPIs em práticas que envolvam riscos.

Como o sangue é considerado potencialmente infectante, é preconizado o uso de luvas, máscaras e óculos, que são apropriados para a realização de procedimentos que envolvam riscos.

4. Prevenção

Aqui você pode usar um dos conceitos apresentados em nosso capítulo, que é a prevenção. Neste caso, a regra mais importante para prevenir o acidente com agulha é não reencapá-la, mas descartá-la em recipiente rígido, resistente a perfuração e que esteja sempre à mão.

5. Vacinação

Todo profissional/aluno da área da Saúde com risco de exposição acidental a sangue deve ser vacinado. Procure informações primeiro com sua chefia e/ou se informe num posto de saúde. Faça sua carteira de vacinação (adulto); no caso apresentado aqui, o profissional/aluno deverá ser vacinado contra o HBV. Ainda não existe uma vacina preventiva contra o HCV e o HIV.

6. Procedimentos após o acidente

Tomar cuidado com o ferimento imediatamente após o acidente.

Deixar o ferimento sangrar por um momento e então limpar com água ou solução salina.

Desinfetar a lesão usando uma boa quantidade de água e sabão seguidos por álcool a 70%. Em caso de contato com mucosas é importante lavar imediatamente com grande quantidade de água ou uma solução salina, não álcool.

7. O registro do acidente

É importante reportar o incidente imediatamente ao departamento responsável por acidentes ocupacionais. Isso permitirá o registro e o gerenciamento adequados do evento.

8. Implementação e registro

Questões de Adesão e Treinamento

Há uma relação clara na literatura entre risco, adesão e treinamento. Bom treinamento melhorará a adesão a comportamentos de segurança e poderá miminizar o risco de acidentes com agulhas.

Toda a equipe de saúde deve ser vacinada contra hepatite B. Todos os acidentes com agulhas devem ser registrados e cuidadosamente documentados.

9. Referências de Literatura para o controle de acidente no ambiente profissional.

- O site www.riscobiologico.org é uma boa fonte de informação e possui uma equipe de profissionais e colaboradores altamente competentes.
- Para literatura publicada sobre evitar acidentes com agulhas, o site do Center for Diseases Control e Preventiom (CDC): http://www.cdc.gov/ (Inglês ou espanhol).
- Para literatura publicada a respeito de HBV e HCV, comece no site da HEPNET em: http://hepnet.com (em inglês).
- Para literatura sobre HIV e PEP vá para o excelente site da Universidade Johns Hopkins com sua grande revisão com mais de 100 referências: http://www.hopkins-aids.edu/guidelines/pep/gl_may99.html.
- Este roteiro foi adaptado das Diretrizes Práticas WGO, que é a única organização com uma Diretriz Prática sobre Acidentes com agulhas em: http://www.omge.org
- Site mais compreensível sobre "Como evitar acidentes com agulhas": http://www.cdc.gov/. Use a ferramenta de busca digitando "needlestick". O site da Universidade Johns Hopkins University, Department of Infectious Control, tem recursos excelentes sobre esse tópico: http://www.hopkins-id.edu/infcontrol/index_inf.html

14.10. Referências

ALBUQUERQUE, N.M.B.M.; ODA, L.M. (1997) Biossegurança e as questões contemporâneas das ciências biológicas. Mímeo. Rio de Janeiro, 77p.

AMARAL, P.S. (2005) Sustentabilidade Ambiental, Social e Econômica nas Empresas. São Bernardo do Campo: Editora Tocalino.

BRASIL. MINISTÉRIO DA SAÚDE. (1994) Coordenação de Controle de Infecção Hospitalar. Processamento de artigos e superfícies em estabelecimentos de saúde. 2ª edição – Brasília.

BRASIL. MINISTÉRIO DA SAÚDE. (1999) Coordenação nacional de DST e AIDS. Manual de condutas – exposição ocupacional a material biológico: hepatite e HIV. Brasília/DF.

BRASIL. MINISTÉRIO DA SAÚDE. (2010) Classificação de risco dos agentes biológicos – Secretaria de Ciência, Tecnologia e Insumos Estratégicos – Departamento do Complexo Industrial e Inovação em Saúde. 2ª ed.

BRASIL. MINISTÉRIO DO TRABALHO E EMPREGO. (2005) Portaria nº 485, de 11 de novembro de 2005. Aprova a Norma Regulamentadora nº 32 (Segurança e Saúde no Trabalho em Estabelecimentos de Saúde). Disponível em: http://www.mte.gov.br/legislacao/normas_regulamentadoras/nr_32.pdf. Acesso: jul 2007.

CDC (Centers for Disease Control). (1974) Classification of etiologic Agents on the Basis of Hazard, 4th ed. U.S. Department of Health, Education and Welfare, Public Health Service.

CDC (Center for Diseases Control). (1984). Biosafety in microbiological and biomedical laboratories. NIH, Department of Health and Human Services, Bethesda, rev.

CDC (Center for Diseases Control). (1988) Biosafety in microbiological and biomedical laboratories. NIH, Department of Health and Human Services, Bethesda, rev.

CDC (Centers for Disease Control). (1988) Update: Universal Precautions for Prevention of Transmission of Human Immunodeficiency Virus, Hepatitis B Virus and Other Bloodborne Pathogens in Healthcare Settings. MMWR, 37:377-382, 387, 388.

CDC. NIH (1993). Biosafety in Microbiological and Biomedical Laboratories. 3rd ed. p. 1.

DITR. (2002) Workplace skills Productivity safety dos EUA.

EVANS, N. (1903). A clinical report of case of blastomycosis of the skin from accidental inoculation. Journal of American Medical Association, 40:1772-1775.

HANSON, R.P.; SULKIN, S.E.; BUESCHER, E.L. et al. (1967) Arbovirus infections of laboratory workers. Science, 158:1283-1286.

MASTROENI, M.F (2006) Introdução à biosseguranca. In: Biosseguranca aplicada a laboratório e serviços de saúde. São Paulo: Atheneu.

MANUEL DE PREVENTION DES RISQUES ASSOCIES AUX TECHNIQUES BIOLOGIQUES APLICATIONS A L'ENSEIGNEMENT. (1995) Editions Scientifiques et Medicales. Paris: Elsevier.

MEYER, K.F; EDDIE, B. (1941) Laboratory infections due to Brucella. J Infect Dis, 68:24-32.

MIRANDA, C.R.; Dias, C.R. (2004) PPRA/PCMSO: auditoria, inspeção do trabalho e controle social. Cad. Saúde Pública, 20(1): 224-232.

MIRANDA, A.F. (1998). Estresse ocupacional inimigo do enfermeiro? Ribeirão Preto: Dissertação (Mestrado). Escola de Enfermagem de Ribeirão Preto da Universidade de São Paulo.

MARINHO, C.; MINAYO-GOMES, C.; DEGRAVE, W. (2000) Qualificação e percepção de riscos de trabalhadores da área biotecnológica: setores público e privado. Caderno CRH, 32, p. 259-278.

MUNSON, E. et al. (2018) Laboratory Focus on Improving the Culture of Biosafety: Statewide Risk Assessment of Clinical Laboratories That Process Specimens for Microbiologic Analysis. Journal of clinical microbiology, 56.1: e01569-17.

NCI (National Cancer Institute); Office of Research Safety; Special Committee of Safety and Health Experts. (1978) Laboratory Safety Monograph: A Supplement to the NIH Guidelines for Recombinant DNA Research. Bethesda, MD, National Institutes of Health.

NHI (National Institutes of Health) (1994). Guidelines for Research Involving Recombinant DNA Molecules. Washington: GPO. Federal Register. 59FR34496.

NRC. (1989) Biosafety in the Laboratory: Prudent Practices for the Handling and Disposal of Infectious Materials. National Research Council. National Academy Press, Washington, D.C.

OLIPHANT, J.W.; PARKER, R.R. (1948) Q fever: Three cases of laboratory infection. Public Health Rep, 63(42):1364-1370.

RAPPARINI, C. (2007) Acidentes do trabalho com material biológico. In: TEIXEIRA, P.; VALLE, S. (orgs.). Biossegurança: uma abordagem multidisciplinar. Rio de Janeiro: Editora Fiocruz.

RICHARDSON, J.H. (1973) Provisional summary of 109 laboratory-associated infections at the Centers for Disease Control, 1947-1973. Presented at the 16th Annual Biosafety Conference, Ames, Iowa.

SILVA, P.C.T. (2004) Proposta para criação de um sistema de informação gerencial para a área de biossegurança na FIOCRUZ. Rio de Janeiro, ID 422216.

SKINHOLJ, P. (1974) Occupational risks in Danish clinical chemical laboratories. II Infections. Scand J Clin Lab Invest, 33:27-29.

SULKIN, S.E.; PIKE, R.M. (1949) Viral Infections Contracted in the Laboratory. New Engl J Med, 241(5):205-213.

SULKIN, S.E.; PIKE, R.M. (1951) Survey of laboratory-acquired infections. Am J Public Health 41(7):769-781.

SULLIVAN, J.F.; SONGER, J.R.; ESTREM, I.E. (1978) Laboratory-acquired infections at the National Animal Disease Center, 1960-1976. Health Lab Sci 15(1):58-64.

TEIXEIRA, P.; BORBA, C. (2007) Risco Biológico em Laboratório de Pesquisa. Biossegurança. Rio de Janeiro: Fiocruz.

TEIXEIRA, P.; VALLE, S. (1996) Biossegurança. Uma abordagem multidisciplinar. Rio de Janeiro, Fiocruz.

WEDUM, A.G. (1975) History of Microbiological Safety. 18th Biological Safety Conference. Lexington, Kentucky.

Sites

http://bvsms.saude.gov.br/bvs/publicacoes/06_1156_M.pdf. Acesso: 3 abr 2009.
http://www.demolita.com/artigos/riscosab.html. Acesso: 3 abr 2009.
Federação dos Trabalhadores de Saúde do Estado de São Paulo. Os riscos biológicos no âmbito da Norma Regulamentadora NR-32. Disponível em : http://www.federacaodasaude.org.br/site_imagens/atualidades/9887_GuiaTecnicoNR32.pdf. Acesso: 4 abr 2009
http://www.prof2000.pt/users/eta/capitulo11_3.htm. Acesso: 4 abr 2209.

| Capítulo | Proteção contra riscos |
| 15 | ergonômicos |

Marcelo Marcio Soares
Raimundo Lopes Diniz

Conceitos apresentados neste capítulo

Neste capítulo são apresentadas as contribuições da ergonomia para (i) os aspectos físicos do trabalho, incluindo o conceito de antropometria, que envolve o dimensionamento dos postos de trabalho, conceitos de biomecânica ocupacional e considerações sobre o uso de equipamentos nos postos de trabalho; (ii) os aspectos cognitivos do trabalho, incluindo os conceitos de percepção, interpretação, processamento mental, atenção, memória, tomada de decisão e erro humano; e (iii) os aspectos da organização do trabalho, com os conceitos de trabalho em turnos, monotonia, fadiga e estresse. Também são apresentadas as estratégias para a redução dos riscos ergonômicos no trabalho e a norma regulamentadora (NR-17). Por fim, é discutida a atividade profissional do ergonomista no atual contexto de higiene e segurança do trabalho no Brasil.

15.1. Introdução

15.1.1. Ergonomia: conceituação, importância e aplicações

A ergonomia é uma disciplina científica focada na interação do ser humano com os artefatos sob a perspectiva da ciência, engenharia, design, tecnologia e gerenciamento de sistemas compatíveis com o ser humano (KARWOWSKY, 2005). Tais sistemas incluem uma variedade de produtos, processos e ambientes naturais e artificiais. Assim, a ergonomia lida com uma grande variedade de interesses e aplicações, incluindo o lazer e o trabalho. Neste contexto, segundo a Associação Internacional de Ergonomia (IEA, 2018), a ergonomia (ou fatores humanos) é a disciplina científica dedicada ao conhecimento das interações entre o ser humano e outros elementos de um sistema, e a profissão que aplica teorias, princípios, dados e métodos para o projeto, de modo a otimizar o bem-estar do ser humano e, consequentemente, o seu desempenho, aumentando assim naturalmente a produtividade. O ergonomista contribui para a projetação e avaliação de tarefas, trabalhos, produtos, meio ambiente e sistemas para torná-los compatíveis com as necessidades, habilidades e limitações das pessoas.

Mais ainda, a ergonomia é uma ciência humana aplicada, que objetiva transformar a tecnologia para adaptá-la ao ser humano. Disciplinas como as ciências biológicas, a psicologia e as ciências da engenharia convergiram para que a ergonomia pudesse conceber produtos e sistemas dentro da capacidade física e intelectual dos seres humanos, de forma que o sistema humano-máquina fosse mais seguro, mais confiável e mais eficaz. De uma forma geral, a ergonomia promove uma visão holística, uma abordagem centrada no ser humano, aplicada a sistemas de trabalho, considerando os aspectos físicos, cognitivos, sociais, organizacionais, ambientais e outros fatores relevantes (KROEMER & GRANDJEAN, 2005; WILSON & CORLETT, 1990; SANDERS & MCCORMICK, 1993; CHAPANIS, 1996; SALVENDY, 1997; KARWOWSKY, 2001, 2005; VICENTE, 2004; STANTON et al., 2004).

A IEA (2018) define três domínios e competências da ergonomia: o físico, o cognitivo e o organizacional. Os aspectos físicos estão relacionados com os aspectos que caracterizam as atividades físicas do corpo humano, como os aspectos antropométricos, biomecânicos, anatômicos e fisiológicos. Assim, os aspectos físicos do trabalho estudam a postura no trabalho, manuseio de materiais, movimentos repetitivos, distúrbios musculoesqueléticos relacionados com o trabalho, bem como aspectos ambientais (ruído, vibração, iluminação, temperatura e agentes tóxicos), projetos de posto de trabalho envolvidos com saúde, segurança, conforto e eficiência. Os aspectos cognitivos estão focados nos processos mentais, que envolvem a percepção, memória, processamento de informação, raciocínio e resposta motora que afeta a interação entre os seres humanos e os outros elementos do sistema. Como exemplo de estudos neste domínio tem-se: carga mental de trabalho, tomada de decisão, desempenho especializado, interação humano-computador, estresse e treinamento, conforme estes se relacionam com os projetos que envolvem seres humanos e sistemas. Os aspectos organizacionais (também conhecidos como macroergonomia) estão relacionados com a otimização dos sistemas sociotécnicos, incluindo a sua estrutura organizacional, políticas e processos. Exemplos deste último domínio incluem comunicações, projeto de trabalho, organização temporal do trabalho, trabalho em grupo, projeto participativo, novos paradigmas do trabalho, cultura organizacional, organizações em rede, teletrabalho e gestão da qualidade.

Com base na informação destes três domínios é possível organizar o trabalho de forma favorável ao ser humano e ao sistema produtivo. O objetivo da ergonomia é **adaptar o trabalho ao ser humano** e não o inverso, como ocorre erroneamente em muitas situações de trabalho.

Desta forma, podemos explicitar que a ergonomia contemporânea estuda e aplica as informações sobre o comportamento humano, as habilidades, limitações e outras características dos seres humanos ao design de ferramentas, máquinas, sistemas, tarefas, trabalhos e ambientes para o seu uso de forma produtiva, segura, confortável e efetiva (SANDERS & MCCORMICK, 1993; HELANDER, 1997).

Karwowsky (2005) advoga que, na sua origem, a ergonomia estava focada na interação humano-máquina; hoje em dia ela pode ser definida, de maneira geral, como a interação humano-tecnologia. Neste contexto, o autor define tecnologia como um sistema composto por pessoas e organizações, processos e equipamentos que irão criar e operar artefatos tecnológicos.

Assim, a ergonomia estuda a adaptação do trabalho ao ser humano e o comportamento humano no trabalho. Ela enfoca:
- o **ser humano**: características físicas, fisiológicas, cognitivas, psicológicas e sociais;
- a **máquina**: equipamentos, ferramentas, mobiliário e instalações;
- o **ambiente**: efeitos da temperatura, ruído, vibração, iluminação e aerodispersoides;
- a **organização do trabalho**: jornada de trabalho, turno, pausa, monotonia etc.

Tal enfoque pode ser trabalhado sob contribuições (aplicações) que viabilizam as condições de trabalho (IIDA & BUARQUE, 2016), como:
- **Ergonomia de concepção**: quando a aplicação diz respeito ao desenvolvimento de produto, máquina, ambiente ou sistema.
- **Ergonomia de correção**: quando a ergonomia é aplicada em situações reais condizentes aos problemas relacionados com segurança, excesso de fadiga (física e/ou mental), doenças do trabalho ou quantidade e qualidade da produção.
- **Ergonomia de conscientização**: busca capacitar os trabalhadores, por meio de cursos de treinamento e reciclagens, visando a identificação de problemas do cotidiano ou os que necessitam de interferências emergenciais.
- **Ergonomia de participação**: trabalha o envolvimento do trabalhador na busca de solução de problemas de forma ativa.

Com base no exposto, podemos dizer que o risco ergonômico deve ser avaliado englobando os aspectos físicos, cognitivos e organizacionais na interação do ser humano com tarefas, produtos, ambientes e sistemas.

> **Exemplo de fixação   Elementos envolvidos no trabalho humano**
> Identifique os elementos a seguir no seu posto de trabalho e reflita como eles poderiam ser melhorados:
> - A **máquina**: quais equipamentos, ferramentas, mobiliário e instalações estão envolvidos no seu trabalho?
> - O **ambiente**: a temperatura e a iluminação estão adequadas? Existe ruído além do limite do conforto?
> - A **organização do trabalho**: como o seu trabalho é organizado? Qual a sua jornada de trabalho? Existem turnos e pausas na sua empresa? O seu trabalho é monótono?

Apresentaremos, a seguir, alguns aspectos relacionados com os três domínios da ergonomia — físico, cognitivo e organizacional —, e finalizaremos com comentários sobre a legislação vigente em nosso país.

15.2. Aspectos físicos do trabalho

Embora os aspectos físicos considerem a anatomia do ser humano e os seus aspectos fisiológicos aplicados ao trabalho, por limitação de espaço iremos nos concentrar apenas na antropometria, biomecânica ocupacional e recomendações referentes ao uso de equipamentos nos postos de trabalho.

15.2.1. Antropometria: dimensionamento dos postos de trabalho

A antropometria refere-se ao estudo do tamanho e das proporções do corpo humano. Todas as populações são compostas de indivíduos de variados tipos físicos, que apresentam diferenças nas proporções de cada segmento do corpo. A antropometria trata de medidas físicas corporais de várias populações para verificar o grau de adequação do ser humano a instrumentos, máquinas, equipamentos, espaços, enfim, aos postos de trabalho. Estes devem estar adequados e devidamente dimensionados ao tamanho e proporção da população de usuários, pois os produtos e postos de trabalho inadequados provocam tensões musculares, desconforto, dor, fadiga, podendo causar acidentes e levar a lesões irreversíveis.

No projeto de postos de trabalho (espaço, mobiliário, ferramentas etc.), é importante ter em mente as diferenças corporais dos vários usuários em potencial. No caso, a altura de uma bancada pode estar adequada para uma pessoa alta e não estar adequada para uma pessoa baixa ou pode estar adequada para uma pessoa baixa e não estar adequada para uma pessoa mais alta, e assim a adequação é feita com base nas medidas (dimensões) de determinada população.

Por outro lado, não se improvisam levantamentos antropométricos, como por exemplo medir com uma "trena" ou "régua" determinados indivíduos, utilizando os valores mensurados ou a média dos valores para o dimensionamento de produtos ou postos de trabalho. O levantamento de dados pressupõe planejamento e muito cuidado na padronização das variáveis, no método e instrumento de medição, na amostragem estatística e no controle do erro. Desta maneira, é mais conveniente utilizar dados de tabelas antropométricas do que dados improvisados da "população usuária real". Ou seja, nunca saia por aí fazendo as suas próprias medidas antropométricas. Você poderá não ter uma representatividade adequada da população de trabalhadores e realizar procedimentos inadequados para a obtenção das medidas antropométricas.

Nas tabelas os dados antropométricos são plotados em função de sua distribuição em uma população e informam quantos por cento de pessoas apresentam mesmos valores para cada variável medida, por exemplo: quantas pessoas na população (qual a percentagem) têm 1,60 m de altura? quantas têm 1,65 m? etc. Nas tabelas antropométricas, qualquer percentagem é denominada percentil, sendo que um intervalo de confiança de 95% significa que o 2,5% menor e o 2,5% maior da população são excluídos. O percentil 50 é falaciosamente denominado "homem médio". Não existe "homem médio" ou "mulher média", e sim homens e mulheres que estão na média em relação a algumas variáveis, como peso ou estatura etc. Justifica-se tal fato, por exemplo, por somente 4% da população ter três segmentos corporais "na média" e, ainda, por somente 1% da população ter 4 segmentos corporais "na média". Na verdade, ninguém tem 10 dimensões consideradas "médias".

Assim, o projeto que considera o percentil 50 a sua referência, ou seja, se se projetar para a média, teoricamente não atenderá a maioria da população e sim apenas a metade. O correto é projetar sempre se tendo como referência os usuários extremos (o maior ou o menor). Em alguns casos, pode-se pensar em projetar utilizando-se *dispositivos de regulagem* como uma maneira de acomodar os diferentes tipos físicos. Em alguns casos, no entanto, não são possíveis e/ou aconselháveis ajustes, devendo-se projetar para as medidas dos usuários extremos. De qualquer forma, é fundamental uma análise dos prejuízos, privilegiando a situação que envolva maiores riscos ou desconforto e chegando-se a uma "solução de compromisso", isto é, melhorando uma dimensão para compensar outra que está sendo prejudicada. Tabelas antropométricas que podem ser utilizadas para o projeto ergonômico podem ser encontradas em Tilley e Dreyfuss Associates (2005), Moraes (1983), Panero e Zelnik (200), Silva et al. (2006).

15.2.1.1. Sexo, idade e deficiências físicas

As diferenças biológicas entre os homens e as mulheres são bem conhecidas: dimensões antropométricas, força muscular, capacidade cardiovascular e o funcionamento do aparelho reprodutor feminino. De acordo com Iida e Buarque (2016), homens e mulheres

apresentam diferenças antropométricas significativas, não apenas em dimensões absolutas, mas também nas proporções dos diversos segmentos corporais. De acordo com os autores, alguns fatores na situação de trabalho devem ser levados em consideração:
- **fatores envolvidos com a idade e o trabalho**: antropometria, psicomotricidade, visão e audição, memória, experiência (mais cautela na tomada de decisões, procedimentos mais seguros, mais seletivos no aprendizado de novas habilidades);
- **fatores que envolvem o trabalho feminino**: antropometria, capacidade física, ciclo menstrual;
- **fatores que envolvem as pessoas com deficiências**: escolha adequada da tarefa, capacitação/treinamento e adaptações dos postos de trabalho.

15.2.1.2. Assento e bancada para trabalho

Assento

O princípio básico na alocação de assentos numa situação de trabalho qualquer é que existe um assento mais adequado para cada tipo de função. Além da adequação ao trabalho desempenhado, o assento deve ser adequado às dimensões *antropométricas* do usuário. Ele deve ter área suficiente para abranger o centro de gravidade do usuário e precisa fornecer base suficiente para o equilíbrio sem, no entanto, impedir que as pessoas mantenham a perna em posição confortável (com joelhos flexionados e pés apoiados). O assento não deve machucar o tecido posterior da coxa e nem os pontos nos quais as nádegas apoiam o peso do indivíduo sobre o assento (conhecido como "tuberosidades isquiáticas"). A altura do encosto do assento deve permitir regulagem em função das diferenças antropométricas. É importante que o encosto forneça um bom suporte lombar.

Bancada de trabalho

A altura da bancada de trabalho depende do trabalho desempenhado. Tarefas de precisão, como a do relojoeiro, que demandam muita precisão e pouca força, exigem uma superfície mais alta e apoio para cotovelo (em torno de 5 a 10 cm abaixo da altura do cotovelo); atividades de média precisão, como a escrita, leitura, trabalhos de montagem (com espaço para recipientes e ferramentas) etc., requerem uma superfície um pouco mais baixa (em torno de 10 a 15 cm abaixo da altura do cotovelo); já os trabalhos de baixa precisão e que demandam força, como trabalhos pesados de montagem, marcenaria, ferraria, requerem uma superfície bem mais baixa para permitir que o sujeito tenha o tronco e membros superiores com bastante espaço para imprimir força, requerem uma altura em torno de 15 a 40 cm abaixo da altura do cotovelo. A altura do cotovelo pode ser encontrada nas tabelas antropométricas.

A regulagem é um elemento importante em assentos e bancadas de trabalho, porém, se não for possível, pode-se adotar uma solução de compromisso: projetar superfície de trabalho tomando como base as pessoas mais altas e adapta-se para as baixas com pisos falsos ou soluções improvisadas, como os estrados. Neste caso, é importante evitar acidentes através de tropeços ou posicionamentos inadequados.

A espessura da superfície de trabalho deve ser a menor possível (em torno de 3 cm), para que haja espaço suficiente entre a parte inferior da superfície de trabalho e a parte superior das pernas, considerando que a pessoa está sentada. É importante que as bordas da bancada sejam arredondadas.

As pernas devem ser acomodadas dentro de um espaço sob a superfície de trabalho para permitir uma postura sem flexão de tronco (movimentação do corpo para a frente). A largura deste espaço deve ser 60 cm, no mínimo, e a profundidade, 40 cm na parte superior e 100 cm na parte inferior, junto aos pés, para possibilitar estender as pernas e alternar a postura. O dimensionamento do espaço livre para os joelhos considera: a altura do joelho, em posição sentada; alguns centímetros para movimentação do joelho (5 cm); alguns centímetros de salto (2 cm).

Se a superfície de trabalho não pode ser ajustada (como no caso de uma máquina ferramenta), uma superfície mais alta deve ser considerada para possibilitar um trabalho adequado para a maioria dos trabalhadores. A partir daí, ajusta-se a altura do assento em função da superfície de trabalho. No entanto, é importante considerar que o assento e o plano de trabalho formem um sistema único, ou seja, no projeto do assento ou da mesa de trabalho, tem-se que se considerar o uso dos dois elementos.

15.2.2. Biomecânica ocupacional

O ser humano, em diversos aspectos, pode ser comparado a uma máquina, ou seja, o ser humano é considerado mecanicamente uma série de segmentos rígidos (ossos) que se conectam nas articulações. Assim, a biomecânica estuda a "máquina humana".

Iida e Buarque (2016) definem a Biomecânica Ocupacional como o estudo da interação entre o trabalho e o homem sob o ponto de vista dos movimentos musculoesqueléticos envolvidos, e as suas consequências. No estudo da biomecânica, as leis físicas da mecânica são aplicadas ao corpo humano (CHAFFIN, ANDERSSON & MARTIN, 2001). Podem-se estimar as tensões que ocorrem nos músculos e articulações durante uma postura ou movimento (DUL & WEERDMEESTER, 1995). Assim, a biomecânica analisa basicamente a questão das posturas corporais no trabalho e a aplicação de forças.

A biomecânica oferece o suporte científico para a análise de forças e posturas que determinam as forças internas sobre os músculos, tendões, ossos e articulações envolvidas em movimentos repetitivos e atritos dos tendões e músculos. Desta forma, a biomecânica auxilia na determinação dos limites fisiológicos e da capacidade de recuperação do organismo. Em consequência, com base neste diagnóstico, é possível escolher alternativas para a melhoria dos postos de trabalho de forma a não penalizar o trabalhador.

15.2.2.1. Adoção e manutenção de posturas

Postura ocupacional é a postura assumida pelo corpo, quer seja por meio da ação integrada dos músculos operando para contra-atuar a força da gravidade, quer seja quando mantida durante inatividade muscular (OLIVER et al., 1998). É a assunção e manutenção da combinação de movimentos executados pelos segmentos corporais (cabeça, tronco e membros).

Ao longo da jornada de trabalho, o trabalhador adota posturas ocupacionais, que serão uma consequência das atividades das tarefas. Esta postura poderá ser mantida ou pode variar ao longo do tempo. A postura mais adequada ao trabalhador é aquela que ele escolhe de maneira voluntária. A maneira de conceber o projeto dos postos de trabalho depende diretamente das atividades a serem realizadas e, automaticamente, das posturas adotadas, devendo, assim, favorecer a variação das mesmas, essencialmente a alternância entre a postura sentada e a de pé (MTE, 2002). As posturas são adotadas a partir de um esforço conjunto do sistema fisiológico humano chamado sistema musculoesquelético.

A postura pode acontecer de duas maneiras: estática (manutenção) e dinâmica (variação). Para os fins da ergonomia, Grandjean (1998) define:

- **Trabalho muscular dinâmico** (trabalho rítmico), caracterizado por uma sequência rítmica de contração e extensão — portanto de tensionamento e afrouxamento — da musculatura em trabalho. No trabalho dinâmico há um fluxo proporcional de sangue para os músculos em ação, que recebe os nutrientes necessários enquanto os resíduos são eliminados (o músculo pode receber entre 10 a 20 vezes mais sangue que quando em repouso).
- **Trabalho muscular estático** (trabalho postural), caracterizado por um estado de contração prolongada da musculatura, o que geralmente implica um trabalho de manutenção da postura. No trabalho estático a circulação fica restringida pela pressão interna, sobre o tecido muscular, que não recebe nutrientes (sendo forçado a consumir reservas, levando à fadiga) e não tem os seus resíduos retirados (o que causa dor).

De maneira geral, o tempo de manutenção de posturas adotadas, ou seja, o trabalho estático, deve ser o menor possível, pois suas consequências prejudiciais dependem do tempo prolongado da manutenção das posturas. A postura de trabalho está diretamente relacionada com a atividade realizada, exigências da tarefa (físicas, visuais, precisão, repetitividade, movimentos etc.), do espaço de trabalho, das máquinas operadas.

Trabalhando ou repousando, o corpo adota três posturas "básicas": deitado, de pé e sentado (IIDA & BUARQUE, 2016).

Na postura deitada, não há concentração de tensões em nenhum segmento corporal. O sangue flui livremente para todas as partes do corpo, contribuindo para eliminar os resíduos do metabolismo e as toxinas dos músculos provocadores da fadiga. O consumo energético assume o valor mínimo, aproximando-se do metabolismo basal. Portanto, a postura deitada é a mais recomendada para *repouso* e *recuperação da fadiga*. Porém, em alguns casos, a posição horizontal (deitada) é assumida para realizar algum trabalho, (como o de manutenção de automóveis). Neste caso, como a cabeça (que pesa em torno de 4 a 5 kg) geralmente fica sem apoio, a posição pode se tornar extremamente fatigante, sobretudo para a musculatura do pescoço.

A postura de pé exige trabalho estático do sistema musculoesquelético (trabalho estático dos membros inferiores — pernas — e costas — principalmente a região lombar). Fisiologicamente é pior do que a postura sentada em termos de trabalho estático. Possui apenas um ponto de referência (os membros inferiores). Na postura sentada, o consumo de energia é de 3 a 10% maior que na posição horizontal. Para manter a posição sentada, são exigidas as atividades musculares das costas e do abdome. A postura sentada exige menos que a de pé e ainda tem outras vantagens: Libera os braços e pés para a realização de tarefas, permitindo a mobilidade dos membros. Por outro lado, a postura sentada, se mantida por um tempo prolongado, prejudica: costas, pescoço, membros inferiores e membros superiores. Mudanças que ocorrem no corpo: a articulação do quadril é flexionada, os ossos da bacia "rodam", ou seja, as pontas dos ossos que estavam voltados para trás passam a "apontar" para baixo. Há, também, a diminuição ou eliminação da curvatura da lordose lombar. Aumento da pressão dentro dos discos intervertebrais (cerca de 35%, de pé para sentado).

Quanto maior for o ângulo entre tronco e coxas, maior tenderá a pressão dentro dos discos; então, com o achatamento do arco lombar, todas as estruturas (ligamentos, pequenas articulações e nervos) podem ser afetadas. Quando o núcleo é empurrado para trás, ele pressiona a parte de trás do disco, e isto enfraquece as paredes do disco, facilitando o aparecimento de rachaduras (COURY, 1995).

As posturas inadequadas podem resultar em consequências graves ao sistema musculoesquelético, afetando vários segmentos. A Tabela 15.1 apresenta as diversas posturas e os riscos de desconforto/dores em determinados segmentos corporais (GRANDJEAN, 1998).

Tabela 15.1 – Assunção de posturas e os riscos de dores nos segmentos corporais

Postura	Risco de dores
em pé	pés e pernas (varizes)
sentado sem encosto	músculos extensores da costa
assento muito alto	membros inferiores (pernas, joelhos, pés)
assento muito baixo	costas e pescoço
braços em elevação	ombros e braços
manejo inadequado	antebraço, punho

Fonte: Grandjean (1998).

O trabalho sentado exige menos esforço estático do que o de pé. Na postura de pé há constante atividade estática nas articulações dos pés, joelhos, quadris. Há, também, o aumento importante da pressão hidrostática nas veias das pernas e do volume das extremidades inferiores; o coração encontra maior resistência para bombear o sangue para as extremidades do corpo. O trabalho em pé vem sendo fonte de problema (principalmente nas pernas e pés de mulheres). É sempre melhor alternar o trabalho em pé com o trabalho sentado, variando a postura. Assim, alivia os esforços dos grupos musculares e protegem-se os discos intervertebrais, devido às mudanças no abastecimento de nutrientes, permitindo maior mobilidade e facilitando o enriquecimento do trabalho.

15.2.2.2. Alguns princípios da biomecânica ocupacional (GUIMARÃES, 2006b)

As articulações, em conjunto aos segmentos corporais, devem ser mantidas em posição neutra, tanto quanto possível, ou seja, com menor possibilidade de variação angular e amplitude de movimentos. Assim, há a diminuição de tensão física entre os ligamentos, tendões e outras estruturas, músculos e articulações, além de possibilitar que os músculos exerçam força máxima (contração muscular — força interna). Do contrário, posturas inadequadas (Figura 15.1) podem resultar, num primeiro momento, em desconforto/dor e, em termos cumulativos, levar a algum tipo de lesão.

Figura 15.1 – Exemplos de posturas inadequadas, onde as articulações não estão na posição neutra.

A área de trabalho deve ser mantida próxima ao corpo (tronco), levando-se em consideração as prioridades durante a realização das atividades das tarefas. Devem-se evitar posturas estáticas (manutenção), principalmente em combinações de movimentos (rotação, inclinação, extensão, flexão e desvios). Nestas situações há aumento das tensões sobre as articulações e os músculos e possibilidade de sobrecarga física, como por exemplo:

Flexão de tronco e de pescoço. Quando trabalhando em pé, deve-se manter o corpo na posição vertical. A parte superior do corpo de um adulto pesa em média 40 kg; quando ocorre o movimento de flexão, as costas, principalmente a região lombar, irão sofrer tensão muscular. A cabeça de um adulto pesa entre 4-5 kg. Quando ela é flexionada a mais de 30°, os músculos do pescoço são tensionados para manter essa postura, gerando sobrecarga no pescoço e nos ombros. Deve-se manter a cabeça o mais próximo possível da posição vertical (neutra).

Rotação de tronco. Posturas em rotação de tronco causam tensão na coluna vertebral. Os discos elásticos intervertebrais sofrem deformação, e as articulações e músculos dos dois lados da coluna ficam sujeitos a tensões assimétricas.

Movimentos bruscos (muito dinâmicos) devem ser evitados. Os movimentos bruscos (muito dinâmicos) podem produzir tensões muito grandes, de curta duração, como consequência da aceleração do movimento. Carregamento/levantamento brusco (muito dinâmico) de peso, por exemplo, pode resultar em dor aguda na parte inferior (lombar) das costas.

A postura ocupacional e os movimentos realizados durante as atividades devem ser alternados. Nenhuma postura ou movimento devem ser mantidos por longo período. Posturas prolongadas e movimentos repetitivos são fatigantes e, em longo prazo, podem levar a lesões nos músculos e articulações, tendões e ligamentos. Este problema pode ser prevenido com alternância de tarefas. Se a tarefa não puder ser enriquecida é necessário alternar as posturas assumidas na execução do trabalho. Se o trabalho é efetuado de pé, parado, é importante alternar com a posição sentada. Se o trabalho é efetuado sentado, é importante alternar com a posição de pé, ou andando.

Limitar a duração de esforço muscular contínuo. A contração contínua de determinados músculos, como resultado de manutenção prolongada de postura ou movimentos repetitivos, leva à fadiga muscular. Como esta fadiga é desconfortável e reduz o desempenho muscular, a postura e o movimento não podem ser mantidos continuamente. Quanto maior for o esforço muscular, menor será o tempo de manutenção do trabalho. O esforço muscular é definido como a força exercida em função da percentagem da máxima força. A maioria das pessoas só consegue manter um esforço muscular máximo por alguns segundos, e exercer por aproximadamente 2 minutos uma força equiparável a 50% do esforço muscular máximo.

Buscar paradas curtas e frequentes, ao invés de única parada longa. A fadiga muscular pode ser reduzida distribuindo-se o tempo de pausa durante a jornada de trabalho. Não é correto forçar o trabalho nas primeiras horas da jornada, evitando as pausas, para ficar maior parte do tempo livre no final. Muitas vezes, as pausas existem naturalmente dentro do ciclo de trabalho. Por exemplo, quando se espera que a máquina complete seu ciclo ou quando um carregador retorna descarregando. Do contrário, é necessário programar essas pausas periódicas.

Trabalho com membros superiores. As tarefas manuais devem ser realizadas com os braços em posição neutra e, se não for o caso, devem ser efetuadas com apoios (suportes). As mãos e os cotovelos devem permanecer abaixo do nível dos ombros. Se inevitável, a tarefa deve ter duração limitada (reduzida). É necessário, também, a previsão de descansos regulares durante a execução.

15.2.2.3. O trabalho repetitivo

A repetitividade está relacionada com o conteúdo e o tempo em que uma tarefa é realizada (GUIMARÃES, 2006b). Tecnicamente é definida como a velocidade de gestos (variações médias angulares e índice de força — número de manipulações por minuto) (RANAIVOSOA et al., 1992 *apud* MALCHAIRE, 1998).

Considera-se trabalho repetitivo aquele cujo ciclo é executado mais de quatro vezes por minuto (MCATAMMNEY & CORLETT, 1993). O trabalho repetitivo é a causa mais importante para a elevação do número de casos dos distúrbios osteomusculares relacionados com o trabalho (DORTs).

15.2.2.4. Técnicas para a avaliação biomecânica

Segundo Kilbom (1994), o corpo humano é um sistema anatômico de extrema complexidade e está constantemente exposto a demandas físicas. Na prática, durante uma jornada de trabalho, um trabalhador pode assumir muitas posturas diferentes e, em cada tipo de postura, um diferente conjunto da sua musculatura é acionado. As causas e consequências das demandas físicas são geralmente estudadas pela ergonomia e envolvem as seguintes situações: a) a movimentação do corpo ou de seus segmentos (caminhar e correr, por exemplo); b) o levantamento de peso ou transporte de cargas (movimentação de materiais); c) a manutenção ou sustentação de posturas estáticas.

Vieira e Kumar (2004) afirmam que a demanda física em termos laborais pode resultar em prejuízo ao Sistema Musculoesquelético (SME). Para tanto, há várias técnicas que avaliam a carga física, tanto em situações relativas ao trabalho estático quanto ao dinâmico, e seus efeitos (KILBOM, 1994). Os resultados destes estudos apontam, quase sempre, o nível de esforço físico ou sobrecarga ao sistema musculoesquelético, envolvendo a variável tempo de manutenção do quadro postural envolvido e a sua influência sobre o desempenho humano quando da realização de suas atividades.

De maneira geral, o ergonomista deve identificar a atividade postural do operador, as manutenções prolongadas e as mudanças frequentes das posturas como elementos da carga física de trabalho. Para Vieira e Kumar (2004), os ergonomistas devem considerar em seus estudos as causas e consequências do prejuízo ao SME, categorizando os níveis de demanda física, levando-se em consideração a postura ocupacional, e variáveis como: amplitude de movimentos, força envolvida, repetitividade e o fator tempo de manutenção.

Diversos autores propõem instrumentos para avaliação dos riscos posturais, por meio de critérios qualitativos, semiquantitativos ou quantitativos (COLOMBINI et al., 1999). As técnicas qualitativas compreendem perguntas, inquirições e verbalizações (p. ex., entrevistas, questionários, checklists), focando a percepção subjetiva dos trabalhadores quanto à descrição dos riscos biomecânicos. As técnicas semiquantitativas fundamentam-se em observação direta ou indireta, os dados são selecionados com base em perguntas e convertidos em escalas numéricas ou diagramas (p. ex.: OWAS, Mapa de Regiões Corporais etc.), tendo a visão do ergonomista quanto aos riscos. As técnicas quantitativas propõem a mensuração direta do esforço físico ou da disfunção do sistema musculoesquelético (p. ex., eletromiografia, goniometria, dinamometria, cirtometria — mensurações diretas — e a cinemetria — mensuração indireta).

Uma simples observação assistemática — observando-se apenas "o que salta aos olhos" e que não foi previamente planejado — não é suficiente para se poder analisar o quadro postural de maneira aprofundada. Por causa disso, foram desenvolvidas diversas técnicas para o registro e a análise da postura (IIDA & BUARQUE, 2016). A postura ocupacional (estática ou dinâmica) tem sido amplamente avaliada por meio de várias técnicas de cunho observacional, além de protocolos gráficos e checklists, como o *Ovako oy Working Postures Analysis System* — OWAS (KUMAR & VIEIRA, 2004) e o *Rappid Upper Limb Assessment* — RULA (MCATAMNEY & CORLETT, 1993). Tanto o OWAS (KARHU et al., 1977) quanto o RULA são técnicas de avaliação postural que utilizam a observação sistemática tendo-se como referência uma classificação e uma codificação (pré-elaboradas) de posturas, sendo que o OWAS apresenta uma classificação postural mais global e o RULA, mais minuciosa, focando as observações nos membros superiores (braços, antebraços e mãos). As duas técnicas mostram como resultado final o grau de consequência para o sistema musculoesquelético (entre nenhuma e muito prejudicial), em nível de disfunção ao SME, e a ação que deve ser tomada para a resolução (correção) do problema (nenhuma, a longo, a médio e a curto prazos).

É importante que haja uma estratégia pré-estipulada para a avaliação do quadro postural. Tal estratégia deve ser pensada levando-se em consideração, essencialmente, o(s) trabalhador(es) e as condições de trabalho. A partir do levantamento destas informações é que se pode racionalizar a respeito das técnicas que poderão, adequadamente, ser aplicadas para a coleta de dados quanto à carga de trabalho postural. Devem-se considerar, ainda, a representatividade amostral (sujeitos), a operacionalização das técnicas para a coleta e o tratamento de dados. Diniz (2008) recomenda que, para resultados mais apurados quanto à avaliação de demandas físicas, o mais apropriado é o uso integrado de técnicas (qualitativas, semiquantitativas e quantitativas). Tais preocupações aumentam a confiabilidade de resultados.

15.2.2.5. Ginástica laboral

A ginástica laboral é um programa de atividade física "compensatória" e recreativa, que tem por objetivo aliviar a tensão causada pela atividade rotineira dos trabalhadores. Busca minimizar os impactos negativos do *sedentarismo* e promover o convívio social entre os trabalhadores — otimizar o relacionamento. Pode ser praticada antes, durante e/ou após o horário do expediente (DE SOUSA & JÓIA, 2006).

Para a correta aplicação da ginástica laboral, recomenda-se: verificar a situação como um todo, incluindo os fatores organizacionais e gerenciais, os químicos e ambientais, os cognitivos e informacionais, e os fatores fisiológicos, antropométricos e biomecânicos. Cumpre chamar a atenção para o fato de que a implementação da ginástica laboral sem considerar estes fatores e sem estar associada a um programa de ergonomia tem o efeito apenas recreativo. Mais informações sobre a relação entre a ergonomia e a ginástica laboral podem ser encontradas em Figueiredo e Mont'Alvão (2005).

15.2.3. Considerações sobre o uso de equipamentos nos postos de trabalho
15.2.3.1. O manejo

As mãos e os pés humanos podem ser considerados ferramentas naturais (FRIEVALDS, 1999). Os instrumentos e ferramentas podem ser compreendidos como extensões das mãos e dos pés, visando ampliação do alcance, força e precisão de movimentos. A mão humana é uma das "ferramentas" mais completas, versáteis e sensíveis (IIDA & BUARQUE, 2016). Compreende mais de 20 articulações entre 27 ossos, movidos por 33 músculos distintos (MARTINEZ & LOSS, 2002). Pela mobilidade dos dedos (com o polegar trabalhando em oposição aos demais) há uma imensa variedade de manejos, com variações de velocidade, precisão e força.

Manejo é a maneira pela qual o homem realiza um "engate", uma preensão, nos instrumentos manuais. É a forma de "engate" que ocorre entre o homem e a máquina, pelo qual torna-se possível, ao homem, transmitir movimentos de comando à máquina (IIDA & BUARQUE, 2016). O manejo é realizado essencialmente com os membros superiores ou inferiores e pode ser considerado (BULLINGER & SOLT, 1979 apud PASCHOARELLI & COURY, 2000):

- **fino ou pega** — movimento dinâmico executado com a área de contato localizada mais nas extremidades dos segmentos corporais envolvidos (pontas dos dedos, por exemplo); caracteriza-se pelo elevado nível de precisão e velocidade, com pouca transmissão de força;
- **grosseiro ou empunhadura** — movimento dinâmico executado com uma área de contato de localização maior dos segmentos corporais envolvidos (por exemplo, dedos mais área da palma da mão); realizado, essencialmente, pelos punhos e braços; caracteriza-se pelo elevado nível de transmissão de força, com velocidade e precisão menores;
- **contato simples** — movimento dinâmico onde a transmissão de força é executada num só sentido.

Quanto ao seu formato, pode ser (IIDA & BUARQUE, 2016):
- **geométrico** — similar a uma figura geométrica regular (cilindros, esferas, cones, paralelepípedos etc.), apresentando pouca superfície de contato com as mãos;
- **antropomorfo** — apresenta superfície irregular, conformando-se com a anatomia do segmento corporal envolvida na preensão, apresentando uma maior superfície

de contato (maior firmeza e transmissão de forças, com menor concentração de tensões em relação ao manejo geométrico).

Segundo Dul e Weerdmeester (1995), os seguintes princípios devem ser utilizados no manejo e utilização de instrumentos manuais:
- selecionar a ferramenta que melhor se adapte à atividade e à postura ocupacional;
- compatibilizar o projeto do manejo à postura neutra;
- as ferramentas manuais não devem exceder 2kg (nesse caso, suspender as ferramentas em contrapesos ou molas);
- manutenção periódica;
- evitar atividades que requerem a postura das mãos e cotovelos acima do nível dos ombros;
- evitar posturas com as mãos para trás do corpo (p. ex., empurrar objetos para trás);
- aumento do diâmetro da área de preensão;
- eliminação de superfícies angulosas ou "cantos vivos";
- substituição de superfícies lisas por rugosas (texturas ou relevos) ou emborrachadas.

Já para o manejo com os pés, Iida e Buarque (2016) advogam os seguintes princípios:
- elevado nível de força (cerca de 200 kg);
- poucas combinações de direção e sentido;
- controle grosseiro;
- movimentos com pouco nível de precisão;
- desequilíbrio do corpo;
- libera as mãos para outras tarefas de maior nível de precisão.

15.2.3.2. Controles e mostradores (*displays*)

O modelo clássico humano-tarefa-máquina se presta ao entendimento da relação entre os seres humanos, controles, mostradores e tarefas. Na interação humano-tarefa-máquina há relações recíprocas entre a máquina e o operador para se alcançar uma meta. A máquina aqui é considerada qualquer dispositivo utilizado para tornar as coisas mais fáceis, simples e melhores (CHAPANIS, 1996). Assim, uma máquina pode ser um brinquedo, até uma ferramenta industrial, um sofá ou um console de uma sala de controle.

De acordo com o modelo apresentado na Figura 15.2, a relação humano-tarefa-máquina pressupõe uma série de informações repassadas para o ser humano através de dispositivos informacionais (telas, monitores, textos, sinais, símbolos, luzes etc). Estas informações são recebidas pelos órgãos sensoriais (visão, audição, tato, sentidos cinestésicos) e processadas mentalmente pelo ser humano para que seja tomada uma decisão. Este processamento se dá a partir de repertórios de conhecimento próprios do

Figura 15.2 – A interação humano-tarefa-máquina.

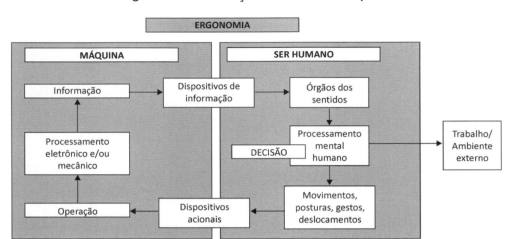

Fonte: Adaptação de Dul e Weerdmeester (1995); Iida (1990); Kroemer e Grandjean (2005).

indivíduo (p. ex., um piloto só consegue pilotar uma aeronave se tiver um repertório de conhecimentos que lhe permita executar esta função). A partir do processamento mental é que se pode tomar a decisão e realizar movimentos musculares envolvendo mãos, pés, posturas, gestos e deslocamentos. Isto irá permitir que o indivíduo realize uma ação sobre a máquina (puxar, empurrar, girar, mover etc.). Esta ação será realizada sobre os diversos dispositivos acionais (teclas, botões, alavancas, pedais etc.). Feito isto, a máquina, através dos seus mecanismos internos, irá realizar comandos que serão novamente representados aos dispositivos de informação.

É importante explicitar que tanto o ambiente externo como a forma na qual o trabalho é organizado interferem nesta relação humano x máquina. A ergonomia atua justamente na interface entre o ser humano e a máquina visando a otimização da relação. Para a ergonomia, não interessa o ser humano ou a máquina de maneira isolada, mas sim a interação (interface) entre esses dois elementos. Assim, caberá à ergonomia otimizar este sistema por meio da compatibilidade entre os dispositivos informacionais e acionais, junto aos elementos que interferem no trabalho e no ambiente externos. Isso terá como resultado um sistema mais produtivo, com consequente segurança, satisfação e melhor qualidade de vida para o trabalhador.

Dentro deste contexto, algumas definições são importantes: um *controle* é qualquer objeto (interruptor, alavanca, volantes, pedal, botões, teclados etc.) usado por uma pessoa que *fornece uma informação* dentro de *um sistema* (CUSHMAN & ROSEMBERG, 1984). *Movimento de controle* é aquele executado pelo corpo humano para transmitir alguma forma de energia à máquina (IIDA & BUARQUE, 2016). Os movimentos de controle devem *seguir os movimentos naturais* e ser mais facilmente realizados pelo *corpo humano*. Um *controle* pode solicitar aplicação de *força*, acionado com a musculatura da perna ou dos braços (empunhadura), ou de *precisão*, acionado com os dedos (pega) (DUL & WEERDMEESTER,1995). De acordo com Grandjean (1998), os controles podem ser classificados como: controles de pequena força de ativação (controle contínuo ou discreto): botões de pressão, interruptores de alavanca, pequenas alavancas, botões giratórios e botões indicadores; e controles de maior força de aplicação: rodas, manivelas, pedais e alavancas grandes.

De maneira geral, os controles devem:
- considerar as características: velocidade, precisão e força dos movimentos a serem transmitidos pelo operador;
- possuir maneiras que facilitam a discriminação: forma, tamanho, cores, textura, modo operacional, localização e letreiros; estrutura e material: formato, tamanho, superfícies (lisa, ondulada, outros padrões de texturas);
- estar localizados na área de alcance do operador, levando-se em consideração: a importância, a frequência de uso e a sequência de operações.
- estar adaptados à função e às características anatômicas dos membros (superiores e inferiores);
- ser de fácil alcance a uma altura entre o cotovelo e ombros e ser totalmente visíveis;
- ter distância entre si adaptada às características anatômicas;
- ser discrimináveis pelo tato;
- se os controles forem coloridos, deve-se ter cuidado com o contraste (essencialmente a cor do fundo), verificando-se as condições de iluminação, atentando para usuários daltônicos (que apresentam cegueira para certas cores);
- ser facilmente diferenciados pelas pessoas. (IIDA & BUARQUE, 2016; GRANDJEAN, 1998; DUL & WEERDMEESTER,1995)

Por outro lado, os mostradores também são dispositivos de informações e, quase sempre, atrelados a um controle. O mostrador transfere uma informação aos órgãos dos sentidos humanos através de um meio apropriado, sendo uma apresentação visual de acontecimentos dinâmicos (GRANDJEAN, 1998). De acordo com Iida e Buarque (2016), o tipo de código usado e a forma como uma informação é apresentada podem influir na rapidez e na precisão da leitura.

Cada tipo de mostrador (ou display) tem características próprias que os recomendam para um determinado uso, e de acordo com Iida e Buarque (2016) tais características podem ser:
- **quantitativas** – referentes a uma variável mensurável, como: volume, pressão, peso, temperatura etc., podendo ser analógica ou digital;
- **qualitativas** — permitem leituras de verificação, como por indicador de temperatura do motor do carro.

Em produtos, os mostradores são evidenciados por caracteres (letras, números, textos), símbolos, diagramas e pictogramas.

De acordo com Dul e Weerdmeester (1995), os caracteres em mostradores devem ser trabalhados de uma maneira a:

- evitar textos com letras maiúsculas;
- permitir alinhamentos à direita, não devendo deixar espaços em branco;
- usar letras simples, despojadas de enfeites;
- evitar confusão entre letras (as letras e números devem ter tamanho legível e adequado; e algarismos de formas semelhantes);
- melhorar a legibilidade pelo nível de contraste (diferença entre figura e fundo);
- usar letras pretas sobre fundo branco.

Para Grandjean (1998) o tamanho de letras e números (distância entre eles e espessura dos traços) deve estar de acordo com a distância entre o olho e a informação oferecida. Para se obter a altura dos caracteres, o autor recomenda o uso da seguinte fórmula: altura (mm) = distância de leitura (mm)/200.

Grandjean (1998) ainda sugere os seguintes princípios para projeto de controles e mostradores:

- proximidade entre o controle e o mostrador correspondente;
- se o controle e o mostrador forem instalados em consoles diferentes (separados), devem estar na mesma ordem e no mesmo padrão;
- o manejo de consoles tem que ter uma sequência lógica, e os controles devem seguir a mesma;
- agrupar os controles e os mostradores em termos funcionais (pode ser por meio de cores, inscrições ordenadas, formas e tamanhos);
- trabalhar a compatibilidade de movimentos entre mostrador e controle, tomando cuidado com o sentido do movimento;
- considerar o estereótipo popular (entendimento comum à maioria da população em relação ao significado de um mostrador ou controle).

15.3. Aspectos cognitivos do trabalho

De acordo com Guimarães (2006c), em todo o trabalho existem pelo menos três aspectos: o físico, o cognitivo e o psíquico/organizacional, podendo cada um deles ou um somatório de parcelas de cada um deles ocasionar uma sobrecarga de trabalho. Anteriormente, discutimos sobre o aspecto físico, envolvendo constrangimentos ergonômicos que podem afetar a integridade física do trabalhador. Aqui abordaremos o aspecto cognitivo, que enfoca as tarefas que apresentam informações a serem processadas durante a realização de tarefas, como por exemplo: sinais visuais, sonoros ou táteis, um pictograma, uma placa de sinalização, o *led* de um dispositivo, uma sirene, ou um controle com textura.

O aspecto cognitivo exige mais da capacidade mental dos trabalhadores, sendo estudado pela ergonomia cognitiva.

De acordo com Smith (2006), os fatores cognitivos vão além das funções meramente cognitivas, pois, para englobar todas as atividades mentais, os fatores cognitivos que afetam o trabalho interferem na(s):

- habilidades psicomotoras
- habilidades perceptuais e sensoriais
- respostas efetivas e motivação
- atenção
- aprendizagem e memória
- linguagem e comunicação
- resolução de problemas e tomada de decisão
- dinâmica e trabalho em grupo

Cognição, segundo Wickens (1984), é o ato ou processo de conhecer, envolvendo fatores como a atenção, a percepção, a memória, o raciocínio, o juízo, a imaginação, o pensamento e o discurso. A ergonomia cognitiva apresenta-se embasada na psicologia, mais especificamente na psicologia cognitiva. Guimarães (2006c) afirma, ainda, que a ergonomia cognitiva é contextualizada frente a duas áreas de interface: a psicologia experimental (que aborda experimentos visando estudar o comportamento humano) e a psicologia da engenharia (que gera critérios a respeito das capacidades e limitações do ser humano, a partir de projetos experimentais, os quais servirão de referência para a geração de alternativas de projeto mais condizentes com a realidade das atividades do cotidiano do ser humano).

De maneira geral, a ergonomia cognitiva lida com os processos mentais de acordo com as informações a serem detectadas, como percepção, memória, raciocínio e resposta motora, conforme afetam interações entre seres humanos e outros elementos de um sistema (IEA, 2018). A ergonomia cognitiva avalia os fatores cognitivos envolvidos no sistema humano-máquina no que diz respeito à detecção de sinais até o processamento de informação, tomada de decisão e emissão de resposta (GUIMARÃES, 2006c).

O enfoque da ergonomia cognitiva é o trabalhador, o sistema que o engloba e a tarefa a ser desempenhada de acordo com o conteúdo mental envolvido (trabalho mental), conforme a quantidade e qualidade das informações. É importante explicitar que o ser humano (trabalhador) apresenta limitações para processar uma grande quantidade de informações, uma vez que possui limitações sensoriais, por exemplo, o olho humano não é capaz de perceber e processar diversos estímulos simultaneamente. Assim, o indivíduo selecionará, detectará (atividades fisiológicas) e processará mentalmente (atividades cognitivas) os estímulos que receber. Se durante a realização de uma tarefa as limitações humanas forem excedidas, há grande probabilidade de acontecer uma sobrecarga mental, acarretando em erros e decréscimo de desempenho (GUIMARAES, 2006c; MORAES, 2002).

15.3.1. Percepção, interpretação e processamento mental

A percepção, a interpretação e o processamento mental da informação transmitida pelos órgãos sensoriais são os principais elementos para o processamento da informação como parte do sistema humano-tarefa-máquina (GRANDJEAN, 1998). O processamento é embasado no cruzamento de dados sobre novas informações com aquilo que já se tem armazenado no cérebro (memorizado), sendo o seu resultado referência para a tomada de decisões. Para Moraes e Pequini (2000, p. 44),

> "(...) a ergonomia, pela análise das atividades de várias tarefas, contribuiu para explicar o conteúdo mental de várias profissões que se conhecem sob a denominação trabalho físico ou trabalho manual. Seja um pedreiro ou um fundidor de cerâmica, o desempenho de suas atividades implica processamento de informações, como qualidade da matéria-prima, que resultam em diferentes estratégias de execução. Estas decisões implicam, também, conhecimentos específicos que definem competências que o trabalhador adquire através da sua vivência diária e sua experiência particular".

Assim, podemos concluir que a atividade cognitiva está envolvida em qualquer que seja a tarefa, da mais simples à mais sofisticada.

15.3.2. Atenção, memória e tomada de decisão

A *atenção* é um item importante para a interpretação das informações e tomada de decisões, capacidade limitada do ser humano, inferida a partir do desempenho, sendo a base para a memória e processos mentais (GUIMARÃES, 2006c). A atenção pode ser: focalizada (a pessoa presta atenção em apenas uma fonte, excluindo as outras); seletiva (a pessoa presta atenção em mais de uma fonte, mas estabelece prioridade); dividida (a pessoa presta atenção em mais de uma fonte); e atenção sustentada (a pessoa mantém a atenção por longo período na mesma fonte para detectar sinais que ocorrem com pouca frequência).

Outro item importante para o processamento de informações é a *memória*. Grandjean (1998, p. 127) define memória como "o celeiro das informações recebidas pelo cérebro", ou seja, todo um conjunto de informações guardadas no cérebro e que serão selecionadas conforme a necessidade de compreender novas informações. Moraes e Pequini (2000) apontam para dois tipos de memória: a de curto prazo (que se refere a lembranças imediatas de acontecimentos instantâneos, fatos que aconteceram há alguns minutos ou há uma ou duas horas), e a de longo prazo (que guarda as lembranças durante meses ou anos após os fatos terem acontecido).

A partir da atenção e busca das informações memorizadas, o trabalhador terá um *tempo de reação* para responder psicomotoramente. Tempo de reação é um intervalo entre a recepção de um sinal e a resposta requerida (MORAES & PEQUINI, 2000). Uma parte substancial do tempo de reação é gasta com o processamento do sinal do cérebro e a outra parte com o processo perceptual-motor (movimentos voluntários). Ao final do processo, o trabalhador irá tomar decisões para responder às informações.

A *tomada de decisão*, segundo Guimarães (2006c), é o item mais relevante do conteúdo cognitivo de uma tarefa. A decisão é a escolha de uma alternativa entre diversas alternativas, curso de ação ou opções possíveis. A tomada de decisão é uma das atividades intelectuais mais comuns do ser humano. O processo decisório usa tanto a memória de curta duração como a de longa duração, e a principal causa da dificuldade das decisões complexas está na baixa capacidade da memória de curta duração (IIDA & BUARQUE, 2016). O processo da tomada de decisão pode ter consequências danosas, como o erro.

15.3.3. Erro humano

O *erro humano* pode gerar acidentes e falhas. Sanders e McCormick (1983) definem o erro humano como uma decisão ou comportamento humano impróprio ou indesejado que reduz, ou tem o potencial de reduzir, a eficiência, segurança ou desempenho do sistema. Já Reason (1990) afirma que o erro humano é um termo genérico que irá compreender todas as ocasiões na qual uma sequência planejada de atividades físicas ou mentais falham em atingir seus objetivos pretendidos. Moraes et al. (1996) consideram o erro humano uma falha por parte do homem para desempenhar um ato prescrito (ou desempenho de um ato proibido) dentro de limites especificados e sequência de tempo que pode resultar em danos para o equipamento e para a propriedade ou rompimento e/ou quebra da operação programada.

Guimarães (2006c) afirma que a abordagem ergonômica sugere que o erro normalmente é do sistema e não necessariamente do ser humano. E, ainda, que para a falta de atenção ou negligência tenha como consequência um acidente, há uma série de circunstâncias e decisões que podem ser a base para que condições de erros e acidentes sejam criadas. Os erros se apresentam de várias formas, e os mais comuns são lapsos e equívocos. Os lapsos correspondem ao tipo de comportamento automático, no qual os nossos atos são realizados de forma subconsciente. Os equívocos, por seu lado, correspondem ao resultado de processos conscientes, que nos levam a decisões incorretas. Para a redução de erros o melhor é trabalhar os seguintes fatores: Seleção (Pessoas com as habilidades necessárias para a realização de determinada tarefa, considerando habilidades perceptivas, intelectuais e motoras); Capacitação/Treinamento (Treinamento de qualidade, com conhecimentos transferíveis, simulações e duração adequada) e Design (Projeto adequado de equipamentos, sistemas de informação, instruções e ambientes).

15.4. Aspectos da organização do trabalho

O trabalho já foi encarado como castigo ou um mal necessário. As pessoas se submetiam a um determinado trabalho por uma questão de sobrevivência. Os postos eram improvisados e nenhuma atenção era dada às formas de organização de trabalho, à saúde ou à satisfação do trabalhador. Apesar de algumas empresas estarem mudando seu enfoque e procurando meios para minimizar o grau de insatisfação de seus empregados, muitas ainda seguem o raciocínio de que trabalho e lazer são opostos, só a produção é importante e que o empregado deve aceitar as condições impostas. As fontes de insatisfação mais importantes são: o ambiente físico, o ambiente psicossocial, a remuneração e jornada de trabalho e a rigidez organizacional. Este quadro pode ser mudado se forem considerados os fatores humanos e organizacionais envolvidos no trabalho.

Recentemente o estudo da organização do trabalho tem sido objeto de investigação de uma área específica da ergonomia: a macroergonomia. Hendrick (1991) define a macroergonomia como a tecnologia de interface humano x organização x ambiente x máquina visando envolver considerações de todos os quatro elementos do sistema sociotécnico. Para Guimarães (2006a), a estrutura organizacional de um sistema de trabalho pode ser entendida a partir de três dimensões:

- complexidade (grau de diferenciação / segmentação e integração na empresa);
- formalização (como as tarefas estão padronizadas);
- centralização (grau como as decisões são concentradas por um indivíduo ou grupo).

Na análise dos aspectos organizacionais do trabalho, deve-se considerar que alguns fatores influem no desempenho do trabalho, como o trabalho em turnos, a monotonia, a fadiga, a motivação, a idade, e o sexo e as deficiências físicas. Estes fatores serão brevemente apresentados a seguir.

15.4.1. Trabalho em turnos (GUIMARÃES, 2006a)

Apesar de não ser o ideal, o trabalho noturno é uma realidade na economia moderna. Algumas indústrias não podem ser paralisadas sem comprometer o bem-estar da sociedade (uma usina elétrica, por exemplo) e outras não param por questões econômicas, para amortizar os altos investimentos (uma empresa de processamento de dados, por exemplo). A solução é a organização do trabalho em turnos que, no entanto, requer alguns cuidados para minimizar o estresse no trabalhador. Estes cuidados envolvem questões como ritmo circadiano, diferenças individuais, tipo de atividade, desempenho, saúde e consequências sociais.

É importante ter em mente que nos primeiros dias de mudança de turno há adaptações no ritmo biológico em função dos turnos, que levam cerca de 4 a 5 dias. Isto indica que rodízio semanal é inoportuno, pois mal o organismo terminou de adaptar-se, há inversão do turno, exigindo nova adaptação. Podem-se considerar turnos de 2 a 3 semanas.

O ciclo circadiano influencia no desempenho do trabalhador no seu posto de trabalho. Deve-se considerar que alguns indivíduos têm mais facilidade em se adaptar ao turno noturno do que outros. Operações monótonas e repetitivas aumentam o sono e induzem a erros mais frequentes, principalmente após a meia-noite. A adaptação ao trabalho noturno é menos difícil nas atividades que envolvem mais movimentação do corpo. Os operadores de máquinas e transportadores de materiais se adaptam melhor do que os trabalhadores em escritório, que ficam sentados o tempo todo. No entanto, como a aptidão física neste horário é menor, devem-se evitar trabalhos muito pesados no turno da noite.

Algumas características dos trabalhadores em horário noturno são: mais cansaço, irritabilidade, úlceras, transtornos nervosos. É significativo também o consumo maior de substâncias estimulantes (café e cigarros), álcool e soporíferos. Bebidas estimulantes com cafeína (café, chás), quando ingeridas em doses moderadas de 0,3 a 0,5g, aumentam a vigilância, reduzem o tempo de reação, aliviam a fadiga, reduzem o apetite. No entanto, causam alterações fisiológicas, como elevação de temperatura corporal, aceleração do ciclo cardíaco, aumento do consumo de oxigênio. O fumo reduz a capacidade circulatória para transporte de oxigênio. O álcool permite exercício de maior força muscular, provoca aumento do ritmo cardíaco, aceleração da transmissão dos impulsos através das células nervosas, diminui o tempo de reação e reduz a inibição.

No âmbito social apresenta-se um problema de incompatibilidade de horário. Os trabalhadores noturnos têm menos vida social e contato com os membros da família e da comunidade. Por exemplo: enquanto as pessoas encontram-se dormindo, o trabalhador estará exercendo a sua jornada de trabalho, e vice-versa. O planejamento do trabalho noturno em turnos alterados (dia e noite) melhora o convívio familiar e social, mas é mais prejudicial do ponto de vista biológico.

15.4.2. Monotonia, fadiga e estresse

Monotonia

A monotonia pode ser considerada a reação do indivíduo a trabalhos que não compreendem ações consideradas interessantes, ao trabalho repetitivo prolongado, não muito difícil, ao trabalho prolongado, de controle e de vigilância. Existem fatores psicológicos e fisiológicos relacionados com a monotonia (GUIMARÃES, 2006a, p. 12). Ainda, segundo a autora, a reação à monotonia é uma função de fatores pessoais. Ela acomete mais as pessoas fatigadas, trabalhadores noturnos, até se adaptarem ao turno, pessoas com pouca motivação, pessoas com nível alto de educação, conhecimento e habilidade, que exerçam funções aquém das suas capacidades, pessoas extrovertidas em atividades repetitivas. Em oposição, a monotonia acomete menos pessoas descansadas, pessoas em período de treinamento, pessoas satisfeitas com o trabalho, ou que têm outro trabalho, ou que têm alguma razão maior para atuar naquele tipo de trabalho (ganhar dinheiro e voltar para a terra natal, por exemplo). Se por um lado estes fatores amenizam a monotonia, ela aumenta com a redução da satisfação no trabalho. A monotonia nos locais de trabalho pode ser reduzida com o "alargamento" e "enriquecimento" do trabalho. Entende-se "alargamento" quando o funcionário muda de função, mas mantém as mesmas atividades psico-motoras exercidas anteriormente; enquanto o "enriquecimento" do trabalho compreende a mudança de função agregando novas demandas cognitivas e responsabilidades. Por isto, é mais "rico" e, sempre que possível, deve ser considerado prioritário, com relação ao outro.

Fadiga

Em linhas gerais, a fadiga tem um componente físico, neuromuscular, mas envolve também fatores psicológicos. A fadiga neuromuscular já foi descrita como resultado do sistema muscular e do sistema nervoso central. A fadiga não está relacionada apenas com o aspecto físico, mas pode surgir como fadiga mental, que resulta em mudanças sensoriais e perceptivas, como redução da quantidade de estímulos que podem ser processados, atraso do desempenho, ciclos irregulares. Existem diferenças individuais para a fadiga, sendo a motivação pessoal um aspecto crítico.

"Uma das possibilidades de redução de fadiga é a utilização de pausas durante a jornada de trabalho" (GUIMARÃES, 2006a, p. 11). Não há uma regra geral sobre a duração e quantidade de pausas durante a jornada. Tarefas com exigências nervosas e de atenção apresentam melhores resultados com pausas curtas e frequentes de 2 a 5 minutos. Outras atividades mais usuais, são indicadas pausas de 10 minutos a cada duas horas de trabalho. Para trabalhos físicos pesados recomenda-se pausa igual ao tempo de atividade, por exemplo, o trabalhador trabalha uma hora e descansa uma hora.

O trabalhador dispõe de recursos próprios para introdução de pausas necessárias (GUIMARÃES, 2006a). Elas são conhecidas como pausas espontâneas e pausas disfarçadas, as quais acontecem quando, por exemplo, o trabalhador sai para fumar, tomar um cafezinho ou ir ao banheiro etc. Para a autora, deve-se permitir a realização destas pausas, pois funcionam como uma espécie de mecanismo regulador do ser humano no trabalho.

Estresse no trabalho

De acordo com Grandjean (1998, p. 163), o "estresse é a reação do organismo a uma situação ameaçadora", é a resposta do corpo humano aos agentes estressores (causas externas). O estado emocional é modificado em decorrência de uma discrepância entre o nível elevado de exigência do trabalho e os recursos disponíveis para gerenciá-lo. Portanto, é um fenômeno essencialmente subjetivo e tem relação com a compreensão individual da incapacidade de gerenciar as exigências do trabalho.

No ambiente de trabalho, alguns condicionantes podem levar ao estado de estresse (GRANDJEAN, 1998, p. 165): 1) supervisão e vigilância do trabalho; 2) apoio e reconhecimento dos supervisores; 3) conteúdo e carga de trabalho; 4) atenção exigida; 5) sobrecarga de trabalho (prazos, metas a cumprir); 6) a segurança de emprego; 7) a responsabilidade pela vida e pelo bem-estar dos outros; 8) o ambiente físico e 9) o nível de complexidade das atividades das tarefas.

15.5. Estratégia para a redução dos riscos ergonômicos no trabalho

Para Moraes e Mont'Alvão (1998), o objeto da ergonomia, seja qual for a sua linha de atuação, ou as estratégias e os métodos que utiliza, é o homem no seu trabalho trabalhando, realizando a sua tarefa cotidiana, executando as suas atividades do dia a dia.

A ergonomia partilha o seu objetivo geral — melhorar as condições específicas do trabalho humano — com a higiene e a segurança do trabalho.

O atendimento dos requisitos ergonômicos possibilita maximizar o conforto, a satisfação e o bem-estar; garantir a segurança; minimizar constrangimentos, custos humanos e carga cognitiva, psíquica e física do operador e/ou do usuário; e otimizar o desempenho da tarefa, o rendimento do trabalho e a produtividade do sistema homem-máquina.

O ergonomista junto com engenheiros, arquitetos, designers, analistas e programadores de sistemas, organizadores do trabalho, propõe mudanças e inovações, sempre a partir de variáveis fisiológicas, psicológicas e cognitivas humanas e segundo critérios que privilegiam o ser humano. Para Dul e Weerdmeester (1995), o ergonomista deve trabalhar sistematicamente e, sempre que necessário, deve recorrer a outros especialistas, pois a principal característica da atuação do ergonomista é a interdisciplinaridade.

A ergonomia tem como centro focal de seus levantamentos, análises, pareceres, diagnósticos, recomendações, proposições e avaliações, o homem como ser integral. O método de intervenção ergonômica pode ser aplicado na análise para aquisição de um produto disponível no mercado, melhoria de um produto ou sistema existente, projeto de um novo posto de trabalho, reformulação de um ambiente de trabalho ou projeto de uma fábrica inteira, por exemplo (DUL & WEERDMEESTER, 1995).

Como exemplo de uma intervenção ergonômica, considere o trabalho do visorista numa fábrica de engarrafamento de bebidas. O visorista é o responsável pelo monitoramento visual das garrafas numa esteira. Ele deve retirar aquelas que não estejam em conformidade com os padrões de fabricação (nível inadequado do líquido, existência de impurezas etc.). Assim, os fatores relevantes numa avaliação dos riscos ergonômicos deste posto de trabalho deverão incluir:

1. Demandas e habilidades sensoriais e perceptuais que envolvem as características da tarefa como iluminação, contraste, tamanho das garrafas, ângulo visual, ritmo de movimento da esteira e tempo disponível para a visualização da garrafa, assim como acuidade visual e contraste.
2. Demandas de atenção que envolvem a vigilância e a queda da atenção com o passar do tempo.
3. Memória e processamento da informação na checagem dos diferentes defeitos.
4. Tomada de decisão que envolve a ação de retirar ou não a garrafa com defeito considerando o tempo disponível para a visualização da garrafa que passa na esteira.
5. Motivação.

Neste exemplo vimos que os diversos aspectos aqui discutidos são devidamente aplicados para uma análise ergonômica: os aspectos físicos referentes ao correto dimensionamento do posto de trabalho, a iluminação, temperatura etc.; os aspectos cognitivos que envolvem a atenção, memória e tomada de decisão; os aspectos organizacionais que se refletem no ritmo de trabalho, pausas, comunicação, motivação etc.

Para uma intervenção ergonômica adequada, deve-se levar em consideração as sequências: 1) analisar a natureza da realização da intervenção, isto é, o problema inicial, formulando questões para o planejamento do projeto de intervenção; 2) reunir informações necessárias para a fundamentação do(s) problema(s) percebido(s), incluindo o relato e a descrição detalhada com ilustrações; 3) avaliar tecnicamente a existência do(s) problema(s), envolvendo o conteúdo teórico/científico da ergonomia; 4) avaliar as causas e consequências da existência do(s) problema(s) aos trabalhadores envolvidos; 5) propor soluções preliminares de melhoria; e 6) verificar a confiabilidade dos resultados junto a especialistas, além da possibilidade de implementação das propostas de melhoria.

Durante todo o processo de aplicação da intervenção ergonômica, é necessário o envolvimento dos trabalhadores/funcionários do setor estudado/analisado, ou seja, trabalhar a ergonomia participativa, sensibilizando-os sobre a absorção de uma "cultura ergonômica", por parte de todos. Esta iniciativa parte do princípio de que quem entende perfeitamente os problemas existentes em seu trabalho são os trabalhadores que convivem com os mesmos diariamente, mais do que isso, os trabalhadores são os que geralmente apresentam as melhores ideias para a solução ou amenização das causas dos problemas.

A intervenção ergonômica apresenta níveis de complexidade diferentes, dependendo da demanda a ser explorada. A apreciação ergonômica pode ser executada para inicialmente se mapear a existência dos problemas (constrangimentos) ergonômicos ou Itens de Demanda Ergonômica (IDEs). O ergonomista deve realizar a intervenção sobre uma ótica mais profunda, pensando inclusive no aprofundamento dos problemas (diagnose ergonômica), propostas de solução aos problemas (projetação ergonômica), viabilidade das propostas (testes ergonômicos) e implementação e acompanhamento das propostas. Para tais procedimentos, sistêmicos e sistemáticos, há a necessidade de um conhecimento mais profundo sobre a ergonomia e seus princípios. Por outro lado, a fase inicial de percepção e avaliação sucinta sobre possíveis problemas ou IDEs pode ser realizada com pouco conhecimento técnico sobre os princípios e a metodologia de intervenção ergonômica por meio de uma lista de verificação ou checklist.

Existem diversas metodologias ergonômicas que podem ser utilizadas para a avaliação de um local de trabalho. A **Metodologia do Sistema Humano x Tarefa x Máquina (SMHT)**, proposta por Moraes e Mont'Alvão (1998), defende a utilização de uma abordagem sistêmica e sistemática (sistêmica porque holística e sistemática porque segue uma série de etapas e fases) do sistema alvo e do seu ambiente para realizar uma intervenção ergonomizadora. A **Análise Ergonômica do Trabalho (AET)** proposta por Santos et al. (1997) e Vidal (2003) analisa as condições reais da tarefa, como também analisa as funções efetivamente utilizadas para realizá-la, ou seja, confronta o trabalho prescrito com o trabalho real. O **Design Macroergonômico**, proposto por Fogliatto e Guimarães (1999), investiga a adequação organizacional de empresas ao gerenciamento de novas tecnologias de produção e métodos de organização do trabalho. Esta metodologia também é definida como uma abordagem sociotécnica, *top-down*, para o projeto de organizações, sistemas de trabalho, trabalhos, e de interfaces homem-máquina (ergonomia de *hardware*), sistema-usuário (ergonomia de *software*) e humano-ambiente (ergonomia ambiental).

A intervenção ergonômica deverá ser realizada dentro de um processo normativo e contratual. Para isto, deve-se considerar a legislação referente à ergonomia atualmente vigente em nosso país (a NR-17) e à atuação do profissional ergonomista.

15.6. A norma regulamentadora (NR-17) e a atividade profissional do ergonomista

A NR-17 é a única norma brasileira relacionada com a Ergonomia. Visa estabelecer parâmetros que permitam a adaptação das condições de trabalho às características psicofisiológicas do trabalhador, de modo a proporcionar um máximo de conforto, segurança e desempenho eficiente.

Os aspectos envolvidos na norma são: levantamento, transporte e descarga individual de materiais; mobiliário dos postos de trabalho; equipamentos dos postos de trabalho, condições ambientais de trabalho e organização do trabalho.

De acordo com a NR-17, para avaliar a adaptação das condições de trabalho às características psicofisiológicas dos trabalhadores, cabe ao empregador realizar a análise ergonômica do trabalho, a qual deve abordar, no mínimo, as condições de trabalho, conforme estabelecido na Norma Regulamentadora. O Ministério do Trabalho e Emprego disponibilizou na internet um manual de aplicação da NR-17: (http://trabalho.gov.br/images/Documentos/SST/NR/NR17.pdf).

A ABERGO (Associação Brasileira de Ergonomia), através da Norma Regulamentadora BR 1001 (2009), reconhece que o praticante profissional de ergonomia é a pessoa que (i) investiga e avalia as demandas de projeto ergonômico no sentido de assegurar a ótima interação entre trabalho, produto ou ambiente e as capacidades humanas e suas limitações; (ii) analisa e interpreta os achados das investigações em ergonomia; (iii) documenta de forma adequada os achados ergonômicos; (iv) determina a compatibilidade da capacidade humana com as solicitações planejadas ou existentes; (v) desenvolve um plano para o projeto ergonômico ou a intervenção ergonômica; (vi) faz recomendações apropriadas para projeto ou intervenção ergonômica; (vii) implementa recomendações para otimizar o desempenho humano; (viii) avalia os resultados da implementação das recomendações ergonômicas; e (ix) demonstra comportamento profissional.

Para possuir esta competência técnica-profissional é essencial que o profissional em ergonomia possua uma formação adequada e tenha uma qualificação técnica compatível com esta função. Para isto a ABERGO criou o **Sistema de Certificação do Ergonomista Brasileiro (SisCEB)**, que é um conjunto de normas e procedimentos que tem como objetivo certificar pessoas, equipes e empresas prestadoras de serviços de ergonomia com a garantia de assegurar a competência técnica para o fornecimento de tais serviços aos seus clientes. Mais informações podem ser obtidas no site da associação (http://www.abergo.org.br).

15.7. Revisão dos conceitos apresentados

Produtos, processos e sistemas devem ter em seu planejamento e desenvolvimento a preocupação com a sua adequação ao ser humano (usuário, operador, trabalhador) envolvido. Tal preocupação pode abranger os conhecimentos da ergonomia, que pode ser definida como uma disciplina científica que busca estudar o ser humano (capacidades, habilidades e limitações) e sua interação com elementos de um sistema visando saúde, segurança, conforto e eficiência; enfim, bem-estar do próprio homem. Em outras palavras, o ergonomista contribui para a projetação e avaliação de tarefas, trabalhos, produtos, meio ambiente e sistemas para torná-los compatíveis com as necessidades, habilidades e limitações das pessoas. É neste contexto que são abrangidos os aspectos físicos do trabalho, como antropometria e biomecânica ocupacional, os aspectos cognitivos do trabalho que abordam o processamento de informações, e os aspectos organizacionais, os quais envolvem os sistemas sociotécnicos.

Portanto, a ergonomia estuda a adaptação do trabalho ao ser humano e o comportamento humano no trabalho, enfocando:

- o **ser humano** — características físicas, fisiológicas, cognitivas, psicológicas e sociais;
- a **máquina** — equipamentos, ferramentas, mobiliário e instalações;
- o **ambiente** — efeitos da temperatura, ruído, vibração, iluminação e aerodispersoides;
- a **organização do trabalho** — jornada de trabalho, turno, pausa, monotonia etc.

No tocante aos aspectos físicos, deve-se considerar principalmente a antropometria e a biomecânica ocupacional. A antropometria refere-se ao estudo do tamanho e das proporções do corpo humano, lidando com as medidas físicas corporais de várias populações para verificar o grau de adequação do ser humano aos instrumentos, máquinas, equipamentos, espaços; enfim, aos postos de trabalho. Estes devem estar adequados e devidamente dimensionados ao tamanho e proporção da população de usuários, pois se estiverem inadequados provocam tensões musculares, desconforto, dor, fadiga, podendo causar acidentes e levar a lesões irreversíveis. As lesões são uma consequência da não consideração do dimensionamento e, também, do desrespeito às limitações do Sistema Musculoesquelético (SME), que é estudado pela biomecânica ocupacional. A biomecânica fundamenta de maneira técnico-científica a análise de forças e posturas que determinam as pressões internas sobre os músculos, tendões, ossos e articulações envolvidos em movimentos repetitivos e atritos dos tendões e músculos. Dessa forma, a biomecânica auxilia na determinação dos limites fisiológicos e da capacidade de recuperação do organismo. Consequentemente, com base nesse diagnóstico, é possível escolher alternativas para a melhoria dos postos de trabalho de modo a não penalizar o trabalhador.

Quanto aos aspectos cognitivos, devem ser considerados os processos mentais que envolvem as informações a serem detectadas durante a interação do homem e elementos de um sistema. No processamento de informações, os fatores mais importantes são: percepção, memória, raciocínio, tomada de decisão e resposta psicomotora. De maneira geral, portanto, a ergonomia cognitiva avalia os fatores cognitivos envolvidos no sistema humano — máquina no que diz respeito à detecção de sinais até o processamento de informação, tomada de decisão e emissão de resposta, sendo o seu enfoque o trabalhador, o sistema que o engloba e a tarefa a ser desempenhada de acordo com o conteúdo mental envolvido (trabalho mental), conforme a quantidade e qualidade das informações. Este contexto é fundamentado pelo fato de que o ser humano (trabalhador) apresenta limitações para processar uma grande quantidade de informações, uma vez que possui restrições sensoriais, sendo que, se tais limitações humanas forem excedidas, há grande probabilidade de acontecer uma sobrecarga mental acarretando erros e decréscimo de desempenho.

Por fim, os aspectos organizacionais abrangem os fatores humanos e seu ambiente psicossocial. Na análise dos aspectos organizacionais do trabalho, deve-se considerar que alguns fatores influem no desempenho do trabalho, como os turnos, a monotonia, a fadiga, a motivação, a idade, o sexo e as deficiências físicas. Leva-se em conta, também, o entendimento de três dimensões: complexidade (grau de diferenciação/segmentação e integração na empresa); formalização (como as tarefas estão padronizadas) e centralização (grau das concentrações das decisões por um indivíduo ou grupo).

A partir destes três aspectos, é possível o atendimento dos requisitos ergonômicos. O objeto da ergonomia é o homem no seu trabalho trabalhando, realizando sua tarefa cotidiana, executando suas atividades do dia a dia. A ergonomia partilha seu objetivo geral — melhorar as condições específicas do trabalho humano — com a higiene e a segurança do trabalho.

O atendimento dos requisitos ergonômicos possibilita maximizar o conforto, a satisfação e o bem-estar; garantir a segurança; minimizar constrangimentos, custos humanos e carga cognitiva, psíquica e física do operador e/ou do usuário; e otimizar o desempenho da tarefa, o rendimento do trabalho e a produtividade do sistema homem-máquina. O ergonomista, junto a engenheiros, arquitetos, designers, analistas e programadores de sistemas, organizadores do trabalho, propõe mudanças e inovações, sempre a partir de variáveis fisiológicas, psicológicas e cognitivas humanas e segundo critérios que privilegiam o ser humano.

A ergonomia tem como foco de seus levantamentos, análises, pareceres, diagnósticos, recomendações, proposições e avaliações do homem como ser integral. O método de intervenção ergonômica pode ser aplicado na análise para aquisição de um produto disponível no mercado, na melhoria de um produto ou sistema existente, no projeto de um novo posto de trabalho, na reformulação de um ambiente de trabalho ou projeto de uma fábrica inteira (DUL & WEERDMEESTER, 1995).

A NR-17 é a única Norma Regulamentadora brasileira relacionada com a ergonomia e visa estabelecer parâmetros que permitam a adaptação das condições de trabalho às características psicofisiológicas do trabalhador, de modo a proporcionar um máximo de conforto, segurança e desempenho eficiente. A NR-17 aborda os seguintes aspectos: levantamento, transporte e descarga individual de materiais; mobiliário dos postos de trabalho; equipamentos dos postos de trabalho, condições ambientais de trabalho e organização do trabalho.

15.8. Questões

1. O que você entende por ergonomia? Onde ela pode ser aplicada?
2. Cite os domínios de competência da ergonomia e a área de estudo de cada um deles.
3. Alguns afirmam erroneamente que a "ergonomia adapta o ser humano ao trabalho". Por que tal conceito não é correto?
4. Que elementos envolvidos no trabalho humano são objetos de estudo da ergonomia?
5. O que é antropometria e qual a contribuição desta disciplina para o trabalho humano?
6. Em que a desconsideração das diferenças individuais pode comprometer um projeto de posto de trabalho?
7. Descreva as recomendações básicas para o projeto de assento e bancada de trabalho.
8. O que você entende como biomecânica ocupacional e em que esta disciplina contribui para a melhoria do trabalho humano?
9. Mencione as principais diferenças entre o trabalho muscular estático e o muscular dinâmico. Qual deles deve ser privilegiado no projeto de um posto de trabalho?
10. Relate as principais posturas adotadas numa situação de trabalho. Cite as características de cada uma delas.
11. Cite alguns princípios da biomecânica ocupacional.
12. O que você entende por "manejo" e quais os princípios para a utilização de instrumentos manuais?
13. Como você explicaria a interação humano-tarefa-máquina considerando o processamento das informações e o acionamento de controles para executar operações.
14. Mencione as principais recomendações para o projeto de mostradores (ou *displays*).
15. Que fatores cognitivos afetam o trabalho humano?
16. O que você entende por ergonomia cognitiva e qual o seu enfoque?
17. O que é erro humano? O erro é sempre culpa do operador? Explique.
18. Considerando os aspectos de organização do trabalho, quais fatores podem influenciar o desempenho do trabalho?
19. Como você define monotonia, fadiga e estresse no trabalho?
20. Cite as estratégias que podem ser utilizadas para a redução de riscos ergonômicos no trabalho.
21. De que trata a NR-17 e como ela pode contribuir para a melhoria das condições de trabalho em nosso país?

15.9. Referências

ABERGO (2010). Sistema de Certificação do Ergonomista Brasileiro [SisCEB]. Disponível em: www.abergo.org.br.

BRASIL. MTE (Ministério do Trabalho e Emprego). (2002). Manual de aplicação da Norma Regulamentadora nº 17. 2ª ed. — Brasília/DF. 101p. Disponível em: http://www.mte.gov.br/seg_sau/pub_cne_manual_nr17.pdf.

CHAFFIN, D.; ANDERSSON, G.B.J & MARTIN, B. J. (2001). Biomecânica ocupacional. Belo Horizonte: Editora Ergo.

CHAPANIS, A. (1996). Human factors in systems engineering. New York: John Wiley & Sons.

COLMBINI, D.; OCCHIPINTI, E.; DELLEMAN, N.; FALLENTIN, N.; KILBOM, A. & GRIECO, A. (1999) Exposure assesment of upper limb repetitive movements: aconsensus document. Developed by the Technical Committee on Musculoskeletal Disorders of the International Ergonomics Association (IEA) Endorsed by the Commission on Occupational Health (ICOH). Milano.

COURY, H.G. (1995). Trabalhando sentado — manual para posturas confortáveis. 2ª ed. São Carlos: EDUFSCar, 88p.

CUSHMAN, W.H.; ROSENBERG, D. (1984) Human factors in product design. Amsterdam: Elsevier, 340p.

DINIZ, R.L. (2008) A confiabilidade das observações da técnica OWAS para avaliação de posturas ocupacionais. In: XV Congresso Brasileiro de Ergonomia Porto Seguro, Recife: ABERGO.

DUL, J.; WEERDMEESTER, B. (1995). Ergonomia prática. São Paulo: Editora Edgard Blücher.

FIGUEIREDO, F. ; MONT'ALVÃO, C.R. (2005). Ginástica laboral e Ergonomia. Rio de Janeiro: Sprint.

FOGLIATTO, F.S.; GUIMARÃES, L.B.M. (1999). Design Macroergonômico: uma proposta metodológica para projetos de produto. Revista Produto & Produção. Porto Alegre, v. 3, n. 3, p. 1-15.

FREIVALDS, A. (1999). Ergonomics of hand tools. In: KARWOWSKI, W. MARRAS, W. (eds.). Occupational ergonomics handboodk. London: CRS Press, p. 461-478.

GRANDJEAN, E. (1998) Manual de Ergonomia — Adaptando o trabalho ao homem. 4ª ed. Porto Alegre: Bookman, p. 338.

GUIMARÃES, L.B. (2006a). Ergonomia de Processos 2. Porto Alegre: Editora FEENG/UFRGS/EE/PPGPE. 2 v. (Série Monográfica Ergonomia).

GUIMARÃES, L.B. (2006b). Ergonomia do Produto 2. Porto Alegre: Editora FEENG/UFRGS/EE/PPGPE. 1 v. (Série Monográfica Ergonomia).

GUIMARÃES, L.B. (2006c). Ergonomia Cognitiva. Porto Alegre: Editora FEENG/UFRGS/EE/PPGPE. (Série Monográfica Ergonomia).

HELANDER, M. (1997) Forty years of IEA: some reflections on the evolution of ergonomics. Ergonomics. v. 40. p. 952-961.

HENDRICK, H.W. (1991). Macroergonomics: a System Approach to Integrating Human Factors with Organizational Design and Management. In: Annual Conference of The Human Factors Association of Canada, 23, Ottawa, Canadá, Ottawa, HFAC.

IEA (International Ergonomics Association). (2003) The discipline of ergonomics. Disponível em: http://www.iea.cc/ergonomics/. Acesso: 14 out 2003.

IEA (International Ergonomics Association) (2018). Disponível em: www.iea.cc. Acesso: 5 mai 2018.

IIDA, I.; BUARQUE, L. (2016) Ergonomia: projeto e produção. 3ª ed. São Paulo: Editora Edgard Blücher.

KARHU, O.; KANSI, P.; KUORINKA, I. (1977) Correcting working postures in industry: a practical method for analysis. J. Applied Ergonomics, 8(4):199-201.

KARWOWSKY, W. (2001) International Encyclopedia of ergonomics and human factors. London: Taylor and Francis.

KARWOWSKY, W. (2005) Ergonomics and human factors: the paradigms for science, engineering, design, technology and management of human-capability systems. Ergonomics. v. 48, n. 5. p. 436-463.

KARHU, O.; KANSI, P.; KUORINKA, I. (1977). Correcting working postures in industry: a practical method for analysis. J. Applied Ergonomics, v. 8, n. 4, p. 199-201.

KILBOM, A. (1994). Assessment of physical exposure in relation to work-related musculoskeletal disorders — what information can be obtained from systematic observations? Scand. Journal Work Environment Health, n. 20, special issue. p. 30-45.

KROEMER, H.J.; GRANDJEAN, E. (2005) Manual de ergonomia: adaptando o trabalho ao homem. 2ª ed. Porto Alegre: Bookman.

MALCHAIRE, J.B. (1998) Lesiones de miembros superiores por trauma acumulativo — Estratégia de prevención. Unidad de higiene y fisiología del trabajo. Universidad Católica de Louvain, Bélgica. 132p.

MARTINEZ, F.; LOSS, J. (2006). Biomecânica. In: GUIMARÃES, L.B.M. Ergonomia de Produto. 4ª ed. Porto Alegre: UFRGS/PPGEP, v. 1.

MORAES, A. (1983) Aplicação de Dados Antropométricos: Dimensionamento da Interface Homem-Máquina. Dissertação (Mestrado). COPPE-UFRJ.

MORAES, A.; MONT'ALVÃO, C. (2003). Ergonomia: conceitos e aplicações. 3ª ed. Série Design. Rio de Janeiro: Editora 2AB.

MORAES, A.; FREITAS, S.F.; PADOVANI, S. (1996). Ergonomia, usabilidade e qualidade de produtos: conforto e segurança de usuários; defesa do consumidor. In: Anais do P&D design 96, v. 1. p. 11-21.

MORAES, A.; PEQUINI, S.M. (2000). Ergodesign para trabalho em terminais informatizados. Rio de Janeiro: Editora 2AB, 2000. 124p.

OLIVEIRA, C.R. et al. (1998). Manual prático de L.E.R. — lesões por esforços repetitivos. Belo Horizonte: Livraria e Editora Saúde.

PANERO, J.; ZELNIK, M. (2002). Dimensionamento humano para espaços interiores. Barcelona: Gustavo Gili.

PASCHOARELLI, L.C.; GIL COURY, H.J.C (2000). Aspectos ergonômicos e de usabilidade no design de pegas e empunhaduras. Revista Estudos em Design, n. 1, v. 8, p. 79-101.

RANAIVOSA, A.; LOSLEVER, P.; CNOCKHAERT, J.C. (1992). Analyse dês mouvements du poignet et dês forces musculaires de préhension au poste de travail II. Application à des postes générateurs du syndrome du canal carpien. Le Travail Human, 55(3): 291-306.

SALVENDY, G. (1997) Handbook of human factors and ergonomics. 2ª ed. New York: Wiley & Sons.

SANDERS, M.S.; MCCORMICK, E.J. (1993). Human factors in engineering and design. 7ª ed. New York: McGraw-Hill.

SANTOS, N. et al. (1997) Antropotecnologia: a ergonomia dos sistemas de produção. Curitiba: Gênesis Editora.

SILVA, J.C.P.; PASCHOARELLI, L.C.; SPINOSA, R.M.O. (2006) Interface antropométrica digital: público infantil; Pré-escola ao ensino fundamental. LEI-DDI-PPGDI-FAAC. Universidade Estadual Paulista, Bauru. CD-Rom.

SMITH, P.J. (2006) In: MARRAS, W.S.; KARWOWSKY, W. The occupational ergonomics handbook. 2ª ed. Boca Raton: CRC.

SOUZA, B.C.; JÓIA, L.C. (2006). Relação entre ginástica laboral e prevenção das doenças ocupacionais: um estudo teórico. Revista Digital de Pesquisa CONQUER da Faculdade São Francisco de Barreiras, v. 1.

STANTON, N.; HEDGE, A.; BROOKLHUIS, K.; SALAS. E.; HENDRICK, H. (2004). Handbook of human factors and ergonomics methods. Boca Raton: CRC Press.

TILLEY, A.; HENRY DREYFUSS ASSOCIATES. (2005) As medidas do homem e da mulher. Porto Alegre: Bookman.

VICENTE, K. (2004). The human factor. New York: Routledge.

VIDAL, M.C.R. (2003). Guia para Análise Ergonômica do Trabalho na Empresa — uma metodologia realista, ordenada e sistemática. Rio de Janeiro: Editora Virtual Científica.

VIEIRA, E.R.; KUMAR, S. (2004) Working postures: a literature review. Journal of Occupational Rehabilitation, v. 14, n. 2, p. 143-159.

WILSON, J.R.; CORLETT, E.N (eds.). (1995) Evaluation of human work: a practical ergonomics methodology. 2ª ed. London: Taylor and Francis.

WICKENS, C.D. (1984). Engineering Psychology and human performance. Columbus, OH: Merril.

| Capítulo | Equipamentos de proteção individual |

16

Maria Bernadete Fernandes Vieira de Melo

Conceitos apresentados neste capítulo

Este capítulo trata de um conjunto de informações abordando a definição de Equipamento de Proteção Individual, a necessidade de uso, a classificação e a legislação pertinente. O desconhecimento desses assuntos resulta numa visão parcial da problemática de uso do EPI, levando ao fracasso programas de segurança no que concerne ao planejamento e utilização desses equipamentos.

16.1. Introdução

Em se tratando de Segurança e Saúde no Trabalho (SST) a prioridade é prever a possibilidade de ocorrência de situações potencialmente perigosas, eliminando-as na origem. Os passos que devem ser seguidos vão desde a concepção dos equipamentos de trabalho e o planejamento das ações até a formação e informação dos trabalhadores quanto às tarefas que lhes vão ser confiadas e os meios técnicos para realizá-las.

Entretanto, algumas vezes pode persistir um risco residual. O trabalhador deve, então, ser protegido para suprimir ou atenuar as consequências do incidente ou do acidente resultante do risco ocorrido. Esta última barreira contra a agressão à integridade física do trabalhador é o Equipamento de Proteção Individual.

O que é então um Equipamento de Proteção Individual?

De acordo com o texto dado pela Portaria SIT (Secretaria de Inspeção do Trabalho) nº 25, de outubro de 2001, considera-se Equipamento de Proteção Individual (EPI) todo dispositivo ou produto, de uso individual utilizado pelo trabalhador, destinado à proteção de riscos suscetíveis de ameaçar a segurança e a saúde no trabalho. Entende-se como Equipamento Conjugado de Proteção Individual todo aquele composto por vários dispositivos que o fabricante tenha associado contra um ou mais riscos que possam ocorrer simultaneamente e que sejam suscetíveis de ameaçar a segurança e a saúde no trabalho.

Legalmente esses equipamentos devem ser disponibilizados aos trabalhadores, gratuitamente, pelos empregadores. E aos empregados a lei determina o uso obrigatório, tanto desses equipamentos como dos outros meios destinados à segurança e saúde no trabalho.

O uso dos Equipamentos de Proteção Individual é um aspecto da gestão de Segurança e Saúde no Trabalho que requer planejamento envolvendo três tipos de ações: técnica, educacional e psicológica. A ação técnica compreende o conhecimento técnico necessário à determinação do tipo adequado de EPI correspondente ao risco no trabalho que se pretende neutralizar; a educacional tem a função de ensinar ao empregado o correto uso do equipamento; e a ação psicológica contribui para a compreensão do trabalhador sobre a real necessidade de usar o EPI, percebendo-o como um valor agregado à sua integridade física e componente de sua atividade.

Os Equipamentos de Proteção Individual não previnem, regra geral, os acidentes, mas evitam lesões ou atenuam a sua gravidade e protegem o organismo do trabalhador contra a agressividade de substâncias com características tóxicas, alergênicas, ou outras, que provocam doenças ocupacionais. Pode-se até afirmar que esses equipamentos funcionam como uma barreira entre os agentes agressivos e o corpo da pessoa que os usa, neutralizando ou atenuando a ação desses agentes. Um exemplo clássico é o relatado a seguir: um tijolo que despenca do 3º pavimento de um prédio em construção atinge a cabeça de um trabalhador que está usando um capacete. O trabalhador não sofreu lesão, porém o capacete ficou danificado. A questão é: o capacete usado pelo trabalhador evitou o acidente ou a lesão? Percebe-se que a lesão foi evitada, mas o acidente de trabalho, ou a ocorrência representada pela queda do tijolo e impacto na cabeça do trabalhador, não foi evitado.

16.2. Considerações sobre o uso do EPI

A decisão sobre a utilização do EPI em qualquer situação de trabalho deve ser o passo final de um processo iniciado anteriormente.

O passo inicial é a determinação dos riscos, dos quais o trabalhador deve ser protegido. Essa avaliação pode ser uma simples constatação, uma avaliação qualitativa, ou uma avaliação quantitativa do risco, que vai definir a sua potencialidade de dano ao organismo do trabalhador.

Avaliado e caracterizado o risco, este deve ser encarado em sua origem, tentando-se eliminá-lo ou minimizá-lo.

Persistindo a situação de risco, o próximo passo será uma ação colocada entre a fonte de risco e a pessoa, são as chamadas proteções coletivas.

Por fim devem ser adotadas medidas relativas ao trabalhador, como seleção médica de pessoal adequado, limitação da exposição ao risco, indicação do EPI adequado etc.

Os Equipamentos de Proteção Individual são empregados nas seguintes situações:
a) sempre que as medidas de ordem geral não ofereçam completa proteção ao trabalhador contra as consequências dos riscos de acidentes do trabalho ou de doenças profissionais e do trabalho;
b) enquanto as medidas de proteção coletiva estiverem sendo implantadas;
c) para atender a situações de emergência.

16.3. Aspectos técnicos

Compete ao Serviço Especializado em Engenharia de Segurança e em Medicina do Trabalho (SESMT), ou à Comissão Interna de Prevenção de Acidentes (CIPA), nas empresas desobrigadas de manter o SESMT, recomendar ao empregador o EPI adequado ao risco existente em determinada atividade.

Recomendar o EPI adequado é um aspecto que requer conhecimento técnico sobre como proceder para escolher corretamente o tipo e o modelo que reúna segurança, para neutralizar a agressividade do risco, e o conforto para o usuário.

Então, é preciso determinar os tipos de riscos presentes no processo e no ambiente de trabalho e que se pretende neutralizar, proceder a uma avaliação qualitativa e quantitativa desses riscos e determinar a parte do corpo do trabalhador que fica mais exposta aos riscos determinados.

16.4. Aspectos educacionais

A Educação e o treinamento são a base de sustentação para a manutenção da continuidade do processo de melhorias. A educação tem sido por vezes confundida com o treinamento. A educação é voltada para a mente das pessoas e para o seu autodesenvolvimento, o treinamento é voltado para as habilidades na tarefa a ser executada. Para que o uso do EPI seja adequado e apresente resultado tanto econômico como para a segurança mais efetiva, é preciso que os trabalhadores tenham a consciência da finalidade, da importância e maneira correta de uso e forma correta de conservação. Todos estes itens devem ficar bem claros e devidamente demonstrados aos trabalhadores através de treinamento e palestras contínuas.

16.5. Aspectos psicológicos

Nos treinamentos ou medidas educacionais com o fim de orientar o uso correto do EPI, devem ser levados em consideração os aspectos psicológicos.

Antes de fornecer o EPI ao trabalhador é preciso que a empresa faça um trabalho de conscientização sobre os motivos que justificam o uso desse equipamento e a real utilidade do mesmo. A finalidade dessa conscientização é estabelecer uma condição psicológica positiva em relação à utilização do EPI pelo trabalhador, como algo intrínseco à sua atividade. Caso contrário o trabalhador poderá rejeitar o uso, ou mesmo aceitar como uma imposição, dando origem a um conflito ou condição psicológica negativa que certamente prejudicará sua segurança e desempenho no trabalho.

16.6. Classificação dos equipamentos de proteção individual

A. EPI para proteção da cabeça

A.1. Capacete (Figura 16.1)

Figura 16.1 – Capacetes.

Fonte: www.tecniquitel.pt/media/produtos/383/hc300-g.jpg.

a) Capacete de segurança para proteção contra impactos de objetos sobre o crânio.
b) Capacete de segurança para proteção contra choques elétricos.
c) Capacete de segurança para proteção do crânio e face contra riscos provenientes de fontes geradoras de calor nos trabalhos de combate a incêndio.

A.2. Capuz (Figura 16.2)

Figura 16.2 – Capuz.

Fonte: www.villeprotecao.com.br/Imagens/img_prod_cap.

a) Capuz de segurança para proteção do crânio e pescoço contra riscos de origem térmica.
b) Capuz de segurança para proteção do crânio e pescoço contra respingos de produtos químicos.
c) Capuz de segurança para proteção do crânio em trabalhos onde haja risco de contato com partes giratórias ou móveis de máquinas.

B. EPI para proteção dos olhos e face
B.1. Óculos (Figura 16.3)

Figura 16.3 – Óculos.

Fonte: www.extincel.com.br/images/EPIS/08%20oculos%2.

a) Óculos de segurança para proteção dos olhos contra impactos de partículas volantes.
b) Óculos de segurança para proteção dos olhos contra luminosidade intensa.
c) Óculos de segurança para proteção dos olhos contra radiação ultravioleta.
d) Óculos de segurança para proteção dos olhos contra radiação infravermelha.
e) Óculos de segurança para proteção dos olhos contra respingos de produtos químicos.

B.2. Protetor facial (Figura 16.4)

Figura 16.4 – Protetores faciais.

Fonte: www.alambrado.net/protetorfacial.gif.

a) Protetor facial de segurança para proteção da face contra impactos de partículas volantes.
b) Protetor facial de segurança para proteção da face contra respingos de produtos químicos.
c) Protetor facial de segurança para proteção da face contra radiação infravermelha.
d) Protetor facial de segurança para proteção dos olhos contra luminosidade intensa.

B.3. Máscara de Solda (Figura 16.5)

Figura 16.5 – Máscaras de solda.

Fonte: www.seton.com.br/aanew/produtos/imgg/a047.jpg.

a) Máscara de solda de segurança para proteção dos olhos e face contra impactos de partículas volantes.
b) Máscara de solda de segurança para proteção dos olhos e face contra radiação ultravioleta.
c) Máscara de solda de segurança para proteção dos olhos e face contra radiação infravermelha.
d) Máscara de solda de segurança para proteção dos olhos e face contra luminosidade intensa.

C. EPI para proteção auditiva

C.1. Protetor auditivo (Figura 16.6)

Figura 16.6 – Protetores auditivos.

Fonte: www.contatto.srv.br/equipamentos/img_s/ppa.gif.

a) Protetor auditivo circum-auricular para proteção do sistema auditivo contra níveis de pressão sonora superiores ao estabelecido na NR — 15, Anexos I e II.
b) Protetor auditivo de inserção para proteção do sistema auditivo contra níveis de pressão sonora superiores ao estabelecido na NR — 15, Anexos I e II.
c) Protetor auditivo semiauricular para proteção do sistema auditivo contra níveis de pressão sonora superiores ao estabelecido na NR — 15, Anexos I e II.

D. EPI para proteção respiratória
D.1. Respirador purificador de ar (Figura 16.7)

Figura 16.7 – Respiradores purificadores de ar.

Fonte: www.contatto.srv.br/equipamentos/index.htm.

a) Respirador purificador de ar para proteção das vias respiratórias contra poeiras e névoas.
b) Respirador purificador de ar para proteção das vias respiratórias contra poeiras, névoas e fumos.
c) Respirador purificador de ar para proteção das vias respiratórias contra poeiras, névoas, fumos e radionuclídeos.
d) Respirador purificador de ar para proteção das vias respiratórias contra vapores orgânicos ou gases ácidos em ambientes com concentração inferior a 50 ppm (parte por milhão).
e) Respirador purificador de ar para proteção das vias respiratórias contra gases emanados de produtos químicos.
f) Respirador purificador de ar para proteção das vias respiratórias contra partículas e gases emanados de produtos químicos.
g) Respirador purificador de ar motorizado para proteção das vias respiratórias contra poeiras, névoas, fumos e radionuclídeos.

D.2. Respirador de adução de ar (Figura 16.8)

Figura 16.8 – Respirador de adução de ar.

Fonte: www.fiocruz.br/.../imagens/respiradordear.bmp.

a) Respirador de adução de ar tipo linha de ar comprimido para proteção das vias respiratórias em atmosferas com concentração Imediatamente Perigosa à Vida e à Saúde e em ambientes confinados.

b) Máscara autônoma de circuito aberto ou fechado para proteção das vias respiratórias em atmosferas com concentração Imediatamente Perigosa à Vida e à Saúde e em ambientes confinados.

Capítulo 16 | Equipamentos de proteção individual 413

D.3. Respirador de fuga (Figura 16.9)

Figura 16.9 – Respirador de fuga.

Fonte: www.somhar.com.br/images/produtos/thumbs/thb_

a) Respirador de fuga para proteção das vias respiratórias contra agentes químicos em condições de escape de atmosferas Imediatamente Perigosas à Vida e à Saúde ou com concentração de oxigênio menor que 18% em volume.

E. EPI para proteção do tronco

E.1. Vestimentas de segurança que ofereçam proteção ao tronco contra riscos de origem térmica, mecânica, química, radioativa e meteorológica e umidade proveniente de operações com uso de água. (Figura 16.10)

Figura 16.10 – EPI para proteção de tronco.

Fonte: www.fiocruz.br/.../epiprotecaocorpointeiro.html.

E.2. Colete à prova de balas de uso permitido para vigilantes que trabalhem portando arma de fogo, para proteção do tronco contra riscos de origem mecânica (Figura 16.11).

Figura 16.11 – Coletes à prova de bala.

Fonte: tudosobreseguranca.com.br/portal/index.php?op...

F. EPI para proteção dos membros superiores

F.1. Luva (Figura 16.12)

Figura 16.12 – Luvas.

Fonte: www.acofernete.com.br/luvas.jpg.

a) Luva de segurança para proteção das mãos contra agentes abrasivos e escoriantes.
b) Luva de segurança para proteção das mãos contra agentes cortantes e perfurantes.
c) Luva de segurança para proteção das mãos contra choques elétricos.
d) Luva de segurança para proteção das mãos contra agentes térmicos.
e) Luva de segurança para proteção das mãos contra agentes biológicos.
f) Luva de segurança para proteção das mãos contra agentes químicos.
g) Luva de segurança para proteção das mãos contra vibrações.
h) Luva de segurança para proteção das mãos contra radiações ionizantes.

F.2. Creme protetor (Figura 16.13)

Figura 16.13 – Creme protetor.

Fonte: www.drsergio.com.br/EPIs/CrProtetor.html.

a) Creme protetor de segurança para proteção dos membros superiores contra agentes químicos, de acordo com a Portaria SSST 26, de 29 de dezembro de 1994.

F.3. Manga (Figura 16.14)

Figura 16.14 – Manga.

Fonte: www.villeprotecao.com.br/Imagens/img_prod_pbr.

a) Manga de segurança para proteção do braço e do antebraço contra choques elétricos.
b) Manga de segurança para proteção do braço e do antebraço contra agentes abrasivos e escoriantes.
c) Manga de segurança para proteção do braço e do antebraço contra agentes cortantes e perfurantes.
d) Manga de segurança para proteção do braço e do antebraço contra umidade proveniente de operações com uso de água.
e) Manga de segurança para proteção do braço e do antebraço contra agentes térmicos.

F.4. Braçadeira (Figura 16.15)

Figura 16.15 – Braçadeira.

Fonte: www.seton.com.br/aanew/produtos/imgg/X726.jpg.

a) Braçadeira de segurança para proteção do antebraço contra agentes cortantes.

F.5. Dedeira (Figura 16.16)

Figura 16.16 – Dedeira.

Fonte: www.grupoqualiseg.com/componentes/com_virtuema.

a) Dedeira de segurança para proteção dos dedos contra agentes abrasivos e escoriantes.

G. EPI para proteção dos membros inferiores

G.1. Calçado (Figura 16.17)

Figura 16.17 – Calçados.

Fonte: www.fiocruz.br/.../imagens/calcados.gif.

a) Calçado de segurança para proteção contra impactos de quedas de objetos sobre os artelhos.
b) Calçado de segurança para proteção dos pés contra choques elétricos.
c) Calçado de segurança para proteção dos pés contra agentes térmicos.
d) Calçado de segurança para proteção dos pés contra agentes cortantes e escoriantes.
e) Calçado de segurança para proteção dos pés e pernas contra umidade proveniente de operações com uso de água.
f) Calçado de segurança para proteção dos pés e pernas contra respingos de produtos químicos.

G.2. Meia (Figura 16.18)

Figura 16.18 – Meia.

Fonte: imagenes.solostocks.com.br/meia-atoalhada-baixatemperatura.

a) Meia de segurança para proteção dos pés contra baixas temperaturas.

G.3. Perneira (Figura 16.19)

Figura 16.19 – Perneira.

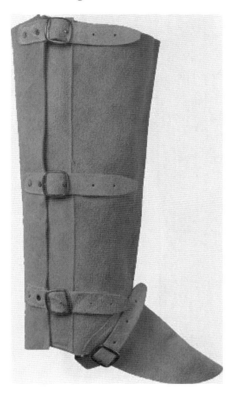

Fonte: www.sibusca.com.br/.../images/perneira_raspa.jpg.

a) Perneira de segurança para proteção da perna contra agentes abrasivos e escoriantes.
b) Perneira de segurança para proteção da perna contra agentes térmicos.
c) Perneira de segurança para proteção da perna contra respingos de produtos químicos.
d) Perneira de segurança para proteção da perna contra agentes cortantes e perfurantes.
e) Perneira de segurança para proteção da perna contra umidade proveniente de operações com uso de água.

G.4. Calça (Figura 16.20)

Figura 16.20 – Calça de segurança.

a) Calça de segurança para proteção das pernas contra agentes abrasivos e escoriantes.
b) Calça de segurança para proteção das pernas contra respingos de produtos químicos.
c) Calça de segurança para proteção das pernas contra agentes térmicos.
d) Calça de segurança para proteção das pernas contra umidade proveniente de operações com uso de água.

H. EPI para proteção do corpo inteiro

H.1. Macacão (Figura 16.21)

Figura 16.21 – Macacão.

Fonte: www.lico.com.br/foto/13354.jpg.

a) Macacão de segurança para proteção do tronco e membros superiores e inferiores contra chamas.
b) Macacão de segurança para proteção do tronco e membros superiores e inferiores contra agentes térmicos.
c) Macacão de segurança para proteção do tronco e membros superiores e inferiores contra respingos de produtos químicos.
d) Macacão de segurança para proteção do tronco e membros superiores e inferiores contra umidade proveniente de operações com uso de água.

H.2. Conjunto (Figura 16.22)

Figura 16.22 – Conjunto de segurança.

Fonte: aereseg.com.br/.../coletes/col3.jpg.

a) Conjunto de segurança, formado por calça e blusão ou jaqueta ou paletó, para proteção do tronco e membros superiores e inferiores contra agentes térmicos.
b) Conjunto de segurança, formado por calça e blusão ou jaqueta ou paletó, para proteção do tronco e membros superiores e inferiores contra respingos de produtos químicos.
c) Conjunto de segurança, formado por calça e blusão ou jaqueta ou paletó, para proteção do tronco e membros superiores e inferiores contra umidade proveniente de operações com uso de água.
d) Conjunto de segurança, formado por calça e blusão ou jaqueta ou paletó, para proteção do tronco e membros superiores e inferiores contra chamas.

H.3. Vestimenta de corpo inteiro (Figura 16.23)

Figura 16.23 – Vestimenta de corpo inteiro.

Fonte: www.cepis.ops-oms.org/.../p/equiprot/image4.gif.

a) Vestimenta de segurança para proteção de todo o corpo contra respingos de produtos químicos.
b) Vestimenta de segurança para proteção de todo o corpo contra umidade proveniente de operações com água.
c) Vestimenta condutiva de segurança para proteção de todo o corpo contra choques elétricos. (Incluída pela Portaria SIT 108, de 30 de dezembro de 2004.)

I. EPI para proteção contra quedas com diferença de nível

I.1. Dispositivo trava-queda (Figura 16.24).

Figura 16.24 – Dispositivo trava-queda.

Fonte: www.cidam.com.br/nivel3/blocstop/fblo.

a) Dispositivo trava-queda de segurança para proteção do usuário contra quedas em operações com movimentação vertical ou horizontal, quando utilizado com cinturão de segurança para proteção contra quedas.

I.2. Cinturão (Figura 16.25)

Figura 16.25 – Cinturão.

Fonte: imagenes.solostocks.com.br/cinturão de segurança.

a) Cinturão de segurança para proteção do usuário contra riscos de queda em trabalhos em altura.
b) Cinturão de segurança para proteção do usuário contra riscos de queda no posicionamento em trabalhos em altura.

16.7. Obrigações dos empregadores, empregados, governo e fabricantes

De acordo com a Norma Regulamentadora 6 (Portaria GM 3214, de 8 de junho de 1978) do Ministério do Trabalho e Emprego, os empregadores, os empregados, os fabricantes (ou importadores) e o governo (Ministério do Trabalho e Emprego), têm obrigações específicas relacionadas com os Equipamentos de Proteção Individual. A seguir são apresentadas as referidas obrigações.

1. **Cabe ao empregador**
   a) Adquirir o EPI adequado ao risco de cada atividade.
   b) Exigir seu uso.
   c) Fornecer ao trabalhador somente o aprovado pelo órgão nacional competente em matéria de segurança e saúde no trabalho.
   d) Orientar e treinar o trabalhador sobre o uso adequado, guarda e conservação.
   e) Substituir imediatamente o EPI quando danificado ou extraviado.
   f) Responsabilizar-se pela higienização e manutenção periódica.
   g) Comunicar ao Ministério do Trabalho e Emprego qualquer irregularidade observada.

2. **Cabe ao empregado**
   a) Usar o EPI apenas para a finalidade a que se destina.
   b) Responsabilizar-se pela guarda e conservação.
   c) Comunicar ao empregador qualquer alteração que torne o EPI impróprio para uso.
   d) Cumprir as determinações do empregador sobre o uso adequado.

3. **Cabe ao fabricante nacional e ao importador**
   a) Cadastrar-se junto ao órgão nacional competente em matéria de segurança e saúde no trabalho.
   b) Solicitar a emissão do certificado de aprovação.
   c) Solicitar a renovação do certificado de aprovação (CA) quando vencido o prazo de validade estipulado pelo órgão nacional competente em matéria de segurança e saúde no trabalho.
   d) Requerer novo CA quando houver alteração das especificações do equipamento aprovado.
   e) Responsabilizar-se pela manutenção da qualidade do EPI que deu origem ao CA.

f) Comercializar ou colocar à venda somente EPI portador de CA.
g) Comunicar ao órgão nacional competente em matéria de segurança e saúde no trabalho quaisquer alterações dos dados cadastrais fornecidos.
h) Comercializar o EPI com instruções técnicas no idioma nacional, orientando sua utilização, manutenção, restrição e demais referências ao seu uso.
i) Fazer constar do EPI, em caracteres indeléveis, o número do lote de fabricação, o nome comercial da empresa fabricante e o número do CA.

4. **Cabe ao Ministério do Trabalho e do Emprego**
   a) Cadastrar o fabricante ou o importador do EPI.
   b) Receber e examinar a documentação para emitir ou renovar o CA do EPI.
   c) Estabelecer, quando necessário, os regulamentos técnicos para ensaios do EPI.
   d) Emitir ou renovar o CA e o cadastro de fabricante ou importador.
   e) Fiscalizar a qualidade do EPI.
   f) Suspender o cadastro da empresa fabricante ou importadora e cancelar o CA.

16.8. Revisão dos conceitos apresentados

As causas dos acidentes de trabalho devem ser buscadas nas disfunções que podem ser introduzidas no sistema através de: falha de planejamento, fator pessoal ou ainda falha nas condições ambientais. É importante prever a possibilidade de ocorrência de situações potencialmente perigosas eliminando-as na origem, através da implantação de boas práticas de Segurança e Saúde no Trabalho e da formação e informação dos trabalhadores quanto às tarefas que lhes vão ser confiadas, e os meios técnicos para realizá-las. Se ainda persistirem riscos residuais, o trabalhador deve ser protegido para suprimir ou atenuar as consequências do evento crítico resultante do risco ocorrido. Esta última barreira contra a agressão à integridade física do trabalhador é o Equipamento de Proteção Individual (EPI), que não previne os acidentes, mas evita lesões ou atenua a sua gravidade e protege o organismo do trabalhador contra a agressividade de substâncias com características tóxicas, alergênicas, ou outras, que provocam doenças ocupacionais. A decisão sobre utilização do EPI em qualquer situação de trabalho deve ser o passo final de um processo iniciado anteriormente. Legalmente, esses equipamentos devem ser disponibilizados aos trabalhadores, gratuitamente, pelos empregadores. E aos empregados a lei determina o uso obrigatório, tanto desses equipamentos como dos outros meios destinados à segurança e saúde no trabalho.

De acordo com a Norma Regulamentadora 6 (Portaria GM 3.214, de 8 de Junho de 1978) do Ministério do Trabalho e Emprego, os empregadores, os empregados, os fabricantes (ou importadores) e o governo (Ministério do Trabalho e Emprego) têm obrigações específicas relacionadas com os Equipamentos de Proteção Individual.

Antes de fornecer o EPI ao trabalhador é preciso que a empresa faça um trabalho de conscientização sobre os motivos que justificam o uso desse equipamento e a real utilidade do mesmo. A finalidade dessa conscientização é estabelecer uma condição psicológica positiva em relação à utilização do EPI pelo trabalhador, como algo intrínseco à sua atividade. Caso contrário o trabalhador poderá rejeitar o uso, ou mesmo aceitar como uma imposição, dando origem a um conflito ou condição psicológica negativa que certamente prejudicará sua segurança e desempenho no trabalho.

16.9. Questões

1. Quais as obrigações, em relação ao EPI:
    a) Dos empregadores
    b) Dos empregados
    c) Dos fabricantes e importadores
    d) Do governo
2. Pode o empregador cobrar pelo EPI fornecido ao empregado?
3. O uso do EPI elimina a insalubridade?
4. Cite:
    a) Cinco EPIs para uso em atividades de canteiro de obras
    b) Cinco EPIs para trabalho com eletricidade
    c) Três EPIs para trabalho com exposição à radiação
5. Em relação à fabricação de EPIs, podemos afirmar que:
    ( ) não é necessário inscrição no Certificado de Aprovação no EPI.
    ( ) o fabricante deve renovar o Certificado de Aprovação a cada 2 anos.
    ( ) para ser expedido o Certificado de Aprovação, é necessário amostra do EPI.
    ( ) não existe um órgão específico que seja responsável pelo controle sobre a fabricação e comercialização dos EPIs.
6. O EPI deve ser utilizado para evitar acidentes de trabalho? Justifique sua resposta.
7. Associe os agentes de riscos ao EPI conveniente:
    (1) Queda de materiais sobre a cabeça
    (2) Trabalhos de picoteamento de concreto
    (3) Jateamento de água, pintura lixamento
    (4) Projeções de partículas na face e na cabeça
    (5) Nível de ruído elevado
    (6) Serviço de soldagem e/ou corte a quente
    (7) Serviços de soldagem (necessidade de proteção contra fagulhas incandescentes)
    (8) Trabalho em altura a mais de 2 m
    (9) Manipulação de materiais ou peças pesadas
        a. Óculos de segurança de ampla visão
        b. Protetor facial acoplado a capacete
        c. Protetor auricular
        d. Avental de raspa

e.   Capacete
     f.   Cinturão de segurança tipo paraquedista
     g.   Óculos de segurança contra impactos
     h.   Luva de raspa
     i.   Calçado de segurança com biqueira de aço

8. Sugestão de pesquisa para posterior discussão em sala de aula:
    a) Pesquise em empresas a forma como os Equipamentos de Proteção Individual são fornecidos aos operários: quem compra, se há treinamento e fiscalização com vistas ao uso correto e a aceitação dos operários.
    b) Compare o resultado da pesquisa com as recomendações da NR-06.

16.10. Referências

BRASIL. MTE (Ministério do Trabalho e Emprego). Segurança e Medicina do Trabalho. Legislação/Normas Regulamentadoras. NR-6. Equipamento de Proteção Individual — EPI. Disponível em: http://www.mte.gov.br.

CARDELLA, B. (1999) Segurança no Trabalho e prevenção de Acidentes. Uma abordagem holística. São Paulo: Atlas.

MELO, M.B.F.V. (2001) Influência da Cultura Organizacional no Sistema de Gestão da Segurança e Saúde no Trabalho em empresas construtoras. Tese (Doutorado em Engenharia de Produção) — Universidade Federal de Santa Catarina, Florianópolis.

SHERIQUE, J. (2002) Aprenda como fazer: Programa de Prevenção de Riscos Ambientais (PPRA), Programa de Condições e Meio Ambiente de Trabalho na Indústria da Construção (PCMAT), Mapas de Riscos Ambientais (MRA). São Paulo: LTr.

ZÓCCHIO, A. (1973) Prática da Prevenção de Acidentes. São Paulo: Atlas.

Capítulo	Cuidados iniciais em situações de urgência — aplicação no local de trabalho
17	

Paula Raquel dos Santos
Nathalia Noronha Henrique

Conceitos apresentados neste capítulo

Este capítulo apresenta conceitos relacionados com *situações de urgência/emergência* de saúde que possam ocorrer em ambientes de trabalho passíveis de intervenção por não profissionais de saúde, ou seja, trabalhadores cuja avaliação é empírica e imediata para possíveis *acidentes de trabalho* que requerem uma ação de cuidado até intercorrências inespecíficas.

As situações são abordadas pelos elos padronizados internacionalmente pela *cadeia de sobrevivência*, além de incluir *ações básicas em cuidados iniciais* em situações de urgência/emergência (antigo "primeiros socorros"). Apontamos as medidas fundamentais de *observação e avaliação* de uma cena que exigirá cuidados em etapas sequenciais que envolvem diferentes atores (trabalhador, vítima e o coletivo) até a complementação por *profissionais de saúde especializados*.

A didática apresentada traz uma aproximação ao corpo humano e sua anatomia, os elementos das manobras de reanimação cardiorrespiratória com um conjunto de conteúdos fundamentais que introduzem o cuidado para as necessidades e eventos adversos ao cotidiano da vida humana.

17.1. Introdução

As situações que expõem o trabalhador aos riscos à saúde inspiraram diversos estudos no campo da Saúde do Trabalhador, principalmente sob os enfoques da identificação e prevenção desses riscos. Riscos químicos, físicos, biológicos, ergonômicos e de acidentes são vivenciados pelo trabalhador durante a prática de suas atividades, sendo a incidência de eventos danosos comprovada através de pesquisas direcionadas aos processos de trabalho em fábricas, hospitais e escolas, por exemplo, ou seja, dentro dos mais diversos locais de trabalho. Nesta perspectiva, destacam-se os acidentes de trabalho não apenas pela gravidade dos danos ocasionados ao trabalhador, mas principalmente por sua importância no tocante à vigilância em saúde do trabalhador.

Segundo a Portaria 3.214/78 (NR-04), as atividades dos profissionais dos Serviços Especializados em Engenharia de Segurança e Medicina do Trabalho (SESMT) são, fundamentalmente, de prevenção. Entretanto, nas empresas o atendimento de urgência e emergência não é vedado aos SESMT, estando sujeito ao Sistema de Atendimento Pré-hospitalar e suas normatizações, que viabilizam a implantação e prestação de atendimento de urgência e emergência pré-hospitalar sob coordenação e supervisão médica. Dessa forma, os cuidados iniciais em situações de urgência (CISU) estão sujeitos aos planos de atendimento de emergência e de acidentes de trabalho, efeitos de catástrofes, combate a incêndio e salvamento em atividades da empresa.

O cotidiano do trabalho, notoriamente, traz suscetibilidades a eventos danosos à saúde do trabalhador que demandam cuidados imediatos com vistas a minimizar os agravos à saúde destes indivíduos. Entretanto, esses cuidados iniciais nem sempre poderão ser prestados por um profissional de saúde habilitado ao atendimento pré-hospitalar de urgência/emergência, pois, em grande parte das ocasiões, este não presenciará o evento. Neste momento, aqueles que estarão presentes serão também trabalhadores do local, sendo os primeiros a prestarem um atendimento à vítima. Logo, todo trabalhador necessita de conhecimentos gerais sobre como iniciar uma abordagem a vítimas de agravos à saúde diversos, ocorridos durante a atividade laborativa e, especialmente, aqueles vinculados aos riscos específicos relacionados a ela.

Neste capítulo objetivamos introduzir o trabalhador, não profissional de saúde, nas medidas básicas de abordagem a vítimas, sobretudo na ocorrência de uma parada cardiorrespiratória, através das técnicas de Suporte Básico de Vida. Serão abordados cuidados iniciais em situações de urgência que não constituem técnicas exclusivas dos profissionais de saúde, mas sim ações que podem abranger a população em geral.

Desse modo, discorreremos sobre temas relacionados a fim de instrumentalizar o trabalhador para: disparar a cadeia de socorro; utilizar a bioproteção; reconhecer uma parada cardiorrespiratória (PCR); iniciar manobras de reanimação cardiopulmonar (RCP); realizar desfibrilação precoce; aplicar cuidados iniciais em caso de obstrução de vias aéreas, queimaduras, convulsões, hemorragias, choque elétrico e traumas de pequeno porte.

17.2. Fundamentos anatomofisiológicos do corpo humano

Abordaremos agora os aparelhos e sistemas que integram o corpo humano, realizando uma exposição básica da anatomia e fisiologia que permitirá a compreensão dos conteúdos seguintes.

A topografia do corpo humano é de fácil assimilação, pois se fundamenta em uma divisão lógica das partes (cabeça, pescoço, tronco e membros). Temos o uso da posição anatômica como base para esta visualização, a qual se caracteriza pelo indivíduo em pé, com pés juntos e paralelos, braços estendidos junto ao corpo e palmas das mãos voltadas para frente. O conhecimento das relações anatômicas, regiões e cavidades do corpo permitirá a identificação e localização das diversas estruturas. Através delas, segmentamos o corpo em eixos e planos, com as vistas ventral (anterior) e dorsal (posterior), indicando linhas de orientação (ABRIL COLEÇÕES, 2008).

Somos um conjunto de sistemas que funcionam em perfeita harmonia. Suas unidades fundamentais — células — são estruturas funcionais responsáveis pela produção da energia mantenedora do corpo em sua totalidade. Munidas de seus componentes operacionais (membrana celular, núcleo, mitocôndrias, ribossomos, citoplasma etc.), constituem os tecidos formadores dos órgãos e sistemas. A saber: tecido muscular, tecido epitelial, tecido conjuntivo e tecido nervoso.

Os sistemas são as formações seguintes, exemplo: sistema digestório, que é formado por diversos órgãos (estômago, pâncreas, fígado etc.), atuando no processo de digestão dos alimentos. Neste processo as partes interagem (p. ex., suco gástrico do estômago, insulina do pâncreas etc.) e degradam (digerindo) os alimentos em pequenas partes (moléculas) que são absorvidas através da circulação sanguínea e destinadas às células de todo o organismo, promovendo a nutrição. A seguir apresentamos os sistemas e suas funções básicas (ABRIL COLEÇÕES, 2008):

1. Sistema musculoesquelético: formado por ossos, músculos, tendões e ligamentos. Consiste na estrutura de sustentação e permite os movimentos do corpo humano.
2. Sistema circulatório: distribui e transporta as substâncias através dos vasos sanguíneos (capilares, veias e artérias). Seu principal órgão é o coração, responsável pelo bombeamento do sangue com oxigenação e nutrição das células.
3. Sistema respiratório: constituído pelas vias aéreas superiores (entrada e saída do ar) e inferiores onde se encontram os pulmões, órgãos das trocas gasosas. Nele o oxigênio é captado e transportado para o sangue e o gás carbônico é eliminado pela expiração.
4. Sistema digestório: responsável pelo metabolismo dos alimentos. É formado por um trajeto de cerca de 9 m, iniciando na boca e terminando no ânus, atravessando o esôfago, estômago e intestinos.
5. Sistema urinário: mantém o equilíbrio químico do organismo ao excretar resíduos pela urina. Os rins filtram as impurezas do sangue e retiram o excesso de água, formando a urina.
6. Sistema genital: compreende órgãos internos e externos dos aparelhos reprodutores masculino e feminino, garantindo a reprodução da espécie humana.
7. Sistema tegumentar: é o maior órgão do corpo humano, formado pela pele, pelos e fâneros, responsável pela proteção e a termorregulação corporal.

8. Sistema nervoso: formado pelo encéfalo (cérebro), medula espinhal e nervos. Regula e controla todo o organismo, com interação entre os meios interno e externo, controlando informações e estabelecendo relações.
9. Sistema endócrino: coordenação e interação glandular-hormonal pelo metabolismo celular.
10. Sistema linfático: a rede de vasos linfáticos e a linfa permitem a defesa e o reconhecimento de agentes agressores, propiciando a interação imunológica e informando o mal funcionamento do organismo.

17.3. Abordagem inicial à vítima

Após presenciar uma situação em que tenha ocorrido dano à saúde de outro indivíduo, o trabalhador deve, antes de se mobilizar a prestar os cuidados iniciais específicos, ter em mente a cadeia de sobrevivência fundamentada no acionamento do socorro especializado ao acidentado. Apresentamos na Figura 17.1 a cadeia com o formato sequencial das ações a serem executadas.

Figura 17.1 – Cadeia de sobrevivência — modelo internacional.

A cadeia de sobrevivência demonstra a sequência básica de ações a serem executadas por qualquer indivíduo que presencie uma situação de urgência/emergência, seja no seu local de trabalho ou fora deste. Partindo do acionamento do Sistema Urgência/Emergência adequado, tendo no telefone seu principal meio de comunicação, esta sequência básica visa ordenar as ações para que a vítima receba cuidados em caso de risco iminente de morte, como, por exemplo, a Reanimação Cardiopulmonar (RCP) e Desfibrilação precoce (técnicas descritas mais adiante, neste capítulo), até a chegada da ajuda especializada, caracterizada pelo Suporte Avançado de Vida prestado por profissionais de saúde habilitados.

Ao acionar o Sistema de Urgência/Emergência é importante informar:
- o tipo de emergência;
- o número de vítimas;
- o local do evento, com pontos de referência;
- o melhor acesso ao local.

É prioritário neste momento que o trabalhador atente para a preservação de sua segurança, não colocando a própria vida em risco. Manter a calma é fundamental para que as ações realizadas tenham êxito. Através do conhecimento do Sistema de Urgência/Emergência responsável pelo atendimento na área, o trabalhador fará o acionamento imediato, considerando que o transporte da vítima só deverá ser realizado em último caso, após a constatação da impossibilidade de acionamento ou de chegada do socorro especializado.

No atendimento inicial a qualquer indivíduo com dano à saúde, indicamos as etapas a seguir como forma de proporcionar segurança na adequação de ações a serem empregadas, as quais também irão conferir ao trabalhador uma visão geral do quadro encontrado:

1. Avaliação da cena
2. Avaliação do nível de consciência da vítima (AVI)
3. Pedido de ajuda
4. Avaliação das vias aéreas (A)
5. Avaliação da respiração (B)
6. Avaliação da circulação (C)

Ao passar por tais etapas de avaliação, o trabalhador poderá identificar a ocorrência das principais situações em que se faz necessário o acionamento e intervenção do socorro especializado a fim de resguardar a vida da vítima. Como exemplo, temos os pacientes que apresentam inconsciência repentina, em que uma das causas pode ser a parada cardiorrespiratória.

Na sequência serão apresentadas as ações previstas em cada etapa de reconhecimento que o trabalhador deverá executar ao presenciar um possível dano à saúde de um indivíduo em seu local de trabalho.

1. Avaliação da cena
    - Averiguar o ocorrido (O que aconteceu?)
    - Contar vítimas (Quantas são as vítimas?)
    - Averiguar a seguridade do local (A cena é segura?)
2. Avaliação do Nível de Consciência da Vítima (AVI)
    - **A**lerta (A vítima está em alerta?)
    - **V**erbal (A vítima responde a estímulo verbal?)
    - **I**nconsciência (A vítima se encontra inconsciente?)
3. Pedido de ajuda

O acionamento do socorro deve ser realizado em todas as circunstâncias em que se constate dano à saúde de um indivíduo em seu local de trabalho, seja esse dano de pequena, média ou grande severidade. Caso se esteja sozinho, deve-se deixar a vítima e acionar o socorro especializado primeiramente, antes de implementar qualquer tipo de cuidado inicial. Pode-se entrar em contato com os Serviços de Urgência válidos no território nacional através dos telefones: 193 (Bombeiros) ou 192 (SAMU) — Centrais de Regulação Médica das Emergências/Lei Federal CFM 1.529/98 — com a devida observância de ações e atribuições definidas para cada estado brasileiro (BRASIL, 2006).

A reformulação da Política Nacional de Atenção às Urgências realizada em 2011 organiza as Redes de Atenção à Saúde (RAS) (BRASIL, 2011) como um pacto de cooperação para a gestão em rede de serviços de saúde por meio do estabelecimento da Rede de Atenção às Urgências no Sistema Único de Saúde (SUS). Esta normatização visa a redução de agravos e o acesso universal e igualitário nos serviços de saúde, conforme o previsto no artigo 196 da Constituição Federal do Brasil de 1988 e nas intervenções de prevenção, promoção e recuperação da saúde conforme o disposto no artigo 2º da Lei 8.080/90.

Os serviços de urgência e a observância devem ser alvo da atenção das pessoas e trabalhadores que prestam os Cuidados Iniciais em Situações de Urgência (CISU), que se caracterizam por quadros agudos a serem acolhidos pelas portas de entrada dos serviços de saúde do SUS. O que se traduz por responsabilidade de prestar atendimento ao usuário por todas as portas de entrada dos serviços de saúde, em que a demanda deve ser recebida com vistas à resolução integral (BRASIL, 2011) para os níveis de complexidade do sistema hierarquizado e regulado pela Portaria nº 1.600, de 7 de julho de 2011, do Ministério da Saúde do Brasil.

Verificando-se que uma vítima se encontra inconsciente, é primordial que o trabalhador peça ajuda ou delegue esta ação a uma pessoa específica, chamando-a ao seu encontro e lhe dizendo o que fazer. Isto porque, para fins de atendimento realizado por indivíduo não profissional de saúde ou em vias de falta de recursos especializados, considera-se que toda vítima inconsciente é uma vítima grave.

As situações de urgências no local de trabalho são agravos agudos e se particularizam pela definição de acidente de trabalho (BRASIL, 1991), que conforme a Lei 8.213/1991 caracterizam-se como agravo que ocorre pelo exercício do trabalho a serviço da empresa ou pelo exercício do trabalho dos segurados ocasionando lesão corporal, perturbação funcional, morte, perda ou redução da capacidade funcional com equiparação às doenças ocupacionais.

As situações de CISU abordadas neste capítulo são típicas de acidente de trabalho e apresentam a determinação e necessidade de Comunicação do Acidente de Trabalho (CAT) com prazo de envio até o primeiro dia útil da ocorrência do acidente, através da emissão da CAT, que passou a ser obrigatória desde 08 de janeiro de 2018, ao Instituto Nacional de Seguridade Social (INSS) do Ministério da Previdência Social.

O Decreto 8.373/2014 instituiu o Sistema de Escrituração Digital das Obrigações Fiscais, Previdenciárias e Trabalhistas (eSocial), e em 2018 este sistema expandiu-se a todos os trabalhadores do Brasil, incluindo também os estagiários, por meio da emissão eletrônica unificada (BRASIL, 2014) das informações e obrigatoriedades fiscais, da previdência, trabalhistas e de comunicações de acidentes de trabalho.

A CAT deverá ser processada pelo Cadastro de Pessoa Física (CPF) com acesso pela documentação cadastral do empregado, estagiários, funcionários. O banco de dados da empresa deve conter estas informações que compreendem a descrição da ocorrência do acidente, e neste sentido destacamos que as aplicações dos CISU atendem a estas determinações pela implementação da sistematização de abordagem à vítima, que deverá ter o formato de texto de relato descritivo para compor um dos itens informativos da CAT (BRASIL, 2011).

Pela Lei 8.213/1991, a empresa tem a obrigação de emitir a CAT em caso de situações e ocorrência de acidente de trabalho, doença ocupacional ou suspeita de doença relacionada com o trabalho. A CAT pode ser preenchida pelo Serviço de Recursos Humanos (SRH) da empresa/instituição, pelo acidentado e seus familiares, por entidade sindical registrada, profissionais de saúde que prestaram assistência ou qualquer autoridade pública.

A comunicação do acidente de trabalho é realizada mediante o preenchimento do formulário específico da Previdência Social. As pessoas que prestaram o atendimento inicial e participaram das etapas de avaliação terão informações importantes para o item "descrição da situação do acidente", bem como poderão conceder seus dados para o item destinado à testemunha (BRASIL, 2011).

O sistema do eSocial encontra-se em fase de implantação durante o período dos anos de 2018 a 2019 e está sujeito às resoluções do conselho gestor para a definição do cronograma de implantação e transmissão; a CAT deverá ser preenchida diretamente no sistema do eScocial (BRASIL, 2014).

O formulário encontra-se disponível na internet e pode ser acessado no site oficial do INSS, e após o preenchimento deve ser arquivado no banco de dados da empresa e no prontuário do trabalhador pelo serviço especializado de saúde e segurança do trabalho ou de atenção à saúde do trabalhador, que normalmente são vinculados ao SRH.

17.4. Bioproteção

Durante a abordagem a uma vítima que sofreu algum tipo de agravo à saúde, é importante que o trabalhador, ao prestar o socorro, tenha em mente a sua própria proteção contra o contato com eventuais fluidos corpóreos da vítima, como sangue, secreções estomacais, saliva, entre outros, que podem carrear agentes biológicos de doenças transmissíveis, como o vírus da Hepatite B.

Para isso, o trabalhador, antes de abordar a vítima, deve se utilizar de dispositivos protetores. Tais equipamentos de segurança são barreiras primárias de contenção (MASTROENI, 2005), visando a proteção do trabalhador, por exemplo, luvas de látex, óculos transparentes e avental protetor, que são instrumentos de precaução universal.

Nota: Segundo a NR-07 (PCMSO) alusiva aos primeiros socorros, atual CISU, todo estabelecimento deverá estar equipado com utensílios para a execução dos cuidados por indivíduo treinado (BRASIL, 1991). Assim, cada setor pode disponibilizar aos seus trabalhadores um organizador de utensílios de cuidados iniciais, que deve ser acondicionado em local visível e acessível a todos, com conferência e reposição rotineira dos utensílios. Este pode conter: pares de luvas de látex descartáveis, 02 pacotes de compressas (gazes) descartáveis, 02 ataduras de crepom (10 cm), 01 rolo de esparadrapo opaco ou transparente, curativos descartáveis, 01 pocket mask e 01 bolsa de gel térmica (quente/frio).

O organizador preferencialmente deve ser uma caixa box pequena ou média, transparente, com alças e identificação com símbolo internacional da "cruz vermelha". Não é permitido e recomendado que este se torne um local de guarda de medicações ou outros materiais que não se encontram entre aqueles utilizados por indivíduos não profissionais de saúde na abordagem a vítimas. O trabalhador responsável pela guarda dos utensílios de CISU deve receber treinamento e compor o plano de emergência da empresa.

17.5. O ABC da vida

Abrir vias aéreas (A) — Avaliação das vias aéreas

A desobstrução das vias aéreas é feita através da manobra de inclinação da cabeça e elevação do queixo (Figura 17.2). Esta manobra corrige a principal causa de obstrução de vias aéreas em indivíduos inconscientes, não vítimas de trauma: a queda de língua. Esta ocorre quando o músculo da língua, por ausência do controle do tônus, retrai, ficando sobre a epiglote, fechando a glote e, assim, obstruindo a passagem de ar para a traqueia do indivíduo, caminho dos pulmões.

Figura 17.2 – Manobra de abertura de vias aéreas.

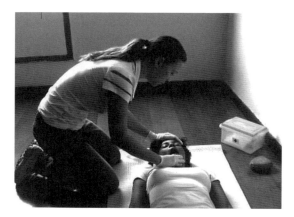

Para executar a manobra o trabalhador deve:
- Colocar uma das mãos na frente da vítima e a utilizar para inclinar a cabeça para trás.
- Deslocar a mandíbula para frente com os dedos da outra mão colocada no queixo da vítima. (BRASIL, 2014).

Boa ventilação (B) — Avaliação da respiração

Verifica-se a respiração da vítima, por 10 segundos ADULT BASIC LIFE SUPPORT, 2005), através de três sentidos básicos: visão, audição e tato (ver, ouvir e sentir) (CANETTI et al., 2007). Neste momento, avalia-se a qualidade da ventilação da vítima, e o trabalhador pode utilizar como parâmetro sua própria respiração.

> **Ver** a expansão do tórax.
> **Ouvir** os movimentos aéreos pela boca e nariz e ruídos anormais
> **Sentir** o ar sendo expirado.

Se a vítima não estiver ventilando — ausência de respiração, deve-se ventilar 2 vezes com a utilização do sistema bolsa-máscara (pocket mask) (CANETTI et al., 2007), conforme a Figura 17.3. A "respiração boca a boca" não é mais utilizada devido aos riscos de contaminação por agentes patogênicos, de transmissão indivíduo a indivíduo. Desta forma, a ventilação é realizada com a máscara de ventilação, a qual irá formar uma barreira, através do filtro de ar existente em sua estrutura.

Figura 17.3 – Demonstração da colocação da pocket mask.

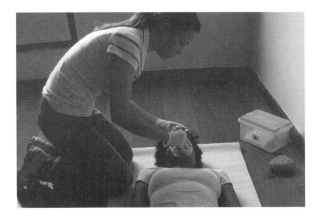

Na utilização do sistema bolsa-máscara, o trabalhador deve seguir alguns procedimentos, objetivando uma ventilação eficaz do indivíduo:

- Ajoelhar-se atrás ou ao lado da vítima.
- Aplicar a máscara, que deverá cobrir a boca e o nariz da vítima.
- Utilizar os polegares e indicadores das duas mãos para fixar a máscara à face da vítima, enquanto o terceiro, quarto e quinto dedos elevam a mandíbula, mantendo a abertura das vias aéreas OU empregar o polegar e o indicador de uma das mãos para fixar a máscara e elevar o queixo, enquanto emprega o polegar e o indicador da outra mão para fixar a máscara à face e inclinar a cabeça.

- Ventilar através da máscara por duas vezes (Figura 17.4), observando a expansão do tórax da vítima (BRASIL, 2014).

Figura 17.4 – Manobra de ventilação com utilização da pocket mask.

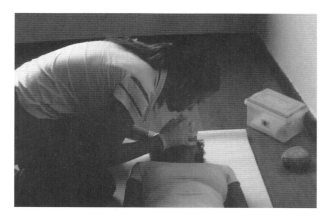

Circulação (C) — Avaliação da circulação

Não havendo resposta ao estímulo de ventilação, deve-se verificar o pulso radial da vítima. Sua execução consiste em: utilizar o dedo médio e o indicador para palpar durante 5 a 10 segundos a artéria radial do indivíduo, localizada no antebraço, na altura do punho em linha com o dedo polegar (Figura 17.5).

Figura 17.5 – Manobra de verificação de pulso radial.

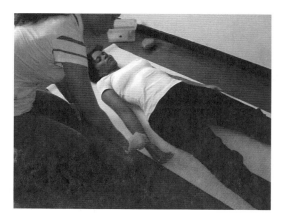

Caso haja dificuldade ou dúvida da presença do pulso, avalie a presença dos sinais de circulação, também conhecidos como sinais de vida. Se algum desses sinais estiver presente significa que a vítima possui circulação.

Sinais de vida
- a vítima respira?
- a vítima se movimenta?
- a vítima emite algum tipo de som?

Caso seja constatada a ausência de respiração e de pulso na vítima, o trabalhador estará se deparando com uma situação de parada cardiorrespiratória (PCR). Reforçamos ainda que antes de iniciar as manobras de Suporte Básico de Vida (SBV), é primário o acionamento do socorro especializado. A seguir serão descritas características e ações fundamentais em caso de ocorrência de uma PCR no local de trabalho.

Importante: A verificação do pulso carotídeo, localizado no pescoço, é privativa aos profissionais de saúde treinados devido às especificidades para palpação e associação aos sinais e sintomas, que podem levar a erros na execução e acuidade.

Parada Cardiorrespiratória (PCR)

Trata-se da condição em que a vítima deixa de realizar as incursões respiratórias (inspirar e expirar), os pulmões deixam de realizar as trocas gasosas (entrada de oxigênio e saída de gás carbônico) e o coração deixa de realizar sua função de bombeamento do sangue para o corpo. Então, cessa a chegada de sangue com oxigênio aos tecidos, podendo ocasionar danos aos órgãos vitais, como o cérebro e o próprio coração.

A PCR é reversível se houver atendimento rápido, especialmente na forma do Suporte Básico de Vida (SBV) prestado por aquele que a presenciou ou que foi o primeiro a ir ao encontro da vítima. O atendimento inicial se fundamenta em medidas para a manutenção da entrada de ar pelos pulmões, funcionamento do coração, bombeamento de sangue através das artérias e oxigenação dos tecidos (CANETTI, 2007).

A maioria das paradas cardiorrespiratórias em adultos é decorrente de uma alteração do ritmo cardíaco, chamada fibrilação ventricular. O único tratamento para essa alteração é a desfibrilação, que consiste em uma descarga elétrica aplicada no coração na tentativa de fazê-lo retornar a seu ritmo normal (CANETTI, 2007). Portanto, é primordial que a ajuda à vítima disponha desse recurso para o tratamento da PCR.

Hoje, já existem desfibriladores automáticos que podem ser operados por qualquer indivíduo, desde que este esteja capacitado a reconhecer com confiança uma PCR. Nos locais públicos, de grande circulação de pessoas, como shoppings e aeroportos, estes aparelhos já se encontram disponíveis para tais ocorrências. No local de trabalho, pode ser solicitado pelo trabalhador que um desfibrilador automático também seja disponibilizado pelo empregador, mediante consulta ao setor responsável pelo atendimento à saúde dos trabalhadores.

Reanimação Cardiorrespiratória (RCP)

A RCP é a associação das técnicas de abertura das vias respiratórias, ventilação e compressão torácica e constitui as medidas iniciais para manutenção da vida do indivíduo em PCR (MASTROENI, 2005). Será realizada após o seu reconhecimento eficaz, através da verificação da respiração e da pulsação radial da vítima, como já explicitado.

Havendo dúvida da ocorrência de PCR, recomenda-se realizar o procedimento de ventilação passiva (respirações de resgate) do indivíduo por duas vezes, com o sistema boca-máscara (BRASIL, 2014). Isso porque após a entrada passiva de ar nos pulmões do indivíduo, este poderá ou não demonstrar sinais de vida (tosse, movimentos etc).

A RCP será inicializada por aquele que presenciar e constatar primeiramente a PCR. Será realizada na forma de CICLOS. Cada ciclo corresponde a 2 ventilações e 30 compressões torácicas (MASTROENI, 2005). Cada ventilação com sistema bolsa-máscara, utilizando a técnica anteriormente descrita, deve ter duração de 1 segundo.

As compressões torácicas deverão ter frequência de 100/min. Serão realizados 5 ciclos sequenciais, o que corresponde a 2 minutos de RCP. Havendo o desfibrilador automático disponível para utilização imediata no local, este deverá ser aplicado no indivíduo, seguindo-se as instruções transmitidas pelo próprio, o qual poderá ou não indicar o choque elétrico na vítima. Após sua aplicação, os ciclos de RCP devem ser retomados. Serão novamente realizados 5 ciclos, com 02 ventilações e 30 compressões cada, retornando-se ao uso do desfibrilador.

Neste momento, caso o desfibrilador não indique o choque elétrico, deve-se verificar o pulso radial da vítima, determinando sua presença ou ausência. A presença de pulso radial indica que a vítima retornou à vida, mas ainda necessita ser assistida por uma equipe de saúde especializada. Sua ausência determina que os ciclos de RCP devem ser retomados (5 ciclos), com posterior reaplicação do desfibrilador. Não havendo desfibrilador disponível, deve-se realizar os ciclos de RCP continuamente.

Tais ações consistem nas etapas da RCP que deverão ter seguimento até a chegada do socorro especializado. Se o atendimento de emergência chegar durante a realização de um ciclo, este deve ser completado, para só então a equipe habilitada entrar na cena. A realização da RCP exige que as ações se desenvolvam de forma encadeada, objetivando a efetividade do cuidado prestado à vítima. Desse modo, apresentamos no Quadro 17.1 as ações sequenciais, desde a abordagem inicial da vítima até a aplicação da técnica de RCP.

Atenção: Quando devemos parar a execução da RCP?
1. Chegada do suporte especializado
2. Ordem médica
3. Cansaço extremo dos socorristas
4. Presença de sinais de vida na vítima

Quadro 17.1 – Ações sequenciais de abordagem de vítimas

CENA	1. O que aconteceu? 2. Quantas vítimas? 3. Cena segura?
AVI	4. Avaliar nível de consciência 5. Pedir ajuda
ABC	6. Avaliar vias aéreas 7. Abrir vias aéreas 8. Verificar ventilação 9. Ventilar 10. Verificar pulso radial 11. Ciclos de RCP (compressão + ventilação) 12. Desfibrilação 13. Ciclos de RCP (compressão + ventilação) 14. Desfibrilação...

Fonte: Autores.

Técnica de compressões torácicas em adultos (Figura 17.6)

Figura 17.6 – Manobra de compressão torácica na vítima de PCR.

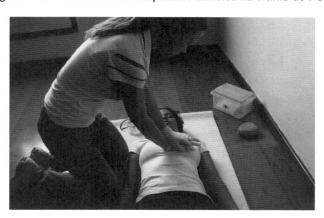

- O trabalhador deve posicionar-se de joelhos, formando boa base, ao lado da vítima, e localizar o esterno situado entre os dois mamilos (linha intermamilar).
- Apoiar a palma de uma das mãos sobre a metade inferior do esterno, devendo o eixo mais longo da mão acompanhar o eixo longo do esterno.
- Colocar a outra mão sobre a primeira, com os dedos estendidos ou entrelaçados, mas que não devem ficar em contato com o esterno.
- Manter os braços esticados, com os ombros diretamente sobre as mãos, efetuando a compressão sobre o esterno da vítima.
- A força da compressão deve ser provida pelo peso do tronco e não pela força dos braços, o que causa rapidamente cansaço.

- O esterno deve ser comprimido cerca 1/3 à metade de sua profundidade para o adulto normal (o esterno será deprimido de 3 a 5 cm).
- A compressão deve ser aliviada completamente sem que o socorrista retire suas mãos do tórax da vítima (CANETTI, 2007).

Desfibrilação

Consiste na aplicação do desfibrilador externo na vítima que se encontra em PCR, apresentando um ritmo cardíaco irregular. O desfibrilador é um aparelho que emite choques elétricos consecutivos de 200 J ou 360 J, os quais passam pelo músculo cardíaco objetivando regularizar o ritmo. Este procedimento será realizado posteriormente à averiguação da cena e ao AVI, inserido no ABC da vida.

Para a aplicação do desfibrilador, deve-se considerar o tempo que a vítima se encontra desacordada. Isto porque em tempos avançados de PCR, o coração necessita de um estímulo mínimo, obtido através das compressões torácicas, para que o desfibrilador reconheça ondas no músculo cardíaco e dispare o choque elétrico.

Até 4 minutos de PCR constatada, deve-se aplicar o desfibrilador sem que haja a realização de nenhum ciclo de RCP. Este poderá ou não indicar o choque, de acordo com a presença de ondas elétricas do coração que ainda poderão estar em ritmo normal (sinusal) — choque não indicado; ritmo de PCR com ondas elétricas — choque indicado; ritmo de PCR sem ondas elétricas — choque não indicado.

De 4 a 6 minutos de PCR constatadas, devem-se realizar 5 ciclos de RCP antes da aplicação do desfibrilador para que se eleve as ondas elétricas do coração, as quais se encontram em decréscimo, e para que a desfibrilação seja eficaz.

Acima de 6 minutos de PCR constatada, devem-se realizar as manobras de RCP (ciclos) até que a ajuda adequada chegue. Isso porque as ondas elétricas do coração já inexistem, tornando assim a desfibrilação ineficaz.

O *desfibrilador automático*, cujo uso é permitido a todos os indivíduos, apresenta instruções escritas junto ao aparelho para colocação das pás sobre o tórax da vítima. Além disso, na maioria destes aparelhos as instruções de condutas de uso são transmitidas por uma voz emitida pelo próprio aparelho, que é acionada assim que este é ligado.

Se o indivíduo estiver em local molhado não há impedimento à aplicação do desfibrilador. O importante é que o local onde as pás do aparelho forem conectadas no tórax do indivíduo esteja seco. O choque proporcionado pelo aparelho somente percorre a região do tórax transversalmente (as pás são dispostas na diagonal). Se o indivíduo apresentar muitos pelos na região torácica, pode ser necessária a retirada do excesso para facilitar a passagem da corrente elétrica.

Observação: Caso o indivíduo possua um marca-passo (dispositivo para emissão de impulsos artificialmente produzidos, implantado no tórax como tratamento para doenças específicas do coração), o desfibrilador indicará a sua existência.

O procedimento a ser realizado será a troca para outra diagonal das pás, de modo que a descarga elétrica não passe pelo marca-passo.

17.6. Obstrução de vias aéreas

A obstrução de vias aéreas ocorre geralmente em crianças, idosos e indivíduos sem dentição, devido a pedaços de alimentos e objetos pequenos que ficam detidos em alguma localidade das vias aéreas, impedindo a passagem do ar para os pulmões. É importante, para que se tenha sucesso na ajuda a indivíduos que apresentem obstrução de vias aéreas, que se faça a identificação do tipo de obstrução ocorrida (Quadro 17.2).

Quadro 17.2 – Sinais e sintomas de obstrução de vias aéreas

Obstrução Parcial	Obstrução Total
Indivíduo apresenta tosse ineficaz	a vítima fica em apneia (ausência de respiração)
Ainda há ruídos respiratórios	ocorre cianose (extremidades — mãos, lábios, pés — arroxeados)
Presença de ruídos respiratórios agudos	ausência de ruídos respiratórios (inspiração e expiração)
Indivíduo apresenta sensação de sufocamento	resulta em inconsciência

Fonte: Autores

Ao identificar uma obstrução de vias aéreas, o trabalhador deve realizar as seguintes condutas de desobstrução:
1. Em caso de obstrução parcial deve-se acalmar a vítima, estimular a tosse, retirar roupas apertadas que dificultem a respiração, como golas e gravatas, solicitar socorro especializado.
2. Em caso de obstrução total deve-se solicitar ajuda especializada e iniciar a técnica de desobstrução, chamada *manobra de Heimlich*. Esta objetiva a expulsão do corpo estranho através da eliminação do ar residual dos pulmões, criando uma espécie de tosse artificial (CANETTI, 2007).
    - Com a vítima consciente (em pé), o trabalhador deve se posicionar atrás desta, formando base com os pés e colocando uma de suas pernas entre as pernas da vítima. Abraça-se a vítima por trás, com os braços na altura do ponto entre a cicatriz umbilical e o apêndice xifoide. Com as mãos em contato com o abdômen da vítima, punho fechado e polegar voltado para dentro, serão realizadas compressões abominais sucessivas direcionadas para cima, até desobstruir a via aérea ou a vítima perder a consciência (CANETTI, 2007).

- Com a vítima inconsciente (deitada), o trabalhador deve inspecionar a cavidade oral desta, removendo o corpo estranho caso seja visível; em seguida efetuar 2 ventilações artificiais com sistema boca-máscara com duração de 1 segundo cada; posicionar de joelhos ao lado da vítima; realizar 30 compressões sobre o esterno. Segue-se a verificação da cavidade oral da vítima, com remoção do corpo estranho causador da obstrução se possível, 2 ventilações. Realiza-se esta sequência (ciclo) até que ocorra a desobstrução ou até a chegada do socorro especializado (CANETTI, 2007).

Observação: Na mulher grávida vítima de obstrução total de vias aéreas, o trabalhador deve realizar as compressões na altura da linha intermamilar (CANETTI, 2007), procedendo aos ciclos até a desobstrução. Isto porque durante a gravidez devemos considerar a disposição algo diferenciado dos órgãos internos da mulher, os quais estarão dividindo espaço com o feto em crescimento no interior do útero, em expansão nas cavidades pélvica e abdominal.

17.6.1. Técnica de lateralização

Esta técnica é utilizada para a mobilização do indivíduo que apresentou obstrução de vias aéreas, com perda da consciência. Deverá ser executada após a saída do corpo estranho, através da realização das manobras de desobstrução, mediante posterior certificação de uma boa ventilação do indivíduo. Sua sequência consiste em:

1. Colocar a mão da vítima embaixo de seu próprio corpo.
2. Dobrar um dos joelhos da vítima, mantendo-o seguro com uma das mãos.
3. Colocar a outra mão da vítima embaixo de seu próprio pescoço, mantendo sua mão sob o pescoço dela.
4. Segurar a vítima pelo joelho dobrado e pelo pescoço, lateralizando-a na sua direção.
5. Posicionar a mão da vítima, a qual estava sob seu próprio pescoço, espalmada sob o rosto dela, a fim de evitar sufocamento por eventual êmese (vômito).
6. Posicionar o braço da vítima, o qual se encontrava sob seu próprio corpo, agora esticado ao lado dela (BRASIL, 2014).

17.7. Traumas

Apresentamos agora os principais tipos de trauma ocorridos com os indivíduos em atividades diversas nos locais de trabalho, passíveis de intervenção imediata por um trabalhador que identifique e conheça as condutas adequadas para cada um deles. Tais condutas visam amenizar não só a dor causada à vítima, mas primordialmente impedir o agravamento da lesão ocorrida.

No ambiente de trabalho as entorses, luxações, contusões e fraturas podem ocorrer em qualquer ramo de atividade. O Quadro 17.3 demonstra os sinais e sintomas comuns, presentes no local do corpo onde ocorreu o trauma (MASTROENI, 2005):

Quadro 17.3 – Sinais e sintomas dos pequenos traumas

Entorses	Luxação	Contusão	Fraturas
Dor ao movimento Dor à palpação Vermelhidão	Dor Deformidade Incapacidade de movimentação	Dor Edema (inchaço) Coloração preta ou azulada	Dor Deformidade Perda de função Equimose Possível exposição óssea

Fonte: Autores.

17.7.1. Entorses

São lesões dos ligamentos das articulações (CANETTI, 2007). Os ligamentos se estendem além de sua amplitude normal, rompendo-se, mas não há o deslocamento completo dos ossos da articulação. As causas mais frequentes da entorse são violências como puxões ou rotações, que forçam a articulação.

Uma entorse geralmente é conhecida por torcedura ou mau jeito. Os locais onde ocorre mais comumente são as articulações do tornozelo, ombro, joelho, punho e dedos. Após sofrer uma entorse, o indivíduo sente dor intensa ao redor da articulação atingida e dificuldade de movimentação, que poderá ser maior ou menor conforme a contração muscular ao redor da lesão.

Condutas

As condutas a serem tomadas são:
- Aplicar bolsa térmica de gelo ou de água gelada na região afetada para diminuir o edema e a dor, lembrando de colocar uma compressa (pano limpo) protegendo a pele do local de aplicação térmica.
- Caso haja ferida no local da entorse, agir conforme o ferimento: cobrir com compressa seca e limpa, antes de imobilizar ou enfaixar, utilizando ataduras. O enfaixamento de qualquer membro ou região afetada deve ser firme, mas sem compressão excessiva, para prevenir insuficiência circulatória.
- Conduzir o trabalhador que sofreu a lesão até o atendimento especializado, para avaliação e tratamento.

17.7.2. Luxação

São lesões em que a extremidade de um dos ossos que compõem uma articulação é deslocada do seu lugar (CANETTI, 2007). O dano a tecidos moles pode ser muito grave, afetando vasos sanguíneos, nervos e cápsula articular. São estiramentos mais ou menos violentos, cuja consequência imediata é provocar dor e limitar o movimento da articulação afetada.

As articulações mais atingidas são ombros, cotovelos, dedos e mandíbula.

Condutas

Como condutas a serem tomadas temos:
- Aplicação de bolsa térmica de gelo ou água gelada no local afetado.
- A imobilização ou enfaixamento das partes afetadas por luxação devem ser feitas da mesma forma que se faz para os casos de entorse. A manipulação das articulações deve ser mínima, cuidadosa e com extrema delicadeza, levando sempre em consideração a dor intensa que o acidentado estará sentindo.
- O tratamento de uma luxação é a atividade exclusiva de pessoal especializado em traumas ortopédicos, logo, deve-se acionar o sistema de urgência adequado para atendimento à vítima.

17.7.3. Contusão

As contusões são lesões provocadas por golpes ou pancadas, em que não há presença de ferimentos abertos, isto é, sem rompimento da pele. No entanto, os vasos sanguíneos adjacentes ao local lesionado são rompidos, ocorrendo derramamento de sangue no tecido subcutâneo ou em camadas mais profundas.

Quando há apenas o acometimento superficial, o acidentado apresenta dor e edema (inchaço) na área afetada. Quando há derramamento de sangue em pequena quantidade, o local adquire uma coloração preta ou azulada, sendo a lesão denominada contusão de equimose. Quando vasos maiores são lesados, o sangue extravasado produz uma tumoração visível sob a pele, ocorrendo o hematoma.

Logo após a contusão, o acidentado sente dor, mais ou menos intensa, conforme a inervação da região. Se a pancada for muito intensa, a parte central da área afetada pode apresentar-se indolor pela destruição de terminações nervosas.

A mancha, inicialmente arroxeada, no local contundido vai se transformando em azulada ou esverdeada, para, em alguns dias, tornar-se amarelada. Isto ocorre devido ao processo de absorção sofrido pelo sangue que extravasou. Esta será reabsorvida lentamente até o desaparecimento completo.

Pode haver, também, o acúmulo de líquido entre a pele e o tecido mais profundo, dando um aspecto de ondulação, com mobilidade da pele no local atingido. O sangue extravasado pode se tornar meio de cultura, infectando a lesão. Portanto, é muito importante a observação da evolução da lesão e do processo de reabsorção.

Condutas

- Aplicação de bolsa térmica de gelo ou de água gelada nas primeiras 24 horas e repouso da parte lesada são suficientes.
- Se persistirem sintomas de dor, inchaço e vermelhidão, pode-se aplicar compressa de calor úmido e procurar auxílio especializado.

17.7.4. Fratura

Trata-se de uma interrupção na continuidade do osso. Podem ser fechadas ou abertas. Nas fraturas fechadas a pele estará intacta, já nas fraturas abertas ocorre formação de uma solução de continuidade formada pelos próprios fragmentos ósseos ou por objetos penetrantes (CANETTI, 2007).

Condutas

- Manter a estrutura afetada imóvel, evitando dessa forma piora da lesão e aumento da dor da vítima.
- Em caso de fraturas abertas, deve-se proteger o tecido exposto com compressas ou panos limpos para evitar grandes perdas sanguíneas, mantendo a estrutura imóvel.
- Solicitar ajuda especializada para transporte da vítima.

17.8. Hemorragia

É a perda de sangue devido ao rompimento de um vaso sanguíneo (CANETTI, 2007). Pode ocorrer através de ferimentos em cavidades naturais como nariz, boca etc. Pode ser, também, interna, resultante de um traumatismo.

As hemorragias podem ser classificadas de acordo com (CANETTI, 2007):

O vaso sanguíneo atingido:

- Arterial: Sangramento em jato, geralmente sangue de coloração vermelho-vivo. É mais grave que o sangramento venoso.
- Venosa: Sangramento contínuo, geralmente de coloração escura.
- Capilar: Sangramento contínuo discreto.

O local para onde o sangue é derramado:

- Externa: Sangramento de estruturas superficiais com exteriorização do sangramento. Pode geralmente ser controlada utilizando técnicas de cuidados iniciais.
- Interna: Sangramento de estruturas profundas, que pode ser oculto ou se exteriorizar (p. ex., hemorragia do estômago). As medidas básicas de cuidados iniciais não funcionam.

Quanto mais rápida a perda sanguínea ocorre, menos eficientes são os mecanismos compensatórios do organismo. Um indivíduo pode suportar uma perda de um litro de sangue, que ocorre em período de horas, mas não tolera esta mesma perda se ela ocorrer em minutos.

A hemorragia arterial é menos frequente, mas é mais grave e precisa de atendimento imediato para sua contenção e controle. A hemorragia venosa é a que ocorre com mais frequência, mas é de controle mais fácil, pois o sangue sai com menor pressão e mais lentamente.

Nos casos de hemorragias externas, a contenção com pressão direta usando um curativo simples é o método mais indicado. Nas hemorragias internas, que resultam em choque hipovolêmico da vítima, o trabalhador deve acionar imediatamente o sistema de urgência/emergência apropriado, uma vez que o estado desta se agrava rapidamente e cuidados básicos não se mostram eficazes.

Os sinais e sintomas variam de acordo com a quantidade de sangue perdida (CANETTI, 2007):

- **Perdas de até 15%:** geralmente não causam alterações; o corpo consegue compensar; p. ex., doação de sangue.
- **Perdas maiores que 15% e menores de 30%:** ansiedade, sede, taquicardia, pulso radial fraco, pele fria, palidez, suor frio, taquipneia.
- **Perdas acima de 30%:** levam ao choque descompensado com redução da pressão arterial; alterações das funções mentais, agitação, confusão, até inconsciência; sede intensa; pele fria; palidez; suor frio; taquicardia; pulso radial ausente; taquipneia importante.

Condutas a serem tomadas em caso de hemorragias externas:
- Aplique as medidas de Bioproteção (use luvas, evitando a contaminação desnecessária).
- Coloque uma compressa ou um pano limpo sobre o local e comprima.
- No caso de a hemorragia ser em mãos, braços, pés ou pernas, mantenha estes elevados acima do coração.
- Não eleve o segmento ferido se isto produzir dor ou se houver suspeita de lesão interna, como uma fratura.
- Caso a compressa fique encharcada, coloque outra por cima sem retirar a primeira.
- Acione o sistema de urgência adequado, informando o local da lesão.

Atenção

Não utilize quaisquer produtos sobre os ferimentos, como pó de café ou açúcar. Estes podem ocasionar comprometimentos, provocando uma lesão secundária, além de trazerem microrganismos, infectando-o. Não faça torniquetes. Este procedimento é exclusivo dos profissionais de saúde habilitados, pois ao realizá-lo pode-se comprimir um ponto arterial importante para a irrigação dos tecidos adjacentes à lesão.

17.9. Queimaduras

São lesões provocadas por transferência de energia de uma fonte de calor para o corpo (CANETTI, 2007). A radiação, os produtos químicos ou certos animais e vegetais podem provocar queimaduras que causam dores fortes e podem resultar em infecções. O fogo é o principal agente das queimaduras, embora as produzidas pela eletricidade sejam as mais graves (Quadro 17.4).

Quadro 17.4 – Caracterização de lesões por queimaduras

	1º Grau	2º Grau	3º Grau
Causa	Solar	Líquidos, chama	Químicos, eletricidade, chama
Cor	Vermelha	Vermelha	Branca ou enegrecida
Superfície da pele	Seca	Bolhas e umidade	Seca
Sensação	Dolorosa	Dolorosa	Dolorosa
Cura	3-6 dias	2-4 semanas variável	Somente com aplicação de enxerto

A dor na queimadura é resultante do contato das terminações nervosas, expostas pela lesão, com o ar. Não se deve utilizar qualquer cobertura sobre o local da queimadura, principalmente se ocorrer no rosto, nas mãos e nos órgãos genitais, para evitar aderências.

As manifestações locais mais importantes nas queimaduras são:
- Não há suor no local.
- Dor intensa que pode levar ao choque.
- Perda de líquidos corporais.
- Destruição de tecidos.
- Infecção.

Classificação das queimaduras

As queimaduras podem ser classificadas quanto ao:
- Agente causador
- Profundidade ou grau
- Extensão ou severidade
- Localização
- Período evolutivo.

Os agentes causadores de queimaduras podem ser:

1. Físicos

Temperatura: vapor, objetos aquecidos, água quente, chama etc.
Eletricidade: corrente elétrica, raio etc.
Radiação: sol, aparelhos de raios X, raios ultravioleta, nucleares etc.

2. Químicos

Produtos químicos: ácidos, bases, álcool, gasolina etc.

3. Biológicos

Animais: lagarta-de-fogo, água-viva, medusa etc.
Vegetais: o látex de certas plantas, urtiga etc.

Quanto à profundidade as queimaduras podem ser:

1º Grau: da pele, ou superficial

Só atinge a epiderme ou a pele (causa vermelhidão).

2º Grau: da derme, ou superficial

Atinge toda a epiderme e parte da derme (forma bolhas).

3º Grau: da pele e da gordura, ou profunda

Atinge toda a epiderme, a derme e outros tecidos mais profundos, podendo chegar até os ossos. Surge a cor preta, devido à carbonização dos tecidos.

Curiosidade: A extensão ou severidade da queimadura, ou seja, a área corporal atingida, é muito importante para o tratamento do indivíduo. Desse modo, temos queimaduras de baixa, média e alta severidade:

- Baixa: menos de 15% da superfície corporal atingida
- Média: entre 15% e menos de 40% da pele coberta
- Alta: mais de 40% do corpo queimado

A regra prática para avaliar a extensão das queimaduras pequenas ou localizadas é compará-las com a superfície da palma da mão do acidentado, que corresponde, aproximadamente, a 1% da superfície corporal. Para queimaduras maiores e mais espalhadas, usa-se a Regra do 9% para o cálculo de extensão demonstrada na Figura 17.7.

Figura 17.7 – Regra dos 9% para adultos, crianças e neonatos.

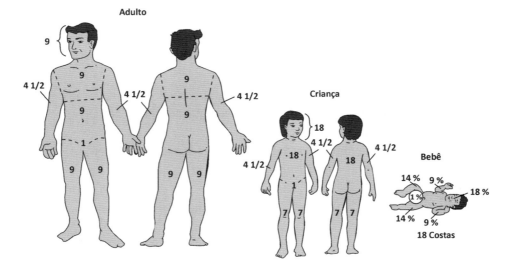

Fonte: Canetti (2007).

Os cuidados dispensados aos queimados devem priorizar:
- Retirar a vítima do contato com a causa da queimadura
- Lavar a área queimada com bastante água, no caso de agentes químicos líquidos (ver ficha toxicológica — risco químico).
- Retirar a roupa do acidentado, se ela ainda contiver parte da substância que causou a queimadura.
- Apagar o fogo, abafando com um cobertor ou simplesmente rolando o acidentado no chão.
- Verificar o nível de consciência, a respiração e o batimento cardíaco do acidentado.
- Aliviar a dor e prevenir infecção no local da queimadura
- Não romper as bolhas. Se as bolhas estiverem rompidas, não deixar que entrem em contato com a água.
- Não utilizar água em queimaduras provocadas por pós-químicos, pois estes podem se espalhar para outras localidades e produzir novas queimaduras.
- Não retirar as roupas queimadas que estiverem aderidas à pele.
- Não aplicar pomadas, líquidos, cremes ou outras substâncias sobre a queimadura, pois podem complicar o tratamento e necessitam de prescrição médica.
- Não oferecer água a vítimas com mais de 20% da superfície corporal atingida.
- Não aplicar gelo sobre a queimadura. Logo que possível, encaminhar a vítima para o cuidado e atendimento especializados.

17.10. Choque Elétrico

Os danos ao corpo humano são causados pela conversão da energia elétrica em calor durante a passagem da eletricidade. A gravidade depende de: tipo de corrente, magnitude da energia aplicada, resistência, duração do contato e caminho percorrido pela corrente elétrica (CANETTI, 2007).

As principais consequências são:
- Parada cardiorrespiratória
- Queimaduras

As condutas a serem realizadas são:
- Avaliar a segurança da cena
- Desligar a fonte de energia
- Se possível, interromper o contato da vítima com a fonte de eletricidade
- Não tentar manipular alta voltagem. Peça ajuda de equipe especializada.
- Realizar o ABC da vida
- Em caso de queimadura, proceder como indicado na seção 17.9

17.11. Convulsões

Trata-se de uma atividade muscular anormal, associada a alterações de comportamento ou inconsciência por atividade anormal das células nervosas. Pode ser causada por epilepsia, hipoglicemia, overdose de cocaína, abstinência alcoólica ou de outras drogas, meningite, lesões cerebrais (tumores, AVE, TCE) e febre alta. Existem indivíduos que apresentam epilepsia na forma não convulsiva, apresentando, nesses casos, crises de ausência ou epilepsia complexa parcial (ataques de confusão e perda de relação com o meio) (MASTROENI, 2005).

A evolução do indivíduo passa pelas seguintes fases: na fase Tônica, com duração de 15 a 20 segundos, a vítima apresenta perda da consciência e contração muscular contínua; na fase Clônica, com duração de 30 a 60 segundos, a vítima apresenta alternância de contrações musculares intensas e relaxamento em rápida sucessão, e tem como principal característica a salivação excessiva. Após a cessação das convulsões vem o estado pós-comicial, quando a vítima apresenta sonolência e desorientação, o qual pode durar de 5 minutos a algumas horas (CANETTI, 2007).

As condutas a serem realizadas são:
- Avaliar segurança da cena
- Procurar sinais de consumo de drogas ou envenenamento
- Aplicar medidas de bioproteção
- Verificar nível de consciência da vítima (AVI)
- Proteger a cabeça da vítima, colocando um apoio macio
- Afastar a vítima de objetos perigosos
- Abrir via aérea após o cessar da convulsão
- Realizar ventilação de resgate caso a vítima não retome sua função respiratória
- Pedir ajuda caso a vítima apresente crises sucessivas ou não volte a responder aos estímulos

Atenção
- Não tente introduzir objetos na boca da vítima durante a crise convulsiva.
- Não tente conter a vítima.
- Prepare-se para novos episódios convulsivos.
- Caso a vítima apresente vários episódios de crise convulsiva sem recuperar a consciência, pode-se estar defronte a um caso de "estado de mal epilético". O encaminhamento a um hospital deve ser feito imediatamente.

17.12. Revisão dos conceitos apresentados (Silva, 2004)

AVC. Acidente Vascular Cerebral, episódio agudo de distúrbio neurológico secundário à doença dos vasos cerebrais; pode ser hemorrágico ou isquêmico mas é frequente em pessoas cujas artérias estão comprometidas pela idade ou pela pressão arterial elevada, podendo ocasionar episódio de AVE (Acidente Vascular Encefálico).

Consciente. Pessoa que se encontra responsável pelos seus atos com resposta pensante frente a estímulos externos e internos do funcionamento integral do organismo.

Convulsões. Paroxismos de contrações e relaxamentos involuntários musculares.

Encéfalo. Parte do sistema nervoso central que está contida no crânio e abrange os hemisférios cerebrais, o tronco cerebral e o cerebelo.

Epilepsia. Distúrbio paroxístico recorrente da função cerebral, caracterizado por ataques súbitos e breves de alteração da consciência.

Febre. Temperatura corporal superior a 38 °C. De acordo com a evolução clínica de uma dada doença esta poderá ainda ser intermitente, recorrente, insidiosa e vespertina, podendo estar vinculada a um diagnóstico clínico.

Fibrilação. Contração irregular, descoordenada, de fibras musculares.

Inconsciente. Aquele que fica privado permanente ou temporariamente da consciência; em fisiologia quer dizer as características dos fenômenos que pela sua natureza escapam à consciência.

Infarto do miocárdio. Necrose do tecido de um órgão devida à diminuição ou à falta de sangue no músculo cardíaco.

Infecção. Invasão de microrganismos capazes de multiplicar e desenvolver um estado patológico no organismo superior. Pode ocasionar a tríade clássica de sinais e sintomas, como dor, rubor e calor, podendo desencadear episódios de febre.

Isquemia. Diminuição ou interrupção da circulação sanguínea a um tecido ou a um órgão.

Necrose. Processo de degeneração que leva à destruição de uma célula ou de um determinado tecido, geralmente pela falta de nutrientes carregados pelo sangue.

Paroxismo. Período de uma doença ou de um distúrbio em que os sintomas são os mais agudos.

Paroxístico. O que é referente a crises, ou acessos. A maior intensidade de um acesso (de dor, tosse ou espirros, por exemplo). Momento de maior intensidade ou de duração de um dado episódio agudo.

Traumatismo. Reunião de modificações locais ou gerais provocadas por uma ação violenta sobre o organismo. Diz-se também de uma agressão de origem psíquica brutal (angústia, medo, decepção, alegria). Pode ocorrer por causas externa ou ainda interna, podendo configurar-se de modo agudo, exemplo TCE (Traumatismo Cranioencefálico).

Tumores. Produção não inflamatória de tecido com nova formação. Pode se constituir de células normais e permanecer estritamente localizado (tumor benigno), ou ser formado por células atípicas monstruosas e invadir progressivamente os tecidos vizinhos, ou ainda se disseminar à distância por meio de metástases (tumor maligno ou canceroso). O mesmo que neoplasma ou neoplasia (sobretudo para tumores cancerosos); neoformação.

17.13. Questões

1. Ao chegar ao seu local de trabalho você se dirige ao banheiro, onde então se depara com um indivíduo deitado sobre o chão. No entorno você avista uma poça de água, luzes apagadas e fiação solta. Qual a abordagem recomendada à vítima? Descreva a sequência dos cuidados iniciais a serem prestados.
2. Durante um almoço em um restaurante, um indivíduo sentado próximo a sua mesa começa a apresentar sinais de obstrução de vias aéreas. Sua fisionomia expressa "sufocamento", a tosse é ineficaz, mas ruídos respiratórios podem ser ouvidos durante as tentativas de inspiração e expiração. Como você atuaria nesta situação? Quais os cuidados iniciais a serem prestados?
3. Observando as medidas preventivas para acidentes de trabalho, a cadeia de sobrevivência e os cuidados iniciais em situações de urgência, responda ao que se pede:
   a. Corte profundo, em região coxofemoral. O que fazer?
   b. Vítima de choque elétrico de 110 volts, apresentando fala coerente, relatando o choque recebido, com queixa de palpitação no tórax. O que fazer?
   c. Queimadura de primeiro, segundo e terceiro graus em membro superior esquerdo por água em ebulição e de segundo grau em hemitórax esquerdo por substância química líquida não identificada e sem ficha toxicológica. O que fazer?

17.14. Referências

ABRIL COLEÇÕES. (2008) Atlas do Corpo Humano. São Paulo: Editora Abril.

ADULT BASIC LIFE SUPORT. (2005) International Consensus Conference on Cardiopulmonary Ressuscitation and Emergency Cardiovascular Science with Treatment Recomendations Circulation, 29 nov. p. 112.

BRASIL. (2014) Decreto nº 8.373/2014, Sistema de Escrituração Digital das Obrigações Fiscais, Previdenciárias e Trabalhistas (eSocial). Disponível em: http://portal.esocial.gov.br/institucional/conheca-o. Acesso: 26 jan 2018.

BRASIL. Casa Civil — Subchefia para assuntos jurídicos. (1991) Lei nº 8.213/1991, Presidência da República e Congresso Nacional, Planos e Benefícios da Previdência Social. Disponível em: http://www.planalto.gov.br/ccivil_03/leis/L8213cons.htm. Acesso: 26 jan 2018.

BRASIL. MINISTÉRIO DA SAÚDE. (2006) Política Nacional de Atenção às Urgências. 3ª ed. Brasília: Editora do Ministério da Saúde.

BRASIL. MINISTÉRIO DA SAÚDE. (2011) Portaria nº 1.600/2011. Política Nacional de Atenção às Urgências. Diário Oficial da União, Brasília/DF.

BRASIL. MINISTÉRIO DO TRABALHO. (1978) Norma Regulamentadora nº 7 (NR-7). Programa de Controle Médico de Saúde Ocupacional. Portaria GM nº 3.214, de 08 de junho de 1978.

CANETTI, M.D. et al. (2007) Manual básico de socorro de emergência para técnicos em emergências médicas e socorristas. 2ª ed. São Paulo: Editora Atheneu.

MASTROENI, M.F. (2005) Biossegurança aplicada a laboratórios e serviços de saúde. 2ª ed. São Paulo: Editora Atheneu.

SILVA, C.R.L. (2004) Dicionário de Saúde. São Caetano do Sul: Yendis.

Capítulo	Proteção contra impactos ambientais
18	

Wilson Duarte de Araújo
Márcio Rodrigues Montenegro

Conceitos apresentados neste capítulo

Neste capítulo apresentam-se as definições e caracterizações de acidentes ampliados abordados sobre a ótica da Diretiva de Seveso e da Defesa Civil nacional mostrando como acontecem e as diretrizes a serem seguidas para um gerenciamento eficaz do estado de emergência provocado. Como ferramentas para ordenação destas diretrizes, apresentam-se normas técnicas e conceitos de planos de emergência, planos de auxílio mútuo e implementação do Processo APELL. A análise de um estudo de caso realça estes conceitos objetivando o bom entendimento do leitor.

18.1. Introdução

A Revolução Industrial marcou o início da sociedade moderna e o desenvolvimento de novas tecnologias para a produção de bens de consumo. Nesta etapa da evolução humana, os acidentes industriais passaram a ocorrer como resultado das condições precárias de segurança dos operadores das máquinas a vapor, principalmente nos Estados Unidos e na Grã-Bretanha onde se registrou elevado número de óbitos (FREITAS; PORTO & MACHADO, 2000).

Mais tarde, ainda no século XIX, com o advento do motor a explosão interna e a mudança de matriz energética do carvão mineral para os combustíveis fósseis com melhor rendimento, grande avanço tecnológico foi experimentado, ampliando ainda mais o espectro de produtos manufaturados disponíveis e, por conseguinte, a produção industrial (FRIEDMAN, 2008, p. 32).

A Segunda Guerra Mundial marcou o desenvolvimento da indústria química, que alavancou a produção de itens mais elaborados, atendendo a demanda gerada pelo conflito.

O pós-guerra se caracterizou pelo redirecionamento da produção. As indústrias bélicas deram lugar às de produção de bens de consumo. O modelo americano começa a se difundir pelo mundo "livre" a partir da década de 1950 com a reconstrução da Europa e do Japão e a aceleração do desenvolvimento nos Estados Unidos (FRIEDMAN, 2008, p. 38).

O setor químico, por ter natureza extremamente competitiva, associado ao crescimento da economia em escala mundial e ao rápido avanço tecnológico, proporcionou o aumento das plantas industriais e, consequentemente, a complexidade dos processos produtivos (THEYS, 1987; UNEP, 1992 *apud* FREITAS et al., 2000 *in* ROCHA, MAGGIOTTI & GODINI, 2006).

A demanda por bens de consumo impulsionou ao longo dos tempos a produção industrial. As novas tecnologias e processos aumentaram a produtividade. Os riscos se ampliam na mesma medida, expondo a sociedade, extasiada com as maravilhas do mundo moderno, a uma categoria de eventos até então desconhecida.

> "... a produção social da riqueza na modernidade é acompanhada por uma produção social do risco. O processo de industrialização é indissociável do processo de produção dos riscos". (BECK, 1992)

Assim, vimos que a evolução da sociedade e de suas necessidades implica a complexidade de processos produtivos visando suprir demandas da mesma forma crescentes.

Os riscos, inerentes aos processos e suas complexidades, tendem a se agravar trazendo implicações que transcendem em muito os muros da indústria.

> "... uma das principais consequências do desenvolvimento científico é a exposição da humanidade a riscos e inúmeras formas de contaminação nunca observados anteriormente, que ameaçam os habitantes do planeta e do meio ambiente. [...] os riscos gerados hoje não se limitam à população atual, uma vez que gerações futuras também serão afetadas e talvez de forma ainda mais dramática". (BECK, 1992)

Ainda segundo Beck, a multiplicação das ameaças de natureza socioambiental faz com que a clássica sociedade industrial seja aos poucos substituída pela nova sociedade de riscos. Argumenta, também, que, se "a primeira se caracterizou pelos conflitos em relação à produção e distribuição de riquezas, a segunda baseia-se nos conflitos em torno da produção e distribuição dos riscos".

A partir do conceito de sociedade de riscos, compreende-se que os acidentes ampliados são uma das consequência do processo de modernização, insensível às consequências socioambientais.

Por outro lado, é inquestionável que o cerco está se fechando em torno daqueles que não observam medidas básicas visando a prevenção e minimização de danos e prejuízos causados por acidentes ampliados.

Os profissionais da área devem ter uma visão holística e multidisciplinar com relação a todas as implicações envolvidas na prevenção de acidentes.

Deve-se ter em mente que os eventos adversos de um acidente ampliado pode transcender os muros do empreendimento, dando origem a implicações no campo socioambiental e econômico, comprometendo a sustentabilidade do negócio.

Os setores do empreendimento ligados à produção e SMS (segurança, meio ambiente e saúde) são os principais responsáveis pela análise destes complexos cenários. A capacidade de discernir ameaças e vislumbrar soluções economicamente viáveis, interagindo em todos os níveis organizacionais e com a sociedade, é competência que distingue os profissionais que modernamente atuam no setor.

Para tanto, cada vez mais se torna necessário o conhecimento das normas que regem local e regionalmente a proteção ao meio ambiente, bem como o desenvolvimento de programas de controle de emergência, envolvendo internamente funcionários e parceiros, e "extramuros", a sociedade organizada, governo, privados e comunidades do entorno.

Somente assim a empresa estará inserida num contexto da segurança global da população, tornando-se parte de um sistema complexo que entende a questão da segurança a partir de uma visão mais ampla e abrangente.

18.1.1. Acidentes ampliados

Os grandes danos e prejuízos relacionados com os acidentes industriais geralmente estão relacionados com as nações emergentes. Nelas, *a percepção do risco é toldada pela necessidade de sobrevivência, renda e emprego.*

Tais números estão intimamente relacionados com a convicção de que tais acidentes, não por acaso, ocorreram em áreas periféricas aos grandes centros urbanos, onde havia a combinação de largo contingente populacional pobre e marginalizado, com fontes de riscos de acidentes químicos ampliados, resultando numa grande vulnerabilidade social e, consequentemente, na morte de centenas ou mesmo milhares de pessoas num único evento (FREITAS, PORTO & MACHADO, 2000).

Segundo Gomez (2000), a investigação de vários acidentes mostrou a presença simultânea de problemas ambientais internos e externos às instalações fabris envolvendo matrizes técnicas semelhantes e que, a partir daí, passaram a requerer políticas preventivas integradas, tanto na questão da saúde do trabalhador como na questão ambiental. Houve a necessidade então de se analisar a questão do risco de acidentes industriais, à luz das novas vertentes. Políticas preventivas e análises epidemiológicas e sociopolíticas passaram a ser determinantes na formação de equipes multidisciplinares que analisam as condições de ocorrência dos acidentes.

Para Freitas, Machado e Porto (2000, p. 57), "tal abrangência faz com que a interdisciplinaridade solitária realizada por um grupo de indivíduos com a mesma formação seja sempre limitada, tornando indispensável a formação de uma equipe multiprofissional".

Até meados da década de 1980, questões ligadas ao controle das atividades industriais, do ponto de vista dos seus efeitos nocivos, eram encaradas como um obstáculo à produtividade e à geração de emprego e de renda, comprometendo o lucro das empresas. Os custos com segurança, meio ambiente e saúde eram externalizados para a sociedade como o preço que se deveria pagar pelo progresso.

A partir de então, a mobilização da sociedade e atuação mais firme do poder público através das agências ambientais, bem como maior atuação das associações de classe, passaram a regular o setor de maneira mais efetiva, forçando o empresário a internalizar os custos com riscos, ameaças e danos ao negócio.

> "As catástrofes e os danos ao meio ambiente não são surpresas ou acontecimentos inesperados e sim consequências inerentes à modernidade... que mostram, acima de tudo, a incapacidade do conhecimento construído no século XX de controlar os efeitos gerados pelo desenvolvimento industrial." (BECK, 1996)

Mesmo com uma maior conscientização da sociedade, muito ainda há que se evoluir na questão da consciência social dos riscos. Parece não haver uma proporcionalidade entre as tecnologias desenvolvidas em prol da produção e aquelas que visam prevenir seus riscos.

As consequências dos acidentes ampliados são virtualmente incontáveis. As estratégias, as mais variadas, passam pela necessidade da interação de todas as áreas do conhecimento humano.

A experiência adquirida pelos funcionários é decisiva para a elaboração de ações de controle e prevenção dos acidentes. Na verdade, este conhecimento deve fazer parte da política da empresa.

Em um ambiente no qual os empregados são formais e as unidades são compartimentos estanques, o conhecimento não pode fluir livremente, em que, em nome da eficiência e da responsabilidade, as divisões hierárquicas sacrificam a cooperação maior entre as unidades, que é a mola mestra do aprendizado organizacional (CAROLI, 1998, p. 72).

A conscientização, o treinamento e o acompanhamento criterioso do processo produtivo devem ser as primeiras barreiras no longo processo para a delimitação dos riscos.

Estudos dos riscos inerentes à atividade já fazem parte dos procedimentos para a instalação e operação de indústrias.

Probabilidade de ocorrências, desenvolvimento de cenários e análise de consequências de acidentes industriais são determinantes quanto a localização, investimentos e equipamentos destinados à prevenção e minimização de efeitos adversos, criação de rotinas operacionais, de manutenção e à elaboração de planos de contingência e emergência. As metodologias mais empregadas são as listas de verificação (checklists), estudo de perigos e operacionalidade (HazOp – Hazard and Operability Study) e a árvore de falhas (AAF) (PORTO & FREITAS, 1997).

Todavia, o tema deve ser analisado não só à luz das questões internas à empresa. Elementos como impactos ambientais e questões socioeconômicas extramuros são por vezes mais graves que as consequências internas de um acidente.

No mundo globalizado e competitivo, incidentes relacionados com segurança, saúde e meio ambiente podem trazer prejuízos à imagem do empreendimento muito maiores que aqueles destinados à minimização dos efeitos diretos.

A Union Carbide Inc., Exxon e outras empresas envolvidas em acidentes ampliados serão sempre lembradas como empresas que negligenciaram cuidados básicos com a segurança da sociedade. As consequências para a saúde financeira destas empresas foram tão devastadoras quanto os efeitos externos dos acidentes.

> [...] Ao incorporar a Union Carbide por um total de US$ 9,3 bilhões, a Dow não apenas comprou os bens, mas também a responsabilidade pelo desastre de Bhopal. Enquanto os moradores de Bhopal continuam a sofrer os impactos do desastre de 1984, a responsabilidade legal pelo acidente ainda está sendo julgada pela Justiça norte-americana, uma vez que a Dow se recusa a aceitar o passivo ambiental adquirido na compra da Union Carbide. (ROCHA, COSTA & GODINI, 2006)

Recentemente, a responsabilidade socioambiental tem gerado uma rede de relacionamentos empresarial que funciona para o pior e o melhor; dependendo da forma como as empresas se portam com relação àquelas questões.

Empreendimentos atentos a esta tendência têm investido cada vez mais em medidas que visam prevenir e/ou minimizar ao máximo os efeitos nocivos de suas atividades. Daí a importância de uma análise criteriosa dos riscos inerentes à produção.

Muito mais que as preocupações comuns no dia a dia do "chão de fábrica", com a segurança dos funcionários e os cuidados com falhas humanas que possam também provocar quebra da produção, as consequências de incidentes podem gerar acidentes devastadores.

Uma análise criteriosa de todo o processo produtivo deve ser realizada com uma visão holística das consequências para o negócio.

Medidas de prevenção visando evitar eventos adversos, mesmo representando maiores investimentos e árduo trabalho de conscientização do público interno e interação com as comunidades do entorno, devem fazer parte da visão estratégica do empreendimento, refletindo inclusão num contexto mais abrangente de responsabilidade socioambiental.

18.1.2. Acidentes ampliados segundo a doutrina de defesa civil

A caracterização de acidente ampliado pode ser analisada do ponto de vista da doutrina de defesa civil, quando associado ao conceito de *desastres*.

Resultado de eventos adversos, naturais ou *provocados pelo homem*, sobre um ecossistema vulnerável, causando danos humanos, materiais e ambientais e consequentes prejuízos econômicos e sociais. (PNDC, 1995)

Ainda segundo a Política Nacional de Defesa Civil de 1995, a *redução dos desastres* é conseguida pela tentativa de diminuição das ocorrências e da intensidade das mesmas. Elegeu-se assim, internacionalmente, a ação "reduzir", visto que a ação de "eliminar" ou "erradicar" desastres definiria um objetivo inatingível.

A nova Política Nacional de Proteção e Defesa Civil (PNPDEC), instituída em 2012, deu maior amplitude ao conceito inicial de desastres, uma vez que preconiza a sua redução como uma de suas diretrizes, conseguida pela articulação de todos os entes federativos, na medida em que um evento assuma proporções que esgotem a capacidade de resposta a partir dos municípios.

Analisado dentro do ambiente corporativo sinaliza para a necessidade do compartilhamento de informações e divisão de responsabilidades dentro da empresa, visto que o risco é intrínseco a todo tipo de atividade.

A aplicação do conceito de redução do risco de desastres, através da prevenção dos acidentes ampliados, pode garantir a sustentabilidade do negócio.

Sob a nova ótica da doutrina de defesa civil, presente na PNPDEC, a *Prevenção* de Desastres, *Mitigação* das condições de insegurança, *Preparação* para Emergências e Desastres, *Resposta e Reconstrução* podem nortear os estudos de análise de riscos numa empresa. Daí poderão surgir medidas visando prevenir os acidentes ampliados e, caso ocorram, garantir o retorno à normalidade no menor espaço de tempo possível minimizando prejuízo ao negócio.

O impacto de um desastre ou um acidente ampliado dependerá muito mais do grau de vulnerabilidade dos cenários do que da magnitude dos eventos em si. Um terremoto de mesma magnitude irá vitimar mais pessoas num país da América Central do que no Japão. Medidas de prevenção e preparação notabilizam o povo japonês pela tecnologia contra terremotos empregada nas construções e pelo treinamento e orientação dados sistematicamente à população, tornando-a mais resiliente para esta e diversas outras modalidade de desastres.

No ambiente corporativo isto também é possível. Uma empresa consciente da extensão de prejuízos e danos de acidentes ampliados relacionados com o negócio realiza investimentos em tecnologias e programas internos voltados para funcionários e colaboradores, envolvendo-os numa consciência corporativa voltada para a redução de risco de um acidente ampliado. Da mesma maneira, mobiliza e articula meios internos, buscando uma maior integração extramuros com setores vocacionados com a gestão de risco de desastres e a sociedade ampliando o potencial de enfrentamento das emergências.

Este conceito estimula a transparência e interação com todos os atores que participam, direta ou indiretamente, do modo de produção. A população do entorno, pelo fato de estar na área de influência direta dos efeitos de um acidente ampliado, receberá maior atenção e esclarecimento sobre eventuais riscos a que está submetida, participando de planos de ação mútua, que irão conferir maior segurança e tranquilidade a todos.

Esta política de transparência deve pautar o relacionamento empresa/comunidade. Muitas situações polêmicas foram contornadas com informação e diálogo entre as partes, proporcionando a manutenção das atividades de uma empresa. A sociedade tem o direito de, uma vez esclarecida, decidir qual o grau de risco aceitável que está disposta a assumir.

A vigilância permanente dos fatores que interferem na produção garante, entre outras coisas, a segurança global da população.

18.2. Normalização aplicável à proteção ambiental

A proteção contra impactos ambientais é praticada com base em leis ambientais que servem de instrumentos jurídicos na coibição de ações impactantes caracterizadas como crimes ambientais.

A normalização destas leis é feita através de órgãos técnicos do governo ou de associações de outra natureza (pública, privada, mistas, nacionais ou internacionais) e norteia a execução das ações para devido cumprimento.

A quantidade de normas existentes a listar seria extremamente extensa se pensarmos segundo a doutrina da Defesa Civil quanto às fases do desastre, pois sempre encontraremos dezenas delas aplicáveis a cada fase do desastre.

Portanto, serão citadas, a seguir, aquelas mais relevantes para a proteção contra os impactos ambientais decorrentes de acidentes envolvendo o gerenciamento de emergências com substâncias químicas perigosas.

a. Normas brasileiras

NBR 7500: 2017

Objetivo: estabelece os símbolos de risco e manuseio para o transporte e manuseio de substâncias perigosas. Em 2017, esta norma sofreu alterações com vistas a atender a resolução da Agência Nacional de Transportes Terrestres, Resolução ANTT 5.232/16.

NBR 7503:2016

Objetivo: Estabelece o uso de ficha de emergência para o transporte de produtos perigosos. Esta norma sofreu emendas de atualização recentemente.

NBR 14.276:2006

Objetivo: Estabelece os requisitos mínimos para a composição, formação, implantação e reciclagem de brigadas de incêndio, preparando-as para atuar na prevenção e no combate ao princípio de incêndio, abandono de área e primeiros-socorros, visando, em caso de sinistro, proteger a vida e o patrimônio, reduzir as consequências sociais do sinistro e os danos ao meio ambiente.

NBR 14.608:2007

Objetivo: Estabelece os requisitos para determinar o número mínimo de bombeiros profissionais civis em uma planta, bem como sua formação, qualificação, reciclagem e atuação.

NBR 14.725: 2017

Objetivo: Estabelece as informações de segurança relacionadas com o produto químico perigoso a serem incluídas na rotulagem, não definindo um formato fixo. É importante buscar a correlação desta norma com o Purple Book – GHS (Globally Harmonized System of classification and Labelling of Chemicals). No Brasil, a adoção do GHS é obrigatória para locais de trabalho, conforme previsto na Norma Regulamentadora 26 (NR-26), do Ministério do Trabalho e Emprego.

NBR 15.219:2005

Objetivo: Estabelece os requisitos mínimos para a elaboração, implantação, manutenção e revisão de um plano de emergência contra incêndio, visando proteger a vida e o patrimônio, bem como reduzir as consequências sociais do sinistro e os danos ao meio ambiente.

b. Normas internacionais (National Fire Protection Association):

NFPA-704: Sistema de identificação de riscos de materiais para resposta a emergências

Objetivo: Estabelece procedimentos para reconhecimento dos riscos de substâncias químicas para controle de uma possível emergência utilizando o diamante de Hommel.

NFPA-472: Standard for Professional Competence of Responders to Hazardous Materials Incidents

Objetivo: Estabelece os requisitos para capacitação, exercício de funções e níveis de competência dos respondedores de uma emergência química.

Cada uma das normas citadas faz correlação com normas que podem complementá-las ou propiciar subsídios técnicos ao profissional de SMS, principalmente ao gestor de emergência, colaborando com a prevenção da saúde do trabalhador.

18.3. Preparação para o controle de emergências ambientais

18.3.1. Plano de Ação de Emergência (PAE)

O ser humano integra-se com o meio ambiente que ocupa de muitas maneiras, inclusive com o **ambiente construído**, ou seja, aquele concebido pelo próprio homem. As relações e interações nestes ambientes ocorrem principalmente através do trabalho.

Este ambiente construído, ou como chamaremos nesta seção, **ambiente de trabalho**, comporta diversos tipos de **riscos ambientais**, os quais estarão relacionados com o tipo de atividade desenvolvida, estrutura, layout e uma gama de fatores peculiares a cada empresa (ou processo de produção).

Não é incomum a ocorrência de acidentes do trabalho, os quais podem ocorrer principalmente onde houver falhas no gerenciamento dos riscos ambientais.

Acidentes podem acontecer mesmo quando há um programa de prevenção, como Programa de Prevenção de Riscos Ambientais (PPRA), Programa de Proteção Respiratória (PPR) e outros. Cada acidente tem um grau de importância, dada sua tipologia (complexidade) e magnitude. Em uma empresa que utilize produtos químicos podemos imaginar desde um pequeno vazamento de fluido tóxico que atinja dois ou três trabalhadores, a grandes vazamentos a céu aberto, capazes de contaminar a população trabalhadora da instituição e até a comunidade que a cerca.

Em ambos os exemplos, é cognitiva a constatação de uma situação de emergência, a qual requer uma pronta resposta tanto na mitigação da poluição do meio ambiente quanto nas ações de salvamento do trabalhador.

Portanto, sob o ponto de vista da Saúde Ambiental e do Trabalhador ocorre impacto ambiental no meio antrópico e no meio físico, que compreende, neste caso, a atmosfera e o homem, respectivamente. Uma situação de emergência requer uma resposta rápida e para tanto se faz necessária a junção organizada de técnica, logística, recursos financeiros e humanos, em um plano de ação de emergência.

18.3.1.1. Elaboração do plano de emergência

A elaboração de um plano de emergência ainda não possui, no Brasil, um modelo consagrado, embora existam algumas normas nacionais e internacionais relacionadas com o assunto, conforme a seção 18.2, auxiliadoras para tal.

Porém, um método consagrado, abordado por Gill e Leal com o cunho de simplificar esta tarefa, é chamado *método dos cinco passos*, apresentado em *Emergency Management Guide for Business & Industry*.

Antes da apresentação do método tenhamos em mente que um PAE deverá atender os seguintes elementos objetivos:
- estar direcionado para uma ameaça específica ou as mais frequentes
- listar os eventos de possível ocorrência e quais as necessidades da área de saúde para enfrentá-lo;
- organizar as coordenadorias centrais e regionais, com funções e responsabilidades definidas determinando as responsabilidades para cada ação necessária;
- adotar padrões e regulamentos;
- desenvolver sistemas de alarme e de evacuação de populações atingidas;
- adotar medidas para garantir que recursos financeiros e materiais estejam disponíveis a qualquer momento e possam ser mobilizados em situação de desastres;
- desenvolver programas de educação ambiental;

- coordenar a comunicação com a mídia;
- organizar exercícios de simulação de desastres que testem os mecanismos de resposta;
- desenvolver um aplicativo em um sistema de informação geográfica com informação demográfica, epidemiológica, mapas topográficos e temáticos, bem como a localização dos serviços de saúde na área afetada.

Vamos então, de uma forma bastante resumida, apresentar os cinco passos que contemplam o método proposto anteriormente.

a. **Passo 1: Estabelecimento da equipe** – consiste em determinar aquele ou aqueles indivíduos que irão conduzir o processo de elaboração. É importante ressaltar que o perfil do profissional escolhido inclua um conhecimento global das atividades desenvolvidas na empresa e suas interações com o meio ambiente, e para tanto é conveniente ser este um elemento de gerência ou que faça o elo entre a gerência e o staff técnico-operacional. É comum e mais recomendável que haja a formação de uma equipe politécnica, agregando elementos das áreas de engenharia, manutenção, jurídica, saúde-segurança e meio ambiente (SMS), educação, e outras, culminando em uma coesão do grupo, uma vez que as experiências recolhidas ao longo do tempo em diversas atividades suscitarão um maior surgimento de ideias e também efetiva participação, dando maior visibilidade à elaboração do plano.

b. **Passo 2: Análise de riscos e identificação de cenários** – consiste na acurada coleta de informações do local no que tange à ocorrência de emergências e à capacidade de atendê-las, em concordância com as ações e políticas já implantadas na empresa. Podemos citar os procedimentos de segurança patrimonial, programas de seguro, políticas ambientais etc.

Para a análise dos riscos deverá ser escolhida uma metodologia apropriada à atividade operacional existente: checklist, análise preliminar de perigo, análise de operabilidade de riscos, árvores de falhas, análise de modos de falhas e efeitos, são alguns exemplos que podem ser associados a um estudo quantitativo chamado Análise Vulnerabilidade. Reunir-se com grupos externos e conhecer o potencial de resposta de outras instituições agrega importante valor ao plano.

c. **Passo 3: Desenvolver o plano** – consiste na aplicação das informações adquiridas através das análises de risco e vulnerabilidade para concepção do propósito do plano, política de gerenciamento de emergências em suas instalações, tipos de emergências que podem ocorrer, onde será o centro de gerenciamento das operações de resposta à emergência. Será capaz de descrever: direção e controle da emergência, sistema de comunicação, segurança, proteção de patrimônio e logística. Definirá os atores do cenário e emergência, ou seja, a quem caberá a execução das ações de evacuação, alerta, salvamento e contenção da emergência.

d. **Passo 4: Implementar o plano** – consistirá em integrá-lo nas operações da empresa em todos os setores, mesmo nas condições de normalidade, treiná-lo e avaliá-lo baseado nas informações obtidas através da análise de vulnerabilidade. O plano deve inserir-se no aspecto cultural da empresa e sua implementação se fará através de operações simuladas e treinamentos. É importante a divulgação do plano aos órgãos de resposta diretamente ligados a emergências, como o Corpo de Bombeiros, a Defesa Civil e a Polícia Militar e órgãos de meio ambiente.

e. **Passo 5: Gerenciar a emergência** – consiste em observação dos princípios básicos do plano de emergência por quem assumir formalmente o comando das operações. Exercer a função de comando[1] significa coordenar todas as atividades, pessoas e recursos tendo como prioridade a mitigação da emergência com a garantia da integridade física dos interventores (brigadistas, segurança patrimonial) e população interna, além da proteção de bens.

18.4. Plano de Auxílio Mútuo (PAM)

As emergências agravadas envolvem eventos indesejáveis diversos, os quais podem ocorrer nas diversas fases de um processo produtivo. Provêm de acidentes caracterizados como vazamentos de produtos perigosos, sejam estes vapores, gases ou líquidos tóxicos, incêndios e explosões que podem causar lesões à população interna (funcionários) e também à população externa e ao meio ambiente.

Conforme visto na seção 18.1, os acidentes tecnológicos podem gerar consequências que ultrapassam as fronteiras do setor produtivo da própria empresa, fábrica ou indústria, e por conta desta característica, devem ser exauridas todas as ações e procedimentos incluídos em um plano de emergência, exigindo assim a participação de órgãos públicos e outras instituições na mitigação da emergência, mitigando ou minimizando possíveis impactos ambientais.

Quando é desencadeada uma situação de emergência agravada, o plano de emergência poderá contemplar o acionamento de um Plano de Auxílio Mútuo, ou simplesmente PAM. O plano de auxílio mútuo pode ser considerado um sistema que integra os planos de emergência das diversas instituições, de um polo industrial, por exemplo, complementando suas ações e diretrizes, aplicando-as de uma forma coordenada e integrada nas fases de gerenciamento de uma emergência agravada.

A existência de um PAM é baseada no interesse comum da comunidade empresarial que, ciente dos riscos existentes e gerenciados em suas atividades e plantas, pode de forma voluntária articular recursos financeiros, humanos e logísticos próprios, para dar suporte aos órgãos públicos durante uma emergência, além de promover uma cooperação mútua.

---

[1] O exercício de chefia numa situação de emergência requer uma tomada de decisão eficaz, para tanto existem alguns processos de tomada de decisão baseados em requisitos técnicos e operacionais bem definidos, que venham a diminuir os riscos para a equipe de resposta. É o caso do processo DECIDA, criado por Ludwig Benner.

Pode-se perceber, é claro, que como um plano de ação de emergência (PAE), o PAM requer um suporte organizacional e de coordenação; para tanto se faz necessária a criação de uma comissão coordenadora instituída e amparada por um instrumento legal de caráter instrutivo e normativo, como um **estatuto**. Esta comissão coordenadora será a grande responsável e condutora das entidades participantes no cumprimento dos objetivos de um PAM, os quais, numa visão genérica, podem ser relacionados a seguir:

- Atuar de forma permanente, com planejamento, conscientização e treinamento, a fim de restringir e combater emergências agravadas de qualquer natureza no âmbito das empresas.
- Atuar externamente em emergências agravadas que coloquem em risco as instalações ou a imagem das empresas participantes.
- Atender de forma imediata nas situações de emergência agravada, a empresa participante sinistrada.
- Efetuar a atuação de forma conjunta das empresas participantes e órgãos públicos, com destaque ao Corpo de Bombeiros, Defesa Civil e órgão ambiental em ocasiões de planejamentos, treinamentos e emergência agravada.
- Executar simulados de emergências agravadas periodicamente.

Um dos problemas encontrados em situações reais de emergência diz respeito ao acesso rápido dos bombeiros ou brigadas de incêndio pertencentes às demais empresas participantes do PAM. A questão da acessibilidade nas empresas é prejudicada pelo mau treinamento de elementos da segurança patrimonial ao atrasarem o fluxo de informações e não abandonarem procedimentos de segurança protocolados que só devem ser utilizados em situação de normalidade, indicando um desconhecimento do plano de ação emergência. Portanto, justifica-se a necessidade de treinamento e obediência aos protocolos de coordenação da emergência nos casos de auxílio externo.

18.5. Processo APELL

O período de meados da década de 1980 foi marcado, no contexto internacional, por um aumento do número de acidentes industriais e do número de vítimas, como é o caso do acidente de Bhopal, na Índia.

Mediante estes acidentes, o Programa das Nações Unidas para o Meio Ambiente (PNUMA), decidiu aplicar uma série de diretrizes e procedimentos de resposta a emergências, organizados sob uma metodologia intitulada Projeto APELL (Awareness and Preparedness for Emergencies at Local Level, ou seja, Cuidados e Preparação para Emergências no Nível Local).

Segundo Acselrad e Mello (2002), as técnicas de planejamento de emergências do APELL enfatizam a questão da relação com a comunidade, isto é, considera-se que o risco não está restrito à unidade produtiva, mas engloba as comunidades circunvizinhas, o que requer um tipo de coordenação das ações de emergências que articule os níveis local e geral.

O modelo do APELL parte do princípio de que é preciso construir uma relação com a comunidade de forma que a empresa ganhe credibilidade junto à população local e possa contar com seu apoio para mitigar as consequências de possíveis acidentes. A relação com os órgãos públicos é apontada como necessária, e a empresa pode ter um papel importante no suprimento das carências das instituições públicas (ACSELRAD & MELLO, 2002).

São objetivos específicos do APELL:

- Criar ou aumentar o alerta da comunidade, aos possíveis perigos existentes na fabricação, manuseio e utilização de materiais perigosos e nas etapas seguintes.
- Sensibilizar as autoridades e a indústria no sentido de proteger a comunidade local.
- Desenvolver, com base nessas informações e em cooperação com as comunidades locais, planos de atendimento para situação de emergência, isto é, sempre que houver ameaça à segurança da coletividade.

Assim, o APELL se divide em duas partes, **Alerta à Comunidade** e **Atendimento a Situação de Emergência**, as quais são lapidadas para atender aos três principais grupos que participam do Processo APELL: Comunidades locais, Industriais e Autoridades. Segundo o UNEP (United Nations Environmental Programe):

> "APELL é um processo de ação cooperativa local, que visa intensificar **a conscientização e a preparação da comunidade para situações de emergência**. O eixo central deste processo é o **Grupo Coordenador**, constituído por autoridades locais, líderes da comunidade, dirigentes industriais e outras entidades interessadas."

É de suma importância a boa aplicação das informações adquiridas, para elaboração de mapas de acesso às empresas participantes do programa, mapas de áreas vulneráveis a um cenário específico de acidente (comunidades, áreas rurais, fontes hídricas, áreas de preservação ambiental etc.), mapas de rota de fuga e acesso aos pontos de encontro pre-determinados, pontos relevantes (escolas, delegacias, batalhões policiais, grupamentos de bombeiros, hospitais, prefeituras), estabelecimento de locais de abrigo e centros de triagem.

De onde virão estas informações?

Através dos estudos de análise de risco do empreendimento, Estudo de Impacto Ambiental (EIA) e Relatório de Impacto Ambiental (RIMA), entre outros.

Segundo o UNEP, a implementação do APELL é aplicável quando:

> "O Grupo Coordenador estabelece um plano de ação, chamado 'Programa em 10 etapas', integrando os planos de emergência da indústria com os planos dos serviços de atendimento a emergências locais (defesa civil, bombeiros, polícia, serviços médicos, órgãos ambientais etc.). Desta forma, um plano integrado e coordenado atende a todos os tipos de situações emergenciais na comunidade. Um aspecto importante é a participação de representantes da comunidade local em todas as etapas do processo United Nations Environmental Programe - UNEP."

No Brasil, o programa obteve representatividade através da ABIQUIM (Associação Brasileira da Indústria Química) e introduzido em alguns municípios como Cubatão (SP), Suzano (SP), Duque de Caxias (RJ), Camaçari (BA), Guaratinguetá (SP), São Sebastião e Maceió (AL).

No Rio de Janeiro, o Processo APELL de Campos Elíseos realiza simulados anuais que contam com a participação de instituições privadas e públicas, com destaque para o Grupamento de Operações com Produtos Perigosos – GOPP, uma unidade do Corpo de Bombeiros, especializada em emergências químicas que conta com militares treinados e equipamentos equiparáveis aos de uso internacional pelos *"haz-mat teams"*.

O Processo APELL é uma ótima ferramenta na elaboração de planos de emergência, aumentando assim a coordenação no atendimento a acidentes e melhorando o diálogo entre a indústria, autoridades e a população.

Figura 18.1 – Diagrama de implementação do APELL.

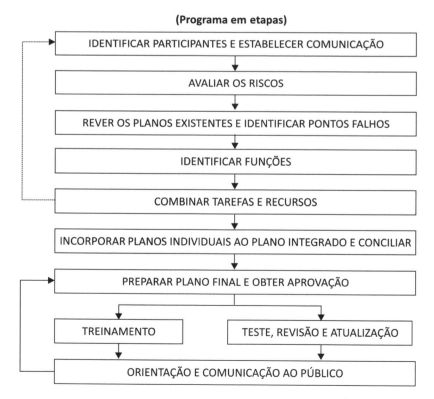

Fonte: http://www.pnuma.org/industria_ing/documentos/Explicando-APELL.pdf.

18.6. Operações de salvamento no controle da emergência ambiental

Acidentes ampliados mostram-se como eventos capazes de promover o surgimento de incontáveis vítimas, requerendo um nível de coordenação e integração de equipes elevado e meticuloso, pois todas atuarão ao mesmo tempo, em funções e tarefas singulares na mitigação de todos os riscos que em algum momento convergirão para o fim do evento. O gerenciamento de uma emergência envolvendo produtos químicos perigosos, além de todo planejamento apresentado anteriormente, requer pessoal capacitado por programas de treinamento legais.

No Brasil o Estado de São Paulo possui órgãos de referência no campo operacional de atendimento aos acidentes tecnológicos, como a CETESB e o Corpo de Bombeiros daquele estado, disseminando a doutrina a outros locais, como o Rio de Janeiro, onde o CBMERJ adaptou as técnicas aprendidas à sua realidade, criando em novembro do ano de 2003 o Grupamento de Operações com Produtos Perigosos, potencializando, sobremaneira, o poder de resposta da Defesa Civil e da Fundação Estadual de Engenharia e Meio Ambiente (FEEMA), este último representado pelo Serviço de Controle de Poluição Ambiental (SCPA).

A Lei nº 5101 DE 04/10/2007 criou o Instituto Estadual do Ambiente – INEA, extinguindo a FEEMA e transferindo as suas competências e atribuições ao Instituto.

Relevantes emergências químicas no Rio de Janeiro foram atendidas pelas instituições públicas citadas anteriormente, aplicando os conceitos de integração politécnica. O caso relatado a seguir é uma delas.

18.6.1. Fases de resposta e equipamentos

Estudo de Caso: Incêndio Químico do Curtume Carioca

Para a análise da emergência, cada relato da fase de resposta terá em negrito itens de relevância no gerenciamento da operação.

Informação

Os bombeiros do 2º Grupamento de Busca e Salvamento recebem no dia 21 de junho de 2003 a informação de populares sobre um incêndio na Rua Quito, nas instalações do antigo Curtume Carioca, bairro da Penha (Figura 18.2).

Alerta e preparação

Após os protocolos de confirmação da ocorrência os bombeiros militares partem para o local organizados em equipes de salvamento e combate a incêndio e de atendimento médico.

Equipamentos de proteção individual e combate: roupas de aproximação contra chamas (Nomex), capacete classe D, equipamentos de combate a incêndio, equipamentos de respiração autônoma e equipamentos de salvamento.

Figura 18.2 – Incêndio no Curtume Carioca.

Fonte: Corpo de Bombeiros-GOPP.

Identificação e reconhecimento do cenário

O comandante de operações dos bombeiros confirma a ocorrência de incêndio e ordena o isolamento do local e início do combate com água e a busca a possíveis vítimas. No decorrer da operação, percebe que a fumaça do incêndio muda de cores, passando de avermelhado a amarelo, azul, verde, cinza e que as águas residuais de combate apresentavam cor esverdeada.

Um dos bombeiros adentrou a edificação e notou a presença de produtos químicos.

Decisão: Acionamento da FEEMA e da equipe especializada em operações com produtos perigosos, bem como da Defesa Civil Municipal.

Monitoramento

O incêndio passou a ser monitorado com uma câmera de imagens térmicas, indicando os pontos de maior calor e possível meio reacional de substâncias químicas incompatíveis entre si. Um detector multigases apontava a presença de compostos orgânicos voláteis (COV) na área circunvizinha, e um oxi-explosímetro a concentração de oxigênio no local sinistrado.

Os militares utilizavam roupas de proteção química com diferentes níveis de proteção para intervenção direta ao interior da edificação e trabalhos de suporte e monitoramento. Após chegar, a FEEMA avaliou e mapeou a área impactada iniciando a previsão

Figura 18.3 – Resíduos de produtos químicos.

Fonte: Corpo de Bombeiros-GOPP.

de impacto em outras áreas devido às águas residuais de combate às chamas, que chegaram às galerias pluviais.

A coleta de amostras de água para análise realizou-se em vários pontos.

A equipe da Defesa Civil chega ao local, estabelece um posto de comando e avaliação da emergência PCAv, cadastrando dados sobre vítimas de intoxicação, logística e agravamento da emergência.

Avaliação do impacto ambiental: o acionamento rápido dos técnicos da FEEMA e da Defesa Civil contribuiu para rápida deflagração dos procedimentos de análise ambiental e medidas de redução do impacto ambiental nas águas, bem como o alerta à população.

Intervenção/Salvamento

A equipe especializada e protegida com EPI adequado estabeleceu linhas de combate no interior da instalação atuando precisamente nos focos de maior intensidade, extinguindo o incêndio. Realizou a busca a vítimas e reconhecimento de pontos de risco potencial.

Padrão Operacional: o protocolo operacional da equipe especializada otimizou os recursos (água e mão de obra), permitindo a mitigação dos agentes de risco com maior rapidez.

Contenção

Foram acionados, pela Defesa Civil, caminhões para transporte de areia lavada, utilizada para armação de diques de contenção, que impediam a passagem das águas residuais de incêndio para as galerias pluviais. Estes mesmos caminhões, apoiados por retroescavadeiras, faziam a retirada de produtos químicos e areia contaminada para descarte adequado determinado pelos agentes de Defesa Civil em conjunto com técnicos da FEEMA

Gestão Integrada: a retirada rápida dos agentes de risco minimiza a probabilidade de contaminação das equipes de resposta, população, animais e meio ambiente.

Descontaminação

Lavagem de roupas de proteção química, botas e outros equipamentos com água e soluções químicas específicas para uso posterior das equipes.

O incêndio ocorrido na etapa de armazenamento de substâncias químicas causou, como impacto ambiental, a exposição toxicológica de parte da população daquele bairro e alguns bombeiros que fizeram o primeiro atendimento.

As águas pluviais chegaram à Baía de Guanabara (Figura 18.4) causando uma mancha poluidora esverdeada, impedindo a pesca, refletindo assim no comércio de peixes das comunidades vizinhas à Baía, o que pode ser registrado como impacto sob o aspecto socioeconômico.

Figura 18.4 – Contaminação na Baía de Guanabara.

Figura 18.5 – Fluxograma operacional para acidentes envolvendo produtos perigosos (equipes não especializadas).

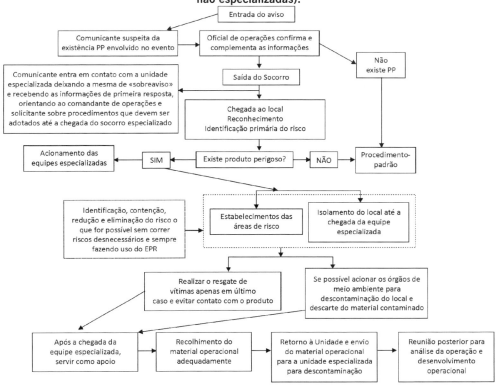

Fonte: Manual Básico de Operações com Produtos Perigosos – CBMERJ.

18.6.2. Equipamentos básicos para atuação na emergência

Roupas de proteção química – fornecem proteção para pele, olhos e trato respiratório. Possuem modelos diferentes de acordo com o nível de proteção exigido pelo risco ambiental (Figuras 18.6, 18.7 e 18.8).

Absorventes – acessórios compostos de pós, material floculado artificial ou natural para, por processo físico de absorção, reter outra substância em sua estrutura (Figuras 18.9 e 18.10).

Exemplos: areia, serragem, fibras de poliéster, fibras de poliestireno.

Detectores de gases – equipamentos utilizados para detecção de gases presentes no local da emergência. Estes aparelhos são variados em sua forma e desempenho e eficiência de acordo com o fabricante e o princípio de funcionamento. É possível encontrar no mercado aparelhos manuais e eletrônicos.

Figura 18.6 – Roupa encapsulada – Nível A.

Figura 18.7 – Roupa encapsulada – Nível B.

Capítulo 18 | Proteção contra impactos ambientais

Figura 18.8 – Roupa não-encapsulada – Nível C.

Figura 18.9 – Absorventes de fibras sintéticas.

Figura 18.10 – Areia.

Exemplo: tubos colorimétricos são detectores manuais e oxi-explosímetros são instrumentos eletrônicos.

18.6.3. Medicina de desastres

Acidentes ampliados ou desastres, como vimos, são situações em que os recursos locais disponíveis não atendem a demanda de resposta. Daí a necessidade da cooperação; mobilização e articulação entre os atores envolvidos.

Os acidentes ampliados não raro vitimam um grande número de pessoas. A gravidade das injúrias pode ser a mais variada. Todavia, o número de vítimas é determinante quanto à gravidade dos acidentes do ponto de vista do atendimento pré-hospitalar.

Quando os meios disponíveis para o atendimento são suficientes, de acordo com os protocolos do Grupamento de Socorro de Emergência do Corpo de Bombeiros Militar do Estado do Rio de Janeiro, GSE/CBMERJ, diz-se haver um *Acidente com Múltiplas Vítimas – AMV.* Ainda de acordo com aquela doutrina, considerando o aporte de recursos disponíveis no setor na região metropolitana do Rio de Janeiro, um desastre somente se configura com um número de vítimas superior a 21 vítimas.

De acordo com a complexidade do cenário ou o agravamento da situação, há a previsão da evolução de um plano de emergência local, PEL, para outro de contingência de área, PCA. Para o sucesso na execução dos planos, a exemplo dos assuntos já explanados, há a necessidade de que todas as agências envolvidas num acidente ampliado atuem de forma integrada e coordenada. A ação isolada de cada uma destas instituições pode levar ao fracasso da operação e à transformação do local num verdadeiro caos (CANETTI et al., 2002).

Conseguir que todos os entes envolvidos trabalhem juntos de maneira "integrada e coordenada" demanda o exercício de uma técnica inspirada num tipo de sistema de comando unificado. O Incident Command System, ICS, que teve origem nos Estados Unidos como ferramenta de gerenciamento de emergências envolvendo diversas agências, tem sido largamente adotado na gestão de desastres. Representantes legítimos das mais diversas organizações, com poder de mando e acionamento de meios, reúnem-se sob a coordenação do representante do setor prevalente no desastre para, de maneira coordenada, mobilizar e articular todos os meios disponíveis para o enfrentamento do desastre.

No caso do atendimento pré-hospitalar, após as operações de resgate das vítimas, faz-se necessário organizar o Teatro de Operações, TO, para a *triagem, tratamento e transporte* das vítimas.

Equipes identificadas com coletes coloridos transitam entre as vítimas na chamada Zona Fria, zona de segurança a salvo dos efeitos diretos dos desastres, realizando o protocolo START: *Simple Triage And Rapid Treatment,* idealizado pelo Corpo de Bombeiros de Newport Beach — EUA.

As vítimas recebem cartões coloridos que as classificam de acordo com o seu estado. Esta classificação prioriza o tratamento inicial para posterior transporte das vítimas. O tipo de ambulâncias, bem como o destino para os Hospitais de Referência (HR) é determinado também pelo estado de cada vítima.

Todo este processo é gerenciado por um Posto de Comando Avançado, PCAv. Este posto deve estar localizado num ponto privilegiado com relação ao TO.

A logística de transporte deve merecer também especial atenção. Áreas de parqueamento e de suprimento médico devem ser alocadas de modo a permitir que ambulâncias e outros socorros acessem o local com rapidez e agilidade.

Outro fator primordial nas operações de socorro e atendimento às vítimas de um desastre é a comunicação entre as equipes que atuam no TO. Sem ela, é praticamente impossível mobilizar e articular esforços durante as operações.

A comunicação efetiva com a imprensa acerca da situação local, suas implicações, as orientações necessárias à população, cuidados quanto a possíveis efeitos secundários, contaminações e outros aspectos devem receber por parte das autoridades, e principalmente do gerador do acidente, atenção especial. O cadastro das vítimas deve ser constantemente atualizado de modo a fornecer notícias a parentes e amigos. A falta de informações gera especulações e prejudica o esclarecimento dos fatos e a tomada de decisões.

18.7. Revisão dos conceitos apresentados

Vimos que os acidentes ampliados são resultados de riscos latentes, tornando-se realidade quando ocorrem falhas nos diferentes níveis de mitigação, gerando a necessidade de resposta em níveis variados de acordo com a sua magnitude. Como medidas de prevenção, preparação e resposta, poderemos lançar mão de planos de ação de emergência individuais, planos de auxílio mútuo e do Processo APELL, que uma vez aplicados suprem a demanda mitigadora de uma emergência interna pequena até uma emergência agravada.

O mais importante é entender que a concretização dos planos depende de uma integração satisfatória de todos os participantes do gerenciamento da emergência.

18.8. Questões

1. Apresente uma definição para acidente ampliado baseado nas informações deste capítulo.
2. A partir das normas apresentadas, pesquise normas correlatas que tenham aplicação nas ações de proteção ambiental.
3. Cite os planos de resposta apresentados neste capítulo e aplique-os para o gerenciamento de uma emergência de incêndio em uma planta industrial. Crie o seu cenário de forma a aplicar todos os planos.

18.9. Referências

ACSELRAD, H.; MELLO, C.A. (2002) Conflito social e risco ambiental: o caso de um vazamento de óleo na Baía de Guanabara in Ecología Política. Naturaleza, sociedad y utopía. Buenos Aires, Río de Janeiro: Consejo latinoamericano de ciencias sociales. CLACSO – Agencia sueca de desarrollo internacional. ASDI – Fundaçao Carlos Chagas Filho de Amparo a pesquisa do estado do Rio de Janeiro.

ARAÚJO, G.M. (2005) Segurança na Armazenagem, Manuseio e Transporte de Produtos Perigosos – Gerenciamento de Emergência Química. 2ª ed. Rio de Janeiro: Gerenciamento Verde Editora e Livraria Virtual, v. 1.

BRASIL. Ministério de Integração Nacional; Secretaria Nacional de Defesa Civil (SEDEC); Política Nacional de Defesa Civil (PNDC). (2004) Resolução CONDEC nº 2, de 12 de fevereiro de 1994.

BRASIL. Ministério de Integração Nacional; Secretaria Nacional de Defesa Civil (SEDEC). Política Nacional de Proteção e Defesa Civil (PNDEC). (2012). Lei nº 12.608, de 10 de abril de 2012.

CANETTI, M.D.; ALVAREZ, F.S.; RIBEIRO JÚNIOR, C.; BILATE, A. (2002) Manual de Medicina de Desastres. Rio de Janeiro: CBMERJ.

CAROLI, E. (1998) Formação e performance de crescimento comparadas em cinco economias da OCDE. In: THÉREC, B.; BRAGA, J.C.S. (orgs.) Regulação econômica e globalização. São Paulo: UNICAMP/Instituto de Economia.

DEMAJOROVIC, J. (2001) Sociedade de risco e responsabilidade socioambiental: Perspectivas para a educação corporativa. São Paulo: Editora São Paulo.

FRIEDMAN, T.L. (2008) Hot, Flat and Crowded. Why we need a green revolution — and how it can renew America. New York: Ferrar, Straus and Giroux.

GILL, A.A.; LEAL, O.L. (2008) Processo de Elaboração de Plano de Emergência. In: A segurança contra incêndio no Brasil. Projeto Editora São Paulo.

PHILLIPI JR., A.; SALLES C.P.; SILVEIRA, V.F. (2005) Saneamento do Meio em Emergências Ambientais. In: PHILLIPI JR., A. (org.) Saneamento, Saúde e Meio Ambiente — Fundamentos para um desenvolvimento sustentável. Barueri: Manole – Coleção Ambiental 2.

PORTO, M.F.S.; FREITAS, C.M. (1997) Análise de riscos tecnológicos e ambientais; perspectivas para a saúde do trabalhador. Cadernos de Saúde Pública, v. 13, suplemento 2. Rio de Janeiro: ENSP/Fiocruz, p. 58-72.

Rio de Janeiro. Lei nº 5101 de 04 de outubro de 2007. Dispõe sobre a criação do Instituto Estadual do Ambiente – INEA e sobre outras providências para maior eficiência na execução das políticas estaduais de meio ambiente, de recursos hídricos e florestais. Rio de Janeiro: Governo do Estado.

ROCHA JR., E.; COSTA, M.C.M.; GODINI, M.D. (2006) Acidentes Ampliados à Luz da "Diretiva Seveso" e da Convenção NR-174 da Organização Internacional do Trabalho (OIT). Revista de Gestão Integrada em Saúde do Trabalho e Meio Ambiente.

Sites.
http://www.demartiniambiental.com.br/docs/comriscos.doc. Acesso: 21 abr 2009.
http://www.uneptie.org/apell. Acesso: 21 abr 2009.
http://www.pnuma.org/industria_ing/documentos/Explicando-APELL.pdf Acesso: 21 abr 2009.
http:/www.gopp.cbmerj.rj.gov.br Acesso: 21 abr 2009.
http://www.gse.cbmerj.rj.gov.br/ Acesso: 15 abr 2009.
http://www.unece.org/trans/danger/publi/ghs/ghs_rev07/07files_e0.html. Acesso: 12 abr 2018.
http://www.unece.org/fileadmin/DAM/trans/doc/2016/dgac10/ST-SG-AC10-44a3e.pdf. Acesso: 3 abr 2018.

Capítulo	Engenharia de resiliência e

19

Engenharia de resiliência e novos paradigmas de gestão de segurança do trabalho

Karoline Pinheiro Frankenfeld
Ubirajara Aluizio de Oliveira Mattos

Conceitos apresentados neste capítulo

Em um mundo de riscos e segurança, no mundo da medicina, e na vida em geral, sempre se diz que é melhor prevenir do que remediar (HOLLNAGEL, 2009). Na verdade isso quer dizer que é melhor prevenir algo ruim do que ter que lidar com as consequências depois. Apesar disso, Hollnagel 2009 afirma que a prevenção perfeita é impossível e algo sempre pode dar errado. Em seu livro *The ETTO Principal*, ele cita a tese do sociólogo Charles Perrow ao observar que os sistemas produtivos ficaram tão complexos que os acidentes deveriam ser considerados eventos normais. Perrow, no seu livro *Normal Accidents*, publicado em 1984, diz que os sistemas se tornaram tão complexos que a interação não antecipada de múltiplas falhas irá gerar resultados não desejados, acidentes e desastres. Apesar dessa afirmativa, a verdade é que algumas organizações parecem capazes de gerenciar os riscos com mais sucesso que outras. Essa capacidade levou à criação da escola do pensamento chamada Organizações com Alta Confiabilidade. Previnir algo ruim de acontecer ao invés de lidar com as consequências parece obviamente algo vantajoso, mas para prevenir precisamos entender o porquê dos acontecimentos. Nesse sentido, este capítulo irá abranger conceitos relativos à engenharia de resiliência: o que é, como funciona e como mantê-la. Vai discutir o conceito de erro humano e suas influências nos sitemas, mostrando que o erro é inevitável. Irá abordar a importância das defesas dos sistemas e como elas atuam em um sistema resiliente.

19.1. Introdução

Engenharia de resiliência é um termo relativamente novo. *Afinal de contas, o que ele quer dizer?* Para compreendermos o que é a engenharia de resiliência, precisamos antes entender o que é resiliência. Wreathall (2006) define resiliência como uma capacidade da organização (sistema) em manter ou recuperar rapidamente um estado estável, permitindo a continuação das operações na presença contínua de tensões significativas. Já Weik e Sutcliffe (2007) afirmam que a resiliência envolve três habilidades:

a. absorver tensões e preservar a funcionabilidade apesar da presença de adversidades;
b. capacidade de se recuperar depois de um evento;
c. aprender e crescer com os episódios prévios.

Eles definem resiliência como a capacidade de se recuperar dos erros e de lidar com as surpresas do momento. Podemos definir sistemas resilientes como sistemas que possuem a capacidade de voltar para o estado inicial, após um evento que os tenha abalado, sem gerar consequências severas para o universo em que estão inseridos.

Sistemas resilientes são mais seguros e produtivos porque sua capacidade de absorver os estresses os mantém operando. Imaginem uma atividade que tenha sofrido uma tensão, por exemplo, uma queda de um trabalhador de uma altura de 5 m. *O que esse acontecimento irá gerar?* Podemos pensar em alguns desdobramentos:

a. Danos ao trabalhador, que irá parar imediatamente de produzir porque está ferido.
b. Atendimento desse trabalhador pelo serviço médico (parando pelo menos parte do processo produtivo).
c. Desmotivação por parte dos colegas desse trabalhador, que irão parar de produzir por algum tempo (pelo menos o tempo de se recuperar psicologicamente do evento).
d. Se o trabalhador for a óbito, o processo produtivo ficará parado até haver uma investigação por parte do Ministério do Trabalho.
e. Custos com a recuperação do trabalhador, seguros para a família, treinamento/contratação de um novo trabalhador etc.

Um sistema resiliente é capaz de absorver esse stress, minimizando estes desdobramentos. Este capítulo tem o objetivo de introduzir o conceito de resiliência dos sistemas e relacionar esse conceito com a segurança do trabalhador.

19.2. Resiliência e segurança do trabalhador

A Resiliência não é um conceito exclusivo de segurança do trabalho, mas se relacionarmos este conceito com o trabalhador e sua segurança a consequência mais severa que uma perturbação no sistema poderia gerar seria uma fatalidade.

Nessa perspectiva, um sistema resiliente não deveria permitir a morte de um trabalhador. A sua capacidade de absorver as perturbações não esperadas/desejadas deve ser tal que a consequência para o trabalhador não seja severa. Nesse sentido, a severidade de um evento é um conceito importante quando pensamos em sistemas resilientes.

Organizações que possuem taxa de gravidade de acidentes alta não possuem sistemas resilientes. Uma taxa de gravidade alta mostra que os acidentes são severos, ou seja, as consequências são muito impactantes.

Sistemas resilientes absorvem os erros e contêm suas consequências. De acordo com Muschara (2017), para aumentar a confiabilidade e a resiliência dos sistemas é necessário reconhecer algumas afirmações não realistas sobre as organizações:

a. Os sistemas são bem desenhados e bem mantidos. A planta física em si é segura.
b. Os designers dos sistemas antecipam as possíveis contingências. Não deveria haver surpresas.
c. Os procedimentos são completos e corretos, disponíveis e úteis para qualquer ocasião.
d. As pessoas se comportarão como é esperado, como elas foram treinadas.
e. Estar de acordo com os requerimentos nos mantém seguros e se as avaliações e auditorias têm resultado positivo, nada precisa mudar, tudo está bem.

Muschara (2017) constata que nem uma dessas afirmativas é completamente verdadeira. Ele diz que nenhum sistema é perfeito. As pessoas precisam se adaptar e criar segurança. A resiliência parte desse entendimento.

Agora que falamos da taxa de severidade, vamos falar da taxa de frequência. *Ela tem relação com a resiliência dos sistemas?* A resposta é simples. A frequência com que os acidentes ocorrem tem relação direta com os erros que os trabalhadores cometem durante a jornada de trabalho. Sistemas resilientes tentam diminuir a frequência desses erros, através da implementação de defesas que atuam diretamente no comportamento do trabalhador. Importante lembrar que não importa quantas vezes o sistema seja estressado, a severidade do resultado, em um sistema resiliente, deve ser baixa.

19.3. O trabalhador e sua interferência nos sistemas

O trabalhador interage com os sistemas de forma permanente. Essa interação gera a necessidade de tomadas de decisão, pelo trabalhador, de acordo com as mensagens que o sistema envia.

Um operador de máquina, por exemplo, vai tomar a decisão de aumentar o fluxo de lubrificação, diminuir a rotação, ou até mesmo parar a máquina, de acordo com as informações que esta mesma máquina envia (nesse caso, leitura do nível de óleo, temperatura/vibração, e limites de segurança excedidos respectivamente). Nessa relação existem vários fatores que influenciam diretamente o comportamento do trabalhador, que pode, dependendo de como esses fatores o influenciam, cometer um erro e gerar um desequilíbrio no sistema. Muschara (2017) observa que é possível mudar um comportamento da noite para o dia gerenciando de forma inteligente os fatores locais. Estes fatores são:

1. Expectativas e requerimentos

    As expectativas que a organização tem em relação ao trabalhador devem ser claras. Deve existir o entendimento, por parte do trabalhador, de que a tomada de decisão deve ser sempre em prol da segurança e não da produção. Se essa mensagem for dúbia, o trabalhador pode tomar uma decisão equivocada. Uma organização que coloca a segurança do trabalhador e do processo em primeiro lugar possui expectativas e requerimentos muito rígidos em relação à segurança.

2. Ferramentas e recursos

    O trabalhador vai entregar o trabalho que foi solicitado pela organização. Ele fará o que acredita ser necessário para ter sucesso nas suas atividades (MUSCHARA, 2018). Assim, as ferramentas e os recursos disponíveis para a execução das tarefas são fatores extremamente importantes nesse processo. Se o trabalhador precisar adaptar uma ferramenta, por exemplo, a chance de cometer um erro irá aumentar muito.

3. Incentivos e desincentivos

    Os trabalhadores percebem o tempo todo como seus líderes atuam. Se um trabalhador percebe que seu líder recompensa somente funcionários que produzem mais (quanto produzem e não como produzem), a tendência é que eles também se importem mais com a produção e não com a forma (com a quantidade e não com o método) com que o produto é entregue. Mudar o comportamento dos trabalhadores requer muito esforço dos gerentes e dos supervisores (MUSCHARA, 2018). Esse fator impacta diretamente a decisão do trabalhador.

4. Conhecimento e habilidade

    A competência e expertise das pessoas, o entendimento do trabalho, da tecnologia envolvida, dos fundamentos, das teorias e sistemas incluindo as habilidades, nível de proficiência e experiência também influenciam no comportamento das pessoas dentro das organizações (MUSCHARA, 2018).

5. Capacidade

    Fatores emocionais, mentais e físicos das pessoas influenciam a capacidade e habilidade do indivíduo de executar o que é esperado no ambiente de trabalho (MUSCHARA, 2018). Nem sempre um trabalhador tem as capacidades necessárias para executar uma atividade. Podem existir limitações físicas, psicológicas, intelectuais que impeçam a melhor tomada de decisão.

    Entender a capacidade dos trabalhadores e respeitar essas limitações é muito importante para minimizar a chance de erros dos trabalhadores.

6. Expectativas, motivação e preferências pessoais

    As atitudes das pessoas, suas motivações, suas expectativas, preferências relativas às suas necessidades pessoais de segurança, sucessos e controles influenciam no comportamento delas dentro das organizações (MUSCHARA, 2018).

Os 3 primeiros fatores são gerados pela própria organização e, dependendo da sua cultura de segurança, podem exercer uma influência positiva ou negativa no comportamento do trabalhador. Muschara (2018) afirma que os gerentes têm significativa responsabilidade a respeito dos comportamentos e decisões das pessoas através do gerenciamento dos fatores locais. A influência positiva aumenta a probabilidade de o trabalhador tomar as decisões acertadas, durante a execução das atividades. Já a influência negativa diminui essa probabilidade, aumentando a chance para a ocorrência de um erro por parte do trabalhador.

A Figura 19.1 tenta exemplificar essa relação. A organização, a partir de sua cultura de segurança, cria fatores locais que influenciam diretamente a decisão dos trabalhadores durante a execução das atividades.

Figura 19.1 – Influência da organização na decisão dos trabalhadores.

ORGANIZAÇÃO ➡ FATORES LOCAIS ➡ TRABALHADORES

Fonte: Acervo do autor.

De acordo com Reason (1997), de 80 a 90% dos acidentes no ambiente de trabalho são causados por erros humanos. Assim, é de extrema importância o entendimento das causas dos erros e da preparação dos sistemas para recebê-los. Esses erros são induzidos aos trabalhadores pelo sistema. Procedimentos confusos, falta de sinalização, sensores com falta de manutenção, são exemplos de condições existentes nos sistemas que podem gerar uma ação (ou não ação) equivocada por parte do trabalhador.

19.4. Erro humano e confiabilidade humana

O ser humano erra. Essa afirmativa parece ser tola, mas é de extrema relevância para entender a resiliência dos sistemas. De acordo com Edkins (2016), pesquisas mostram que, independentemente da atividade que está sendo conduzida, o homem erra de 3 a 6 vezes por hora. Já Coklin (2012) afirma que um trabalhador normal comete de 5 a 7 erros por hora. Dentro do programa Seis Sigma (uma ferramenta de qualidade que mostra a eficiência dos processos de acordo com o número de não conformidades geradas por ele), o ser humano é um Três Sigma.

O que isso quer dizer? Um processo Seis Sigma gera 3,14 erros a cada 1 milhão de oportunidades (Frankenfeld, 2003). Processos Seis Sigma são extremamente eficazes, mas mesmo assim, para algumas indústrias, ainda não são eficazes o suficiente. Imaginem na indústria da aviação. A cada 1 milhão de voos feitos, 3,14 deles teriam algum problema.

De acordo com o site Diário de Notícias, em 2017 o mundo ultrapassou a marca de 100 mil voos feitos por dia. Se a indústria da aviação se contentasse em ser Seis Sigma, a cada 10 dias poderiam ocorrer 3,14 desastres aéreos.

Imaginem então a probabilidade de geração de erro do ser humano. Ser Três Sigma é muito menos eficaz. Ser Três Sigma, na prática, quer dizer que a chance de acerto a cada decisão que o ser humano toma é de 99%. Isso quer dizer que ao executar um procedimento que possua 100 passos, por exemplo, a chance de um trabalhador acertar todos os passos é de 37%.

Esse panorama traz outro conceito importante, que é a complexidade. Um sistema complexo possui variáveis interdependentes e, por conta disso, é de difícil interpretação por parte dos trabalhadores. De acordo com Dekker (2006), os acidentes emergem da complexidade dos sistemas, não da sua aparente simplicidade. Ele afirma que a ocasional contribuição humana para as falhas ocorre porque sistemas complexos necessitam de uma contribuição humana muito grande para a criação de segurança. O inimigo da segurança não é o ser humano e sim a complexidade (WOODS et al., 2010).

Desse modo é de extrema importância entender que o ser humano erra. E muito. E que não será diferente no local de trabalho, seja operando uma máquina, pilotando um avião ou montando um andaime em uma obra. O erro irá ocorrer. Ainda mais em sistemas complexos. Sendo as pessoas que desenham, fabricam, operam e mantêm sistemas tecnológicos complexos, é muito pouco surpreendente que as decisões humanas estejam envolvidas em todos os acidentes organizacionais (REASON, 1997). O primeiro passo para criar um processo seguro é aceitar o erro humano como parte deste processo.

Por que aceitar o erro humano como parte do processo é importante? Vimos que o ser humano erra de 3 a 6 vezes por hora. Vimos também que os erros irão estressar o sistema de alguma maneira e que, em segurança, esses erros gerados pelos trabalhadores irão acarretar acidentes de trabalho. Infelizmente é impossível eliminar esses erros. Eles são parte da condição humana. São inerentes ao ser humano. Operadores cometem erros apesar de processo de seleção e treinamentos (WOODS et al., 2010). Conklin (2012) afirma que errar é uma parte previsível e natural do ser humano.

Se não podemos eliminar esses erros, como garantir um sistema seguro? Vamos pensar em uma viagem de avião saindo do Rio de Janeiro e indo para Houston, nos Estados Unidos. Essa viagem tem duração de 10 horas. Levando em consideração a taxa de erro humano, o piloto e copiloto teriam cometido pelo menos de 30 a 60 erros cada um. A pergunta é: *Como o avião pousa em Houston após 10 horas de voo e 120 erros? Por que o avião não cai?* A resposta é: resiliência. Os aviões são produzidos de forma a absorver os erros. Sistemas com alta confiabilidade aceitam a inevitabilidade dos erros (WEIK & SUTCLIFFE, 2007). Isso quer dizer que existem defesas nesses sistemas para que os erros não causem um impacto severo. Ainda sobre erro humano sugerimos a leitura do Capítulo 15. Falaremos destas defesas mais adiante.

19.5. Relação entre erros e acidentes

E por que é tão importante entender os erros humanos nos processos produtivos? A resposta é simples. Os erros são os causadores dos eventos não desejados no ambiente de trabalho. *Mas o que são erros?* São eventos não intencionais. Errar nunca será uma escolha. O erro é simplesmente um desvio não intencional de um comportamento esperado

(CONKLIN, 2012). Estes erros geram os eventos que são o resultado não desejado, envolvendo transferência de energia, substâncias ou informação que podem ferir pessoas, danificar um equipamento, ou o meio ambiente. Importante compreender que a ocorrência de um erro não necessariamente gera um acidente. Hollnagel (2004) define os acidentes como uma árvore lógica, como mostra a Figura 19.2.

Figura 19.2 – Definição de acidente por árvore lógica.

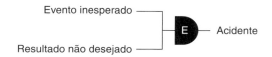

Fonte: Adaptação de Hollnagel (2004).

Nessa lógica, um evento inesperado e um resultado não desejado são condições que precisam existir para a ocorrência de um acidente. Um evento inesperado sem resultado não desejado não é, portanto, um acidente.

Outro conceito importante é o de violação. Erros são não intencionais. Quando uma pessoa erra, pode-se concluir que ela não tinha a intenção de fazê-lo. A violação é algo distinto. Quando uma pessoa comete uma violação, ela tem a intenção de fazê-lo. A ação é intencional, não necessariamente as consequências. A pessoa sabe dos riscos e mesmo assim toma a decisão, mas não tem noção das consequências que essas ações vão gerar. Quando uma pessoa toma uma decisão intencionalmente e conhece exatamente as consequências dessas ações, entramos em outro conceito que é o de sabotagem (REASON, 1997).

Existem 2 tipos de erros. Erros latentes e erros ativos.

a. Erros latentes

Erros latentes são aqueles que, ao serem cometidos, criam uma condição insegura. Exemplo: ao finalizar uma tarefa, um funcionário não retira o cabo de alimentação de gás comprimido do caminho. O cabo naquele local cria uma condição insegura (risco de queda de mesmo nível).

b. Erros ativos

Erros ativos são aqueles que, ao serem cometidos, geram uma consequência imediata. Exemplo: Bater com uma empilhadeira na estante de armazenamento de tubos e, esta batida, gerar a queda de tubos da estante. Nesse caso, o erro gerou um evento e não uma condição.

É importante entender que os erros, latentes ou ativos, podem ocorrer. Como vimos anteriormente, é impossível eliminar os erros. Podemos minimizá-los através da implementação de sistemas de gestão (veremos mais adiante quando falarmos de Defesas dos Sistemas), mas sabemos que não é possível eliminá-los por completo.

Os erros latentes irão gerar condições inseguras. Se os erros latentes não forem ativados, eles não gerarão nenhum tipo de consequência. Nesse sentido, corrigir as condições inseguras no ambiente de trabalho é chave para a manutenção da segurança.

A severidade dos eventos aumenta com a quantidade de condições inseguras que existam no local de trabalho, ou seja, com as deficiências escondidas nesses locais. Com o trabalho "A Strategy Approach to Managing Human Error Risk", Muschara menciona uma pesquisa feita pelo Departamento de Energia de Idaho. A pesquisa revela que a severidade dos eventos está relacionada com as fraquezas latentes do sistema. O estudo afirma que essas fraquezas nada mais são que as deficiências escondidas nos sistemas de gestão, processos e práticas, e que degradam as defesas da organização. A severidade das consequências, depois de um erro, depende da integridade das defesas e não do erro. Se pensarmos em uma viagem de carro, podemos tentar exemplificar essa relação.

Supondo que o cinto de segurança do motorista esteja quebrado, que o *air bag* não funcione e que os pneus estejam "carecas", *o que acontecerá caso o motorista cometa um erro e bata com o carro?* O motorista provavelmente sofreria ferimentos graves. Essas condições são condições latentes pois, enquanto o erro ativo (batida) não aconteça, elas não geram nenhum tipo de consequência, mas quando um erro ativo acontece, essas condições aumentam a severidade. Assim, é extremamente importante criar algum tipo de mecanismo que ajude a organização a encontrar as condições inseguras e eliminá-las. Atividades como "caça a perigos" ou inspeções de segurança direcionadas a encontrar condições inseguras são exemplos de ferramentas que podemos usar para não permitir que as condições inseguras permaneçam e cresçam no ambiente de trabalho, potencializando as consequências de futuros erros ativos.

19.6. Armadilhas geradoras de erros

Mas por que os erros acontecem? Como falamos anteriormente, os erros são necessariamente não intencionais. Ninguém erra porque quer, de maneira proposital. Os erros acontecem diretamente pela forma com que a mente processa a informação, não por estupidez ou falta de cuidado (BONO, 2017). Podemos interpretar que o erro é gerado por uma falha de comunicação do trabalhador com o sistema. O sistema manda uma mensagem confusa para o trabalhador, que, dentro das suas capacidades e com as informações que possui, toma uma decisão.

O grande problema é a informação confusa que vem do sistema. Ela abre espaço para que o trabalhador tome uma decisão errada e, consequentemente, gere um acidente.

Vamos revisar alguns exemplos simples. Imaginem um procedimento para fazer um aviãozinho de papel. Nesse procedimento estão os passos para transformar uma folha A4 em um aviãozinho de papel. O primeiro passo do procedimento é: a) Dobrar a folha ao meio. Ora, parece muito simples, mas existem duas possibilidades para dobrar a folha ao meio. Podemos dobrá-la na horizontal ou na vertical. Esse procedimento já abre uma possibilidade de 50% de erro para o trabalhador, que irá tomar a decisão de acordo com suas capacidades, habilidades e experiências anteriores. Os procedimentos devem ser claros e precisos. A mensagem não pode ser dúbia ou confusa. Vamos revisar outro exemplo. Imaginem na enfermaria de um hospital frascos de remédios idênticos com diferentes drogas dentro de cada um. Fica fácil em uma situação de emergência um profissional se confundir e utilizar a droga errada no paciente. Inclusive tivemos um caso similar no Brasil em 2010. Vamos revisar esse caso em detalhes e ver como as armadilhas do sistema podem ocasionar erros e, consequentemente, acidentes. A seguir, o detalhamento de acordo com entrevista da auxiliar de enfermagem envolvida no evento, divulgada no programa de televisão Fantástico no dia 5 de dezembro de 2010.

"Cheguei lá, peguei plantão, como de costume. Por volta das três horas [da tarde], a Stephanie deu entrada", lembra. "A menina tinha sintomas de virose, como mal-estar e vômitos. A enfermeira decidiu levar ela direto para a sala de hidratação, que é onde eu fico, para que as doutoras fossem atender ela direto lá", diz a auxiliar. No depoimento à polícia, ela informou que foram receitados dois litros de soro, com remédios e glicose. Stephanie começou a receber a medicação e, segundo a auxiliar, logo pareceu mais bem disposta. "Ela já estava mais corada, brincando. Eu até fui lá, conversei com ela um momento, brinquei com ela." A auxiliar notou que precisava buscar mais soro, para a terceira e última dose, e se dirigiu a uma espécie de depósito. Lá, de acordo com a auxiliar, havia um grande armário com três divisões. Numa ponta, roupas de cama. Na outra, seringas e máscaras. "E a parte do meio é só soro. Sempre teve só soro", afirma. "Então, eu agachei. Esse soro estava na última prateleira. Enfiei a mão dentro do armário, peguei duas garrafas que estavam uma do lado da outra, voltei para a sala de hidratação, que é onde a menina estava." As garrafas a que auxiliar de enfermagem se refere são praticamente idênticas. "Fui colocar as garrafas em cima da mesa. Eu olhei uma garrafa e vi: 'solução de reparação', que é o soro. E na outra eu olhei, mas eu não vi. Eu acreditei, eu jurava de pés juntos que as duas garrafas se tratavam da mesma coisa. De soro." Enquanto colocava a garrafa no suporte, a auxiliar diz que uma colega entrou na sala e puxou conversa "para falar de outras crianças que iam ter que entrar para ser atendidas". A substância começou a ser injetada em Stephanie. "E saí para atender as outras crianças, outras coisas, um monte de coisa que precisa ser feita." Cerca de meia hora depois, segundo ela, a mãe de Stephanie disse que a filha não estava se sentindo bem. "Ela disse: 'Mãe, minha boca está formigando. Minha garganta está formigando'", relata Rosiani Mércia Teixeira, mãe de Stephanie. "O doutor questionou então a medicação que estava correndo. Eu olhei e falei: 'solução de reparação'. Pelo aspecto da garrafa, a gente já conhece. Uma colega da auxiliar checou o rótulo da garrafa. Aí, ela falou o que era para mim e pro doutor. Era vaselina. Aí, eu já entrei em desespero. Falei: 'Impossível'". A auxiliar de enfermagem diz que nunca tinha visto vaselina naquele recipiente. "Durante todo o tempo que eu trabalhei lá, eu só tinha visto soro naquela garrafa. Nunca tinha visto outra coisa, medicação, nada." Ela diz que não tem ideia de quem guardou a vaselina no lugar errado.

Esse caso aconteceu no estado de São Paulo e infelizmente foi uma fatalidade. Analisando o depoimento da profissional é possível perceber que existiu um erro. O erro foi a troca do medicamento. A grande questão é a seguinte: *Resolvemos o caso admitindo que o evento aconteceu por causa de um erro humano? Essa é a causa raiz do evento?* De acordo com Dekker (2006), erros humanos são sintomas de problemas mais profundos. Isso quer dizer que o erro humano é o ponto inicial da investigação. Ele afirma que o erro humano não é a explicação do problema. O erro em si demanda uma explicação. A racionalidade local, conceito de sistemas resilientes, diz que o ser humano toma as decisões que toma porque fazem sentido para ele, caso contrário, não o faria (DEKKER, 2006).

Assim, precisamos entender como foi possível este erro acontecer. *Por que fez sentido para a auxiliar de enfermagem utilizar o medicamento equivocado na paciente?* Se não entendermos o "como" e nos contentarmos em dizer que a causa do evento foi erro humano, estaremos abrindo a porta para que um novo evento aconteça (com outro ser humano porque provavelmente a profissional será culpada pelo evento e despedida). Admitir que um evento foi causado por um erro humano é só o início do processo.

Precisamos entender como foi possível, no caso anterior, a construção do evento. Perguntas como: Por que drogas diferentes são armazenadas em frascos idênticos? Como drogas diferentes e em frascos idênticos são armazenadas no mesmo lugar? Como é feita a identificação do produto (tamanho de fonte, cores, símbolos que chamem a atenção dos funcionários)? Em que nível de estresse se encontrava o profissional (quantas horas de trabalho, que ritmo de trabalho)? Que tipo de verificação é feita antes de administrar uma medicação para um paciente? Que tipo de inspeção é feita nos locais de armazenamento de medicamentos?, entre outras.

Culpar a auxiliar de enfermagem não irá resolver o problema do evento. Precisamos entender as armadilhas que fizeram com que ela se equivocasse. Entender as armadilhas e retirá-las do sistema irá contribuir para minimizar os erros. No caso anterior existem duas armadilhas claras: drogas diferentes em frascos idênticos e armazenamento de drogas diferentes em frascos idênticos no mesmo local.

Um exemplo muito didático foi mencionado por Reason (2008), exemplificando como são calculadas as dosagens de medicação de drogas em alguns hospitais americanos. Alguns equipamentos são calibrados considerando mm/litro e outros, mm/dia. Profissionais de saúde que estão distraídos, trabalhando com as várias necessidades diárias, acabam liberando dosagem equivocada. A falta de padronização nesse caso é a armadilha que aumenta a possibilidade de erros.

Outro exemplo de armadilha do dia a dia. Telefones fixos que possuem teclas de "mute" (mudo) e "speaker" (viva voz) uma do lado da outra. Durante reuniões telefônicas é muito comum que os profissionais queiram tirar do mudo para falar, mas acabam se confundindo e apertando o viva voz, desligando imediatamente o aparelho. Se os botões fossem diferentes, de cores diferentes e posicionados em locais diferentes no painel do telefone, a chance de erro diminuiria.

Procurar armadilhas, estudá-las e retirá-las do sistema ajuda muito na segurança do trabalho e impacta imediatamente na taxa de frequência dos acidentes. Quanto menos erros, menos acidentes. Lembrem-se que de 80% a 90% dos acidentes são gerados pelos erros humanos.

19.7. Trabalho pensado x trabalho executado

É no início do século XX que Taylor, com a Organização Científica do Trabalho, mais tarde conhecida como taylorismo, desenvolve a noção de trabalho prescrito, através dos Princípios da Administração Científica, buscando determinar tempos, regras e movimentos, visando a ditar modos operatórios (LAVILLE, TEIGER & DANIELLOU, 1989).

A noção de trabalho prescrito contempla duas dimensões que se complementam (GONÇALVES et al., 2001):
a. O **trabalho teórico** expresso na forma das representações sociais existentes no contexto produtivo e se apresentando nos diferentes modos de olhar dos sujeitos.
b. As **tarefas** definidas em situações específicas que dão visibilidade à chamada organização do trabalho.

Os seus pressupostos incorporaram-se às ciências que estudam o trabalho, em particular os procedimentos de análise de cargos, os métodos para sua execução e resultados esperados (CHIAVENATO, 1998). O conceito de tarefa pode ser definido como um objetivo posto em condições determinadas, para um sujeito determinado (LEPLAT & HOC, 1983). Nesta noção de trabalho prescrito, o trabalhador para executar a tarefa deverá possuir aptidões buscadas em testes psicotécnicos. Segundo Clot (2010, p. 212), "as aptidões estão nas situações de trabalho ..." elas "não estão de início no sujeito, mas estão nos problemas postos pelas situações".

Para Maurice Faverg (apud CLOT, 2010, p. 212), "a análise do trabalho entra com as aptidões, porém ela deve retornar à situação, pois é na situação que se encontram as raízes da competência".

A situação é o trabalho real, o que os ergonomistas denominam atividade, aquilo que realmente é executado. Esses termos trabalho real e trabalho prescrito foram cunhados por Alain Wisner em 1955 (CLOT, 2010).

Diferente do trabalho prescrito, na situação real podem ocorrer improvisação dos meios de trabalho, materiais e procedimentos realizados pelo trabalhador não previstos no trabalho prescrito.

Nessas condições muitos acidentes e doenças ocupacionais têm ocorrido. Portanto, a investigação dos fatores de riscos de acidentes e cargas de trabalho deverá ser realizada com base no chamado trabalho real, aqui também chamado trabalho executado, e não no trabalho prescrito ou aqui chamado trabalho pensado. Pois somente dessa forma será possível entender o que de fato aconteceu e assim propor as intervenções necessárias para promover a segurança e a saúde do trabalhador.

Com base no que foi descrito anteriormente, seria muito importante que o trabalho pensado fosse muito similar ao trabalho real, ou seja, que os procedimentos (expectativa) realmente descrevessem o que acontece no mundo real. Dessa forma, a execução não seria tão diferente da expectativa. Os procedimentos levariam em consideração os riscos presentes e definiriam os controles para estes riscos. Se o trabalhador se afasta muito, durante a execução, da forma como o trabalho foi pensado, ele pode estar se expondo a riscos não imaginados e, por isso, não controlados. Na Figura 19.3, uma explicação visual do que chamamos *blue line* (trabalho real).

Figura 19.3 – Trabalho executado x pensado.

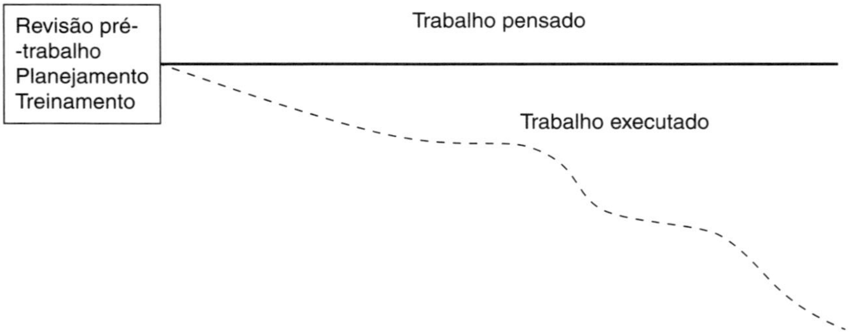

Fonte: Adaptação de Coklin (2012).

A linha preta é a representação do trabalho pensado, ou seja, aquele que foi escrito no procedimento, a expectativa da organização. A maneira correta de desenvolver essa expectativa é unindo os executantes da tarefa para que estes possam definir o passo a passo, incluindo os riscos e os controles que devem ser considerados.

A linha tracejada é a execução da tarefa. Percebe-se que existe uma variação entre o trabalho pensado e o trabalho executado. Essa variação é normal, de acordo com as habilidades de cada trabalhador. Sempre irá existir um desvio entre o pensado e o executado. O problema é quando esse desvio é muito grande. Quando isso acontece, riscos não explorados durante a execução do procedimento (trabalho pensado) começam a aparecer e os controles podem não estar presentes.

Quanto mais a execução (linha tracejada) se afasta do trabalho pensado (linha contínua) mais chance de algo dar errado. Sistemas resilientes observam a execução do trabalho e a compara com os procedimentos para entender os *gaps* e tentar corrigi-los.

Procedimentos são desenvolvidos por seres humanos, que são Três Sigma. Isso quer dizer que possuem erros, discordâncias, falta de clareza e muitas vezes impossibilidades. Podem até ser inexequíveis.

Depois de um acidente, muitas vezes os trabalhadores são culpados por não terem seguido o procedimento. Segundo Dekker (2006), procedimentos por si só não são capazes de aumentar a segurança.

Imaginem uma atividade de içamento de carga. Imaginem que esta carga deva ser apoiada em uma mesa de diâmetro igual ao da carga. Imaginem agora que o procedimento de içamento de carga dessa organização proíba que o trabalhador toque a carga. Qual a dificuldade de executar a tarefa nesse caso?

Agora imaginem que o procedimento diga que o trabalhador tenha que ficar a 2 m da carga que está sendo içada.

Como executar esse passo do procedimento se o controle remoto do equipamento que iça a peça está conectado ao equipamento por um cabo de 1,5 m? *Entendem a dificuldade?*

Como disse Dekker (2006), os trabalhadores têm que criar segurança enquanto executam suas atividades. Eles precisam decidir entre seguir um procedimento inexequível ou "dar um jeito". As pessoas darão um jeito de cumprir a tarefa para a qual foram designadas. Assim, é de extrema importância que a execução se aproxime o máximo possível da linha preta. Para isso é necessário que a organização avalie as atividades, compare-as com os procedimentos, chame os operadores, as pessoas que executam as atividades para ajudar na elaboração dos procedimentos, exibindo as dificuldades existentes durante a execução para que estas sejam consideradas.

Procedimentos desenvolvidos por gerentes que não realizam a atividade, na maioria das vezes, não são procedimentos exequíveis e tendem a aumentar o desvio, aumentando, assim, a chance de acidentes.

Existe um conceito muito importante. O conceito de *trade off* (troca). As pessoas, nas suas atividades diárias, rotineiramente fazem uma escolha entre ser efetivo e ser cuidadoso (pensar nos riscos, pensar na atividade), já que é raramente possível ser as duas coisas ao mesmo tempo (HOLLNAGEL, 2004). Ainda de acordo com Hollnagel, quando a demanda por produtividade é alta, o tempo para pensar é reduzido até que o objetivo da produção seja alcançado. De acordo com Muschara (2018), uma atividade é composta por dois tempos, o tempo de pensar e o tempo de executar. A seguir a equação que mostra essa relação. O tempo total (Tt) da atividade é igual ao tempo de pensar (Tp – ser seguro) somado ao tempo de executar (Te – produzir).

$$Tt = Tp + Te$$

Assim, quando a demanda da produção é alta, o trabalhador precisa de mais tempo para a execução, diminuindo o tempo para ser seguro. Essa relação é como se fosse uma balança pesando para um lado e para outro. O *trade off* está presente todo o tempo. O trabalhador oscila de um lado para o outro, tentando atingir as metas da organização. O sucesso é o equilíbrio.

Hollnagel (2004) observa que se o tempo de pensar dominar as ações, a organização pode perder o "timing" e as atividades serem feitas com muito atraso. Se o tempo de executar dominar, o controle da situação pode ser perdido porque as atividades podem acabar sendo feitas antes das condições estarem corretas. Nesse caso abre-se precedente para um acidente.

Apesar de sabermos que essa relação entre ser seguro e ser produtivo existe o tempo todo, é muito importante entendermos que em alguns momentos precisamos que os trabalhadores gastem o tempo necessário para pensar, mesmo que isso afete de alguma forma a produção.

Durante os passos críticos das atividades a organização precisa permitir que os trabalhadores pensem e entendam os riscos e os controles necessários, mesmo que com isso atrasem um pouco o andamento das atividades.

O que são os passos críticos? Passos críticos são os passos que não possuem volta atrás. São os momentos em que a decisão do trabalhador vai gerar uma consequência imediata. Cocklin (2012) define passo crítico como uma parte do processo de trabalho que, em caso de falha, gerará uma consequência não desejada imediata para a segurança, o meio ambiente ou politicamente para a organização, o público ou trabalhadores.

Um exemplo clássico é o envio de um email. Enviar um email é um passo crítico. Se nesse email alguém estiver copiado por engano, ou se a mensagem for muito ríspida, não existe forma de voltar atrás. Quando o email for enviado, não haverá retorno.

Dentro de uma atividade podem existir vários passos críticos. É importante que os trabalhadores entendam os riscos envolvidos nesses passos e estejam seguros de que as defesas estão implementadas. Caso contrário, em caso de erro, pode haver consequências graves.

19.8. Sistemas resilientes e suas defesas

Como falamos anteriormente, sistemas resilientes possuem a capacidade de absorver os erros, voltando ao seu estado normal ou próximo dele sem gerar consequências severas. Até agora falamos sobre os erros. Como são gerados, como podemos minimizá-los e que não podemos evitá-los por completo. Sistemas resilientes possuem defesas que, de alguma forma, os protegem desses estresses, eliminando ou diminuindo o resultado (no nosso caso, o acidente). A falha ou a não existência de uma ou várias defesas pode ser a razão pela qual um acidente acontece (HOLLNAGEL, 2004), assim como a existência de defesas pode reduzir acidentes e suas consequências.

A segurança não é a não existência de erros, mas sim a existência de defesas no sistema (CONCKLIN, 2012). Sistemas resilientes possuem defesas para absorver os erros e evitar os acidentes. Existem 3 tipos de defesas. Uma delas a **pró-ativa**, que permite a antecipação, evitar a ocorrência do erro. As outras duas são **reativas**, ou seja, são implementadas para eliminar ou controlar o erro, ou remediar, diminuir suas consequências. Podemos pensar da seguinte forma, conforme mostrada na Figura 19.4.

Figura 19.4 – Representação das defesas em um sistema.

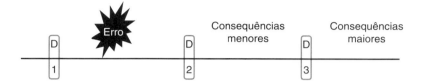

Fonte: Adaptação de Muschara (2018).

De acordo com a Figura 19.4 as defesas se colocam em diferentes partes do sistema. As defesas que reduzem a ocorrência de erros são necessárias e denominadas CONTROLES (MUSCHARA, 2018). Esta é a primeira linha de defesa do sistema. Essa defesa tenta fazer com que o trabalhador execute a tarefa exatamente como ela deve ser executada. Exemplos desse tipo de defesa são: procedimentos, sinalização, alarmes e treinamentos. Essas defesas tentam moldar a atitude do trabalhador ao executar uma atividade fazendo com que a ação seja o mais próximo possível do imaginado.

As defesas chamadas BARREIRAS protegem o sistema de perigos não controlados (MUSCHARA, 2018). Apesar de todos os controles implementados, sabe-se que o ser humano irá errar, e, quando isso acontecer, as barreiras têm papel fundamental para impedir que este erro gere um acidente. Exemplos de barreiras são: *poka yokis*, sensores interlock, sensores de leitura digitais, guardas de máquinas etc. Segundo Muschara (2018), caso a segunda defesa não funcione, o dano acontecerá. Por isso é necessário mais uma linha de defesa para mitigar o dano. Ele chama de SALVAGUARDA essa terceira e última defesa. Exemplos de salvaguardas são: equipamento de proteção individual (cintos de segurança, entre outros), *air bags*, sistemas de sprinklers etc. É importante perceber que um sistema resiliente conta com várias defesas. Quanto mais defesas existem no sistema, menos chance de um acidente acontecer, isso porque, de acordo com Reason (1997), para existir o acidente, as defesas precisam se alinhar (Figura 19.6). Ele afirma que esse alinhamento é difícil por causa da multiplicidade de defesas. Ora, alinhar 2 defesas é muito mais fácil do que alinhar 5, 6 ou 7. Por isso, quanto mais defesas inserirmos, mais seguro tornaremos o sistema. As defesas sofrem com o tempo. Elas vão se deteriorando. *E o que isso quer dizer?* Vamos usar o exemplo de um checklist de pré-uso relacionado com o içamento de cargas.

As defesas sofrem com o tempo. Elas vão se deteriorando. E o que isso quer dizer? Vamos usar o exemplo de um checklist de pré-uso relacionado com o içamento de cargas.

Antes de realizar qualquer içamento, o trabalhador pode aplicar um checklist para verificar as condições do equipamento que será utilizado para realizar esse içamento. Qual o objetivo deste checklist? O objetivo é o de verificar se o equipamento está operacional.

Imaginem um trabalhador içando uma peça de 3 toneladas e, ao tentar baixar a peça, o equipamento não funcionar. Como será retirada a peça? Quanto tempo será perdido nessa manobra? Por isso é importante confirmar que o equipamento funciona perfeitamente. Esse checklist é uma Defesa. Ele é feito antes do içamento com o objetivo de evitar que o erro aconteça. Assim, essa defesa é um controle. Caso o checklist fosse feito depois da atividade, ele seria uma barreira. Um bom exemplo pode ser a construção de um andaime. O checklist pode ser aplicado com o objetivo de verificar se algum erro foi cometido durante a construção do andaime. Ou seja, encontrar condições inseguras criadas por erros latentes. Nesse caso, o erro já aconteceu e a defesa então é reativa.

Perguntas como: 1) A capacidade do equipamento é suficiente para suprir a capacidade da carga? 2) Os comandos de direita e esquerda estão operacionais? 3) Os sensores de final de curso estão operacionais? 4) O alarme sonoro esta funcionando?

Estes são alguns exemplos de perguntas que um checklist pode apresentar. As perguntas levam em consideração os itens necessários para executar a atividade de forma segura. Um trabalhador que faz esse checklist todos os dias fica "acostumado" com essas perguntas. Ele entra em um modo automático. Em algum tempo ele irá responder as perguntas sem verificar de forma detalhada. No automático. Isso é um exemplo de deteriorização da defesa. É como se a defesa já não fosse tão forte, tão intransponível como no momento em que foi implementada. Na Figura 19.5, segue ilustração do que seria uma defesa robusta e uma deteriorada.

Figura 19.5 – Defesa robusta x defesa deteriorada.

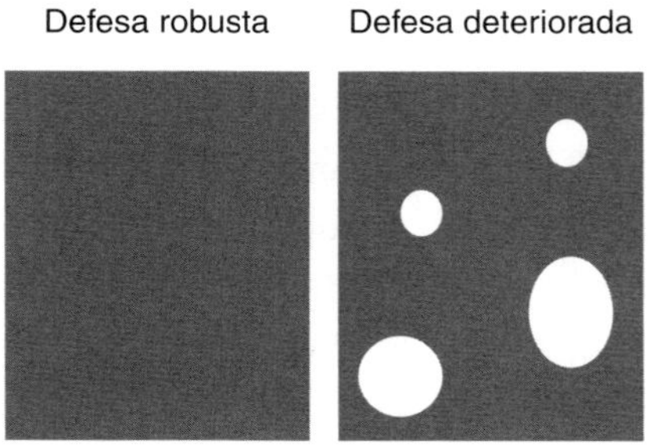

Defesa robusta   Defesa deteriorada

Fonte: Acervo do autor.

As manchas brancas na Defesa Deteriorada (Figura 19.5), para este exemplo do checklist de içamento, representam as falhas ou descontinuidades existentes quando o trabalhador fica "acostumado" e entra no modo automático.

Para que os acidentes aconteçam é necessário que muitas variáveis se alinhem. Para que o erro gere o acidente, todas as debilidades das defesas devem se alinhar. O modelo de falha de James Reason, representada por um queijo suíço (Figura 19.6), é muito didática para mostrar essa relação.

Figura 19.6 – Modelo de falha de James Reason – o queijo suíço.

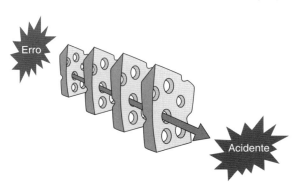

Fonte: Adaptação de Reason (1997).

Observa-se que, no canto superior esquerdo, o erro é cometido e passa por todas as defesas gerando o acidente. Assim, uma pergunta se faz necessária: *Como é mais fácil que as debilidades se alinhem? Quando existem mais ou menos defesas em um sistema?*

Como resposta tem-se que: Quanto mais defesas em um sistema, menos chance das debilidades se alinharem e, portanto, menos chances de ocorrer um acidente. Como é impossível eliminar o erro, é fundamental que o sistema esteja preparado para ele.

É imprescindível a implementação das defesas. Quanto mais defesas, mais seguro o sistema, e quanto mais redundâncias, mais caro um sistema custa. *Mas o que são redundâncias?* Vamos imaginar um sistema de combate a incêndio em uma plataforma de petróleo. Em caso de um incêndio, confiamos que o sistema de combate a incêndio vai funcionar e atuar como planejado. Imaginem agora que por algum motivo a bomba de água não funcione. O que fazer nesse momento? O incêndio se alastrando na plataforma e a brigada de incêndio sem água para o combate. Essa é uma situação inimaginável. Não existem bombeiros no meio do mar para serem chamados e chegarem minutos depois. Por mais que seja possível evacuar a plataforma e, se tudo der certo, salvar todas as vidas, a plataforma em si será perdida caso o fogo não seja combatido. Estamos falando aqui de alguns milhões de dólares (uma consequência muito severa). *Podemos impedir que a bomba de água falhe?* Podemos minimizar essa chance, efetuando todas as manutenções e inspeções programadas e mantendo a bomba em ótimo estado, mas não podemos garantir com 100% de certeza que a bomba irá funcionar no momento necessário. Assim, faz sentido implementar uma redundância, para aumentar a chance de sucesso em caso de um incêndio. Duplicar o sistema de combate a incêndio, colocando outra bomba em *standby*, irá duplicar a chance de sucesso. Assim, sistemas de combate a incêndio devem ser redundantes. O investimento, nesse caso, vale a pena com a entrada da bomba reserva ocorrendo de modo automático. Há uma redundância passiva, ou seja, a bomba reserva permanece fora de operação enquanto não existe a falha.

É importante entender onde é possível ou não conviver com um erro. É impossível colocar o mundo (sistema) enrrolado em papel bolha. É impossível se defender de todos os perigos no ambiente de trabalho (COCKLIN, 2012). As organizações não irão conseguir proteção total, prevenção perfeita. O importante é entender onde o erro não é aceitável, onde existem passos críticos, e que defesas implementar para expandir a resiliência.

19.9. Exemplos práticos de defesas

Será usado um sistema de combate a incêndio para exemplificar as defesas. A primeira defesa, chamada controle, seria, por exemplo, a proibição de acúmulo de materiais inflamáveis em locais não determinados da organização. Um procedimento contendo essa regra é um controle. Os trabalhadores são treinados nesse procedimento (o treinamento também é um controle) para que entendam a importância e para que exista uma menor chance de erro (nesse caso o erro seria o armazenamento de materiais inflamáveis em locais não adequados).

Apesar do procedimento e do treinamento, os trabalhadores se equivocaram e começaram a armazenar produtos inflamáveis em um local cuja temperatura, no verão, pode alcançar níveis tais que alguns dos produtos podem atingir o ponto de ignição.

Esse erro pode haver ocorrido por vários motivos, por exemplo, a distância da área apropriada para armazenamento ser muito grande em relação à área em que estão trabalhando, ou não existir espaço na área considerada adequada para armazenamento, ou por não entenderem os riscos (influência dos fatores locais). Nesse sentido, a primeira defesa falhou. Os procedimentos e treinamentos não foram suficientes para impedir o erro. A defesa pró-ativa não funcionou, restando, agora, as defesas reativas. O erro dos trabalhadores gerou uma ignição no local de armazenamento, produzindo fumaça.

A segunda defesa (barreira) começou a atuar. Nesse caso, um exemplo de barreira seriam os sensores de fumaça. Esses sensores irão atuar no sentido de perceber o erro e tentar "pegá-lo", evitando, assim, um acidente. Ao perceber a fumaça, os sensores podem enviar uma mensagem para que o sistema de combate a incêndio entre em ação. Nesse caso os sprinklers atuam e apagam o fogo, mas os danos já possuem maior escala. Não foi possível impedir o acidente, mas, com certeza, caso os sprinklers funcionem, as consequências são menores.

Pode-se perceber que todas as defesas são importantes em um sistema. Cada uma possui um papel. A pró-ativa tenta minimizar a chance de erros. As duas reativas tentam minimizar/eliminar as consequências dos acidentes que o erro pode causar. Um sistema resiliente pensa nas defesas necessárias e as implementa de forma a não ter consequências graves em caso de erros.

Para fortalecer esse conceito, será dado outro exemplo. Imaginem um sistema de alimentação de um tanque de óleo. A Figura 19.7 mostra o sistema e suas defesas.

Figura 19.7 – Exemplo de um sistema e suas defesas.

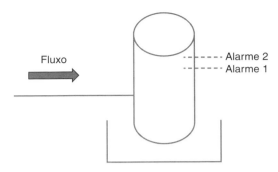

Fonte: Acervo do autor.

O tanque recebe o óleo que chega pelo fluxo indicado. Existe um operador que comanda a entrada desse fluxo. Quando o tanque chega a 90% (um pouco abaixo do Alarme 1) de sua capacidade, o operador dá um comando para parar a alimentação. Até aí, tudo certo.

Agora imaginem que o operador tem que se afastar do painel de controle e justamente nesse momento a capacidade de 90% do tanque é alcançada. O alarme 1, logo acima, a 95% de capacidade, entra em ação, enviando um alarme visual no painel para que o operador pare o fluxo. Caso esse alarme não funcione (lembrem-se das debilidades dos sistemas), existe um segundo sensor (Alarme 2) que não só envia um sinal luminoso no painel, como também interrompe o fluxo.

Caso esse segundo sensor não funcione (por falta de manutenção, por exemplo), a última defesa é a contenção secundária, representada na Figura 19.7, pela bacia abaixo do tanque. Não será possível impedir que o tanque transborde (nesse caso, este é o acidente), mas será possível minimizar as consequências desse acidente (o óleo, por exemplo, não irá atingir um corpo d'água ou um sistema de drenagem pluvial).

Nesse exemplo, o alarme 1 é um CONTROLE, pois tenta impedir que o erro aconteça (o erro é o tanque ultrapassar 95% de sua capacidade). Como o erro aconteceu, agora o alarme 2 deveria entrar em ação para "pegar" esse erro e não deixar que o acidente (transborde) ocorra.

O alarme 2 é uma BARREIRA, que caso funcione não deixará que o erro gere consequências. Como o alarme 2 também não funcionou, o acidente aconteceu. A última defesa é a SALVAGUARDA (contenção secundária), que não é capaz de impedir o acidente, mas minimiza suas consequências.

É de extrema importância que as defesas sejam mantidas e que se mantenham o mais robustas possível (ou seja, não possuam debilidades). Para isso é necessário que exista uma verificação contínua dessas defesas para entender se continuam funcionando ou se já possuem muitos buracos que permitem que o erro "caminhe" (como mostra a Figura 19.6 do queijo suíço) e gere o acidente.

19.10. Gestão de sistemas resilientes

Como gerenciar sistemas resilientes? O primeiro passo é entender a nova visão baseada em conceitos que quebram o paradigma de que o trabalhador é o culpado pelas falhas do sistema por tomar decisões equivocadas. De acordo com Coklin (2012), essa nova visão pode ser baseada em uma lista de ideias:

- As pessoas falham.
- Culpar as pessoas não adiciona valor em entender as falhas.
- A responsabilidade pela segurança se move de forma ascendente na organização.
- Os sistemas e processos organizacionais influenciam o comportamento.
- A sementes de todos os futuros acidentes estão plantadas hoje.
- Tudo o que uma organização precisa para ter uma falha já existe nos sistemas, processos e ambiente de trabalho.

As falhas vão existir. A grande questão é como a organização reagirá a elas. Aceitar que as pessoas falham é fundamental para gerenciar os sistemas. É imprescindível tentar observar onde os erros vão acontecer, eliminando as armadilhas e adicionando controles para minimizar a probabilidade dos erros. Após um erro, a reação da organização é fundamental para manter a resiliência do sistema. Segundo Coklin (2012), a maneira como a organização reage a uma falha ou mesmo a uma potencial falha importa para definição de quão segura ela está operando. Ele afirma que precisamos entender as muitas mensagens presentes nas nossas reações aos eventos.

Organizações que culpam os trabalhadores pelos erros que cometem criam um ambiente de pouca transparência. Os trabalhadores terão medo de trazer os problemas que acontecem no ambiente de trabalho e seguirão adaptando, muitas vezes aceitando riscos.

Os líderes precisam criar um ambiente de trabalho aberto, onde os trabalhadores se sintam confortáveis em levantar problemas, dividir dificuldades e encontrar juntos a solução. Com medo de serem punidas, as pessoas vão esconder evidências de erros. Elas não vão reportar irregularidades. Elas vão ficar silenciosas sobre problemas, incidentes e ocorrências (DEKKER, 2006). Quanto mais culpa, menos confiança. É importante perceber que culpar um trabalhador por ter cometido um erro é o que poderíamos chamar um "tiro pela culatra". Erros são não intencionais. Erros são induzidos pelo sistema. Assim, o papel da liderança é fundamental. Erros não devem ser seguidos de ações disciplinárias. Erros não são violações ou sabotagens. Como vimos, os erros são desvios do comportamento esperado. Segundo Weick e Sutcliffe (2017), se os erros são inevitáveis, os líderes deveriam estar tão preocupados com a cura assim como estão preocupados com a prevenção.

Outro papel fundamental, da liderança da organização, diz respeito ao envolvimento com a segurança. Os trabalhadores precisam sentir que os líderes colocam a segurança em primeiro lugar, que a segurança da operação é um valor para eles e que não é negociável. Se os líderes da organização não têm essa postura, é muito difícil a mudança.

A mudança de cultura começa pela liderança. Os trabalhadores são influenciados o tempo todo pelos fatores locais presentes no ambiente de trabalho. É importante que a organização crie fatores locais positivos que influenciem o trabalhador a tomar decisões em prol da segurança. Se as taxas de frequência e de gravidade da organização são altas, é necessário olhar para o sistema. Que mensagem o sistema está enviando para o funcionário?

O conceito de racionalidade local tenta responder essa pergunta: As pessoas só fazem o que faz sentido para elas naquele dado momento, se não elas não fariam. Se queremos entender o erro humano, nosso trabalho é entender por que a atitude fez sentido para a pessoa que executou (DEKKER, 2006). Ou seja: que mensagem o sistema enviou para que fizesse sentido para o trabalhador tomar aquela decisão naquele momento. Ir além do erro humano e entender onde a mensagem do sistema não é clara é fundamental para a gestão de sistemas resilientes. Aprender e melhorar continuamente, diminuindo a probabilidade de erros e suas consequências.

Por outro lado, procurar por condições inseguras que estão escondidas nos sistemas é fundamental para a manutenção da resiliência. Como vimos anteriormente, as condições latentes aumentam a severidade dos eventos. Os trabalhadores não causam os acidentes, eles apenas ativam as condições latentes dos sistemas. De acordo com Coklin (2012), tudo o que você precisa para ter uma falha já está presente na sua área de trabalho. Ainda de acordo com ele, nossas áreas de trabalho são uma coleção de processos, componentes e condições latentes que estão esperando para serem ativadas por um trabalhador durante uma operação normal. Nesse sentido, é importante entender que a segurança é algo dinâmico, que muda o tempo todo na organização. Sistemas resilientes respondem ao erro humano antecipando, monitorando, respondendo e aprendendo com eles. Estudos sobre a engenharia de resiliência (MUSCHARA, 2013) apontam quatro pilares do pensamento que podem ser integrados no dia a dia da operação para guiar a resposta à ameaça do erro humano no local de trabalho. Esses pilares são:

1. Antecipar: Saber o que esperar – consequências potenciais aos bens da organização.
2. Monitorar: Saber no que prestar atenção: passos críticos.
3. Responder: Saber o que fazer: controles positivos (defesas) nos passos críticos.
4. Aprender: Saber o que aconteceu, o que está acontecendo e o que tem que mudar.

Organizações com performance excelente pensam dessa forma, todos antecipando, monitorando, respondendo e aprendendo com os erros. Desde o pessoal de "chão de fábrica" até a liderança. Assim se faz a gestão de um sistema resiliente.

19.11. Revisão dos conceitos apresentados

A resiliência dos sistemas é a capacidade dos sistemas de voltarem ao seu estado normal, ou próximo dele, após um estresse sofrido. Esses estresses, na grande maioria das vezes, são causados pelos seres humanos, que, por serem Três Sigma, cometem de 3 a 6 erros por hora. Esses erros são responsáveis por 80 a 90% dos acidentes nas organizações. Por isso, compreender a falibilidade humana é chave para a construção de sistemas resilientes. A impossibilidade de anular os erros quebra o paradigma de que os seres humanos são os culpados pelos eventos não desejados nos sistemas. O ser humano erra, e se preparar para esses erros é condição em sistemas resilientes. Entender o princípio de racionalidade local é necessário para que os líderes compreendam onde existem *gaps* nos sistemas e assim possam corrigi-los.

A melhora dos sistemas passa também pela análise da complexidade que estes possuem. Sistemas complexos exigem demais dos trabalhadores e por isso abrem uma maior possibilidade de erros. A complexidade é inimiga da segurança. Nesse sentido é importante construir sistemas menos complexos e aceitar que, mesmo assim, o erro acontecerá.

Quando o erro acontece, não necessariamente acontecerá um acidente. Sistemas resilientes possuem defesas que anulam ou diminuem o resultado desses erros. Essas defesas podem ser pró-ativas ou reativas. As defesas pró-ativas trabalham no sentido de diminuir a chance de ocorrência dos erros (melhorando as taxas de frequência), ou seja, diminuindo a probabilidade de um acidente. Já as defesas reativas trabalham na severidade dos erros (melhorando as taxas de gravidade), diminuindo as consequências.

O tempo vai deteriorando essas defesas. Elas acabam por apresentar debilidades e não atuar como previsto. Nesse sentido, tão importante quanto implementar as defesas é monitorá-las para garantir que continuam atuando.

Por fim, sistemas resilientes possuem líderes envolvidos que realmente possuem compromisso com a segurança. Os trabalhadores são influenciados o tempo todo pelos fatores locais, que são criados pela organização. Nesse sentido o papel da liderança é fundamental.

19.12. Questões

Discursivas

a) Quando a balança deve pesar mais para o lado de ser seguro (em vez de ser produtivo) de acordo com o conceito de *trade off*?
b) O que são erros e como podemos impedi-los?
c) O que é resiliência e qual sua relação com a segurança dos trabalhadores?
d) O que são defesas? Como funcionam no sistema?

Exercícios

Defina o tipo de erro de acordo com os exemplos a seguir:
1. Vários extintores de incêndio vazios disponíveis para uso em uma fábrica.
2. Vários produtos químicos inflamáveis fora do local adequado de armazenamento.
3. Ultrapassagem de um sinal vermelho gerando a colisão de um carro com um caminhão.

Sugestão de pesquisa

Faça uma análise da sua situação de trabalho atual ou de uma situação próxima a você. Identifique uma armadilha que pode gerar um erro humano. Como você corrigiria? Verifique agora se existe alguma defesa para que esse erro não gere consequências severas (caso ele aconteça).

19.13. Referências

CHIAVENATO, I. (1983-1998) Recursos Humanos. São Paulo: Atlas.

CLOT., Y. (2010) A psicologia do trabalho na França e a perspectiva da clínica da atividade. Fractal: Revista de Psicologia, v. 22, n. 1, p. 217-234, jan-abr.

CONKLIN, T. (2012) Pre-Accident Investigations: An introduction to Organizational Safety. England: Ashgate.

DEKKER, S. (2006) The field Guide to Understanding Human Error. England: Ashgate.

FRANKENFELD, K. (2003) Gerenciamento de Produtos Químicos em Unidades de Geração de Energia em Plataformas Offshore: Uma Aplicação da Metodologia Seis Sigma. FEN/UERJ, Mestrado, Programa de Pós-graduação em Engenharia Ambiental. Dissertação (mestrado). Universidade do Estado do Rio de Janeiro.

GONÇALVES, R.M.; ODELIUS, C.C.; FERREIRA, M.C. (2001) Nos Bastidores da Notícia: o Trabalho Prescrito e o Trabalho Real do Radialista. INTERCOM – Revista Brasileira de Comunicação, v. XXIV, n. 2, p. 47-71.

HOLLNAGEL, E. (2004) Barriers and Accident Prevention. England: Ashgate.

HOLLNAGEL, E. (2009) The ETTO Principle. Efficiency-Thoroughness Trade-Off. England: Ashgate.

LAVILLE, A.; TEIGER, C.; DANIELLOU, F. (1989) Ficção e realidade do trabalho operário. Revista Brasileira de Saúde Ocupacional, Fundacentro, v. 17, n. 56, p. 7-13.

LEPLAT, J.; HOC, J-M. (1983) Tâche et activité dans l'analyse psychologique des situations. In L'analyse du travail en psychologie ergnomique (Recueil de Textes). Sous la Direction de J. Leplat. Tome 1, p. 47-59.

MUSCHARA, T. (2018) Risk-Based Thinking Managing the Uncertainty of Human Error in Operations. New York: Routledge.

REASON, J. (1997) Managing the Risks of Organizational Accidents. Aldershot: Ashgate.

REASON, J. (2008) The Human Contribution. Unsafe Acts, Accidents and Heroic Recoveries. Aldershot: Ashgate.

WEIK, K.; SUTCLIFFE, K. (2015). Managing the Unexpected. 2nd ed. Hoboken, NJ: Wiley & Sons.

WOODS, D.; DEKKER, S.; COOK, R.; JOHANNSESEN, L.; SARTER, N. (2010). Behind Human Error. England: Ashgate.

Sites

Graham Edkins. (2016) Human Factors, Human Error & The Role of Bad Luck in Incident Investigations. Disponível em: https://www.safetywise.com/single-post/2016/08/30/Human-Factors-Human-Error-The-Role-of-Bad-Luck-in-Incident-Investigations

Fantástico. (12/12/2010) Auxiliar suspeita de trocar soro por vaselina dá detalhes do atendimento. Disponível em: http://g1.globo.com/sao-paulo/noticia/2010/12/auxiliar-suspeita-de-trocar-soro-por-vaselina-da-detalhes-do-atendimento.html

Tony Muschara. (2013) A Strategic Approach to Managing Human Error Risk http://www.academia.edu/8568940/A_Strategic_Approach_to_Managing_Human_Error_Risk

Tony Muschara. (2017) Integrating Risk Based Thinking and Executing H&OP. Disponível em: https://static1.squarespace.com/static/59f3944129f187f60db29830/t/5a33eb3971c10b467bde1dad/1513351996021/Muschara+Ch+9+Integrating+Executing+H%26OP.pdf

Edward de Bono. Practical Thinking, Four Ways to be Right, Five Ways to be Wrong. Disponível em: https://books.google.com.br/books?id=thgiDgAAQBAJ&printsec=frontcover&hl=pt-BR&source=gbs_ge_summary_r&cad=0#v=onepage&q&f=false

David D. Woods; Richard I. Cook. Perspectives on Human Error: Hindsight Biases and Local Rationality. Disponível em: https://www.nifc.gov/PUBLICATIONS/acc_invest_march2010/speakers/Perspectives%20on%20Human%20Error.pdf

Jan K. Wachter; Patrick L. Yorio. (2013) Human Performance Tools Engaging Workers as the Best Defense Against Errors & Error Precursors. Disponível em: https://miningquiz.com/pdf/Behavior_Based_Safety/Human_Performance_Tools_Article.pdf

Índice

A

Abafamento, 198
ABC da vida, 436
  abrir vias aéreas (A), 436
  boa ventilação (B), 437
  circulação (C), 438
Abordagem inicial à vítima, 432
Acidente com múltiplas vítimas (AMV), 478
Acidente de trabalho, 3, 22, 24, 125, 353
  causas de, 40
  comunicação do, 25
  conceito de, 38
  definição científica, 4
  definição de prevencionista, 39
  definição legal, 3, 38
  dinâmica do, 39
  estatísticas de, 25, 26, 27
  tipos de riscos, 42
Acidentes ampliados, 459
  segundo a doutrina de Defesa Civil, 462
Acidentes com material biológico e a percepção do risco, 360
Adoção e manutenção de posturas, 378
Alerta e preparação, 471
Álgebra booleana, 93, 108
Alimentação
  automática, 161
  semiautomática, 161
Ambientes
  frios, 257, 258
  moderados, 257, 258
  quentes, 257, 258
Ambulatório de saúde ocupacional, 144
Análise
  da confiabilidade, 94
  de acidentes e incidentes, 361

Análise *(Cont.)*
  de árvore de causas, 91
  de Árvore de Falhas (AAF), 90, 116
  de causa e efeito, 91
  de consequências, 92
  de Métodos de Falha e Efeitos (AMFE), 113
  dos acidentes, 240
  dos riscos, 88
  Ergonômica do Trabalho (AET), 396
  Preliminar de Riscos (APR), 89, 111
  "What-If?", 90
Anemômetro, 255
Anos potenciais perdidos (APP), 29
Antecipação dos riscos, 96
Anteparos de proteção, 154
Antropometria, 374
Assento, 376
Associação Brasileira de Normas Técnicas (ABNT), 179
Atenção, 390
Atrito, 202
Audição, 277
Avaliação
  da circulação, 438
  da respiração, 437
  das vias aéreas, 436
  de ambientes frios, 266
  do impacto ambiental, 473
  dos riscos, 88, 97, 152, 359, 360
  térmica de ambientes quentes, 261
AVC (acidente vascular cerebral), 452

B

Bancada de trabalho, 376
Barras de pressão, 160

Barreiras, 154, 190
  de advertência, 162
Bigorna, 278
Bioluminescência, 324
Biomecânica ocupacional, 377, 380
Bioproteção, 435
Braçadeira, 416
Braquiterapia, 330

C

Cabos de segurança, 160
Calandras para borracha, 178
Calça, 420
Calçado, 418
Calor, 199, 248
  consequências na saúde, 256
Campo(s)
  elétrico, 307
  magnético, 307
  próximos, 304
Capacete, 408
Capacitação
  dos profissionais de laboratório, 356
  em saúde e segurança, 357
Capuz, 408
Carga
  mecânica, 256, 261, 263
  térmica, 256, 261, 263
Certificações de sistemas de gestão de SST, 94
Chamas abertas, 203
Checklists e roteiros, 104
Choque elétrico, 187, 451
Cigarros, 202
Cilindros misturadores para borracha, 177
Cinturão, 423
Circuito elétrico, 186
Classificação
  do risco, 354
  dos agentes microbianos, 355
  dos Agentes Patogênicos em Grupo de Risco (GR) e os Níveis de Biossegurança (NB), 354
Clientes, 59, 60
Comburente, 198
Combustível, 199
Comissão Interna de Prevenção de Acidentes (CIPA), 130
  atribuições da, 134
  formas de composição da, 135
  mandato da, 134
Comprimento de onda, 307
  da luz visível, 323

Comunicação, 88
  do acidente de trabalho, 25
Condução, 250
Condutividade
  específica de tecidos, 315
  térmica, 251
Confiabilidade, 93, 94, 105
  humana, 487
Conjunto, 422
Consciente, 453
Constante dielétrica
  nos tecidos, 314
  relativa, 314
Construção da ficha, 70
Consulta, 88
Contaminação(ões)
  em laboratório, 348
  radioativa, 334
Contaminantes e vias de penetração, 226
Contato acidental com sangue, 365
Contenção, 474
Controle, 385
  bimanuais, 160
  da trajetória de transmissão dos ruídos, 292
  de ruídos na fonte, 272
  de segurança por impacto, 160
  dos riscos, 97
  e gestão do risco, 359
Contusão, 446
Convecção, 251, 267
Convenção 119 da Organização Internacional do Trabalho, 150
Convulsões, 452, 453
Cor, 324, 326, 340
Corpo humano, fundamentos anatomofisiológicos do, 430
Correção acústica, 273
Correção arquitetônica de ambientes, 293
Corrente
  de sobrecarga, 190
  diferencial-residual, 190
  elétrica, 186
Creme protetor, 415
Critérios de análise, 50
Culpa, 22
Curto-circuito, 190
Customer, 60

D

Decaimento beta, 309
Dedeira, 417
Deficiências físicas, 375

Índice

Desastres, 462
Descontaminação, 474
Desempenadeiras, 175
Desfibrilação, 442
Desfibrilador automático, 442
Design macroergonômico, 396
Detector(es)
   de gases, 475
   de radiações, 336
   Geiger-Müller (GM), 336
Diagrama
   de equipe, 67
   homem-máquina, 69
Diferença de potencial, 186
Dimensionamento de extintores sobre carretas, 209
Direito à informação, 144
Displays, 385
Dispositivo(s)
   de arraste ou de restrições, 159
   de controle de segurança, 159
   de presença por capacitor de rádio frequência, 158
   de segurança tipo vareta de desengate, 160
   de segurança, 158
   fotoelétrico, 158
   sensor eletromecânico, 158
   sensores de posição, 158
   trava-queda, 423
Doenças
   do calor, 257
   do frio, 257
Dosimetria, 335

E

Efeito
   pelicular, 315
   Skin, 315
Elaboração do plano de emergência, 465
Eletricidade, 201
   estática, 203
Empunhadura, 384
Encéfalo, 453
Engenharia de resiliência, 484
Entorses, 445
Entradas, 59, 60
Epilepsia, 453
Equipamentos básicos para atuação na emergência, 475
Equipamentos de proteção individual, 405, 406
   aspectos educacionais, 407
   aspectos psicológicos, 407
   aspectos técnicos, 407

Equipamentos de proteção individual (Cont.)
   classificação dos, 408
   e combate, 471
   para proteção auditiva, 410
   para proteção contra quedas com diferença de nível, 423
   para proteção da cabeça, 408
   para proteção do corpo inteiro, 421
   para proteção do tronco, 413
   para proteção dos membros inferiores, 418
   para proteção dos membros superiores, 414
   para proteção dos olhos e face, 409
   para proteção respiratória, 411
Equipotencialização, 191
Ergonomia, 371, 395
   de concepção, 373
   de conscientização, 373
   de correção, 373
   de participação, 373
Erro(s)
   ativos, 489
   humano, 391, 487
   latentes, 489, 490
Escala
   de gravidade, 112
   de probabilidade, 112
   de riscos, 112
Escudos, 163
eSocial, 26
Espectro eletromagnético, 304, 339
Estabelecimento dos contextos, 88
Estabilidade do núcleo atômico, 327
Estratégias de proteção, 190
Estresse no trabalho, 394
Estribo, 278
Evaporação, 253, 268
Exames obrigatórios do PCMSO, 141
   admissional, 141
   demissional, 141
   mudança de função, 141
   periódico, 141
   retorno ao trabalho, 141
Explosão, 204
   causada por pós, 205
Explosímetro, 206
Exposição múltipla, complexidade e incertezas, 229
Extinção química, 199
Extintor(es), 207
   de água, 207
   de bromoclorofluormetano, 208
   de CO, 207

Extintor(es) *(Cont.)*
  de espuma, 207
  de incêndio, 214
  de PQS, 208
Extração
  automática, 161
  semiautomática, 161

F
Fadiga, 394
Falha(s)
  casuais, 107
  catastrófica, 112
  crítica, 112
  desprezível, 111
  marginal (ou limítrofe), 112
  por desgaste, 107
  prematuras, 107
Fases finais, 54
Febre, 453
Fenômeno acústico, 273
Ferramentas manuais, 163
Fibrilação, 453
  ventricular, 188
Ficha de caracterização da tarefa, 70
Fluxograma(s), 105
  do processo de trabalho, 65
FMEA (Failure Mode and Effect Analysis), 90
Folha de Instrução do Trabalho (FIT), 63
Fontes de incêndios industriais, 201
Fornecedores, 59, 60
Fósforos, 202
Fratura, 447
Frequência, 106

G
Gerenciamento dos riscos químicos, 231, 235
Gestão
  da produção, 3
  de riscos, 87
  de sistemas resilientes, 502
Ginástica laboral, 383
Grandezas
  acústicas, 282
  radiológicas, 332
Grupos focais, 237

H
HAZOP (Hazard and Operability Studies), 90
Hemorragia, 447
Higiene e segurança do trabalho, 6
  abordagem histórica da, 5

I
Idade, 375
Identificação
  dos riscos, 88, 104
  e reconhecimento do cenário, 472
Impedância do corpo humano, 189
Imperícia, 22
Impressoras off-set a folha, 175
Imprudência, 22
Incidente crítico, 114
Inconsciente, 453
Indicadores recomendados
  pela OIT, 27
  pela saúde pública, 28
Índice(s)
  de avaliação termoambiental, 257
  IBUTG, 261
Infarto do miocárdio, 453
Infecção, 453
Informação em saúde e segurança, 356
Infrassons, 279
Injetoras de plástico, 176
Input, 60
Inspeção de segurança, 105
Instalação elétrica, 186
Instrução do Trabalho, 63
Integração, 235
Intensidade sonora, 275
Interação
  da radiação eletromagnética com a matéria, 313
  térmica entre o homem e o ambiente, 250
Interpretação, 390
Intervenção, 473
  ergonômica, 396
Investigação de acidentes, 105
Irradiância, 304
Isolação
  básica, 190
  suplementar, 190
Isolamento, 161
  acústico, 272
  arquitetônico de ambientes, 291
  dos ruídos na fonte, 290
Isquemia, 453

J
Johnson & Johnson, 167

L
Legislação
  brasileira, 125
  ordinária, 127

Índice 511

Lei exponencial de confiabilidade, 107
Levantamento de informações, 49
Limites
   da audição, 279
   radiológicos, 333
Líquido coclear, 278
Luminescência, 324
Lutas sindicais, 237
Luva, 414
Luxação, 445
Luz, 322, 339

M
Macacão, 421
Mamografia, 331
Manejo, 384
   antropomorfo, 384
   contato simples, 384
   fino, 384
   geométrico, 384
   grosseiro, 384
Manutenção, 164
   corretiva, 165
   preditiva, 167
   preventiva, 166
Mapa de riscos, 104
Mapeamento com radiofármacos, 332
Mapofluxograma, 62
Máquina(s)
   cilindros de massa, 174
   guilhotinas
      para chapas metálicas, 175
      para papel, 175
   para trabalhar madeira, 175
      serras circulares, 174
   térmica, 249
Martelo, 278
Máscara de solda, 410
Massa, 190
Materiais
   absorventes, 272
   características físico-químicas dos, 199
   dielétricos, 313
   refletores, 272
Matriz de riscos, 90
Mecanismos auxiliares de proteção, 162
Medicina
   de desastres, 478
   do trabalho, 15
Meia, 418
Meios de controle de ruído, 290
Membrana basilar, 278

Memória, 390
Mensuração
   acústica, 282
   do ambiente, 284
Metodologia
   da ação prevencionista, 47
   do Sistema Humano x Tarefa x Máquina (SMHT), 396
Métodos
   de levantamento de informações, 49
   de proteção contra riscos, 153
Metro e múltiplos, 343
MONEX, 208
Monitoramento, 472
   e análise crítica, 89
   radiológico, 336
Monotonia, 393
Mostradores, 385

N
Não conformidade, 106
Natureza do fogo, 206
   classe A, 206
   classe B, 207
   classe C, 207
   classe D, 207
Necrose, 453
Negligência, 22
Nível de contenção, 360
Norma BS 8800:1996 Guia para Sistemas de Gestão da Segurança e Saúde Ocupacional, 76
Norma ISO 45001:2018 Sistemas de Gestão de Segurança e Saúde Ocupacional, 78
Norma OSHAS 18001:1999 Sistemas de Gestão de Segurança e Saúde Ocupacional Especificação, 77
Normas brasileiras, 463
   NR-17 e a atividade profissional do ergonomista, 397
   NBR 14.276:2006, 463
   NBR 14.608:2007, 464
   NBR 14.725:2017, 464
   NBR 15.219:2005, 464
   NBR 7500:2017, 463
   NBR 7503:2016, 463
   NR-07: Programa de controle médico de saúde ocupacional, 139
   NR-09: Programa de prevenção de riscos ambientais, 142
   NR-12: aspectos ergonômicos da, 182
   NR-15, 345

Normas internacionais (National Fire Protection Association), 464
Normas regulamentadoras, 128
Normas sobre segurança de máquinas, 179
Normas Técnicas (ABNT), 179

O

Obstrução de vias aéreas, 443
Óculos, 409
Ondas eletromagnéticas, 306
   efeito biológico, 308
Operações
   autônomas, 61
   de salvamento no controle da emergência ambiental, 471
   manuais, 61
   repartidas entre operador e máquina, 61
Ordem e limpeza, 204
Organização Internacional do Trabalho, 150
Output, 60

P

Pagamento do seguro contra acidentes de trabalho, 21
Parada
   cardiorrespiratória, 439
   respiratória, 188
Paroxismo, 453
Paroxístico, 453
Parte viva, 190
Participação, 234
Passos críticos, 496
PCMAT (Programa de Condições e Meio Ambiente de Trabalho na Indústria da Construção), 120
Pega, 384
Percepção, 390
Perigo(s)
   elétrico, 151
   mecânico, 151
   provocados pelas radiações, 152
   provocados pelas vibrações, 152
   provocados pelo desrespeito aos princípios ergonômicos, 152
   provocados pelo ruído, 151
   provocados por materiais e substâncias, 152
   térmico, 151
Perneira, 419
Placas de advertência, 162
Plano
   de ação de emergência (PAE), 464
   de auxílio mútuo (PAM), 467
Portas, 160

Postura
   de pé, 379
   deitada, 378
   ocupacional, 378, 381
PPRA (Programa de Prevenção de Riscos Ambientais), 119
   desenvolvimento do, 143
   estrutura do, 142
   responsabilidade do, 143
Práticas de ordenação pública, 272
Precaução, 233
Preceitos constitucionais, 126
Prensa(s)
   excêntrica com embreagem a chaveta, 173
   excêntrica com embreagem tipo freio/fricção, 173
   hidráulicas, 174
   mecânicas, 173
Preparação para o controle de emergências ambientais, 464
Prevenção, 231
Probabilidade de falha, 106
Process, 60
Processamento mental, 390
Processo(s), 59, 60
   APELL, 468
   de trabalho, 2
   fluxograma do, 65
Produtos químicos, 226
Profundidade de penetração, 315
Programa de Controle Médico de Saúde Ocupacional (PCMSO), 97, 118, 352
   definição do, 139
   objetivos do, 140
Programa de Prevenção de Riscos Ambientais (PPRA), 142, 351
Programas de controle de emergências, 239
Programas de segurança, 95, 118
Proteção
   adicional, 190
   ajustável, 156
   básica, 190
   coletiva, 353
   com intertravamento, 156
   e dispositivos de bloqueio, 157
   com zero acesso à máquina, 167
   contra impactos ambientais, 463
   fixa, 154
   individual, 353
   móvel, 155
   radiológica, 332
   supletiva, 190

Proteção (Cont.)
Protetor
  auditivo, 410
  facial, 409
Psicologia das cores, 326
Psicrômetro, 254

Q
Quadro de classificação, 360
Queimaduras, 188, 448, 449
Questionários, 237
Química do fogo, 198
Quimiluminescência, 324

R
Racionalidade local, 503
Radiação(ões), 252, 268
  alfa, 328
  beta, 309, 328, 339
  como se proteger, 335
  efeitos no ser humano, 334
  eletromagnética, 306, 339
  gama, 308, 309, 329, 339
  infravermelha, 311, 339
  ionizante, 302, 327, 328, 340, 345
  não ionizantes, 301, 302, 345
  térmica, 324
  ultravioleta, 309, 339
Radiografia, 331
Radioisótopos, 331
Radioproteção, 332
Radioterapia, 330
Raios
  gama, 309, 339
  X, 329
Reanimação cardiorrespiratória, 440
Reconhecimento dos riscos, 97
Recorte de análise, 59
Redução
  dos desastres, 462
  dos riscos ergonômicos no trabalho, 394
Relação entre erros e acidentes, 488
Requisitos do sistema de gestão da SST, 82
Resfriamento, 198
Resiliência, 484
  e segurança do trabalhador, 484
Resistência do corpo humano, 189
Respirador
  de adução de ar, 412
  de fuga, 413
  purificador de ar, 411

Responsabilidade
  civil, 21
  social, 23
Reverberação, 273
Risco(s)
  à luz das teorias jurídicas e responsabilidades civil e social, 18
  ambientais, 46
  biológicos, 45
  decorrentes do uso da eletricidade, 187
  ergonômicos, 45
  físicos, 44
  mecânicos, 43
  potencial de acidente com agulha, 363
  químicos, 45
    no local de trabalho, 235
  sociais, 46
Robôs, 161
Rotação de tronco, 381
Roupas de proteção química, 475
Ruído(s), 272, 286
  eliminar a produção de, 287

S
Saídas, 59, 60
Salvamento, 473
Saúde
  conceito de, 15
  do trabalhador, 15, 17
  ocupacional, 15, 16
Seccionamento automático da alimentação, 190
Segurança e saúde do trabalhador entidades envolvidas, 29
Serviço Especializado em Segurança e Medicina do Trabalho (SESMT), 135, 353
  competências do, 136
  composição e dimensionamento do, 137
Sexo, 375
SIPOC (Supplier, Input, Process, Output e Customers), 60
Sistema(s), 59
  circulatório, 431
  de extintores, 206
  de gestão de segurança, 80
  de hidrantes, 210
  de registro e análise de acidentes, incidentes e casos de doenças, 237
  de termorregulação, 256
  digestório, 431
  elétrico, 186
  endócrino, 432
  genital, 431

Sistema(s) *(Cont.)*
    integrados de gestão, 82
    linfático, 432
    musculoesquelético, 431
    nervoso, 432
    resilientes, 496
    respiratório, 431
    tegumentar, 431
    urinário, 431
Sistema de Certificação do Ergonomista
    Brasileiro (SisCEB), 397
Sistema Integrado de Gestão (SIG), 83
Solda e corte, 203
Subsistemas, 59
Substâncias extintoras, 212
Superfícies aquecidas, 202
Supplier, 60

T
Tarefas, 493
Taxa
    de Absorção Específica (SAR), 316, 339
    de falha, 106
    de frequência (F), 27
    de gravidade (G), 28
    de letalidade (L), 28
    de mortalidade (M), 28
Técnica(s)
    de compressões torácicas em adultos, 441
    de identificação e análise de riscos, 89, 111
    de incidentes críticos, 89, 114, 115
    de lateralização, 444
    para a avaliação biomecânica, 382
Temperatura
    de bulbo seco, 254
    de bulbo úmido, 254
    de globo, 254
    efetiva, 258
Tempo
    médio entre falhas (TMEF), 107
    ótimo de reverberação, 294, 295
Tensão
    de contato, 186
    elétrica, 186

Teoria
    da cor, 325
    da culpa, 18
    do risco profissional, 19
    do risco social, 21
    eletromagnética, 302
Termômetro de bulbo seco, 254
Tetanização, 188
Tímpano, 278
Tipologia das soluções, 52
Tomada de decisão, 390, 391
Tomografia, 331
Trabalhador e sua interferência nos sistemas, 485
Trabalho
    aspectos cognitivos do, 388
    aspectos da organização do, 391
    aspectos físicos do, 374
    em turnos, 392
    executado, 493
    muscular
        dinâmico, 378
        estático, 378
    pensado, 493
    postural, 378
    prescrito, 493
    real, 396
    repetitivo, 382
    rítmico, 378
    teórico, 493
Trajetória de transmissão dos ruídos, 292
Transmissão do calor, 200
Tratamento dos riscos, 88
Traumas, 444
Traumatismo, 453
Tribo luminescência, 324
Tumores, 453

U
Ultrassons, 279

V
Variáveis climáticas, 254
Velocidade da luz, 324
Vestimenta de corpo inteiro, 422

Este livro foi impresso nas oficinas gráficas da Editora Vozes Ltda.,
Rua Frei Luís, 100 – Petrópolis, RJ.